INTRODUCTION TO NONIMAGING OPTICS (SECOND EDITION)

"十二五"国家重点图书出版规划项目

湖北省学术著作出版专项资金资助项目

世界光电经典译丛

丛书主编　叶朝辉

非成像光学导论

（第二版）

Julio Chaves　著

刘祥彪　马冬林　于莉媛　常伟军　译

华中科技大学出版社

http://press.hust.edu.cn

中国·武汉

Introduction to Nonimaging Optics，Second Edition/by Julio Chaves/ISBN：9781138747906
Copyright 2017 by CRC Press.

湖北省版权局著作权合同登记　图字：17-2019-196 号

图书在版编目（CIP）数据

非成像光学导论:第二版/(葡)朱利奥·查维斯著;刘祥彪等译.—武汉:华中科技大学出版社,2023.9
（世界光电经典译丛）
ISBN 978-7-5772-0041-5

Ⅰ.①非… Ⅱ.①朱… ②刘… Ⅲ.①光学设计 Ⅳ.①TN202

中国国家版本馆 CIP 数据核字(2023)第 178349 号

非成像光学导论（第二版） 　　　　　　　　　　　　Julio Chaves　著
Feichengxiang Guangxue Daolun (Di-er Ban) 　刘祥彪　马冬林　于莉媛　常伟军　译

策划编辑：徐晓琦
责任编辑：朱建丽
封面设计：原色设计
责任校对：张会军
责任监印：周治超
出版发行：华中科技大学出版社（中国·武汉）　　　　电话：（027）81321913
　　　　　武汉市东湖新技术开发区华工科技园　　　　邮编：430223
录　　排：武汉正风天下文化发展有限公司
印　　刷：湖北新华印务有限公司
开　　本：710mm×1000mm　1/16
印　　张：41.5
字　　数：766 千字
版　　次：2023 年 9 月第 1 版第 1 次印刷
定　　价：298.00 元

本书若有印装质量问题，请向出版社营销中心调换
全国免费服务热线：400-6679-118　竭诚为您服务
版权所有　侵权必究

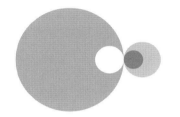

译者序

由著名非成像领域专家 Julio Chaves 先生编著的《Introduction to Nonimaging Optics》第二版自 2017 年面世以来,颇受全世界光学界读者青睐。随着光学领域的不断发展,非成像光学的概念、设计和分析、评价方法不断涌现,应用范围也不断拓宽。从事非成像领域工作的人员,需要这样一本专业且系统的图书学习参考。

由于篇幅之大,内容之多,此书的翻译工作历经 5 年多时间。华中科技大学马冬林教授、西安应用光学研究所常伟军主任、天津工业大学于莉媛副教授均为光学行业的资深专家,为本书的翻译质量提供了保障。

翻译过程中译者谨遵原著,仅对原著的零星笔误进行了校正。译者并非专业翻译人士,仅能尽力做到"信",未必能做到"达、雅",翻译难免存在诸多瑕疵,还望读者在研读过程中批判吸纳,将您的宝贵意见反馈到 xiangbiao_liu@163.com,望有机会得到改进与提升。

近几年,恰好是中国光学领域进行国产替代以及从基础技术进行积累突破的黄金时期,各类国产光学系统以及国产光学软件蓬勃发展,书中的一些设计方法在国产 OAS 光学软件①中得到了验证和应用。希望本书可以对国内非成像领域的发展尽绵薄之力。

在此过程中,很多人对本书的翻译工作提供了帮助,在此不一一指名感谢。特别感谢武汉松盛光电科技有限公司肖向荣总经理的大力支持。感谢华中科技大学出版社的徐晓琦编辑,没有她的帮助和支持,本书的出版不可能

---

① www.whbinary.com。

实现。

　　本书可供光学仪器设计、光学设计的研发工程师阅读,也可作为高等院校相关专业的本科生、研究生和教师的参考书。希望本书能够对军事、航空航天和民用光学仪器中的设计概念、具体设计、开发、评价和使用提供一定的指导。

译者

2023 年 9 月

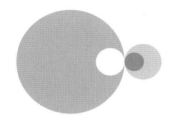

第二版序言

在过去的几年里,一些重要的非成像光学设备被开发出来。《非成像光学导论》第二版反映了这些发展。太阳能聚光和 LED 照明都得益于这些新技术的发展。特别是,科勒照明与非成像光学方法相结合,产生了新的光学技术,解决了这些领域的一些难题。

新版包含约 45％的新材料,新增了四个章节,并对现有章节进行了补充。与第一版一样,新版假定读者以前对非成像光学没有任何了解,而且现在涵盖了更广泛的主题。有些章节直观地描述了设计方法,介绍了使用非成像设备的原因,而另一些章节则深入探讨了理论基础或其他更先进的光学技术。

新版第 1 章直观地描述了非成像光学的优势。它假设读者以前不了解该领域的知识,因此阐述了一些基本概念及其使用理由。

第 9 章扩展到了三维自由曲面光学。这些更复杂的设计具有更多的自由度,因此使其能够在更具挑战性的情况下使用。因此,三维自由曲面光学是光学设计领域的一个新的重要趋势。

新版第 10 章介绍了一些生成输出波前的方法,这些波前用于设计规定输出(强度或辐照度)的光学器件,这是光学设计中一个非常常见的问题。然后将这些波前与非成像系统相结合,就能获得光学设备。本章给出了一些示例,但同样的方法也可应用于其他情况。

新版第 11 章描述了穿过光学器件的辐射扩展度归零(变得无穷小)的极限情况。虽然与 SMS 光学器件(第 9 章中描述)相比,这些无穷小扩展度光学器件的局限性更大,但设计起来要容易得多。这类光学器件主要应用于高聚光比的太阳能集中器领域,因为直射太阳光的角孔径非常小。

新增第 12 章介绍了与非成像光学方法相结合的科勒光学技术。这是一种用途广泛的强大组合。一个日益重要的主要应用是 LED 颜色混合,即将投放市场的新型灯具试图将可调发射光谱与规定的输出模式结合应用在紧凑高效的设备中。科勒光学器件本身或与其他非成像光学器件结合使用,都是这一新趋势中具有巨大潜力的有力竞争者。

将 SMS 规定的强度波面和科勒配置相结合构成的强大设计工具,能够解决具有挑战性的照明设计问题。

本书第二部分包括了新的内容:积分不变量及其在非成像光学中的应用。第 14 章介绍了一些理论方面的内容,这些内容与经典力学或分析动力学等其他领域的内容相同。第 18 章将这些概念应用于光学,特别是二维光学扩展量,它是非成像光学中使用的不变量之一。18.4 节也推导了二维光学扩展量的表达式,但是它是从几何角度推导的,无须依赖哈密顿理论。第 18 章的其余部分提供了应用实例。

Julio Chaves

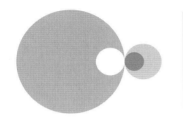

第一版序言

本书介绍了非成像光学（nonimaging optics）或无像光学（anidolic optics）。nonimaging 一词源于这样一个事实，即这些光学技术不会形成物体的图像，它们是非成像的。anidolic 一词来自希腊文（an＋eidolon），与之具有相同的含义。anidolico/anidolica 多用于拉丁语系语言，如西班牙语、葡萄牙语或法语，而 nonimaging 则更常用于英语。

许多光学系统都是为了形成物体的图像而设计的。在这些系统中，我们有三个主要组成部分：物体、光学器件和形成的图像。物体被视为一组发光点。光学器件收集全部光线（或部分光线），并将其转为图像。成像的目的是将从物体上某一点发出的光线再次集中到某一点上。因此，物体上的点和图像上的点最好是一一对应的。只有少数"学术型"光学系统能完美地实现这一点。

而在非成像光学系统中，物体的位置用光源替代，同时光学器件的设计也不同，图像的位置用接收器替代。光学系统只是将辐射从光源传输到接收器，并在接收器上产生规定的辐射分布。

虽然在非成像物理光学方面已经有了一些开创性的工作，但非成像光学主要是在几何光学的支持下发展起来的，其应用也是基于几何光学的。因此，本书只讨论非成像几何光学。

这一光学分支相对较新，其发展始于 20 世纪 60 年代中期，由 V. K. Baranov（苏联）、Martin Ploke（德国）和 Roland Winston（美国）在三个不同的地方开始，并导致了第一台无色聚光器的独立诞生。在这三个最早的工作中，发展最为成熟的是美国的工作，从而形成了今天的非成像光学。

这一领域的应用多种多样，从天体物理学到粒子物理学，从太阳能到照明系统，不一而足。太阳能是非成像光学的第一个重大应用，但最近，照明已成为推动其发展的主要应用。随着照明的能源成本不断增加，人们对其导致的环境后果的认识也日益加深，所以这两个应用在今天显得尤为重要。非成像光学是设计优化太阳能集热器和集中器的理想工具，随着我们寻找更清洁的替代能源生产方式，太阳能集热器和集中器变得越来越重要。非成像光学也是设计优化照明光学器件的最佳工具，它可以提高设计效率，从而降低能耗。此外，随着固态照明的出现，非成像光学显然是设计控制这些设备产生的光的光学器件的最佳工具。随着这些市场在不久的将来可能出现的可观增长，非成像光学肯定会成为一个非常重要的工具。

　　本书是这一新兴光学分支的入门读物，分为两部分：第一部分涉及非成像光学的主要特点和方法；第二部分是几何光学的一般概念和其他一些主题的总结。虽然第一部分本身是完整的，但许多概念在非成像光学中的用法与光学的其他分支不同。因此，第二部分对从非成像光学的角度解释这些概念可能非常有用。因此，如果有些概念显得晦涩难懂，或者与读者习惯的用法不同，读者可以在阅读第一部分时参考第二部分。

Julio Chaves

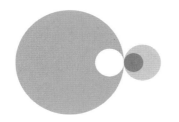

致谢

本书是我多年研究和设计非成像光学器件的成果。在整个过程中，我的妻子 Ana 一直陪伴在我的身边。如果没有她多年来对我的爱和奉献，即使花了大量的写作时间，我也不可能完成这项工作。

我的父母 Julio 和 Rosa Maria 以及我的哥哥 Alexandre Chaves 一直努力为我提供最好的条件，并始终给予我支持。

我很幸运能与才华横溢的杰出人士共事，他们对非成像光学有着同样的热情。他们一直是我灵感的源泉，多年来，我与他们讨论过书中涉及的许多主题。他们是多年来加入 Light Prescriptions Innovators，LLC（LPI）的同事们，尤其是那些和我一样从事光学设计的同事们：Waqidi Falicoff、Rubén Mohedano、Maikel Hernández、José Blen 和 Aleksandra Cvetković。以及在马德里理工大学的同事们，特别是我那些亲密的工作伙伴：Pablo Benítez、Juan Carlos Miñano 及其团队，还有 Pablo Zamora、Dejan Grabovičkić 和 Marina Buljan。Manuel Collares-Pereira 和 Diogo Canavarro 先是在里斯本理工大学高级技术研究所工作，后来又到葡萄牙埃武拉大学工作。

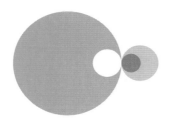

作者简介

　　Julio Chaves 出生于葡萄牙蒙考,1995 年在葡萄牙里斯本理工大学高级技术研究所完成物理工程学本科学业,并在该所获得物理学博士学位。2002 年,Chaves 博士在西班牙马德里理工大学太阳能研究所攻读研究生。2003 年,他搬到加利福尼亚州,加入了 Light Prescriptions Innovators,LLC（LPI）。Chaves博士提出了阶梯流线光学和理想的苛性约束光（苛性约束流线）的新概念。他是多项专利的共同发明人,也是许多非成像光学领域论文的共同作者。他参与了三维同步多表面设计方法的早期开发。

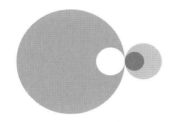

目录

第二部分　几何光学

第一部分
非成像光学

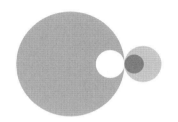

第 1 章
为什么使用非成像
光学

1.1　面积与角度

一般而言,光学系统包含辐射光线的辐射器(E)、改变光线方向的光学组件(O),以及被光源照亮的接收器(R,或称目标面),如图 1.1 所示。

当光线在空间传播,或穿过光学组件时,它会扩散并覆盖一定面积及角度,该面积与角度是相关的,这是照明光学的一个基本原理。图 1.2 所示的为排列方式不同的手电筒发出来的光线。在图 1.2(a) 中,这些手电筒发出的光线投射在一个较大的面积(a_1)上,这时光束扩散角 θ_1 相对较小。在图 1.2(b) 中,同样的手电筒投射在一个较小的面积(a_2)上,此时光束扩散角 θ_2 就比较大,这是因为我们不能把所有的手电筒

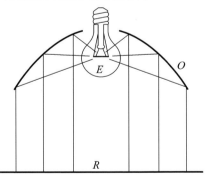

图 1.1　由辐射器(E)、光学组件(O)及接收器(R)组成的光学系统

叠放在同样的位置上,而必须把它们相邻排列,这就增大了投射在 a_2 面上的光线角度。

如果我们把本来覆盖大面积、小角度的光束(见图 1.2(a))压缩穿过一个

较小的面积,则光线的孔径角(angular aperture)就会变大(见图1.2(b))。所以,同样的一组光线,如果穿过的孔径面积大,角度就会小;如果穿过的孔径面积小,角度就会大。这种特性就是所谓的光学扩展量守恒。

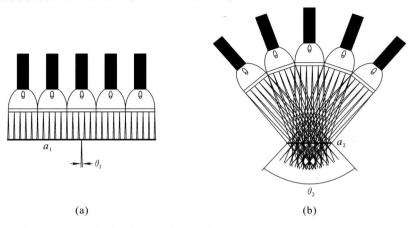

图1.2　排列方式不同的手电筒发出来的光线。(a) 以小角度(θ_1) 投射在大面积(a_1) 上;(b) 以大角度(θ_2) 投射在小面积(a_2) 上

　　如前所述,照明系统中有辐射器(光源)、光学组件,以及接收器(目标面)。接收器跟辐射器的大小可能不一样。如果辐射器小,接收器大且位于远处,此时光学组件是一个准直器(collimator),如图1.3(a) 所示;如果辐射器大、距离远,接收器小,此时光学组件就是一个集中器(concentrator),如图1.3(c) 所示;如果辐射

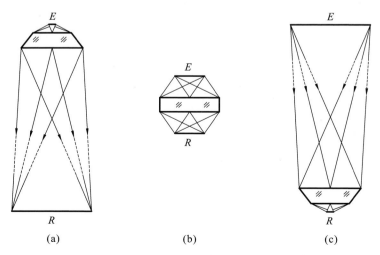

图1.3　(a) 如果辐射器(E) 小,接收器(R) 大,光学组件是准直器;(b) 如果辐射器及接收器都小,光学组件是聚光器;(c) 如果辐射器大,接收器小,光学组件是集中器

器与接收器大小相似,则光学组件就是一个聚光器(condenser),如图 1.3(b)所示。

手电筒是准直器的一个例子:光线(r)从手电筒里的小光源投射出来,照在大面积的壁(R)上,如图 1.4(a)所示。放大镜是集中器的一个例子:我们可以用放大镜来收集太阳光线,并将其聚集在一个小小的接收器(R)上,见图 1.4(b)。

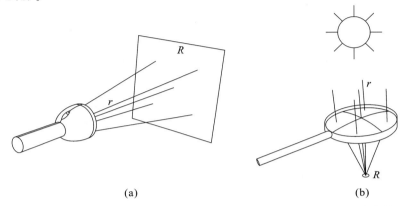

图 1.4 (a) 准直器的例子:手电筒;(b) 集中器的例子:朝向太阳的放大镜

图 1.5(a) 显示了由一个光学组件(在这个例子当中是一个透镜)、一个辐射器,以及一个接收器组成的光学系统;图 1.5(b) 所示是同一系统的示意图。为了简洁起见,以后我们会常用这种示意图来表示光学系统。

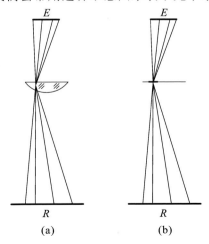

图 1.5 (a) 由辐射器、接收器,以及光学组件(透镜)组成的光学系统;(b) 该系统的示意图

图 1.6 显示了一个辐射器,其辐射光线的最大角度是 α。在图中有两个不

同的光学组件 O_1 和 O_2，它们接收到的光线是一样的。

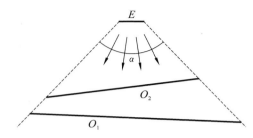

图 1.6 光学组件 O_1 及 O_2，辐射器(E)的大小及孔径角(α)都一样，因此它们从光源收集到的光能是一样的

当我们在不同的光学系统中，使用大小不一样的光学组件，纵使这些系统的最终菜单显示一样，但是从系统设计的角度来看，组件大小的影响是很大的。

1.2 准直器：大面积接收器的照明

考虑图 1.7(a)所示的情况：一个小的辐射器(E)，以及一个大的接收器(R)，辐射器的光线辐射角度是在 α 角内。从 E 发出的光线可以通过准直器光学组件(O_1)传输到 R 上去，如图 1.7(b)所示。但是，它也可以通过一个较小的准直器光学组件(O_2)把光线从 E 传到 R 上去，如图 1.7(c)所示。从实际应用的角度看，小的准直器光学组件会更好，因为制造、包装、运输的成本都比较低，并且在安装时它所占据的体积也比较小。

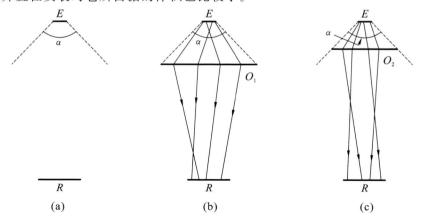

图 1.7 (a)小辐射器 E，大接收器 R，从 E 发出的光线传播角范围是 α；(b)大准直器光学组件(O_1)把从 E 发出的光线传到 R 上；(c)小准直器光学组件(O_2)把从 E 发出的光线传到 R 上

一般而言,体积小且效率高的准直器光学组件比较有优势,因为其成本较低。这里的高效率指的是光学组件可以把辐射器发出的所有光能都传送到接收器上去。

在图 1.2 中我们已经看到,如果尝试令光线挤过一个小面积,则光束扩散角会增加,这就是所谓的光学扩展量守恒。

在图 1.8 中我们看到一个小的辐射器(E)、一个大的接收器(R),以及一个准直器光学组件(O_1)。现在考虑准直器上的一个小区间(da_1),光线通过 da_1 后所张的角度为 θ_1,而且局限在光线 r_1 与 r_2 之间(r_1 与 r_2 分别是从辐射器的两个端点发出的光线)。这个准直器光学组件是高效的,因为所有从 E 发出而投射在它上面的光线都会被传到 R 上去。

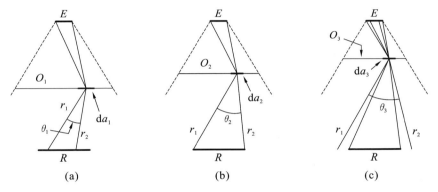

图 1.8 　(a) 从 E 发出的光线通过(较大的)光学组件 O_1 的 da_1 区间后落在 R 内;(b) 最佳方案:从 E 发出的边缘光线传到 R 的边缘上;(c) 光学效率低:从 E 发出的一些光线通过(较小的)光学组件 O_3 的 da_3 区间后落在 R 外

现在考虑图 1.8(b) 中较小的光学组件 O_2,从 E 传到 R 上的光能与前面的例子一样。由于 O_2 比 O_1 小,所以在 O_2 上的小区间 da_2 也比 O_1 上对应的小区间 da_1 小。从 E 发出相交于 da_2 的光线与从 E 发出相交于 da_1 上的光线是一样的。但是因为光学扩展量守恒,而 da_2 的面积比 da_1 的小,所以 θ_2 比 θ_1 大,那么从辐射器边缘发出的光线 r_1 和 r_2 就会投射在接收器两边的边缘上。光学组件 O_2 也是高效的,因为它把所有从 E 发出的能量都传到 R 上去了。

现在考虑图 1.8(c) 中更小的光学组件 O_3,它从 E 接收同样的光线,然后再传到 R 上去。由于现在 O_3 比 O_2 更小,所以 O_3 上的小区间 da_3 也比 O_2 上对应的小区间 da_2 小。同样因为光学扩展量守恒,而 da_3 的面积比较小,所以 θ_3 比 θ_2 大。我们在图 1.8(b) 中看到,光线 r_1、r_2 刚好投射在接收器的边缘上,而在图 1.8(c) 中 θ_3 大于 θ_2,那么 r_1、r_2 在通过 O_3 后就会投射在接收器的外面。所以光学组件 O_3 是低效的,因为它不能把所有从 E 发出的能量传到 R 上去。

所以,图 1.8(b) 给出了最佳解决方案。从辐射器 E 发出的边缘光线 r_1、r_2 通过 da_2 后会在 θ_2 的角度范围内传播,θ_2 就是在没有能量损耗前提下的最大传播角。在较小的传播角 θ_1 下仍然可以把所有光线传到 R 上去,所以这还是一个高效光学组件,但是对应的 da_1(及组件 O_1)却没有必要那么大。相反,更大的角度 θ_3 虽然可以减小光学组件 O_3(及对应的 da_3)的面积,却不能把所有的光线传到 R 上去,所以 O_3 是一个光学效率低的组件。

在这里,我们可以得出一个结论:对准直器而言,系统的效率与组件的大小关系是可以由边缘光线原理(edge-ray principle)决定的。

图 1.9 显示的系统与图 1.8 的一样,并进一步显示了对应的透镜。

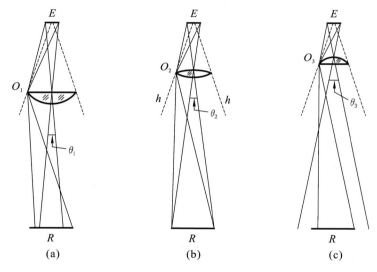

图 1.9　在图 1.8 所示系统中显示了真正的透镜。(a) 高效光学组件,但体积过大;(b) 最佳光学组件;(c) 光学组件体积小,但效率低

图 1.8(b) 显示了从辐射器(E)发出的边缘光线怎样通过光学组件的一个任意的小区间 da_2 后投射在接收器的两端。图 1.10(a) 所示的为光学组件的示意图,该光学组件必须服从边缘光线原理:从辐射器 E_1 边缘发出的光线投射在组件的 P 位置上后,必须传到接收器的 R_2 边缘上;从辐射器 E_2 边缘发出的光线,通过任意的 P 位置后,必须传到接收器的 R_1 边缘上。图 1.10(b) 显示了该组件实际对应的透镜。

将光线从辐射器(E)传到接收器(R)的一个方法是把辐射器的中央部分聚焦到接收器的中央,如图 1.11(a) 中的光学组件 O_1。但是在一般的情况下,该光学组件并不满足边缘光线原理:辐射器发出的边缘光线并不会聚焦在接收器的边缘上,反而是分布在接收器的表面,如图 1.11(b) 所示。该光学组件比

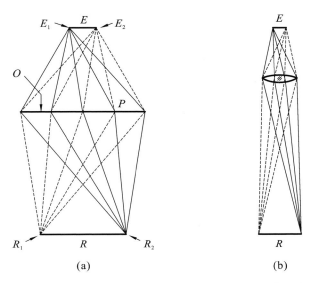

图 1.10　（a）示意图：准直光学组件（O）将辐射器（E）的边缘光线传到接收器的边缘上；

　　　　（b）实体图：显示了真正的透镜

较大，而且必须要放在距离辐射器比较远的地方，因此辐射器（E）与光学组件（O_1）占用比较大的体积（V_1）。该光学组件（O_1）适用于位处扩展辐射器（E）中央的点光源，而且，它比辐射器（E）大。因此，O_1 被称为点光源光学组件。

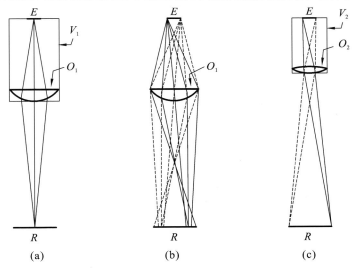

图 1.11　（a）光学组件 O_1 用来将 E 的中央部分聚焦到 R 的中央，它占用比较大的体积 V_1；

　　　　（b）光学组件 O_2 不满足边缘光线原理，从 E 边缘发出的光线没有投射在 R 的边缘上；（c）光学组件 O_2 满足边缘光线原理，而且占用的体积 V_2 比较小

然而,我们也可以设计另外一款满足边缘光线原理的光学组件 O_2。图 1.11(c) 所示光学组件 O_2 从 E 接收并传到接收器上的光能与 O_1 的一样,但是 O_2 及辐射器仅占用较小的体积 V_2,且 O_2 是针对辐射器的边缘区域而设计的,可以覆盖整个辐射器。因此,O_2 被称为扩展光源光学组件。

如图 1.12 所示,准直器 O_2 的接收器通常比较大,而且距离比较远。在极限情况下,会有一个无限大的接收器放在无限远的距离处。从扩展光源发出,通过准直器光学组件后的光线的传播方向,需要在一定的角度范围(α)内,才可以照亮整个接收器(见图 1.12(a))。也就是说,当从光学组件(O_1)的位置看过去,接收器所张的角度就是 α。如果从 O_1 出来的光线的传播角大于 α,光线将会投射在接收器外,从而导致较低效率。

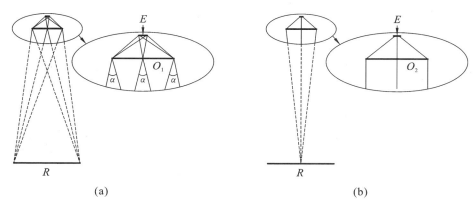

| (a) | (b) |

图 1.12　大面积接收器 R 放在距离 O_1 及 O_2 较远处,在极限情况下,接收器会是无穷大而且在无穷远处。(a) 从扩展光源光学组件(O_1)发出的光线需要落在 α 角度范围内以照亮 R;(b) 点光源光学组件 O_2 将从辐射器中央发出的光线变成平行光线再传到 R 的中央去

图 1.12(b) 所示的为一个与点光源配用的准直器(O_2),它把光源(辐射器 E)的中央部分聚焦到目标(接收器 R)的中央。在极限情况下,R 将在无限远的地方,那么从准直器发出的光线会彼此平行。

图 1.13 所示的为另外一款准直器,其中三个例子中的辐射器都是一样的,接收器都放置在很远(无穷大)的距离,从这些光学组件的位置看过去,每一个接收器所张的角度都是 α。

图 1.13(a) 所示的为一个根据边缘光线原理设计的扩展光源光学系统(见图 1.12(a)),其出光孔径(exit aperture)为 a_1,在出光孔径上每一束辐射光线的角度为 α。该光学组件的名字是 RXI,它是一个小巧且高效的组件(详情可参考第 9 章)。图 1.13(b) 所示的为一个点光源光学系统(见图 1.12(b)),其拥有

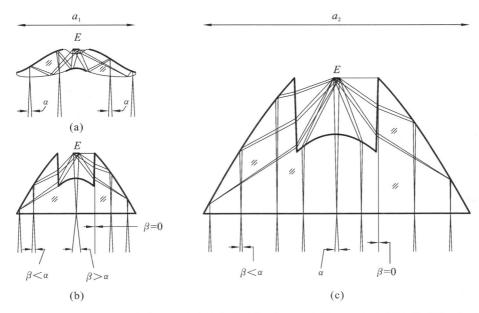

图 1.13　（a）根据边缘光线原理设计的光学系统，小巧且高效；（b）点光源光学系统，小巧
但低效；（c）点光源光学系统，高效但体积大

同样的辐射器（E）及出光孔径 a_1。在出光孔径的某些位置上，辐射光线的孔径角 β 小于 α，因此所有的光线都会投射在接收器上。但是在其他位置上，辐射光线的孔径角 β 大于 α，因此一些光线会因落在接收器外而被浪费掉。所以该光学组件虽小巧，但效率低。图 1.13（c）所示的也是一个点光源光学系统（见图 1.12（b）），其辐射器（E）相同，但是出光孔径 a_2 较大。在整个出光孔径上，辐射光线的孔径角 $\beta \leqslant \alpha$，因此所有的光线都会投射在接收器上。该光学组件是高效的，但并不小巧。

图 1.14 所示的左边是一个 RXI，右边是一个点光源光学系统，它们的出光孔径都是 a_1，对应图 1.13（a）及图 1.13（b）中的两个系统。在图 1.14 中光学组件是朝上的，在图 1.13 中光学组件是朝下的。

图 1.14　具有相同出光孔径的 RXI（左边）及点光源光学系统（右边）（由 Light Prescriptions Innovators 公司提供）

1.3 集中器：小面积接收器的照明

对准直器而言，光学组件的体积越小越好。但是对集中器光学组件而言，情况刚好相反。集中器孔径越大，它从光源（辐射器）捕获的光线越多。图 1.15(a) 所示的为一个大辐射器、一个小接收器，以及两个集中器光学组件（O_1 及 O_2）。这两个光学组件获取的接收器的面积，以及接收器对其所张的角度（α）都是一样的，所以它们把光线传到 R 上去的能力是一样的。但是光学组件 O_2 太阳能集中器比较大，所以从辐射器捕获的光线也比较多。

图 1.15(b) 所示的为相同的系统，但是这时候 O_1 及 O_2 被用作太阳能集中器。因为 O_2 的体积比较大，所以它可以捕获更多的太阳光线，再传到接收器上去。

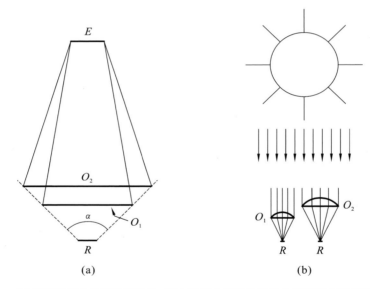

图 1.15　(a) 相对于较小的光学组件 O_1，较大的集中器光学组件 O_2 可以从辐射器捕获更多的光线并传到接收器上；(b) 在本图例中，光源是太阳，O_1、O_2 就是太阳能集中器

一般而言，人们喜欢大尺寸且高效率的集中器光学组件，因为它可以把从辐射器捕获的光能最大化。在这里，高效率指的是组件可以把从辐射器发出的所有的光能都传送到接收器上去。

图 1.16(a) 所示的为一个大的辐射器（E）、一个小的接收器（R），以及一个集中器光学组件 O_1。现在考虑在 O_1 上的一个小区间 da_1。通过 da_1 且局限于 r_1 及 r_2 之间的光线都会落在接收器 R 上。因为 O_1 小，da_1 也小，因此角度 θ_1 会相对较大（光学扩展量守恒）。虽然光线 r_1 及 r_2 会落在 R 上，但是如果我们往回

看,可以看到辐射器并没有延伸到那么远,因此在那些方位上就没有输入光线。然而,这里的光学组件仍然是高效的,因为它把所有从 E 发出的光线都传到 R 上去了。

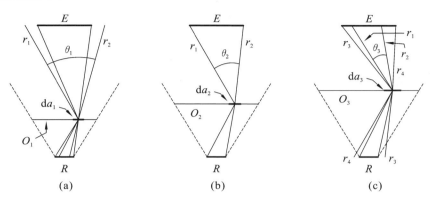

图 1.16　(a) 在小光学组件 O_1 上的小区间 da_1 虽然可以接收从 r_1 及 r_2 方向投射过来的光线,但是辐射器却不够大,所以没有光线从那些方向发过来;(b) 最佳情况:从辐射器边缘发出的光线传到接收器的边缘上;(c)O_3 比较大,从辐射器发出来的光线通过 da_3 之后会落到接收器的外面,因此这是一个低效组件

现在考虑图 1.16(b) 中较大的光学组件 O_2。因为 O_2 比 O_1 大,其上的小区间 da_2 也比对应的 da_1 大。根据光学扩展量守恒原理,角度 θ_2 会比 θ_1 小,那么从 E 边缘发出的光线 r_1 及 r_2 会传到 R 的边缘上。这里的光学组件是高效的,因为它把所有从 E 发出的光线都传到 R 上去了。

在这里,从 da_1 传到 R 上的光线与从 da_2 传到 R 上的光线是一样的。也就是说,da_1 与 R 之间的光通量传送率与 da_2 与 R 之间的光通量传送率一样。但是在图 1.16(a) 的情况下,因为在 r_1 及 r_2 方向上并没有光线输入,所以传输能力并未全面发挥。

现在考虑图 1.16(c) 中更大的光学组件 O_3。因为 O_3 比 O_2 大,其上的小区间 da_3 也比对应的 da_2 大。根据光学扩展量守恒原理,角度 θ_3 会比 θ_2 小。在图 1.16(b) 中,落在接收器边缘的光线(r_1 及 r_2)是从辐射器边缘发出的。因为现在角度 θ_3 比较小,则投射在接收器边缘的光线会从辐射器内部发出,从辐射器边缘发出的光线 r_3 及 r_4 会投射在接收器外面。所以这里的光学组件是低效的,因为它不能把所有从 E 发出的光线传到 R 上去。

所以,图 1.16(b) 给出了最佳解决方案。从辐射器 E 发出的边缘光线 r_1 及 r_2 通过 da_2 后会在 θ_2 角度范围内传播。θ_2 是在没有能量损耗前提下的最小传播角,这也是边缘光线原理的应用。在一个较大的传播角 θ_1 下仍然可以把

所有的光线传到 R 上去,此时其仍然是一个高效光学组件。但是对应的 da_1(及组件 O_1)事实上可以更大以便从 E 捕获更多光线。相反,更小的角度 θ_3 虽然增加了 da_3(及组件 O_3)的面积,但是一些光线将落在 R 外面,从而降低了组件的效率。

图 1.16(b) 显示了从辐射器(E)发出的边缘光线怎样通过光学组件的一个任意小区间 da_2 后投射在接收器的两端。

图 1.17 所示的为图 1.16 所示系统的实体图,显示了真正的透镜。

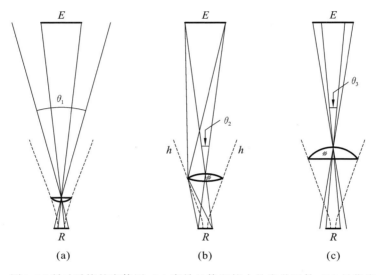

图 1.17　图 1.16 所示系统的实体图。(a) 高效且体积较小的光学组件;(b) 最优光学系统;
　　　　(c) 体积大且低效的光学组件

图 1.18(a) 所示的为该光学组件的示意图,该光学组件必须服从边缘光线原理:从辐射器 E_1 端发出的光线投射在组件的任意点(P)后,必须传到接收器的 R_2 上;从辐射器 E_2 端发出的光线,通过任意的点 P 后,必须传到接收器的 R_1 边上。图 1.18(b) 显示了该光学系统实际对应的透镜实体图。

如图 1.19 所示,集中器光学系统的辐射器面积较大,而且到 O_1 的距离较远。在极限情况下,我们将会有一个无穷大的辐射器放在无穷远处,而该辐射器对光学组件 O_1 所张的孔径角大小为 α。从 E 发出的边缘光线在 O_1 上的夹角是 α。由于在角度 α 内的光线都会被集中器光学组件传到 R 上去,因此该角度 (α) 就是 O_1 的全接收角(total acceptance angle)。

图 1.20 所示的为由两个光学组件组成的集中器系统,该系统包含一个圆盘形接收器(R),且辐射器的孔径角大小为 α。

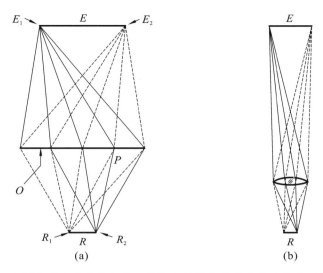

图 1.18　（a）示意图：集中器光学组件 O 将从辐射器发出的边缘光线传到接收器的边缘上；（b）实体图：显示了真正的透镜

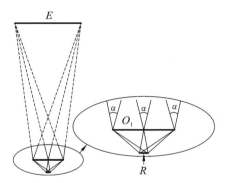

图 1.19　辐射器 E 具有非常大的尺寸且离集中器十分遥远。在极限情况下，当辐射器为无穷大及处于无穷远时，在光学组件 O_1 上光线间的夹角是 α，这也就是集中器的全接收角

该系统包含一个主组件（m_1）及一个次组件（m_2），它们是根据边缘光线原理设计的。在大孔径 a_1 上，每一点的接收角（α）是常数。

在抛物面反射器边缘上的接收角为 α，但是在其他位置上的接收角为 β（$> \alpha$）。该反射器会把所有从辐射器发出的光线传到接收器上。纵使接收器的孔径角是 α，但是因为我们将反射器上的接收角增加到一个比较大的 β 值，所以，可以用比较小的孔径 a_2。关于圆盘形接收器边缘光线的讨论将会留在以后的章节中。

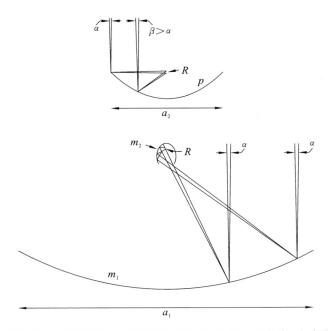

图 1.20　由主组件 m_1 及次组件 m_2 组成的大型系统。孔径 a_1 比较大。在该孔上每一点的接收角都是 α。较小的抛物面反射镜 p 的孔径 a_2 也比较小，它把光线传到同样的接收器 R 上

1.4　准直器及集中器的小结

图 1.21 与图 1.22 是对准直器及集中器以上讨论的总结。图 1.21 所示的为准直器的情况。中央的光学组件对应的是最佳解决方案，它根据边缘光线原理设计而成。左边的光学组件虽然高效，但体积偏大。右边的光学组件虽然体积小，但低效。图 1.21 中所有光学组件从辐射器（E）捕获相同的光能。

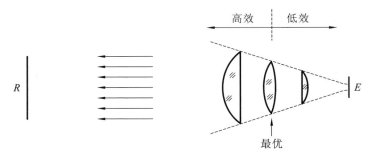

图 1.21　准直器光学组件、辐射器及接收器。中央的光学组件是最佳解决方案；左边的组件虽然高效，但体积偏大；右边的组件虽然体积小，但低效

图 1.22 所示的为集中器的情况。最佳的设计仍然是中央的光学组件,它根据边缘光线原理而设计。左边的光学组件虽然体积足够大,但低效。右边的光学组件虽然高效,但体积偏小。图 1.22 中所有光学组件把光传到接收器(R)的效能相同。

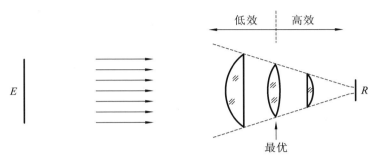

图 1.22 集中器光学组件、辐射器及接收器。中央的光学组件是最佳解决方案;左边的组件虽然体积大,但低效;右边的组件虽然高效,但体积偏小

根据边缘光线原理设计的光学组件会将从光源 E_1 端发出的光线传到接收器的 R_2 端上,将从光源 E_2 端发出的光线传到接收器的 R_1 端上,见图 1.23。

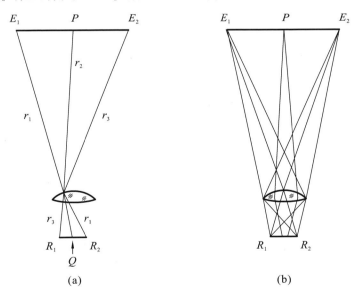

(a) (b)

图 1.23 (a) 从辐射器发出的边缘光线(r_1 及 r_3)被传到接收器的边缘上,因此从辐射器内部发出的一条光线(r_2)会被传到接收器内部的一点上;(b) 根据边缘光线原理设计的光学组件不一定会把辐射器上的点 P 聚焦到接收器的点 Q 上,因为该光学组件的设计目标并不需要成像,因而被称为非成像光学

但是，从辐射器内部任意一点 P 发出的光线却不受任何限制，即从点 P 发出的光线不会会聚在接收器的一点上，也就是不会成像，见图1.23(b)。正因为这个原因，这一光学领域被称为非成像光学(nonimaging optics)。

如图1.23(a)所示，如果从辐射器边缘发出的光线(r_1 及 r_3)会投射在接收器的边缘上，那么任何一条从辐射器内部发出的光线(r_2)都会投射在接收器上。因为这个原因，非成像光学的边缘光线原理保证了所有从辐射器发出而被光学组件接收的光线都会被传到接收器上。

1.5　准直器的误差

完成了光学系统的设计后，我们会将其送去制造生产。但是制造的过程往往会引起各种各样的误差(tolerance)，如光学表面的瑕疵，以及组件组装误差。同时，使用的过程也会引入其他的误差，如各组件之间相对位置的改动，以及因时间历程导致系统表现的退减。换言之，光学系统的制造、组装，以及使用过程会引起很多的问题，因此必须设计对这些误差具有容忍度的光学系统。

具有高容忍度的设计可以使制造与组装的过程变得比较简单，而且使用上也方便，从而达到降低生产成本的效果。

图1.24(a)显示了一个完美的光学组件，它可以将辐射器(E)上的一点聚焦到接收器(R)上。但是，在将该光学组件做成产品的过程中往往会引入误差，如光学组件表面(s)的起伏不平(见图1.24(b))将导致光线不会聚焦到 R 的一点上，而是散布在一定的区域范围内。制造误差往往是随机的，因此光线也会以随机的方式偏离理想的传播路径。

现在考虑图1.25(a)中的接收器、辐射器，以及非成像准直器光学组件(孔径 AB 的大小为定值)。因为从 E 边缘发出的光线会传到接收器的边缘上，所以该光学组件可以照亮整个接收器。现在假设要将所有的光线传到 R 上一个比较小的区间中，并减少光斑的面积，则我们可以将准直器上的一个小区间的面积从 a_1 增加到 a_3。由于光学扩展量守恒，角度 α_1 会减小到 α_3，那么 a_3 就会产生一个比较小的光斑(见图1.25(b))。但是，因为该光学组件的孔径 AB 的大小是固定的，那么在光学组件的其他部位(如 a_2)就会相对地减小到一个比较小的面积(a_4)。同样，由于光学扩展量守恒，α_2 必须增加到 α_4，这会令通过的光线分布在一个比较大的区域上，产生的光斑面积(s)也比较大。因此，我们可以得出以下结论：通过非成像光学组件产生的光斑是不能再减小的，图1.25(a)所示的非成像光学组件可以使通过其表面的光线角度分布达到最小值。

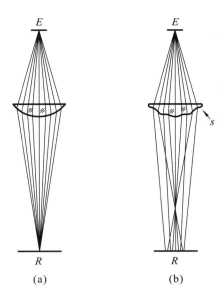

图 1.24　(a) 完美的光学组件可以把辐射器上的一点聚焦到接收器的一点上；(b) 制造过程中的误差导致光学表面(s)上的瑕疵，当光线通过这样的表面时会被散射，所以不能聚焦到一点上

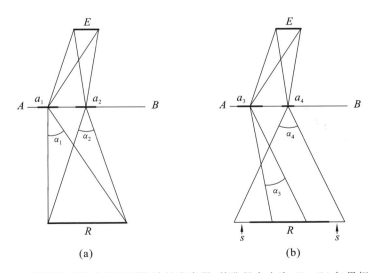

图 1.25　(a) 根据非成像光学原则设计的准直器，其孔径大小为 AB；(b) 如果把 a_1 增加到 a_3，α_1 就会减小到 α_3，从而在 R 上照亮一个较小的区域；同时 a_2 也会随之减小到 a_4，而 α_2 则增加到 α_4，产生一个较大的光斑

图 1.26 所示的是图 1.25 所示系统的实体图。

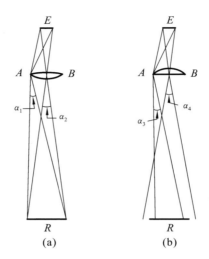

图1.26　图1.25所示系统的实体图,显示了真正的透镜。(a)根据非成像光学原则设计的
　　　　系统;(b)如果孔径AB的大小为定值,在通过光学组件某一部位后,如果光线的
　　　　角度分布缩减到 α_3,那么从其他部位通过的光线的角度分布会增加到 α_4

　　我们已经解释过制造、组装及使用过程引起的误差会使光线通过光学组件时产生漫射,从而增加光斑的大小。但是在非成像光学的设计过程中,我们是以最小光斑作为起点的,因此即便引入了误差,光斑仍然是最小的。所以非成像光学的设计原理可以使准直器对误差的容忍度提升至最高。

　　图1.27(a)显示了一个辐射器、一个理想的非成像光学组件(孔径AB),该光学组件在接收器上产生一个光斑。根据设计,光斑的大小小于R。图1.27(b)显示了同样的光学组件,但是这个组件现在包含了在制造、组装,以及使用过程中所引入的误差。因为这些误差的存在,光线在通过组件后产生漫射,所以会照亮整个接收器。

　　图1.27(c)显示了一个辐射器、一个非理想的光学组件(孔径AB),该光学组件在接收器上也产生一个光斑。然而,该光学组件并不是根据边缘光线原理设计的,所以它产生的光斑比图1.27(a)中的光斑大。图1.27(d)中的光学组件与图1.27(c)中的一样,且显示了一个真实的光学组件,包含了上面提到的各种误差。这些误差会导致光线的漫射,从而使光线分布在一个比接收器更大的区域上(见图1.27(d)中的光线 r)。因为光线现在会投射在接收器外,该光学组件的效率因而降低。

　　由此可见,根据非成像光学原则设计的组件(见图1.27(a))对误差的容忍度比较高,而且可以维持效率,纵使有制造误差或其他误差,所有的光线还是会落在接收器上。但是,图1.27(c)所示的非理想光学组件对误差的容忍度比

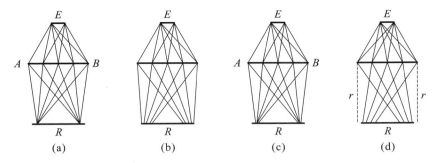

图 1.27　(a) 理想的非成像光学组件在接收器里产生理想的 (最小) 光斑分布；(b) 包含制造误差的非成像光学组件对光线有漫射的作用，所以现在会照亮整个接收器；(c) 非理想光学组件在接收器产生的光斑会比理想光学组件产生的光斑大；(d) 包含制造误差的非理想光学组件因为漫射作用，光线会投射到接收器外而丢失

较低，不能够维持效率，在有制造误差或是其他误差的情况下，光线会落在接收器外，从而降低效率。

1.6　集中器的误差

与准直器一样，集中器在制造、组装及使用的过程中都会引入误差，这些误差令光线在通过集中器光学组件时产生漫射。图 1.28(a) 显示了一个非成像集中器 O_1，投射在点 P 上的入射光线通过光学组件后会落在角度 β_1 内，并照亮整个接收器。该光学组件在制造或使用过程中引入的误差会使光线通过光学组件时产生漫射，如图 1.28(b) 所示。局限在光线 r_1、r_2 之间的光线通过点 P 后会在一个比较大的传播角 β_2 内前进，其中一些光线会投射在接收器外导致效率降低。

通过点 P 传到接收器上的光线现在局限在光线 r_3 与 r_4 之间，源于辐射器内部一个比较小的区域 $(E_3 E_4)$。辐射器是从 E_1 延伸至 E_2，因此组件误差使得在点 P 上的接收角减小到 α_2。

现在考虑图 1.29(a) 所示的非成像集中器 (孔径大小固定为 AB)、辐射器，以及接收器。该光学组件可以捕获所有从辐射器发出的光线，因为从 E 发出的边缘光线均被传到 R 的边缘上。现在假设要增大组件的接收角 α，使得该光学组件可以把从一个比 E 大的辐射器发出来的光线都捕获起来。要达到这个目标，我们可以把集中器上的一个小区间的面积从 a_1 减小到 a_3。由于光学扩展量守恒，角度 α_1 会增加到 α_3，而 a_3 的接收角就会随之增加到 α_3 (见图 1.29(b))。但是，因为该光学组件的孔径 AB 的大小是固定的，那么在光学组件的其他部

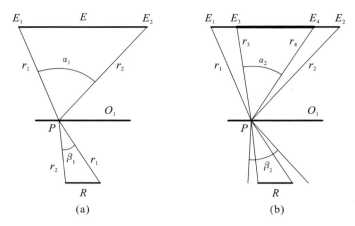

图 1.28 (a) 投射在光学组件 O_1 上点 P 的接收角是 α_1,从点 P 出来的光线落在角度 β_1 内;(b) 组件误差使光线产生漫射,所以光线在离开点 P 时会落在较大的角度内,接收角减小到 α_2

位(如 a_2)就会相对地增加到较大的面积(a_4)。同样,由于光学扩展量守恒,α_2 必须减小到 α_4,这会令到 a_4 的接收角变小。一些从辐射器外缘发出的光线(包括 r_1、r_2)将会投射到接收器外面,从而降低组件效率。因此,非成像光学组件的接收角是不能再增大的,图 1.29(a) 所示的非成像光学组件可以使其在整个表面上的接收角(α)达到最大值。

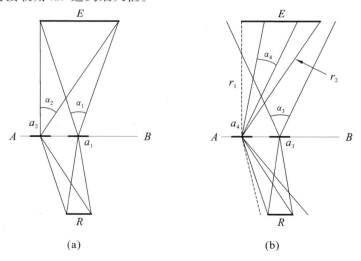

图 1.29 (a) 非成像集中器,孔径 AB 大小为定值;(b) 将 a_1 减小到 a_3,就可以将接收角从 α_1 增加到 α_3;但是随之 a_2 增加到 a_4,α_2 减小到 α_4,从而导致光线(包括 r_1、r_2)的丢失

图 1.30 所示的是图 1.29 所示系统的实体图,其中显示了真正的透镜。

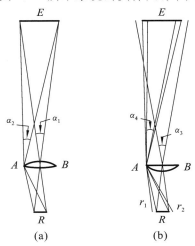

图 1.30　图 1.29 所示系统的实体图,显示了真正的透镜。(a) 非成像光学;(b) 当组件的孔径 AB 固定时,在组件某些点上的接收角如果增加到 α_3,那么在其他位置上的接收角 α_4 会变小

　　我们已经解释过制造、组装及使用过程引起的误差会使光线通过光学组件时产生漫射,从而减小接收角。但是在非成像光学的设计过程中,我们是以最大接收角作为起点的,因此,即便引入了误差,接收角仍然是最大的。所以非成像光学的设计原理可以使集中器对误差的容忍度提升至最高。

　　图 1.31(a) 显示了一个理想非成像集中器光学组件(孔径 AB)。在点 P 上的接收角为 α_1,比辐射器的孔径角大。在组件制造及使用过程中引起的误差会导致光线的漫射,那么一些在 r_1 与 r_2 之间的光线会投射在接收器外面,见图 1.31(b),所以接收角就减小到 α_2,但该接收角仍然足够大以至于可以捕获所有从 E 发出的光线。

　　图 1.31(c) 显示了一个非理想集中器光学组件(孔径 AB)。因为该光学组件并不是根据边缘光线原理设计的,它在点 P 的接收角(α_3)比较小。当光线通过实际光学组件时,局限在 r_3 与 r_4 之间的光线会被漫射,从而导致一个较小的接收角(α_4),见图 1.31(d)。现在该光学组件再也不能捕获所有从辐射器发出的光线,而且其中一些光线(包括 r_3、r_4)会投射在接收器之外,因而降低了效率。

　　由此可见,根据非成像光学原则设计的光学组件(见图 1.31(a))对误差的容忍度比较高,而且可以维持效率,纵使有制造误差或其他误差,所有从辐射器发出的光线仍会落到接收器内。但是,图 1.31(c) 所示的非理想光学组件对误差的容忍度比较低,不能维持效率,在有制造误差或是其他误差的情况下,

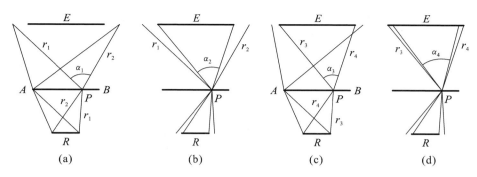

图 1.31　(a) 理想非成像光学组件,其接收角(α_1)比 E 的大;(b) 组件的制造误差导致光线漫射,接收角从而减小到 α_2;(c) 非理想光学组件,其接收角(α_3)比较小;(d) 非理想光学组件的制造误差进一步将接收角减小到 α_4,导致光线的丢失

光线会落在接收器外,从而降低效率。

1.7　不均匀光源

图 1.32　如果辐射器(E)是全面点亮而且辐射均匀,则光学组件将在接收器(R)上产生很均匀的照亮

当辐射器 E 上每一点的辐射强度都很均匀时,在接收器上的照亮分布也会很均匀,如图 1.32 所示。

但是并不是每一个辐射器都是均匀的。譬如,由多个独立小光源组成的辐射器的辐射强度就可能是不均匀的。又或许在将这些小光源组装时,因为组装误差,每个小光源的位置可能会有变化。以图 1.33 所示的装置为例, 因为组装位置误差(placement tolerance),辐射器的位置可以落在图中所示区域(t)内的任何位置。因为辐射器的位置变化,在接收器上的照亮情况也会有明显的差异,这对准直器光学组件而言是一个不可取的性质。

避免这种现象的一个方法是将两个光学组件组合使用,如图 1.34 所示。图 1.34(a) 显示了一个非成像光学组件 CD、辐射器 AB 和接收器 EF。图 1.34(b) 显示了另外一个非成像光学组件 EF、辐射器 CD 和接收器 GH。图 1.34(c) 所示的为由这两组光学组件组合所产生的装置,其辐射器是 AB,接收器是 GH。

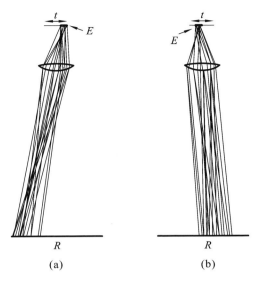

图 1.33　因为制造误差,辐射器(E)可能落在误差容许范围(t)内的任何位置上。因为 E
　　　　的位置不能被百分之百地控制,在接收器(R)上的照亮也会因无法完全控制
　　　　而变得不均匀

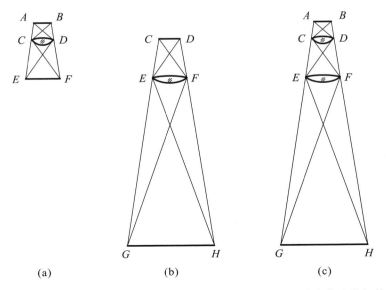

图 1.34　(a) 非成像光学组件 CD、辐射器 AB 及接收器 EF；(b) 非成像光学组件 EF、辐
　　　　射器 CD 及接收器 GH；(c) 由前述两个光学组件组成的装置,辐射器是 AB,接
　　　　收器是 GH

图1.35描述了这个装置的光学特性。由于组装误差,该装置中的小辐射器(E)可以在AB(位置误差t)之内的任何位置上。从辐射器E_1发出的光线r_1会投射在光学组件(CD)的点C上。因为该非成像光学组件(EF)的设计特性是可以与大小为CD的光源配用,因此该组件会把光线投射到接收器的H端上。同样,从辐射器E_1发出的光线r_2会通过光学组件的点D,而被非成像光学组件(EF)传到接收器的G端上。而且,任何从CD内部投射出的光线(r_3)通过EF后都会被传到GH内部。这些光线的路径与图1.23(a)中的光线路径非常相似(在图1.23(a)中,从E_1E_2内部点P发出的光线会被传到R_1R_2内部的点Q上)。因为在E_1位置上的辐射器可以把整个CD面照亮,所以在CD上任意点都会有光线通过,而这些光线将会被光学组件EF再散布在GH面内使其被充分照亮。

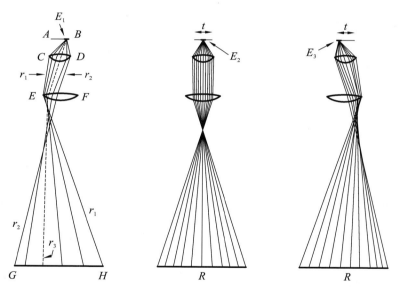

图1.35 纵使辐射器落在位置容许范围(t)的不同位置(E_1、E_2、E_3)上,光学组件仍然能照亮整个接收器(R,从点G延伸到点H)

纵使辐射器被移到其他位置(E_2或E_3)上,只要它还是在位置容许范围(t)内,在R上的照亮模式就会被近似地保持下来,如图1.35所示。

这套装置的另一个用途是混色(color mixing)。在图1.36中有两个光学组件:组件CD与辐射器AB及接收器EF配用,组件EF与辐射器CD及接收器GH配用。现在将该系统与一个含有三色光源(红光E_R、绿光E_G及蓝光E_B)的辐射器配用。当只有一个光源点亮时,接收器上的照亮会是单色的。但是,如果三个光源同时点亮,这三种颜色将在接收器上混合,从而使接收器表面呈现白光照亮。而且，即使这三个光源（E_R、E_G 及 E_B）的位置在容许范围（t，从点 A 到点 B）内变动，该系统的光学组件仍然能够维持在接收器上的照亮模式。

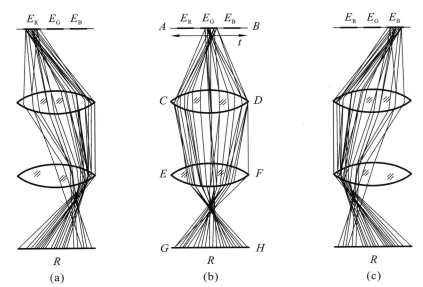

(a)　　　　　　　　　(b)　　　　　　　　　(c)

图 1.36　假设 E_R、E_G、E_B 代表不同颜色的光源（红光、绿光、蓝光），如果只点亮一个光源，则接收器上只有该光源的颜色；如果所有光源同时点亮，则这些不同光源在接收器上相混而呈现白光照亮。光源 E_R、E_G 及 E_B 在 AB 区间（位置容许范围 t）内的位置可以变动。图(a)、(b)、(c) 分别对应只有红光、绿光、蓝光被点亮的情况

　　刚刚讨论的概念也可以用在集中器上。在图 1.40 中我们看到，只要太阳光线的入射角在集中器的接收角内，这些光线都会被捕获并传到接收器上。但是这些光线可能会被聚到接收器的一个小点上，因此光照度极不均匀。对集中器而言，这是一个不太理想的情况。

　　避免这种现象的一个方法是将两个光学组件组合使用，如图 1.37 所示。图 1.37(a) 显示了一个非成像光学组件 CD（接收角为 2θ）及接收器 EF。图 1.37(b) 显示了另外一个非成像光学组件 EF、辐射器 CD 和接收器 GH。图 3.17(c) 所示的为由这两组光学组件组合所产生的装置（接收角为 2θ），其接收器是 GH。

　　图 1.38 描述了该装置的光学特性。即便太阳光线的入射角不一样，但只要是在接收角的范围之内，它们就都可以照到接收器面上，而且光照度可以维持均匀。该光学系统的作用原理与图 1.35 所示系统的类似。

　　如图 1.38(b) 所示，光线 r_1 的传播在组件 CD 的接收角范围内，所以会被传到接收器（EF）的一点上。如果光线 r_1 投射在光学组件（CD）的端点 C 上，因为 CD 是组件 EF 的辐射器，所以 r_1 会被 EF 传到接收器的一端上。光线 r_2 会

非成像光学导论(第二版)

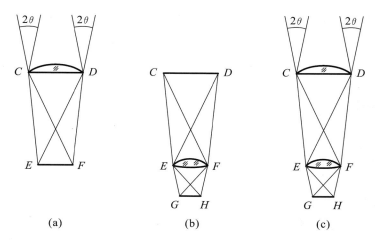

图 1.37 (a) 接收角为 2θ 的非成像光学组件 CD 及接收器 EF;(b) 非成像光学组件 EF、辐射器 CD 及接收器 GH;(c) 由前述两个组件组成的装置,其接收角为 2θ,接收器是 GH

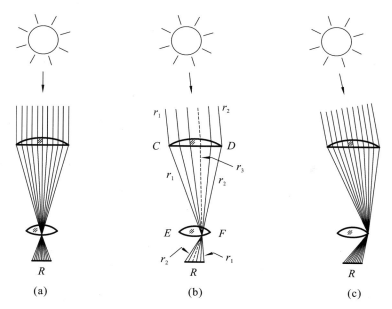

图 1.38 只要太阳光线的入射角在接收角范围之内,这些光线就都可以全面照亮接收器 (R)。图(a)、(b)、(c)显示了太阳光线从三个不同方向入射时通过系统的光路

经历类似的传播路径,因为 r_2 投射在 CD 的端点 D 上,它将被 EF 传到接收器 R 的另一端上。最后,任何落在 CD 接收角范围内的光线 (r_3) 将会被传到

EF(EF 是 CD 的接收器)的内部。对 EF 而言,光线 r_3 来自它的辐射器(CD)内部,所以组件 EF 会把该光线传到接收器(R)上。

1.8 太阳能集中器

太阳能集中器(solar concentrator)是非成像光学的一个主要应用。图 1.39(a)显示了一个入光孔径为 a_A、出光孔径为 a_2 的集中器,其接收角(接收器)为 α_A,半接收角为 $\theta_A = \alpha_A/2$。如果入射光线与垂直方向的夹角介于 $+\theta$ 与 $-\theta$ 之间,则这些光线都会被集中器接收。此集中器的几何集中率(geometric concentration)定义为 $C_A = \alpha_A/a_2$。图 1.39(b) 显示了另外一个集中器,它的入光孔径(a_B)比较大,而出光孔径(接收器)同样为 a_2。由于光学扩展量守恒,当入光孔径面积从 a_2 增加到 a_B,接收角将会从 α_A 减小到 $\alpha_B(=2\theta_B)$。任何辐射,只要相对于垂直方向的入射角在 $+\theta_B$ 与 $-\theta_B$ 之间,都会被该集中器接收。其几何集中率 $C_B = \alpha_B/a_2$,比 C_A 大。因此,图 1.39(a) 所示的集中器具有较低的集中率和较大的接收角,图 1.39(b) 所示的集中器具有较高的集中率和较小的接收角。

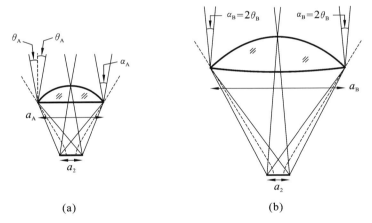

(a)   (b)

图 1.39   (a) 此系统的光学组件是一个低集中率光学组件,其孔径 a_A 比较小,接收角($\alpha_A = 2\theta_A$)比较大,接收器孔径为 a_2;(b) 高集中率光学组件,其孔径 a_B 比较大,接收角($\alpha_B = 2\theta_B$)比较小,接收器(a_2)尺寸一样

现在我们来考虑一个例子:用一个具有宽半接收角(低集中率)的光学组件来接收太阳光线,该组件是固定不动的。当太阳开始跨过天空时,它的光线与集中器轴线的夹角 $|\beta| > \theta$,如图 1.40(a) 所示。太阳光线投射在光学组件上,但落在接收器外,所以没有光线被捕获。慢慢地太阳光线与集中器轴线的夹角会变成 θ,而光线可以投射在接收器上被捕获。随着时间的推移,太阳光线与集中器轴线的夹角 $|\beta| < \theta$(见图 1.40(c)),光线仍然会投射在接收器上而

被捕获。最后，太阳光线与集中器轴线的夹角再一次变成 θ，然后会变成更大的角度 $\beta(>\theta)$，那时太阳光线再也不能投射在接收器上（见图 1.40(e)）。

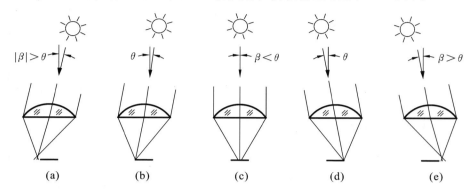

图 1.40　固定的太阳能集中器。当太阳跨过天空时，如果太阳光线相对于光学组件轴线的入射角在组件的半接收角之内，这些太阳光线就会被集中器捕获

　　当一个集中器根据非成像光学原则设计时，它的半接收角可以达到最大化。因此，根据同样原则设计的太阳能集中器即使固定不动，它能捕获太阳能的时间也会达到最大化。

　　现在我们来考虑另一个例子：用一个具有较小半接收角（高集中率）的光学组件来接收太阳能光线。因为接收角小，如果集中器静止不动，它能捕获太阳能的时间会很短。因此，我们必须令集中器追踪太阳的方位，而且要让它时常面向太阳，如图 1.41 所示。然而在真实的系统里，因为追踪系统的不精确性，集中器对太阳的指向常会有误差。对于某一太阳光线方向 s，如果其与集中器轴线的夹角介于 $+\theta$ 与 $-\theta$ 之间，集中器便能捕获该太阳光线。因此，集中器对太阳指向的容许误差是 θ。

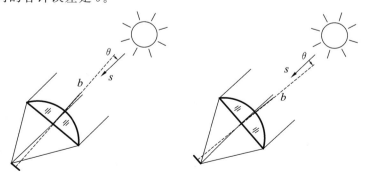

图 1.41　当指向太阳时，太阳能集中器在指向方向上的容许误差介于 $+\theta$ 与 $-\theta$（θ 是其半接收角）之间

当一个集中器根据非成像光学原则设计时,它的半接收角可以达到最大化。因此,它对太阳指向的容许误差也达到最大化。

在一些应用中,我们会把几个集中器组装起来形成一个模组。例如,在图1.42 中显示了一个由三个集中器组成的模组。该模组的指向是 u,但是由于组装误差,每一个独立的集中器的指向(v_1、v_2、v_3)会稍有差异。

如图 1.43 所示,对一个理想的集中器而言,如果光线入射角(β)落在半接收角(θ)范围内($|\beta|<\theta$),则所有光线会被捕获。但是,如果入射角落在半接收角范围之外($|\beta|>\theta$),则光线就不会投射在接收器上。图 1.43 所示的为对应的传输曲线。当 $|\beta|>\theta$ 时,传输率为 0,没有光线到达接收器;当 $|\beta|<\theta$ 时,传输率为 1,所有光线投射在接收器上。

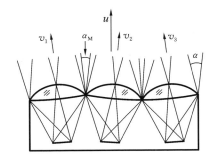 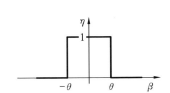

图 1.42　由三个独立的集中器(接收角为 α)组成的模组。由于组装误差,每一个集中器指向不同的方向(v_1、v_2、v_3),令模组接收角减小到 α_M

图 1.43　理想集中器。入射角 $|\beta|<\theta$ 时,光线会被接收;入射角 $|\beta|>\theta$ 时,光线无法被接收。传输曲线 $\eta(\beta)$ 呈阶梯形

然而,前述结果的前提是假设入射光线(r)为平行光束,如图 1.44(a) 所示。但是实际的太阳光线却有一个小的孔径角(α_s),如图 1.44(b) 所示。

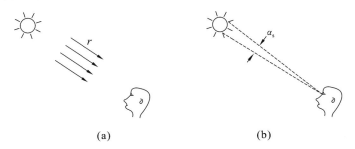

(a)　　　　　　　　　　(b)

图 1.44　(a) 在某些情况下,太阳光线可以近似为平行光;(b) 实际的太阳光线会有一个小的孔径角(α_s)

当将太阳光线的孔径角考虑进来时,理想集中器的传输曲线会不一样。

图 1.45 显示了集中器对孔径角为 α_s 的太阳光线的接收情况。

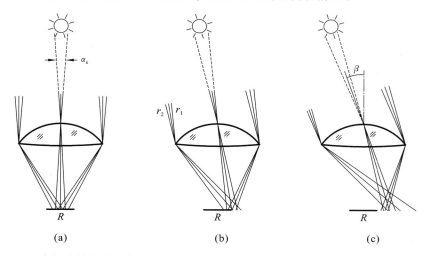

图 1.45   太阳光线的孔径角(α_s)虽然小,但不为 0。(a)所有太阳光线被捕获;(b)部分太
阳光线被捕获,部分太阳光线被丢掉,光线从被捕获到被丢掉的过渡是平缓的;
(c)没有太阳光线被捕获

　　如图 1.45(a)所示,当太阳光线以平行于集中器轴线的方向传播时,投射
在接收器上的所有光线都会被捕获;如图 1.45(b)所示,当入射角增加时,部
分光线(平行于 r_1)会投射在接收器的内部,另外一些光线(平行于 r_2)会投射
在接收器外部;如图 1.45(c)所示,当入射角(β)继续增加时,所有光线都会投
射到接收器外。当光线从完全被捕获变成完全被散失时,对应的传输曲线显示
出平滑过渡。图 1.46 所示的为传输曲线 $\eta(\beta)$ 对不同入射角 β 的示意图。其中曲
线 i 显示的是理想状况,即平行入射光线;曲线 r 显示的是真实状况,即入射太
阳光线分布在有限的孔径角范围内。

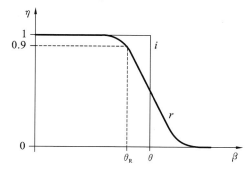

图 1.46   传输率对不同太阳光线入射角的示意图。曲线 i 为理想状况,即太阳光线互相平
行;曲线 r 为真实状况,即入射太阳光线具有有限的孔径角

当入射光线平行时,集中器的半接收角为 θ_g。当把太阳光线的孔径角考虑进来时,集中器的半接收角(θ_g)减小。通常 θ_g 会被定义为当集中器传输率降低到其极大值的 90% 时的角度[3,5]。

考虑另外一个更普遍的情况:非对称并具有内部损耗的光学组件。这时的传输曲线 $\eta(\beta)$ 也会不对称,最大效率 η_M 的值会小于 1,如图 1.47 所示,接收角 α 被定义为接收率等于 $0.9\eta_M$ 时的角度。一般而言,传输率是入射方向的三维函数,而接收角会被定义为接收率为 $0.9\eta_M$ 时对应的孔径角。这里的接收角(α)及最大效率(η_M)就是用来描述集中器的参数。

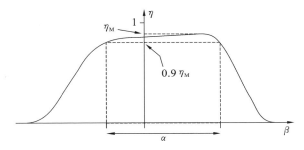

图 1.47　非对称并具有内部损耗的光学组件的传输曲线。最大效率是 η_M,接收角 α 被定义为接收率为 $0.9\eta_M$ 时的角度

如图 1.48 所示,各种各样的瑕疵及误差会进一步减小集中器的接收角。图中的集中器(O_1)在设计时的接收角为 α_1,制造误差(见图 1.24(b))令接收角

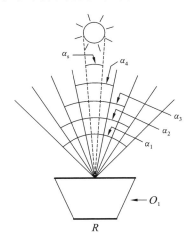

图 1.48　太阳能集中器(O_1)在设计时的接收角为 α_1,制造过程的误差将接收角减小到 α_2,组装误差再将其减小到 α_3,其他误差及瑕疵再将其减小到 α_4。α_4 必须要足够大才可以把孔径角为 α_s 的太阳光线捕获

减小到 α_2，组装误差（如图 1.42 所示）进一步将接收角减小到 α_3，其他误差及瑕疵（如追踪误差、风、尘、磨损等）进一步将接收角减小到最终的 α_4。这里 α_4 必须大于太阳光线的孔径角，以便捕获所有的光线。

在设计系统的时候，我们必须以一个比较大的接收角 α_1 作为设计的起点。这样才能使实际运行时组件最后的接收角足够大，从而保证系统的效率。

因此，可以将接收角看成是系统的误差预算（tolerance budget），它覆盖了其他因素所引起的误差，如光学表面、组装过程、安装过程、追踪器结构（tracker structure）、太阳能追踪（sun-tracking），以及太阳光线的角度分布。

1.9 光通量

可以通过某个孔径的光能与光源的亮度有关，也跟可以容许光通过的面积与角度大小有关。在图 1.49 中，光线入射在孔径 $\mathrm{d}x$ 上（这些光线以实线表示）。如果在旁边放置另外一个孔径 $\mathrm{d}x$，使孔径的大小加倍，那么可以通过的光线也会加倍（这些光线以虚线表示）。所以，通过一个孔径的光量与孔径的面积成正比：$\mathrm{d}\Phi \propto \mathrm{d}x$。

类似的讨论也可以应用在光线角度上。在图 1.50 中，一束光线在 $\mathrm{d}\theta$ 角度范围内投射在 $\mathrm{d}x$ 上（这些光线以实线表示）。如果我们把另外一束孔径角为 $\mathrm{d}\theta$ 的光线放在旁边，使全角度加倍，则通过的光线也会加倍（这些光线以虚线表示）。所以，通过一个孔径的光量也与角度成正比：$\mathrm{d}\Phi \propto \mathrm{d}x\mathrm{d}\theta$。

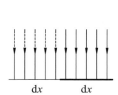

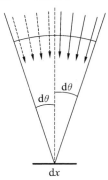

图 1.49　将孔径 $\mathrm{d}x$ 的面积增加，通过 　　　　图 1.50　增加通过光线的角度 $\mathrm{d}\theta$，通
　　　　　　的光量也会增加 　　　　　　　　　　　　　　过的光量也会增加

现在，如果投射在 $\mathrm{d}x$ 上的光线相对于 $\mathrm{d}x$ 法线方向的倾角为 θ，那么 $\mathrm{d}x$ 在光线入射方向上的投影面积为 $\mathrm{d}x\cos\theta$，见图 1.51。通过 $\mathrm{d}x$ 的光量减少因子就是 $\cos\theta$。所以 $\mathrm{d}\Phi \propto \mathrm{d}x\cos\theta\mathrm{d}\theta$。

所以，将光源的亮度（brightness，luminance）考虑进来，光通量（light flux）可以写成：

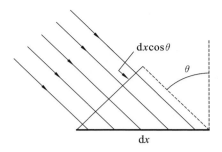

图 1.51　如果入射光线与 $\mathrm{d}x$ 法线方向的夹角为 θ，则 $\mathrm{d}x$ 在光线入射方向上的投影面积是 $\mathrm{d}x\cos\theta$，因此通过 $\mathrm{d}x$ 的光量正比于 $\mathrm{d}x\cos\theta$

$$\mathrm{d}\Phi = L\mathrm{d}x\cos\theta\mathrm{d}\theta \qquad (1.1)$$

其中，L 是光源的亮度。

　　三维空间的情况与此类似，只是光通量会正比于立体角（solid angle），而不是平面角。图 1.52 显示了一束光线通过面积 $\mathrm{d}A_{\mathrm{S}}$ 后投射在 $\mathrm{d}A$ 上，这束光线落在了由 $\mathrm{d}A_{\mathrm{S}}$ 所定义的立体角（$\mathrm{d}\Omega = \mathrm{d}A_{\mathrm{S}}/r^{2}$）里面。如果我们把另外一块面积 $\mathrm{d}A_{\mathrm{S}}$ 加在旁边，使立体角加倍，则通过的光线也会加倍（这些光线以虚线表示）。所以，在三维空间中，可以通过孔径（$\mathrm{d}A$）的光量与立体角成正比：

$$\mathrm{d}\Phi = L\mathrm{d}A\cos\theta\mathrm{d}\Omega$$

其中，θ 是入射光线方向与表面 $\mathrm{d}A$ 法线方向的夹角，见图 1.52(b)。

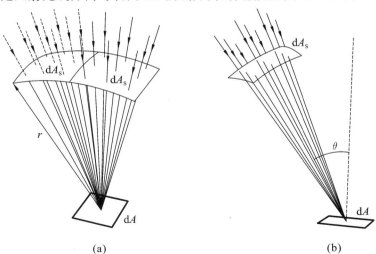

(a)　　　　　　　　　　　　　　(b)

图 1.52　光线的立体角定义为 $\mathrm{d}\Omega = \mathrm{d}A_{\mathrm{S}}/r^{2}$。(a) 把面积 $\mathrm{d}A_{\mathrm{S}}$ 加倍，立体角也随之加倍，于是通过的光线也加倍；(b) 光线的传播方向与 $\mathrm{d}A_{\mathrm{S}}$ 法线成 θ 夹角，因此通过 $\mathrm{d}A_{\mathrm{S}}$ 的光线会以 $\cos\theta$ 的倍率减少

现在回到二维空间的情况,式(1.1)可以写成

$$\mathrm{d}\Phi = L\mathrm{d}U \qquad (1.2)$$

其中

$$\mathrm{d}U = \mathrm{d}x\cos\theta\mathrm{d}\theta \qquad (1.3)$$

是光在真空或空气(折射率为1)中的光学扩展量。

如果面积 $\mathrm{d}x$ 是在 x_1 轴上,如图1.53所示,则式(1.3)可以写成

$$\mathrm{d}U = \mathrm{d}x_1\cos\theta_2\mathrm{d}\theta_2 \qquad (1.4)$$

该式可进一步改写成

$$\mathrm{d}U = \mathrm{d}x_1(\cos\theta_2\mathrm{d}\theta_2) = \mathrm{d}x_1\mathrm{d}(\sin\theta_2) = -\mathrm{d}x_1\mathrm{d}p$$

其中,$p = -\sin\theta_2 = \cos\theta_1$,如图1.53(b)所示,在这例子中,$p < 0, \sin\theta_2 > 0$。

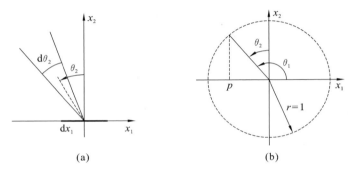

图1.53　在角度 θ 内的光线通过在水平轴上的一个小面积($\mathrm{d}x_1$)。(a)光线的传播方向与 $\mathrm{d}x_1$ 法线(x_2)方向的夹角为 θ_2;(b)考虑单位圆(半径 $r = 1$)上的一点 p,其坐标可以写成 $p = -\sin\theta_2 = \cos\theta_1$

图1.54与图1.53(a)类似,入射光线穿过在水平轴 x_1 上的 $\mathrm{d}x_1$,光线的角度落在向量[①] v_A 与 v_B 的夹角($\mathrm{d}\theta_2$)之内。

对应的光学扩展量可以写成 $\mathrm{d}U = -\mathrm{d}x_1\mathrm{d}p = -\mathrm{d}x_1(p_B - p_A) = \mathrm{d}x_1(p_A - p_B)$。现在我们可以用这个式子来描述辐射器 CD 与接收器 BA(在高度 h 处,见图1.55)间的光能交换。

从辐射器 CD 上某一点 $(x,0)$ 发出而投射在接收器 BA 上的光线,全都局限在由单位向量 v_A 及 v_B 定义的光锥内,v_A 与 v_B 可以写成

$$\begin{aligned}
v_A &= \frac{A-(x,0)}{\|A-(x,0)\|}\left(\frac{x_T-x}{\sqrt{(x_T-x)^2+h^2}}, \frac{h}{\sqrt{(x_T-x)^2+h^2}}\right) \\
v_B &= \frac{B-(x,0)}{\|B-(x,0)\|}\left(\frac{-x_T-x}{\sqrt{(-x_T-x)^2+h^2}}, \frac{h}{\sqrt{(-x_T-x)^2+h^2}}\right)
\end{aligned} \qquad (1.5)$$

---

① 向量在本书中同矢量。

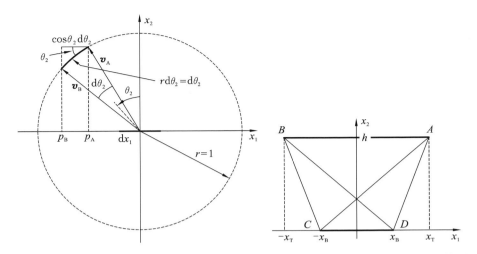

图 1.54　通过 $\mathrm{d}x_1$ 的光线落在向量 $\boldsymbol{v}_A$ 及 $\boldsymbol{v}_B$ 的夹角之内

图 1.55　辐射器 CD（从 $-x_B$ 延伸到 x_B），接收器 BA（从 $-x_T$ 延伸到 x_T），所在高度为 h

$\boldsymbol{v}_A$ 与 $\boldsymbol{v}_B$ 在水平方向（x_1）的坐标可以写成（见图 1.56）

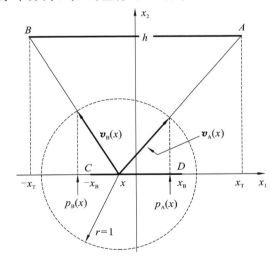

图 1.56　对从 CD 上每一点 x 发出而被 BA 捕获的光线的光学扩展量积分，就可以计算从 CD 发出而被 BA 捕获的光线的光学扩展量（从而决定光通量）

$$\begin{cases} p_A(x) = \dfrac{x_T - x}{\sqrt{(x_T - x)^2 + h^2}} \\[2mm] p_B(x) = \dfrac{-x_T - x}{\sqrt{(-x_T - x)^2 + h^2}} \end{cases} \qquad (1.6)$$

从 CD 发出而被 BA 捕获的光线的光学扩展量可以写成：

$$U = \int_{-x_B}^{x_B} (p_A(x) - p_B(x))\mathrm{d}x = \int_{-x_B}^{x_B} p_A(x)\mathrm{d}x - \int_{-x_B}^{x_B} p_B(x)\mathrm{d}x \quad (1.7)$$

将式(1.6)中的 $p_A(x)$ 及 $p_B(x)$ 代入式(1.7)，可得

$$
\begin{aligned}
U &= \int_{-x_B}^{x_B} \frac{x_T - x}{\sqrt{(x_T - x)^2 + h^2}}\mathrm{d}x + \int_{-x_B}^{x_B} \frac{x_T + x}{\sqrt{(x_T + x)^2 + h^2}}\mathrm{d}x \\
&= \left(-\sqrt{(x_T - x)^2 + h^2}\right)_{-x_B}^{x_B} + \left(\sqrt{(x_T + x)^2 + h^2}\right)_{-x_B}^{x_B} \\
&= 2\sqrt{(x_T + x_B)^2 + h^2} - 2\sqrt{(x_T - x_B)^2 + h^2}
\end{aligned}
\quad (1.8)
$$

可进一步写成：

$$U = 2([C,A] - [D,A]) \quad (1.9)$$

其中，$[X,Y]$ 是点 X、Y 之间的距离。

如图 1.57 所示，点 A_1 与点 A_2 在双曲线(h)上，因为点 C 与点 D 是该双曲线的焦点，因此以下关系成立：$[C,A_1] - [D,A_1] = [C,A_2] - [D,A_2]$。也就是说，从 CD 发出而被 B_1A_1 捕获的光线的光学扩展量，与被 B_2A_2 捕获的光线的光学扩展量一样。

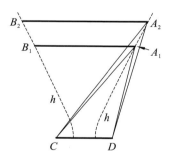

图 1.57　点 A_1 与点 A_2 在双曲线(h)上(焦点为 C、D)，因此$[C,A_1] - [D,A_1] = [C,A_2] - [D,A_2]$，所以 B_1A_1 从 CD 捕获的光量与 B_2A_2 捕获的一样

因为光通量正比于光学扩展量，所以孔径为 B_1A_1 的光学组件从辐射器 CD 捕获的光能，与孔径为 B_2A_2 的光学组件从 CD 捕获的一样。图1.9和图1.17中所示的双曲线(虚线部分)被称为流线(flow line)，我们在图1.21及图1.22中已经看到过这些流线。

1.10　波前与同步多表面

光线在光学系统中传播时，会投射在不同组件表面而被折射或反射。在两个光学组件表面之间的光程定义为折射率与传播距离的乘积。一条光线的全

光程是各部分光路光程的总和。在图 1.58 中，光线从点 P 传到点 Q，穿过了表面 c_1 与 c_2。点 P 与 c_1 间的折射率为 n_1，c_1 与 c_2 间的折射率为 n_2，点 Q 与 c_2 间的折射率为 n_3。那么从点 P 到点 Q 的光程为 $S = n_1 d_1 + n_2 d_2 + n_3 d_3$。

在图 1.59 中我们看到一束垂直于波前 w_1 的光线（$r_1, r_2, r_3, \cdots$）。这些光线投射在组件表面（$c(\sigma)$）后，方向会改变为垂直于波前 w_2。如果 $c(\sigma)$ 是折射面，则与表面法线的夹角为 α_1 的光线从另外一边投射出来后与表面法线的夹角为 α_2。这些角度是由折射定律决定的：$n_1 \sin\alpha_1 = n_2 \sin\alpha_2$，其中 n_1 是在 $c(\sigma)$ 前方的折射率，n_2 是在它后方的折射率。

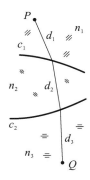

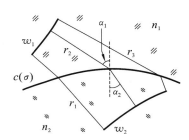

图 1.58　点 P 与点 Q 之间的光程为
　　　　　$S = n_1 d_1 + n_2 d_2 + n_3 d_3$

图 1.59　光线 r 垂直于波前 w_1，在表面 $c(\sigma)$
　　　　　上折射。当从另外一边投射出来后，
　　　　　光线会垂直于波前 w_2

现在考虑图 1.60 中的两条光线，它们分别在点 $C_1 (= c(\sigma))$ 及点 $C_2 (= c(\sigma + \mathrm{d}\sigma))$ 上通过表面 $c(\sigma)$。这两点之间的距离为 $\mathrm{d}c$。

通过点 C_1 的光线的光程可以写成 $S_1 = n_1 d_7 + n_2 (d_{10} + d_8)$，或

$$S_1 = n_1 d_7 + n_2 \mathrm{d}c \sin\alpha_2 + n_2 d_8 \tag{1.10}$$

通过点 C_2 的光线的光程可以写成 $S_2 = n_1 (d_5 + d_9) + n_2 d_6$，或

$$S_2 = n_1 d_5 + n_1 \mathrm{d}c \sin\alpha_1 + n_2 d_6 \tag{1.11}$$

从图 1.60 可以看到 $d_5 = d_7$，且 $d_6 = d_8$。同时根据折射定律，$n_1 \sin\alpha_1 = n_2 \sin\alpha_2$，因此 $\mathrm{d}S = S_2 - S_1 = 0$。由于介于波前 w_1 与 w_2 间相邻光线的光程相同，所以所有介于这两个波前之间的光线具有相同的光程。因此，通过 $c(\sigma_A)$ 及 $c(\sigma_B)$ 的光线的光程差可以写成

$$S_B - S_A = \int_A^B \mathrm{d}S = \int_{\sigma_A}^{\sigma_B} \frac{\mathrm{d}S}{\mathrm{d}\sigma} \mathrm{d}\sigma = 0 \tag{1.12}$$

也就是说，所有通过 $c(\sigma_A)$ 及 $c(\sigma_B)$ 的光线的光程相同。推而广之，所有介于波前 w_1 与 w_2 之间的光线具有相同的光程[6,7]。

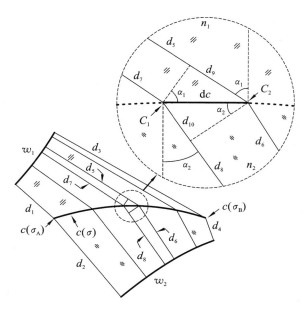

图 1.60　在波前 w_1 与 w_2 之间所有光线的光程是一样的

　　而且,当光线在光学系统中传播时,纵使经过折射或反射,它们也会永远垂直于波前(Malus Dupin 原理)。

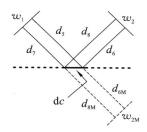

图 1.61　考虑镜子的小区间 $\mathrm{d}c$ 上反射的两条光线,它们在波前 w_1 与 w_2 之间的光程一样

　　以上讨论也可以应用于反射现象(此时 $n_1 = n_2$)。图 1.61 显示了两条相邻光线在镜子的小区间 $\mathrm{d}c$ 上的反射,光线垂直于入射波前(w_1)及出射波前(w_2)。在这里,$d_5 + d_{6M} = d_7 + d_{8M}$,又因为 $d_8 = d_{8M}$,以及 $d_6 = d_{6M}$,所以 $d_5 + d_6 = d_7 + d_8$。也就是说在 $\mathrm{d}c$ 两个端点上反射的两条光线的光程是一样的。需要注意的是,距离 d_{6M}、d_{8M} 及波前 w_{2M} 并不真实存在,它们只是图例里的示范解释工具。与折射的情况一样,我们也可以推论出:介于波前 w_1 与 w_2 间的所有光线的光程一样。

　　当光线通过多个光学表面时,所有光线的光程一样。在图 1.62 中我们看到两个表面(c_1 与 c_2),它们分隔开三个不同折射率(n_1、n_2 与 n_3)的介质。在波前 w_1 与 w_2 间,所有光线具有相同的光程;在波前 w_2 与 w_3 之间,也是同样的情况。因此,在波前 w_1 与 w_3 之间所有光线的光程都相同。

现在考虑图 1.63 中的情况:光线从波前 w_1 的点 W_1 上发出,沿着向量 v 的方向前进(v 垂直于波前 w_1)。如果波前 w_1 与 w_2 之间的光程(S)已知,我们可以以此来确定折射面($c(\sigma)$),它分隔了折射率为 n_1 与 n_2 的介质)与这条光线相交的位置 P。也就是说,在 v 的方向上只有点 P 可以满足关系式:$S = n_1[W_1,P] + n_2[P,W_2]$,其中 $[X,Y]$ 代表点 X、Y 之间的距离。而且,由于已知在点 P 入射光线及折射光线的方向,我们就可以确定折射面($c(\sigma)$)在点 P 的法线 n_P 方向,详情可参考第 16 章。现在将点 W_1 沿着波前 w_1 移动,就可以得到图 1.59 中的光线组(r_1, r_2, r_3, …)。因为在 w_1 与 w_2 之间的光程为常数,所以可以利用这些光线来决定整个表面 $c(\sigma)$ 的形状,从而产生一个笛卡儿卵形线(Cartesian oval)。以上讨论也适用于反射的情况($n_1 = n_2$)。

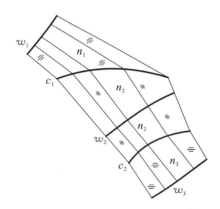

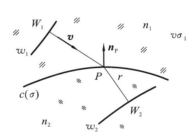

图 1.62　所有光线在波前 w_1 与 w_2 之间的光程相同,在 w_2 与 w_3 之间也是同样的情况。因此,所有光线在 w_1 与 w_3 之间的光程都相同

图 1.63　如果波前 w_1 与 w_2 间的光程已知,我们就可以决定折射点(P)的位置。这也适用于反射的情况($n_1 = n_2$)

以上讨论的结果可以用在非成像光学上。图 1.64 显示了一个辐射器(E_1E_2)、一个接收器(R_1R_2),以及在它们之间由光学表面(c_1、c_2)组成的组件(透镜),波前 w_1、w_2、w_3、w_4 分别是以 E_1、E_2、R_1、R_2 为中心的圆弧。

首先可以给波前 w_1 与 w_4 之间的光程(s_{14})选定某一数值,然后在透镜的上表面(c_1)选择一个起点 P_0 并确定其法线 n_0 方向。现在考虑垂直于 w_1 而通过点 P_0 的光线 r_1。因为已知在点 P_0 的法线 n_0 方向,所以可以计算光线折射进透镜后的方向(详情参考第 16 章)。又因为知道光线 r_1 从 w_1 传播到 P_0 经过的距离,所以可以计算点 P_0 与 w_4 之间的光程。然后,就可以确定在透镜的第二表面(c_2)上点 P_1 的位置及其法线 n_1 方向。根据系统的对称性,w_3 与 w_2 之间的光程是 s_{14},w_1 与 w_4 之间的光程也是 s_{14}。现在我们可以重复上述步骤。首先,考

虑垂直于 w_3 而通过点 P_1 的光线 r_2。因为已知在点 P_1 的法线 $\boldsymbol{n}_1$ 方向,所以可以计算光线折射进透镜后的方向。又因为知道光线 r_2 从 w_3 传播到点 P_1 经过的距离,所以可以计算点 P_1 与 w_2 之间的光程。然后就可以确定在透镜上表面 (c_1) 上点 P_2 的位置及其法线 $\boldsymbol{n}_2$ 方向。使用光线 r_3 及相同的 s_{14} 值(对应 w_1 与 w_4 之间的光程),便可以确定在透镜下表面 (c_2) 上点 P_3 的位置及其法线 $\boldsymbol{n}_3$。使用光线 r_4 及相同的 s_{14} 值(此时 s_{14} 是 w_3 与 w_2 之间的光程),便可以确定在透镜上表面 (c_1) 上点 P_4 的位置及其法线 $\boldsymbol{n}_4$。接下来,光线 r_5 可以帮助我们在透镜的下表面确定点 P_5 的位置及其法线 $\boldsymbol{n}_5$。我们可以继续重复这一过程来确定透镜上下表面对应点的位置,并从而决定透镜的形状。用该方法决定的透镜形状能将点 E_1 聚焦到点 R_2 上,以及把点 E_2 聚焦到点 R_1 上。图 1.9(b) 及图 1.17(b) 中的透镜就是用这个方法来计算的。

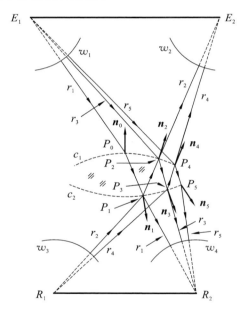

图 1.64　因为波前 w_1 与 w_2 之间,以及 w_3 与 w_2 之间的光程为常数,由此可以来确定透镜表面上布点的位置。此透镜可以将 E_1 聚焦到 R_2,将 E_2 聚焦到 R_1

参 考 文 献[①]

[1] Muñoz, F. et al., Simultaneous multiple surface design of compact air-gap collimators for light-emitting diodes, *Opt. Eng.*, 43, 1522, 2004.

---

　　① 本书参考文献直接引用其英文版的参考文献。

[2] Canavarro,C. et al.,New second-stage concentrators (XX SMS) for parabolic primaries;Comparison with conventional parabolic trough concentrators,*Sol. Energy*,92,98-105,2013.

[3] Pablo,B. et al.,High performance Fresnel-based photovoltaic concentrator,*Opt. Express*,18(S1),2010.

[4] Hernandez,M. et al.,High-performance Köhler concentrators with uniform irradiance on solar cell,*Proc.SPIE Vol. 7059*,*Nonimaging Optics and Efficient Illumination Systems V*,San Diego,California,USA,September 2,2008.

[5] Koshel,R. J.,*Illumination Engineering：Design with Nonimaging Optics*,Wiley-IEEE Press,2013.

[6] Born,M. and Wolf,E.,*Principles of Optics*,Pergamon Press,Oxford,1980.

[7] Welford,W. T.,*Useful Optics*,The University of Chicago Press,Chicago,USA,1991.

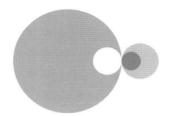

第 2 章
基本概念

2.1　简介

　　成像光学系统有三个主要组成部分：物面、光学组件，以及所形成的像。物面可以被视为一组向四面八方发光的点。从这些点上发出的光线（或其中的部分光线）会被光学系统捕获，然后聚在一个像点上。在像上每一点之间的距离与对应的物点距离有一定的比例关系。

　　在非成像光学系统中，光源取代了物面，接收器取代了像面。非成像光学系统中的光学组件不会产生光源的像，但会在接收器上产生一定模式的照明（或光照度分布）。

　　非成像光学的首次应用是在集中器的设计中：使其性能达到热动力学理论的极限。从而产生了有史以来第一个设计出来的二维集中器 —— 复合抛物面集中器（compound parabolic concentrator, CPC）。这一成功的设计案例也进一步推动了非成像光学的诞生和成长。

　　在这一章中，我们会介绍成像光学与非成像光学的差异。而且也会讨论复合抛物面集中器（CPC），并证明它在二维空间中是理想组件。

2.2　成像光学与非成像光学

　　图 2.1 所示的为一个成像系统的示意图，左边是物面（EF），中间是光学组

件（CD），右边是像面（AB）。

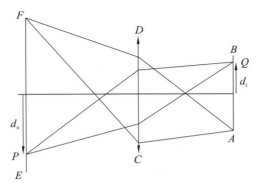

图 2.1　在成像系统中，从物点 P 发出的光线聚到像的点 Q 上。而且 $d_i = Md_o$，其中 d_o
　　　　是点 P 到光轴的距离，d_i 是点 Q 到光轴的距离。从物体端点（E、F）发出的光线
　　　　会聚到像的端点（B、A）上

从物点 F 发出的光线必须聚在点 A 上，从物点 E 发出的光线必须聚在点 B 上。在对象内部任意点 P 发出的光线也同样地聚在像内部的点 Q 上。物点到光轴的距离是 d_o，像点到光轴的距离是 d_i，则它们满足下列关系

$$d_i = Md_o \tag{2.1}$$

其中，M 是系统的放大率[1-4]。因为这一条件的约束，在物体不同部位的相对距离会在像面里保持下来。

现在我们考虑怎样用透镜来设计这样一个系统。我们可以先考虑怎样把物点的光线聚到像点上。这个例子中，笛卡儿卵形线可以派上用场[1,5]。在这里我们要考虑的是怎样定义一个表面把一束光线会聚起来（见图 2.2）。

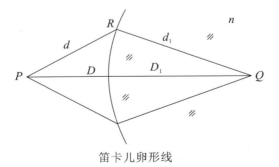

笛卡儿卵形线

图 2.2　在讨论光学系统的成像问题时，设计首要考虑的是怎样把从一个物点发出的光
　　　　线聚到一个像点上。一个解决方案是笛卡儿卵形线，该面上的每一个点只有一条
　　　　从物体发出的光线通过，然后可以合理调整曲面的斜率，以保证光束会聚

从点 P 发出直接投射到点 Q 上的光线的光程是 $S = D + nD_1$。从点 P 发出，经过表面上点 R 投射到点 Q 上的光线的光程仍然是 S，因此 $S = d + nd_1$。利用上述条件，我们就可以决定笛卡儿卵形线上所有点的位置。

现在如果需要把物体上的两点聚在像 AB 的两点上，单一表面不足以成像，则至少需要两个表面。先假设两个表面就足够了，那么我们需要考虑的是怎样把两束从点 E 及点 F 发出的光线聚到点 A、点 B 上，然后也需要决定这两个表面的形状。图 2.3 的透镜便是根据这些条件来设计的，可以把物面的两束边缘光线聚到像的边缘上。本章稍后会讨论该透镜的设计。

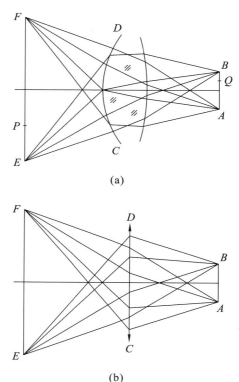

图 2.3　(a) 透镜把从点 E、F（物体的端点）发出的光线分别聚到点 A、B 上（像的端点）；(b) 同一系统的示意图

受设计自由度的限制，该透镜并不能保证所有从对象内部（点 P）发出的光线都会聚到对应的像点（Q）上。但是要增加设计自由度，便要增加表面数目。而一个透镜只有两个表面，所以就需要很多的透镜。如果要保证从更多物点上发出的光线都可以聚到对应的像点上，系统就会越来越复杂，直至变成含有无穷多的透镜[6,7]。

如果不想增加透镜数目,就必须寻觅新的自由度才可以把更多的物点聚到对应的像点上。一个办法是设计一个折射率在其内部随位置而改变的透镜[3,6,7]。但是该解决方案很难实现,因为要设计一种折射率会随计算结果改变的材料并不容易。

由于在设计理想成像系统时,常会遇到刚刚讨论的(或其他的)困难,因此真实的光学系统产生的像并不完美,往往会有像差(aberration)。该论据只说明了要设计完美的成像系统并不容易,但并不表示这是不可能的。

虽然图 2.3 中的透镜并不能成像,但它却保证所有从 EF 发出的辐射光线都会穿过 AB。事实上,如果从光源端点 E 和 F 发出的光线可以穿过接收器的端点 A 和 B,则所有从光源内部点(P)发出的光线也必然会在端点 A、B 之间穿过。因此,所有从 EF 发出的光线会穿过 CD 而聚集在 AB 上。这时透镜、光源 EF 及接收器 AB 就形成一个集中器(见图 2.4)。从光源端点 F 发出的光线(r_1)会折射后投射到接收器的端点 A 上;从光源端点 E 发出的光线(r_5)会折射后投射到接收器的端点 B 上;从光源内部发出的光线(r_2、r_3、r_4)会折射后投射到接收器内的点上。

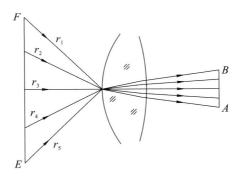

图 2.4　如果从光源端点 F 发出的光线 r_1 会被折射后投射到接收器端点 A 上,而且从光源端点 E 发出的光线 r_5 会被折射后投射到接收器端点 B 上,那么所有从光源 EF 内部发出的光线(r_2、r_3、r_4)将会投射到接收器的端点 A、B 之间

然而,一般而言,如图 2.3 所示,从点 P 发出的光线并不会聚在一点(Q)上。所以,在面 AB 上不会成像。

要达到成像的目标,要同时满足很多先决条件才可以。所以,在设计成像系统时便需要很多的设计自由度。往往在设计光学系统时可以使用的设计自由度并不足,因此要设计一个完美的成像系统是很困难的。但是,如果设计的目标只是要把能量从光源传到接收器上,那么就不需要担忧成像的问题,我们只需要考虑如何将从光源端点的光线传到接收器的端点上(如图 2.4 所示)就足够了。因为现在要满足的条件比较少,于是只需要较少的自由度就可以设计出来一个理想的设备。

如果光源无穷大，而且是在无穷远处，图 2.3 就会变成图 2.5。

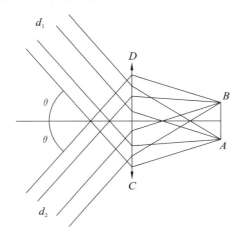

图 2.5　图 2.3(b) 的特例。现在端点 E 和 F 在无穷远，光学系统 CD 上的光线在每一边所张的孔径角为 θ。边缘光线 d_1 聚集在点 A 上，边缘光线 d_2 聚集在点 B 上

因此，我们可以用孔径角（θ）来描述入射光束。该透镜的功能就是把所有打在 CD 上，而入射角小于半孔径角（θ）的光线都聚集在 AB 上。而且该元件（透镜）的设计目标是将所有平行光束 d_1 聚在点 A 上，将平行光束 d_2 聚在点 B 上。于是，所有打在透镜上且与光轴夹角小于 θ 的光线都会从 AB 之间穿过。

现在比较图 2.1 和图 2.3 所示的两款光学系统。对于这两个系统，我们同样要求从 EF 发出的光线必须穿过面 AB。但是对图 2.1 所示系统，我们还要求从点 F 发出的光线必须聚到点 A 上，从点 E 发出的光线必须聚到点 B 上，从其他点（P）发出的光线必须聚到像点 Q 上，且点 P、点 Q 到光轴的距离（d_o、d_i）必须满足式（2.1）。

对于图 2.3 所示系统，我们只要求从点 F 发出的光线聚于点 A，从点 E 发出的光线聚于点 B，从任意物点（P）发出的光线不需要聚于面 AB 的单一点上，所以不会成像。

图 2.1 所示的为成像系统，图 2.3 所示的为非成像光学系统。要留意的是，当用它们来收集辐射能时，它们起着相同的作用。

2.3　复合抛物面集中器

如前所述，非成像光学系统可以用作集中器。这时候成像并不是必须考虑

的条件。唯一要考虑的是如何把进入该光学系统的辐射能在出口处聚集起来。

前面我们提到过光学系统有像差。像差可以分成不同的种类。例如，图 2.3 所示的设备就有色差（chromatic aberration）[1,2,8]，因为不同波长的光线会折射到不同的方向上。色差效应最著名的应用就是用棱镜将太阳白光分成不同光谱颜色。我们可以用反射镜来避免像差，因为所有波长在反射镜上的反射是一样的。

在设计集中器时，起始的目标是要将尽可能多的光线从光源聚到接收器上。图 2.6(a) 显示了一个光源（E_1，辐射器）及一个接收器（AB）。

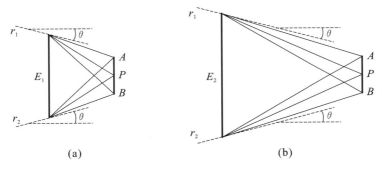

图 2.6　当光源向左移动时，其大小需要增加（E_1，E_2，…），从而保证光源（E）边缘与光线r_1、r_2 维持接触。AB 上每一点看到的入射光线会局限在 2θ 的角度范围内

如果现在在将光源向左移，并把它的大小从 E_1 增加到 E_2，使其边缘与光线r_1 及 r_2 仍然相接触（r_1 与 r_2 的夹角为 2θ），如图 2.6(b) 所示。这时候，在 AB 上的辐射场就会如图 2.7 所示（图中接收器 AB 被转到水平方向上），在接收器（AB）上的每一点看到的入射光线会被局限在夹角为 2θ 的两条边缘光线之间，这些边缘光线是从在无穷远处的无限大光源 E 发出的。

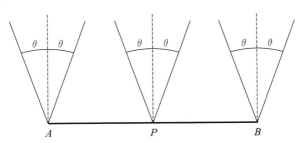

图 2.7　落在 AB 上的辐射光束是均匀的，并且有相同的孔径角（θ）

我们的设计目标是要尽量收集辐射能使得通过孔径 AB 的能量达到最大。为了达到该目标，我们可以把 AB 设为系统的出光孔径，然后在点 A 及点 B 上

放置朝上的反射镜。可以首先在点 A 及点 B 上各放一片简单的平面反射镜。由于系统对通过中点 P 的垂线有对称性,所以这些反射镜也有相同的对称性,如图 2.8 所示。

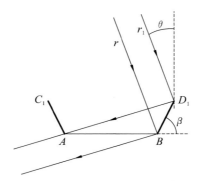

图 2.8　在点 A 及点 B 上放置小反射镜把辐射聚到 AB 上。只有当入光孔径(C_1D_1)最大时,才可以让收集的辐射达到最大。因此,反射镜与水平方向的夹角(β)越小越好。当从左边进来的边缘光线(r_1)打在点 D_1 上后刚好被反射到点 A 时,β 达到最小值。如果 β 变得更小,光线在 D_1 反射后会在反射镜 AC_1 上反射而离开 AB。AC_1 与 BD_1 对称

角度 β 越小越好,这样入光孔径 C_1D_1 会越大,而打在 AB 上的辐射就越多。但是,β 也不可以太小。当光线 r_1 在 D_1 处反射后打在点 A 上时,β 就达到最小值。如果 β 更小,一些光线会从 BD_1 上反射到 AC_1 上,再被反射远离 AB。放置完第一组反射镜之后,还可以放置第二组反射镜,如图 2.9 所示。

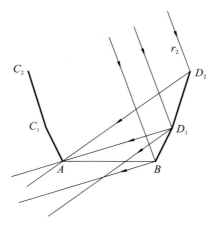

图 2.9　使用图 2.8 所示的方法,在点 C_1、点 D_1 上加上新的反射镜,从而增加新入光孔径(C_2D_2)的大小

同样,我们会改变反射镜的倾斜度以增加入光孔径($C_2 D_2$)的宽度。这时,该反射镜会将从左边进来的边缘光线 r_2 在点 D_2 处反射到点 A 上。我们可以根据同样的思路把反射镜一片一片地加上去。这里的反射镜做得越小越好,从而可以使用更多的反射镜。这些反射镜的放置会形成一条曲线的形状,如图 2.10 所示。在前面的讨论中,我们把每一个小反射镜对应的角度 β 最小化,所以现在也必须要把曲线上每一点的斜率最小化。

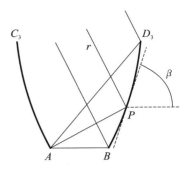

图 2.10　加上小反射镜来延伸图 2.9 的复合抛物面集中器

这些反射镜形成的曲线会将从左边打进来的边缘光线(r)传到点 A 上,也就是说该曲线可以将一束平行光线会聚到一点上。具有这种特性的几何曲线为抛物线。因此,前面定义的曲线是一条抛物线,其轴线平行于左边的边缘光线(r),其焦点为 A。曲线上每一点(P)的 β 值均为最小,所以入光孔径($C_3 D_3$)最大。

从图 2.11 可以看到,如果将抛物线向上延伸,则从某一点开始它会向内弯曲,从而减小了入光孔径。

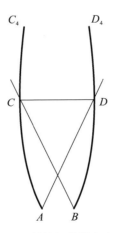

图 2.11　当抛物线向上延伸时,两边反射镜间的距离会先增加至最大值 CD,然后再减小。反射镜上的 DD_4 及 CC_4 段会分别遮盖反射镜的 AC 及 BD 段。因为设计目标是让入光孔径达到最大,所以抛物线必须在 CD 处切断

这时,右边反射镜的上段会遮盖左边反射镜的下段,反之亦然。我们希望获得最大的入光孔径,就必须在 CD 处将抛物线切断(CD 对应的是这两条抛物线之间最大的距离)。最后的集中器如图 2.12 所示。

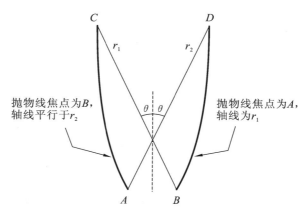

图 2.12　CPC 的入光孔径为 CD，当入射光线与垂直方向的夹角在 $\pm\theta$ 范围内时，CPC 可以将它们接收并聚集在 AB 上

该系统包含两条抛物弧线。抛物弧线 BD 的轴线平行方向 BC（往左倾斜角度 θ），焦点为 A。弧线 AC 和 BD 对称[9-14]。因为该系统包含两条抛物弧线，因此被称为 CPC。

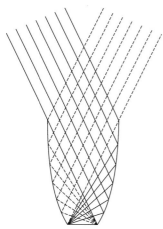

图 2.13　在 CPC 内光线的轨迹

我们的目标是要设计一个入光孔径最大的集中器。设计出来的系统包含两条曲线，它们会把从辐射源发出的边缘光线投射到接收器的边缘上。这是非成像集中器的基本设计原则，也被称为边缘光线原理，即从光源边缘发出的光线必须投射到接收器边缘上[15-17]。我们看过的例子越多，对"光源边缘"及"接收器边缘"这两个词的理解就会越清楚。

现在我们可以来分析这个设备的一个重要特性。在图 2.13 里，一束平行的边缘光线被聚到接收器边缘上。

图 2.14(a) 显示了一条边缘光线在 CPC 内的光路。这条光线在进入 CPC 时与垂直方向的夹角为 θ，然后被反射到接收器的边缘。图 2.14(b) 里的光线进入 CPC 时与垂直方向的夹角 $\theta_1 < \theta$，光线会被反射到接收器上。图 2.14(c) 里的光线进入 CPC 时与垂直方向的夹角 $\theta_2 > \theta$，光线经过多次反射后会往回走，并最终逃离入光孔径。

上面描述的光线在 CPC 里传播的性质是一个普遍事实：所有以角度 $\theta_1(<\theta)$ 入射的光线会打在接收器上；而所有以角度 $\theta_2(>\theta)$ 入射的光线会在 CPC 的壁

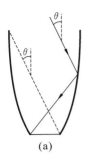  

图 2.14　CPC 内三种不同的光路。(a) 入射光线与垂直方向的夹角等于半接收角(θ)，光线会被反射到接收器的边缘上；(b) 入射光线与垂直方向的夹角小于θ，光线会被接收（投射到接收器上）；(c) 入射光线与垂直方向的夹角大于θ，光线将产生逆反射（retror eflection）而被拒绝（从入光孔径离开系统）

上来回反射，最后通过入光孔径离开 CPC。终止在接收器上的光线被接收（accepted），往回跑的光线被拒绝（rejected），被接收的光线数与进入 CPC 的光线数的比值便是 CPC 的接收率（acceptance）。

$$接收率 = \frac{接收器上的光线数目}{进入\ CPC\ 的光线数目} \tag{2.2}$$

因此，当$\theta_1 < \theta$且$\theta_1 > -\theta$时，接收率为 1（所有进入 CPC 的光线会打在接收器上）；如果$\theta_2 > \theta$或$\theta_2 < -\theta$时，接收率为 0（所有进入 CPC 的光线会被拒绝而从入光孔径离开）。因此 CPC 接收率曲线的形状如图 2.15 所示。角度θ是系统的半接收角，CPC 能够接收入射角介于$-\theta$与$+\theta$之间的所有光线（对应于2θ的全接收角）。

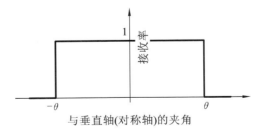

图 2.15　CPC 的接收率曲线。当进入 CPC 的光线与垂直轴（对称轴）的夹角小于θ时，这些光线都会打在接收器上（接收率 = 1）；当与垂直轴的夹角大于θ时，这些光线会被拒绝（接收率 = 0）

　　对前文所述的集中器而言，其设计原则是在没有辐射能量损耗的前提下，让入光孔径达到最大。因此该集中器能提供可能达到的最大集中率。

　　现在可以计算这个设备所能达到的集中率。首先，我们重温一下抛物线的一个特性(见图 2.16):如果通过点 A 与 B 的直线垂直于光轴,那么,$[A,C]+[C,F]=[B,D]+[D,F]$,其中,F 是焦点,AC 与 BD 是平行于光轴的光线。这里 $[X,Y]$ 代表两个任意点 X、Y 间的距离。

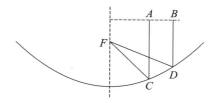

图 2.16　对抛物线而言,只要点 A、B 所在的线段垂直于光轴,且线段 AC 与 BD 平行于光轴,则光线 ACF 及 BDF 的光程一样

图 2.17 显示了一个 CPC,其入光孔径为 a_1,出光孔径为 a_2,半接收角为 θ。抛物线 BD 的焦点是 A,轴线平行于 BC。根据前面讨论的抛物线性质,由于 $[C,B]=[D,A]$,$[E,D]=a_1\sin\theta$,所以可以导出以下关系式[7,18]

$$[C,B]+a_2=[E,D]+[D,A] \Leftrightarrow a_2=a_1\sin\theta \Leftrightarrow \frac{a_1}{a_2}=\frac{1}{\sin\theta} \quad (2.3)$$

该式描述了集中器的入光孔径与出光孔径大小的关系。

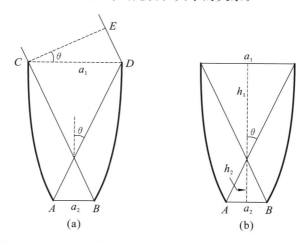

图 2.17　(a)CPC 的最大集中率;(b)CPC 的高度 $h=h_1+h_2$

直线 CE 垂直于从左边入射的边缘光线。对所有垂直于 CE 的边缘光线而言,在波前 CE 与焦点 A 之间的光程一样。

接下来,我们可以推导 CPC 的高度 h。从图 2.17(b) 可以发现

$$h=h_1+h_2=\frac{a_1/2}{\tan\theta}+\frac{a_2/2}{\tan\theta}=a_1\frac{1+\sin\theta}{2\tan\theta} \quad (2.4)$$

即当 $\theta \to 0$ 时,$h \to \infty$。所以,接收角越小 CPC 越高[7,19]。

这里的 CPC 虽然在二维空间中是理想系统,但是将其做成三维系统时,它就不能达到理想表现了。将二维 CPC 剖面绕对称轴旋转一圈,就可以得到一个旋转对称的三维 CPC(见图 2.18)。

CPC 入光孔径的法线为 **n**,现在考虑一束与 **n** 夹角为 α 的平行光线。可以通过追迹这些光线在 CPC 里的传播路径来决定投射到底部出光孔径的光线数量。图 2.19 对应于接收角分别为 $10°$、$20°$、$40°$、$60°$ 时的计算结果,对每一个接收角,图中描绘了传输率相对于入射角 α 的曲线。从图中可以看出,这里的传输(接收)曲线并不是理想的阶跃函数(step function),它从 0 降到 1 时并不是以垂线的形式下降(对比图 2.15 中二维系统的例子),而从 0 到 1 的过渡虽然急速,却仍然是一条曲线。因此,三维

图 2.18　三维圆形 CPC,以及一束与垂直方向(入光孔径的法线方向)成夹角 α 的平行光线

圆形 CPC 非常接近于理想系统,但是并不是真正的理想系统。一些偏斜光线(skew ray)虽然以小于接收角的角度入射,但仍会被 CPC 拒绝,它们会在 CPC 内来回反射,最后从入光孔径离开。相反,一些入射角大于接收角的光线反而会落在出光孔径上。

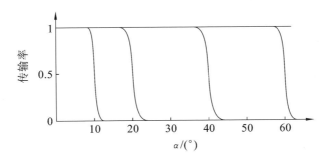

图 2.19　圆形 CPC 的传输曲线,其接收角分别为 $10°$、$20°$、$40°$、$60°$

如果考虑在设计角度 θ 内通量的传输,从图 2.20 可以看到,传输率并不是 100%。

对 CPC 入光孔径(面积较大)上的任意点,我们想知道局限在角度为 θ 的光锥内的光线有多少可以传到面积较小的出光孔径上。答案是:在设计角度内的传输率并不是 100%。这是因为三维 CPC 本身在设计角度内的传输率就是

不理想的，如图 2.19 所示。而且，偏斜光线也会被 CPC 拒绝。当设计角度 θ 增加时，θ 内的传输率会随之增加，CPC 上的小镜片会变得更小，会有更多光线投射到出光孔径上。图 2.21 显示了一个塑料方形 CPC。

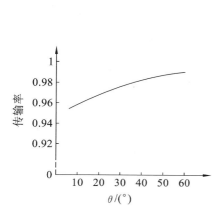

图 2.20　圆形 CPC 在不同设计角度（θ）下的总通量传输率

图 2.21　塑料方形 CPC（由 Light Prescriptions Innovators 公司提供）

2.4　最大集中率

CPC 是具有最大集中率的二维集中器。接下来，我们用热力学第二定律来证明它的集中率的确是最大的。

考虑图 2.22 中的槽形光学系统，该系统往两边无限延伸。图的左边是一个

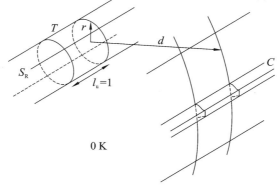

图 2.22　槽形系统

半径为 r 的圆柱形黑体,温度为 T,它对周围环境(温度为 0 K)发光,这些光线会在空间传播直到打在一个理想的圆柱面(半径为 d)上,该圆柱面上有一根长条状集中器。

黑体辐射器会对空间发出朗伯辐射。如果黑体辐射器的面积为 dA,温度为 T,那它对半球空间发出的总通量(瓦特)为[20,21]

$$d\Phi_{\text{hem}} = \sigma T^4 dA \tag{2.5}$$

其中,σ 是斯特藩-玻尔兹曼常数。长度为 l_{u} 的圆柱形黑体发出的辐射通量可以写成

$$\Phi_{\text{u}} = 2\pi r \sigma T^4 l_{\text{u}} \tag{2.6}$$

如果考虑单位长度的黑体($l_{\text{u}} = 1$),那单位长度里发出的光通量可以写成

$$\Phi = 2\pi r \sigma T^4 \tag{2.7}$$

图 2.23 是图 2.22 的切面图。集中器 C 的入光孔径是 a_1,出光孔径是 a_2。入光孔径 a_1 只可以与辐射源 S_{R} 或周围空间(温度为 0 K)交换辐射能。在 a_1 上,单位长度所接收的辐射量可以写成

$$\Phi = \sigma T^4 \frac{2\pi r}{2\pi d} a_1 \tag{2.8}$$

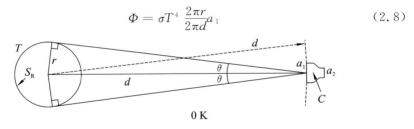

图 2.23　槽形系统的切面图

在没有能量损耗的情况下,该能量会被集中器传到 a_2 上。

现在假设在集中器 C 的出光孔径(a_2)上有一个黑体,它能吸收辐射并导致其温度上升。根据热力学第二定律,a_2 的温度 T_{a_2} 永远不能高于辐射源 S_{R} 的温度 T,即 $T_{a_2} \leqslant T$。如果 $T_{a_2} > T$,我们就能在 a_2 与 S_{R} 间放一个热机从而形成一个永动机引擎(perpetual motion engine)。但这是不可能的。所以,我们应该假设 a_2 被加热到其可能达到的最大温度(S_{R} 的温度 T)后,温度便会稳定下来。这时 a_2 上单位长度发出的功率为

$$\Phi_2 = \sigma a_2 T^4 \tag{2.9}$$

要维持温度的稳定,a_2 需要达到热平衡,即它从 S_{R} 接收的辐射等于它发射到外界的辐射。也就是

$$\Phi = \Phi_2 \Leftrightarrow a_2 = a_1 r/d \Leftrightarrow a_2 = a_1 \sin\theta \tag{2.10}$$

a_2 通过集中器的入口 a_1 与 S_{R} 进行辐射交换。a_2 发出的辐射离开 a_1 以后,只能

朝 S_R 传播。事实上,如果 a_2 可以往温度为 0 K 的周围空间发射辐射,它也可以从该空间接收辐射,那么它的温度就不能达到 S_R 的温度。该系统(入光孔径为 a_1,出光孔径为 a_2)的接收角不能大于图 2.23 所示的角度 θ。所以,集中器 C 不能接收任何入射角大于 2θ 的辐射。同样,从 a_2 发出而离开 a_1 的辐射也必须局限在角度 2θ 之内。

图 2.23 中入光孔径 a_1 是圆弧形(半径为 d),如果将圆柱形辐射源 S_R 变大并往左平移,且令 $r/d =$ 常数,则角度 θ 也会保持为常数,如图 2.24 所示。

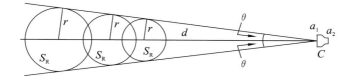

图 2.24 圆柱形辐射源变大以维持 r/d 的值为常数,从而使集中器(C)入光孔径(a_1)上的角度 θ 也维持定值

当集中器 C 的入光孔径半径(d)增加时,它就会变成一个平面(在二维空间显示为一条直线)。在此极限情况下,会达到式(2.11)所示的最大集中率:

$$\frac{a_1}{a_2} = \frac{1}{\sin\theta} \tag{2.11}$$

这也是我们在前面推导得到的 CPC 的集中率。因此,CPC 是一个理想集中器。

使用同样的推理方法可以计算三维集中器的最大集中率。如图 2.25 所示,现在光源 S_R 是一个球体,集中器 C 的入光孔径面积为 A_1,出光孔径面积为 A_2。光源在 A_1 上定义了一个半角为 θ 的圆形光锥。以太阳为光源,在地球表面放置一个集中器来收集太阳能,所形成的光学系统便是三维系统的一个例子。

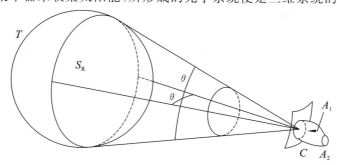

图 2.25 集中器(C)收集并集中从球形光源(S_R)发出的辐射

图 2.26 是该系统的切面图。光源的半径是 r,温度是 T,它向周围空间(温度为 0 K)发出辐射。这些光线会在空间传播直到打在一个理想的球面(半径

为 d）上。该球面上有一个入光孔径为 A_1 的集中器，它将落在 A_1 上的辐射集中到出光孔径 A_2。

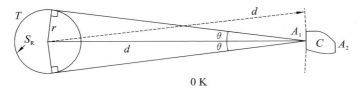

0 K

图 2.26 图 2.25 中系统的切面图。球形光源（S_R）的温度为 T，它向周围空间发出辐射。集中器入光孔径 A_1 在一个半径为 d 的球面上

那么球形光源 S_R 发出的通量为

$$\Phi = 4\pi r^2 \sigma T^4 \tag{2.12}$$

A_1 所捕获的辐射为

$$\Phi_{A_1} = \frac{4\pi r^2 \sigma T^4}{4\pi d^2} A_1 \tag{2.13}$$

辐射会被集中到 A_2 上的黑体，令温度上升至 T，等于光源（S_R）的温度。为了维持热平衡，黑体发出的辐射必须等于它所接收的，因此

$$\frac{4\pi r^2 \sigma T^4}{4\pi d^2} A_1 = A_2 \sigma T^4 \Leftrightarrow \frac{A_1}{A_2} = \frac{d^2}{r^2} \Leftrightarrow \frac{A_1}{A_2} = \frac{1}{\sin^2 \theta} \tag{2.14}$$

虽然入光孔径 A_1 在半径为 d 的球面上，但当 d 趋向于无穷大时，光源也会同时变大以维持角度 θ 为常数（如图 2.24 所示），那么入光孔径就会变成一个平面。

现在考虑以上所述情况的一个推广：集中器 C 由折射率为 n 的材料组成。这时，在 A_2 的黑体浸泡在折射率为 n 的介质中，当计算它发出的辐射时，必须使用折射率为 n 的材料对应的斯特藩-玻尔兹曼常数[22]：

$$\sigma = n^2 \frac{2\pi}{15} \frac{k^4}{c_0 h^3} = n^2 \sigma_V \tag{2.15}$$

其中，$\sigma_V = 5.670 \times 10^{-8} \text{ W} \cdot \text{m}^{-2} \cdot \text{K}^{-4}$ 是在真空中（$n = 1$）的斯特藩-玻尔兹曼常数；k 是玻尔兹曼常数；h 是普朗克常数；c_0 是光在真空中的传播速度。因为光源 S_R 仍在真空中，所以 $n = 1$，式（2.14）可以写成

$$\frac{4\pi r^2 \sigma_V T^4}{4\pi d^2} A_1 = A_2 n^2 \sigma_V T^4 \Leftrightarrow \frac{A_1}{A_2} = n^2 \frac{d^2}{r^2} \Leftrightarrow \frac{A_1}{A_2} = \frac{n^2}{\sin^2 \theta} \tag{2.16}$$

因为现在 A_2 发出的光能增加了 n^2 倍，所以被集中的光能也以同样的倍率增加。

在二维空间，式（2.16）可以写成

$$\frac{a_1}{a_2} = \frac{n}{\sin \theta} \tag{2.17}$$

图 2.27 显示了一个以折射率为 n 的材料做成的 CPC 如何达到理想集中率。

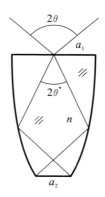

图 2.27　当光线进入电介质 CPC 时被折射,使得孔径角从 2θ 减小到 $2\theta^*$。在空气中的接收角仍然是 2θ,但是因为 CPC 是电介质,所以必须以折射后的 $2\theta^*$ 作为设计的孔径角

如图 2.27 所示,当光线进入 CPC 时会被折射,孔径角从 2θ 减小到 $2\theta^*$,且有 $\sin\theta = n\sin\theta^*$。对电介质 CPC 而言,$a_1\sin\theta^* = a_2$,从而得到式(2.17)。

集中器所能达到的最大集中率是 $C_{\max} = n/\sin\theta$,如式(2.17)所示。当 $n = 1$ 时(被空气填满的集中器),最大集中率变成 $C_{\max} = 1/\sin\theta$。非成像集中器可以达到(或非常接近)这一最大值,这在太阳能收集这个课题上是非常重要的(详情可参考 4.12 节式(4.77)后的讨论)。

2.5　例子

本例中将用到第 21 章中推导的曲线及函数。

例 2.1　设计一个接收角为 $30°$ 的 CPC,其接收器长度为一个单位。

我们首先考虑 CPC 镜面的一般表达式,然后把它们应用在接收角为 $30°$ 的情况上。图 2.28 显示了一个接收角为任意角度 θ 的 CPC。

它由两组对称的抛物线组成。右边的抛物线焦点为 F,通过点 P,轴线(r)与水平方向的夹角为 $\alpha = \pi/2 + \theta$。焦点为 $F = (F_1, F_2)$,与水平方向的夹角为 α,通过点 P 的抛物线可以写成

$$\frac{\sqrt{(P-F)\cdot(P-F)} - (P-F)\cdot(\cos\alpha, \sin\alpha)}{1 - \cos\phi}(\cos(\phi+\alpha), \sin(\phi+\alpha)) + (F_1, F_2)$$

$$(2.18)$$

其中,ϕ 是抛物线上的一点与焦点的连线与轴线之间的夹角,如图 2.29 所示。

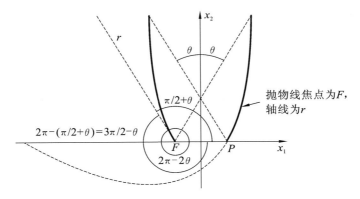

图 2.28　CPC 由两组抛物线组成，它们相对于垂线的倾角为 θ。右边的抛物线以逆时针方向倾斜，左边的抛物线是它的对称镜像

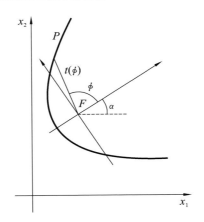

图 2.29　抛物线的焦距为 F，轴线与水平方向的夹角为 α，穿过点 P

对应图 2.28 中 CPC 右边的抛物线，我们有 $F=(-a,0)$，$P=(a,0)$，其中 $a>0$。将这些值代入式（2.18）就可以得到：

$$\left(a\frac{1-\cos(\phi+2\theta)+2\sin(\phi+\theta)}{\cos\phi-1},a\frac{\cos(\phi+\theta)}{\sin^2(\phi/2)}(1+\sin\theta)\right) \quad (2.19)$$

其中，$3\pi/2-\theta\leqslant\phi\leqslant2\pi-2\theta$。CPC 左边的抛物线可以利用对称性（对称轴为 x_2）求得（只要将第一分量里的符号改变）。

现在我们可以把上述结果用在接收角为 $30°$ 的特例上。假设小出光口 FP 的长度为一个单位，所以有 $F=(-0.5,0)$，$P=(0,0.5)$，$\theta=30\pi/180\ \mathrm{rad}$。将这些值代入右边抛物线的表达式（见式（2.19）），可以得到：

$$\left(\frac{0.5(1-\cos(\pi/3+\phi)+2\sin(\pi/6+\phi))}{\cos\phi-1},0.75\frac{\cos(\pi/6+\phi)}{\sin^2(\phi/2)}\right) \quad (2.20)$$

其中，$4\pi/3 \leqslant \phi \leqslant 5\pi/3$。利用系统对垂直轴的对称性，就可以得到左边抛物线的表达式，只需要改变第一分量里的符号即可。

参 考 文 献

［1］Hecht，E.，*Optics*，3rd ed.，Addison-Wesley Longman，Inc.，Reading，Massachusetts，1998.

［2］Jenkins，F. A. and White，H. E.，*Fundamentals of Optics*，3rd ed.，McGraw-Hill Book Company，New York，1957.

［3］Luneburg，R. K.，*Mathematical Theory of Optics*，University of California Press，Berkeley and Los Angeles，1964.

［4］Meyer-Arendt，J. R.，*Introduction to Classical and Modern Optics*，Prentice-Hall，New Jersey，1989.

［5］Stavroudis，O. N.，*The Optics of Rays，Wave Fronts，and Caustics*，Academic Press，New York，1972.

［6］Welford，W. T. and Winston，R.，*The Optics of Nonimaging Concentrators—Light and Solar Energy*，Academic Press，New York，1978.

［7］Welford，W. T. and Winston，R.，*High Collection Nonimaging Optics*，Academic Press，San Diego，1989.

［8］Guenther，R. D.，*Modern Optics*，John Wiley & Sons，New York，1990.

［9］Baranov，V. K.，Properties of the Parabolico-thoric focons，*Opt. -Mekh. Prom.*，6，1，1965（in Russian）（the focon is a "focusing cone"）.

［10］Baranov，V. K.，*Geliotekhnika*，2，11，1966.（English translation：Baranov，V. K.，Parabolotoroidal mirrors as elements of solar energy concentrators，*Appl. Sol. Energy*，2，9，1966.）

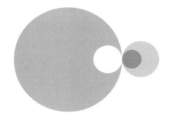

第 3 章
二维集中器的设计

3.1 简介

复合抛物面集中器(CPC)是一个二维集中器,设计用于捕捉并将具有一定角度的辐射场捕获并聚集到一个平面接收器上。该辐射场从一个在无限远处,而且无限大的光源发出。从此光源的边缘发出的入射边缘光线将被聚到接收器的边缘上。这一基本原则通常被称为边缘光线原理,可以用来设计很多其他的非成像光学组件,它是非成像光学的基础。

这一章将继续探讨 CPC 的设计。讨论的内容涉及不同形状的光源及接收器,不同的入射光及出射光孔径角,以及入光孔径与出光孔径并不平行的情况,等等。

3.2 光源距离为有限时的集中器

CPC 的设计主要针对在无穷远处的无穷大光源,我们可以修改 CPC 的设计以应用在不同形状的光源及接收器上。在图 3.1 中,光源为 EF,接收器为 AB。光源在有限的距离处,而且大小也是有限的。可以利用边缘光线原理(从光源边缘发出的光线会偏折到接收器的边缘)进行设计。在本例中,光源的端点是 E 和 F,接收器的端点是 A 和 B。所以从 E、F 发出的光线必须聚到

A、B 上。与前面对 CPC 的讨论类似,在这里也会用反射镜偏折光线。如图 3.1 所示,新的集中器上端的反射镜在每一点 P 上的斜率必须能把从光源端点发出的光线偏折到接收器端点上。现在,曲线将是以 E、A 为焦点的椭圆,而且会通过点 B。该设计原则可以保证从光源上某一点(G)发出的光线在反射器上任意点(P)反射后到达接收器上。用上述方法设计的集中器被称为复合椭圆集中器(compound elliptical concentrator,CEC),因为它由两条椭圆弧线组成[1]。

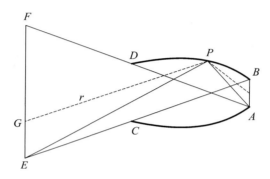

图 3.1　图中的光学组件可以把从 EF 发出的辐射聚集在 AB 上。DB 镜面上每一点 P 的斜率必须满足:在该点上镜面的方位刚好可以把从端点 E 发出的光线反射到接收器的端点 A 上。也就是说,镜面 DB 必须把所有从点 E 发出的光线反射到点 A 上。因此,它必须是以点 A、E 为焦点的椭圆弧线。镜面 CA 与 DB 互为对称。由于集中器是由两条椭圆弧线组成的,所以被称为复合椭圆集中器

　　在设计该系统时,可以首先定义光源 EF 与接收器 AB。然后,通过点 B 及以 E、A 为焦点的椭圆就可以决定一个系统。椭圆将从点 B 延伸,直到它与直线 AF 相交于点 D。椭圆弧线 CA 可以通过对称来得到。可以将 CPC 看作这一新结构的特例,即如果将点 E、F 分别沿直线 BC、AD 移到无穷远处,两条椭圆弧线就会变成抛物线,CEC 就会变成 CPC。跟前面对 CPC 的讨论一样,CEC 也是一个理想器件。

　　现在可以将 CEC 与由透镜组成的成像系统做一个比较。

　　图 3.2 所示为 CEC 与理想成像透镜的比较。在透镜的例子中,从光源上任意点 P 发出的光线会聚到像面(AB)上的点 Q。因此,当在面 AB 右边的观察者往左看过去时,他会看到光线是从像点(Q)发出的,而不是从形成物像的点 P 发出的。因此,对观察者而言,他会看到透镜形成的像面 AB,但不会看到对象 EF。

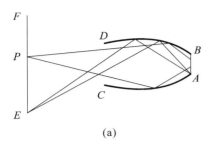
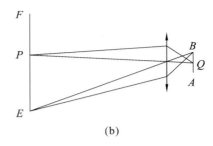

(a)   (b)

图 3.2   (a)CEC 是一个非成像光学组件,因此从光源 EF 上任意点 P 上发出的光线一般并
不会聚到接收器 AB 的单一点上,故此,不会成像;(b) 这是一个很不一样的成像系
统,从点 P 发出的光线会聚在面 AB 的点 Q 上

    CEC 的情况就不一样。在 CEC 中,只有从端点 E、F 发出的光线会被集中
到点 A、B 上。从 EF 上任意点 P 发出的光线并不会聚到面 AB 的单一点上,因
此不会成像。正因为这个原因,它们被称为非成像(或 anidolic)器件。

    图 3.2 中的透镜与 CEC 有一个共同点。透镜保证了从点 F 发出的光线会
聚到点 A 上,从点 E 发出的光线会聚到点 B 上,但它不能保证从点 P 发出的光
线都会聚到点 Q 上。类似的情况也发生在
CEC 上,即从点 E 发出的光线会聚到点 A
上,从点 F 发出的光线会聚到点 B 上,但它
不能保证从点 P 发出的光线会聚到一点
上。这两款器件可以完美地收集并传输辐
射,但是无法形成成像的模式,也就是说与
成像相关的信息就会被放弃。

3.3   与圆形接收器配用的集中器

    到目前为止,我们只讨论过直线形接
收器。现在要考虑具有凸面形状的接收器,
如圆形接收器[①]。如图 3.3 所示,光源的边
缘光线仍然是从点 E、F 发出的光线,但是
圆形接收器的边缘光线则是跟它相切的光线。此时,边缘光线原理就会变成:
从光源发出的边缘光线经过反射后需要与圆形接收器相切。

图 3.3   该非成像光学组件可以把从
光源 EF 发出的辐射集中到
圆形接收器上

    集中器的镜面设计必须满足:点 P 上的斜率可以让从点 E 发出的光线反射

---

  ①   译者注:这里的直线形(linear)与圆形(circular)指的是接收器在切面图上显示的形状。

后与圆形接收器相切。这里镜面的形状被称为宏焦椭圆(详情可参考第21章)。宏焦椭圆的焦点是 E,圆形接收器是它的宏焦。该设计方法可以用来决定点 D 到点 B 的镜面形状(在点 B 上,镜面与通过点 E 且与接收器相切于点 T_1 的直线 ET_1 相交)。从点 B 到点 X(点 X 在系统的对称轴上)的镜面形状是一个渐开线。

为了证明渐开线是适当的选择,下面来说明它的光学性质。把一根固定长度的弦线绕在一个圆上,如图 3.4(a) 所示,弦线的端点就会勾出一条渐开线。图 3.4(b) 解释了渐开线的光学性质。从点 T' 发出,与接收器相切的光线会在镜面的点 B' 上反射回到 T'。因此,任何在接收器与镜面之间的空间内的入射光线会反射回到接收器上。渐开线也满足边缘光线原理:任何从点 T' 发出且相切于接收器的边缘光线,会在点 B' 上反射回到 T',并与圆形接收器相切。所以反射光线也是一条边缘光线。

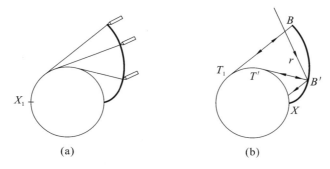

(a)   (b)

图 3.4　(a) 把一根固定长度的绳子绕着一点展开便可以得到渐开线。绳子的一端固定在点 X_1 上,另外一端描出的轨迹便是一条渐开线。由此方法设计出来的曲线,其上的每一点都会与圆的切线垂直;(b) 从光学的角度来看,一条沿圆形接收器的切线方向,在点 T' 处离开接收器的光线 $T'B'$,会在渐开线的点 B' 上往回反射,并回到点 T'。因此,任何在渐开线与圆之间穿过的光线都会在点 B' 反射回到圆上

与前面对 CEC 的讨论一样,当设计如图 3.3 所示的集中器时,可先定义光源 EF 与圆形接收器 AB,然后就可以计算镜面的形状。如前所述,镜面必须与接收器相交在点 X。比较容易的方法是先计算渐开线,渐开线从点 X 开始延伸直到它与通过点 E、C 的直线相交于点 B。在点 B 确定后,余下的镜面就可以用前面讨论的方法来设计:让它从点 B 延伸直到与直线 FT_2 相交于点 D,点 T_1、T_2 分别是直线 EB、FA 与接收器的切点。

3.4　角度转换器

图 3.5(a) 中的 CPC 在每一边上的接收角均为 θ_1,它对入射辐射的集中率

是所有器件中最大的,因此光线的出射角为 $\pi/2$。图 3.5(b) 中的器件是一个角度转换器[1]。

该器件的集中率对应入射角 θ_1 与出射角 θ_2 所能达到的最大值,其每一组镜面包含两个部分。以右边的镜面为例,它包含抛物面(DQ)及平面反射镜(QB)。抛物面可以将在 r_2 和 r_3 之间入射的边缘光线聚到接收器的点 A 上。点 Q 的位置刚好可以将光线 r_2 反射,并让它以与垂直方向成 θ_2 的夹角从器件出口射出。平面反射镜 QB 可以将在 r_1 和 r_2 之间入射的边缘光线反射,反射光线与垂直方向的夹角为 θ_2。

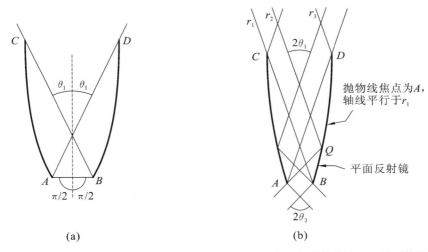

(a)   (b)

图 3.5　(a) 半接收角为 θ_1、半出光角为 $\pi/2$ 的 CPC;(b) 由两条抛物线及两个平面镜组成的角度转换器,半接收角为 θ_1,半出光角为 θ_2(少于 $\pi/2$),当 $\theta_2 \rightarrow \pi/2$ 时,平面镜部分会消失,角度转换器就变成 CPC

3.5　绳子方法

下面来介绍另外一个可以用来决定镜面形状的简单方法 —— 绳子方法(string method),也称为"园丁方法"(gardener's method)。

图 3.2 中的光学组件(CEC)可以将从光源(EF)发出的辐射聚集到接收器(AB)上,它是由两条椭圆弧线组成的。在设计这两条弧线时,须逐点调整曲线的形状,从而保证将从光源边缘发出的光线聚到接收器的端点上。

获得这两条椭圆弧线的另外一个方法是用园丁方法。通过园丁方法,可以很轻松地用两根棍子及一根绳子绘制出椭圆,就像园丁干活儿一样。现在回到图 3.1,假设有一根绳子,它的长度是[E,P,A],它的两个端点固定在点 A 和 E

上。如果在这两点之间卡上一支记号笔，则移动记号笔时描出的点 P 的轨迹就会组成一个椭圆，因为对所有点 P 而言，长度 $[E, P, A]$（也就是绳子的长度）是固定的，如图 3.6 所示。

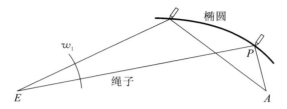

图 3.6　用绳子方法设计椭圆。绳子的端点固定在点 A 和 E 上，再在两点之间卡上一支记号笔，移动记号笔便可以画出一个椭圆

对图 3.1 中的 CEC 而言，光源 EF 在有限的距离处。如果将光源的端点 F、E 分别沿直线 AD、BC 移到无限远处，则该 CEC 就会变成 CPC，线段 EP 及 EB 会互相平行，而椭圆弧线 DB 会变成一条抛物线，椭圆弧线 CA 的情况亦是如此。所以我们可以把刚刚用来定义 CEC 的绳子方法修改后用来定义 CPC 的抛物线。如图 3.6 所示，在定义椭圆弧线时，固定距离 $[E, P, A]$ 的大小。现在，考虑从点 E 发出，并被椭圆弧线聚到点 A 上的光线。这些光线的波前 w_1 是以点 E 为圆心的圆弧，因此从 E 到 w_1 的距离是固定的，而对椭圆弧线上的每一点而言，从 w_1 到椭圆弧线再到点 A 的距离也必然是固定的。当把 E 拉开远离点 A 时，波前 w_1 会变成一条直线，而椭圆弧线就会变成以点 A 为焦点的抛物线。所以，这就说明了怎样可以把绳子方法变成用来定义抛物线的方法：这时需要将绳子的两端分别固定在波前 w_1 及点 A 上。图 3.7 显示了如何用绳子方法来产生 CPC 的抛物线。让长度 $[E, P, A]$ 固定，而且绳子垂直于波前 w_1，现在如果用记号笔把绳子卡住并绷直，移动记号笔时，它所描出的点 P 的轨迹就会形成一条抛物线。当点 P 在曲线 BD 上移动时，绳子的端点会在 w_1 上滑动。

上述方法可以用来设计图 3.3 中的集中器镜面。考虑图 3.8 中的镜面，它可以把波前 w_1 转换成波前 w_2。这两个波前之间的光程是定值（详情请参考第 15 章）。因为在这个例子中，$n = 1$，所以光程也就是距离。因此 w_1 跟 w_2 间的距离是定值。如果 w_1 是以点 E 为中心的圆弧，则点 E 到 w_2 的距离也是定值。现在考虑 w_2 的形状是一个渐开线（如圆形接收器的情况），与渐开线垂直的直线将与接收器相切。因为光线必须垂直于波前，所以知道光线会与接收器相切。在前面（见图 3.4(a) 及图 3.8）我们讨论过，将一根固定长度的绳子一端固定在一点(X_1)上,再让绳子在接收器上缠绕,这时绳子的另一端点就会绘出一个渐开线,该渐开线 w_2 上的每一点到点 X_1 的距离均为定值。因为已经知道点 E 到 w_2 的距离是常数,所以点 E 到点 X_1 的距离也是常数。因此,我们可以把一根绳子的两个端点固定在点 E 和点 X_1 上,再用绳子方法来得到需要的镜面。

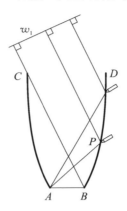

图 3.7　用绳子方法设计抛物线。把长度固定的绳子的一端固定在点 A 上,另一端在直线（波前）w_1 上滑动并同时保持绳子垂直于波前 w_1。将记号笔卡在绳子上拉直绳子,然后移动记号笔便会画出一条抛物线。这实际上就是图 2.16 所描述的抛物线特性的一个结果

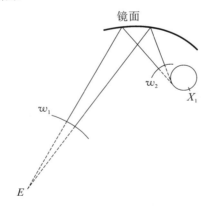

图 3.8　对所有光线而言,它们在点 E 和 w_1 之间的距离相等,在波前 w_1 与 w_2 之间同样也是这样。如果 w_2 是一条渐开线（由一根长度固定的绳子,以 X_1 为支点,绕接收器展开而形成）,w_2 与 X_1 之间的距离是固定的,所以从点 E 到 X_1 的距离也是定值。那么,就可以用点 E 及 X_1 作为绳子的固定端点,并利用绳子方法描出镜面的形状

　　绳子方法用途很广,可以用来产生针对不同形状辐射源及接收器而设计的集中器,所以也可以用该方法来设计图 3.3 中的系统（包含光源 EF 及一个

圆形接收器），如图 3.9 所示[3,4]。下面我们用这个方法来设计整个镜面。将绳子的一端固定在光源的点 E 上（跟前面的讨论一样），但是现在另一端须固定在接收器的点 X 上，而且绳子的长度必须使得设计出来的镜面刚好与接收器相接于点 X。从点 X 开始拉伸绳子，绕过接收器，直到点 P，再折向到点 E 上。现在从点 P 到点 P'' 之间画出来的曲线就是一条宏焦椭圆曲线，其焦点为 E，而圆形接收器为宏焦；点 P'' 之后的曲线则是根据圆形接收器定义的渐开线。

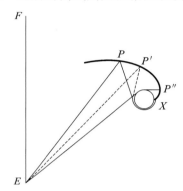

图 3.9　用绳子方法决定图 3.3 中集中器镜面的形状。把绳子固定在点 E 与点 X 上。在设计点 P 与点 P' 之间的镜面时，必须让绳子的长度足够长以碰触到点 X。光源的端点 E 并不能直接看到点 P'' 过后的那一段镜面，这一段镜面对应于圆形接收器的一条渐开线，与镜面其他部分一样，它是由同一根绳子来决定的

　　绳子方法还可以用来设计图 3.10 所示的系统，其中的辐射源被放在无限远处。这时，长度固定的绳子一端固定于点 X，另一端则保持垂直于波前 w_1。

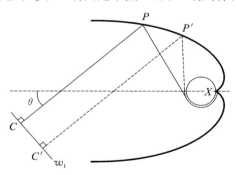

图 3.10　图 3.9 中用绳子方法设计了具有圆形接收器的集中器，该方法可以经扩展后应用于光源在无限远处的情况。在描绘整个镜面的过程中，绳子必须保持垂直于波前 w_1

　　当要设计可以把从任意形状光源发出的光线集中到任意形状接收器上的理想光学组件时，也可以使用绳子方法。考虑图 3.11(a) 所示的情况：一个直线

形接收器不仅要接收从上边投射的光线,还要接收从下边投射的光线。这时,绳子需要通过点 C-B-X-B-A。即绳子首先从点 C 延伸到点 B,然后从接收器下边绕过去到达点 X,接着回到点 B,再从接收器上边绕到点 A。以点 X 作为设计的起点,然后以点 B 为中心,移动绳子以描出在圆弧上的点(P_1)。这时,绳子通过点 C-B-P_1-B-A,圆弧会终止于点 Q_1。在点 Q_1 上,镜面开始接收从光源发射的光线,也就是说边缘光线(r)会开始照亮镜面。要决定点 Q_1 与点 Q_2 之间的镜面形状,须把绳子绕点 B 展开,同时保持绳子垂直波前 w_1。因此,此段镜面是抛物面,其轴线垂直于 w_1,焦点为 B。现在,绳子通过点 C_2-P_2-B-A。从点 Q_2 往上,绳子绕着点 A 展开,得到点 Q_2 与点 D 之间的镜面是抛物面,其轴线垂直于波前 w_1,焦点为 A。这时,绳子通过点 C_3-P_3-A。

上述方法可以沿用到任何形状的接收器的设计中。图 3.11(b) 的接收器有一个三角形接收器 A-J-B-A。在该例中,点 X 与点 Q_1 之间的镜面形状是圆弧,点 Q_1 与点 Q_2 之间的镜面形状是抛物线,其焦点为 B,点 Q_2 与点 Q_3 之间的镜面形状是抛物线,其焦点为 J,点 Q_3 与点 D 之间的镜面形状是抛物线,其焦点为 A,且所有抛物线轴线垂直于波前 w_1。

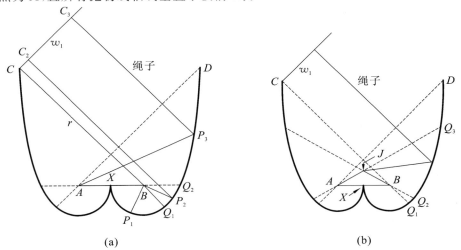

图 3.11　图中集中器可以同时接收从上边与下边投射的辐射。图(a)中接收器为直线形接收器,图(b)中接收器为三角形接收器,这两个器件都可以用绳子方法来设计。在设计图(a)中的器件时,绳子最初会通过点 C-B-P_1-B-A,其中点 P_1 代表的一段镜面是以点 B 为中心的一段圆弧;点 P_2 代表的一段镜面是以点 B 为焦点的抛物线,绳子会通过点 C_2-P_2-B-A;点 P_3 代表的一段镜面是以点 A 为焦点的抛物线,绳子通过 C_3-P_3-A。这两条抛物线的轴线垂直于波前 w_1。图(b)中集中器的镜面可以通过类似的方法得到

图 3.12 所示的为一个用于太阳能热水器的 CPC，其设计与图 3.11(b) 所示的器件非常相似。在该器件中，靠近顶部、近乎垂直的镜面被切掉，因为这一部分镜面对收集太阳能并没有太大的贡献，但是增加了接收器的体积。现在接收器的形状是一个反转的 V 形（A-J-B），底面 AB 也被去掉[5]。这样镜面与接收器就不会在点 X 接触，热能也不会从接收器通过镜面而浪费。移除底面 AB 并不影响效率，接收器 A-J-B（反转 V 形）仍然可以接收所有从 CPC 镜面反射过来的光线。

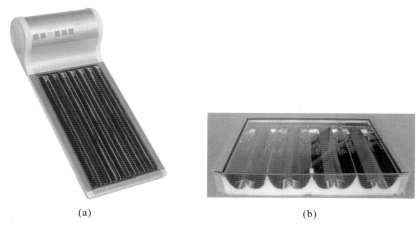

(a)　　　　　　　　　　(b)

图 3.12　(a)CPC 太阳能集中器；(b) 切面图显示其内部结构（由 Collares-Pereira 和 João Oliveira 提供）

图 3.12(b) 所示的为该集中器的切面图。在接收器（反转 V 形）的端点 J（见图 3.11(b)）有小管可以让水流过。

如果光源具有某一特定形状，并在有限距离处，则可采用绳子方法。图 3.13 中的器件可以把圆形光源发出的光线传输到同样形状及大小的接收器上。

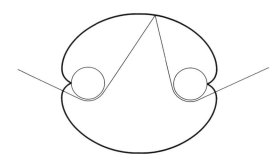

图 3.13　绳子方法可以沿用到任何形状的光源。图中的光源与接收器同为圆形，而且大小一样

在该例中,绳子是缠绕在光源与接收器上的[6]。图 3.13 中所示器件的镜面是椭圆的推广。如图 3.14 所示,在理想情况下,如果 F_1、F_2 是焦点,则椭圆会把从光源(E_1F_1)发出的所有光线传输到接收器(E_2F_2)上。

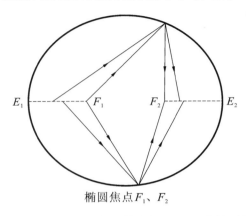

椭圆焦点 F_1、F_2

图 3.14　在理想情况下,一个椭圆可以把辐射从光源 E_1F_1 传输到接收器 E_2F_2 上,F_1 及 F_2 是该椭圆的焦点

3.6　介质光学组件

到目前为止我们考虑的都是内部为空气($n = 1$)的镜面集中器。下面将考虑由折射率为 n 的材料构成的器件。图 3.15 显示了一个由介质材料(折射率为 n)做成的 CPC。

介质 CPC 的设计与前面对空气镜面 CPC 的讨论非常相似。这时,因为光线在进入 CPC 时会折射,所以 CPC 的半接收角 θ_1^* 会变成 θ_1,且有 $\sin\theta_1 = n\sin\theta_1^*$。在某些情况下,可以利用在 CPC 壁面上的全内反射来传输光线。对 CPC 而言,$[A,B] = [C,D]\sin\theta_1^*$,再对 $\sin\theta_1^*$ 改写,就可以得到

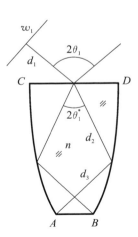

图 3.15　可以设计折射率为 n 的介质 CPC。这一设计观念实现了在 CPC 壁面上的全内反射的可能性

$$[A,B] = \frac{[C,D]\sin\theta_1}{n} \qquad (3.1)$$

在 CPC 镜面 BD 上的点满足 $d_1 + nd_2 + nd_3 = C_{光程}$,其中,$C_{光程}$ 是一个常数。

介质 CPC 有一个很有用的特性：它的入光孔径 CD 不需要是平坦的，也就是说，可以设计成曲面的入光孔径。而且，它的接收器浸在介质里面。如果接收器 AB 是平面的，它被称为介质全内反射集中器（dielectric total internal reflection concentrator，DTIRC）[8,9]。图 3.16 便显示了这样一个器件，其特性可以让设计出来的器件体积更小。

举例来说，可以把入光孔径设计成圆弧。决定入光孔径后，CPC 的两壁（DB 及对称的 CA）就可以被计算出来。曲面的入光孔径可以让设计出来的器件体形更小巧。

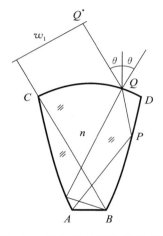

图 3.16 如果集中器的材料是介质，则它的入光孔径可以是非平面的。在本例中，曲面入光孔径（CD）可以使设计出来的器件体形更小巧

前面在讨论绳子方法的时候，我们知道 w_1 与点 A 之间的光程是常数。现在，将该关系应用在新的系统上。假设器件材料的折射率是 n，则有

$$[Q^*, Q] + n[Q, P] + n[P, A] = 常数 \tag{3.2}$$

如果入光孔径的形状已知，就可以计算侧壁的形状。需要注意的是，现在的入口大小是从点 C 到点 D 的直线距离，而不是弧线 CD 的长度。所以，它的集中率是 $[C, D]/[A, B]$，其中，$[C, D]$ 是从 C 到 D 的直线距离。而且，公式（3.1）仍适用于此集中器。

对图 3.16 中的器件而言，接收器浸在折射率为 n 的介质中。如果接收器不在介质中，则在设计时必须让出光角等于临界角，以避免光线在出口 AB 上发生全反射，从而使进入空气中的光线的角度在 $-\pi/2$ 到 $\pi/2$ 之间。

3.7 非对称光学

CEC 是一个可以把有限远处光源发出的辐射收集起来的器件。在前面的例子中，光源与接收器的安排具有一定的对称性。但是在更一般的情况下，光源与接收器实际上是非对称的。如图 3.17 所示的 CEC，光源与接收器的相对位置及方位就是非对称的。此时，CEC 的设计方法跟前面讨论的差不多，椭圆弧线 BD 的焦点为点 E 与点 A，椭圆弧线 AC 的焦点为点 F 与点 B。

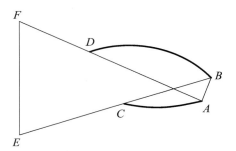

图 3.17　光源与接收器非对称时的 CEC。椭圆弧线 BD 的焦点为点 E 与点 A，椭圆弧线 AC 的
　　　　焦点为点 F 与点 B

当光源 EF 移到无限远处时，非对称的 CEC 就会变成非对称的 CPC，如
图 3.18 所示[10,11]。

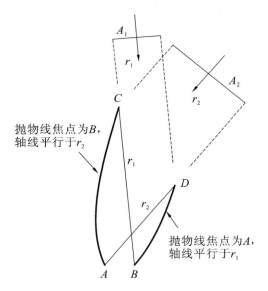

图 3.18　非对称的 CPC。与对称的 CPC 一样，非对称的 CPC 也是由两条抛物线组成的。BD 的
　　　　焦点为点 A，轴线平行于 r_1，AC 的焦点为点 B，轴线平行于 r_2。当光线沿方向 r_2 传播
　　　　时，集中器的接收面积为 A_2；当光线沿方向 r_1 传播时，接收面积为 A_1，且 A_2 较 A_1
　　　　大。因此，在不同的接收角下，器件可以接收不同大小的能量，因而有不同的集中率

非对称 CPC 可以用作静止的太阳能接收器，因为它在冬天和夏天的时候
会有不同的接收面积[1,12,13]。在夏天，太阳高高挂在空中；在冬天，太阳的位置
则比较低。图 3.18 中方向 r_1 可以代表太阳在夏天的方向，而 r_2 代表太阳在冬
天的方向。该 CPC 在冬天会接收较多的辐射，从而有较高的集中率。如果将

CPC 用在加热系统或空调系统中,情况就会刚好相反。

非对称非成像光学系统的另外一个例子是角度转动器(angle rotator)[14],它可以转动辐射的方向,但不改变孔径角。而前面讨论的角度转换器可以改变辐射的孔径角,但不改变方向。

图 3.19 是角度转动器的一个例子,它由三个平面镜及一个椭圆弧线镜面组成,接收角及出光角为 2θ,辐射的方向被转动了 ϕ 的角度。

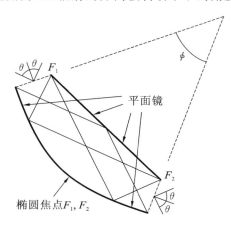

图 3.19　角度转动器可以把辐射的方向转动 ϕ 的角度而不改变它的孔径角 θ。图中的角度转动器由三个平面镜及一个椭圆弧线镜面组成

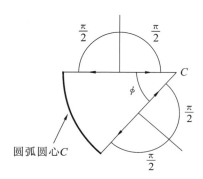

图 3.20　由一条圆弧组成的器件。它能接收半角为 $\pi/2$ 的辐射并把它转动 ϕ 的角度

因为椭圆弧线的焦点分别在入光孔径的端点 F_1 及 F_2 上,所以平面镜 F_1F_2 在这两点上(F_1 及 F_2)并不垂直于入光孔径或出光孔径。

当 F_1 和 F_2 重合时,会得到该角度转动器的一个特例,如图 3.20 所示。这时,不再需要平面镜,椭圆变成一条以点 C 为中心的圆弧,接收角及出光角将变成 $\pi/2$[15]。

图 3.21 是角度转动器的另外一个例子[16]。中央部分是一个由两条同心圆弧(圆心为点 C)组成的圆形光导管。这两条圆弧两边的开口被线段 S_1 及 S_2 封上。然后在每一边再分别接上一个复合宏焦抛物线光学组件。每一个复合宏焦抛物线光学组件的外缘是一条轴线平行于边缘光线 r_2 的宏焦抛物线,宏焦为 c_M(详

情请参考第 21 章)。边缘光线经该结构反射后会与 c_M 相切,然后打到圆形光导管的内镜面上。这些光线与内镜面法线的夹角为 α。然后它们会被反射到圆形光导管的外镜面,光线与镜面法线的夹角为 β。内宏焦抛物线的轴线会平行于边缘光线 r_1,宏焦也是 c_M。平行于 r_1 的光线反射后会沿宏焦的切线方向传播。这些光线会打在圆形光导管的外镜面上,光线与法线的夹角为 β。

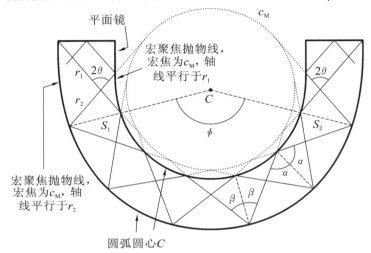

图 3.21　角度转动器的中央部分是一个圆形光导管,在两端接上了复合宏焦抛物线光学组件

在圆形光导管内,边缘光线来回在这两个圆形镜面上反射。光线在内镜面面上的入射角为 α,在外镜面上的入射角为 β。在光导管两侧接上的互为对称的宏聚焦抛物线(macrofocal parabola)光学组件会把彼此对光线的传播方向的作用抵消,从而让出来的辐射的传播角仍然局限在 $\pm\theta$ 之间。角度转动器中央部分的角度 ϕ 可以任意选定。

图 3.22 所示的为该组件的一个特例。其中角度 α 定为 $90°$,因此,光导管的内镜面变得不必要了,因为边缘光线跟它相切。

在组件中,光线被局限在下列元素定义的空间中:线段 S_1、S_2,以点 C 为圆心的外镜面,以及边缘光线定义的焦散曲线 c_M(焦散曲线也是以点 C 为圆心的一条圆弧,但半径 r 较小)。现在,在 S_1 及 S_2 之间的光学组件的表面形状可以为任意的,因为它并不起任何光学作用。所以可以根据光机结构的需求(譬如说,把这个组件固定所需的结构)来直接决定表面的形状,而不会导致任何光能的损失。如前所述,角度 ϕ 可以任意选定。

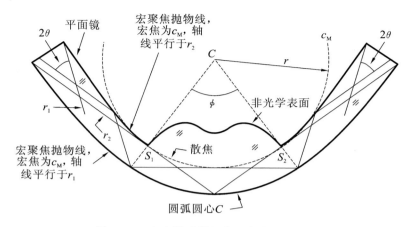

图 3.22　角度转动器具有一个非光学表面

3.8　例子

下面例子中用到的曲线及函数可以在第 21 章里找到。

例 3.1　对光源 $RG(R = (-3, 10), G = (3, 10))$ 及接收器 $PF(P = (-1, 0), F = (1, 0))$ 设计一个复合椭圆集中器 CEC。

首先计算 CEC 反射镜的一般表达式，然后再把它应用到题目中。图 3.23 显示了一个包含光源 RG 及接收器 PF 的 CEC。

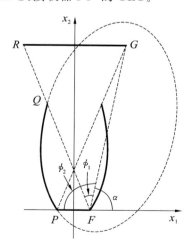

图 3.23　由两条椭圆弧线组成的 CEC。椭圆弧线的焦点与光源及接收器的端点重合。左边椭圆弧线的焦点为点 F 与点 G，右边的椭圆弧线跟它对称

左边椭圆弧线 PQ 的焦点为点 F 及点 G,因此,轴线对水平方向的倾角为 α。而且,椭圆必须通过点 P,所以利用上述条件就可以把它的方位确定下来。

现在先考虑图 3.24 所示的椭圆,它的焦点为点 F 及点 G,并且通过点 P。

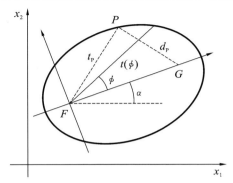

图 3.24   通过点 P 并以点 F 及点 G 为焦点的椭圆

利用点 F、G 及 P 的位置,可以得到

$$\begin{cases} K = t_{\mathrm{P}} + d_{\mathrm{P}} = [F, P] + [P, G] \\ f = [F, G] \\ \alpha = \mathrm{angh}(v) \end{cases} \tag{3.3}$$

其中,$v = (v_1, v_2) = G - F$;函数 angh 用来计算一个向量与水平方向的夹角。那么,椭圆可以写成

$$\frac{K^2 - f^2}{2K - 2f\cos\phi}(\cos(\phi + \alpha), \sin(\phi + \alpha)) + F \tag{3.4}$$

同样,式(3.4)可以用来描述图 3.23 里的椭圆弧线 PQ,这时 $\phi_1 \leqslant \phi \leqslant \phi_2$,而且

$$\begin{cases} \phi_1 = \mathrm{ang}(R - F, G - F) \\ \phi_2 = \mathrm{ang}(P - F, G - F) \end{cases} \tag{3.5}$$

其中,函数 ang 用来计算两个向量之间的夹角。

现在可以把题目要求的条件代入式(3.4),则椭圆弧线 PQ 就可以写成

$$\frac{\left(2 + 2\sqrt{29}\right)^2 - 104}{2\left(2 + 2\sqrt{29}\right) - 4\sqrt{26}\cos\phi}\left(\cos\left(\phi + \arccos\left(\frac{1}{\sqrt{26}}\right)\right),\right.$$

$$\left.\sin\left(\phi + \arccos\left(\frac{1}{\sqrt{26}}\right)\right)\right) + (1, 0) \tag{3.6}$$

其中,$\arccos(23/\sqrt{754}) \leqslant \phi \leqslant \arccos(-1/\sqrt{26})$。由于右边的椭圆弧线与左边的对称,所以只要把第一分量里的参数符号改变就可以获得其表达式。

例 3.2 对线光源 $RG(R=(-5,10), G=(5,10))$ 及圆形接收器(中点在原点,半径 $r=1$)设计一个集中器。

可以用一个复合宏焦椭圆集中器(CMEC)来把从线光源 RG 发出的光线捕获并集中到半径为 r 的圆形接收器上。类似的,如果圆形接收器变成光源,则光学组件可以把光线分布在接收器 RG 上。

集中器包含一段渐开线(VP)、一段宏聚焦抛物线(PQ),以及它们的对称线段,如图 3.25 所示。

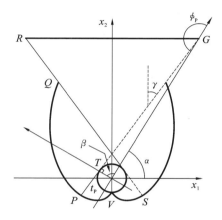

图 3.25 集中器具有一个接收器,光源为有限大小。集中器的每一边都包含一段渐开线及一段宏聚焦抛物线

首先计算渐开线 VP,然后从它的端点 P 开始计算宏聚焦抛物线 PQ。渐开线 VP 可以写成

$$r(\cos(\phi+\alpha_1), \sin(\phi+\alpha_1)) + r\phi\left(\cos\left(\phi-\frac{\pi}{2}+\alpha_1\right), \sin\left(\phi-\frac{\pi}{2}+\alpha_1\right)\right)$$

$$(3.7)$$

因为渐开线与圆形接收器相交于点 V,所以它与水平轴 x_1 的夹角为 $-\pi/2$,因此 $\alpha_1 = -\pi/2$。渐开线的参数表达式就可以写成

$$r(-\phi\cos\phi + \sin\phi, -\cos\phi - \phi\sin\phi)$$

$$(3.8)$$

接收器上点 T 与光源端点 G 的连线与接收器相切。点 T 的表达式为

$$\begin{cases} \beta = \arccos\left(\dfrac{r}{\parallel G \parallel}\right) \\ T = \dfrac{r\mathbf{R}(\beta) \cdot G}{\parallel G \parallel} \end{cases}$$

$$(3.9)$$

其中,$R(\beta)$ 是由角度 β 定义的转动矩阵。角度 γ 可以写成

$$\gamma = \mathrm{ang}((0,1),G-T) \tag{3.10}$$

其中,函数 ang 可以计算第一个向量相对于第二向量的夹角。渐开线 VP 对应的参数范围便是:$-(\pi/2+\gamma) \leqslant \phi \leqslant 0$。点 P(渐开线的终点,宏聚焦抛物线的起点)的值可以通过将参数值 $-(\pi/2+\gamma)$ 代入渐开线的表达式得到。宏聚焦抛物线的主轴与水平轴 x_1 的夹角 α 可以写成

$$\alpha = \mathrm{angh}(G) \tag{3.11}$$

其中,函数 angh 可以计算向量与水平方向的夹角。在点 P 的角度 ϕ_P 可以写成

$$\phi_P = \mathrm{ang}(P-G,G) \tag{3.12}$$

而从点 T 到点 P 的距离(t_P)可以写成

$$t_P = \sqrt{P \cdot P - r^2} = r\left(\frac{\pi}{2}+\gamma\right) \tag{3.13}$$

所以可得

$$f = \sqrt{G \cdot G} \tag{3.14}$$

其中,f 是宏聚焦(圆形接收器)的中心到点 G 的距离。然后,就可以得到

$$K = t_P + r\phi_P + \sqrt{f^2 + r^2 + t_P^2 - 2f(t_P\cos\phi_P + r\sin\phi_P)} \tag{3.15}$$

而且宏聚焦抛物线 PQ 的参数表达式可以写成

$$r(\sin(\phi+\alpha), -\cos(\phi+\alpha))$$
$$+ \frac{(K-r\phi)^2 + 2fr\sin\phi - f^2 - r^2}{2(K-r\phi-f\cos\phi)}(\cos(\phi+\alpha), \sin(\phi+\alpha)) \tag{3.16}$$

参数范围为

$$\begin{cases} \phi_1 = \mathrm{ang}(R-S,G) \\ \phi_2 = \mathrm{ang}(P-G,G) \end{cases} \tag{3.17}$$

其中,S 与 P 关于垂直轴 x_2 对称,且 $\phi_1 \leqslant \phi \leqslant \phi_2$。

当 $r=1$ 时,渐开线的表达式可以写成

$$(-\phi\cos\phi + \sin\phi, -\cos\phi - \phi\sin\phi) \tag{3.18}$$

因为 $R = (-5,10)$,$G = (5,10)$,于是可以得到 $\gamma = 0.553\,21\ \mathrm{rad}$,$P = (-1.966\,84, -1.281\,77)$,宏聚焦抛物线的参数表达式为

$$(F(\phi) + \sin(1.107\,15+\phi), -\cos(1.107\,15+\phi) + F(\phi)\sin(1.107\,15+\phi)) \tag{3.19}$$

其中

$$F(\phi) = -\frac{0.5\cos(1.107\,15+\phi)[126-(18.435\,6-\phi)^2 - 22.360\,7\sin\phi]}{18.435\,6-\phi-11.180\,3\cos\phi} \tag{3.20}$$

因为参数范围是 $\phi_1 \leqslant \phi \leqslant \phi_2$,所以 $1.016\,86 \leqslant \phi \leqslant 3.052\,03$。

例 **3.3**　根据下列条件设计一个角度转换器：出光孔径为 1，接收角 $\theta_1 = 30° = \pi/6$ rad，出光角 $\theta_2 = 70° = 70\pi/180$ rad。

首先描出出光孔径的两个端点 $E = (0.5, 0)$、$F = (-0.5, 0)$，如图 3.26 所示。

对光线 r 沿方向 u（其中，$u = (\cos\beta, \sin\beta)$，$\beta = \pi/2 - \theta_2$）做逆向追迹，它在点 E 反射后沿方向 v 传播（其中，$v = (\cos\alpha, \sin\alpha)$，$\alpha = \pi/2 + \theta_1$，且 θ_1 是 v 与垂直方向的夹角），与镜面相切的方向 t 可以写成

$$t = \frac{u + v}{\| u + v \|} \tag{3.21}$$

从点 F 沿方向 u 画一条直线，再从点 E 沿方向 t 画一条直线，便可以找出点 P 的位置

$$\begin{aligned} P &= \text{isl}(F, u, E, t) \\ &= (0.652\,704, 0.419\,55) \end{aligned} \tag{3.22}$$

由关于垂直轴的对称性便可以找出点 Q。镜面 EP 与 FQ 都是平坦的。

现在可以计算抛物线并完成器件的设计。通过点 P 的抛物线的焦点为 $F = (F_1, F_2)$，轴线对水平方向的倾角为 $\alpha = \pi/2 + \theta_1$，如图 3.27 所示。

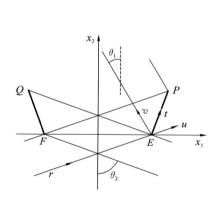

图 3.26　利用入射在点 E 上的光线，及其反射光线的方向，以及点 F 的位置，就可以确定平面镜 EP 的端点 P

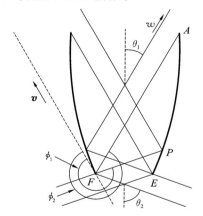

图 3.27　通过点 P 的抛物线 PA 对水平方向的倾角为 $\alpha = \pi/2 + \theta_1$，焦点为 F

抛物线的参数表达式可以写成

$$\frac{\sqrt{(P - F) \cdot (P - F)} - (P - F) \cdot (\cos\alpha, \sin\alpha)}{1 - \cos\phi}(\cos(\phi + \alpha), \sin(\phi + \alpha)) + (F_1, F_2)$$

$$= \frac{1.439\,69}{1 - \cos\phi}(\cos(2.094\,4 + \phi) - 0.5, \sin(2.094\,4 + \phi)) \tag{3.23}$$

如果 $w = (\cos(\pi/2 - \theta_1), \sin(\pi/2 - \theta_1))$，参数 ϕ 的范围就可以写成：

$$\begin{cases} \phi_1 = \text{angp}(P - F, v) = 260° \\ \phi_2 = \text{angp}(w, v) = 300° \end{cases} \tag{3.24}$$

左边的抛物线与右边的抛物线关于垂直轴互为对称。

例 3.4　对一个中心在原点，半径 $r = 1$ 的圆形接收器设计一个集中器。此集中器的半接收角 $\theta = 40°$。

可以用一个复合宏焦抛物面集中器（CMPC）来把在角度范围 2θ 内的光线捕获并集中到半径为 r 的圆形接收器上。如果圆形接收器变成光源，则光学组件可以把光线分布在 2θ 的角度范围内。

集中器包含一段渐开线及一段宏聚焦抛物线，如图 3.28 所示。

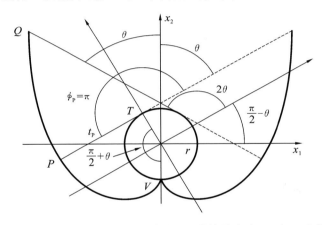

图 3.28　具有圆形（或管状）接收器的集中器，其接收角为 2θ（每一边都包含一段
　　　　渐开线及一段宏聚焦抛物线）

首先计算渐开线 VP，然后从其端点 P 计算宏聚焦抛物线 PQ。渐开线 VP 的表达式为

$$r(\cos(\phi + \alpha_1), \sin(\phi + \alpha_1)) + r\phi(\cos(\phi - \pi/2 + \alpha_1), \sin(\phi - \pi/2 + \alpha_1)) \tag{3.25}$$

因为渐开线与圆形接收器相交于点 V，所以它与水平轴 x_1 的夹角为 $-\pi/2$，因此 $\alpha_1 = -\pi/2$。式（3.25）就可以写成

$$r(-\phi\cos\phi + \sin\phi, -\cos\phi - \phi\sin\phi) \tag{3.26}$$

其中，$-(\pi/2 + \gamma) \leqslant \phi \leqslant 0$。镜面 PQ 是一个宏聚焦抛物线，它与水平轴的夹角 $\alpha = \pi/2 - \theta$。对点 P 而言，

$$\begin{cases} t_P = r\left(\dfrac{\pi}{2} + \theta\right) \\ \phi_P = \pi \end{cases} \tag{3.27}$$

利用 t_P 及 ϕ_P 的值便可以计算常数 K 为

$$K = t_P - t_P\cos\phi_P + r + r\phi_P - r\pi/2 - r\sin\phi_P \tag{3.28}$$

或写成

$$K = r\left(1 + \frac{3\pi}{2} + 2\theta\right) \tag{3.29}$$

利用下式:

$$r(\sin(\phi+\alpha), -\cos(\phi+\alpha))$$
$$+ \frac{K - r\left(\phi - \dfrac{\pi}{2}\right) - r(1 - \sin\phi)}{1 - \cos\phi}(\cos(\phi+\alpha), \sin(\phi+\alpha)) \tag{3.30}$$

便可推出宏聚焦抛物线的表达式为

$$\frac{r}{\cos\phi - 1}(\cos\theta - \cos(\phi-\theta) + (2\pi - \phi + 2\phi)\sin(\phi-\theta),$$
$$(-2\pi + \phi - 2\theta)\cos(\phi-\theta) - \sin(\phi-\theta) - \sin\theta) \tag{3.31}$$

其中,$2\theta \leqslant \phi \leqslant \pi$。

当接收器的半径 $r = 1$ 时,渐开线的参数表达式可以写成

$$(-\phi\cos\phi + \sin\phi, -\cos\phi - \phi\sin\phi) \tag{3.32}$$

其参数范围为 $-\dfrac{13\pi}{18} \leqslant \phi \leqslant 0$。因为接收角 $\theta = \dfrac{40\pi}{180}$ rad,所以宏聚焦抛物线的参数表达式可以写成

$$\left(\frac{\cos\dfrac{2\pi}{9} - \cos\left(\dfrac{2\pi}{9} - \phi\right) - \left(\dfrac{22\pi}{9} - \phi\right)\sin\left(\dfrac{2\pi}{9} - \phi\right)}{\cos\phi - 1}, \right.$$
$$\left. \frac{\left(\phi - \dfrac{22\pi}{9}\right)\cos\left(\dfrac{2\pi}{9} - \phi\right) - \sin\dfrac{2\pi}{9} + \sin\left(\dfrac{2\pi}{9} - \phi\right)}{\cos\phi - 1}\right) \tag{3.33}$$

其中,$\dfrac{4\pi}{9} \leqslant \phi \leqslant \pi$。

例 3.5 设计一个具有下列性质的角度转动器:半接收角 $\theta = 45°$,转动角度 $\beta = 50°$,入光孔径及出光孔径 $d = 1$。

图 3.29 显示了一个角度转动器及其相关参数。

图 3.30 显示了角度转动器入光孔形状的细节。

距离 $d = [G, Q]$,角度 θ 及 β 已知,由图 3.30(b) 可以得到

$$\begin{cases} b\sin\left(\theta - \dfrac{\beta}{2}\right) = d\sin\left(\dfrac{\pi}{2} - \dfrac{\beta}{2}\right) \\ c\cos\left(\dfrac{\beta}{2}\right) = b\cos\theta \end{cases} \tag{3.34}$$

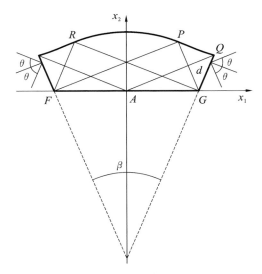

图 3.29　角度转动器的几何形状由下列因素决定：入光孔径与出光孔径 d，半接收角 θ，以及辐射的转动角度 β

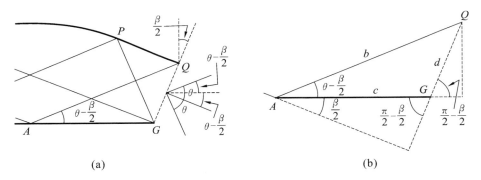

(a)　　　　　　　　　　　　　　(b)

图 3.30　(a) 角度转动器入光孔的几何形状；(b) 用于计算点 G 及点 Q 位置的几何形状

从而得到 b、c 的值：$b = 2.649\,87$，$c = 2.067\,44$。如果 $A = (0,0)$，则可以计算点 G 的位置为 $(c,0)$，然后得到 $Q = G + d(\cos(\pi/2 - \beta/2), \sin(\pi/2 - \beta/2)) = (2.490\,06, 0.906\,308)$。从点 G 画一条与水平方向夹角为 $-\theta - \beta/2$ 的直线，再从点 Q 画一条与水平方向夹角为 $-\beta/2$ 的直线，两条直线的交点便可以确定点 P

$$P = \mathrm{isl}(G, v, Q, u) \tag{3.35}$$

其中，$v = \left(\cos\left(-\theta - \dfrac{\beta}{2}\right), \sin\left(-\theta - \dfrac{\beta}{2}\right)\right)$，$u = \left(\cos\left(-\dfrac{\beta}{2}\right), \sin\left(-\dfrac{\beta}{2}\right)\right)$。所以，$P = (1.583\,75, 1.328\,93)$。再以点 F 及点 G 为焦点（F 与 G 对称于垂直轴），描画一个通过点 P 的椭圆，椭圆弧线 PR 便可以定下来，如图 3.31 所示。

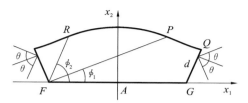

图 3.31 弧线 PR 是以点 F 及点 G 为焦点的椭圆，它以 ϕ 为设计参数，ϕ 的值是介于 ϕ_1 与 ϕ_2 之间

由点 F、G、P 的位置可以得到 $K = [F, P] + [G, P]$，$f = 2c$，而且椭圆可以写成

$$\frac{K^2 - f^2}{2K - 2f\cos\phi}(\cos\phi, \sin\phi) + F$$
$$= \frac{10.989\ 9}{10.599\ 5 - 8.269\ 77\cos\phi}(\cos\phi - 2.067\ 74, \sin\phi) \quad (3.36)$$

其中，$\phi_1 \leqslant \phi \leqslant \phi_2$，$\phi_1 = \text{angh}(P - F) = 0.349\ 066\ \text{rad}$，$\phi_2 = \text{angh}(R - F) = 1.221\ 73\ \text{rad}$。

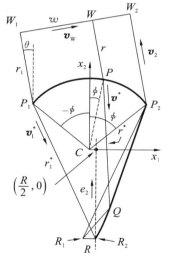

图 3.32 接收角为 $\pm\theta$ 的 DTIRC

例 3.6 设计一个具备下列条件的 DTIRC：接收角 $\theta = \pm 10°$，入光孔为圆形，光学组件材料的折射率 $n = 1.5$。

首先用点 P_1、P_2 以及中心 $C = (0, 0)$ 定义圆形的入光孔（一个折射面），如图 3.32 所示。假定入光孔的半径（$[C, P_1]$）为一个单位长度（因为这只是一个比例因子），那么入光孔的参数表达式就可以写成

$$P(\phi) = \left(\cos\left(\frac{\pi}{2} + \phi\right), \sin\left(\frac{\pi}{2} + \phi\right)\right) \quad (3.37)$$

其中，$-\varphi \leqslant \phi \leqslant \varphi$。让角度 $\varphi = 50°$，则点 P_1、P_2 的位置就可以写成（见图 3.32）

$$\begin{cases} P_1 = \left(\cos\dfrac{7\pi}{9}, \sin\dfrac{7\pi}{9}\right) \\ P_2 = \left(\cos\dfrac{2\pi}{9}, \sin\dfrac{2\pi}{9}\right) \end{cases} \quad (3.38)$$

现在定义一个波前 w，它垂直于从左边进来的边缘光线。点 W_1 与点 W_2 是在波前上的两点。通过点 P_1 的光线 r_1 也通过点 W_1，光线与垂直轴的夹角为 θ。

假设点 P_1 与点 W_1 之间的距离为一个单位，可得

$$W_1 = (-0.939\ 693, 1.627\ 6) \tag{3.39}$$

W_2 的位置也可以写成

$$W_2 = \mathrm{isl}(W_1, v_\mathrm{w}, P_2, v_2) = (0.546\ 198, 1.889\ 6) \tag{3.40}$$

在点 P_1 上入光孔的法线是 $n_{P_1} = \mathrm{nrm}(C - P_1) = -P_1$，所以光线 r_1 在点 P_1 折射后（光线 r_1^*）的传播的方向 v_1^* 可以写成

$$v_1^* = \mathrm{rfr}(-v_2, -P_1, 1, n) = (0.416\ 693, -0.909\ 047) \tag{3.41}$$

现在，光学组件的出光孔径（R）与入光孔径（$[P_1, P_2]$）的关系是

$$R = [P_1, P_2]\sin\theta/n = 0.177\ 363 \tag{3.42}$$

出光孔端点 R_2 的位置可以写成

$$\begin{cases} R_2 = \mathrm{isl}\left(P_1, v_1^*, \left(\dfrac{R}{2}, 0\right), e_2\right) = (0.088\ 681\ 5, -1.221\ 86) \\ R_1 = (-0.088\ 681\ 5, -1.221\ 86) \end{cases} \tag{3.43}$$

其中，$e_2 = (0,1)$，且 R_1 与 R_2 互为对称。平行于 r_1 的边缘光线在上表面折射后会被侧边的镜面反射，聚于点 R_1 上。波前 w 与点 R_1 之间的光程等于光线 r_1 的光程，即

$$S = [W_1, P_1] + n[P_1, R_2] + nR = 4.342\ 86 \tag{3.44}$$

现在如果改变角度 ϕ，让 $\phi = -10°$，则上边折射面上的点 P 可以写成 $P = (0.173\ 648, 0.984\ 808)$。在波前 w 上的对应点 W 就可以写成

$$W = \mathrm{isl}(W_1, v_\mathrm{w}, P, v_2) = (0.030\ 153\ 7, 1.798\ 61) \tag{3.45}$$

在点 P 上的折射光线（r^*）的传播方向（v^*）可以写成

$$v^* = \mathrm{rfr}(-v_2, -P, 1, n) = (0.055\ 475\ 5, -0.998\ 46) \tag{3.46}$$

最后，侧壁上的点 Q 就可以写成

$$Q = \mathrm{coptpt}(P, v^*, R_1, n, S - [P, W]) = (0.273\ 056, -0.804\ 356) \tag{3.47}$$

继续改变 ϕ 值便可以计算集中器侧壁上各点的位置。

参 考 文 献

[1] Rabl, A. and Winston, R., Ideal concentrators for finite sources and restricted exit angles, *Applied Optics*, 15, 2880, 1976.

[2] Welford, W. T. and Winston, R., *High Collection Nonimaging Optics*, Academic Press, San Diego, 1989.

[3] Winston, R. and Hinterberger, H., Principles of cylindrical concentrators for solar energy, *Solar Energy*, 17, 255, 1975.

[4] Rabl, A., Solar concentrators with maximal concentration for cylindrical

absorbers，*Applied Optics*，15，1871，1976.

[5] Collares-Pereira，M. and Oliveira，J.，Solar energy collector of the non-evacuated compound parabolic concentrator type，*European Patent Specification EP0678714B1*，2000.

[6] Kuppenheimer，J. D.，Design of multilamp nonimaging laser pump cavities，*Optical Engineering*，27，1067，1988.

[7] Miñano，J. C.，Ruiz，J. M.，and Luque，A.，Design of optimal and ideal 2-D concentrators with the collector immersed in a dielectric tube，*Applied Optics*，22，3960，1983.

[8] Ning，X.，Winston，R.，and O'Gallagher，J.，Dielectric totally internally reflecting concentrators，*Applied Optics*，26，300，1987.

[9] Friedman，R. P. and Gordon，J. M.，Optical designs for ultrahigh-flux infrared and solar energy collection：Monolithic dielectric tailored edge-ray concentrators，*Applied Optics*，35，6684，1996.

[10] Rabl，A.，Comparison of solar concentrators，*Solar Energy*，18，93，1976.

[11] Kreider，J. F. and Kreith，F.，*Solar Energy Handbook*，McGraw-Hill Book Company，New York，1981.

[12] Rabl，A.，*Active Solar Collectors and their Applications*，Oxford University Press，New York，Oxford，1985.

[13] Welford，W. T. and Winston，R.，*The Optics of Nonimaging Concentrators— Light and Solar Energy*，Academic Press，New York，1978.

[14] Chaves，J. and Collares-Pereira，M.，Ideal concentrators with gaps，*Applied Optics*，41，1267，2002.

[15] Collares-Pereira，M.，Mendes，J. F.，Rabl，A.，and Ries，H. Redirecting concentrated radiation，*Nonimaging Optics：Maximum Efficiency Light Transfer III*，SPIE Vol. 2538，131，1995.

[16] Chaves，J. et al.，Combination of light sources and light distribution using manifold optics，*Nonimaging Optics and Efficient Illumination Systems III*，SPIE Vol. 6338，63380M，2006.

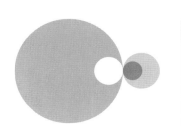

第 4 章
光学扩展量
及 Winston-Welford
设计方法

4.1　简介

　　当光线在光学系统中传播时,它会占据一定的面积及角度范围。图 4.1 显示了一个半径为 r 的发光球体 S_R(如太阳)。当发射光线在空间中传播并扩张时,最后它会照亮一个半径为 d_1 的球面(A_1)的内部。当这些光线到达 A_1 时,光线的角度范围会局限在 θ_1 之内,该角度将由 S_R 到球面 A_1 任意点的切线决定。θ_1 可以写成 $r/d_1 = \sin\theta_1$。因为球面 A_1 的表面积 $A_1 = 4\pi d^2$,利用对 $\sin\theta_1$ 推导的式子,可以得到 $A_1 \sin^2\theta_1 = 4\pi r^2 = A_S$,其中 A_S 是光源的面积。

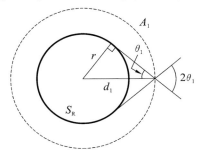

图 4.1　角度 θ_1 与距离 d_1 有如下关系:$r/d_1 = \sin\theta_1$

现在让我们来看看当这些光线继续扩张并照明一个半径(d_2)比较大的球面 A_2 时的情况,如图 4.2 所示。与前面对 A_1 的讨论一样,$A_2 \sin^2 \theta_2 = A_S$,所以 $A_1 \sin^2 \theta_1 = A_2 \sin^2 \theta_2$。当光线在空间远离光源传播时,它占据的面积会增加,角度范围会减少,而面积与角度的关系会让物理量 $A \sin^2 \theta$ 守恒。

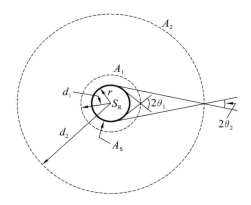

图 4.2 当从球光源 S_R 发出的光线在空间传播时,它照亮的面积增加,但角度范围减少

如果球面 A_2 分开两种不同折射率(n_1 及 n_2)的介质,如图 4.3 所示,光线在通过 A_2 时会发生折射,它的孔径角会由 $2\theta_2$ 增加到 $2\theta_2^*$,$2\theta_2$ 与 $2\theta_2^*$ 的关系是 $n_1 \sin \theta_2 = n_2 \sin \theta_2^*$。从折射率为 n_2 的介质看过去,光线就像是从虚拟光源 S_V 发出的。

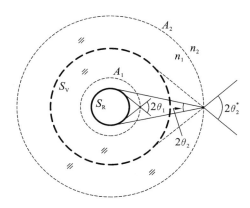

图 4.3 当从球光源 S_R 发出的光线在空间传播并打在折射率分别为 n_1 与 n_2 的界面 A_2 时,折射效应改变光线的孔径角。看起来,光线像是从球形的虚拟光源 S_V 发出的

因此,我们可以得到 $A_1 \sin^2 \theta_1 = A_2 \sin^2 \theta_2 = A_2 (n_2^2 / n_1^2) \sin^2 \theta$,或 $n_1^2 A_1 \sin^2 \theta_1 = n_2^2 A_2 \sin^2 \theta_2^*$。当光线在空间传播时,物理量 $n^2 A \sin^2 \theta$ 守恒,该物理量被称为通过面积 A、孔径角为 $\pm \theta$ 的辐射的光学扩展量。在前文讨论的几何空间内,该物理

量守恒。

如果是在二维空间中,则光源 S_R 是一个圆,半径为 d_1 的圆的周长 $a_1 = 2\pi d_1$。利用前面对 $\sin\theta_1$ 推导出来的式子,我们可以得到 $a_1\sin\theta_1 = 2\pi r = a_S$,其中,$a_S$ 是光源 S_R 的周长,同样可得 $a_2\sin\theta_2 = a_S$。因此,$a_1\sin\theta_1 = a_2\sin\theta_2$。所以当光线在空间传播时,物理量 $a\sin\theta$ 守恒。如果光线穿过不同折射率的介质,该守恒量变成 $na\sin\theta$。物理量 $U_{2D} = 2na\sin\theta$ 被称为通过长度 a,孔径角为 $\pm\theta$ 的辐射的二维光学扩展量。它在二维空间中守恒。

如果以差分形式来表达,则在二维空间中我们有 $dU = nda\cos\theta d\theta$。如果长度 a 被均匀照明,且照明光线相对于垂直方向(也是 a 的法线方向)的入射角介于 $\pm\theta$ 之间(见图 4.4),我们可以得到

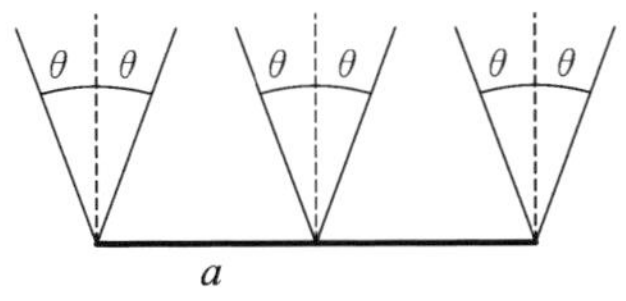

图 4.4　长度为 a 的线段被光束均匀照明;光束是局限在与 a 的法线成 $\pm\theta$ 夹角的范围内

$$U = na\int_{-\theta}^{\theta}\cos\theta d\theta = 2na\sin\theta \quad (4.1)$$

在三维空间中,光学扩展量被定义成

$$dU = n_2 dA\cos\theta d\Omega$$

其中,$d\Omega$ 是立体角。我们会在以下的章节里讨论该式的推导。

4.2　光学扩展量守恒

非成像光学的一个典型应用是基于光学扩展量守恒将光源的辐射传输到接收器上。因此,光学扩展量在这个领域里是一个很重要的概念。光学扩展量守恒可以通过光学原理推导而得(详情可参看第 18 章)。而且,在其他领域中,它也是一个很重要的概念,例如,经典(统计)力学的刘维尔定理(详情可参看第 18 章),辐射学与亮度学的几何扩展量(geometrical extent)(详情可参看第 20 章),以及辐射换热的互易性关系(reciprocity relation)(详情可参看第 20 章)。

在这里我们将以热动力学的观点来说明光学扩展量守恒。在第 2 章,我们计算一个光学组件所能提供的最大集中率时,便已采用了这种方法。该方法对光学扩展量守恒的证明并不严谨,但很直观。更严谨的证明可以通过哈密顿光学(Hamiltonian optics)获得,请参看本书第 18 章。

我们首先引进辐射亮度(radiance)的概念。这一概念还会在第 20 章里与光度学的亮度(luminance)放在一起详细讨论。现在考虑辐射通量 $d\Phi$(单位时间内的能量),该通量局限在立体角 $d\Omega$ 内,如果通量是从一个大小为 dA 的面积上发出(或通过),而且通量的方向与上述面积的法线方向成 θ 夹角,那么可以定义辐射亮度(L)为(见图 4.5(a))[1-3]:

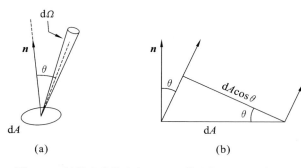

图 4.5　辐射亮度的定义。(a) 三维空间；(b) 二维空间

$$L = \frac{\mathrm{d}\varPhi}{\mathrm{d}A\cos\theta\mathrm{d}\varOmega} \tag{4.2}$$

其中，$\mathrm{d}\varPhi$ 是一个二阶差分，因为它正比于 $\mathrm{d}A$ 与 $\mathrm{d}\varOmega$ 的乘积。

如果 $\mathrm{d}A$ 是在折射率为 n 的介质中，则式(4.2)中的辐射亮度可以写成

$$\mathrm{d}\varPhi = \frac{L}{n^2}n^2\mathrm{d}A\cos\theta\mathrm{d}\varOmega = L^*\,\mathrm{d}U \tag{4.3}$$

其中，$L^* = L/n^2$ 是基本辐射亮度（basic radiance），所以光学扩展量可以写成

$$\mathrm{d}U = n^2\mathrm{d}A\cos\theta\mathrm{d}\varOmega \tag{4.4}$$

单位立体角发出的通量称为光强度(I)，可以写成

$$I = \frac{\mathrm{d}\varPhi}{\mathrm{d}\varOmega} = L\mathrm{d}A\cos\theta \tag{4.5}$$

其中，$\mathrm{d}A$ 是发射表面的面积；立体角 $\mathrm{d}\varOmega$ 的方向与表面的法线 $\boldsymbol{n}$ 方向成 θ 夹角。

一般而言，L 是光线发射角的函数。当 L 为常数时，我们会得到一个很重要的特例。这时，光强度正比于 $\cos\theta$，所以正比于在方向 θ 上的投影面积，如图 4.5(b) 所示。具有这种发光角度分布特性的表面被称为朗伯(Lambertian)辐射。

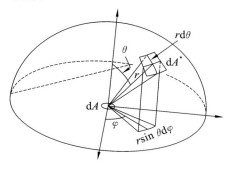

图 4.6　在球坐标内显示的立体角

现在考虑图 4.6 的情况。面积 $\mathrm{d}A$ 浸在折射率为 n 的介质中，要计算它对半球空间发出的总通量，可以考虑半球对 $\mathrm{d}A$ 所张的立体角，然后利用式(4.3)对该立体角积分。球坐标中，在半径为 r 的球面上，面积 $\mathrm{d}A$ 所张的立体角 $\mathrm{d}\varOmega$ 可以写成

$$\mathrm{d}\varOmega = \mathrm{d}A^*/r^2 = \sin\theta\mathrm{d}\theta\mathrm{d}\varphi \tag{4.6}$$

面积 $\mathrm{d}A$ 对半球空间发出的光通量便可以写成

$$\mathrm{d}\Phi_{\mathrm{hem}} = L^{*} n^{2} \mathrm{d}A \int_{0}^{2\pi} \int_{0}^{\pi/2} \cos\theta \sin\theta \mathrm{d}\theta \mathrm{d}\varphi = \pi n^{2} L^{*} \mathrm{d}A \tag{4.7}$$

如果 $\mathrm{d}A$ 是温度为 T 的黑体辐射器,它会是一个朗伯辐射,而发射到半球空间的总通量(单位为瓦特)为[4,5]

$$\mathrm{d}\Phi_{\mathrm{hem}} = \sigma T^{4} \mathrm{d}A \tag{4.8}$$

在折射率为 n 的介质中的斯特藩 - 玻尔兹曼常数 σ 为[5,6]

$$\sigma = n^{2} \frac{2\pi}{15} \frac{k^{4}}{c_{0} h^{3}} = n^{2} \sigma_{\mathrm{V}} \tag{4.9}$$

其中,$\sigma_{\mathrm{V}} = 5.670 \times 10^{-8} \ \mathrm{W \cdot m^{-2} \cdot K^{-4}}$ 是它在真空中($n = 1$)的值;k 是玻尔兹曼常数;h 是普朗克常数;c_{0} 是光在真空中的速度。利用式(4.7)到(4.9)便可以得到

$$L^{*} = \frac{\sigma_{\mathrm{V}} T^{4}}{\pi} \tag{4.10}$$

这是温度为 T 的黑体辐射的基本辐射亮度。针对基本辐射亮度 L^{*} 的定义,以及它是温度的函数这一事实,我们来考虑以下几种特殊情况。

图 4.7 显示了第一种情况。考虑两个距离为 r 的表面 $\mathrm{d}A_{3}$ 与 $\mathrm{d}A_{4}$,它们的法线($\boldsymbol{n}_{3}$ 与 $\boldsymbol{n}_{4}$)与方向 r 的夹角分别为 θ_{3} 与 θ_{4},它们之间的介质的折射率为 n_{3}。

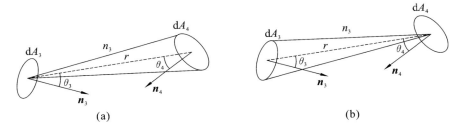

图 4.7　第一种情况。$\mathrm{d}A_{3}$ 对 $\mathrm{d}A_{4}$ 发出的光学扩展量(见图(a))等于 $\mathrm{d}A_{4}$ 对 $\mathrm{d}A_{3}$ 发出的光学扩展量(见图(b))

如果 $\mathrm{d}A_{3}$ 对 $\mathrm{d}A_{4}$ 发光,则该光束的光学扩展量是(见图 4.7(a))

$$\mathrm{d}U_{34} = n_{3}^{2} \mathrm{d}A_{3} \cos\theta_{3} \mathrm{d}\Omega_{34} = n_{3}^{2} \mathrm{d}A_{3} \cos\theta_{3} \frac{\mathrm{d}A_{4} \cos\theta_{4}}{r^{2}} \tag{4.11}$$

如果 $\mathrm{d}A_{4}$ 对 $\mathrm{d}A_{3}$ 发光,则该光束的光学扩展量是(见图 4.7(b))

$$\mathrm{d}U_{43} = n_{3}^{2} \mathrm{d}A_{4} \cos\theta_{4} \mathrm{d}\Omega_{43} = n_{3}^{2} \mathrm{d}A_{4} \cos\theta_{4} \frac{\mathrm{d}A_{3} \cos\theta_{3}}{r^{2}} \tag{4.12}$$

由这两个式子,我们得到

$$\mathrm{d}U_{34} = \mathrm{d}U_{43} \tag{4.13}$$

现在考虑图 4.8 所示的第二种情况。假设系统处于平衡,$\mathrm{d}A_{3}$ 对 $\mathrm{d}A_{4}$ 发出的辐射通量($\mathrm{d}\Phi_{34}$)与 $\mathrm{d}A_{4}$ 对 $\mathrm{d}A_{3}$ 发出的辐射通量($\mathrm{d}\Phi_{43}$)相等。

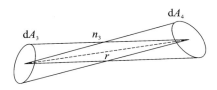

图 4.8　第二种情况。系统平衡时，$\mathrm{d}A_3$ 对 $\mathrm{d}A_4$ 发出的基本辐射亮度等于 $\mathrm{d}A_4$ 对 $\mathrm{d}A_3$ 发出的基本辐射亮度

因为 $\mathrm{d}\varPhi_{34} = \mathrm{d}\varPhi_{43}$，由式（4.3）及式（4.13），我们可以得到

$$L_3^* = L_4^* \tag{4.14}$$

其中，L_3^* 是在 $\mathrm{d}A_3$ 上的基本辐射亮度（$\mathrm{d}A_3$ 对 $\mathrm{d}A_4$ 发光）；L_4^* 是在 $\mathrm{d}A_4$ 上的基本辐射亮度（$\mathrm{d}A_4$ 对 $\mathrm{d}A_3$ 发光）。

接下来考虑图 4.9 所示的第三种情况。$\mathrm{d}A_3$ 是温度为 T_3 的黑体，它对折射率为 n_3 的介质发出辐射。

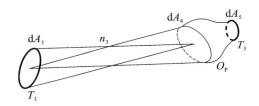

图 4.9　第三种情况。温度为 T_3 的黑体 $\mathrm{d}A_3$ 对光学组件 O_P 的入光孔发光。光学组件将这些光线传到另一黑体 $\mathrm{d}A_5$ 上。$\mathrm{d}A_5$ 所能达到的最高温度为 T_3

在面积 $\mathrm{d}A_4$ 与 $\mathrm{d}A_5$ 之间有一个光学组件 O_P，它会将从 $\mathrm{d}A_3$ 接收的光线传到 $\mathrm{d}A_5$ 上。$\mathrm{d}A_5$ 也是一个黑体，温度为 T_5。该温度由 $\mathrm{d}A_5$ 与光源 $\mathrm{d}A_3$ 之间的辐射交换决定。因为 $\mathrm{d}A_5$ 有一定的温度，所以它也会发出辐射。在 $\mathrm{d}A_5$ 与 $\mathrm{d}A_4$ 之间的光学组件会把这些辐射传输到 $\mathrm{d}A_3$ 上。

根据热力学第二定律，如果一个过程的唯一结果是让热能从一个物体传到另外一个温度较高的物体上，则这一过程是不可能发生的（克劳修斯假设）[7-9]。所以，热力学第二定律给 $\mathrm{d}A_5$ 的温度设定了一个上限：其最高温度等于 $\mathrm{d}A_3$ 的温度，即 $T_{5\max} = T_3$。而且，因为温度与基本辐射亮度有一定的关系（见式（4.10）），所以热力学第二定律也给 $\mathrm{d}A_5$ 的基本辐射亮度设定了一个上限。在极限的情况，系统会处于平衡，从而有 $T_5 = T_3$，而且 $L_5^* = L_3^*$，利用式（4.14）可以得到

$$L_3^* = L_4^* = L_5^* \tag{4.15}$$

最后我们来考虑图 4.10 所示的第四种情况[10]。现在，温度为 T_1 的黑体在

折射率为 n_2 的介质中。在 dA_2 与 dA_3 之间有一个光学组件。dA_1 发出的光线会在折射率为 n_2 的介质中传播直到它到达光学组件的入光孔。在通过光学组件后，光线会在 dA_3 与 dA_4 之间折射率为 n_3 的介质中传播，最后被另外一个光学组件 O_P 传到黑体 dA_5 上。

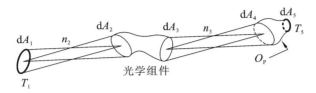

图 4.10　第四种情况。温度为 T_1 的黑体 dA_1 发出的光线通过面积 dA_2 进入光学组件。同样的光线通过 dA_3 离开光学组件而射向 dA_4，再被光学组件 O_P 传到 dA_5 上。当系统达到热平衡时，$T_5 = T_1$

利用第二种情况中的同一论据，我们知道 $L_1^* = L_2^*$。而且热力学第二定律限定了黑体 dA_5 的最高温度为 $T_5 = T_1$。因此，利用式（4.15）可以得到

$$L_1^* = L_2^* = L_3^* = L_4^* = L_5^* \qquad (4.16)$$

基本辐射亮度在这个系统中守恒。

当系统达到平衡时，dA_1 对 dA_2 发出的通量（$d\Phi_{12}$）与 dA_2 对 dA_1 发出的通量（$d\Phi_{21}$）相等。在 dA_2 与 dA_3 之间的光学组件中，从 dA_1 接收而传到 dA_2 上的通量为 $d\Phi_{12} = L_2^* dU_{21}$。而且，从 dA_3 离开光学组件而朝 dA_4 传播的通量为 $d\Phi_{34} = L_3^* dU_{34}$。如果通量守恒（$d\Phi_{12} = d\Phi_{34}$），因为通过光学组件的基本辐射亮度守恒（$L_2^* = L_3^*$），所以通过光学组件的光学扩展量守恒，则有

$$dU_{21} = dU_{34} \qquad (4.17)$$

式（4.17）说明了从 dA_2 进入光学组件的光学扩展量等于从 dA_3 离开光学组件的光学扩展量。

4.3　非理想光学系统

前面我们讨论了光学扩展量及基本辐射亮度在光学系统中的守恒。但是这些讨论只对理想光学系统成立。现在我们考虑一些非理想光学系统的例子。在这些系统中，光学扩展量可能减少或增加，而基本辐射亮度可能减少。

考虑图 4.10 中的系统。根据热力学第二定律，dA_5 的温度 T_5 不能大于光源 dA_1 的温度 T_1。如果 dA_2 与 dA_3 之间的光学组件会使基本辐射亮度减少，则有 $L_3^* < L_2^* = L_1^*$，而且 $T_5 < T_1$，这并不违反热力学第二定律。所以，当光线穿过光学组件时，基本辐射亮度可能减少[11]。也就是说基本辐射亮度可以守恒或减少。由此我们可以得出一个结论：根据热力学第二定律，光学组件不能增

加基本辐射亮度。

因为 $d\Phi = L^* dU$,所以如果系统的通量($d\Phi$)守恒,则基本辐射亮度(L^*)减少时,光学扩展量必须增加。要注意的是,如果通量没有损耗,光学扩展量就不会减少。因为如果通量为常数,较小的光学扩展量会导致基本辐射亮度的增加,但这是不可能的。

现在我们来考虑非理想光学系统的几种情况。在一个光学系统中(如果折射率没有变化)辐射亮度(L)守恒。由式子 $\Phi = LU$(对应于 $n = 1$ 的情况)可以看到,如果通量 Φ 有损耗,光学扩展量 U 也会有损耗。图 4.11 便是这样的一个例子,一组手电筒以接收角 α 朝盒子壁上的小洞 EF 发光,在进入盒子的时候,部分光线会被盒壁挡住,只有一部分光线可以穿过小洞。因为光线被丢失,进入盒子的光线的光学扩展量也因而减少。

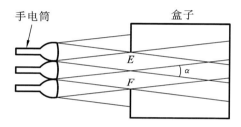

图 4.11　在原本光学扩展量守恒的系统中,如果光线被丢失,部分的光学扩展量也会损耗

有时基本辐射亮度会减少,图 4.12 便是这样的一个例子:这些光线在材料中传播时被吸收。

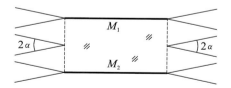

图 4.12　当光线在吸收性的光学系统中传播,光通量会损耗,而辐射亮度会减少

在图 4.12 所示的例子中,光线以接收角 2α 进入两个互相平行的镜面(M_1 与 M_2)之间的空间。当从另外一边打出来时,光线的面积与接收角不变,因此光学扩展量不变。但是,因为材料是吸收性的,光通量将减少。通过式子 $\Phi = L^* U$,可以看到基本辐射亮度会变少。

在某些情况中,光学系统内的光学扩展量会增加。例如,光线打在扩散器上的情况。由于光线的孔径角增加,因此面积和角度的乘积(光学扩展量)会增加。图 4.13 便是这样的一个例子,将一个扩散器放在盒子的入光孔上,然后再用手电筒来照明盒子的内部。扩散器在没有改变面积（EF）的前提下，将光线角度分布从 α 增加到 γ，因此增加了光学扩展量。但是，一旦光线发生漫射后我们不能对光线进行"退漫射"。所以，光线的光学扩展量可能被丢失或增加，但不能被减少，如前所示。

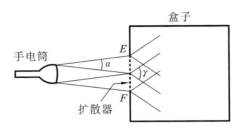

图 4.13　光学扩展量会因光线的漫射而增加，但增加后却不能被减少。我们不能把扩散器的作用去掉

在图 4.13 中，因为假设光通量守恒，而扩散器增加了光线的光学扩展量，所以基本辐射亮度将减少。

所以我们看到光学组件可以令基本辐射亮度守恒（理想系统），或令它减少（吸收系统），但不能令它增加。而光学扩展量的情况刚好相反，光学组件可以令它守恒或增加，但不能令其减少。然而，光学扩展量可以因为光线的丢失而损耗。

4.4　光学扩展量作为一个几何量

我们现在来进一步了解光学扩展量的物理意义。首先考虑 $n = 1$ 的情况。光学扩展量的定义为 $\mathrm{d}U = \mathrm{d}A\cos\theta\mathrm{d}\Omega$，它纯粹是一个几何量，如图 4.14 所示。

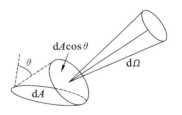

图 4.14　光学扩展量是量度可供光通过的空间的一个几何量

当光束通过一个面积 $\mathrm{d}A$ 时，它需要空间来传播。该空间包含两个部分：由面积量度的线性空间，以及由立体角量度的角度空间。但是如果光束传播的方向与面积 $\mathrm{d}A$ 的法线成 θ 夹角，那么在穿过此面积时，可供使用的线性面积便只是投影面积（$\mathrm{d}A\cos\theta$）。因此，光学扩展量是可供使用的线性空间 $\mathrm{d}A\cos\theta$ 与角度空间 $\mathrm{d}\Omega$（由立体角定义）的乘积。

因为光学扩展量守恒，投影面积与立体角的乘积为常数。也就是说，如果可供光线使用的面积增加，则立体角会减小。但是如果面积减小，则立体角必

须增大,以维持光学扩展量为常数。例如,用三个手电筒照明一个盒子的内部,
这些手电筒所发出光束的孔径角为 α。我们可以在盒子上开一个大洞 AB 让光
线穿过,如图 4.15 所示。这时,盒子所能接收的光线孔径角 α 比较小,但光线会
分布在一个比较大的面积 AB 上。

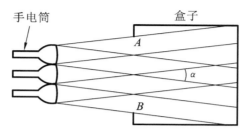

图 4.15　盒子内部被三个平行的手电筒照明,盒壁上的洞 AB 比较大,光线的角度范围
　　　　α 则比较小

　　照明这个盒子内部的另外一种方法是开一个比较小的洞 CD,并倾斜其中
一些手电筒,让光线穿过小孔,如图 4.16 所示。这时,进入盒子的光线的孔径角
β 比较大。

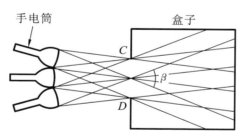

图 4.16　盒子内部被三个指向同一点的手电筒照明,盒壁上的洞 CD 比较小,光线的角
　　　　度范围 β 则比较大

　　所以我们有两种选择来照亮盒子内部:① 让孔的面积比较大,光束的角度
范围比较小;② 让孔的面积比较小,但光束的角度范围比较大。这个有点像是
光线需要空间来移动传播。我们可以给它一定的面积(物理空间)来让它穿过;
又或者,如果我们把面积变小,就必须要给它足够的角度空间。这一面积 - 角度
乘积的守恒关系也就是光学扩展量守恒。如果面积减少,则角度需要增加;如
果面积增加,则角度减少。

　　接下来考虑 $n \neq 1$ 的情况。由式(4.9)可以看到,在折射率为 n 的介质里,
光通量是空气($n = 1$)中的 n^2 倍,这会令可供光线传播使用的空间增加,变成
$\mathrm{d}U = n^2 \mathrm{d}A \cos\theta \mathrm{d}\Omega$。

图 4.17 说明了这一现象.漫射光线从折
射率为 n 的介质折射到折射率为 $n = 1$（空
气）的介质中.局限在临界角 $\pm \alpha_C$ 之内的入
射光线会被折射进空气中,占据了所有可供
使用的角度空间,角度的分布为 $\pm \pi/2$.在临
界角以外的光束 b_1 会发生全内反射而继续
在介质 n 中传播,变成光束 b_2.同样的情况
会发生在另外一束光线 b_2 上.这束光线以
相反的方向打在界面上.它们也会发生全内
反射而继续在介质中传播（现在变成 b_1）.这

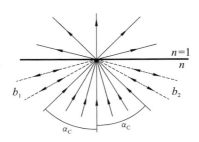

图 4.17　在折射率为 n 的介质中,所
能包容的光线比在折射率
$n = 1$ 的介质中多

可以被理解为在空气中可供光线传播的空间比较小,因此,一些在折射率为 n
的介质中传播的光线因不能传播到空气中而被拒绝（在界面上发生全内反射
的光线）.

现在将光线的方向逆向,考虑漫射光线从空气传到折射率为 n 的介质中
的情况.可以看到,当光线折射进入介质中时,它被局限在临界角之内,并没有
用到所有可供使用的角度空间.

光线在光学系统中传播时,如果光通量不变（为常数）,所需要的传播空间
（光学扩展量）也是常数.这是计算辐射集中率（radiation concentration）的一
个基础.我们可以减少光线通过的面积,只要将立体角做对应的增大,使得可
供光线传播的空间维持不变即可.

式（4.3）中的基本辐射亮度可以写成 $L^* = \mathrm{d}\Phi/U$,它代表可供光线使用的
单位空间内的光通量,所以可以将其视为光密度的一个量度.

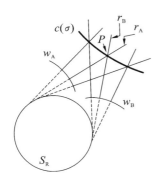

图 4.18　从光源 S_R 发出通过曲线
$c(\sigma)$ 的光线

4.5　二维系统

考虑图 4.18 的情况,我们有一个二维系
统,一个朗伯光源照明一条曲线 $c(\sigma)$.在这条
曲线上的任意点 P,入射光线局限在与光源相
切的边缘光线 r_A 与 r_B 之间.

如图 4.19 所示,我们可以将照在曲线
$c(\sigma)$ 上的光线考虑成来自一般光源,其边缘
光线垂直于波前 w_A 与 w_B.图 4.19 所示的情
况比图 4.18 的更具一般性,因为这时照在
$c(\sigma)$ 上的光线不需要来自朗伯光源.

图 4.20 所示的为同一现象的另外一种描述方法。这时，我们只考虑曲线 $c(\sigma)$，以及在每一点（P）上边缘光线 r_A 及 r_B 的方向。

在以上的每一种描述方法中，打在曲线 $c(\sigma)$ 上的光线都有一定的角度分布，以及一定的光学扩展量。

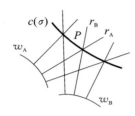

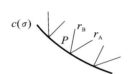

图 4.19　边缘光线垂直于波前 w_A 与 w_B 的光线穿过曲线 $c(\sigma)$　　图 4.20　局限在边缘光线 r_A 与 r_B 之间的光线穿过曲线 $c(\sigma)$

4.6　光学扩展量作为光学动量的积分

在非成像光学中，光学扩展量常以另外一种形式出现。不是用一般面积 dA 来定义，而是以在平面 $x_1 x_2$ 上的面积（$dx_1 dx_2$）来定义；不是使用立体角 $d\Omega$ 来定义，而是使用另外一个被称为光学动量（optical momentum）的物理量来定义。光学动量是定义在光路每一点上的矢量。它的大小是在该点上介质的折射率，方向是在该点上光线的方向，它在每一点上与光路相切。在第 15 章里，我们会更详细地讨论这一物理量。在图 4.21 中，光线首先在折射率为常数的介质中传播，光路为直线；然后光线进到折射率随位置变化的介质中，光路为曲线。图 4.21 中显示了光线在光路两点上的光学动量。

在图 4.22 所示的几何坐标中，矢量 $\boldsymbol{p}$ 的三个分量可以写成

$$\boldsymbol{p} = (p_1, p_2, p_3) = (n\cos\theta_1, n\cos\theta_2, n\cos\theta_3)$$
$$= n(\sin\theta_3\cos\varphi, \sin\theta_3\sin\varphi, \cos\theta_3) \tag{4.18}$$

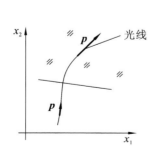

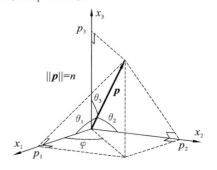

图 4.21　光学动量　　　　　　　　图 4.22　以球坐标显示的光学动量

其中,θ_1、θ_2 及 θ_3 分别是 $\boldsymbol{p}$ 与 x_1、x_2 及 x_3 轴的夹角,且 $\|\boldsymbol{p}\| = n$;φ 是 $\boldsymbol{p}$ 在 $x_1 x_2$ 平面上的投影与 x_1 轴的夹角。

根据前面的定义,p_1、p_2 及 p_3 是矢量 $\boldsymbol{p}$ 在 x_1、x_2 及 x_3 轴上的分量,由式(4.18)可将 $\mathrm{d}p_1 \mathrm{d}p_2$ 写成

$$\mathrm{d}p_1 \mathrm{d}p_2 = \frac{\partial(p_1, p_2)}{\partial(\theta_3, \varphi)} \mathrm{d}\theta_3 \mathrm{d}\varphi = \left(\frac{\partial p_1}{\partial \theta_3} \frac{\partial p_2}{\partial \varphi} - \frac{\partial p_1}{\partial \varphi} \frac{\partial p_2}{\partial \theta_3} \right) \mathrm{d}\theta_3 \mathrm{d}\varphi \quad (4.19)$$
$$= n^2 \cos\theta_3 \sin\theta_3 \mathrm{d}\theta_3 \mathrm{d}\varphi = n^2 \cos\theta_3 \mathrm{d}\Omega$$

其中,$\mathrm{d}\Omega$ 是立体角。如果面积 $\mathrm{d}A$ 的法线是沿着 x_3 轴的方向(见图 4.6),则有

$$\mathrm{d}U = n^2 \mathrm{d}x_1 \mathrm{d}x_2 \cos\theta_3 \mathrm{d}\Omega = \mathrm{d}x_1 \mathrm{d}x_2 \mathrm{d}p_1 \mathrm{d}p_2 \quad (4.20)$$

这时, 面积 $\mathrm{d}A$ 在 $x_1 x_2$ 平面上,而且 $\mathrm{d}A =$ $\mathrm{d}x_1 \mathrm{d}x_2$(见图 4.23)。

现在来考虑二维的情况。这时,式(4.4)简化成

$$\mathrm{d}U_{2\text{-}\mathrm{D}} = n\mathrm{d}a\cos\theta\mathrm{d}\theta \quad (4.21)$$

其中,$\mathrm{d}a$ 是一个微小长度;θ 是法线与 $\mathrm{d}a$ 的夹角。

在图 4.24(a) 所示的二维几何系统中,$\mathrm{d}a$ $(= \mathrm{d}x_1)$ 是在 x_1 轴上,因此 $\mathrm{d}a$ 的法线会沿 x_2 轴方向。这时,式(4.21)的光学扩展量可以写成

$$\mathrm{d}U_{2\text{-}\mathrm{D}} = n\mathrm{d}x_1 \cos\theta_2 \mathrm{d}\theta_2 \quad (4.22)$$

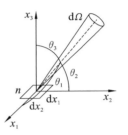

图 4.23　对应于 $\mathrm{d}A =$ $\mathrm{d}x_1 \mathrm{d}x_2$ 的光学扩展量

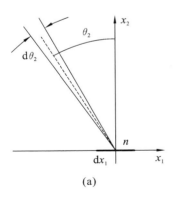
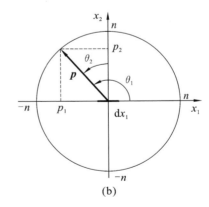

図 4.24　(a) 二维空间中的光学扩展量;(b) 穿过 $\mathrm{d}x_1$ 的光学动量

在本例中,长度 $\mathrm{d}x_1$ 是在折射率为 n 的介质中,穿过它的辐射局限在一个小角度 $\mathrm{d}\theta_2$ 内,且与 $\mathrm{d}x_1$ 法线的夹角为 θ_2。

在二维空间中,光学动量 $\boldsymbol{p}$ 的两个分量可以写成

$$\boldsymbol{p} = (p_1, p_2) = n(\cos\theta_1, \cos\theta_2) \quad (4.23)$$

如图 4.24(b) 所示，$\boldsymbol{p}$ 的端点在一个圆上，圆的半径等于在 $\mathrm{d}x_1$ 上的折射率 n。

式(4.22) 的光学扩展量可以写成二维光学动量的函数。参考图 4.25(a)，当 $p_2 > 0$（因为 $\cos\theta_2 > 0$）时，我们可以看到 $(n\mathrm{d}\theta_2)\cos\theta_2 = -\mathrm{d}p_1$，因为 p_1 随 θ_2 的增加而减少。参考图 4.25(b) 的情况，当 $p_2 < 0$（因为 $\cos\theta_2 < 0$）时，上述结果（$n\cos\theta_2\mathrm{d}\theta_2 = -\mathrm{d}p_1$）也成立。

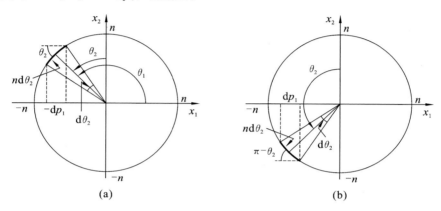

图 4.25　在二维空间中光学扩展量与光学动量分量 p_1 的关系。(a)$p_2 > 0$ 的情况；(b)$p_2 < 0$ 的情况

所以我们可以得到

$$\mathrm{d}U_{2\text{-}\mathrm{D}} = n\mathrm{d}x_1\cos\theta_2\mathrm{d}\theta_2 = -\mathrm{d}x_1\mathrm{d}p_1 \tag{4.24}$$

如果点 $(x,0)$ 上的辐射局限于 $\boldsymbol{p}_A$ 与 $\boldsymbol{p}_B$ 之间，则通过 $\mathrm{d}x_1$ 的微小光学扩展量是

$$\mathrm{d}U = -\mathrm{d}x_1\int_{p_A}^{p_B}\mathrm{d}p_1 = -\mathrm{d}x_1(p_{B1} - p_{A1}) = (\boldsymbol{p}_A - \boldsymbol{p}_B)\cdot\mathrm{d}\boldsymbol{x}_1 \tag{4.25}$$

其中，$\mathrm{d}\boldsymbol{x}_1$ 指向 $+x_1$ 轴，且 $\|\mathrm{d}\boldsymbol{x}_1\| = \mathrm{d}x_1$，如图 4.26(a) 所示。

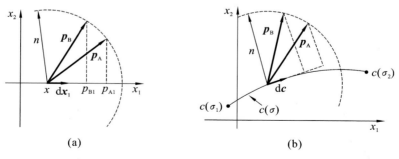

图 4.26　(a)在 x_1 轴上微小长度 $\mathrm{d}x_1$ 上的光线的光学扩展量；(b)在表达式为 $c(\sigma)$ 的曲线上微小线段上的光线的光学扩展量

在更一般的情况下,光线通过一条以 $c(\sigma)(\sigma_1 < \sigma < \sigma_2)$ 为参数的曲线 $c(\sigma)$,如图 4.26(b) 所示。与图 4.20 中的情况一样,沿着曲线 $c(\sigma)$ 计算的光学扩展量便可以写成

$$U = \int_{\sigma_1}^{\sigma_2} (\boldsymbol{p}_A - \boldsymbol{p}_B) \cdot \mathrm{d}\boldsymbol{c} = \int_{\sigma_1}^{\sigma_2} (\boldsymbol{p}_A - \boldsymbol{p}_B) \cdot \frac{\mathrm{d}\boldsymbol{c}}{\mathrm{d}\sigma} \mathrm{d}\sigma \qquad (4.26)$$

重写式(4.26)便可得到计算光学扩展量的另一个方法:

$$U = \int_c n(\boldsymbol{t}_A - \boldsymbol{t}_B) \cdot \mathrm{d}\boldsymbol{c} = \int_c n\boldsymbol{t}_A \cdot \mathrm{d}\boldsymbol{c} - \int_c n\boldsymbol{t}_B \cdot \mathrm{d}\boldsymbol{c} \qquad (4.27)$$

其中,$\|\boldsymbol{t}_A\| = \|\boldsymbol{t}_B\| = 1$。该式可以将光学扩展量变成 θ_A 与 θ_B 的函数,θ_A 与 θ_B 是边缘光线与曲线 c 每一点上法线 $\boldsymbol{n}$ 的夹角,如图 4.27(a) 所示。

图 4.27 (a) 穿过曲线 c 的辐射的边缘光线与曲线法线 $\boldsymbol{n}$ 成 θ_A 与 θ_B 的夹角;(b) 当 $\theta_A = -\theta$ 与 $\theta_B = \theta$ 时的情况

我们有

$$\begin{cases} \boldsymbol{t}_A \cdot \mathrm{d}\boldsymbol{c} = -\sin\theta_A \mathrm{d}c \\ \boldsymbol{t}_B \cdot \mathrm{d}\boldsymbol{c} = -\sin\theta_B \mathrm{d}c \end{cases} \qquad (4.28)$$

其中,$\mathrm{d}c = \|\mathrm{d}\boldsymbol{c}\|$。由式(4.27) 可以得到

$$\begin{aligned} U &= \int_c n\sin\theta_B \mathrm{d}c - \int_c n\sin\theta_A \mathrm{d}c \\ &= \frac{\int_c n\sin\theta_B \mathrm{d}c}{\int_c \mathrm{d}c} \int_c \mathrm{d}c - \frac{\int_c n\sin\theta_A \mathrm{d}c}{\int_c \mathrm{d}c} \int_c \mathrm{d}c = \langle n\sin\theta_B \rangle a - \langle n\sin\theta_A \rangle a \end{aligned}$$

$$(4.29)$$

其中,$\langle\rangle$ 表示平均值;a 是曲线 c 的长度。如果折射率 n 在该曲线上没有变化,则可以得到

$$U = n(\langle \sin\theta_B \rangle - \langle \sin\theta_A \rangle)a \qquad (4.30)$$

如果在曲线 c 上,$\theta_A =$ 常数,$\theta_B =$ 常数,那么

$$U = na(\sin\theta_B - \sin\theta_A) \qquad (4.31)$$

最后对应图 4.27(b) 所示的特殊情况:在曲线 c 的每一点上,$\theta_B = \theta$,$\theta_A = -\theta$,则有

$$U = 2na\sin\theta \tag{4.32}$$

该结果与前面得到的二维光学扩展量的表达式一样。

4.7 光学扩展量作为相空间中的一个体积

现在考虑一条光线，它穿过 x_1 轴后朝 x_2 轴正向指向的空间传播，如图4.28(a)所示。它从 x_1 轴的点 $(x,0)$ 上通过，其方向由光学动量 $\boldsymbol{p}$ 所定义。x_1 轴上的折射率为 n。

在 (p_1, p_2) 空间中，光学动量的分量 $\boldsymbol{p} = (p, q)$（见图4.28(b)）。因为光线是朝 $+x_2$ 轴指向的空间传播的，而且 $\|\boldsymbol{p}\| = n$，因此 $p^2 + q^2 = n^2$（其中，$q > 0$）。所以光学动量的坐标 q 便可以写成 p 的函数

$$q = \sqrt{n^2 - p^2} \tag{4.33}$$

从图4.28(b)可以看到 $\boldsymbol{p}$ 是一个以原点为起点的矢量，它的末点在一个半径为 n 的半圆上。这个半圆的中心点在原点，且位于 x_1 轴的上边。一旦 p 值决定后，便可以定义 (p, q)，也就可以完全定义矢量 $\boldsymbol{p}$，以及光线的方向。

因此，已知矢量 $\boldsymbol{p}$ 的第一分量 p_1 的坐标 (p)，就可以定义在点 $(x, 0)$ 上光线 r 的传播方向。在该点上的光线可以用 (x_1, p_1) 空间中的点 $R = (x, p)$ 来表示，如图4.28(c)所示。这里的空间 (x_1, p_1) 称为相空间（phase space），在相空间上的点 R 可以用来定义在折射率为 n 的介质中光线的方向及位置。

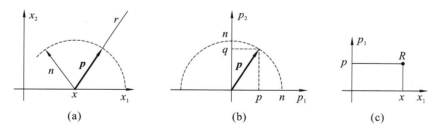

(a)   (b)   (c)

图4.28 穿过 x_1 轴后朝 x_2 轴正向传播的光线可以定义为相空间 $(x_1 p_1)$ 中的一点 R

现在考虑图4.29(a)的情况。点 $(x, 0)$ 上的光线局限在边缘光线 r_A 与 r_B 之间，光线所在介质的折射率为 n。图4.29(b)显示了两条边缘光线的光学动量 $\boldsymbol{p}_A(x)$ 与 $\boldsymbol{p}_B(x)$，它们的 x_1 分量是 $p_{A1}(x)$ 与 $p_{B1}(x)$。在相空间 (x_1, p_1) 中，这两条光线可以显示为两点，即 R_A 与 R_B，如图4.29(c)所示。当在相空间中显示通过点 $(x, 0)$ 且方向介于 r_A 与 r_B 之间的光线时，它们将具有相同的水平位置 x，但是 p_1 的值会介于 $p_{B1}(x)$ 与 $p_{A1}(x)$ 之间，如图4.29(c)所示。在相空间中，这些光线会显示为一条从点 R_B 到 R_A 的垂线。

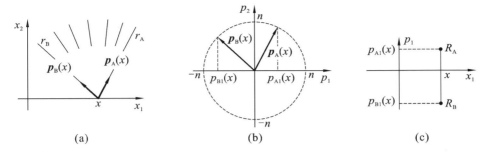

图 4.29　（a）局限在边缘光线 r_A 与 r_B 之间的辐射穿过点 $(x,0)$；（b）边缘光线 r_A 与 r_B 的
　　　　　光学动量的 x_1 分量分别为 p_{A1} 与 p_{B1}，在相空间中表示为点 R_A 与 R_B；（c）所有局
　　　　　限在 r_A 与 r_B 之间且穿过点 $(x,0)$ 的光线，将以从 R_A 到 R_B 的垂线表示之

　　现在考虑图 4.30 的情况。在从 x_1 轴上的点 x_m 到 x_M 的线段上的每一点都
有辐射光束通过。在每一点上辐射光束的传播方向范围都不一样。对应不同的
x_1（如 $x_1 = x$），辐射光束局限在光学动量为 $p_A(x_1)$ 与 $p_B(x_1)$（p_1 分量分别为
$p_{A1}(x_1)$ 与 $p_{B1}(x_1)$）的两条光线之间，如图 4.30（b）所示。所以在相空间中，这
一组边缘光线可以用通过点 $(x_1, p_{A1}(x_1))$ 与 $(x_1, p_{B1}(x_1))$ 的曲线 ∂R 来表示，
曲线围起来的区域 R 将包含所有通过线段 $x_m x_M$ 的光线。

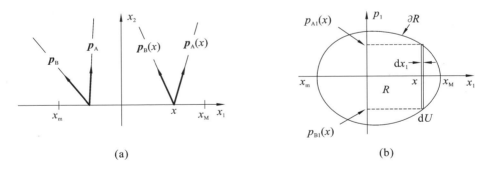

图 4.30　（a）穿过线段 $x_m x_M$ 的辐射其传播角范围随点而异，在 x_1 轴的每一点上光学动量
　　　　　的 x_1 分量介于 $p_{B1}(x_1)$ 与 $p_{A1}(x_1)$ 之间；（b）区域 R 代表所有穿过 $x_m x_M$ 的光线，
　　　　　∂R 代表该辐射的边缘光线，在 ∂R 之内的面积对应于该辐射的光学扩展量

　　这些通过 $x_m x_M$ 的光线的光学扩展量可以写成

$$U = -\iint dp_1 dx_1 = -\int_{x_m}^{x_M} \left(\int_{r_A}^{r_B} dp_1 \right) dx_1 = \int_{x_m}^{x_M} (p_{A1}(x_1) - p_{B1}(x_1)) dx_1$$

$$(4.34)$$

其中

$$dU = (p_{A1}(x_1) - p_{B1}(x_1))dx_1 \qquad (4.35)$$

是在 $x_1 = x$ 上,从点 $p_{B1}(x_1)$ 延伸到 $p_{A1}(x_1)$,厚度为 dx_1 的纵向条状区域的面积,如图 4.30(b) 所示。因此 $U = -\iint dp_1 dx_1$ 是区域 R 在相空间中的面积。所以可以得到以下结论:通过 $x_m x_M$ 的辐射的光学扩展量等于曲线 ∂R 在相空间中围起的区域 R 的面积。

4.8　光学扩展量作为光程差

下面先来讨论一个一般的情况,然后再把它应用到光学扩展量的计算。图 4.31 显示了一组光线,以及所对应并与之垂直的波前。如果沿着光线从参考波前 w 到 w_1 对光程做积分,可以得到 $S = s_1$,从 w 到 w_2 做同样的运算可以得到 $S = s_2$。

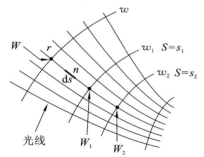

图 4.31　光线与对应的波前垂直

所以对某一条光线 (r),我们有

$$\int_w^{w_1} n\,ds = s_1 \quad \text{且} \quad \int_w^{w_2} n\,ds = s_2 \qquad (4.36)$$

这两个积分沿着 r 分别从点 W 积到点 W_1 及点 W_2。

现在考虑沿曲线 c 进行的积分

$$\int_c n t \cdot dc \qquad (4.37)$$

曲线 c 从点 P_1 延伸到点 P_2,如图 4.32(a) 所示。单位矢量 t 的大小为 $\|t\| = 1$,且与光线相切,与波前垂直,如图 4.32(b) 所示。

由图 4.32 可以看到 $n t \cdot dc = dS$,其中 dS 是沿着光程的递增量,因此(详情请看第 15 章)

$$\int_c n t \cdot dc = \int_{P_1}^{P_2} n t \cdot dc = s_2 - s_1 \qquad (4.38)$$

下面把上述一般结果应用到光学扩展量的计算。先来考虑图 4.19 所示的情况:其中,辐射的边缘光线垂直于两个波前。在折射率为可变的一般情况下,光线的光路为一曲线。

现在考虑光线通过以 $c(\sigma)$ 表示的曲线 c。在该曲线每一点上通过的光线的边缘光线的方向被局限在单位矢量 t_A 与 t_B 之间。光线的光学扩展量可以用式 (4.27) 写成

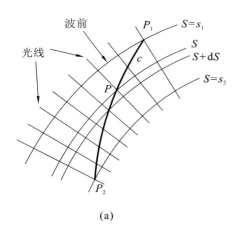

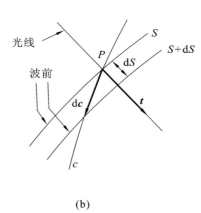

(a)   (b)

图 4.32　(a) 把 $n\boldsymbol{t} \cdot \mathrm{d}\boldsymbol{c}$ 沿曲线 c 从 P_1 到 P_2 积分，就可以得到 P_1 与 P_2 之间的光程差 $(s_2 - s_1)$。在曲线 c 的每一点 P 上，$\boldsymbol{t} \cdot \mathrm{d}\boldsymbol{c}$ 是 $\mathrm{d}\boldsymbol{c}$ 在 $\boldsymbol{t}$ 方向上的投影。因此 $n\boldsymbol{t} \cdot \mathrm{d}\boldsymbol{c} = \mathrm{d}S$，$\mathrm{d}S$ 是光程的微小递增量；(b) 显示了图(a)中点 P 上的细节

$$U = \int_c n\boldsymbol{t}_\mathrm{A} \cdot \mathrm{d}\boldsymbol{c} - \int_c n\boldsymbol{t}_\mathrm{B} \cdot \mathrm{d}\boldsymbol{c} \qquad (4.39)$$

这时，光学扩展量是两个积分（见式(4.38)）的差值。第一个积分对应于一组边缘光线，第二个积分对应于另一组。图 4.33 显示了一条曲线 c 被局限在边缘光线 r_A 与 r_B 之间的辐射光线照明的情况（与图 4.19 的情况类似）。

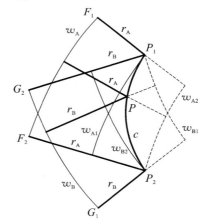

　　现在定义一个光程函数 $S_\mathrm{A}(P)$，该函数描述了点 P 上的光束 r_A 从波前 w_A 到点 P 的光程。

　　接下来对光束 r_B 定义对应的光程函数 $S_\mathrm{B}(P)$，该函数描述了 r_B 从波前 w_B 到点 P 的光程。波前 w_B1 通过曲

图 4.33　局限在两组边缘光线(r_A 与 r_B)之间的辐射穿过曲线 c

线 c 上的点 P_1，$S_\mathrm{B}(P_1) = s_\mathrm{B1}$，如果 P 在波前 w_B1 上，那么 $S_\mathrm{B}(P) = s_\mathrm{B1}$；类似地，$w_\mathrm{B2}$ 通过点 P_2，$S_\mathrm{B}(P_2) = s_\mathrm{B2}$，如果 P 在波前 w_B2 上，那么 $S_\mathrm{B}(P) = s_\mathrm{B2}$。

　　由式(4.38)及式(4.39)，可以得到

$$U = \int_c n\boldsymbol{t}_A \cdot \mathrm{d}\boldsymbol{c} - \int_c n\boldsymbol{t}_B \cdot \mathrm{d}\boldsymbol{c}$$

$$= \int_{P_1}^{P_2} n\boldsymbol{t}_A \cdot \mathrm{d}\boldsymbol{c} - \int_{P_1}^{P_2} n\boldsymbol{t}_B \cdot \mathrm{d}\boldsymbol{c} \qquad (4.40)$$

$$= \int_{P_1}^{P_2} n\boldsymbol{t}_A \cdot \mathrm{d}\boldsymbol{c} + \int_{P_2}^{P_1} n\boldsymbol{t}_B \cdot \mathrm{d}\boldsymbol{c}$$

$$= (s_{A2} - s_{A1}) + (s_{B1} - s_{B2})$$

考虑通过 $F_1 P_1$ 及 $F_2 P_2$ 的两条标为 r_A 的光线，以及考虑通过 $G_2 P_1$ 及 $G_1 P_2$ 的两条标为 r_B 的光线，可以得到[12,13]

$$U = ([[F_2, P_2]] - [[F_1, P_1]]) + ([[G_2, P_1]] - [[G_1, P_2]]) \qquad (4.41)$$
$$= [[F_2, P_2]] + [[G_2, P_1]] - [[F_1, P_1]] - [[G_1, P_2]]$$

其中，$[[A, B]]$ 是 A、B 之间的光程。我们也可以把式(4.41)写成

$$U = ([[F_2, P_2]] - [[G_1, P_2]]) - ([[F_1, P_1]] - [[G_2, P_1]]) $$
$$= (S_A(P_2) - S_B(P_2)) - (S_A(P_1) - S_B(P_1))$$

$$(4.42)$$

定义

$$G = (S_A - S_B)/2 \qquad (4.43)$$

于是，穿过平面上点 P_1 与 P_2 之间的光学扩展量可以写成

$$U = 2(G(P_2) - G(P_1)) \qquad (4.44)$$

如果 $P_2 = P_1 + (\mathrm{d}x_1, \mathrm{d}x_2)$，我们可以得到

$$G(P_2) = G(P_1) + \left(\frac{\partial G}{\partial x_1}\mathrm{d}x_1 + \frac{\partial G}{\partial x_2}\mathrm{d}x_2\right) = G(P_1) + \mathrm{d}G \qquad (4.45)$$

因此，$G(P_2) - G(P_1) = \mathrm{d}G$。这时，通过 P_1 与 P_2 的辐射的光学扩展量为 $\mathrm{d}U$，而且

$$\mathrm{d}U = 2\mathrm{d}G \qquad (4.46)$$

由此便得到了以光程差来表达光学扩展量的函数形式。

接下来将刚刚推导的一般结果应用到一些特例上。例如，可以考虑图 4.34(a) 中的情况，垂直于波前 w_A 的光线来自点 F，垂直于波前 w_B 的光线来自点 G。

这时，从 GF 到达 $P_1 P_2$ 的光学扩展量可以用式(4.41)计算，又因为 $[[G, G_2]] = [[G, G_1]]$，所以可以得到

$$[[G_2, P_1]] - [[G_1, P_2]] = [[G, G_2]] + [[G_2, P_1]] - ([[G, G_1]] + [[G_1, P_2]])$$
$$= [[G, P_1]] - [[G, P_2]]$$

$$(4.47)$$

同样，因为 $[[F_2, P_2]] - [[F_1, P_1]]$，便可以得到

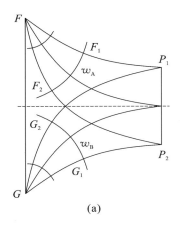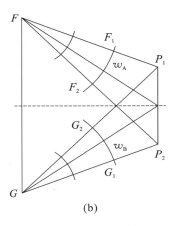

图 4.34　从线段 FG 到 P_1P_2 的光学扩展量的计算。(a) 线段在折射率随点而异的介质中；
　　　　(b) 线段在折射率为常数的介质中

$$U = [[F, P_2]] + [[G, P_1]] - [[F, P_1]] - [[G, P_2]] \qquad (4.48)$$

如果水平虚线是系统的对称轴,式(4.48)可以简化成

$$U = 2([[F, P_2]] - [[F, P_1]]) = 2(S_A(P_2) - S_A(P_1)) \qquad (4.49)$$

由该光学系统的对称性可知 $S_A(P_1) = S_B(P_2)$,因此

$$U = 2(S_A(P_2) - S_B(P_2)) = 4G(P_2) \qquad (4.50)$$

这时,光学扩展量表达为光程差[13]。对应介质折射率为 $n = 1$ 的特例,光程等于对应点之间的距离。因此,对图 4.34(b) 所示的情况,从光源 FG 到达 P_1P_2 的光学扩展量可以用前面的式子来表示,但是点 X、Y 之间的光程($[[X, Y]]$)就会被对应点的距离($[X, Y]$)所取代。

4.9　流线

让我们考虑在光学系统中传播的两个波前 w_A 与 w_B。在传播一段距离后,w_{A1} 转换成 w_{A2},w_{B1} 转换成 w_{B2},如图 4.35 所示。

w_{A1} 与 w_{A2} 之间的所有光程为常数且相等(表示为 S_{A1A2})。同样,w_{B1} 与 w_{B2} 之间的所有光程为常数且相等(表示为 S_{B1B2})。现在,考虑在这些波前之间的一点 P,如果 P 到 w_{A1}、w_{B1}、w_{A2}、w_{B2} 的光程分别为 S_{A1}、S_{B1}、S_{A2}、S_{B2},则可以得到

$$\begin{cases} S_{A1} + S_{A2} = S_{A1A2} \\ S_{B1} + S_{B2} = S_{B1B2} \end{cases} \qquad (4.51)$$

现在考虑放在这些波前之间的双面镜 m。该镜面的形状刚好可以把从 w_{A1}

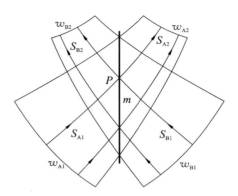

图 4.35　波前 w_{A1} 传播过光学系统后变成 w_{A2}，w_{B1} 也变成 w_{B2}。可以用一块双面镜把 w_{A1} 反射成 w_{B2}，把 w_{B1} 反射成 w_{A2}，该镜面将所有从 w_{A1} 及 w_{B2} 发出的光线平分。镜面上的点落在使 G 为常数的线段上

发出的光线反射到 w_{B2}，把从 w_{B1} 发出的光线反射到 w_{A2}。只要让镜面上的每一点与从 w_{A1} 及 w_{B1} 发出的光线线段的中点重合，便可以达到上述目标。现在 w_{A1} 被反射到 w_{B2}，而 w_{B1} 被反射到 w_{A2}。因此，在放置镜面 m 后，w_{A1} 与 w_{B2} 之间的光程为常数且等于 S_{A1B2}，w_{B1} 与 w_{A2} 之间的光程也是常数且等于 S_{B1A2}。所以，对被镜面反射的光线而言，我们可以得到

$$\begin{cases} S_{A1} + S_{B2} = S_{A1B2} \\ S_{B1} + S_{A2} = S_{B1A2} \end{cases} \tag{4.52}$$

该式可以用来决定镜面 m 的形状。可首先选定 w_{A1} 与 w_{B2} 之间的光程（或选定 w_{B1} 与 w_{A2} 之间的光程）来进行。

　　将前面的公式结合起来，对于镜面 m 上的点可以得到

$$S_{A1} - S_{B1} = S_{A1} + S_{A2} - (S_{B1} + S_{A2}) = S_{A1A2} - S_{B1A2} = S_{A1B1} \tag{4.53}$$

其中，S_{A1B1} 是一个常数。同样，对镜面 m 上的点也可以得到

$$S_{A2} - S_{B2} = S_{A2} + S_{B1} - (S_{B2} + S_{B1}) = S_{B1A2} - S_{B1B2} = S_{A2B2} \tag{4.54}$$

其中，S_{A2B2} 也是一个常数。所以，镜面 m 上的点是那些可以满足 $S_{A1} - S_{B1} =$ 常数（或 $S_{A2} - S_{B2} =$ 常数）的点。因此，镜面为让 G 等于常数的线段，该线段（$G =$ 常数）把从 w_{A1} 与 w_{B1} 发出的光线等分。它也把投射到 w_{A2} 及 w_{B2} 的光线等分，因为这些光线与从 w_{A1} 及 w_{B1} 发出的光线是一样的。这些使得 G 为常数的线段，不管是直线还是曲线，都被统称为流线（flow line）。

　　现在考虑图 4.36 的情况。图中两组边缘光线来自一个平面光源的两个端点。在任意点 Q 上，光线被局限在夹角为 α 的两条边缘光线之间。当点 Q 往 AB 靠近时，角度 α 增大。当 Q 为 AB 上的点时，$\alpha = \pi$，α 达到其最大值，这时辐射光

线为朗伯型,并被局限在与 AB 法线成 $\pm\pi/2$ 夹角的两个方向之间。现在,G 为常数的线段对应于一条双曲线。图 4.36 就显示了这样的一个朗伯光源 AB,以及一条流线(G 为常数的线段)。双曲线的焦点是 A 与 B,所以对双曲线上的每一点 P 都有 $[P,A]-[P,B]=$ 常数。因此,该双曲线也是一条流线。在本例中,波前 w_A 与 w_B 是分别以点 A 与 B 为中心的圆弧,图 4.36 显示了 w_A 在两个位置上的形状 w_{A1} 与 w_{A2},以及 w_B 在两个位置上的形状 w_{B1} 与 w_{B2}。因为辐射源在 AB 上是完全的朗伯型,它发光的最大角度与 AB 的法线成 $\pm\pi/2$ 的夹角。当波前(w_{A1} 与 w_{B1})及流线碰触 AB 面时,它们将垂直 AB。

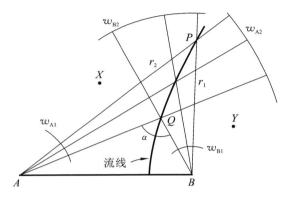

图 4.36　从平面朗伯光源 AB 发出的辐射的流线是双曲线,以光源的端点 A、B 为焦点

现在沿着通过点 P 的流线放置一个双面镜。在放置镜面之前,点 P 上的光线是局限在边缘光线 r_1 与 r_2 之间的,如图 4.37(a) 所示。放置镜面之后,光束被一分为二,如图 4.37(b) 所示。

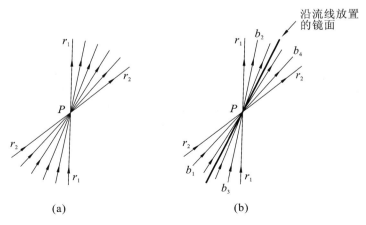

图 4.37　(a) 穿过点 P 的光束;(b) 沿流线放置的镜面不会改变辐射场

入射光束被分成 b_1 与 b_2。如果没有镜面，b_1 会出射为光束 b_4，b_3 会出射为光束 b_2。但是放了镜面之后，b_1 被反射为 b_2，b_3 被反射为 b_4。因为镜面等分边缘光线 r_1 与 r_2，光束 b_1 与 b_3 互为对称，光束 b_2 与 b_4 也互为对称。从镜面的左边看起来，镜面把 b_3 挡住了，但因为它同时也反射了 b_1，所以这两个效应互相抵消。在镜面右边的情况也一样。所以镜面的加入对辐射场完全没有影响。也就是说，不管有没有沿着流线放置镜面，图 4.36 中的点 X 与 Y 看到的辐射场都完全一样。

现在考虑如图 4.38 所示的两条流线，$G=G_1$ 与 $G=G_2$，其中 G_1 与 G_2 是常数。

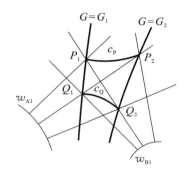

图 4.38　穿过曲线 c_Q（在点 Q_1 与 Q_2 之间）的光线的光学扩展量与穿过曲线 c_P（在点 P_1 与 P_2 之间）的相等，因为在同一侧的端点 P_1 与 Q_1 位于同一流线上，而且另一侧的端点 P_2 与 Q_2 也位于同一流线上

曲线 c_Q 的一个端点 Q_1 在第一条流线上，另一个端点 Q_2 在第二条流线上。通过 c_Q 的光学扩展量可以写成

$$U_Q = 2(G(Q_1) - G(Q_2)) = 2(G_1 - G_2) \qquad (4.55)$$

同时，我们有另外一条曲线 c_P，它的一个端点 P_1 在第一条流线上，另一个端点 P_2 在第二条流线上。通过 c_P 的光学扩展量可以写成

$$U_P = 2(G(P_1) - G(P_2)) = 2(G_1 - G_2) \qquad (4.56)$$

由此可以看到通过这两条曲线的辐射光学扩展量是一样的，这说明光学扩展量在流线之间守恒。

4.10　Winston-Welford 设计方法

光学扩展量在流线之间守恒的事实可以用来设计非成像光学系统[13,14]。在 Winston-Welford 设计方法中，两块镜面沿着两条流线放置以便导引光线前进，并维持光学扩展量的守恒，因此该方法也称为流线设计方法(flow line design method)。下面介绍一些根据这一原则设计的光学系统。

第一个例子参考图 4.36 的情况,考虑由朗伯光源 AB 产生的两条对称流线,如图 4.39 所示。

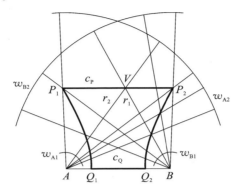

图 4.39　连接 c_Q 与 c_P 的流线之间的光学扩展量守恒

光学扩展量在流线之间守恒,因此,线段 c_P(点 P_1 与 P_2 之间)上的光学扩展量与线段 c_Q(点 Q_1 与 Q_2 之间)上的相等。线段 c_Q 上的辐射是完全的朗伯型,局限在 $\pm\pi/2$ 之间。然而,在线段 c_P 的点 V 上,辐射被局限在方向 r_1(指向 B 点)与 r_2(指向点 A)之间。

如果让 Q_1P_1 与 Q_2P_2 变成沿着流线放置的镜面,那么它们并不会改变辐射模式。也就是说,在点 V 上看到的辐射模式与镜面不存在时的辐射模式一样。然而,这时的辐射是从 Q_1Q_2 发出,再被镜面导引前进的,而不是像先前一样,光线从整个光源 AB 发出。但是通过 c_P 的光线看起来仍然好像是从 AB 发出的一样。

如果将光线反向,就可以把 c_P 看成对 AB 发光的光源。镜面 P_1Q_1 与 P_2Q_2 将辐射会聚到 Q_1Q_2 上,而变成完全朗伯辐射。图 4.40 显示了上述情况。从 P_1P_2 朝 AB 发出的光线会在镜面 P_1Q_1 及 P_2Q_2 之间来回反射,最后落到 Q_1Q_2 上。

例如,从点 V 朝点 B 发出的光线 r_1 会被右边的镜面 P_2Q_2 反射朝点 A 方向传播,左边的镜面 P_1Q_1 会再将它反射到点 B。这一过程会继续(经过无限多次的反射)直到该光线到达 Q_1Q_2。同样的情况会发生在从点 V 朝点 A 发出

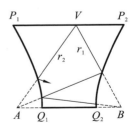

图 4.40　集中器的光源 P_1P_2 对 AB 发出辐射,该辐射被聚集到接收器 Q_1Q_2 上时是完全的朗伯型

的光线 r_2 上。在 r_1 与 r_2 之间的光线会从镜面反射,或直接没有经过反射,再传到 Q_1Q_2 上。这种集中器被称为喇叭形集中器[15],它可以最有效地把所有通过

其孔径（P_1P_2）朝 AB 传播的辐射会聚在接收器 Q_1Q_2 上。因为从 P_1P_2 到 AB 的光学扩展量与朗伯光源（Q_1Q_2）相同，所以它是一个理想集中器[16]。

第二个例子的情况如图 4.41 所示。波前 w_{A2} 及 w_{B2} 具有不同的形状。波前 w_{A2} 由一条以点 A 为圆心到光线 r_1 截止的圆弧组成，r_1 的左边为平面波前。波前 w_{A1} 是由 w_{A2} 往左传播而产生的，它有同样的几何形状。波前 w_{B2} 与 w_{A2} 对称，w_{B1} 与 w_{A1} 对称。因为接触 AB 时波前会与 AB 垂直，所以 AB 的辐射也是完全的朗伯型。

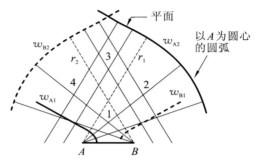

图 4.41　波前由两部分组成：圆弧部分和平面部分

现在来看由垂直于这些波前的光线所定义的流线。这个空间被分成四个区域（1，2，3，4），如图 4.42 所示。在区域 1 中，边缘光线来自点 A 与 B，这与图 4.36 的情况一样。流线是以 A、B 为焦点的双曲线，如图 4.42（a）所示。

在区域 3 中，边缘光线平行于互为对称的光线 r_1 与 r_2，因此，流线是垂线。在区域 2 中，其中一条边缘光线来自点 A，另外一条平行于 r_2，流线是抛物线，它们把平行于 r_2 的光线反射到点 A。区域 4 与区域 2 对称，流线也是抛物线，但是焦点为 B，轴线平行于 r_1，它们把平行于 r_1 的光线反射到点 B。

要注意的是，图 4.39 中的流线对应于一个朗伯光源 AB，但这里的情况是不一样的。因为，只有那些垂直于圆弧波前的光线是来自 AB 的端点（点 A 与 B）。因此，只有在区域 1 里的流线可以被考虑为由朗伯光源 AB 产生。

当流线与边缘 A、B 接触时，刚刚讨论的区域 1 的双曲线流线就不再适用了，而被区域 2 的抛物线取代。抛物线 AP_1 与 BP_2 就形成了一个复合抛物面集中器。

如果我们的目标是要设计一个复合抛物面集中器，往往只需要考虑波前的其中一部分，这一部分的波前产生的流线刚好可以配合光学组件的设计。譬如说，在图 4.42（b）中，抛物线 BP_2 可以通过式（4.52）的第一个表达式（$S_{A1}+S_{B2}=S_{A1B2}$）来设计，这也就是绳子方法。我们把一根长度固定的绳子系在波前 w_{A1} 与 w_{A2} 上，再用一支铅笔把它拉紧后让绳子在 w_{A1} 与 w_{A2} 上滑动，使绳子保持垂直于这两个波前。然后移动铅笔,就可以得到复合抛物面集中器的其中一条抛物线,如图 4.43 所示。复合抛物面集中器的另外一个镜面也可用同样的方法来设计。

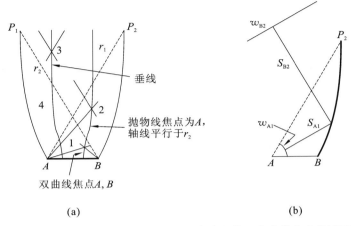

(a)   (b)

图 4.42　(a) 在复合抛物面集中器内的流线;(b) 复合抛物面集中器右边的镜面是一条流线

　　第三个例子,我们来考虑另外一种情况。把图 4.41 中接收器的两个端点沿着垂直方向往下延伸,让波前 w_A 与 w_B 扩展到 AB 的下边,如图 4.44 所示。图 4.44 显示了波前 w_A 与 w_B 在三个不同位置上的形状(w_{A0}、w_{A1}、w_{A2},以及 w_{B0}、w_{B1}、w_{B2})。

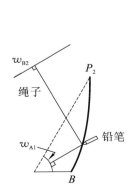

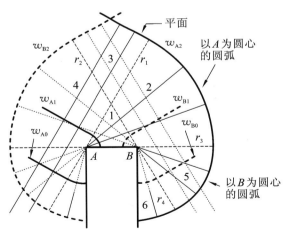

图 4.43　使用绳子方法来描画复合抛物面集中器的剖面图

图 4.44　接收器及其波前。此接收器包含一个水平部分(AB),以及两条分别以点 A、B 为起点的垂直部分

现在除了区域 1 到 4，我们还有区域 5(在光线 r_3 与 r_4 之间)，以及区域 6(在光线 r_4 与接收器之间)。在区域 5，其中一条边缘光线来自点 B，另外一条边缘光线平行于 r_2，所以流线是抛物线形状，它把平行于 r_2 的光线反射到点 B。当移向光线 r_4 时，两条边缘光线会逼近光线 r_4，所以流线会垂直于 r_4。在 r_4 下边的区域 6，两条边缘光线都来自点 B，流线是以点 B 为中心的圆弧，且与区域内的光线垂直(包括了光线 r_4)。

图 4.45 所示的集中器是根据图 4.44 所示的波前 w_A 与 w_B 而设计的[17]，其接收器为 $CABD$。

该集中器包含了下列部分：区域 2 的抛物线，焦点为 A，轴线平行于 r_2；区域 5 的抛物线，焦点为 B，轴线平行于 r_2；以及区域 6 的圆弧，中心为 B。当 C、D 的位置改变时(见图 4.46)，我们可以选择不同的流线来完成集中器的设计。

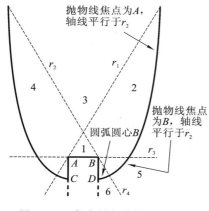

图 4.45　集中器与接收器 $CABD$

此光学组件的几何形状与图 4.45 中的集中器很接近。唯一的差别是在右边反射器的上边有一个竖直平面镜，该平面镜是沿着区域 3 的流线放置的。

第四个例子，我们来考虑用流线方法设计的另外一个光学组件。如图 4.47 所示，接收器 AB 在折射率为 n 的介质中，辐射器 $E_1 E_2$ 在空气中，两个介质被曲线 c(在本例中是一个圆弧)隔开，AB 上的出光角为 2θ。

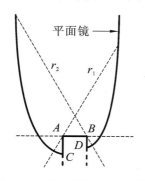

图 4.46　集中器与非对称的接
　　　　　收器 $CABD$

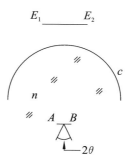

图 4.47　接收器 AB 在折射率为 n 的介质中，辐射器
　　　　　$E_1 E_2$ 在空气中。分隔两个介质的曲线 c 是
　　　　　一条圆弧，在 AB 上的出光角为 2θ

现在计算在曲线 c 上的点 P 及其对称点 Q 的位置。这两点会令从 $E_1 E_2$ 到 Q 的光学扩展量与在接收器上的一样,也就是说

$$2([E_2, P] - [E_2, Q]) = 2n[A, B] \sin \theta \qquad (4.57)$$

接下来计算从点 E_1 发出,并在点 P 上折射的光线 r_P 的光路(见图 4.48(a))。

我们定义在光线 r_P 右边、曲线 c 上边的波前 w_B,为以 W_5 为中心的圆弧 $W_2 W_4$。在 c 的下边,$W_1 W_3$ 是 $W_2 W_4$ 通过 c 之后的波前。把位于 c 下边且在光线 r_P 左边的 w_B 波前定义为片段曲线,它首先是垂直于 r_P 的直线线段,然后是一段以 B 为中心的圆弧,最后是垂直于边缘光线 r_2 的平坦直线,并以 W_5 为终点。在 c 上边的波前 $W_4 W_6$(w_{B2} 的一部分)是 $W_5 W_3$ 传播通过曲线 c 后的形状。

通过这个过程,波前 w_B 在位置 w_{B1} 的形状可以定义为在 W_1 与 W_5 之间的一条曲线,而在位置 w_{B2} 的形状是在 W_2 与 W_6 之间的另外一条曲线。如图 4.48(b) 所示,波前 w_A 与 w_B 对称于辐射器($E_1 E_2$)与接收器(AB)的垂直等分线。

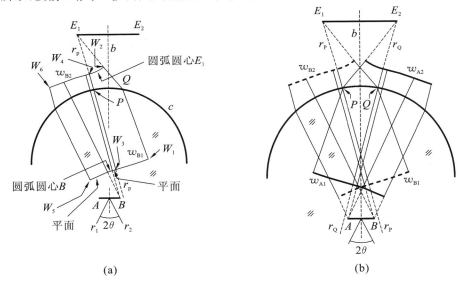

(a)　　　　　　　　　　　　(b)

图 4.48　定义集中器的波前

利用这些波前,我们可以计算起始于接收器端点 B 的流线。它也是一条由好几段线段组成的片段曲线,如图 4.49 所示。光线 r_1 与 r_2 对称,光线 r_Q 与 r_P 对称。

在点 B 与 M_3 之间,流线是直线,它平分了平行于 r_P 的光线,以及平行于 r_1 的光线。在点 M_3 与 M_2 之间,流线平分从 E_1 发出并在曲线 c 上被折射的边缘光线,它也平分了平行于 r_1 的边缘光线。在点 M_1 与 M_2 之间,流线平分从 E_1 发出并在曲线 c 上被折射的边缘光线,它也平分了会聚到点 A 的边缘光线。

在点 M_1 与 Q 之间，流线平分从 E_1 发出并在曲线 c 上被折射的边缘光线，它也平分了平行于 r_Q 的边缘光线。该流线会延续到曲线 c 的上边，变成通过点 Q 且以 E_1 及 E_2 为焦点的双曲线。

图 4.50 显示了整个光学组件，侧壁 $PN_1N_2N_3A$ 与 $QM_1M_2M_3B$ 对称。

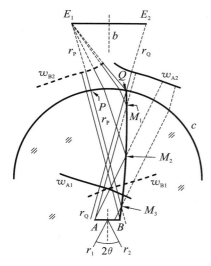

图 4.49　从点 B 起始的流线定义了集中器侧壁的形状

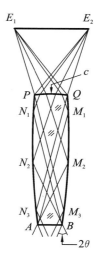

图 4.50　辐射器 E_1E_2，接收器放置在折射率为 n 的介质中，以及对应的集中器，通过 AB 的出光角是 2θ，光学组件的入光孔是圆弧 c

被右边侧壁上 QM_1 部分反射的光线会朝左边的 N_3A 部分传播，然后传向 AB。

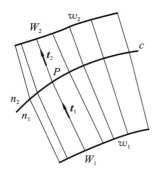

图 4.51　波前穿过分隔两种介质（折射率为 n_1 与 n_2）的曲线 c

在该例子中，波前 w_{B2} 是 w_{B1} 传播穿过曲线 c 的结果，而波前 w_{A2} 则是 w_{A1} 穿过曲线 c 后的结果。

下面考虑波前在表面之间传播的计算方法。如图 4.51 所示，曲线 c 分开了折射率为 n_1 与 n_2 的介质，波前 w 穿过曲线 c。我们从位置 w_1 上的波前开始，希望找出它在位置 w_2 的形状。定义 w_1 与 w_2 之间的光程为 S。先考虑在 c 上的一点 P，我们想计算在 w_1 上的点 W_1 的位置；W_1 的选择是使得穿过 W_1 而垂直于 w_1 的直线在点 P 上穿过 c。现在 W_1 与 P 之间的光程可以写成 $S_1 = n_1[W_1, P]$。所以，

W_2(在波前 w_2 上)与 P 之间的光程可以写成 $S_2 = S - S_1$。P 与 W_2 的距离是 $d_2 = S_2/n_2$。因为我们知道 W_1 与 P 的位置,以及光线在点 P 的入射方向(t_1),所以可以决定光线在折射后的方向 t_2(一个单位矢量)。W_2 的位置就可以写成 $W_2 = P + d_2 t_2$。对曲线 c 上的其他点重复同样的步骤,就可以决定分布在 w_2 上的点,然后便可以对这些点进行内插(如使用样条法(spline method))。

可以把图 4.50 所示的光学组件进行参数化,而且在设计这些光学组件时,我们也不需要计算波前的形状。图 4.52 显示了另外一个例子,辐射器 $E_1 E_2$ 的大小(E)与光学组件入光孔的大小(A_E)相等。垂线 b 是辐射器($E_1 E_2$)与接收器(AB)的垂直等分线。系统对称于 b。

首先决定入光孔(A_E)与辐射器(E)的相对位置,如图 4.52(a)所示。如果在接收器 R 上的光线局限在角度 $\pm \alpha_C$ 内,则接收器 R 上的光学扩展量可以写成

$$U_R = 2nR \sin\alpha_C \tag{4.58}$$

该光学扩展量相等于 A_E 与 E 之间交换的光学扩展量。让 $A_E = E$,由图 4.52(a)可以看到

$$\begin{cases} \alpha = \arctan\left(\dfrac{d_1}{A_E}\right) \\ d_2 = \dfrac{d_1}{\sin\alpha} \end{cases} \tag{4.59}$$

从 A_E 到 E 的光学扩展量为

$$U = 2(d_2 - d_1) = 2d_1\left(\frac{1}{\sin\alpha} - 1\right) = 2d_1\left(\frac{1}{\sin\left(\arctan\left(\dfrac{d_1}{A_E}\right)\right)} - 1\right) \tag{4.60}$$

如果光学扩展量守恒,下式必须成立

$$nR\sin\alpha_C = d_1\left(\frac{1}{\sin\left(\arctan\left(\dfrac{d_1}{A_E}\right)\right)} - 1\right) \tag{4.61}$$

我们必须知道下列参数的值才可以完成该系统的定义:角度 α_C 的值,$R = [A, B]$ 的值,以及 $E = [E_1, E_2]$ 的值(也就是 A_E 的大小)。然后,使用式(4.61)便可以计算距离 d_1。

入光孔的形状可以选定半径为 r 的圆弧,如图 4.52(b)所示,从辐射器边缘 E_1 发出的光线 r_P 会在圆形入口边缘的点 P 上被折射。因为 R 的大小已知,就可以决定接收器的位置,它的端点 B 会在折射光线 r_P 上,而且到平分线 b 的距离是 $R/2$。

现在定义一个平面波前 w,它与 AB 所成的夹角为 α_C,因此它垂直于打在 AB 右端的边缘光线,如图 4.52(b)与(c)所示。E_1 与波前 w 的光程可以利用光线 r_P 得到

$$S = [E_1, P] + n[P, B] + n[B, w] \qquad (4.62)$$

其中,$[B, w]$ 是点 B 与波前 w 之间的距离。接下来,可以利用光程来决定侧壁镜面 QB 的形状。镜面 PA 与 QB 对称,在 Q 与 M 之间的那些点(M_1)可以用从辐射器边缘(E_1)投射到接收器边缘(A)的光线(r_1)得到,如图 4.52(c)所示。这些光线满足

$$S = [E_1, C_1] + n[C_1, M_1] + n[M_1, A] \qquad (4.63)$$

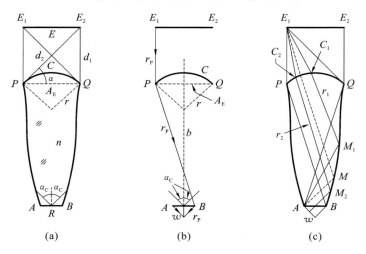

图 4.52 (a)针对辐射器 E 与接收器 R 设计的电介质光学组件,传播到接收器上的光线的角度局限在 $\pm\alpha_C$ 之内;(b)入光孔是半径为 r 的圆弧,出光孔 AB 的位置由光线 r_P 的光路所决定;(c)侧壁的 Q-M 部分由从 E_2 到 A 的恒常光程所决定,侧壁的 M-B 部分由从 E_2 到 w 的恒常光程决定

在 M 与 B 之间的点(M_2)可以用从辐射器边缘(E_1)投射到接收器波前(w)的光线(r_2)得到。这些光线满足

$$S = [E_1, C_2] + n[C_2, M_2] + n[M_2, w] \qquad (4.64)$$

其中,$[M_2, w]$ 是 M_2 与波前 w 之间的距离。

现在考虑上述设计的一个特例:α_C 是折射率为 n 的介质的临界角。我们把这样的两个光学组件组合起来,如图 4.53 所示。在图中有一个朗伯光源,在它与光学组件之间有一道小空隙。光线从左边穿过面积比较小的孔进入光学组件时被折射,光线的角度会被局限在临界角 $\pm\alpha_C$ 之内。

光线从左边光学组件的大孔径 $P_A Q_A$ 射出,然后穿过孔径 $P_B Q_B$ 而进入右边

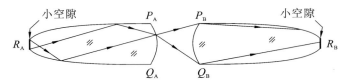

图 4.53 如果光源放在 R_A,它的光线会从左边的光学组件射出,进入右边的光学组件,
在没有能量损耗的情况下会聚到 R_B

的光学组件,再集中到光学组件的小孔径上,其角度范围被局限在临界角内。当它离开光学组件时,它在接收器(R_B)上的孔径角会扩展成完全的朗伯照明。

光源(R_A)与接收器(R_B)大小一样,而且辐射模式同为朗伯型。光线在 P_AQ_A 与 P_BQ_B 之间的空间里传播时并不需要任何导引镜面。

4.11　焦散型流线

图 4.54 所示的为一个角度为 2θ 的角度转动器。图 4.54(b) 显示了图 4.54(a) 中介于切面 s_1 与 s_2 之间的细节。在这两个切面(s_1 与 s_2)之间,光线被局限在下列两个切面之间:以 C 为中心的圆形镜面,以及同样以 C 为中心的焦散线。在这两个切面之间的流线(g)也是以 C 为圆心半径为 R 的圆弧。边缘光线与流线(g)的夹角为 α。

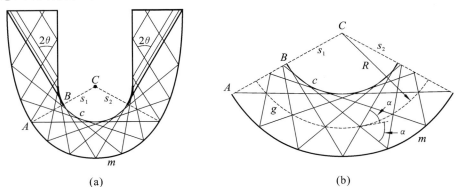

(a)　　　　　　　　　　　　　　　　　(b)

图 4.54 (a) 角度为 2θ 的角度转动器;(b) 在极限情况下(当边缘光线与流线的夹角 α 为 0 时),焦散线 c 会变成流线 g,这时流线 g 的半径 R 逼近 C 与 B 之间的距离

当 g 的半径减少时,角度也会减小。在极限情况下,角度变为 0。流线将会逼近这两组边缘光线的焦散线 c,半径 R 逼近 $[C,B]$。沿焦散放置的镜面再也不能反射这些边缘光线,而光线就会被局限在镜面 m 与焦散线 c 之间。如果 $R = [C,A]$,则镜面 m 也是一条流线。

光学扩展量在流线之间守恒。因为在极限情况时焦散线也是一条流线

(g)，所以在流线(m)与焦散线(c)之间光学扩展量也守恒。

图 4.55 显示了光线被焦散线约束的另一例子。光学组件 O_A 及 O_B 都是以折射率为 n 的介质组成的，当光线在它们之间的空气里传播时，光线会被约束在左边的焦散线(c_L) 及右边的焦散线(c_R) 之间。在这个例子中，辐射器 R_A 及接收器 R_B 与折射率为 n 的介质相接触，在 R_A 与光学组件 O_A 之间没有空隙，在 R_B 与光学组件 O_B 之间也是如此。

图 4.56 显示了焦散线的几何形状，以及在光学组件之间的边缘光线的细节。

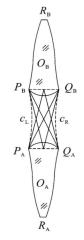

图 4.55　在光学组件 O_A 与 O_B 之间交换的光线被局限在左边的焦散线(c_L) 与右边的焦散线(c_R) 之间

图 4.56　在光学组件 O_A 与 O_B 之间的辐射的边缘光线及焦散的几何形状

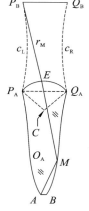

图 4.57　光学组件 O_A 的设计

左边的焦散线是以 c_L 为中心的圆弧，在 r_1 与 r_3 之间的边缘光线全相交于点 P_B，并与焦散线 c_L 相切。系统关于水平线 l_H 上下对称，关于垂线 l_V 左右对称。

图 4.57 说明设计光学组件 O_A 的方法。在图上边介于 P_A 与 Q_A 之间的曲面是以 c 为中心的圆弧。侧壁镜面上的点可以用一根对应于固定光程的绳子来决定。光线 r_M 在点 P_B 与焦散线(c_L) 相切。

对点 M 上边的镜面上的点而言，光程 $[P_B, E] + n[E, M] + n[M, A]$ 是常数，其中 E 是在光学组件圆形顶面上的点。对点 M 下边的镜面上的点而言，光程一样，但绳子（仍然以 P_B 为起点）会绕着焦散线 c_L 而展开。

选定辐射器 AB 的大小从而使到它所发出的光线的光学扩展量等于在光学组件 O_A 与 O_B 之间交换的光学扩展量。利用图 4.58 所示的几何形状便可以决定其光学扩展量。

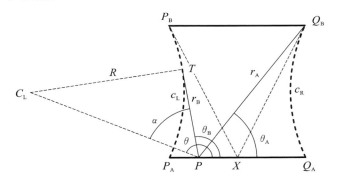

图 4.58　用于计算在光学组件之间交换的光线的光学扩展量的几何图形

由于对称性，P_A 与 Q_A 之间发出的光线的光学扩展量是 P_A 与 X（$P_A Q_A$ 的中点）之间的两倍。在 P_A 与 X 之间的每一点上，光线被局限在边缘光线 r_A（通过点 Q_B）与 r_B（与焦散线 c_L 相切于点 T）之间。焦散线 c_L 是以 C_L 为圆心、半径为 R 的圆弧。光学扩展量可以写成

$$U = -2\int_{P_A}^{X}(\cos\theta_B - \cos\theta_A)\mathrm{d}x \qquad (4.65)$$

其中，$\theta_B = \theta - \alpha$，$\theta = \mathrm{angh}(C_L - P)$，$\alpha = \arcsin(R/[C_L, P])$。使用第 21 章定义的函数 angh，就可以得到 $\theta_A = (Q_B - P)$。

4.12　最大聚光比

光学扩展量守恒也可以用来推导一个光学组件所能提供的最大聚光比。考虑图 4.59 所示的情况，在三维空间中一束半孔径角为 θ_1 的辐射通过一个面积 $\mathrm{d}A_1$（或是从该面积上发出），$\mathrm{d}A_1$ 放在折射率为 n_1 的介质中。接下来计算此辐射的光学扩展量。

从 $\mathrm{d}A_1$ 通过（发出）的光学扩展量可以用式（4.4）与式（4.6）写成

$$U_{\mathrm{d}A_1} = n_1^2\mathrm{d}A_1\int_0^{2\pi}\int_0^{\theta_1}\cos\theta\sin\theta\mathrm{d}\theta\mathrm{d}\varphi = \pi n_1^2\mathrm{d}A_1\sin^2\theta_1 \qquad (4.66)$$

如果 $\mathrm{d}A_1$ 是 A_1 上的一部分，且在 A_1 上的辐射是均匀的，则在 A_1 上的辐射光学扩展量就可以写成

$$U_1 = \pi n_1^2\sin^2\theta_1\int_{A_1}\mathrm{d}A_1 = \pi n_1^2 A_1\sin^2\theta_1 \qquad (4.67)$$

现在把这一结果应用到如图 4.60 所示的光学系统上：入光孔为 A_1，出光孔为 A_2，θ_1 是辐射在入光孔上的半孔径角，θ_2 是在出光孔上的半孔径角。

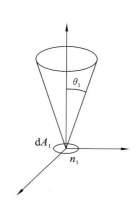

图 4.59　表面 dA_1 放在折射率
　　　　为 n_1 的介质中,它接
　　　　收辐射的半孔径角
　　　　为 θ_2

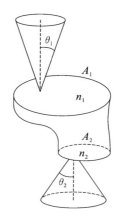

图 4.60　光学接收器的入光孔为 A_1,出光孔为
　　　　A_2。在入光孔上,折射率为 n_1,辐射的
　　　　半孔径角为 θ_1;在出光孔上,折射率为
　　　　n_2,辐射的半孔径角为 θ_2

如果在出光孔的折射率为 n_2,则辐射离开器件时的光学扩展量为

$$U_2 = \pi n_2^2 A_2 \sin^2\theta_2 \qquad (4.68)$$

因为光学扩展量在光学系统中传播时守恒,在入光孔上的光学扩展量必须与出光孔上的相等,即 $U_1 = U_2$,因此

$$\frac{A_1}{A_2} = \frac{n_2^2}{n_1^2}\frac{\sin^2\theta_2}{\sin^2\theta_1} \qquad (4.69)$$

由于出光孔角不能大于 $\pi/2$,因此,当 $\theta_2 = \pi/2$ 时,便能得到出光孔的最小面积 $A_{2\min}$。这时,光学组件达到其可能的最大聚光比为

$$C_{\max} = \frac{A_1}{A_{2\min}} = \frac{n_2^2}{n_1^2}\frac{1}{\sin^2\theta_1} \qquad (4.70)$$

如果装置入口处的折射率 $n_1 = 1$,就可以得到

$$C_{\max} = \frac{n_2^2}{\sin^2\theta_1} \qquad (4.71)$$

下面考虑一个二维光学系统:入光孔为 a_1,出光孔为 a_2,在入光孔及出光孔上的折射率分别是 n_1 及 n_2,如图 4.61(a) 所示。

假设在出光孔及入光孔上的辐射为均匀的。从图 4.61(b) 可以得到入光孔上的光学扩展量

$$U_1 = -a_1\int_A^B dp_1 = -a_1(-p_1 - p_1) = 2a_1 p_1 = 2n_1 a_1 \sin\theta_1 \qquad (4.72)$$

其中,积分是从方向 p_A 到 p_B(图 4.24 的角度的正方向)。同样,出光孔上的光学扩展量可以写成

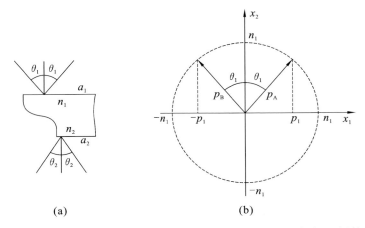

图 4.61　（a）二维光学接收器的入光孔为 a_1，出光孔为 a_2。在入光孔上，折射率为 n_1，
辐射的半孔径角为 θ_1，在出光孔上，折射率为 n_2，辐射的半孔径角为 θ_2；
（b）在 光学组件入光孔上的光学扩展量的计算

$$U_2 = 2n_2 a_2 \sin\theta_2 \tag{4.73}$$

因为在光学系统中传播的光线光学扩展量守恒，必有 $U_1 = U_2$，因此

$$\frac{a_1}{a_2} = \frac{n_2}{n_1}\frac{\sin\theta_2}{\sin\theta_1} \tag{4.74}$$

与前面讨论的三维情况一样，出光孔径角不能大于 $\pi/2$，因此，当 $\theta_2 = \pi/2$ 时，
便能得到出光孔的最小长度 $a_{2\min}$，对应的最大聚光比可以写成

$$C_{\max} = \frac{a_1}{a_{2\min}} = \frac{n_2}{n_1}\frac{1}{\sin\theta_1} \tag{4.75}$$

如果在装置入口处的折射率 $n_1 = 1$，便能得到

$$C_{\max} = \frac{n_2}{\sin\theta_1} \tag{4.76}$$

式（4.76）让我们把可能的最大聚光比表达为入射光线的半孔径角 θ_1。太阳就
是具有均匀角度辐射（uniform constant-angle radiation）的光源的一个例子。
从地球看过去，太阳的孔径角很小。因为非成像集中器可以达到很高的聚光
比，所以很适合用在高聚光比的太阳能集中器中。当然，这些系统也适合用在
低聚光比的场合中。

　　前面的式子对应的是最大聚光比，而真正的聚光比必会小于它们。现在让
我们考虑下面的情况。为了简单起见，假设集中器内部被空气（$n = 1$）填满。它
所能达到的聚光比必然小于 $C_{\max}$，所以

$$C \leqslant \frac{1}{\sin\theta} \tag{4.77}$$

其中，θ 是辐射的半孔径角。式（4.77）可以重写为

$$\theta \leqslant \arcsin\left(\frac{1}{C}\right) \tag{4.78}$$

所以可以得知,如果器件的聚光比为某一定值 C,则它的半孔径角不能大于 $\arcsin(1/C)$。因此,半孔径角的最大值为

$$\theta_{\max} = \arcsin\left(\frac{1}{C}\right) \tag{4.79}$$

在三维空间中,对于折射率 $n \neq 1$ 的材料做成的器件,也可以推导出类似的式子。所以我们可以说,对于某一聚光比 C,非成像光学系统的最大接收角为 2θ。这一特性使其在太阳能收集的应用中占有很重要的位置[18,19]。

让我们考虑一个聚光比为 C 的太阳能集中器,同时假设其聚光比比较低,所以接收角比较大。因为对于已知的聚光比 C,非成像集中器的最大接收角为 θ,所以对该集中器而言,当太阳在天空移动时(见图 4.62),集中器维持固定不动的时段接收角可达到最大。

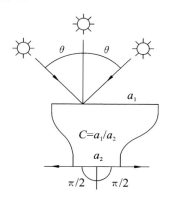

图 4.62　聚光比为 C 的太阳能集中器。聚光比为 C 的理想非成像光学设备对入射辐射有最大接收角。在低聚光比太阳能系统中,该特性可以免除对太阳在天空中方位追踪的需求,但会导致漫射辐射的最大接收。在高聚光比系统中,太阳方位追踪是必须的,这一特性可降低对追踪精准度的要求

只要太阳在接收角为 2θ 的范围内移动,太阳光线就会被捕获而传到吸收体上(器件的出光孔)。这是一个很重要的性质,它免除了追踪太阳在天空中方位的需求。在集中器上,除了从太阳直接投射过来的辐射,还有当光线在大气中传播时被散射的漫射辐射。这些辐射从四面八方到达集中器,但是最大强度来自太阳附近。因为集中器的接收角为最大,所以它接收的漫射辐射也会是最大的。

再来考虑聚光比较高但接收角较小的情况,这时就必须追踪太阳的方位。追踪系统的复杂度及价格往往与其精准度成正比。因为接收角为最大,所以对精准度的需求就可以降低。

因此,只要我们的目标是能量的收集,在太阳能系统中,非成像光学系统是优越之选。

要留意的是,当聚光比高时,接收角会变小,所接收到的漫射辐射就会微不足道。尤其是当接收角等于太阳的孔径角时,就不会有漫射辐射,完全是直接辐射。由于在追踪太阳方位时,误差是不可避免的,故该方法并不常用。

当比较太阳能集中器时,有时会用到一个被称为会聚接收乘积(concentration acceptance product,CAP)的物理量[20,21]。它的定义是

$$\mathrm{CAP} = \sqrt{C}\sin\theta$$

其中,C 是聚光比,θ 是太阳能集中器的接收角。从式(4.71)可以看到 CAP $<$ n,这里,n 是接收器所在介质的折射率。在设计太阳能集中器时,要让 CAP 越大越好(高聚光比及大接收角 θ)。

另外一个比较太阳能集中器的方法,是在设计时让不同集中器的接收角一样,从而使设计出来的集中器有相同的误差(相同的误差预算,见第 1 章)。具有同样误差设计的光学组件可以用类似的方法制造,并且应用在类似的环境中,因此它们的成本也会差不多。这时聚光比高(也就是 CAP 比较高)的光学组件就会是最好的。

4.13 光学扩展量与形状因子

计算在均匀介质中光学扩展量的一个方法是应用形状因子(shape factor)的概念。这个概念是从辐射换热领域中引用过来的。光学扩展量与形状因子的关系会在第 20 章里详细讨论。为了方便起见,我们在这里先总结结果。从一个在空气中的微小面积 $\mathrm{d}A_1$ 对另外一个也在空气中的微小面积 $\mathrm{d}A_2$ 发出的光线的光学扩展量可以写成(见图 4.63(a))

$$\mathrm{d}U = \mathrm{d}A_1\cos\theta_1\,\mathrm{d}\Omega = \mathrm{d}A_1\cos\theta_1\,\frac{\mathrm{d}A_2\cos\theta_2}{r^2}$$

$$= \pi\mathrm{d}A_1\,\frac{\mathrm{d}A_2\cos\theta_1\cos\theta_2}{\pi r^2} = \pi\mathrm{d}A_1\,\mathrm{d}F_{\mathrm{d}A_1\text{-}\mathrm{d}A_2} \tag{4.80}$$

在三维空间中,如果一个面积 $\mathrm{d}A_1$ 对另一个面积 $\mathrm{d}A_2$ 的形状因子是 $F_{\mathrm{d}A_1\text{-}\mathrm{d}A_2}$,那么光学扩展量与形状因子的关系可以写成

$$\mathrm{d}U = \pi\mathrm{d}A_1\,\mathrm{d}F_{\mathrm{d}A_1\text{-}\mathrm{d}A_2} \tag{4.81}$$

其中

$$\mathrm{d}F_{\mathrm{d}A_1\text{-}\mathrm{d}A_2} = \frac{\mathrm{d}A_2\cos\theta_1\cos\theta_2}{\pi r^2} \tag{4.82}$$

二维系统的情况类似,如图 4.63(b)所示。我们现在可以写成

$$dU = da_1 \cos\theta_1 d\theta_1 = da_1 \cos\theta_1 \frac{da_2 \cos\theta_2}{r}$$

$$= 2da_1 \frac{da_2 \cos\theta_1 \cos\theta_2}{2r} = 2da_1 F_{da_1 - da_2} \tag{4.83}$$

所以，在二维空间中如果一个长度 da_1 对另一个长度 da_2 的形状因子是 $F_{da_1 - da_2}$，那么光学扩展量与形状因子的关系可以写成

$$dU = 2da_1 dF_{da_1 - da_2} \tag{4.84}$$

其中

$$dF_{da_1 - da_2} = \frac{da_2 \cos\theta_1 \cos\theta_2}{2r} \tag{4.85}$$

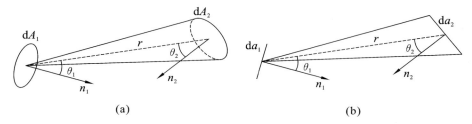

$$\text{(a)} \qquad\qquad\qquad\qquad \text{(b)}$$

图 4.63　(a) 从微小面积 dA_1 对另一微小面积 dA_2 发出的光线的光学扩展量；(b) 对应于二维空间的光学扩展量

我们可以用现成的计算形状因子的方法来计算光学扩展量。Hottel 交叉绳子方法（Hottel's crossed string method）便是这样一个方法[4]。举例而言，我们可以把该方法应用在与图 4.34(b) 相似的系统上。现在考虑一个大小为 a_1 的朗伯辐射源 FG，以及一根长度为 a_2 的线段 P_1P_2，如图 4.64 所示。

从 a_1 到 a_2 的形状因子是

$$F_{a_1 - a_2} = \frac{[[F, P_2]] + [[G, P_1]] - [[F, P_1]] - [[G, P_2]]}{2a_1} \tag{4.86}$$

对式 (4.84) 进行积分便可以得到

$$U = 2a_1 F_{a_1 - a_2} \tag{4.87}$$

将式 (4.86) 代入式 (4.87)，便能得到式 (4.48)。

形状因子与光学扩展量在三维空间的关系式让我们可以计算一个半径为 d 的圆形光源 A_1，对半径为 ρ 的圆形表面 A_2 的光学扩展量。让这两个表面之间的距离为 h，如图 4.65 所示。

从 A_1 到 A_2 的形状因子是[5]

$$F_{A_1 - A_2} = \frac{1}{2}(Z - \sqrt{Z^2 - 4X^2Y^2}) \tag{4.88}$$

其中，$X = \rho/h$；$Y = h/d$；$Z = 1 + (1 + X^2)Y^2$。在三维空间中，对式 (4.81) 积分便可以得到

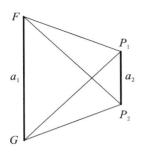

图 4.64　从 a_1 到 a_2 的形状因子可用 Hottel 交叉绳子方法计算。利用光学扩展量与形状因子之间的关系就可以计算光学扩展量

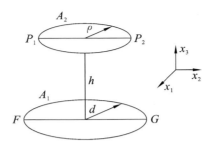

图 4.65　使用 A_1 与 A_2 之间的形状因子便可计算由面积为 A_1 的圆形光源对面积为 A_2 的圆形表面的光学扩展量

$$U = \pi A_1 F_{A_1\text{-}A_2} \tag{4.89}$$

表面 A_1 的面积是 πd^2，因此，从 A_1 到 A_2 的光学扩展量是

$$U = \frac{1}{2}(Z - \sqrt{Z^2 - 4X^2Y^2})\pi^2 d^2 \tag{4.90}$$

式（4.90）可以被重写为[13]

$$U = \frac{\pi^2}{4}(\sqrt{(\rho-d)^2 + h^2} - \sqrt{(\rho+d)^2 + h^2})^2 = \frac{\pi^2}{4}([F, P_2] - [F, P_1])^2 \tag{4.91}$$

4.14　例子

下面例子中用到的曲线及函数可以在第 21 章里找到。

例 4.1　半角 $\theta = 20°$ 的辐射照在长度为 3 的直线 $P_1 P_2$ 上，计算此辐射的光学扩展量。

图 4.66 显示了直线 $P_1 P_2$，垂直于边缘光线的波前 w_1 与 w_2，它们之间的夹角是 2θ。

入射辐射的光学扩展量可以写成

$$U = [F_2, P_2] + [G_2, P_1] - [G_1, P_2] - [F_1, P_1] = 2[P_1, P_2]\sin\theta \tag{4.92}$$

此时，$[P_1, P_2] = 3$，$\theta = 20°$，所以 $U = 2.052\,12$。

例 4.2　光源 a（长度为 3）的发光孔径角为 $2\theta(\theta = 10°)$，它与垂线的夹角 $\gamma = 60°$。计算光源的光学扩展量。

我们介绍几个计算这一光学扩展量的方法。

【方法一】　把从 a 发出的光线看成是从另外一个光源 a^* 发出的。a^* 与水平线的夹角为 γ。一段与 a^* 垂直的平面镜（从 a^* 延伸到 a）被用来限制光线的传播,如图 4.67 所示。

因为镜面与光线的传播方向平行,它不会改变光线的孔径角(2θ)。由 a 发出的光线的光学扩展量必须等于 a^* 发出的。所以,

$$U = 2a^* \sin\theta = 2a\cos\gamma\sin\theta \tag{4.93}$$

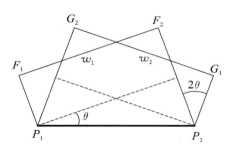

图 4.66　半角 θ 的辐射照明直线 P_1P_2

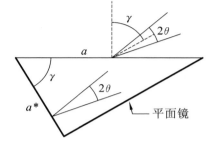

图 4.67　光源 a 对垂线的倾角为 γ,发出光线的孔径角为 2θ。这些光线看起来就像是从另外一个光源 a^* 发出的,a^* 是 a 在光线发射方向上的投影

代入 a、γ、θ 的值,就可以得到 $U = 0.520\,945$。

【方法二】　我们现在从另外一个角度来看这个问题。假设同一光源(a)是在 x_1 轴上,且位于 x_m 与 x_M 之间,也就是 $a = x_\mathrm{M} - x_\mathrm{m}$,如图 4.68(a)所示。辐射的光学扩展量是

$$U = \int_{x_\mathrm{m}}^{x_\mathrm{M}} (p_\mathrm{A} - p_\mathrm{B}) \cdot \mathrm{d}c \tag{4.94}$$

其中,$p_\mathrm{A} = (\cos(\varphi-\theta), \sin(\varphi-\theta))$;$p_\mathrm{B} = (\cos(\varphi+\theta), \sin(\varphi+\theta))$,因为 a 在 x_1 轴上,故 $\mathrm{d}c = \mathrm{d}c(1,0)$。而且,$\varphi = \pi/2 - \gamma$。

这里,$\mathrm{d}c$ 是在 a 上的一个长度元素 $\mathrm{d}a$。所以,可以得到

$$U = \int_{x_\mathrm{m}}^{x_\mathrm{M}} (\cos(\varphi-\theta) - \cos(\varphi+\theta))\mathrm{d}a = a(\cos(\varphi-\theta) - \cos(\varphi+\theta))$$

$$= 2a\sin\theta\sin\varphi \tag{4.95}$$

代入 a,$\varphi = \pi/2 - \gamma$,θ 的值,就可以得到 $U = 0.520\,945$。

【方法三】　这里的光学扩展量也可以用式(4.94)的另一形式来计算。令 $p_\mathrm{A} = (p_\mathrm{A1}, p_\mathrm{A2})$,$p_\mathrm{B} = (p_\mathrm{B1}, p_\mathrm{B2})$,便可以得到

$$U = \int_{x_\mathrm{m}}^{x_\mathrm{M}} ((p_\mathrm{A1}, p_\mathrm{A2}) - (p_\mathrm{B1}, p_\mathrm{B2})) \cdot (1,0)\mathrm{d}a \tag{4.96}$$

$$= \int_{x_\mathrm{m}}^{x_\mathrm{M}} (p_\mathrm{A1} - p_\mathrm{B1})\mathrm{d}a = a(p_\mathrm{A1} - p_\mathrm{B1})$$

利用图 4.68(b),令 $n = 1$,式(4.96)可以写成

$$U = 2a\sin\theta\sin\varphi \qquad (4.97)$$

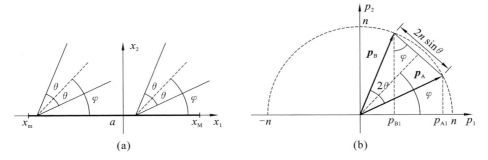

图 4.68 (a) 在 $x_{\mathrm{m}}x_{\mathrm{M}}$ 上每一点的辐射为均匀的;(b) 它的光学扩展量可以计算为 $U = 2na\sin\theta\sin\varphi$

【方法四】 另外一个方法是把 a 发出的辐射表示在相空间中,并计算其面积,如图 4.69 所示。

在物理空间中,光源 a 从 x_{m} 延伸到 x_{M};在角度空间中,辐射局限在两个光学动量之间,这两个光学动量的 p_1 分量分别是 p_{A1} 与 p_{B1}。光学扩展量等于该辐射在相空间中所占据的面积,即

$$U = (x_{\mathrm{M}} - x_{\mathrm{M}})(p_{\mathrm{A1}} - p_{\mathrm{B1}}) = a(p_{\mathrm{A1}} - p_{\mathrm{B1}}) \qquad (4.98)$$

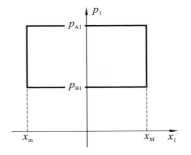

图 4.69 边缘光线的 p_1 分量 p_{A1} 与 p_{B1},以及辐射在相空间中的面积

得到的结果与式(4.96)一样。

例 4.3 均匀辐射的半角为 $5°$,打在边角为 $30°$ 的抛物面上,计算它刚到达抛物面及被反射后的光学扩展量。

焦点为 $(0,0)$,焦点与顶点距离为一个单位 $([F,V] = 1)$ 的抛物面的参数表达式是

$$c(\varphi) = \frac{2}{1 - \cos\varphi}(\cos\varphi, \sin\varphi) \qquad (4.99)$$

如果边角是 $30°$,抛物面的参数范围是 $\pi - \varphi \leqslant \varphi \leqslant \pi + \varphi$,利用此参数范围的上、下限就可以得到抛物面的端点(P_1 与 P_2)为 $P_1 = c(\pi - \varphi) = (6 - 4\sqrt{3}, 4 - 2\sqrt{3})$,$P_2 = c(\pi + \varphi) = (6 - 4\sqrt{3}, -4 + 2\sqrt{3})$,如图 4.70 所示。被抛物线收集的光束半角是 $\theta = 5°$。

被抛物面捕获的辐射的光学扩展量是(见图 4.70)

$$U = 2[P_1, P_2]\sin\theta = 0.186\ 826 \tag{4.100}$$

现在我们可以计算该辐射打在抛物面上时的光学扩展量,如图 4.71 所示。

到达抛物面上的光线的光学扩展量可以写成

$$U = \int_{\pi-\varphi}^{\pi+\varphi} (\boldsymbol{p}_1 - \boldsymbol{p}_2) \cdot \mathrm{d}\boldsymbol{c} = \int_{\pi-\varphi}^{\pi+\varphi} (\boldsymbol{p}_1 - \boldsymbol{p}_2) \cdot \frac{\mathrm{d}\boldsymbol{c}}{\mathrm{d}\phi} \mathrm{d}\phi \tag{4.101}$$

因为折射率 $n = 1$,矢量 $\boldsymbol{p}_1$ 与 $\boldsymbol{p}_2$ 是单位矢量,并可以写成

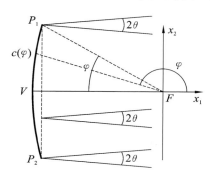

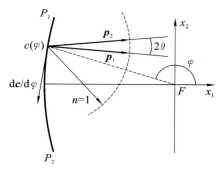

图 4.70　焦点为 F 的抛物面收集的光　图 4.71　半角为 θ 的辐射打在抛物面上
线的半角为 θ

$$\begin{cases} \boldsymbol{p}_1 = (\cos(-\theta), \sin(-\theta)) \\ \boldsymbol{p}_2 = (\cos\theta, \sin\theta) \end{cases} \tag{4.102}$$

抛物面的导数是一个切矢量

$$\frac{\mathrm{d}\boldsymbol{c}}{\mathrm{d}\varphi} = \left(\frac{-2\sin\varphi}{(\cos\varphi - 1)^2}, \frac{2}{\cos\varphi - 1} \right) \tag{4.103}$$

将式(4.102)与(4.103)代入式(4.101)便可以得到光学扩展量为

$$U = \int_{\pi-\varphi}^{\pi+\varphi} \frac{-4\sin(\pi/36)}{\cos\varphi - 1} \mathrm{d}\varphi = 0.186\ 826 \tag{4.104}$$

与前面的计算结果一样。

被镜面反射后的 $\boldsymbol{p}_1$ 与 $\boldsymbol{p}_2$ 可以写为(见图 4.72)

$$\begin{cases} \boldsymbol{p}_1 = R(-\theta) \cdot \mathrm{nrm}(F-c) = \dfrac{2\sin^2(\varphi/2)}{\cos\varphi - 1}(\cos(\pi/36 - \varphi), \sin(\pi/36 - \varphi)) \\ \boldsymbol{p}_2 = R(\theta) \cdot \mathrm{nrm}(F-c) = \dfrac{2\sin^2(\varphi/2)}{\cos\varphi - 1}(\cos(\pi/36 + \varphi), \sin(\pi/36 + \varphi)) \end{cases}$$

$$\tag{4.105}$$

使用刚推导得到的 $\boldsymbol{p}_1$ 与 $\boldsymbol{p}_2$ 的结果,被镜面反射的光线的光学扩展量就可以用式(4.101)表达为

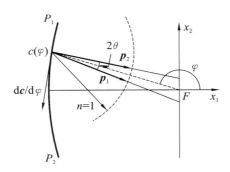

图 4.72　在抛物镜面上反射后的辐射，半角为 θ

$$U = 0.348\ 623 \int_{\pi-\varphi}^{\pi+\varphi} \frac{1}{1-\cos\varphi} d\varphi = 0.186\ 826 \qquad (4.106)$$

得到的光学扩展量与前面计算的结果一样。也就是说，光线在到达抛物面前、到达抛物面上，以及反射后的光学扩展量都一样。

参 考 文 献

［1］Nicodemus，F. E. ，Radiance，*Am . J . Phys .*，31，368，1963.

［2］Boyd，R. W. ，*Radiometry and the Detection of Optical Radiation*，John Wiley & Sons，New York，1983.

［3］McCluney，W. R. ，*Introduction to Radiometry and Photometry*，Artech House，Boston，1994.

［4］Siegel，R. ，Howell，J. R. ，*Thermal Radiation Heat Transfer*，McGraw-Hill Book Company，New York，1972.

［5］Sparrow，E. M. and Cess，R. D. ，*Radiation Heat Transfer—Augmented edition*，Hemisphere Publishing Corporation，Washington，London；McGraw-Hill Book Company，New York，1978.

［6］Rabl，A. ，Comparison of solar concentrators，*Sol . Energy*，18，93，1976.

［7］Çengel，Y. A. and Boles，M. A. ，*Thermodynamics—An Engineering Approach*，McGraw-Hill Book Company，New York，1989.

［8］Fermi，E. ，*Thermodynamics*，Dover Publications，Inc，New York，1936.

［9］Ichimura，H. ，Usui，T. ，and Hashitsume，N. ，*Thermodynamics*，*An Advanced Course with Problems and Solutions*，North-Holland Publishing Company，Amsterdam，John Wiley and Sons，Inc，New York，1968.

［10］Ries，H. ，Thermodynamic limitations of the concentration of electromagnetic radiation, *J. Opt. Soc. Am.*, 72, 380, 1982.

[11] Smestad, G. et al., The thermodynamic limits of light concentrators, *Sol. Energy Materials*, 21, 99, 1990.

[12] Welford, W. T. and Winston, R., *The Optics of Nonimaging Concentrators—Light and Solar Energy*, Academic Press, New York, 1978.

[13] Welford, W. T. and Winston, R., *High Collection Nonimaging Optics*, Academic Press, San Diego, 1989.

[14] Winston, R. and Welford, W. T., Two-dimensional concentrators for inhomogeneous media, *J. Opt. Soc. Am. A*, 68, 289, 1978.

[15] O'Gallagher, J., Winston, R., and Welford, W. T., Axially symmetrical nonimaging flux concentrators with the maximum theoretical concentration ratio, *J. Opt. Soc. Am.*, 4, 66, 1987.

[16] Winston, R. and Welford, W. T., Geometrical vector flux and some new nonimaging concentrators, *J. Opt. Soc. Am. A*, 69, 532, 1979.

[17] Feuermann, D. and Gordon, J. M., Optical performance of axisymmetric edgeray concentrators and illuminators, *Appl. Opt.*, 37, 1905, 1998.

[18] Winston, R., Principles of solar concentrators of a novel design, *Sol. Energy*, 16, 89, 1974.

[19] Gordon, J., *Solar Energy—The State of the Art*, *ISES Position Papers*, James & James Science Publishers Ltd, London, 2001.

[20] Pablo, B. et al., High performance Fresnel-based photovoltaic concentrator, *Opt. Express*, 18, S1, 2010.

[21] Koshel, R. J., *Illumination Engineering: Design with Nonimaging Optics*, Wiley-IEEE Press, Piscataway, New Jersey, 2013.

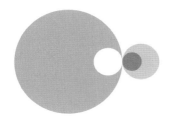

第 5 章
矢通量

5.1　简介

　　从前文可知,利用朗伯光源的流线可以得到理想喇叭形集中器。不同形状的朗伯光源会产生不同形状的流线,所以可以获得形状不同的理想集中器。现在来考虑一些由朗伯光源的流线产生的非成像光学组件的简单例子。

　　太阳是产生均匀照明的典型光源。太阳光线射向四面八方,当光线投向地球时,被限制在一个小角度 $\pm \alpha$ 之内,因此,看起来它就像是在一个角度为 2α 的光锥之内,如图 5.1 所示。

　　垂直于太阳光线放置一个平面,则在上面的所有点会被角度为 2α 的光锥照明。例如,平面上的点 P_1 的辐射被限制在边缘光线 r_U 与 r_L 之间,如图 5.2 所示。

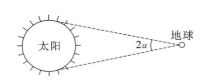

图 5.1　当太阳光线投向地球时,发散角限制在 $\pm \alpha$ 之间,因此其总孔径角为 2α

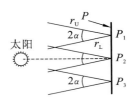

图 5.2　平面 P 与太阳光线方向垂直,在它上面看到的入射光线被限制在 2α 的角度内。在点 P_1 上的光线被限制在边缘光线 r_U 与 r_L 之间。平面上的其他点与此类似

假设有一个薄的双面反射镜 M，它放在与平面 P 垂直的方向上，如图 5.3 所示。在光线 r_{L1} 与 r_{L2} 之间的光线会被反射镜挡住。若无此反射镜，这些光线会投射在 P_1 上。

但是，该反射镜也同时将限制在 r_{U1} 与 r_{U2} 之间的光线镜像并往 P_1 传播，因此，反射镜并不改变投射在 P_1 上的辐射。因为它虽然挡住了光线往某一方向的传播，但同时产生了对应的反射光线。同样的过程可以用在平面的其他点上。

如果放置两个上述的反射镜，如图 5.4 所示，它便是一个可以接收半角为 α 的辐射的非成像光学组件，并以同样的角度与面积发出光线，也就是一个由反射镜 M_1 与 M_2 定义的光导。

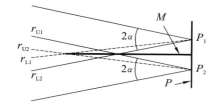 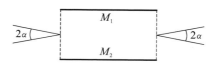

图 5.3　与平面 P 垂直的反射镜平分入　图 5.4　两块平行反射镜可被用作非成像光学
　　　　射光线的边缘光线　　　　　　　　　　组件。它接收入射辐射光线的半角是
　　　　　　　　　　　　　　　　　　　　　　2α，对出射辐射光线有同样的特性

作为另外一个例子，考虑图 5.5 所示的二维圆形朗伯辐射源 S_R。穿过任意点 P 的辐射光线被限制在与光源相切的两条边缘光线之间。平分边缘光线的反射镜 M 与光源垂直。

根据前面的讨论，反射镜不会改变光源 S_R 的辐射场。接着，可以沿光源的半径方向放置两个与光源相接的平面镜，如图 5.6 所示。这些反射镜也不会改变光源的辐射场。在圆弧 a_1，光源产生孔径角为 2θ 的辐射场。这些反射镜虽然不会改变辐射场，但是现在 a_1 所接收的辐射是来自光源的 a_2 部分，因为其余的部分被反射镜挡住了，所以现在可以把在反射镜外面的光源部分去掉，只保留反射镜之间的 a_2 部分。在 M_1 与 M_2 的帮助下，现在圆弧光源 a_2 在 a_1 上就可以产生一个孔径角为 2θ 的均匀辐射场。

如果把辐射反向，M_1 与 M_2 就形成了一个集中器，其入光孔（a_1）为圆弧形，接收角为 2θ，接收器（a_2）也是圆弧形。因为在 a_2 的辐射是朗伯型的（辐射孔径角为 $\pm \pi/2$），所以这是一个理想集中器，其聚光比为最大值。

图 5.6 所示的集中器是利用光源 S_R 的辐射场定义的两条流线而得到的（流线在每一点上平分边缘光线）。如果采用其他的流线（从 S_R 发出的径向直线）就可以得到不同大小的集中器；如果选择不同的流线高度，就可以得到不

同接收角的集中器。

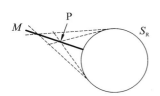

图 5.5　与圆形光源垂直的平面反
　　　　射镜在空间中平分边缘
　　　　光线

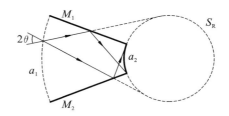

图 5.6　反射镜 M_1 与 M_2 把朝 S_R 传播的光束
　　　　会聚到 a_2 上，该光束被限制在 2θ 内，
　　　　其平分线垂直于 a_1

光学扩展量在流线之间守恒（见图 5.7(a)）。

被局限在沿流线放置的 M_1 和 M_2 之间的辐射，因为拥有 $\pm\pi/2$ 的孔径角，其光学扩展量可以写成 $U = 2a_2$，这与在圆弧 a_3（$U = 2a_3\sin\alpha = 2a_2$）及圆弧 a_1（$U = 2a_1\sin\theta = 2a_2$）上的值相等。从图 5.7(b) 得到

$$a_2 = R\varphi , a_1 = D\varphi$$

其中，R 是 S_R 的半径，D 是从光源中心到 a_1 的距离。所以，$a_2/a_1 = R/D = \sin\theta$。

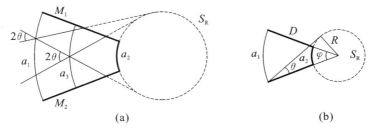

图 5.7　(a) 光学扩展量 U 在流线 M_1 与 M_2 之间守恒；(b) 守恒性质也可以从下列关系
　　　　式看到：$U = 2a_2 = 2a_3\sin\alpha = 2a_1\sin\theta$

现在考虑在流线 M_1 上的点 P_1，以及在流线 M_2 上的点 P_2，在没有放置反射镜，且 P_1 与 P_2 分别可以在 M_1 与 M_2 上移动的情况下，如果考虑整个光源，那么通过 P_1 与 P_2 之间的辐射的光学扩展量为常数。如果 M_1 与 M_2 是反射镜，那么当光线在它们之间传播时，辐射的光学扩展量守恒。

如果只考虑在 a_1 与 a_3 之间的反射镜 M_1 与 M_2，就得到一个角度转换器，其入射孔径（a_1）为圆弧形，接收角为 2θ，出射孔径（a_3）也是圆弧形，出光角为 2α。此光学组件令光学扩展量守恒，即 $2a_1\sin\theta = 2a_3\sin\alpha$。

边缘光线之间的角度，及其平分线的方向可以用来决定一个矢量的大小

与方向,此矢量称为矢通量(vector flux)J。在平面的每一点上,它指向边缘光线的平分线的方向(与前面提到的反射镜 M_1、M_2 一样),它的标量大小是

$$\parallel J \parallel = 2n\sin$$

2θ 是边缘光线之间的夹角(见图 5.7 中的孔径 a_1),该点的折射率为 n。在图 5.8 中,光源 S 发出的光线在通过点 P 时,其边缘光线 r_1 与 r_2 成 2θ 的夹角,在点 P 上的矢通量 J 的方向与 r_1、r_2 的平分线相同,大小为 $2n\sin\theta$,n 是点 P 的折射率。

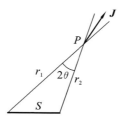

图 5.8　矢通量的方向与空间中边缘光线的平分线方向相同,其大小是折射率与边缘光线角度的函数。从光源 S 发出的辐射的边缘光线(r_1 与 r_2)定义了在点 P 上的矢通量 J

矢通量与流线指向同一方向。如果流线是直线,矢通量的方向与之一致。如果流线是曲线,矢通量与之相切。

5.2　矢通量的定义

考虑表面 $\mathrm{d}A$ 位于折射率为 n 的介质中,通过该表面而落在立体角 $\mathrm{d}\Omega$ 内的能量通量 $\mathrm{d}\Phi$ 可以写成

$$\mathrm{d}\Phi = L^*\mathrm{d}U = L^*n^2\mathrm{d}A\cos\theta\mathrm{d}\Omega \tag{5.1}$$

其中,$\mathrm{d}U$ 是辐射的光学扩展量;$L^* = L/n^2$ 是基本辐射亮度(或亮度学的基本亮度,L_v^*);角度 θ 是方向 t(由立体角 $\mathrm{d}\Omega$ 定义)与 $\mathrm{d}A$ 法线 n 的夹角,如图 5.9 所示。

如果 n 与 t 同为单位矢量,那么 $\parallel t \parallel = \parallel n \parallel = 1$,而且它们的点积可以写成

$$t \cdot n = \parallel t \parallel \parallel n \parallel \cos\theta = \cos\theta \tag{5.2}$$

因此,式(5.1)可以写成

$$\mathrm{d}\Phi = t \cdot nL^*n^2\mathrm{d}A\mathrm{d}\Omega \tag{5.3}$$

现在考虑图 5.10 所示的另外一种情况,仍然有一个法线为 n 的面积 $\mathrm{d}A$,但这时光线从两个方向(t_X 与 t_Y)穿过 $\mathrm{d}A$。对从 t_X 方向入射,在立体角 $\mathrm{d}\Omega_X$ 内穿过 $\mathrm{d}A$ 的光线,有 $t_X \cdot n > 0$,也就是 $\mathrm{d}\Phi > 0$。另一方面,对从 t_Y 方向入射,在立体

角 $\mathrm{d}\Omega_Y$ 内穿过 $\mathrm{d}A$ 的光线,有 $t_Y \cdot n < 0$,因此 $\mathrm{d}\Phi < 0$。

下面计算在单位时间内通过面积 $\mathrm{d}A$ 的总能量。可以利用式(5.1)对立体角积分来计算该物理量

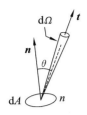

图 5.9　辐射穿过垂直于矢量 n 的面积 $\mathrm{d}A$ 后,沿矢量 t 的方向在立体角 $\mathrm{d}\Omega$ 内传播

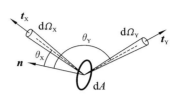

图 5.10　沿方向 t_X 穿过 $\mathrm{d}A$ 的光通量为正值,因为 $t_X \cdot n > 0$,但是沿方向 t_Y 穿过 $\mathrm{d}A$ 的光通量为负值,因为 $t_Y \cdot n < 0$

$$\mathrm{d}\Phi = \mathrm{d}A \int L^* n^2 \cos\theta \mathrm{d}\Omega \tag{5.4}$$

在式(5.4)中,$\mathrm{d}\Phi$ 是一个一阶微分,因为它正比于 $\mathrm{d}A$。而在式(5.1)中,$\mathrm{d}\Phi$ 是一个二阶微分,因为它正比于 $\mathrm{d}A$ 与 $\mathrm{d}\Omega$ 的乘积。

如果在 $\mathrm{d}A$ 上的辐射分布是朗伯型的(各向同性及漫射的),那么 L 与 L^* 就与方向无关[1,2],从而可以将其提取到积分外面而得到

$$\mathrm{d}\Phi = L^* \mathrm{d}A \int n^2 \cos\theta \mathrm{d}\Omega \tag{5.5}$$

其中,积分是对所有光强不为 0 的方向进行的。接下来定义

$$J_N = \frac{\mathrm{d}\Phi}{L^* \mathrm{d}A} \tag{5.6}$$

可以看到,对每一单位基本辐射亮度,在单位时间内通过 $\mathrm{d}A$ 的辐射能正比于以下积分

$$J_N = \int n^2 \cos\theta \mathrm{d}\Omega = \int n^2 t \cdot n \mathrm{d}\Omega \tag{5.7}$$

令 $n = (\cos\gamma_1, \cos\gamma_2, \cos\gamma_3)$,其中 γ_1、γ_2、γ_3 是矢量 n 分别与轴 x_1、x_2 及 x_3 所成的夹角。同样,可以令 $t = (\cos\theta_1, \cos\theta_2, \cos\theta_3)$,其中 θ_1、θ_2、θ_3 是矢量 t 分别与轴 x_1、x_2 及 x_3 所成的夹角。可以得到

$$\begin{aligned} t \cdot n &= (\cos\theta_1, \cos\theta_2, \cos\theta_3) \cdot (\cos\gamma_1, \cos\gamma_2, \cos\gamma_3) \\ &= (\cos\theta_1 \cos\gamma_1, \cos\theta_2 \cos\gamma_2, \cos\theta_3 \cos\gamma_3) \end{aligned} \tag{5.8}$$

式(5.7)的积分就可以被写成[3]

$$J_N = \int n^2 (\cos\theta_1 \cos\gamma_1 + \cos\theta_2 \cos\gamma_2 + \cos\theta_3 \cos\gamma_3) \mathrm{d}\Omega \tag{5.9}$$

然后再写成

$$J_{\mathrm{N}} = \cos\gamma_1 \int n^2 \cos\theta_1 \, \mathrm{d}\Omega + \cos\gamma_2 \int n^2 \cos\theta_2 \, \mathrm{d}\Omega + \cos\gamma_3 \int n^2 \cos\theta_3 \, \mathrm{d}\Omega \quad (5.10)$$

也就是

$$J_{\mathrm{N}} = \left(\int n^2 \cos\theta_1 \, \mathrm{d}\Omega , \int n^2 \cos\theta_2 \, \mathrm{d}\Omega , \int n^2 \cos\theta_3 \, \mathrm{d}\Omega \right) \cdot (\cos\gamma_1 , \cos\gamma_2 , \cos\gamma_3)$$

$$(5.11)$$

或写成

$$J_{\mathrm{N}} = \boldsymbol{J} \cdot \boldsymbol{n} \quad (5.12)$$

矢量 $\boldsymbol{J}$ 称为矢通量或光矢量(light vector)[4]

$$\boldsymbol{J} = \left(\int n^2 \cos\theta_1 \, \mathrm{d}\Omega , \int n^2 \cos\theta_2 \, \mathrm{d}\Omega , \int n^2 \cos\theta_3 \, \mathrm{d}\Omega \right) \quad (5.13)$$

利用式(5.6)就可以得到在面积 $\mathrm{d}A$(法线为 $\boldsymbol{n}$)上通过单位面积内的光通量

$$\frac{\mathrm{d}\Phi}{\mathrm{d}A} = L^* \boldsymbol{J} \cdot \boldsymbol{n} \quad (5.14)$$

可以看到,在 $\boldsymbol{J}$ 的方向上,单位面积内的光通量达到最大。矢通量与光学扩展量也相关。利用式(5.14)与 $\mathrm{d}\Phi = L^* \, \mathrm{d}U$,就可以得到

$$\frac{\mathrm{d}U}{\mathrm{d}A} = \boldsymbol{J} \cdot \boldsymbol{n} \quad (5.15)$$

如果光学系统内的辐射源于朗伯光源(L^* 与方向无关),$\boldsymbol{J}$ 就是在每一点上单位面积之内的光学扩展量的一个量度[5]。

由式(5.12)可以看到 J_{N} 正是矢量 $\boldsymbol{J}$ 在表面 $\mathrm{d}A$ 法线上的投影,法线矢量为 $\boldsymbol{n} = (\cos\gamma_1 , \cos\gamma_2 , \cos\gamma_3)$。

从式(4.19)看到 $n^2 \cos\theta_3 \, \mathrm{d}\Omega = \mathrm{d}p_1 \mathrm{d}p_2$,类似地,$n^2 \cos\theta_1 \, \mathrm{d}\Omega = \mathrm{d}p_2 \mathrm{d}p_3$,$n^2 \cos\theta_2 \, \mathrm{d}\Omega = \mathrm{d}p_1 \mathrm{d}p_3$。于是可以把式(5.13)的矢量 $\boldsymbol{J}$ 写成

$$\boldsymbol{J} = \left(\int \mathrm{d}p_2 \mathrm{d}p_3 , \int \mathrm{d}p_1 \mathrm{d}p_3 , \int \mathrm{d}p_1 \mathrm{d}p_2 \right) \quad (5.16)$$

对于二维系统,光通量、基本辐射亮度及光学扩展量之间的关系可以通过式(5.1)的二维形式写成

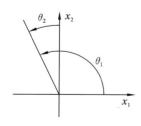

图 5.11 光线与轴 x_1 及 x_2 的
夹角分别为 θ_1 与 θ_2

$$\mathrm{d}\Phi = L^* \, \mathrm{d}U = L^* n \mathrm{d}a \cos\theta \mathrm{d}\theta \quad (5.17)$$

其中,$L^* = L/n$。在二维系统中可以得到与式(5.13)对应的表达式

$$\boldsymbol{J} = \left(\int n\cos\theta_1 \, \mathrm{d}\theta_1 , \int n\cos\theta_2 \, \mathrm{d}\theta_2 \right) \quad (5.18)$$

图 5.11 所示的为光线与轴 x_1 及 x_2 的夹角。

由图 5.11 可以看到 $\theta_1 = \theta_2 + \pi/2$,所以,$\sin\theta_1 = \cos\theta_2$,$\sin\theta_2 = -\cos\theta_1$。因此式(5.18)就

可以写成

$$\boldsymbol{J} = \left(\int n\mathrm{d}(\sin\theta_1), \int n\mathrm{d}(\sin\theta_2) \right) = \left(\int n\mathrm{d}(\cos\theta_2), -\int n\mathrm{d}(\cos\theta_1) \right) \quad (5.19)$$

因此

$$\boldsymbol{J} = \left(\int \mathrm{d}p_2, -\int \mathrm{d}p_1 \right) \quad (5.20)$$

对平面上的每一点,我们都可以定义一个矢通量,即在整个平面上可以定义一个矢量场,如图 5.12 所示。

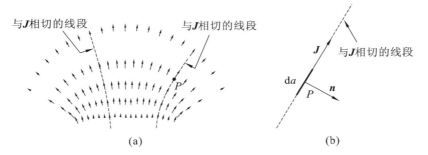

图 5.12　(a) 平面上的矢通量场;(b) 在切点上穿过与 $\boldsymbol{J}$ 相切的微小线段的净通量为 0

现在考虑在不同点上与 $\boldsymbol{J}$ 相切的线段(见图 5.12(a)),以及在线段上的一点 P(见图 5.12(b)),通过线上长度 $\mathrm{d}a$ 的净通量可以用式(5.14)的二维表达式写成

$$\mathrm{d}\varPhi = \mathrm{d}aL^*\boldsymbol{J} \cdot \boldsymbol{n} \quad (5.21)$$

但是因为线段与 $\boldsymbol{J}$ 相切,$\mathrm{d}a$ 的法线 $\boldsymbol{n}$ 垂直于 $\boldsymbol{J}$,所以 $\boldsymbol{J} \cdot \boldsymbol{n} = 0$,即通过 $\mathrm{d}a$ 的净通量为 0。这时,从左边穿过 $\mathrm{d}a$ 的通量与从右边穿过的互相抵消,从而令通过 $\mathrm{d}a$ 的净通量为 0。所以,在这样的两条线段间光通量守恒(见图 5.12(a))。因为基本辐射亮度在光学系统中也守恒,利用式(5.1)就可以得到如下结论:光学扩展量在这样两条线段间也守恒。在前面我们已经知道光学扩展量在流线间守恒,所以与 $\boldsymbol{J}$ 相切的线段便是流线。

在三维系统中,这些线段变成表面,而光通量在这些表面内守恒。这些表面称为光通管(tubes of flux)[4]。

5.3　矢通量作为边缘光线的平分线

考虑空间中的某一点 P,现在将矢通量 $\boldsymbol{J}$ 的方向及大小表达为通过点 P 边缘光线的方向的函数。首先假设点 P 是在一个平面上,所有通过这一点的辐射

被限制在光线 r_A 与 r_B 之间,如图 5.13 所示。

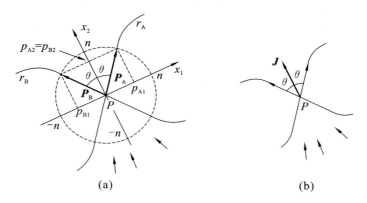

图 5.13　(a) 当通过点 P 的所有辐射被限制在边缘光线 r_A 与 r_B 之间,点 P 上的矢通量指
　　　　向 r_A 与 r_B 的平分线;(b) J 的大小为 $\| J \| = 2n\sin\theta$,其中 2θ 是边缘光线之间的
　　　　夹角

现在考虑一个局部坐标系,其 x_2 轴平分边缘光线 r_A 与 r_B。然后计算 J

$$J = \left(\int_A^B \mathrm{d}p_2 , -\int_A^B \mathrm{d}p_1 \right) = (p_{B2} - p_{A2} , -(p_{B1} - p_{A1})) \tag{5.22}$$

因为 $p_{A1} = n, p_{B1} = -p_{-A1}$,所以

$$J = (0, -n(-\sin\theta - \sin\theta)) = (0, 2n\sin\theta) \tag{5.23}$$

从而得出, J 指向边缘光线的平分线,大小为 $\| J \| = 2n\sin\theta$。在前面讨论过与
J 相切的线段是流线,因为这些线段也平分辐射场的边缘光线。现在的结果与
前面的讨论吻合。

也可以看出,在折射率为 $n(x_1, x_2)$ 的介质中,边缘光线的光路由矢通量 J
指定。事实上, J 的大小决定了在每一点上边缘光线之间的角度,而它的方向决
定了边缘光线相对于坐标系的方位。

5.4　矢通量与光学扩展量

由前文可知,矢通量平分边缘光线,现在可以用前面得到的结果来考虑矢
通量与光学扩展量之间的关系。

对于二维系统,可以用沿平面上曲线 $c(\sigma)$ 的一段长度 $\mathrm{d}c$ 来取代式(5.15)
中的面积 $\mathrm{d}A$,所以式(5.15)就可以写成

$$\mathrm{d}U = \mathrm{d}c J \cdot n = J \cdot (\mathrm{d}c n) = J \cdot \mathrm{d}c_N \tag{5.24}$$

其中, $\mathrm{d}c_N$ 的大小是 $\mathrm{d}c(\| \mathrm{d}c_N \| = \mathrm{d}c)$ 且垂直于曲线 $c(\sigma)$(该曲线的光学扩展

量正是想要计算的)。

考虑下面的一个特例,取无穷小长度 $\mathrm{d}x_1$ 在 x_1 轴上,其法线是 $(0,1)$,定义 $\mathrm{d}\boldsymbol{x}_1 = (0, \mathrm{d}x_1)$,如果 $\boldsymbol{J} = (J_1, J_2)$,从式 (5.24) 可以得到 $\mathrm{d}U = \boldsymbol{J} \cdot \mathrm{d}\boldsymbol{x}_1 = J_2 \mathrm{d}x_1$。现在假设 $\mathrm{d}x_1$ 在折射率为 n 的介质中,辐射的半角大小是 θ,与水平方向的夹角为 φ,如图 5.14 所示。

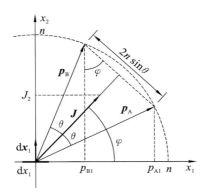

图 5.14 半角为 θ,与水平方向的夹角为 φ 的辐射穿过面积 $\mathrm{d}x_1$,其光学扩展量可以写成 $\mathrm{d}U = J_2 \mathrm{d}x_1$,其中 J_2 是矢通量的 x_2 分量

因为 $J_2 = \| \boldsymbol{J} \| \sin\varphi$,因此 $J_2 = 2n\sin\theta\sin\varphi$,而且

$$\mathrm{d}U = 2n\sin\theta\sin\varphi\mathrm{d}x_1 \tag{5.25}$$

由式 (5.20) 得到

$$J_2 = -\int_A^B \mathrm{d}p_1 = p_{A1} - p_{B1} \tag{5.26}$$

光学扩展量的表达式也可写为 $\mathrm{d}U = (p_{A1} - p_{B1})\mathrm{d}x_1$。图 5.14 说明了此式与式 (5.25) 对等。

现在考虑光通过曲线 $c(\sigma)$ 的一般情况。从式 (5.24) 可得

$$U = \int_c \boldsymbol{J} \cdot \mathrm{d}\boldsymbol{c}_N \tag{5.27}$$

如果曲线开始于点 P_1 且终止于点 P_2,那么由第 4 章可知光学扩展量 $U = 2(G(P_2) - G(P_1))$。

再来考虑通过点 P_1 与 P_2($P_2 = P_1 + (\mathrm{d}x_1, \mathrm{d}x_2)$,见图 5.15)之间的辐射的光学扩展量。

由式 $(4.46)\mathrm{d}U = 2\mathrm{d}G$,有

$$\mathrm{d}U = \boldsymbol{J} \cdot \mathrm{d}\boldsymbol{c}_N = \boldsymbol{J} \cdot (-\mathrm{d}x_2, \mathrm{d}x_1) = 2\mathrm{d}G \tag{5.28}$$

其中,$(-\mathrm{d}x_2, \mathrm{d}x_1)$ 是垂直于 $(\mathrm{d}x_1, \mathrm{d}x_2)$ 的矢量。所以

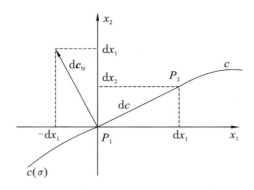

图 5.15　连接点 P_1 与 P_2 的线段 $\mathrm{d}c$ 及其法线 $\mathrm{d}c_\mathrm{N}$

$$-J_1\,\mathrm{d}x_2 + J_2\,\mathrm{d}x_1 = 2\left(\frac{\partial G}{\partial x_1}\,\mathrm{d}x_1 + \frac{\partial G}{\partial x_2}\,\mathrm{d}x_2\right) \tag{5.29}$$

因此

$$\left(2\frac{\partial G}{\partial x_2} + J_1\right)\mathrm{d}x_2 + \left(2\frac{\partial G}{\partial x_1} - J_2\right)\mathrm{d}x_1 = 0 \tag{5.30}$$

因为该式需要对所有 $\mathrm{d}x_1$ 与 $\mathrm{d}x_2$ 成立,必须有

$$J_1 = -2\frac{\partial G}{\partial x_2} \tag{5.31}$$

以及

$$J_2 = 2\frac{\partial G}{\partial x_1} \tag{5.32}$$

或者[6]

$$\boldsymbol{J} = 2\left\{-\frac{\partial G}{\partial x_2}, \frac{\partial G}{\partial x_1}\right\} \tag{5.33}$$

在空间中与矢通量 $\boldsymbol{J}$ 相切的线段称为矢通量的流线(line of flow)。由式(5.33)有 $\pm(-\partial G/\partial x_2, \partial G/\partial x_1) \cdot (\partial G/\partial x_1, \partial G/\partial x_2) = 0$,因此,$\boldsymbol{J} \cdot \nabla G = 0$。可以得到以下结论:矢通量 $\boldsymbol{J}$ 与线段 $G =$ 常数相切。因此,矢通量流线与线段 $G =$ 常数(也就是流线)重合。

矢通量流线不能互相交叉。如果它们交叉,就表示在某一点上可以有两个方向各异的矢通量,这是不可能的。因为在任何点上,矢通量的值必须是唯一的:在三维空间中由式(5.13)决定,在二维空间中由式(5.18)决定。

在没有源或衰减的区域中,矢通量 $\boldsymbol{J}$ 的散度可以写成[4]

$$\nabla \cdot \boldsymbol{J} = \frac{\partial J_1}{\partial x_1} + \frac{\partial J_2}{\partial x_2} = 2\left(-\frac{\partial G}{\partial x_1 \partial x_2} + \frac{\partial G}{\partial x_2 \partial x_1}\right) = 0 \tag{5.34}$$

5.5　圆盘形朗伯光源的矢通量

接下来讨论怎样计算朗伯光源的矢通量。考虑两个例子，在二维空间中的线性光源，以及在三维空间中的圆盘形光源。

首先考虑一个从点 F_1 延伸到点 F_2 的二维线性光源。在点 P 上，从该光源发出的辐射被限制在两条边缘光线（r_A 与 r_B）之间，如图 5.16(a) 所示。该系统关于 x_2 轴对称。

因为点 P 的辐射限制在边缘光线 r_A 与 r_B 之间，矢量 $\boldsymbol{J}$ 可以由下式得到（见图 5.16(b)）

$$\boldsymbol{J} = \left(\int_{p_A}^{p_B} \mathrm{d}p_2, -\int_{p_A}^{p_B} \mathrm{d}p_1 \right) = (\Delta p_2, -\Delta p_1) = (p_{B2} - p_{A2}, -(p_{B1} - p_{A1})) \tag{5.35}$$

如图 5.16(c) 所示，该矢量 $\boldsymbol{J}$ 与矢量 $\Delta\boldsymbol{p}$（见式(5.36)）垂直且大小相等。

$$\Delta\boldsymbol{p} = (\Delta p_1, \Delta p_2) = (p_{B1} - p_{A1}, p_{B2} - p_{A2}) = \boldsymbol{p}_B - \boldsymbol{p}_A \tag{5.36}$$

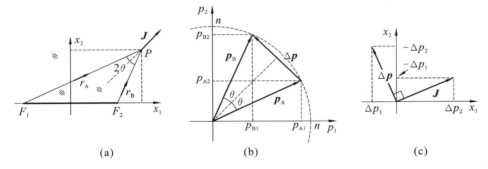

$$
\begin{array}{ccc}
\text{(a)} & \text{(b)} & \text{(c)}
\end{array}
$$

图 5.16　(a) 线性朗伯光源（从 F_1 延伸到 F_2）在点 P 产生的矢通量 $\boldsymbol{J}$ 的大小是 $\|\boldsymbol{J}\| = 2n\sin\theta$，其方向平分点 P 与光源端点（F_1 与 F_2）的夹角 2θ；(b) 矢量 $\Delta\boldsymbol{p} = \boldsymbol{p}_B - \boldsymbol{p}_A$；(c) 矢通量与矢量 $\Delta\boldsymbol{p}$ 大小相等且互相垂直

矢量 $\Delta\boldsymbol{p}$ 也可以写成

$$\Delta\boldsymbol{p} = \left(\int_{p_A}^{p_B} \mathrm{d}p_1, \int_{p_A}^{p_B} \mathrm{d}p_2 \right) \tag{5.37}$$

由图 5.16(b) 可以看到

$$\|\Delta\boldsymbol{p}\| = 2n\sin\theta \tag{5.38}$$

因此

$$\|\boldsymbol{J}\| = 2n\sin\theta \tag{5.39}$$

因为 J 垂直于 Δp，所以它指向 p_A 与 p_B 平分线的方向。

点 P 的矢通量指向朗伯光源 $F_1 F_2$ 的边缘光线（r_A 与 r_B）的平分线，如图 5.17(a) 所示。因此，矢通量（J）的流线（与 J 在空间中相切的线段）乃是以 F_1 与 F_2 为焦点的双曲线[5,7,8]。如图 5.17(b) 所示，这些线段在平面的任意点上皆平分光源（$F_1 F_2$）的边缘光线（也就是说，在平面的任意点上，它们平分了从光源的端点 F_1 与 F_2 发出的光线）。

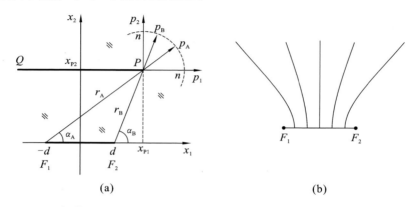

(a)   (b)

图 5.17 (a) 朗伯光源 $F_1 F_2$ 在点 P 产生的矢通量 J 指向光源的边缘光线（r_A 与 r_B）的平分线，这些边缘光线在穿过点 P 时的动量为 p_A 与 p_B；(b) 几何矢通量 J 的流线是以 F_1 与 F_2 为焦点的双曲线

现在考虑从光源 $F_1 F_2$ 到线段 QP 的光学扩展量（Q、P 互为对称），如图 5.17(a) 所示。如果 $P = (x_{p1}, x_{p2})$，那么 $Q = (-x_{p1}, x_{p2})$，而且从 $F_1 F_2$ 到 QP 的光学扩展量是 $U(Q, P)$。这时，由式 (4.50) 可以得到 $U = 4G$，而由式 (5.33) 可以得到点 P 的矢通量 J 的表达式

$$J = \frac{1}{2} \left\{ -\frac{\partial U}{\partial x_2}, \frac{\partial U}{\partial x_1} \right\} \tag{5.40}$$

从光源 $F_1 F_2$ 到线段 QP（Q、P 关于 x_2 轴对称）的光学扩展量可以写成

$$U = 2n([P, F_1] - [P, F_2]) \tag{5.41}$$

其中，$[X, Y]$ 是点 X、Y 之间的距离。如果 $P = (x_{p1}, x_{p2})$，$F_1 = (-d, 0)$，$F_2 = (d, 0)$，则可以得到 $P - F_1 = (x_{p1} + d, x_{p2})$，$P - F_2 = (x_{p1} - d, x_{p2})$。所以

$$U = 2n \left(\sqrt{(x_{p1} + d)^2 + x_{p2}^2} - \sqrt{(x_{p1} - d)^2 + x_{p2}^2} \right) \tag{5.42}$$

因为该光学系统关于 x_2 轴对称。利用式 (5.40) 及式 (5.42) 来计算 U 的导数，便可以得到 J 的分量

$$\begin{cases} J_1 = n\left(\dfrac{x_{p2}}{\sqrt{(x_{p1} - d)^2 + x_{p2}^2}} - \dfrac{x_{p2}}{\sqrt{(x_{p1} + d)^2 + x_{p2}^2}} \right) = n\left(\dfrac{x_{p2}}{[P, F_2]} - \dfrac{x_{p2}}{[P, F_1]} \right) \\ J_2 = n\left(\dfrac{x_{p1} + d}{\sqrt{(x_{p1} + d)^2 + x_{p2}^2}} - \dfrac{x_{p1} - d}{\sqrt{(x_{p1} - d)^2 + x_{p2}^2}} \right) = n\left(\dfrac{x_{p1} + d}{[P, F_1]} - \dfrac{x_{p1} - d}{[P, F_2]} \right) \end{cases}$$

$$(5.43)$$

或写成

$$\begin{cases} J_1 = n\sin\alpha_B - n\sin\alpha_A = p_{B2} - p_{A2} \\ J_2 = n\cos\alpha_A - n\cos\alpha_B = p_{A1} - p_{B1} \end{cases}$$

$$(5.44)$$

此结果与式(5.35)中得到的一样。利用式(5.41)的光学扩展量表达式,可以得到

$$U = \text{常数} \Rightarrow [P, F_1] - [P, F_2] = \text{常数} \tag{5.45}$$

即定义了以 F_1 及 F_2 为焦点的双曲线。若光学扩展量为常数,P 与 Q 所在的双曲线与矢通量流线对应。

现在将上述系统放在三维空间中(x_3 轴为转动对称轴),并计算从圆形光源 A_1 到距离 h 处的圆形表面(半径为 ρ)的光学扩展量,如图 5.18 所示。

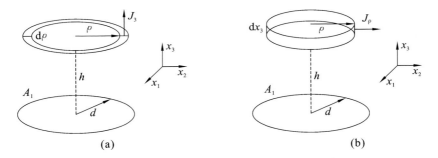

(a)   (b)

图 5.18　圆形光源 A_1 到圆形表面(半径为 ρ,距离为 h)的光学扩展量。ρ 与 h 坐标的变化对光学扩展量的影响可以用矢通量的 J_3 与 J_ρ 分量来表示。(a)ρ 的变化;(b)h 的变化

从图5.18(a)可以看到,径向方向(ρ)上的一个小变化($d\rho$),对应于一个半径为 ρ,宽度为 $d\rho$ 的环形带,其面积为 $dA = 2\pi\rho d\rho$。从式(5.15)得到

$$dU = 2\pi\rho d\rho J_3 \tag{5.46}$$

因此

$$J_3 = \frac{1}{2\pi\rho} \frac{\partial U}{\partial \rho} \tag{5.47}$$

如果光源 A_1 与表面(半径为 ρ)之间的距离改变了 dh(见图 5.18(b)),光学扩展量的变化可以写成

$$dU = -2\pi\rho d\rho J_\rho \qquad (5.48)$$

因此,

$$J_\rho = -\frac{1}{2\pi\rho}\frac{\partial U}{\partial h} \qquad (5.49)$$

值得注意的是,此时光学扩展量的变化为负值,因为新表面(半径为 ρ,距离变化为 dh)离光源更远,所以通过它的光学扩展量就更小。因为 $d\Phi = L^* dU$,也会导致光通量的减少。

在前面已经计算过从半径为 d 的光源 A_1,到半径为 ρ 放在距离 h 处的表面的光学扩展量,见式(4.91)

$$U = \frac{\pi^2}{4}\left(\sqrt{(\rho-d)^2+h^2}-\sqrt{(\rho+d)^2+h^2}\right)^2 \qquad (5.50)$$

那么 $\boldsymbol{J}$ 的分量就可以写成[8]

$$J_3 = \frac{1}{2\pi\rho}\frac{\partial U}{\partial \rho} = \frac{\pi}{2}\left(\frac{d^2-\rho^2-h^2}{\sqrt{(d^2+\rho^2+h^2)^2-4d^2\rho^2}}+1\right) \qquad (5.51)$$

和

$$J_\rho = -\frac{1}{2\pi\rho}\frac{\partial U}{\partial h} = \frac{\pi}{2}\frac{h}{\rho}\left(\frac{d^2+\rho^2+h^2}{\sqrt{(d^2+\rho^2+h^2)^2-4d^2\rho^2}}-1\right) \qquad (5.52)$$

5.6   用矢通量设计集中器

矢通量可以被用作设计理想集中器。在此设计方法中,应沿着矢通量 $\boldsymbol{J}$ 的流线(如前所述,即流线的方向)放置反射镜[7,8]。这些反射镜不会改变辐射的分布,因此也不会改变 $\boldsymbol{J}$ 的矢量场。

让我们将该结果应用到集中器的设计。如前文所述,对应于平面光源,使用该方法会得到一个喇叭形集中器,其反射镜为双曲线形状。也就是说,在此情况下不可能使用复合抛物面集中器,因为复合抛物面集中器包含两条抛物线,但是现在 $\boldsymbol{J}$ 的流线是双曲线形,所以复合抛物面集中器肯定会影响矢量场 $\boldsymbol{J}$。当双曲线的一个焦点被移到无穷远时,它就会变成抛物线。现在考虑图 5.17 的情况,如果固定 F_2,并让 F_1 沿线段 F_1F_2 移到无穷远,$\boldsymbol{J}$ 的流线就会变成抛物线。此时,朗伯光源就会变成一条直线光源,其起点为 F_2,并沿水平方向延伸到无穷远。对应的 $\boldsymbol{J}$ 的流线就会是抛物线(以 F_2 为焦点,水平轴为对称轴),如图 5.19 所示。矢通量 $\boldsymbol{J}$ 的方向依然指向光源边缘光线(r_A 与 r_B)的平分线。

现在可以把两条抛物线组合形成复合抛物面集中器,这两条抛物线分别由两条半无限长的直线来决定。因为复合抛物面集中器的每一条抛物线与垂

图 5.19   直线形光源从 F_2 延伸到无穷远。(a) 矢通量 J 指向光源边缘光线(r_A 与 r_B) 的平
            分线；(b) J 的流线是抛物线，其焦点为 F_2，轴与直线重合

直方向都有一定的夹角，所以这两条直线也必须与垂直方向成一定的夹角。
图 5.20 就显示了一个可能的情况，在这里有一个朗伯光源 $F_2F_1F_3$，其中点 F_2
与 F_3 在无穷远。

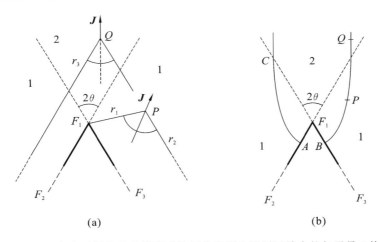

图 5.20   (a) 由两条半无限长的直线形成的朗伯光源在不同区域内的矢通量 J 的方向。这
            两条直线同样以 F_1 为起点，分别往无穷远的 F_2 与 F_3 延伸；(b) 在右边区域 1 内
            的流线是抛物线，其焦点是 F_1，轴线平行于 F_1F_3，区域 2 内的流线是垂线

在区域 1 与 2 里看到的光源形状会不一样，所以在这两个区域内矢量 J 会
以不同的方法计算。对右边区域 1 内的点 P 而言，它只看到光源 F_1F_3 的部分，
即可看到的光源端点是 F_1 与 F_3(F_3 是无穷远的一点)。因此，对右边区域 1 里
的点 P 而言，看到的边缘光线是 r_1 与 r_2，矢通量 J 指向 r_1 与 r_2 的平分线，而 J
的流线是抛物线（以 F_1 为焦点，轴线平行于 r_2），如图 5.20(a) 所示。在左边的
区域 1 看到的 J 会与之对称。区域 2 看到的是光源的 F_2F_3 部分，所以看到的光
源端点是 F_2 与 F_3。对区域 2 里的点 Q 而言，矢量 J 指向光源边缘光线 r_3 与 r_2

的平分线,因此,在该区域里 J 的流线是垂线。所以,由朗伯光源 $F_2F_1F_3$ 产生的 J 流线的形状就会如图 5.20(b) 所示。抛物反射镜 AC 与 BD 组成一个半接收角为 θ 的复合抛物面集中器,接收器 AF_1B 为倒转的 V 形。

如果把平面的朗伯光源 $F_2F_1F_3$ 的尖顶去掉,而以一条直线 AB 取代,就可以得到一个具有平顶接收器的复合抛物面集中器,如图 5.21 所示[7]。

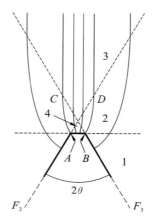

图 5.21 把图 5.20 中朗伯光源点 A 与 B 之间的尖顶切掉,所得到的矢通量 J 的流线样式便可以用来定义一个复合抛物面集中器,只要沿这些流线的 BD 及 AC 部分放置反射镜即可

同样,这里的空间也必须要被分成不同的区域来分析 J 的流线的形状。在区域 1 里,只能看到光源 BF_3 的部分(F_3 在无穷远处)。因此,J 的流线是抛物线(以 B 为焦点,轴线平行于 F_3B)。在区域 2 看到的光源是 ABF_3,在该区域里朗伯光源看起来就像是一条直线光源(起始于 A,平行于 BF_3)。所以,这里 J 的流线是抛物线(以 A 为焦点,轴线平行于 BF_3)。在区域 3 看到的朗伯光源是 F_2F_3(一个延伸到无穷远的 V 形光源),所以流线是垂线。最后,区域 4 里只看到平顶光源部分(AB),所以流线的形状是双曲线(焦点是 A 与 B)。在点 A、C 之间的矢通量 J 的流线,以及点 B、D 之间的流线一起形成了一个半接收角为 θ 的复合抛物面集中器,它把落在 CD 的辐射聚集到 AB 上。

在使用几何矢通量来设计其他非成像光学器件时,可能需要引进朗伯吸收体的概念。朗伯吸收体是被用作 J 的吸收器,正如朗伯辐射体是被用作 J 的源点。譬如,复合椭圆集中器就是这样的一个例子[9]。

5.7 例子

下面例子中用到的曲线及函数可以在第 21 章里找到。

例 5.1　一个从点 $A = (-0.5, 0)$ 到点 $B = (0.5, 0)$ 的线性朗伯光源对空气发出辐射,计算在点 $P = (0.5, 0.35)$ 处的矢通量。

线段 AP 与 BP 之间的夹角 (2θ) 可以写成(如图 5.22 所示)

$$\theta = \mathrm{ang}(A - P, B - P)/2 = 35.355°$$

因为在空气中折射率 $n = 1$,所以点 $P = (0.5, 0.35)$ 的矢通量为

$$\boldsymbol{J} = 2\sin\theta\,\mathrm{nrm}(\mathrm{nrm}(P - A) + \mathrm{nrm}(P - B)) = (0.669\,65, 0.943\,858)$$

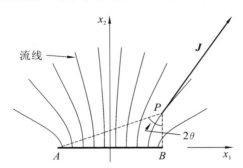

图 5.22　平面朗伯光源的流线,以及在点 P 的矢通量

例 5.2　计算在复合抛物面集中器内部点 $P = (1, 1.5)$ 的矢通量 $\boldsymbol{J}$。该复合抛物面集中器材料的折射率 $n = 1.5$,接收角 $\alpha = 30°$,以原点为中点的小孔径的长度为 2。

图 5.23 显示了在复合抛物面集中器内部的流线:在三角形 AIB 的区域内,它们是以 A、B 为焦点的双曲线;在右边的 DIB 区域内,它们是以 A 为焦点,轴线平行于 r_1 的抛物线;在上边的 CID 区域内,它们是垂线。所有流线关于 x_2 轴对称,x_2 垂直平分线段 AB 与 CD。

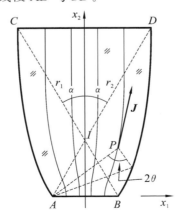

图 5.23　在复合抛物面集中器内的流线,及在点 P 的矢通量 $\boldsymbol{J}$

复合抛物面集中器的小孔径的端点是 $A = (-1,0)$ 与 $B = (1,0)$。在点 P 处，其中一条边缘光线的方向是 AP，而另外一条边缘光线平行于 r_1，也就是平行于方向 $(\cos(\pi/2 + \alpha), \sin(\pi/2 + \alpha)) = (-\sin\alpha, \cos\alpha)$。这两条边缘光线的夹角是 2θ，角度 θ 可以写成

$$\theta = \text{ang}(P - A, (-\sin\alpha, \cos\alpha))/2 = 41.56°$$

因该复合抛物面集中器材料的折射率 $n = 1.5$，所以矢量 $\boldsymbol{J}$ 可以写成

$$\boldsymbol{J} = 2n\sin\theta\,\text{nrm}(\text{nrm}(P - A) + (-\sin\alpha, \cos\alpha)) = (0.398\,825, 1.949\,84)$$

参 考 文 献

[1] Klein, M. V., Furtak, T. E., *Optics*, John Wiley & Sons, New York, 1986.

[2] Meyer-Arendt, J. R., *Introduction to Classical and Modern Optics*, Prentice-Hall, New Jersey, 1989.

[3] Chandrasekhar, S., *Radiative Transfer*, Dover Publications, Inc., New York, 1960.

[4] Gershun, A., The light field, *J. Math. Phys.* XVII, published by the Massachusetts Institute of Technology, 1938.

[5] Winston, R. and Welford, W. T., Geometrical vector flux and some new nonimaging concentrators, *J. Opt. Soc. Am. A*, 69, 532, 1979.

[6] Miñano, J. C., Two-dimensional nonimaging concentrators with inhomogeneous media: A new look, *J. Opt. Soc. Am. A*, 2, 11, 1826, 1985.

[7] Winston, R. and Welford, W. T., Ideal flux concentrators as shapes that do not disturb the geometrical vector flux field: A new derivation of the compound parabolic concentrator, *J. Opt. Soc. Am. A*, 69, 536, 1979.

[8] Welford, W. T. and Winston, R., *High Collection Nonimaging Optics*, Academic Press, San Diego, 1989.

[9] Greenman, P., Geometrical vector flux sinks and ideal flux concentrators, *J. Opt. Soc. Am.*, 71, 777, 1981.

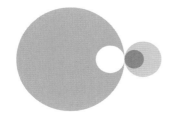

第6章
主组件与流线
次组件的结合

6.1　简介

热机从热源产生电能,且效率随热源温度增加而增加,因此如果想获得高效率,就需要温度高。太阳是一个洁净可再生能源,如果其辐射被高度集中就可以产生高热。另一种产生洁净电力的方法是使用太阳能电池。但是它们往往很昂贵,所以一种思路便是:以一个大尺寸的光学组件与一个小而高效且比较便宜的太阳能电池的组合来取代一个大尺寸的太阳能电池。此方案也需要对太阳能辐射有高聚光比的器件。刚刚提到的两个例子就是对小孔径角辐射(如太阳辐射)具有高聚光比的器件的应用。

非成像集中器(如复合抛物面集中器)可对二维辐射提供理想聚光比。但是,当接收角较小时,聚光比变得很高而不实用。成像光学组件(如透镜或抛物面反射镜)体型会比较小,但是它们不能像非成像光学组件一样提供高聚光比。所以可以在成像主组件(imaging primary)的焦点处放置一个可以增加聚光比的非成像次组件(nonimaging secondary),从而形成一个主次系统(primary-secondary system)。然后微调这些光学组件,譬如改变主组件的形状以增加效率或获得更小的尺寸。

图 6.1 显示了一个抛物面反射镜的几何形状[1,2]。该器件可以将投射在 P_1P_2 上,孔径角为 θ 的辐射集中在一个聚焦区域内。此区域的近似宽度为 $R=$

$2D\sin\theta/\cos\phi$，其中 D 是镜面焦点与端点 P_1 的距离。因为 $[P_1, P_2] = 2D\sin\phi$，其中 ϕ 是抛物面反射镜的边角，所以最大聚光比是

$$C = \frac{2D\sin\phi}{2D\sin\theta/\cos\phi} = \frac{1}{2}\frac{2\sin\phi\cos\phi}{\sin\theta} = \frac{1}{2}\frac{\sin(2\phi)}{\sin\theta} \tag{6.1}$$

当 $\phi = \pi/4$ 时，最大聚光比可以写成

$$C_{\max} = \frac{1}{2}\frac{1}{\sin\theta} \tag{6.2}$$

是理想聚光比最大值的一半。如果是三维的抛物面反射镜，则最大聚光比等于理想聚光比的 $1/4$。事实上，如果把接收器从焦平面稍微往抛物面反射镜挪动，抛物面反射镜所能达到的聚光比可以再高一点，但是改进的程度仍然是微不足道的，尤其是角度 θ 不大的情况。在 6.3 节，将会把一个抛物面反射镜与一个复合椭圆集中器次组件组合起来，并计算所能得到的最小光斑大小，然后就可以看到前述两种情况所得到的聚光比都会比理想最大值小很多。改用会聚透镜得到的结果也是类似的。

把抛物面反射镜与万花筒（kaleidoscope）次组件组合起来便能在接收器上产生均匀的光照度分布[3,4]。

对应于圆形接收器，抛物面主组件所能达到的聚光比也会小于理想最大值。图 6.2 显示了一个此类系统[5]，圆形接收器半径为 $R = D\sin\theta$，而最大聚光比是

$$C = \frac{2D\sin\phi}{2\pi D\sin\theta} = \frac{\sin\phi}{\pi\sin\theta} \tag{6.3}$$

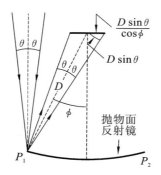

图 6.1　抛物面反射镜与平面接收器的组合不能达到最大聚光比

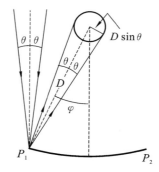

图 6.2　抛物面反射镜与圆形接收器的组合不能达到最大聚光比

当 $\phi = \pi/4$ 时，得到其最大值为

$$C_{\max} = \frac{1}{\pi\sin\theta} \tag{6.4}$$

是理想最大聚光比的 $1/\pi$。

6.2 修改接收器的形状

增加抛物面主组件聚光比的一个方法是:修改接收器的形状让其能更好地接收所有被镜面反射的边缘光线。在图 6.3 中显示了一束边缘光线,它往左倾斜了 θ 的角度,然后从抛物面反射镜反射。

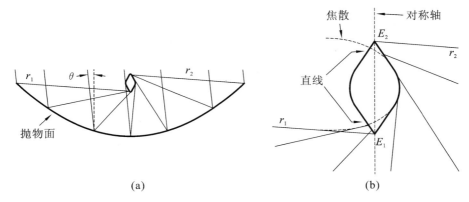

(a)   (b)

图 6.3　(a) 可以修改抛物面反射镜的接收器的形状,让它更吻合包络线的形状以增加聚光比;(b) 接收器的形状细节及边缘光线

接收器的端点(E_1 与 E_2)是在边缘光线(r_1 与 r_2)与抛物线对称轴的交点处。接下来设计两条与边缘光线焦散相切的直线,这样设计的接收器会捕获所有从主组件反射的光线,而且接收器的体积会比前面讨论的圆形接收器的小。

要决定接收器的形状,首先应计算 E_1 与 E_2 的位置,然后从焦散曲线的表达式决定空间中各点上的切线方向。但是,在进行这些计算之前先要知道焦散曲线的形状。焦散是光线的单参数族函数的包络线。单参数族曲线的包络线是一条与族内所有曲线相切的曲线(同样,族内所有曲线也会与包络线相切)。一般而言,单参数族曲线的参数表达式可以写成

$$(f(t,\phi), g(t,\phi)) \qquad (6.5)$$

其中,ϕ 是族的参数;t 是每一曲线的参数。也就是说对每一个特定的 ϕ,就有一条由参数 t 决定的曲线。从下列方程式的解便可以得到包络线

$$\frac{\partial f}{\partial t}\frac{\partial g}{\partial \phi} - \frac{\partial f}{\partial \phi}\frac{\partial g}{\partial t} = 0 \qquad (6.6)$$

对某一固定 ϕ,式(6.6)可以计算对应的 t 值。反过来,如果 t 已知,则可以得到

ϕ。然后,把(t,ϕ)代入$(f(t,\phi),g(t,\phi))$,就可得到在包络线上的一点[7]。

计算焦散的另外一个方法是把单参数族曲线以隐式表示

$$C(x_1,x_2,\phi)=0 \tag{6.7}$$

同样,ϕ是族的参数。对某一特定的ϕ,可以得到一个$C_\phi(x_1,x_2)=0$的式子,也就定义了一条曲线的隐式。该曲线族的包络线可以通过对下列联立方程求解得到

$$\begin{cases} \dfrac{\partial C}{\partial \phi}=0 \\ C(x_1,x_2,\phi)=0 \end{cases} \tag{6.8}$$

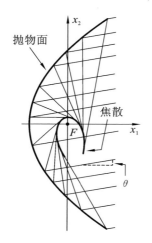

图 6.4　倾角为 θ 的光束在抛物面反射镜(轴线平行于水平方向)反射后的焦散

如果知道 ϕ 值,就可以用式(6.8)计算对应的 (x_1,x_2),也就是包络线上的一点[7-9]。

所以可以用上面的其中一个式子对不同的 ϕ 计算 $\phi(x_1,x_2)$。把结果代入另外一个式子就可以得到 $C^*(x_1,x_2)=0$ 的表达式。如果 x_1 的值已知,就可以计算对应的 x_2 的值,而 (x_1,x_2) 是在包络线上的一点。

现在可以用这些表达式来计算一束平行光束在抛物面反射镜反射后的焦散。因为在均匀介质中光线沿直线传播,所以这时曲线族是一组直线。焦散是这组直线(光线)的包络线。在图 6.4 中,有一个轴在水平方向的抛物线,一组与水平方向成 θ 夹角的平行光线。在反射后,

这些光线在抛物线的焦点 F 附近形成一个焦散。

现在来看一下这一组被抛物面反射镜反射后的平行光线的参数表达式。在图 6.5 中,有一条平行于抛物线轴传播的光线(虚线),它在点 P 被反射后往焦点 $F=(0,0)$ 传播。另外一条与轴成 θ 夹角传播的光线,也在点 P 处被反射而沿着与焦散相切的方向前进。这一条光线在反射后的参数表达式可以写成

$$P-t\boldsymbol{R}(-\theta)\cdot P \tag{6.9}$$

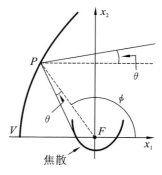

图 6.5　与焦散相切的光线

其中,$\boldsymbol{R}(-\theta)$ 是角度 $-\theta$ 的转动矩阵。

点 P 可以写成(见第 21 章)

$$P = (P_1, P_2) = \frac{2d}{1 - \cos\phi}(\cos\phi, \sin\phi) \tag{6.10}$$

其中,d 是顶点(V)与抛物线焦点(F)的距离。然后,可以得到光线的参数表达式为

$$\frac{2d}{1 - \cos\phi}(\cos\phi - t\cos(\phi - \theta), \sin\phi - t\sin(\phi - \theta)) \tag{6.11}$$

不同的 ϕ(也就是抛物线上的不同点 P),都可以用式(6.11)来定义一条光线,所以它就定义了一组以 ϕ 为参数的单参数族的光线。接下来,可以计算

$$\frac{\partial f}{\partial t}\frac{\partial g}{\partial \phi} - \frac{\partial f}{\partial \phi}\frac{\partial g}{\partial t} = d^2\csc^5\left(\frac{\phi}{2}\right)\left(\sin\left(\theta - \frac{\phi}{2}\right) - t\sin\left(\frac{\phi}{2}\right)\right) = 0 \tag{6.12}$$

把 t 解出来,就可以得到

$$t = \csc\left(\frac{\phi}{2}\right)\sin\left(\frac{\phi}{2} - \theta\right) \tag{6.13}$$

将式(6.13)代入式(6.11)就可以推导渐开线对 ϕ 的函数形式。对某一 ϕ 值,渐开线可以写成

$$C(\phi, \theta) = \frac{d}{2}\csc^3\left(\frac{\phi}{2}\right)\left(\sin\left(2\theta - \frac{3\phi}{2}\right) + \sin\left(\frac{3\phi}{2}\right), \cos\left(2\theta - \frac{3\phi}{2}\right) - \cos\left(\frac{3\phi}{2}\right)\right)$$

$$\tag{6.14}$$

计算渐开线的另外一个方法是使用光束的隐式:式(6.7)。考虑数学表达式为 $x_2 = ax_1 + b$ 的直线,如图 6.5 所示。这条光线在点 P 反射后与 x_1 轴成 $\phi - \theta$ 的夹角,所以 $a = \tan(\phi - \theta)$,又因为光线必须通过点 P,所以可以写成 $P_2 = aP_1 + b$,其中的 P 可以用式(6.10)表示,从而就可以得到 b。然后,可以得到

$$C(x_1, x_2, \phi) = ax_1 + b - x_2 = 0 \tag{6.15}$$

或

$$\frac{x_2 - 2d\sin\phi + x_1\tan(\theta - \phi) - (x_2 + (2d + x_1)\tan(\theta - \phi))\cos\phi}{\cos\phi - 1} = 0 \tag{6.16}$$

也可以被写成

$$x_2 = \frac{-2d\sin\phi + (x_1 - (2d + x_1)\cos\phi)\tan(\theta - \phi)}{\cos\phi - 1} \tag{6.17}$$

因为 θ 与 d 已知,所以式(6.17)对不同 ϕ 值定义了被抛物面反射镜反射后的光线。对焦散上的点,则可以得到

$$\frac{\partial C}{\partial \phi} = \frac{-2\sec^2(\theta-\phi)\sin\left(\frac{\phi}{2}\right)}{(\cos\phi-1)^2}\left(d\sin\left(2\theta-\frac{3\phi}{2}\right)\right.$$

$$\left.+\sin\left(\frac{\phi}{2}\right)(d-x_1+(2d+x_1)\cos\phi)\right)=0 \tag{6.18}$$

也可以写成

$$x_1 = \frac{d}{2}\csc^3\left(\frac{\phi}{2}\right)\left(\sin\left(2\theta-\frac{3\phi}{2}\right)+\sin\left(\frac{3\phi}{2}\right)\right) \tag{6.19}$$

把该式代入式（6.17），就可以得到在焦散上每一点的 x_2 坐标，它也可以写成
式（6.14）的形式。

　　以水平方向为轴，焦点在原点的抛物线上的点可以用式（6.10）表示，如
图 6.6 所示。与水平方向平行的光线（r_1 与 r_2）被聚焦于 F。顶点 V 与焦点 F 的
距离仅仅是抛物线表达式里的比例因子。将 $\phi=\phi_1=\pi-\varphi$ 与 $\phi=\phi_2=\pi+\varphi$
代入表达式便可分别得到端点 P_1 与 P_2。

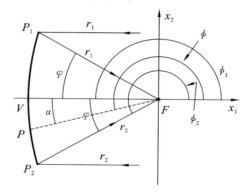

图 6.6　以原点为焦点、水平线为轴的抛物线

　　现在可以用另外一个参数 α 来取代参数 ϕ，且有 $\phi=\pi+\alpha$，所以抛物线的
新参数范围是 $-\varphi\leqslant\alpha\leqslant\varphi$，以此新参数来表示时，焦散的函数形式就可以
写成

$$C(\alpha,\theta)=\frac{d}{2}\sec^3\left(\frac{\alpha}{2}\right)\left(\cos\left(\frac{3\alpha}{2}-2\theta\right)-\cos\left(\frac{3\alpha}{2}\right),\sin\left(\frac{3\alpha}{2}-2\theta\right)-\sin\left(\frac{3\alpha}{2}\right)\right)$$
$$\tag{6.20}$$

$C(\alpha,\theta)$ 与 $C(-\alpha,-\theta)$ 关于 x_1 轴对称。

6.3　复合椭圆集中器次组件

　　平行于抛物线轴线的两条光线（r_1 与 r_2）被聚焦于焦点 F。现在考虑另外

两条光线(r_3 与 r_4),它们与抛物线轴线的夹角是 θ,如图 6.7 所示,反射后的光线是两条分别以 P_1 与 P_2 为起点,分别指向 r_3 与 r_4 的反射方向的直线,这两条直线的交点 X 可以写成

$$X = \frac{d}{\cos\varphi + \cos^2\varphi}(-2\sin^2\theta, \sin 2\theta) \tag{6.21}$$

抛物面反射镜 P_1P_2 可以被看作一个朝接收器 XY 发光的线性朗伯光源,点 X 与 Y 关于 x_1 轴对称。在图 6.8 中,P_1P_2 用一条虚线来表示。然而,这只是一个近似。如果真正有一个朝 XY 发光的朗伯光源(P_1P_2),在其中点 M 处应该有两条分别投射到 X 与 Y 的边缘光线。但事实上有的是两条从抛物面反射镜顶点反射的光线 r_1 与 r_2,它们并不投射在 XY 的端点上。

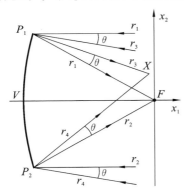

图 6.7　光线 r_1 与 r_2(与抛物线轴夹角为 θ)
相交于点 X　　　　图 6.8　以朗伯光源来近似一个
抛物面反射镜

　　上述差异也可以在光学扩展量的计算中看到。抛物面反射镜接收的光学扩展量是

$$U_P = 2[P_1, P_2]\sin\theta = 8d\sin\theta\tan\left(\frac{\varphi}{2}\right) \tag{6.22}$$

但是一个朗伯光源 P_1P_2 对接收器 XY 发出的光学扩展量是

$$U_{LS} = 2([P_2, X] - [X, P_1]) = \frac{U_P}{\cos\varphi} \tag{6.23}$$

因为 U_{LS} 大于 U_P,因此以朗伯光源来近似抛物面反射镜时,所得的聚光比低于理想值。

　　如图 6.9 所示,将下列器件与抛物面反射镜配合使用:入光孔在 X 与 Y(X 的对称点)之间的复合椭圆集中器(CEC)次组件,以及接收器 R 上。复合椭圆集中器对朗伯光源 P_1P_2 来说为理想集中器[10-13]。

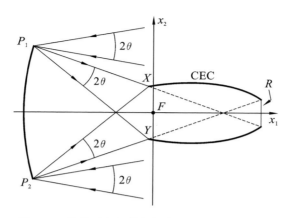

图 6.9　抛物面主组件与复合椭圆集中器次组件

如果想要让接收器的聚光比达到最大,那么照亮它的辐射的孔径角必须为 $\pm\pi/2$。接收器的大小 R 满足: $U_{LS} = 2R\sin(\pi/2)$ 或 $R = U_{LS}/2$,该器件所能达到的聚光比 C 是

$$C = \frac{[P_1, P_2]}{R} = \frac{\cos\varphi}{\sin\theta} \tag{6.24}$$

总接收角为 2θ 的光学组件的可能最大聚光比是: $C_{max} = 1/\sin\theta$。因此,此光学组件的聚光比与可能最大值的比值为

$$C_R = \frac{C}{C_{max}} = \cos\varphi \tag{6.25}$$

这也就是光学扩展量 U_P 与 U_{LS} 的差异。

如果次组件不会遮挡主组件,则 φ 越小,聚光比就会越接近理想最大值。例如,如果要达到理想最大值的 90%,需要令 $\varphi = \arccos(0.9) = 26°$。

式(6.26)是主组件被次组件遮挡程度的一个乐观估计(注意,复合椭圆集中器的宽度比 $[X, Y]$ 大)

$$S_H = \frac{[X, Y]}{[P_1, P_2]} = \frac{\sin(2\theta)}{\sin(2\varphi)} \tag{6.26}$$

其结果随 φ 的减少而增加。因此,小的 φ 会增加聚光比,同时增加遮挡效应。主组件被照亮的部分(没有被遮挡)可以写成

$$I_L = 1 - S_H \tag{6.27}$$

复合椭圆集中器的几何聚光比是 $[P_1, P_2]/R$,但光聚光比会受前述的损耗机制(遮挡效应)影响。所以聚光比的近似结果可以写成

$$C = \frac{[P_1, P_2]}{R} I_L = \cos\varphi\csc\theta - \cos\theta\csc\varphi \tag{6.28}$$

当 C 的导数为 0 时,它达到最大值。因此,对某一 θ 值,有

$$\frac{\mathrm{d}C}{\mathrm{d}\varphi} = 0 \Leftrightarrow \cos\theta\cot\varphi\csc\varphi - \csc\theta\sin\varphi = 0 \qquad (6.29)$$

对 φ 求解,便能得到达到最大聚光比的 $\varphi_{\max}$ 关于接收角 θ 的函数形式

$$\varphi_{\max} = \cot^{-1}\left(\frac{2 \times 3^{1/3}\cot\theta - 2^{1/3}\xi^{2/3}\tan\theta}{6^{2/3}\xi^{1/3}}\right) \qquad (6.30)$$

其中

$$\xi = -9\cot^2\theta\csc^2\theta + \sqrt{12\cot^6\theta + 81\cot^4\theta\csc^4\theta} \qquad (6.31)$$

对每一个 θ 值,利用这些公式便可以计算提供最大聚光比的主组件边角值。

例如,如果接收角是 $\pm 1°$,主组件的边角便是 $\varphi_{\max} = 14.86°$,聚光比是 $C = 51.5$,其与最大聚光比的比值是 $C/(1/\sin\theta) = 90\%$。图 6.10 显示的抛物面主组件与复合椭圆集中器次组件就是由这些参数决定的。

抛物面主组件也可以被透镜取代,其形成另外一个主次光学系统,如图 6.11 所示[14,15]。

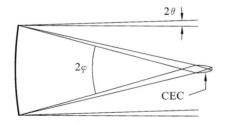 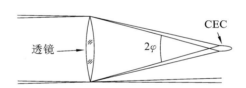

图 6.10 抛物面主组件与复合椭圆集中器次 组件组合以达到最大聚光比的设计

图 6.11 复合椭圆集中器次组件与透镜 主组件的组合

6.4 截断喇叭形次组件

增加抛物面主组件聚光比的另外一个方法是加入一个喇叭形次组件。可以用一个朝 XY 发光的朗伯光源 P_1P_2 取代抛物面主组件(跟前面的复合椭圆集中器次组件例子一样)。该喇叭形集中器是由两条以 X、Y 为焦点的双曲线构成的,如图 6.12 所示。喇叭形集中器由接收器一直延伸到主组件,并将它完全遮挡。图中也显示了对应的复合椭圆集中器以做比较。对朗伯光源 P_1P_2 而言,喇叭形集中器与复合椭圆集中器同为理想集中器。因此,在这两个系统中,接收器的大小会一样[16-18]。

图 6.13 显示了喇叭形集中器次组件的工作原理。从朗伯光源 P_1P_2 打向 XY 的光线会在喇叭形集中器的两个反射面之间来回反射直到投射在接收器

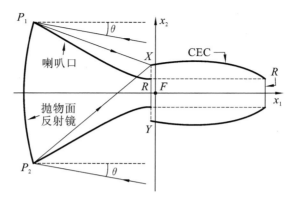

图 6.12　针对同一抛物面反射镜主组件，比较以喇叭形集中器或复合椭圆集中器为次组件的情况

R 上。朝双曲线焦点 X 投射过去的边缘光线会被反射到另外一个焦点 Y。同样，朝双曲线焦点 Y 投射过去的边缘光线会被反射到另外一个焦点 X。

因为一个完整的喇叭形集中器会遮挡主组件，所以必须要把它截断才可以使用[19]。此截断喇叭形集中器会让某些从主组件反射的光线漏过，而且仍然遮挡主组件。例如，如果在图 6.13 中把在点 K_r 左边的部分切去，光线 r 就会漏过。图 6.14 就是一个截断喇叭形集中器。对一个从 $P_1 P_2$ 对 XY 发光的朗伯光源而言，不能被上边双曲线捕获的光线可以写成为从 $P_1 T$ 到 XK 的光学扩展量

$$U_{LT} = [T, X] - [T, K] + [P_1, K] - [P_1, X] \qquad (6.32)$$

其中，T 是线段 $P_1 P_2$ 与 XK 的交点，下标 L 代表损耗（Lost），下标 T 代表上边（Top）。

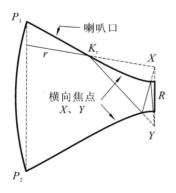

图 6.13　喇叭形集中器次组件的工作原理

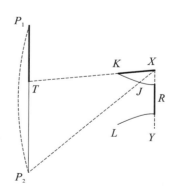

图 6.14　喇叭形集中器次组件必须被截断才可以用，但是这会导致光线的损耗

如果把喇叭形集中器在点 J 左边的部分去掉,之前讨论的点 K 就会变成在点 J 的右边,所以,点 T 会移到光源 $P_1 P_2$ 外面。这时,在上边双曲线丢掉的光学扩展量会等于从 $P_1 P_2$ 到 XK 的光学扩展量,也可以用式(6.32)来表示,只是这时要用 P_2 来取代 T。对从一个朗伯光源 $P_1 P_2$ 可能发出的光学扩展量而言,在该次组件上丢掉的光学扩展量的比率可以写成 U_L / U_{LS},所以捕获率是

$$c_U = 1 - \frac{U_L}{U_{LS}} \tag{6.33}$$

遮挡导致的损耗可以写成

$$S_H = \frac{[K,L]}{[P_1,P_2]} \tag{6.34}$$

点 L 与 K 互为对称,所以主组件上的照亮比例是

$$I_L = 1 - S_H \tag{6.35}$$

喇叭形集中器所能提供的几何聚光比可以写成 $[P_1,P_2]/R$,但是光聚光比受前述的两个损耗机制影响,所以近似地可以写成

$$C = \frac{[P_1,P_2]}{R} I_L c_U = \frac{\cos\varphi}{\sin\theta} I_L c_U \tag{6.36}$$

如图 6.15 所示,如果双曲线的表达式以 ϕ 为参数,对某一接收角 θ,聚光比 C 就可以表达为主组件的边角(φ)以及双曲线在点 K 处 ϕ 的函数。

双曲线(也就是点 K)的参数表达式就可以写成

$$K(\phi) = \frac{R^2 - f^2}{2R - 2f\cos\phi}\left(\cos\left(\phi + \frac{\pi}{2}\right), \sin\left(\phi + \frac{\pi}{2}\right)\right) + Y \tag{6.37}$$

其中,R 是接收器的大小,$R = U_{LS}/2$;$f = [X,Y]$。

系统的几何形状由角度 θ、ϕ 及 φ 所决定,抛物面主组件表达式(见式(6.10))内的参数 d 只是一个比例因子,不会影响系统的几何形状相对大小。

如果接收角 θ 与主组件的边角 φ 已知,就可以把 C 作为 ϕ 的函数来作图(ϕ 可以考虑为主组件的截断参数),画出的曲线会在某一 ϕ 达到最大。可以尝试改变 φ 来优化设计。也可以把 θ 固定,然后求解 $C(\varphi,\phi)$ 的最大值。例如,如果 $\theta = 1°$,则当 $\phi = 61.9°$ 且 $\varphi = 19.4°$ 时,有最大值 $C = 43.2$,为绝对最大值的 75.5%($C\sin\theta = 75.5\%$)。投射在接收器上的光可以计算为 $I_L c_U = 80\%$(光线追迹方法显示 79% 的光打在接收器上)。图 6.16 显示了由这些参数定义,并提供最大聚光比的抛物面主组件以及截断喇叭形集中器次组件。

非成像光学导论（第二版）

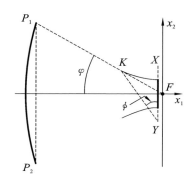

图 6.15　喇叭形集中器双曲线的参数
　　　　定义

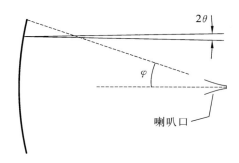

图 6.16　抛物面主组件与截断喇叭形集中器次
　　　　组件组合以达到最大聚光比的设计

6.5　大接收器的喇叭形次组件

图 6.17 显示了如何对一个大的接收器 R_L 设计喇叭形次组件。双曲线的焦点仍然是 X 与 Y，但这是因为接收器较大，它与 XY 的交点会距离 XY 的中点较远。

上边的双曲线与线段 XP_1 相交于点 H（而不是点 P_1），如图 6.17 所示。因此，喇叭形集中器可以接收所有从朗伯光源 P_1P_2 发出的光线。但是，因为接收器 R_L 现在比较大，所以聚光比会比较小。

其工作原理与前面讨论的一样。朝双曲线焦点 X 传播的边缘光线 r 会被反射到另外一个焦点 Y 上，而朝双曲线焦点 Y 传播的边缘光线会被反射到另外一个焦点 X 上。边缘光线会在两条双曲线之间来回反射直到被接收器接收为止。

在设计的时候，可以首先在线段 P_1X 上定义点 H（$H = P_1 + y(X - P_1)$，$0 \leqslant y \leqslant 1$）。在主组件上的遮挡效应可以写成

$$S_H = \frac{[H,I]}{[P_1,P_2]} = 1 - y + \frac{y\csc\varphi\sec\varphi\sin(2\theta)}{2d} \tag{6.38}$$

I 与 H 对称，接收器的大小是

$$R_L = [Y,H] - [X,H] \tag{6.39}$$

近似的聚光比是

$$C = \frac{[P_1,P_2]}{R_L}I_L \tag{6.40}$$

其中，$I_L = 1 - S_H$ 描述了在主组件上被照亮的部分。聚光比 C 是下列参数的函数：y 定义了 H 在线段 P_1X 上的位置，以及主组件的边角 φ。如果半接收角 $\theta = 1°$，且 $d = 1$，可以得到，当 $y = 0.86$，$\varphi = 26.7°$ 时，$C = 35.4$。此时主组件被照亮的部分为 $I_L = 82\%$。对应于可能最大聚光比的比值为 $C\sin\theta = 62\%$。

图 6.18 显示了由这些参数定义,可配合大吸收体使用的抛物面主组件与截断喇叭形集中器次组件。

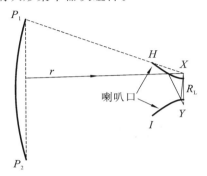

图 6.17 对应于较大接收器的喇叭形集中器

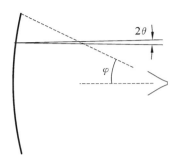

图 6.18 抛物面主组件与截断喇叭形集中器次组件组合以达到最大聚光比的设计,对应于较大的接收器

6.6 具有多个入光孔的次组件

当主组件的边角 φ 较小时,复合椭圆集中器次组件可以达到较高的聚光比。但是,此时的抛物面主组件焦距很长,所以对应的集中器也很长。然而,这违背了从简单的复合抛物面集中器转换到主次系统的原因:达到体积较小的器件。解决此问题的一个方法是把主组件与次组件分段,让每一段的次组件接收从某一段主组件传过来的光线[20]。图 6.19 显示了这样的一个器件,其接收角为 2θ。

主组件是由两个抛物面(P_1P_2 与 P_3P_4)组成的,以水平线为轴,焦点分别是 F_1 与 F_2;次组件是由两个复合椭圆集中器组成的;接收器为 G_2G_3。在图 6.19 上部的复合椭圆集中器包含了以下器件:上边焦点为 P_2 与 G_3 的椭圆,焦点为 G_1 与 G_3 的双曲线,下边焦点为 P_1 与 G_1 的椭圆。在图 6.19 下边的复合椭圆集中器与之对称。

该集中器内每一个复合椭圆集中器从主组件接收的光线所张的角度 φ 并不大,而整个主组件所张的角度为 Φ。

与此器件类似且包含更多主组件与次组件分段的设计在文献中也曾讨论过[21]。这时,集中器被设计用于高聚光比的太阳能集中器,因此,对应的接收角 2θ 会很小($\theta = 0.73°$)。如图 6.20 所示,接收角 2θ 较小时,光线 r_1 与 r_2 几乎平行,所以复合椭圆集中器次组件就可以近似为一个复合抛物面集中器。

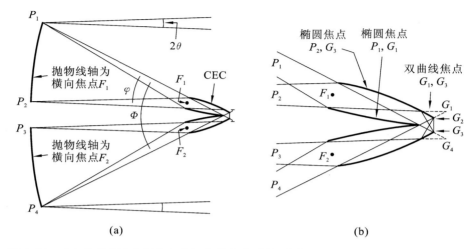

(a)　　　　　　　　　　　(b)

图 6.19　（a）具有分段主组件与次组件的主次系统。从每一段主组件投射过来的光线会
　　　　　被对应的次组件分段接收；（b）次组件的细节，显示了复合椭圆集中器的椭圆及
　　　　　较小的双曲线，它们把光线导引到接收器 G_2G_3 上

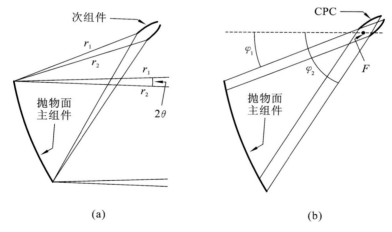

(a)　　　　　　　　　　　(b)

图 6.20　（a）抛物面主组件与复合椭圆集中器次组件的组合；（b）对于小的接收角 2θ，光
　　　　　线 r_1 与 r_2 几乎平行，次组件就近似于一个复合抛物面集中器

　　如图 6.20（b）所示，主组件的两个端点对抛物线轴（其焦点 F 也在轴上）
的夹角分别是 φ_1 与 φ_2。集中器是由四个同样形状的器件组成的，如图 6.21（a）
所示。图 6.21（b）显示了下半部的细节。

　　为了去掉主组件中央被次组件遮挡的部分，抛物线 P_1P_2 的角度 ϕ_1 被选定为
$3°$[21]。抛物线 P_1P_2 与 P_2P_3 有不同的 ϕ_2 与 ϕ_1，以避免这两段在 P_2 处相接时出现

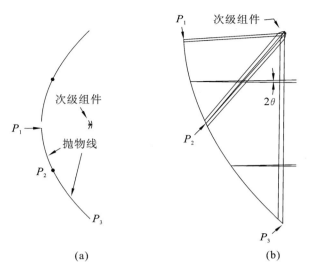

(a)   (b)

图 6.21　(a) 两个光学组件的组合,每一个都包含一个抛物面主组件及一个复合抛物面集中
　　　　器次组件;(b) 图(a) 中光学组件的下半部显示了复合抛物面集中器的边缘光线

对不上的情况。图 6.22 显示了复合抛物面集中器周围的细节:复合抛物面集中器
与直线形、圆弧形,以及渐开线镜面形成组合以照亮一个圆形吸收体[21]。

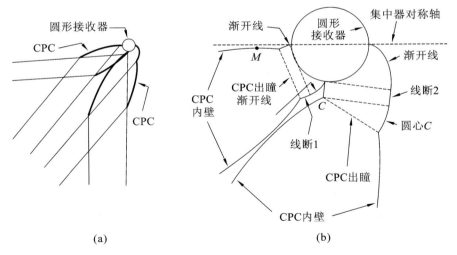

(a)   (b)

图 6.22　(a) 图 6.21 的两个复合抛物面集中器次组件可以组合起来照明半个圆形接收
　　　　器,另外一半的圆形接收器会被另外两个(对称于系统对称轴)复合抛物面集中
　　　　器照亮;(b) 靠近接收器的次组件的细节

在图 6.22(b) 中,从左上方复合抛物面集中器出来的光线,通过由一个直线形镜面(线段 1)及两个渐开线镜面构成的通道,照明了圆形接收器的一部分;从右下方复合抛物面集中器出来的光线,通过由一个以 C 为中心的圆弧形镜面,一个直线形镜面(线段 2),以及另一个渐开线镜面构成的通道,照明了圆形接收器的另一部分。这两个复合抛物面集中器加起来照亮了半个吸收体。另外一半的吸收体将会被上半部的复合抛物面集中器照亮(这些复合抛物面集中器没有在图中显示出来)。上半部的复合抛物面集中器与刚刚讨论的集中器关于系统对称轴对称。可以把线段 1 去掉,但是这样做会将复合抛物面集中器壁上的点 M 往上推而超过了系统的对称轴[21]。

这些集中器(半接收角 $\theta = 0.73°$)可以接收所有落到主组件上的光线,其聚光比是理想值的 82% $(1/\sin\theta)$。

其他抛物面主组件与非成像次组件的组合也可以实现高聚光比及高收集效率[22]。图 6.23 显示了这样一个光学系统,其接收角为 $2\theta(\theta = 0.73°)$,边角为 $\phi = 90°$。

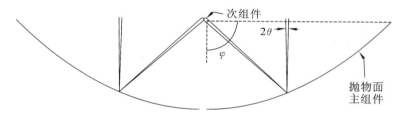

图 6.23　抛物面主组件与非成像次组件

图 6.24 显示了次组件右半部的细节。以通过圆形接收器 c 的中点的垂线为对称轴,左半部(没有显示)与右半部互为对称。

该次组件上边的镜面包含以下部分:渐开线 AB;以垂线为轴,圆形接收器 c 为宏焦的宏焦抛物面 BD。下边的镜面包含以下部分:以水平线为轴,圆形接收器 c 为宏焦的宏焦抛物面 EF;与 EF 相切于点 F 的平面镜 FI。沿水平方向的入射光线 r_1 进入集中器后在平面镜上反射变成垂直方向,投射在上边的宏焦抛物面上,反射后沿与 c 相切的方向传播。另一条沿水平方向的入射光线 r_2 进入集中器后投射在下边的宏焦抛物面上,反射后也沿与 c 相切的方向传播。沿 CG(C 是 AD 上的一点,G 是 EI 上的一点)将此光学组件截断后,它仍然可以接收所有从主组件进入其入光孔的辐射。

c 的周长已指定以达到最大聚光比,所以可以写成 $d\sin\theta$,其中 d 是入光孔的大小(由主组件的端点定义)。该情况下,或孔径变成 DH 时,次组件将捕获

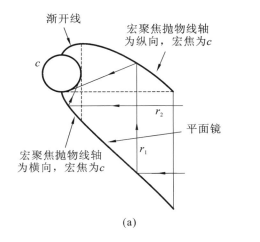
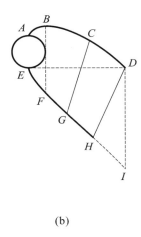

图 6.24　(a) 抛物面反射镜的次组件；(b) 沿直线 DH 将次组件截断

90% 从主组件反射的辐射，因此可达到理论最大聚光比的 90%[22]。

我们可以增加次组件（光学组件与圆形接收器 c）的大小，使得 c 的周长只对应于聚光比的 82%，那么，次组件将捕获 98% 从主组件反射的辐射，从而达到理论聚光比的 80%[22]。

6.7　最大聚光比的截断喇叭形集中器

在前面讨论的设计中，主组件被考虑为一个朗伯光源，而非成像次组件会放在其焦点附近以增加聚光比。但事实上，也可以针对主组件的边缘光线来设计次组件，用这个方法设计出来的光学组件称为截断喇叭形集中器（tailored edge ray concentrators，TERC）[23]。

考虑焦点为 F 的抛物面主组件，孔径从 P_1 延伸到 P_2，对应的理想接收器的大小为

$$R = [P_1, P_2]\sin\theta$$

其中，θ 是半接收角；$[P_1, P_2]$ 是从 P_1 到 P_2 的距离，如图 6.25 所示。

现在考虑与抛物线光轴成 θ 夹角的光线 r_1（见图 6.25）。该光线在点 P_2 反射后朝光轴传播，沿传播方向延伸到光轴上边，并在与光轴相距 $R/2$ 处定义点 T。点 T 定义了接收器的一个端点位置。另外一个端点是 G，它与点 T 对称。

所有与波前 w 垂直（与垂线的夹角为 θ）的光线必须被聚焦到点 G 上。截断喇叭形集中器镜面可以通过等光程方法定义。对于光线 r_2，有

$$d_{wP} + [P, Q] + [Q, G] = S$$

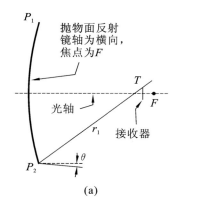

(a)

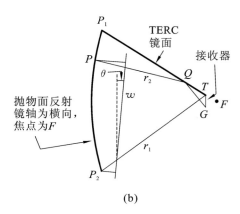

(b)

图 6.25　(a) 光线 r_1 的光路决定接收器的位置；(b) 针对抛物面主组件计算截断喇叭形集中器镜面次组件

其中，d_{wP} 是从 w 到 P 的距离；S 由光线 r_1 定义，有 $S = d_{wP2} + [P_2, T] + [T, G]$，$d_{wP2}$ 是从 w 到 P_2 的距离。上述条件可以用来定义截断喇叭形集中器镜面上的任意点 Q。

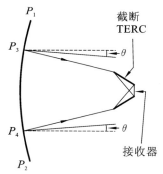

图 6.26　截断喇叭形集中器

截断喇叭形集中器镜面会把主组件完全遮挡，因此必须被截断，如图 6.26 所示。

如图 6.26 所示，点 P_3 与 P_4 互为对称。所有在这两点之间的主组件反射的光线会被截断喇叭形集中器镜面收集。但是在 P_3 与 P_1 之间，以及在 P_4 与 P_2 之间反射的光线，有一部分将会因投射到次组件外而丢掉，图 6.27 显示了该损耗。

以主组件上的点 P_4 为起点，可以利用从波前 w 到接收器端点 T 的等光程来决定截断喇叭形集中器上对应点 Q_4 的位置。与光轴倾角为 θ 的边缘光线在点 P（介于 P_4 与 P_2 之间）被反射后会投射到截断喇叭形集中器外面，而且所有在方向 v_r 与 v_4 之间的光线也会投射在截断喇叭形集中器外面（v_r 是光线 r 的反射方向，而 v_4 是从 P 到 Q_4 连线的方向）。从 P_4 到 P_2 沿抛物线积分便可以得到这些没有投射到截断喇叭形集中器上的光线的光学扩展量。如果焦点 $F = (0, 0)$，则抛物线上的点 P 可以用式(6.10)表示，其中可以考虑 d 为一个比例因子。参数范围为 $\phi_1 < \phi < \phi_2$，其中 ϕ_1 对应于点 P_1，ϕ_2 对应于点 P_2，如图 6.6 所示。所以有 $\phi_1 = \pi - \varphi$，$\phi_2 = \pi + \varphi$，其中 φ 是主组件的边角。点 P_4 的参数是 ϕ_4。方向

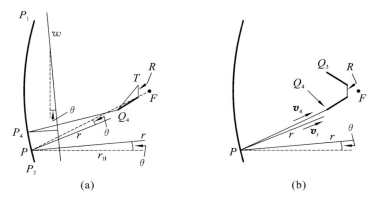

图 6.27 当把截断喇叭形集中器在 Q_4 点截断,会导致光学扩展量的损耗。(a) 水平入射光
线 r_H 在点 P(介于 P_4 与 P_2 之间)被反射后投射到抛物线的焦点 F 上。另外一条
与水平成 θ 倾角的光线 r 在点 P 被反射后投射到截断喇叭形集中器次组件及接
收器 R 的外面;(b) 光线 r 沿方向 $\boldsymbol{v}_r$ 从点 P 发出,如果光线方向在 $\boldsymbol{v}_4$ 与 $\boldsymbol{v}_r$ 之间,
它们会被丢掉。$\boldsymbol{v}_4$ 从点 P 指向 Q_4(截断喇叭形集中器的截断点)

$\boldsymbol{v}_4$ 与 $\boldsymbol{v}_r$ 可以写成

$$\boldsymbol{v}_4 = \frac{\boldsymbol{Q}_4 - \boldsymbol{P}(\phi)}{\parallel \boldsymbol{Q}_4 - \boldsymbol{P}(\phi) \parallel} \qquad (6.41)$$

与

$$\boldsymbol{v}_r = -\boldsymbol{R}(-\theta) \cdot \frac{\boldsymbol{P}}{\parallel \boldsymbol{P} \parallel} \qquad (6.42)$$

$\boldsymbol{R}(-\theta)$ 是角度 $-\theta$ 的转动矩阵。从该镜面损失的光学扩展量可以写成

$$U_L(\phi_4) = \int_{\phi_4}^{\phi_2} (\boldsymbol{v}_r - \boldsymbol{v}_4) \cdot \frac{\mathrm{d}\boldsymbol{P}}{\mathrm{d}\phi} \mathrm{d}\phi \qquad (6.43)$$

所以同时从两个镜面损失的光学扩展量为 $2U_L$。

现在来看剩余的光学扩展量。首先,被集中器接收的光线的光学扩展量
是 $U_P = 2[P_1, P_2]\sin\theta$。因为遮挡效应而丢掉的光学扩展量是 $U_{SH} = 2[Q_3, Q_4]\sin\theta$。剩下的光线继续沿主组件传播,反射后因为部分光线投射不到
次组件上,所以对应的光学扩展量损耗是 $2U_L$。因此,到达接收器的光学扩展
量为

$$U_R = 2[P_1, P_2]\sin\theta - 2[Q_3, Q_4]\sin\theta - 2U_L \qquad (6.44)$$

如果定义下式来描述遮挡效应

$$S_H(\phi_4) = \frac{U_{SH}}{U_P} = \frac{[Q_3, Q_4]}{[P_1, P_2]} \qquad (6.45)$$

则到达接收器 R 的光线就可以写成

$$L_{\mathrm{R}}(\phi_4) = \frac{U_{\mathrm{R}}}{U_{\mathrm{P}}} = 1 - S_{\mathrm{H}} - \frac{U_{\mathrm{L}}}{[P_1, P_2]\sin\theta} \qquad (6.46)$$

如果所有的光线都可以到达接收器,则聚光比达到最大。但是到达接收器的光线事实上减少到 $L_{\mathrm{R}}(\phi_4)$,聚光比也会等量减少。如果把 $L_{\mathrm{R}}(\phi_4)$ 作为 ϕ_4 的函数,则可以求其最大值(也就是投射到接收器的光线以及聚光比的最大值)。使 $L_{\mathrm{R}}(\phi_4)$ 达到最大的 $\phi_{4\mathrm{M}}$ 就可以用来定义点 $Q_4(\phi_{4\mathrm{M}})$,即截断喇叭形集中器的截断点。

如果半接收角为 $\theta = 0.01\ \mathrm{rad}$,而且边角 φ 小于 $36.6°$,边缘光线的焦散会在截断喇叭形集中器镜面的上边,这时,有 $\phi_{4\mathrm{M}} = 208.5°$(或 $28.5°$ 相对于光轴)。该光学组件捕获了 87.5% 的光线,也就是 $L_{\mathrm{R}} = 0.875$。图 6.28 显示了一个以这些参数设计的截断喇叭形集中器。

对一个旋转对称的三维光学组件而言,它的最佳表现取决于次组件对光线的捕获能力及其遮挡效应之间的权衡。但是对于圆形对称的系统,其遮挡效应为 S_{H}^2,比二维情况下的影响小。所以在三维系统中可以稍微增加截断喇叭形集中器的大小,以改进收集效率。例如,根据光学追迹的结果,在圆形对称的系统中,如果令 $\phi_{4\mathrm{M}}$ 增加 $5°$,则 $\phi_{4\mathrm{M}} = 213.5°$,聚光比将达到理论最大值的 $92\%^{[24]}$。

如图 6.29 所示,也可以对透镜主组件设计截断喇叭形集中器次组件。与前面对抛物镜面主组件的讨论一样,所有与波前 w 垂直的光线会聚到点 G 上(w 与垂直方向成 θ 夹角)。而截断喇叭形集中器镜面就可以利用由此决定的光程来定义。对于光线 r_2,有 $d_{w\mathrm{P_L}} + n[P_1, P_{\mathrm{R}}] + [P_{\mathrm{R}}, Q] + [Q, G] = S$,其中 $d_{w\mathrm{P_L}}$ 是在透镜左边从 w 到 P_{L} 的距离,点 P_{R} 在透镜右边,而 $S = d_{w\mathrm{P_1}} + [P_1, T] + [T, G]$ 是由光线 r_1 定义的,其中 $d_{w\mathrm{P_1}}$ 是从 w 到 P_1 的距离。利用上述条件就可以决定在截断喇叭形集中器镜面上任意点 Q 的位置。

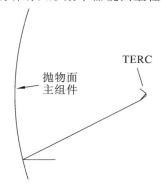

图 6.28　达到最大光收集效率的截断喇叭形集中器

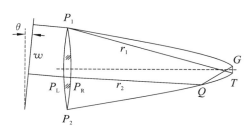

图 6.29　以透镜为主组件的截断喇叭形集中器

截断喇叭形集中器镜面是流线镜面。例如,如果图 6.25 中的光学组件是由折射率为 n 的介质做成的,并以一个折射面来替代抛物镜面 P_1P_2,就得到一个电介质全反射集中器(dielectric total internal reflection concentrator,DTIRC)。

如果把反射主组件的简单抛物面改成更复杂的形状,就可以改进截断喇叭形集中器次组件的性能[24]。图 6.30 便是这样的一个例子。现在主组件包含了中央的平面镜 V_1V_2,以及抛物镜面 V_2P_2(以接收器 R 的端点 F 为焦点,轴线平行于与水平方向成 θ 夹角的边缘光线 r)。

在次组件上,比较靠近接收器的 Q_1Q_2 部分可以接收沿 r 方向(平行于 r_1)传播的平行边缘光线,并将它们会聚于接收器 R 的端点 F 上,如图 6.31 所示。因此,该曲线是一条抛物线,焦点为 F,轴线平行于 r。在接收器的另外一边将有一条与它对称的曲线,这两条曲线加起来就形成了次组件内的截断复合抛物面集中器部分。

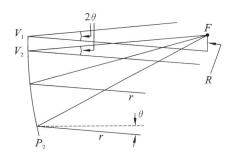

图 6.30 具有中央平面镜的复合抛物面主组件

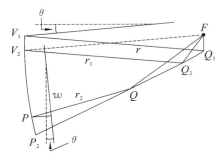

图 6.31 次组件的中央复合抛物面集中器部分,以等光程(截断喇叭形集中器次组件的光程)方法设计

次组件剩下的部分是一个利用等光程计算的截断喇叭形集中器镜面。对于光线 r_2,有 $d_{wP}+[P,Q]+[Q,F]=S$,其中 d_{wP} 是从平面波前 w 到 P 的距离,而 S 是由光线 r_1 定义的光程 $S=d_{wV_2}+[V_2,Q_2]+[Q_2,F]$,其中 d_{wV_2} 是从 w 到 V_2 的距离。利用该条件就可以定义在截断喇叭形集中器镜面上所有点(Q)的位置。

如果把主组件中央的平坦部分去掉,则可以让整个光学组件的设计简单化。图 6.32 所示的为改进后的一个结构,包含一个复合抛物面主组件。

该主组件现在包含两条对称的抛物弧线。图 6.32 所示的主组件部分是一条抛物线,焦点为 F,轴线平行于边缘光线 r,它将一束边缘光线聚焦到接收器

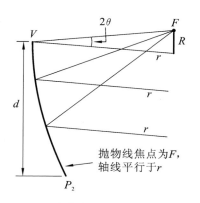

图 6.32　配合截断喇叭形集中器次组件使
　　　　用的复合抛物面主反射器的定义

的端点 F 上。主组件的另外一边与
之对称，以接收器 R 的垂直平分线
为对称轴。在设计该主组件时，首先
定义接收器 R 的大小与位置，再利
用接收角（2θ）来决定主组件顶点
（V）的位置。接收角也可以用来决
定光线 r 的方向（与水平方向的夹
角为 θ）。接下来，就可以决定下边
方的抛物线（焦点为 F，轴线平行于
r，并穿过点 V）。该抛物线从 V 延伸
到 P_2，P_2 到接收器 R 的垂直平分线
的距离是 d，而且 $d\sin\theta = R/2$。

　　如前所述，截断喇叭形集中器次组件的设计会把另外一束边缘光线反射
到 F 上，如图 6.33 所示。

　　把主组件中央平坦部分去掉的设计不仅更简单，体型也更紧凑，而且主组
件的边角也比较大。在图 6.34 中，把这两款光学组件重叠在一起做一个比较，
它们具有相同的接收角及接收器大小。

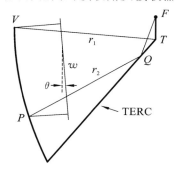

图 6.33　以等光程方法设计的截断喇叭
　　　　形集中器次组件

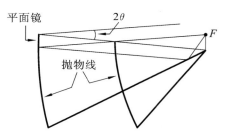

图 6.34　两款光学组件的比较。其中一款的
　　　　主组件具有中央平坦部分，另外一
　　　　款则没有

　　因此，没有中央平坦部分的光学组件比较好。此光学组件所能得到的最大
聚光比与抛物面主组件得到的差不多，但是其优势在于主组件的边角比较大，
光学组件体型更加紧凑。

　　对这一个没有中央平坦部分，而且体型较小的主组件，如果半接收角是 θ，
主组件顶点 $V = (0,0)$，就可以得到接收器的端点 F

$$F = \left(\frac{R}{2\tan\theta'} \ \frac{R}{2} \right) \tag{6.47}$$

在抛物线上,V 与 P_2 之间的点 P 的参数表达式是(见图 6.32)

$$P(\phi) = \left(\frac{\cos^2\left(\frac{(\phi - 2\theta)}{2}\right)\cot\theta}{1 - \cos\phi}, \ \frac{\sin(\phi - 3\theta) + 3\sin(\phi - \theta) + 2\sin\theta}{8\sin^2\left(\frac{\phi}{2}\right)\sin\theta} \right) \tag{6.48}$$

参数范围是 $\pi + 2\theta \leqslant \phi \leqslant \phi_2$,其中,$\phi_2$ 是对应于点 P_2 的参数,$P_2 = (P_{21}, P_{22})$,且有 $|P_{22}\sin\theta| = R/2$。

之前在讨论抛物面主组件时,讨论过使接收光能达到最大的方法,现在可以把同样的步骤应用到目前的系统。由于截断喇叭形集中器的截断而丢掉的光学扩展量仍然可以用式(6.43)计算,但现在 P_4 是在 V 与 P_2 之间;遮挡效应可以用式(6.45)计算;而光的收集可以用式(6.46)来计算。如果半接收角 $\theta = 0.01$ rad,主组件的边角为 $53.1°$(边角是从 P_2 到接收器 R 中点的连线与光轴的夹角),这时,可以得到 $\phi_{4M} = 227.6°$(或是与光轴成 $47.6°$ 的夹角)。该光学组件捕获 85% 的光线($L_R = 0.85$)。

跟前面讨论的一样,如果考虑三维的情况,而且光学组件有旋转对称,遮挡效应不严重,就可以延伸截断喇叭形集中器以增加光线的收集。具有旋转对称的三维光学组件的最大聚光比可以达到理论最大值的 93%[24]。

在前面讨论截断喇叭形集中器次组件时,用到的是线形接收器。现在可以把它推广到圆形接收器,如图 6.35 所示。与线形接收器的情况一样,仍以抛物面主组件为讨论的起点。

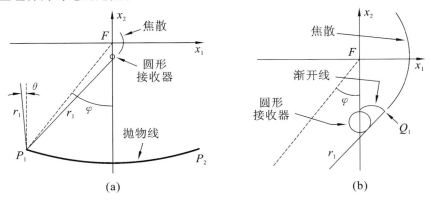

图 6.35　(a) 圆形接收器中心在光轴上,并与从主组件端点 P_1 反射出来的边缘光线 r_1 相切;(b) 次组件的第一部分是一个渐开线,它不能与边缘光线的焦散相交

对于 $\pm\theta$ 的接收角，如果截断喇叭形集中器要达到最大聚光比，圆形接收器的周长必须是 $2\pi R = [P_1, P_2]$，R 现在是接收器的半径。由于对称性，它的中心必须在垂直轴 x_2 上，它在轴上的位置会令从镜面边缘反射的边缘光线 r_1 与它刚好相切，如图 6.35 所示。

次组件的第一部分是一段渐开线，其终点 Q_1 是由抛物线的边角 φ 决定的。必须调整角度 φ 使得边缘光线的焦散会聚在镜面的上边，如图 6.35 所示。接下来，就可以用等光程方法决定截断喇叭形集中器镜面，如图 6.36 所示。

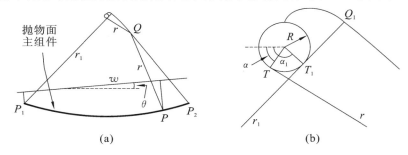

图 6.36　(a) 次组件的截断喇叭形集中器部分的计算；(b) 圆形接收器次组件附近的细节

对于光线 r，有 $d_{wP} + [P, Q] + [Q, T] + R\alpha = S$，其中 d_{wP} 是从 w 到 P 的距离，而 S 是由在点 P_1 反射的光线 r_1 定义的光程：$S = d_{wP_1} + [P_1, Q_1] + [Q_1, T_1] + R\alpha_1$，其中 d_{wP_1} 是从 w 到 P_1 的距离。如前所述，截断喇叭形集中器会完全遮挡主组件，所以必须被截断。

与前面对截断喇叭形集中器的线形接收器的讨论一样，对于圆形接收器，也可以改变主组件的形状，以使光学组件的体型更加紧凑。图 6.37 的主组件包含两个部分：中央的抛物弧线，以及外缘的宏聚焦抛物弧线。集中器的总接收角是 2θ[25]。

次组件的第一部分是一条渐开线，其终点由线段 s 决定。s 相对垂直方向的倾角为 α，并与圆形接收器相切。主组件的顶点 V 由渐开线的两个端点（F 与 G）及接收角 θ 决定。这两条主组件曲线的轴线同时平行于光线 r（相对垂线的倾角为 θ），如图 6.38 所示。光线 r 与波前 w_R 垂直，抛物弧线的焦点是点 F（也就是渐开线的终点），圆形接收器 c 是宏焦抛物线的宏焦。

一旦主组件的几何形状与次组件的渐开线被决定后，就可以计算截断喇叭形集中器镜面的第一部分。如图 6.39 所示，与波前 w_L 垂直的边缘光线 r_3 投射在主组件抛物面的点 P_3 上，利用等光程就可以计算在次组件上的对应点 M_3，如图 6.40 所示。

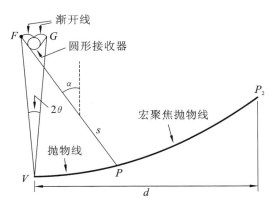

图 6.37   圆形接收器的复合主组件

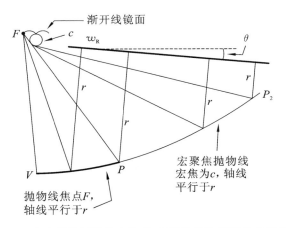

图 6.38   中央抛物弧线焦点为 F,宏聚焦抛物线弧线的宏焦为 c

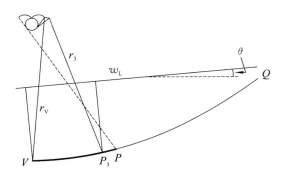

图 6.39   配合主组件的抛物线部分使用的截断喇叭形集中器,使用等光程方法设计

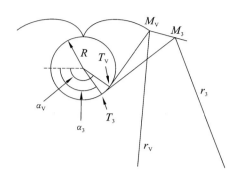

图 6.40   在计算截断喇叭形集中器镜面第一部分时所需考虑的接收器细节

有 $d_{w_L P_3} + [P_3, M_3] + [M_3, T_3] + R\alpha_3 = S$，其中 R 是圆形接收器的半径，$d_{w_L P_3}$ 是从波前 w_L 到 P_3 的距离，而 S 是由光线 r_V 定义的光程：$S = d_{w_L V} + [V, M_V] + [M_V, T_V] + R\alpha_V$，$d_{w_L V}$ 是从波前 w_L 到 V 的距离。

截断喇叭形集中器次组件的最外缘部分也可以用同样的方法计算。但是不同的是现在会用到主组件的宏聚焦抛物线部分，如图 6.41 所示。与波前 w_L 垂直的边缘光线(r_4)投射到主组件的宏聚焦抛物线的点 P_4 上，利用等光程就可以计算在次组件上的对应点 M_4，具体细节如图 6.42 所示。

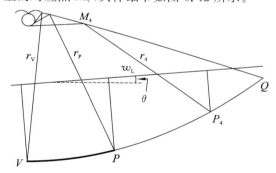

图 6.41   配合主组件的宏聚焦抛物线部分使用的截断喇叭形集中器，
使用等光程方法设计

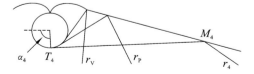

图 6.42   在计算截断喇叭形集中器镜面第二部分时所需考虑的接收器细节

对于光线 r_4，有 $d_{w_L P_4} + [P_4, M_4] + [M_4, T_4] + R\alpha_4 = S$，其中 $d_{w_L P_4}$ 是从

波前 w_L 到 P_4 的距离。如前所述,截断喇叭形集中器会完全遮挡主组件,所以必须被截断。

6.8 低聚光比的截断喇叭形集中器

到目前为止所讨论过的例子中,往往要把截断喇叭形集中器次组件截断以避免对主组件的完全遮挡。另外一个可能性是增加接收器的大小,截断喇叭形集中器镜面就不会一直延伸到主组件的边缘,所以就不会完全遮挡主组件,如图 6.43 所示。

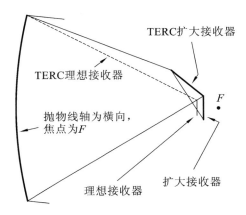

图 6.43　比理想尺寸大的接收器及其对应的截断喇叭形集中器次组件

次组件捕获所有从主组件反射的辐射,但光学组件的聚光比低于理想值。

对于具有圆形接收器以及抛物面主组件的系统,也可以增加接收器的大小以避免主组件完全被遮挡的情况[5]。图 6.44 显示了抛物面主组件的左半部,以及一个管状次组件。圆形接收器的中心在对称轴 s 上,且与抛物面主组件端点 P_1 反射的光线 (r_1) 相切。反射前,光线 r_1 在垂线的左边,且夹角为 θ。

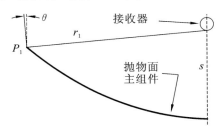

图 6.44　圆形接收器相对于抛物面主组件的位置

现在,圆形接收器大于可能的最小值,它的半径可以写成

$$R = \frac{\delta[P_1, P_6]\sin\theta}{2\pi} \tag{6.49}$$

其中,$\delta > 1$,点 P_1 与 P_6 是主组件的端点,如图 6.45 所示。次组件的中央部分是一条对应于接收器的渐开线。接收器与边缘光线 r_1 相切。但是从 P_1 右边镜面的点上(如点 P_2)反射的光线 r_2 并不会相切于接收器。我们的目标并不是要达到最大聚光比,所以这并不是一个问题。在点 P_3 上的反射光线 r_3 会与接收器相切。渐开线从接收器的最上端开始而终止于点 Q_4,且在该点与光线 r_3 相交。

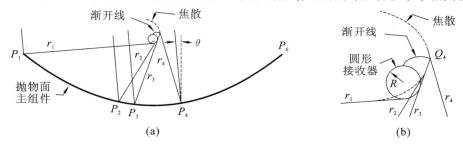

图 6.45　(a) 次组件的中央部分是一条对应于接收器的渐开线;(b) 靠近接收器部分的细节

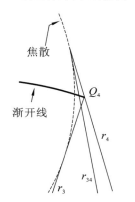

图 6.46　在渐开线末端的光线的细节

在该例中,焦散与渐开线相交。因此,一些从主组件的 P_3 与 P_4 之间发出并落在 r_3 右边的边缘光线,投射到渐开线上反射后,会以不受控的方式投射到接收器上,如图 6.46 所示。

只有从主组件点 P_4 反射的光线 r_4 可以到达渐开线的端点。因此,从点 P_4 开始,可以设计一个截断喇叭形集中器次组件,把边缘光线传播方向变为与接收器相切的方向,如图 6.47 所示。

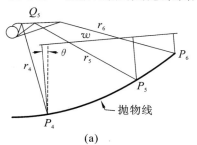

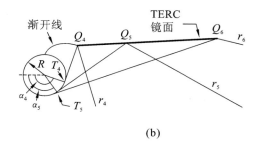

图 6.47　(a) 在中央渐开线部分右边的截断喇叭形集中器镜面的设计;(b) 靠近接收器部分的细节

次组件上的点可以用等光程的方法计算。对于光线 r_5，有 $d_{wP_5} + [P_5, Q_5] + [Q_5, T_5] + R\alpha_5 = S$，其中 R 是圆形接收器的半径，d_{wP_5} 是从波前 w 到 P_5 的距离，而 S 是由光线 r_4 定义的光程：$S = d_{wP_4} + [P_4, Q_4] + [Q_4, T_4] + R\alpha_4$，$d_{wP_4}$ 是从波前 w 到 P_4 的距离。

当使用不同的参数时，在设计主组件与次组件时需要考虑到的光线可能不一样[5]。

该方法可以用来对具有大边角的主组件设计简单的次组件，并能得到较高的聚光比。例如，图 6.48 中的接收器，其边角为 $90°$，接收角（θ）为 0.007 rad（或 $0.4°$），聚光比是理想最大值的 70%，次组件对主组件的遮挡效应大约是 2%，所有从主组件反射的光线会到达次组件。

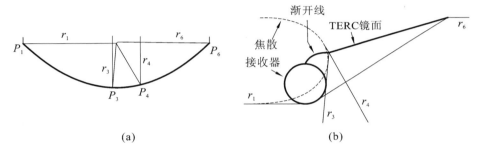

图 6.48 （a）对应于小接收角、大边角主组件的次组件；（b）靠近接收器部分的细节

增加聚光比也会增加遮挡效应。例如，如果集中器聚光比达到理想最大值的 90%，遮挡效应会增加到 15.5%。

6.9 菲涅耳主组件

当抛物面反射镜边角比较大时（事实上这是达到紧凑型集中器的一个条件），它可以变得较大而难以处理。解决该问题的一个方法是把镜面根据菲涅耳原则进行简化，以一组在一条直线上的小平面镜（定日镜，heliostat）来模仿整个抛物面反射镜的光学性质。图 6.49 显示了一组取代抛物面反射镜的定日镜，它们把入射光线反射到接收器 R 上。

为了简化对该光学组件的分析，考虑其极限情况，即一组数目无限多且无限小的定日镜。这一整组定日镜就变成一个连续的菲涅耳主组件，如图 6.50 所示。

如果辐射的半孔径角是 θ，主组件的边角是 φ，从菲涅耳主组件到接收器 R 的距离（或高度）为 h，则可以捕获所有光线的接收器的最小尺寸为

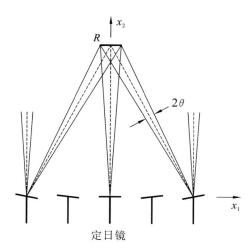

图 6.49　定日镜场把光线反射到接收器 R

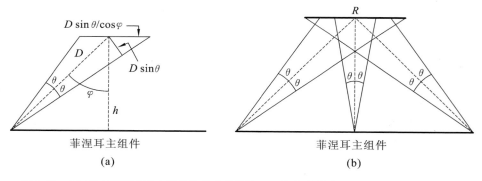

图 6.50　(a) 对应于菲涅耳主组件的最小吸收体；(b) 接收器捕获所有从主组件投射的光线

$$R = \frac{2h\sin\theta}{\cos^2\varphi} \qquad (6.50)$$

其中，$D = h/\cos\varphi$ 是从吸收体的中央到主组件边缘的距离，当被完全的朗伯光源（出光角为 $\pm\,\pi/2$）照亮时，该接收器所能接收的最大光学扩展量是 $2R\sin(\pi/2) = 2R$。它从主组件接收的光学扩展量与它所能接收的最大光学扩展量的比值称为相对于最大值的聚光比（concentration relative to the maximum）

$$C = \frac{U_R}{2R} \qquad (6.51)$$

其中，U_R 是接收器从主组件收集的光学扩展量。要计算聚光比，首先要决定从主组件发出的光线的光学扩展量。考虑一个小面积 $\mathrm{d}x$，它发出的光线在角度为 2θ 的光锥内，它的平分线 v 与 $\mathrm{d}x$ 的垂直方向的夹角为 ϕ，而且指向 R 的中点，如

图 6.51 所示。这个小面积发出的光学扩展量可以写成

$$dU = 2dx\sin\theta\cos\phi \tag{6.52}$$

其中，$\cos\phi$ 对应 dx 在 v 方向的投影。

因子 $\cos\phi$ 也对应定日镜的遮挡效应，如图 6.52 所示。在反射光线的传播方向上的照明面积 $A = dx\cos\phi$，这也对应在光线 r_2 与 r_3 之间的辐射。在左边的定日镜会遮挡其余在光线 r_1 与 r_2 之间的辐射。

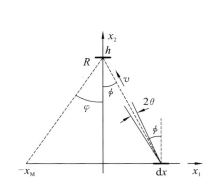

图 6.51 菲涅耳主组件光学扩展量的
计算

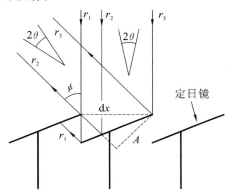

图 6.52 定日镜的遮挡效应导致光学扩展
量损耗

主组件从 $-x_M$ 延伸到 x_M（$x_M = h\tan\varphi$，φ 是主组件的边角）。dx 的水平坐标 $x = h\tan\varphi$，h 是接收器相对于定日镜场的高度。因为

$$\int_0^\varphi \cos\phi dx = \int_0^\varphi \cos\phi\frac{dx}{\phi}d\phi = h\int_0^\varphi \frac{1}{\cos\phi}d\phi = h\ln\left(\tan\left(\frac{\pi}{4} + \frac{\varphi}{2}\right)\right) \tag{6.53}$$

所以主组件的总光学扩展量为

$$U_P = 2 \times 2h\sin\theta\ln\left(\tan\left(\frac{\pi}{4} + \frac{\varphi}{2}\right)\right) \tag{6.54}$$

其中，φ 是主组件的边角。因为系统有两个菲涅耳主反射器（每边一个），所以引入了因子 2。由于所有光线都被接收器捕获，所以 $U_R = U_P$。因此，聚光比就可以写成

$$C = \frac{U_R}{2R} = \cos^2\varphi\ln\left(\tan\left(\frac{\pi}{4} + \frac{\varphi}{2}\right)\right) \tag{6.55}$$

最大值（C_M）等于边角为 $\varphi_M = 40.4°$ 的主组件的理想最大值的 44.8%。

通过减少收集效率，可以增加聚光比。现在考虑图 6.53 的情况。一个小的接收器 AB，在方向 $\boldsymbol{p}_1$ 与 $\boldsymbol{p}_2$ 定义的角度空间之外的所有光线会投射到 AB 之外，所以它不能捕获所有的光线。

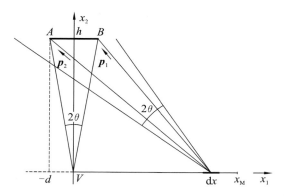

图 6.53 降低光收集效率可以增加菲涅耳主组件的聚光比。图中只显示了菲涅耳主组件
右边的部分

接收器 AB 现在的宽度是接收从主组件上所有点发出的光线所需的最大宽度,因为在 A 左边的点再也不能接收从主组件中心点 V 发出的光线,在 B 右边的点也有同样的情况。高度 h 是整个光学组件的比例因子。

接收器 AB 的大小可以写成

$$[A,B] = 2d = 2h\tan\theta$$

其中, $A = (-d,h)$; $B = (d,h)$ 。因为折射率 $n = 1$,从 $\mathrm{d}x$ 到接收器端点 B 与 A 的光线的光学动量是单位矢量

$$\boldsymbol{p}_1 = (p_{11}, p_{12}) = \frac{\boldsymbol{B} - (x,0)}{\| \boldsymbol{B} - (x,0) \|} \tag{6.56}$$

与

$$\boldsymbol{p}_2 = (p_{21}, p_{22}) = \frac{\boldsymbol{A} - (x,0)}{\| \boldsymbol{A} - (x,0) \|} \tag{6.57}$$

从菲涅耳主组件到接收器 AB 的光学扩展量是

$$U_{AB} = 2\int_0^{x_M} p_{11} - p_{21} \, \mathrm{d}x \tag{6.58}$$

其中, $x_M = h\tan\varphi$,是从中心到定日镜场边缘的距离。于是有

$$\begin{aligned} U_{AB} = &\, 2d \sqrt{\csc^2\theta + \cot\theta\tan\varphi(\cot\theta\tan\varphi + 2)} \\ &- 2d \sqrt{\csc^2\theta + \cot\theta\tan\varphi(\cot\theta\tan\varphi - 2)} \end{aligned} \tag{6.59}$$

聚光比可以写成

$$C = \frac{U_{AB}}{2[A,B]} = \frac{U_{AB}}{4d} \tag{6.60}$$

如果半接收角 $\theta = 0.01 \, \mathrm{rad}$, $\varphi = \varphi_M$, C 会是理想值的 64.8%[26]。收集效率为

$\eta = U_{AB}/U_P = 84\%$,等于接收器收集的能量通量与菲涅耳反射器发出的光通量的比值。

在前面计算边角 φ_M 时,假设接收器收集所有的光线,所以它是使聚光比达最大的最优边角。但是现在的情况不一样,因为接收器比较小,而且只能接收部分从主组件发出的光线。如果增加边角的值超过 φ_M,便可以增加在 AB 上的聚光比,因为有更多的光线会朝 AB 传播,但是效率会降低,因为会有更多的光线打不到 AB 上。举例而言,如果接收角 $\theta = 0.01$ rad,边角 $\varphi = 49.6°$,得到 $U_P = 2[A, B]$,所以接收器 AB 接收的光学扩展量与主组件发出的一样。对该边角而言,接收器捕获的光量就等于光学组件的效率,即 $C = \eta = U_{AB}/U_P$。这时得到的 C 是理想聚光比的 76.2%,而且 η 也是光收集效率的 76.2%。

6.10　菲涅耳主组件的截断喇叭形集中器

同时可以对菲涅耳主组件设计截断喇叭形集中器次镜[26]。可以用一组排在一条直线上的小镜面(定日镜)取代连续镜面的主组件。这一组小镜面产生的反射光线会模拟连续镜面的反射光线。例如,对图 6.32 里的复合抛物面主组件(用于构成体型紧凑的主- 次光学系统的一个器件)而言,为了模拟此主组件的光学性质,这些定日镜的方位必须使从右边过来的边缘光线(r_A)反射到接收器的左端点 A,如图 6.54 所示。在图中接收器 AB 与截断喇叭形集中器(相对于定日镜)的尺寸被放大了很多,是为了让它们可以在同一图中显示出来。

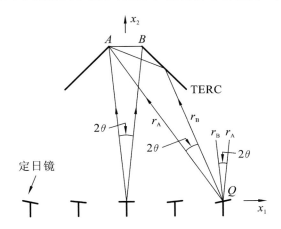

图 6.54　把定日镜对准截断喇叭形集中器次组件的方法

在设计截断喇叭形集中器的形状时,可以把它的镜面分成很多小段,如图 6.55 所示。这时,我们把定日镜看成无穷小的镜面,而且数目无穷多,所以它们近似于一个连续镜面。

首先，把镜面的起点选定为 $P_0 = B, B$ 是接收器的右端点（见图 6.54）。因为从定日镜场上的位置 x_0 发出的光线 r_0 必须被反射到接收器的端点 A 上，所以可以决定在点 P_0 上截断喇叭形集中器镜面的法线 $\boldsymbol{n}_0$ 方向。现在考虑定日镜场上的另一点 x_1，光线 r_1 的方向已知，从点 P_0 画一条与镜面相切的直线（垂直于 $\boldsymbol{n}_0$），该线段与 r_1 的交点便决定了 P_1 的位置。与前面一样，光线 r_1 必须被反射到接收器的端点 A 上，从而可以决定在点 P_1 上截断喇叭形集中器镜面的法线 $\boldsymbol{n}_1$ 方向。接下来，考虑定日镜场上的点 x_2，光线 r_2 的方向已知，可以从点 P_1 画出镜面的切线（垂直于 $\boldsymbol{n}_1$），该线段与 r_2 的交点便是 P_2 的位置。与前面一样，光线 r_2 会被反射到接收器的端点 A 上，从而可以决定在点 P_2 上截断喇叭形集中器镜面的法线 $\boldsymbol{n}_2$ 方向。此外可以用定日镜场上的点 x_3 来计算截断喇叭形集中器镜面上的另一点。重复该计算过程，直到截断喇叭形集中器镜面与定日镜场相接（在图 6.55 中截断喇叭形集中器镜面穿过水平轴），这样就完成了一个完整的截断喇叭形集中器的设计。

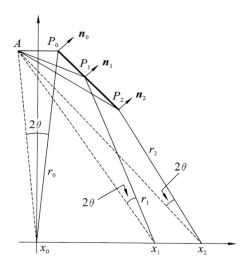

图 6.55 把截断喇叭形集中器镜面分成小段来设计

在使用此方法时，为了让镜面得到好的精准度，需要把主组件分成很多小段，并在截断喇叭形集中器镜面上计算很多的点。但这并不表示要把所有的点都记下来。例如，我们计算了 10^6 个点，但是在截断喇叭形集中器上可以每 10^4 个点才记录一个位置，这样到最后我们在镜面上只记录了 100 个点，但是每一点计算的精准度都会很高。

如果让截断喇叭形集中器一直延伸到与主组件相接（所谓的完整截断喇叭形集中器），则它与定日镜场的交点到中心的距离是 x_R，如图 6.56 所示。可以用光学扩展量来定义 x_R 的值：x_R 对应的线段从主组件接收的光学扩展量必须与接收器 AB 面上接收的相等。

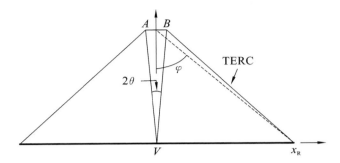

图 6.56　接收角为 2θ 的截断喇叭形集中器 c。其半径 x_R（对应边角 φ）使得从主组件传过来的光学扩展量恰好与接收器 AB 所能接收的相等

对一个完整的截断喇叭形集中器而言，在接收器 AB 上的照明会是完全的朗伯型而且是均匀的（忽略截断喇叭形集中器及接收器 AB 对菲涅耳反射定日镜的遮挡效应）。所以，投射在 AB 上的光线的光学扩展量是

$$U_{AB} = 2[A,B] \qquad (6.61)$$

其中，$[A,B]$ 是从 A 到 B 的距离（接收器的大小）。这也必须是截断喇叭形集中器所捕获的辐射的光学扩展量。

要计算定日镜发出的辐射的光学扩展量，先来考虑有无穷多且无穷小的定日镜，它们形成一个连续镜面。考虑图 6.57 的小面积 $\mathrm{d}x$，它的平分线 v 相对于 $\mathrm{d}x$ 的垂线的倾角为 β，而孔径角为 2θ，它的光学扩展量可以写成

$$\mathrm{d}U = 2\mathrm{d}x\sin\theta\cos\beta \qquad (6.62)$$

其中，$\cos\beta$ 是 $\mathrm{d}x$ 在方向 v 上的投影。

如果接收器的端点 $A = (-d,h)$，那么

$$\beta = \arctan\left(\frac{x+d}{h}\right) - \theta \qquad (6.63)$$

所以，在 x_C 与 x_D 之间的定日镜场的光学扩展量是

$$U(x_C,x_D) = 2\sin\theta\int_{x_C}^{x_D}\cos\left(\arctan\left(\frac{x+d}{h}\right) - \theta\right)\mathrm{d}x = F(x_D) - F(x_C)$$

$$(6.64)$$

其中

$$F(x) = 2\sin\theta(h\cos\theta\ln(d + x + \sqrt{h^2 + (d+x)^2})$$
$$+ \sqrt{h^2 + (d+x)^2}\sin\theta) \tag{6.65}$$

现在将式(6.64)从主组件的中点开始积分(也就是让 $x_C = 0$),就可以得到

$$U_{x_D} = 2U(0, x_D) \tag{6.66}$$

其中,因子 2 是因为需要考虑定日镜场的两边。利用下式对 x_D 求解便可以得到定日镜场的半径(每边的长度,$x_D = x_R$)

$$U_{AB} = U_{x_D} \tag{6.67}$$

从而可以计算主组件发出的光学扩展量(等于接收器上的光学扩展量)是

$$U_P = 2U(0, x_R) = 2[A, B] \tag{6.68}$$

点$(x_R, 0)$是截断喇叭形集中器与主组件的交点。图 6.56 显示了一个完整截断喇叭形集中器,其接收角为 2θ。

在设计截断喇叭形集中器次组件时,往往需要把它截断之后才可以使用。这时,会引进两个损耗机制:遮挡效应,以及从次组件丢失的光线。

如图 6.58 所示,如果把截断喇叭形集中器在点 T 处截断,没有被遮挡的主组件部分发出的光学扩展量可以写成 $2U(x_T, x_R)$。因为有两边的光学组件,所以这里也有一个因子 2。x_T 是点 T 的水平坐标。

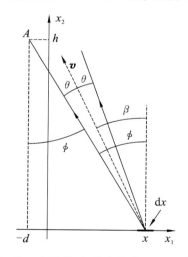

图 6.57　小面积 dx 的光学扩展量的计算,其孔径角为 2θ,与 dx 的垂直方向的夹角为 β

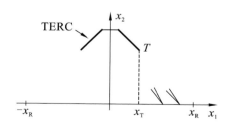

图 6.58　截断喇叭形集中器对菲涅耳主组件的遮挡效应

现在计算没有投射在次组件上的光线导致的光学扩展量损耗。如果用前面讨论的方法计算截断喇叭形集中器,就会有一组对应的镜面点与法线。截断

喇叭形集中器的截断点 T 的法线是 $\boldsymbol{n}_T$,从光源的端点 A 发出的光线 r 在点 T 处反射后与主组件的交点是 x_L,如图 6.59 所示。从 x_L 与 x_R(主组件的终点)之间发出的光线,有一些会投射到次组件外面。要计算由此产生的损耗,首先考虑从主组件上点 Q 发出的边缘光线,其光学动量分别是 $\boldsymbol{p}_A$ 与 $\boldsymbol{p}_B$。因为折射率 $n=1$,所以它们是单位矢量。动量 $\boldsymbol{p}_A$ 从点 Q 指向接收器的端点 A,$\boldsymbol{p}_B$ 与 $\boldsymbol{p}_A$ 的夹角为 2θ(光学组件的总接收角)。

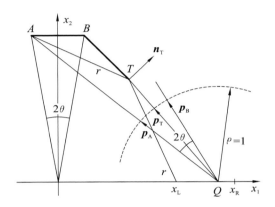

图 6.59　截断喇叭形集中器次组件由于被截断而导致的光学扩展量损耗

从点 Q 发出,局限在方向 $\boldsymbol{p}_B$ 与 $\boldsymbol{p}_T$ 之间的光线会被损耗($\boldsymbol{p}_T$ 是从点 Q 射向点 T 的光线的光学动量)。如果 $\boldsymbol{p}_B=(p_{B1},p_{B2})$,$\boldsymbol{p}_T=(p_{T1},p_{T2})$,则损耗的光学扩展量可以写成(见图 6.60)

$$U_L=\int_{x_L}^{x_R} p_{B1}-p_{T1}\,\mathrm{d}x \tag{6.69}$$

现在要计算 p_{B1} 与 p_{T1}。如果 $\boldsymbol{A}=(-d,h)$,$\boldsymbol{Q}=(x,0)$,则有(见图 6.60)

$$\boldsymbol{p}_A=\frac{\boldsymbol{A}-\boldsymbol{Q}}{\|\boldsymbol{A}-\boldsymbol{Q}\|}=\frac{1}{\sqrt{h^2+(d+x)^2}}(-d-x,h) \tag{6.70}$$

动量 $\boldsymbol{p}_B$ 也是一个单位矢量,但对 $\boldsymbol{p}_A$ 转动了 2θ 的角度,因此

$$\boldsymbol{p}_B=\boldsymbol{R}(-2\theta)\cdot\boldsymbol{p}_A\Rightarrow p_{B1}=\frac{-(d+x)\cos(2\theta)+h\sin(2\theta)}{\sqrt{h^2+(d+x)^2}} \tag{6.71}$$

其中,$\boldsymbol{R}(-2\theta)$ 是角度 -2θ 的转动矩阵。如果 $\boldsymbol{T}=(T_1,T_2)$,就可以把 $\boldsymbol{p}_T$ 写成

$$\boldsymbol{p}_T=\frac{\boldsymbol{T}-\boldsymbol{Q}}{\|\boldsymbol{T}-\boldsymbol{Q}\|}=\frac{1}{\sqrt{(T_1-x)^2+T_2^2}}(T_1-x,T_2)\Rightarrow p_{T1}=\frac{T_1-x}{\sqrt{(T_1-x)^2+T_2^2}}$$
$$\tag{6.72}$$

所以,从点 x_L 与 x_R 之间发出,投射在次组件之外的光线导致的光学扩展量损耗是

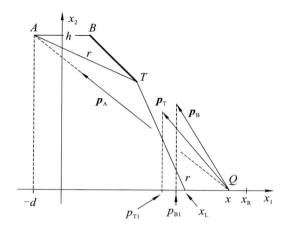

图 6.60 把 p_{B1}-p_{T1} 沿定日镜场的长度方向从 x_L 积分到 x_R 便可计算在次组件上损耗的辐射的光学扩展量

$$U_L(x_L,x_R) = \int_{x_L}^{x_R} p_{B1} - p_{T1}\, \mathrm{d}x = G(x_R) - G(x_L) \tag{6.73}$$

其中

$$\begin{aligned} G(x) &= \sqrt{(T_1-x)^2 + T_2^2} - \sqrt{h^2 + (d+x)^2}\cos(2\theta) \\ &\quad + h\sin(2\theta)\ln(d+x+\sqrt{h^2+(d+x)^2}) \end{aligned} \tag{6.74}$$

到达接收器的光线的总光学扩展量就可以写成

$$U_R = 2(U(x_T,x_R) - U_L(x_L,x_R)) \tag{6.75}$$

同样,因为有两边的光学组件,所以式(6.75)内出现了因子 2。把 U_R 对 T 的位置求最大,就可以找到最佳截断点。

如果用前面讨论的方法计算截断喇叭形集中器,存在一组对应的镜面点与法线。可以对每一点计算 U_R,然后找出达到最大值的对应点。因为接收器 AB 所能接收的最大光学扩展量是 U_{AB},相对于可能最大值的聚光比(concentration relative to the maximum possible)就可以写成

$$C = \frac{U_R}{U_{AB}} = \frac{U(x_T,x_R) - U_L(x_L,x_R)}{[A,B]} \tag{6.76}$$

因为 $U_P = U_{AB}$(主组件发出的光学扩展量 U_{AB} 等于接收器 AB 所能接收的最大值),所以光学组件的效率可以写成 $\eta = U_R/U_P = C$。

图 6.61 是聚光比 C 与收集效率 η 对截断喇叭形集中器的截断点水平坐标 x_T 的函数图。

如果接收器的大小是 $[A,B]=1$,则接收角是 $\theta = 0.01$ rad[26]。那么,边角

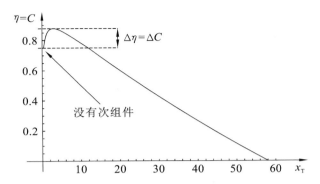

图 6.61　聚光比 C 与收集效率 η 作为截断喇叭形集中器截断点水平坐标 x_{T} 的函数

$\varphi = 49.5°$。没有次组件(只有接收器)的情况下,最大聚光比以及收集效率为 $C = \eta = 75\%$。但是,截断喇叭形集中器的对应值为 $C = \eta = 88\%$,即增加了 $\Delta\eta = \Delta C = 13\%$。截断喇叭形集中器的截断点与光轴的距离为 2.8。图 6.62 显示了一个用上述参数设计的截断喇叭形集中器次组件。

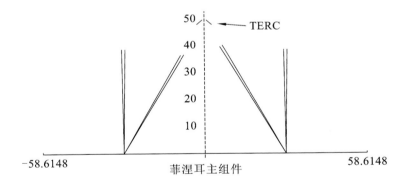

图 6.62　达到最大聚光比与收集效率的截断喇叭形集中器

与连续复合抛物面主组件的情况一样,对应于菲涅耳主组件,截断喇叭形集中器镜面的中央部分也可以设计成一个复合抛物面集中器,如图 6.63 所示。

这时,在定日镜场中央部分(从点 C 到 D)的定日镜方位是水平方向(与图 6.54 中央部分的定日镜一样)。所以,垂直入射的光线会被垂直反射。投射在镜面 BP 部分的边缘光线 r_{P} 互相平行,且与垂直方向的夹角为 θ。这些光线被反射到接收器的端点 A 上。所以镜面 BP 是一个抛物面,其焦点为 A,轴与垂直方向的夹角为 θ。另外一边的镜面是对称的,所以集中器次组件的上部是一个复合抛物面集中器。

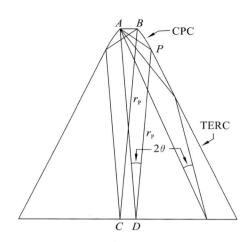

图 6.63　具有中央复合抛物面集中器部分的截断喇叭形集中器次组件

在点 D 右边,定日镜的方位跟之前讨论的一样。它们把其中一条边缘光线反射到接收器的端点 A 上,另外一条边缘光线会被截断喇叭形集中器同时反射到端点 A 上。这一部分的镜面可以从抛物线的终点(P)开始,用图 6.55 显示的方法设计。图 6.64 比较了两个截断喇叭形集中器,其中一个有中央复合抛物面集中器,另外一个没有。这两个器件有同样的接收角,同样大小的接收器。与前面在连续主组件方面的讨论一样,具有中央复合抛物面集中器部分的次组件的体型比较大。

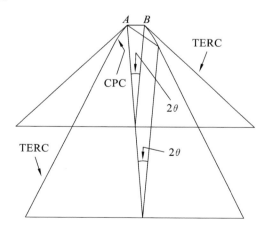

图 6.64　两个截断喇叭形集中器的比较:它们对应同样的接收器大小,接收角也一样,只是其中一个有中央复合抛物面集中器部分,另一个没有

截断喇叭形集中器次组件会一直延伸到主组件,必须被截断才可以用。

6.11　例子

下面例子中用到的曲线及函数可以在第 21 章里找到。

例 6.1　针对下列条件设计一个复合椭圆集中器次组件:边角 $\varphi = 15°$ ($\varphi = \pi/12$ rad) 的抛物面主组件,集中器的接收角 $\theta = \pm 1°$。

抛物面主组件的定义是

$$P(\phi) = (P_1, P_2) = \frac{2}{1 - \cos\phi}(\cos\phi, \sin\phi) \tag{6.77}$$

其中,$\pi - \pi/12 \leqslant \phi \leqslant \pi + \pi/12$。抛物线的端点分别为:$P_1 = (-0.982\,994, 0.260\,813)$,$P_2 = (-0.982\,994, -0.260\,813)$。通过 P_1 与 P_2 的边缘光线的交点 X 是(见图 6.65)

$$X = \frac{1}{\cos\varphi + \cos^2\varphi}(-2\sin^2\theta, \sin2\theta) = (-0.000\,320\,484, 0.018\,360\,5) \tag{6.78}$$

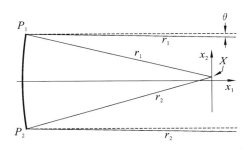

图 6.65　抛物面主组件

点 X 与其对称点(对称轴为 x_1 轴)定义了复合椭圆集中器的入光孔。抛物面主组件可以考虑成一个对复合椭圆集中器入光孔发光的朗伯光源(P_1P_2),该朗伯光源的光学扩展量可以写成

$$U_{LS} = \frac{8\sin\theta\tan(\varphi/2)}{\cos\varphi} = 0.018\,837\,2 \tag{6.79}$$

要达到最大聚光比,投射在接收器上的辐射必须是朗伯型的,光线角度在 $\pm\pi/2$ 之间,接收器的大小 R 可以写成 $2R\sin(\pi/2) = U_{LS}$,或写成

$$R = \frac{U_{LS}}{2} = 0.009\,418\,61 \tag{6.80}$$

现在可以决定接收器端点的位置。从 P_1 发出穿过 X 的光线(r_1),与穿过点($0, -R/2$)的水平线的交点便是接收器的下端点 R_1(见图 6.66),有

$$R_1 = \mathrm{isl}(X, X - P_1, (0, -R/2), (1, 0)) = (0.093\,182\,9, -0.004\,709\,31)$$

R_2 与 R_1 关于 x_1 轴对称。

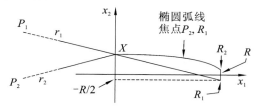

图 6.66　用来决定接收器 R 位置，以及计算组成复合椭圆集中器次组件的椭圆的范图

现在已经决定了复合椭圆集中器上半部椭圆弧线的焦点（P_2 与 R_1），以及椭圆弧线需要通过的点 X。所以，这一条曲线就可以完全定义为

$$\mathrm{eli}(P_2,R_1,X) = \left(-0.982\,994 + \frac{0.025\,881\,8\cos(0.233\,63+\phi)}{2.235\,74 - 2.212\,46\cos\phi}, \right.$$
$$\left. -0.260\,813 + \frac{0.025\,881\,8\sin(0.233\,63+\phi)}{2.235\,74 - 2.212\,46\cos\phi} \right) \tag{6.81}$$

其中，$\alpha_1 \leqslant \phi \leqslant \alpha_2$，且

$$\begin{cases} \alpha_1 = \mathrm{ang}(R_2-P_2, R_1-P_2) = 0.473\,627° \\ \alpha_2 = \mathrm{ang}(X-P_2, R_1-R_2) = 2.473\,63° \end{cases} \tag{6.82}$$

复合椭圆集中器下半部椭圆弧线与刚定义的椭圆弧线关于 x_1 轴对称。

例 6.2　针对下列条件设计一个喇叭形次组件：边角 $\varphi = 19.5°(19.5\pi/180\ \mathrm{rad})$ 的抛物面主组件，集中器的接收角 $\theta = \pm 1°$，双曲线的截断参数 $\phi = 62°$。

抛物面主组件的表达式是

$$P(\phi) = (P_1, P_2) = \frac{2}{1-\cos\phi}(\cos\phi, \sin\phi) \tag{6.83}$$

其中，$\pi - 19.5\pi/180 \leqslant \phi \leqslant \pi + 19.5\pi/180$。抛物线的端点分别为：$P_1 = (-0.970\,474, 0.343\,663)$，$P_2 = (-0.970\,474, -0.343\,663)$。通过 P_1 与 P_2 的边缘光线的交点 X 是

$$X = \frac{1}{\cos\varphi + \cos^2\varphi}(-2\sin^2\theta, \sin(2\theta)) = (-0.000\,332\,661, 0.019\,058\,1) \tag{6.84}$$

以 x_1 为对称轴的对称点 Y 是（见图 6.67）

$$Y = (-0.000\,332\,661, -0.019\,058\,1) \tag{6.85}$$

图 6.68 中接收器的大小（R）是

$$R = \frac{4\sin\theta\tan(\varphi/2)}{\cos\varphi} = 0.012\,725\,4 \tag{6.86}$$

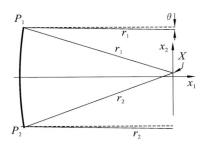 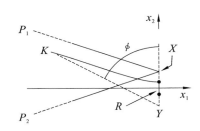

图 6.67　抛物面主组件　　　　图 6.68　集中器次组件的截断双曲线

喇叭形集中器的双曲线表达式是

$$K(\phi) = \frac{R^2 - f^2}{2R - 2f\cos\phi}(\cos(\phi + \pi/2), \sin(\phi + \pi/2)) + Y \qquad (6.87)$$

其中，$f = [X, Y] = 0.038\ 116\ 2$。

截断双曲线的端点是 $K = K(62°) = (-0.110\ 585, 0.039\ 564)$。

抛物面主组件可以考虑成一个对 XY 发光的朗伯光源（P_1P_2），此时朗伯光源的光学扩展量为

$$U_{LS} = \frac{8\sin\theta\tan(\varphi/2)}{\cos\varphi} = 0.025\ 450\ 8$$

由于双曲线的截断而丢掉的光线的光学扩展量是从 P_1T 到 KX 的两倍（见图 6.69）。点 T 可以写成

$$T = \mathrm{isl}(K, K - X, P_2, (0, 1)) = (-0.970\ 474, 0.199\ 496) \qquad (6.88)$$

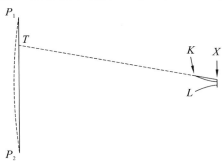

图 6.69　抛物面反射镜被考虑为一个朗伯光源 P_1P_2，在 P_1 与 T 之间发出的光线被损耗

因此，由于喇叭形集中器的截断而损耗的光学扩展量是

$$U_L = 2([T, X] - [T, K] + [P_1, K] - [P_1, X]) = 0.002\ 427\ 81$$

$$(6.89)$$

被喇叭形集中器捕获的比例是

$$c_U = 1 - U_L/U_{LS} = 0.904\ 608 \qquad (6.90)$$

主组件上被照亮的比例是

$$I_{\text{L}} = 1 - \frac{[K,L]}{[P_1,P_2]} = 0.884\ 875 \tag{6.91}$$

其中，L 与 K 关于光轴 x_1 互为对称。因此，该光学组件的聚光比是

$$C = \frac{[P_1,P_2]}{R} I_{\text{L}} c_{\text{U}} = \frac{\cos\varphi}{\sin\theta} I_{\text{L}} c_{\text{U}} = 43.2348 \tag{6.92}$$

相对于可能最大值的聚光比是

$$C\sin\theta = 0.754\ 552 \tag{6.93}$$

例 6.3 针对下列条件设计一个截断喇叭形集中器次组件：边角 $\varphi = 36.6°$ 的抛物面主组件，集中器的接收角 $\theta = \pm 0.01\ \text{rad}$，以及一个直线形接收器。

抛物面主组件的表达式是

$$P(\phi) = (P_1,P_2) = \frac{2}{1-\cos\phi}(\cos\phi,\sin\phi) \tag{6.94}$$

其中，$\pi - \varphi \leqslant \phi \leqslant \pi + \varphi$。边缘光线的焦散表达式是

$$C(\phi,\theta) = \frac{d}{2}\csc^3\left(\frac{\phi}{2}\right)\left(\sin\left(2\theta - \frac{3\phi}{2}\right) + \sin\left(\frac{3\phi}{2}\right), \cos\left(2\theta - \frac{3\phi}{2}\right) - \cos\left(\frac{3\phi}{2}\right)\right) \tag{6.95}$$

其中，$\pi - 36.6\pi/180 \leqslant \phi \leqslant \pi + 36.6\pi/180$，$\theta = 0.01\ \text{rad}$。

抛物线的端点为

$$\begin{cases} P_1 = P(\pi - 36.6\pi/180) = (-0.890\ 625, 0.661\ 437) \\ P_2 = P(\pi + 36.6\pi/180) = (-0.890\ 625, -0.661\ 437) \end{cases} \tag{6.96}$$

焦散的端点为（见图 6.70）

$$\begin{cases} C_1 = C(\pi - 36.6\pi/180, 0.01) = (-0.009\ 626\ 38, -0.006\ 622\ 72) \\ C_2 = C(\pi + 36.6\pi/180, 0.01) = (0.009\ 492\ 01, -0.006\ 813\ 91) \end{cases} \tag{6.97}$$

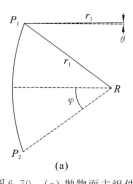
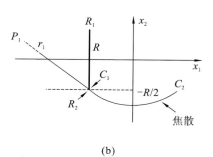

图 6.70 （a）抛物面主组件、接收器，以及边缘光线的焦散；（b）接收器的细节

理想接收器的大小为

$$R = [P_1, P_2]\sin\theta = 0.013\ 228\ 5 \qquad (6.98)$$

在上边点 P_1 反射的边缘光线,与穿过点 $(-R/2, 0)$ 的水平线的交点便是接收器的下端点。由于抛物线的焦点是 $F = (0, 0)$,从 P_1 到 F 的矢量是 $\boldsymbol{F} - \boldsymbol{P}_1 = -\boldsymbol{P}_1$。平行于抛物线轴的光线在 P_1 反射后射向 F,所以反射后的方向为 $-P_1$。因此,在反射前与水平方向成 θ 夹角的边缘光线 r_1(图的上边)在 P_1 反射后的方向是 $-\boldsymbol{R}(-\theta)\cdot P_1$。接收器的端点 R_2 可以写成

$$R_2 = \text{isl}(P_1, -R(\theta)\cdot P1, (0, -R/2), (1, 0))$$
$$= (-0.009\ 637\ 53, -0.006\ 614\ 26) \qquad (6.99)$$

其中,R 是接收器的大小;$\boldsymbol{R}(-\theta)$ 是角度 $-\theta$ 的转动矩阵;接收器的另一端点是 $R_1 = (-0.009\ 637\ 53, 0.006\ 614\ 26)$,且与 R_2 关于水平轴互为对称,如图 6.70 所示。

焦散的端点(C_1 与 C_2)在接收器端点(R_1 与 R_2)的右边,对应较大的 x_1 值,因此,焦散不会与接收器或截断喇叭形集中器(在 R 的左边)相交。

现在可以定义波前 w 的位置,w 与入射的边缘光线垂直,如图 6.71 所示。矢量 $\boldsymbol{v}_1$(垂直于 w)与 $\boldsymbol{v}_2$(平行于 w)可以写成

$$\begin{cases} \boldsymbol{v}_1 = (\cos\theta, \sin\theta) \\ \boldsymbol{v}_2 = \left(\cos\left(\dfrac{\pi}{2}+\theta\right), \sin\left(\dfrac{\pi}{2}+\theta\right)\right) = (-\sin\theta, \cos\theta) \end{cases} \qquad (6.100)$$

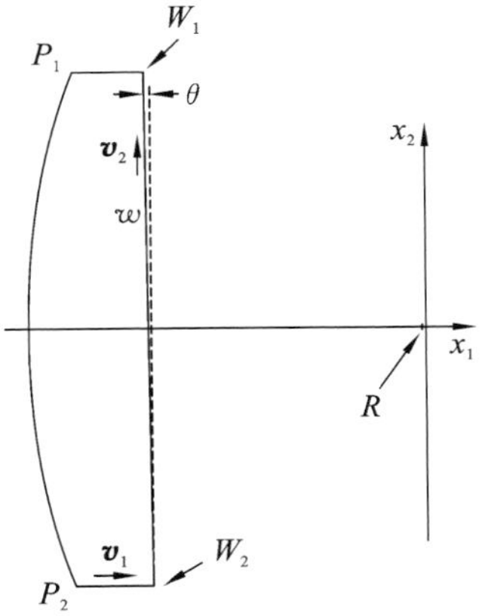

图 6.71　垂直于一组边缘光线的波前 w 的定义

波前(w)上的点 W_2 则可以写成

$$W_2 = P_2 + 0.2v_1 = P_2 + 0.2(\cos\theta, \sin\theta) = (-0.690\ 635, -0.659\ 437)$$
$$(6.101)$$

从 W_2 沿 v_2 方向画一直线，再从 P_1 沿 v_1 方向画一直线，它们的交点定义了点 W_1，即

$$W_1 = \mathrm{isl}(W_2, v_2, P_1, v_1) = \mathrm{isl}(W_2, (-\sin\theta, \cos\theta), P_1, (\cos\theta, \sin\theta))$$
$$= (-0.703\,863, 0.663\,304)$$

$$(6.102)$$

现在对抛物面主组件上的不同点，可以用等光程方法计算截断喇叭形集中器上的对应点。垂直于 w 的边缘光线在抛物线反射后，被截断喇叭形集中器转向而投射到接收器的端点 R_1 上。这些光线的光程（S）是

$$S = [W_1, P_1] + [P_1, R_2] + [R_2, R_1] = 1.305\,64 \qquad (6.103)$$

现在以抛物面主组件的参数来计算其对应点。例如，当 $\phi_4 = \pi + 20\pi/180$ 时，可以得到（见图 6.72）

$$P_4 = P(\pi + 20\pi/180) = (-0.968\,909, -0.352\,654) \qquad (6.104)$$

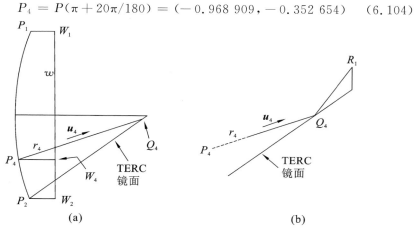

图 6.72 （a）截断喇叭形集中器镜面上点 Q_4 的计算；（b）投射在截断喇叭形集中器镜面点 Q_4 上的光线 r_4 的光程细节

在波前 w 上的对应点便可以计算为

$$W_4 = \mathrm{isl}(W_2, v_2, P_4, v_1) = (-0.693\,731, -0.349\,902) \qquad (6.105)$$

所以，点 P_4 与点 R_1 之间的光程是

$$S_4 = S - [W_4, P_4] = 1.030\,44 \qquad (6.106)$$

垂直于 w 的边缘光线 r_4 在 P_4 反射后的方向是 $-\boldsymbol{R}(-\theta) \cdot \boldsymbol{P}_4$。因此，反射后的方向可以写成

$$\boldsymbol{u}_4 = -\mathrm{nrm}(R(-\theta) \cdot P_4) = (0.943\,066, 0.332\,606) \qquad (6.107)$$

其中，$\boldsymbol{u}_4$ 是一个单位矢量。最后，截断喇叭形集中器镜面上的点 Q_4 是

$$Q_4 = \mathrm{coptpt}(P_4, u_4, R_1, n, S_4) = (-0.029\,334\,6, -0.021\,279\,1)$$

$$(6.108)$$

在上面的计算中,因为镜面是在空气(折射率 $n = 1$) 中,所以光程的计算也使用同样的折射率。

改变抛物面主组件的参数值 ϕ 后进行同样的计算,便可以得到截断喇叭形集中器镜面上的其他点。完整的截断喇叭形集中器镜面会一直延伸到主组件的边缘,如图 6.72(a) 所示。

如果在 Q_4 处把截断喇叭形集中器截断,则次组件上没有被收集的光线导致的光学扩展量损耗是

$$U_{\mathrm{L}} = \int_{\phi_4}^{\pi+\varphi} \left[v_{\mathrm{r}}(\phi) - v_4(\phi) \right] \cdot \frac{\mathrm{d}P(\phi)}{\mathrm{d}\phi} \mathrm{d}\phi \qquad (6.109)$$

其中

$$\begin{aligned} v_4(\phi) &= \mathrm{nrm}(Q_4 - P(\phi)) \\ v_{\mathrm{r}}(\phi) &= \mathrm{nrm}(-R(-\theta) \cdot P(\phi)) \end{aligned} \qquad (6.110)$$

所以,$U_{\mathrm{L}} = 0.001\ 647\ 88$。以系统的 x_1 轴为对称轴便可定义 Q_4 的对称点 Q_3,$Q_3 = (-0.029\ 334\ 6, 0.021\ 279\ 1)$。因为系统的对称性,在 Q_3 处把截断喇叭形集中器镜面截断导致的光学扩展量损耗也是 U_{L}。所以全部的损耗为 $2U_{\mathrm{L}}$。该截断喇叭形集中器(截断点为 Q_3 与 Q_4)的遮挡效应可以写成

$$S_{\mathrm{H}} = \frac{\left[Q_3, Q_4 \right]}{\left[P_1, P_2 \right]} = 0.032\ 171\ 1 \qquad (6.111)$$

被接收器捕获的光的分数是

$$L_{\mathrm{R}} = 1 - S_{\mathrm{H}} - \frac{2U_{\mathrm{L}}}{2\left[P_1, P_2 \right] \sin\theta} = 0.843\ 259 \qquad (6.112)$$

如果定义角度 α 使得 $\phi = \pi + \alpha$,并定义抛物面主组件为 $P(\alpha)$,其中,$-\phi \leqslant \alpha \leqslant \phi$,可以把 L_{R} 作为截断角度 α_{T}(以度为单位)的函数进行作图,如图 6.73 所示。

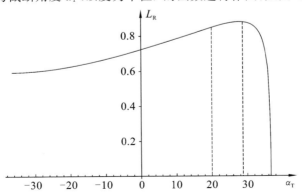

图 6.73　截断喇叭形集中器捕获的光线的光学扩展量作为截断参数 α_{T} 的函数

截断点 P_4 对应 $\alpha_T = \phi_4 - \pi = 20°$。最大值是 0.75,对应于 $\alpha_T = 28.5°$ 时有最大值,这就是截断喇叭形集中器的最佳截断点。

例 6.4 针对下列条件设计一个截断喇叭形集中器次组件:边角 $\varphi = 38°$ 的抛物面主组件,集中器的接收角 $\theta = \pm 5°(\pm \pi/36 \ \text{rad})$,以及一个圆形接收器。

抛物面主组件的表达式是

$$P(\phi) = (p_1, p_2) = \frac{-2}{1 + \cos\alpha}(\cos\alpha, \sin\alpha) \tag{6.113}$$

其中,$-\varphi \leqslant \alpha \leqslant \varphi$。边缘光线的焦散是

$$C(\alpha, \theta) = \frac{d}{2}\sec^3\left(\frac{\alpha}{2}\right)\left(\cos\left(\frac{3\alpha}{2} - 2\theta\right) - \cos\left(\frac{3\alpha}{2}\right), \quad \sin\left(\frac{3\alpha}{2} - 2\theta\right) - \sin\left(\frac{3\alpha}{2}\right)\right)$$

$$\tag{6.114}$$

其中,$-\varphi \leqslant \alpha \leqslant \varphi$;$\theta = \pm \pi/36 \ \text{rad}$。图 6.74 显示了焦点为 $F = (0,0)$,边角为 φ 的主组件。图 6.75 显示了边缘光线的焦散。

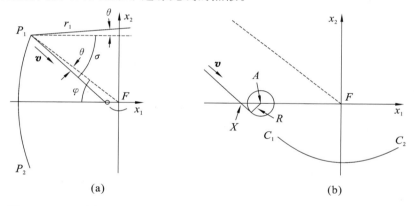

图 6.74 (a) 对应于圆形接收器的抛物面主组件;(b) 靠近接收器部分的细节

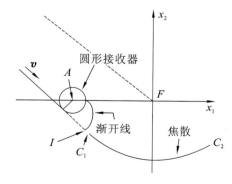

图 6.75 圆形接收器,一个渐开线镜面及一组边缘光线

抛物线的端点是
$$\begin{cases} \boldsymbol{P}_1 = P(-\varphi) = (-0.881\,438, 0.688\,655) \\ \boldsymbol{P}_2 = P(\varphi) = (-0.881\,438, -0.688\,655) \end{cases} \tag{6.115}$$
边缘光线的焦散的端点是
$$\begin{cases} \boldsymbol{C}_1 = C(-\varphi, \theta) = (-0.091\,037\,6, -0.048\,405\,5) \\ \boldsymbol{C}_2 = C(\varphi, \theta) = (0.081\,249, -0.063\,478\,7) \end{cases} \tag{6.116}$$
与水平轴成 θ 夹角的光线 r_1 在 P_1 反射后的方向是 $\boldsymbol{v}$，矢量 $\boldsymbol{v}$ 与水平轴的夹角是 $\sigma = \varphi + \theta$，而且 $\boldsymbol{v} = (\cos(-\sigma), \sin(-\sigma))$。$r_1$ 反射后与 x_1 轴的交点 X 可以写成
$$\boldsymbol{X} = \mathrm{isl}(P_1, v, (0,0), (1,0)) = (-0.142\,946, 0) \tag{6.117}$$
圆形接收器的半径是
$$R = \frac{2[P_1, P_2]\sin\theta}{2\pi} = 0.019\,105 \tag{6.118}$$
圆形接收器的中点是
$$\boldsymbol{A} = \boldsymbol{X} + \left(\frac{R}{\sin\sigma}, 0\right) = (-0.114\,933, 0) \tag{6.119}$$
现在可以为圆形接收器设计渐开线镜面（见图 6.75），其表达式可以写成
$$I_v(\gamma) = R(\cos\gamma, \sin\gamma) - R\gamma(-\sin\gamma, \cos\gamma) + A \tag{6.120}$$
其中，$-\pi/2 - \alpha \leqslant \gamma \leqslant 0$。

终点 I 在以方向 $\boldsymbol{v}$ 通过 P_1 的直线上，且有
$$\boldsymbol{I} = (-0.095\,528\,2, -0.044\,218) \tag{6.121}$$
所以焦散（端点为 C_1 与 C_2）在镜面的右边，与镜面没有相交。

现在可以计算截断喇叭形集中器镜面。首先定义与边缘光线垂直的波前 w，如图 6.76 所示。

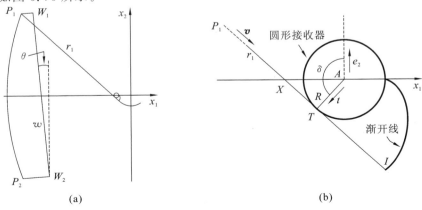

图 6.76 （a）用于计算截断喇叭形集中器镜面的波前 w 及光程的定义；（b）靠近接收器部分的细节

定义 w 上的点 W_1 为

$$\boldsymbol{W}_1 = P_1 + 0.1(\cos\theta, \sin\theta) = (-0.781\,819, 0.697\,371) \quad (6.122)$$

点 W_2 为

$$\boldsymbol{W}_2 = \mathrm{isl}(W_1, (-\sin\theta, \cos\theta), P_2, (\cos\theta, \sin\theta)) = (-0.662\,235, -0.669\,477)$$
$$(6.123)$$

与波前 w 垂直的入射光线在 P_1 反射后(光线 r_1)的方向是 $\boldsymbol{v}$,且与圆形接收器相切于点 T。如果 $\boldsymbol{t} = R(-\pi/2) \cdot \boldsymbol{v} = (-\sin\sigma, -\cos\sigma)$,可以得到

$$\boldsymbol{T} = A + Rt = (-0.127\,962, -0.013\,972\,5) \quad (6.124)$$

光程为

$$S = [W_1, P_1] + [P_1, I] + [I, T] + R\delta = 1.264\,63 \quad (6.125)$$

其中,$\delta = \mathrm{ang}(\boldsymbol{t}, \boldsymbol{e}_2)$,$\boldsymbol{e}_2 = (0,1)$。现在可以在抛物面主组件上选定一点 P_4,并计算在截断喇叭形集中器镜面上的对应点,如图 6.77 所示。

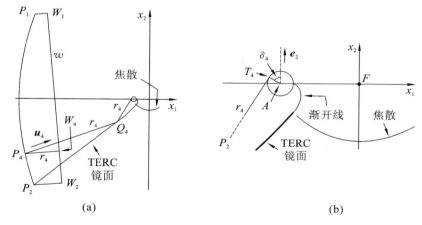

图 6.77 (a) 截断喇叭形集中器镜面的建构;(b) 接收器附近的细节

例如,如果 $\alpha = 20°$,便可以得到

$$\boldsymbol{P}_4 = P(20\pi/180) = (-0.950\,851, -0.443\,389) \quad (6.126)$$

然后,在波前 w 上的对应点便可以计算,即

$$\boldsymbol{W}_4 = \mathrm{isl}(W_1, (-\sin\theta, \cos\theta), P_4, (\cos\theta, \sin\theta))$$
$$= (-0.684\,058, -0.420\,048) \quad (6.127)$$

光线 r_4 在点 P_4 反射后的方向 $\boldsymbol{u}_4 = -\mathrm{nrm}(-R(-\theta) \cdot P_4) = (0.939\,693, 0.342\,02)$。$Q_4$ 的位置可以定义为

$$\boldsymbol{Q}_4 = P_4 + xu_4 \quad (6.128)$$

其中,x 未知。接收器上的切点 T_4 可以作为 Q_4 的函数来计算,如图 6.78 所示。

角度 β 为

$$\beta = \arccos\left(\frac{R}{[A,Q_4]}\right) \tag{6.129}$$

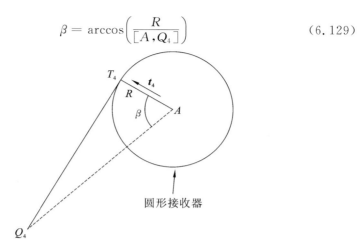

图 6.78 点 T_4 的计算,它位于从截断喇叭形集中器镜面上点 Q_4 出发并与接收器相切的
线段上

矢量 $\mathbf{t}_4$ 可以写成

$$\mathbf{t}_4 = R(-\beta) \cdot \mathrm{nrm}(Q_4 - A) \tag{6.130}$$

点 T_4 为

$$T_4 = A + R\mathbf{t}_4 \tag{6.131}$$

因为 $Q_4 = Q_4(x)$,所以 $\mathbf{t}_4 = \mathbf{t}_4(x), T_4 = T_4(x)$。在截断喇叭形集中器镜面上的
点 Q_4 必须满足等光程的条件:

$$[W_4,P_4] + x + [Q_4,T_4] + R\delta_4 = S \tag{6.132}$$

其中,$\delta_4 = \mathrm{ang}(T_4 - A,(0,1))$,而 x 是 P_4 与 Q_4 之间的距离。在此式中对 x 求
解,可得到 $x = 0.747\,344$。接下来就可以计算截断喇叭形集中器镜面上的点 Q_4 与
T_4:$Q_4 = (-0.248\,578,-0.187\,783), T_4 = (-0.131\,363,0.009\,749\,57)$。

改变 α 的值,便可以得到主组件上的不同点,及其在截断喇叭形集中器镜
面上的对应点。

参 考 文 献

[1] Winston,R.,Nonimaging optics,*Scientific American*,p.76,March 1991.

[2] Gordon,J.,*Solar Energy—The State of the Art*,*ISES Position Papers*,
James & James Science Publishers Ltd,London,2001.

[3] Ries,H.,Gordon,J.,and Lasken,M.,High-flux photovoltaic solar concentrators
with kaleidoscope-based optical designs,*Sol. Energy*,60,11,1997.

[4] Feuermann, D. and Gordon, J., High-concentration photovoltaic designs based on miniature parabolic dishes, *Sol. Energy*, 70, 423, 2001.

[5] Ries, H. and Spirkl, W., Nonimaging secondary concentrators for large rim angle parabolic troughs with tubular absorbers, *App. Opt.*, 35, 2242, 1996.

[6] Ries, H. and Spirkl, W., Caustic and its use in designing optimal absorver shapes for 2D concentrators, *Nonimaging Opt. : Maximum Efficiency Light Transfer III*, Proceedings of SPIE, Vol. 2538, 2, 1995.

[7] Lawrence, J. D., *A Catalog of Special Plane Curves*, Dover Publications, New York, 1972.

[8] Riley, K. F., Hobson, M. P., and Bence, S. J., *Mathematical Methods for Physics and Engineering*, 3rd ed., Cambridge University Press, Cambridge, 2006.

[9] Edwards, H. M., *Advanced Calculus, A Differential Forms Approach*, Birkhäuser, Boston, 1969.

[10] Rabl, A. and Winston, R., Ideal concentrators for finite sources and restricted exit angles, *Appl. Opt.*, 15, 2880, 1976.

[11] Winston, R. and Welford, W. T., Design of nonimaging concentrators as second stages in tandem with image-forming first-stage concentrators, *Appl. Opt.*, 19, 347, 1980.

[12] Winston, R., Cone collectors for finite sources, *Appl. Opt.*, 17, 688, 1978.

[13] Kritchman, E. M., Second-stage CEC concentrator, *Appl. Opt.*, 21, 751, 1982.

[14] Collares-Pereira, M., Rabl, A., and Winston, R., Lens-mirror combinations with maximal concentration, *Appl. Opt.*, 16, 2677, 1977.

[15] Collares-Pereira, M., High temperature solar collector with optimal concentration: Non-focusing Fresnel lens with secondary concentrator, *Sol. Energy*, 23, 409, 1979.

[16] Winston, R. and Welford, W. T., Geometrical vector flux and some new nonimaging concentrators, *J. Opt. Soc. Am. A*, 69, 532, 1979.

[17] O'Gallagher, J., Winston, R., and Welford, W. T., Axially symmetrical nonimaging flux concentrators with the maximum theoretical concentration ratio, *J. Opt. Soc. Am.*, 4, 66, 1987.

[18] Kritchman,E. M. ,Nonimaging second-stage elements:A brief comparison, *Appl. Opt.* ,20,3824,1981.

[19] Kritchman,E. ,Optimized second stage concentrator,*Appl. Opt.* ,20, 2929,1981.

[20] Rabl,A. ,Comparison of solar concentrators,*Sol. Energy* ,18,93,1976.

[21] Collares-Pereira,M. et al. ,High concentration two-stage optics for parabolic trough solar collectors with tubular absorber and a large rim angle,*Sol. Energy* ,47,6,457,1991.

[22] Mills,D. R. ,Two-stage solar collectors approaching maximal concentration, *Sol. Energy* ,54,41,1995.

[23] Friedman,R. P. ,Gordon,J. M. ,and Ries,H. ,New high flux two-stage optical designs for parabolic solar concentrators,*Sol. Energy* ,51, 317,1993.

[24] Friedman,R. P. ,Gordon,J. M. ,and Ries,H. ,Compact high-flux two-stage solar collectors based on tailored edge-ray concentrators,*Sol. Energy* ,56, 607,1996.

[25] Benitez,P. et al. ,Design of CPC-like reflectors within the simultaneous multiple-surface design method,*Nonimaging Opt. :Maximum Efficiency Light Transfer IV* ,SPIE Vol. 3139,19,1997.

[26] Gordon,J. M. and Ries,H. ,Tailored edge-ray concentrators as ideal second stages for Fresnel reflectors,*Appl. Opt.* ,32,2243,1993.

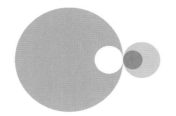

第 7 章

阶梯形流线
非成像光学组件

7.1 简介

一般而言，对于小的接收角，用流线方法设计的光学组件通常都很长，而且会与接收器的边缘接触。解决该问题的一个方法是考虑在流线上引进阶梯形曲线，曲线的一部分与流线重叠，另外一部分与流线垂直。重叠的部分被转变成镜面，在垂直的部分上我们可以加上其他的光学组件，这样就产生一个由很多小光学组件结合而成的微结构器件。很多应用中已经使用了各种各样的微结构光学组件，例如，非常紧凑的集中器；与接收器没有接触的集中器；背光与前光照明；把从一个光源发出的光线传送到几个不同接收器的光导管；把几个光源发出的光线汇集到单一出光孔的光导管（合成大光源）。

7.2 紧凑集中器

复合抛物面集中器可以通过流线方法设计。在接收角较大时，复合抛物面集中器的尺寸是可以接受的，但是如果接收角较小，它就会变得很长。把几个小的复合抛物面集中器组合成为单一器件就可以产生一个功能相等但长度较短的集中器[1]。

图 7.1 显示了一个对倒置 V 形接收器 AFB 设计的集中器。先来考虑在器件内部左边的流线，到虚线 s 为止，它们是抛物线，焦点为 F，轴线平行于 r（在

AF 的延长线上）。在 s 以上，它们是直线。所有这些流线都有同样的形状，只是大小不一样（以一定的比例放大或缩小）。当接收器大小改变时，我们可以选用其中的一条（与接收器大小配合）来设计对应的集中器。右边的流线与左边的流线对称。

选择其中任意两条流线就可以得到不同的集中器。图 7.2 显示了三个例子。在图 7.2(a) 中，入射的辐射在两条抛物线间来回反射，最后被压缩到接收器 R 上。图 7.2(b) 是一个非对称接收器的集中器。图 7.2(c) 显示了一个倾斜接收器

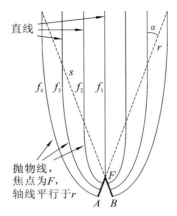

图 7.1　对倒置 V 形接收器设计的复合抛物面集中器内部的流线，在虚线下边它们是抛物线，在虚线上边是直线

的复合抛物面集中器。此集中器的接收角是 2α，它的反射镜对应于图 7.1 中的流线（倒置 V 形接收器的复合抛物面集中器的平分线）。

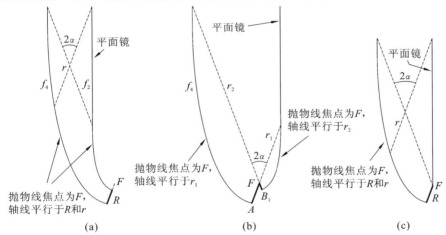

图 7.2　在对一个倒置 V 形接收器设计的复合抛物面集中器内，选择不同的流线便能得到不同的光学组件。(a) 接收器为 R 的集中器，由两条抛物弧线组成（具有相同的焦点，而且轴的方向也一样）；(b) 非对称接收器的集中器；(c) 接收器为倾斜的复合抛物面集中器，它的接收角是 2α，把一个具有倒置 V 形接收器的复合抛物面集中器以垂直流线等分便可得到此集中器

但是，我们也可以改变沿着流线的曲线的形状，如图 7.3(a) 所示。在这里我们选用了一个阶梯形曲线：垂直方向的线段（v_i）沿着流线的方向，水平方向的线段 h_i 与之垂直。

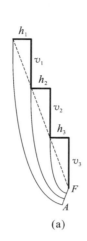

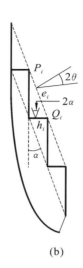

(a)　　　　　　　　(b)

图 7.3　如果 AF 是一个光源，它的光线可以被视为从几个小光源（h_1、h_2、h_3）发出。现在每一个小光源 h_i 有一个对应的长度 e_i，辐射光线会在这些小段上发出，从而让整体辐射的孔径角变小，但面积增加（所有 e_i 的总和）

如果 AF 是一个光源，它的光线会从水平线段 h_1、h_2、h_3…… 离开器件，这些线段可以被视为小光源，它们发出辐射的孔径角为 2α，等于集中器的接收角。每一个小光源的出光最大尺寸是 e_i，从 P_i 延伸到 Q_i，如图 7.3(b) 所示。我们可以减少辐射的角度分布以增加此面积，也可以让出光光锥垂直于 e_i，从而把整个出光口照亮。如果 h_i 与 e_i 代表尺寸的量度，则根据光学扩展量守恒要求有 $2h_i\sin\alpha = 2e_i\sin\theta$ 成立。又因为 $h_i = e_i\sin\alpha$，所以

$$\theta = \arcsin(\sin^2\alpha) \tag{7.1}$$

现在可以把图 7.2(c) 的集中器倒过来放在图 7.3(a) 的小光源 h_i 上，如图 7.4 所示。

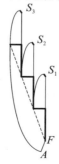

图 7.4　在每一条水平线段上放置一个对应倾斜接收器而设计的复合抛物面集中器（见图 7.2(c)），相当于把光源 AF 分成几个小光源 S_i

这就把光源 AF 转变成了一组共线小光源 S_i，它们的宽度总和等于 AF。在每一个出光口 S_i 上，可以放置一个复合抛物面集中器，其接收角 θ 根据式(7.1)计算，从而得到图 7.5(a) 所示的紧凑光学组件。该光学组件现在可以被看成一个集中器，其接收角为 2θ，接收器为 AF。水平虚线 GF 把此紧凑光学组件分成上、下两部分。下光学组件 GA 是抛物线，它将平行

于 r 且与水平成 2α 夹角的边缘光线会聚到点 F 上。图 7.5(b) 中的器件是一个类似的结构,但用了更多的复合抛物面集中器。

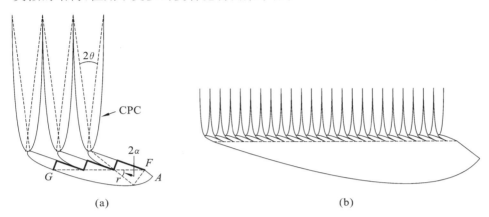

(a)   (b)

图 7.5   (a) 将对应同一接收器而设计的几个复合抛物面集中器结合,从而形成的紧凑光学组件;(b) 与(a) 中的器件具有相同的下光学组件,但器件上的复合抛物面集中器数目更多,从而形成一个更紧凑的设计

现在考虑一个由两面沿垂直方向互相平行的平面镜组成的光导管,如图 7.6(a) 所示,其两条对角线的夹角为 2β。如果孔径角为 2α 的光束从一端入射,它会被来回反射直到以同样的孔径角从另一端射出。在该光学组件内的流线是沿垂直方向的平行直线。我们可以跟前面一样在这些直线上附加阶梯形曲线,如图 7.6(b) 所示。

如前所述,光源 h_i 可以发出辐射的最大宽度是 e_i(从 P_i 到 Q_i)。我们可以减少辐射的角度分布以增加出光尺寸 e_i,而且也可以让出光光锥垂直于 e_i,从而把整个出光口照明。如果 h_i 与 e_i 代表尺寸的量度,则光学扩展量守恒要求 $2h_i\sin\alpha = 2e_i\sin\theta$ 成立。又因为 $h_i = e_i\sin\beta$,所以

$$\theta = \arcsin(\sin\alpha\sin\beta) \tag{7.2}$$

与前面讨论的一样,我们现在可以把图 7.2(c) 中的复合抛物面集中器(对应倾斜接收器而设计) 倒过来放在每一个 h_i 上。因为角度 α 与 β 不相等,所以需要在出光孔上加一条角度为 $\alpha-\beta$ 的圆弧来让所有复合抛物面集中器分布在同一条直线上,这些复合抛物面集中器的接收角为 2θ(可以用式(7.2) 计算)。图 7.7(a) 显示了加上这些复合抛物面集中器后的器件。

图 7.7(b) 是同样的器件,但转动了一定的角度,使得复合抛物面集中器是竖直的,这就形成了一个角度转换器,其接收角为 2θ,出光角为 2α。水平虚线把该光学组件一分为二:在虚线以上的称为上光学组件,在虚线以下的称为下光学组件。图 7.8 显示了图 7.7(b) 中的一个上光学组件。因为这些集中器是由

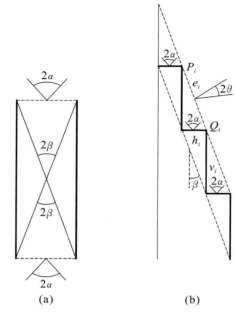

图 7.6 (a) 由两个垂直方向的平面镜组成的光导管,如果孔径角为 2α 的光束从一端入射,它会从另一端以同样的孔径角射出;(b) 在该器件内的流线是沿垂直方向的平行直线,但也可以采用阶梯形流线

好几个小的复合抛物面集中器组合而成的,它们会比复合抛物面集中器本身更紧凑。

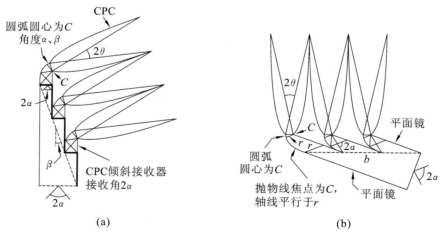

图 7.7 (a) 接收角为 2θ,出光角为 2α 的角度转换器;(b) 水平虚线把该器件分成上光学组件与下光学组件

其他类似的设计可以把几个光源耦合到单一出光孔[1,2]。图 7.9 便是这样的一个例子,它是由好几个光学组件组合而成的。

图 7.9 显示了一个复合抛物面集中器,其小孔径为 R,大孔径 AM 耦合到一个角度转动器。角度转动器的侧壁由几条圆锥曲线组成。在点 K 与 J 之间并不需要镜面来限制光线的传播。所以我们可以把光

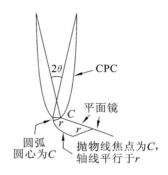

图 7.8　图 7.7 中的器件的上光学组件

学组件延伸到一个在 KJ 连线右边的非光学表面。KJ 连线与该非光学表面之间的材料不起任何的光学作用,但可以用来作为光学组件的支撑。

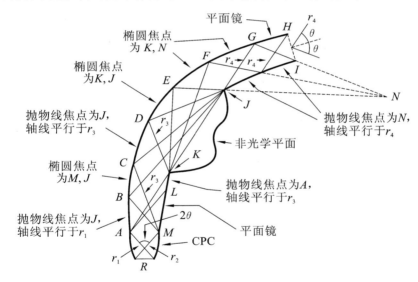

图 7.9　复合抛物面集中器与角度转动器,在点 K 与 J 之间不需要反射镜来限制光线的传播

角度转动器的侧壁 ML 是平直的,它把平行于方向 r_2 的边缘光线反射到平行于 r_3 的方向。LK 部分是抛物线,焦点为 A,轴线平行于 r_3。在另外一边的曲线 AB 是以 J 为焦点的抛物线,轴线平行于 r_1。曲线 BC 是一条椭圆弧线,焦点为 M、J。曲线 CD 是以 J 为焦点的抛物线,轴线平行于 r_3。曲线 EG 是一条椭圆弧线,焦点为 K、N。在这边的最后一个部分 GH 是平直的。在另外一边是一条抛物线,焦点为 N,轴线平行于 r_4。

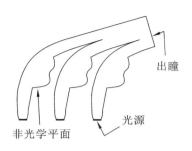

图 7.10 利用阶梯形流线方法把几
个光源耦合到单一出光孔

我们可以用阶梯形流线方法把几个这样的光学组件结合起来以形成新的器件，如图 7.10 所示。

可以把一个光源放在图中的出光孔，让光线反向传播，此光学组件就可以把光线分配到几个不同的出口上。

图 7.11(a) 显示了一个可以把四个光源耦合到单一出光孔的光学组件。图 7.11(b) 中的光学组件可以把两个光源耦合到单一出光孔。该光学组件的两条腿上都有一个非光学表面（上面有洞），可以作为机械支撑之用。

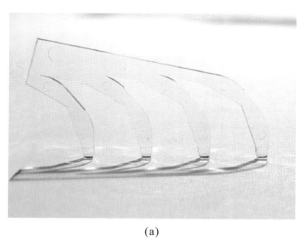
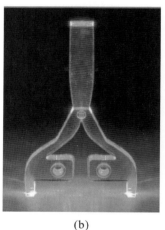

(a)   (b)

图 7.11 （a）四条腿的组合器光学组件（combiner optics）；（b）两条腿的组合器光学组件，每一条腿上都有一个非光学表面，可以作为机械支撑之用（由美国 Light Prescriptions Innovators 公司提供）

阶梯形流线光学组件的另外一个可能应用是在高效率背光与前光照明的设计上[4]。一个简单的例子是用倾斜阶梯（见图 7.12）取代图 7.6 的水平阶梯，倾斜阶梯可以把光线反射到与光导管垂直的方向上。

完成的光学组件包含一个光源、一个准直器，以及一个阶梯形流线光学组件。在背光照明的情况下（见图 7.12(a)），反射光线会穿过一个透射屏而到达另一方的观察者处。在前光照明的情况下（见图 7.12(b)），反射光线会射向一个反射屏，往回反射穿过光学组件而到达观察者处。梯级的高度相对于阶梯间的间距可以小很多，所以几乎看不出来。前光器件就像是一片照亮反射屏的透

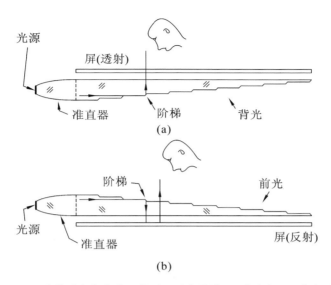

图 7.12　阶梯形流线光学组件可以用来设计(a) 背光与(b) 前光照明

明板块。更周详的设计可以用来使小光源照亮大的目标面,或让整个器件的厚度维持几乎不变[4]。

7.3　具有间隙的集中器

用流线方法设计出来的成品,通常其镜面会与辐射源或接收器相接触,可以修改这些设计以得到与光源或接收器没有接触的理想集中器[5]。

图 7.8 所示的复合抛物面集中器可以考虑为一个针对无穷远、无穷大的光源而设计的集中器。如果现在光源位于一个在有限距离处的圆盘,对此新光源我们可以设计一个定制集中器(tailored concentrator)。

考虑一个半径为 r 的圆盘形朗伯光源(见图 7.13(a)),从它发出的部分光线会被一个光学组件所捕获。该光学组件的接收角为 2θ,入光孔是半径为 R 的圆弧 AB。入光孔对光源中心所张的角度是 δ,弧长是 $R\delta$,进入光学组件的光学扩展量便是 $U = 2R\delta\sin\theta$。又因为 $r = R\sin\theta$,所以 $U = 2r\delta$。如果辐射被传到出光孔 F_1F_2(见图 7.13(b)),而且达到最大聚光比(出光角为 $\pi/2$),那么离开器件的光学扩展量便是 $U_2 = 2[F_1, F_2]$,其中,$[F_1, F_2]$ 是 F_1 与 F_2 之间的距离。我们可以得到 $2r\delta = 2[F_1, F_2]$,因此 $[F_1, F_2] = r\delta$。光学组件的接收角(2θ)与光线 r_1、r_2 的夹角(2γ)有如下的关系:$\theta = \gamma + \delta/2$。所以我们就可以用 θ 与 δ 来计算角度 2γ,从而得到光线 r_1 与 r_2 的方向,并因此决定 F_1 与 F_2 的位置。

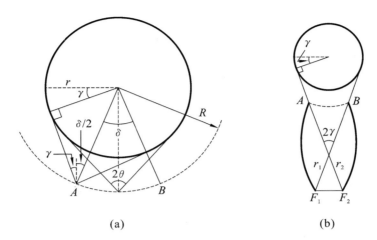

(a)　　　　　　　　　　　　(b)

图 7.13　(a) 半径为 r 的圆盘形光源，以及集中器入光孔（AB）的几何形状，该集中器可以
　　　　捕获从圆盘形光源发出的光线；(b) 针对圆盘形光源设计的集中器

图 7.14 显示了刚刚讨论的器件，其接收角为 2θ。器件上的所有点（P）都是根据以下关系式计算的：

$$l_1 + l_2 + r\varphi = \text{Cte}$$

其中，Cte 是一个常数。

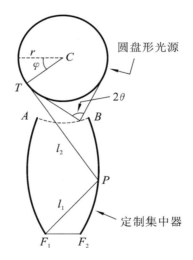

图 7.14　针对半径为 r 的圆盘形光源及接收器 $F_1 F_2$ 设计的集中器。利用长度固定的绳子（也
　　　　就是：$l_1 + l_2 + r\varphi = \text{Cte}$，其中，Cte 是常数），便可以描出器件上的所有点

同时也可以修改图 7.8 中的上光学组件，以便在圆盘形光源周围同时放置好几个光学组件，如图 7.15(a) 所示。这时，抛物面与平面镜会被椭圆弧线取代。

图 7.15(b) 显示了修改后的器件,图中有两个光学组件,其中一个与图 7.15(a) 所示的一样,另外一个是该光学组件绕光源中心 C 转动 δ 角度后的结果。

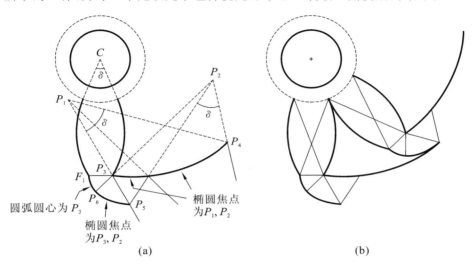

(a)   (b)

图 7.15   (a) 对应圆盘形光源的上光学组件;(b) 两个光学组件放在光源的周围

当把这个光学组件绕中心 C 转动角度 δ 以产生下一个光学组件时,新的光学组件中的线段 $P_1 P_3$ 会平行于 $P_1 P_4$,而线段 $P_2 P_5$ 会平行于 $P_2 P_4$,所以图 7.15(a) 中顶点 P_1 与 P_2 的角度是 δ。

现在考虑单位矢量 $\boldsymbol{v}_{jk}$ (从点 P_j 指向 P_k),如图 7.16 所示。该矢量可以写成 $\boldsymbol{v}_{jk} = (\cos\theta_{jk}, \sin\theta_{jk})$,其中,$\theta_{jk}$ 是线段 $P_j P_k$ 与水平的夹角。利用点 P_j 可以决定点 P_k,即 $P_k = P_j + x_{jk} v_{jk}$,其中,$x_{jk} = [P_j, P_k]$ 是 P_j 与 P_k 间的距离。

在计算图 7.15 中上光学组件的几何形状时,注意到点 P_3 与图 7.14 中的点 F_2 重合。因而可以让 $\boldsymbol{v}_{35} = (\cos\theta_{35},$

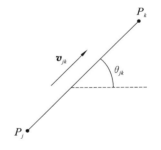

图 7.16   由点 P_j 与 P_k 决定的矢量 $\boldsymbol{v}_{jk}$ 与角度 θ_{jk}

$\sin\theta_{35})$,$\boldsymbol{v}_{36} = (\cos\theta_{36}, \sin\theta_{36})$,其中,$\theta_{35}$ 与 θ_{36} 均未知。因为点 P_6 与 F_1 由一条圆弧相接,所以可以写成 $P_6 = [F_1, F_2] x_{36}$。点 P_5 可以写成 $P_5 = P_3 + x_{35} v_{35}$,其中,$x_{35}$ 未知。利用公式 $P_1 = P_3 - x_{31} v_{35}$,$P_2 = P_3 - x_{32} v_{36}$,可以决定点 P_1 与 P_2,其中,距离 x_{31} 与 x_{32} 未知。将点 P_5 绕中心 C 转动角度 δ 可以得到点 P_4,$P_4 = \boldsymbol{R}(\delta) P_5$,其中,$\boldsymbol{R}(\delta)$ 是角度 δ 的转动矩阵。

现在所有点都可以写成具有五个未知变量 $(\theta_{35}, \theta_{36}, x_{35}, x_{31}, x_{32})$ 的函数。

下面将与图 7.15(a) 的曲线及角度(δ)相关的条件应用在该系统上。对于焦点为 P_2 与 P_3 的椭圆弧线,有 $[P_3,P_6]+[P_6,P_2]=[P_3,P_5]+[P_5,P_2]$;对于焦点为 P_1 与 P_2 的椭圆弧线,有 $[P_1,P_3]+[P_3,P_2]=[P_1,P_4]+[P_4,P_2]$。再来考虑条件 $\boldsymbol{v}_{35}\cdot\boldsymbol{v}_{14}=\cos\delta$,$\boldsymbol{v}_{25}\cdot\boldsymbol{v}_{24}=\cos\delta$,矢量 $\boldsymbol{v}_{14}$、$\boldsymbol{v}_{25}$ 及 $\boldsymbol{v}_{24}$ 就可以表达为对应点(这些点由未知变量决定)的函数,从而得到以下四个公式(包含五个未知变量:θ_{35},θ_{36},x_{35},x_{31},x_{32}):

$$\begin{cases} [P_3,P_6]+[P_6,P_2]=[P_3,P_5]+[P_5,P_2] \\ [P_1,P_3]+[P_3,P_2]=[P_1,P_4]+[P_4,P_2] \\ \boldsymbol{v}_{35}\cdot\boldsymbol{v}_{14}=\cos\delta \\ \boldsymbol{v}_{25}\cdot\boldsymbol{v}_{24}=\cos\delta \end{cases} \tag{7.3}$$

现在可以指定其中一个未知变量的值(如 θ_{36}),然后利用这一组公式解出其他四个未知变量,把结果代入对应的表达式,便可以决定对应点的位置,从而决定椭圆弧线。

一旦确定上光学组件,对应的下光学组件就可以计算出来了。图 7.17 显示了一个系统的两个上光学组件及对应的下光学组件。该下光学组件由椭圆弧线组成,可以把从 P_1 及 Q_1 接收的边缘光线会聚到 P_2 及 Q_2 上。这与前面第二个上光学组件的情况一样,将点 P_1、P_2 绕光源中心 C 转动角度 δ 便可以得到点 Q_1、Q_2。

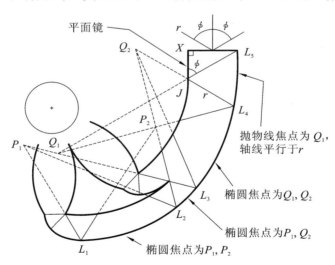

图 7.17 下光学组件可以捕获从圆盘形光源发出的光线。它由一组椭圆弧线组成,可以把从 P_1 及 Q_1 发出的边缘光线会聚到 P_2 及 Q_2 上

对点 L_1 与 L_2 间的下光学组件(对应图 7.15(a) 中的点 P_5)而言,点 P_1 与 P_2 是在视野内的,这部分光学组件看到的边缘光线从点 P_1 发出,朝点 P_2 传

播,因此,对应的椭圆弧线的焦点便是点 P_1 与 P_2。从点 L_2 经过后,点 Q_2 会进入视野内,因此,对应的椭圆弧线的焦点便是点 P_1 与 Q_2。在点 L_3,点 Q_1 会进入视野内而点 P_1 会落在视野外,因此,对应的椭圆弧线的焦点是点 Q_1 与 Q_2,此椭圆弧线会一直延伸到点 L_4。在点 L_4,点 Q_2 会落到视野外。

在设计此光学组件的最后部分时,首先定义平面镜 JX,它与上光学组件相切于点 J。线段 Q_1J 与 JX 的夹角被选定为与器件的出光角相等。由光源发出而进入光学组件的辐射的光学扩展量是已知量,从而就可以计算距离 $[X,$ $L_5]$。因为出光孔 XL_5 与平面镜 JX 垂直,就可以决定点 L_5。最后在点 L_4 与 L_5 间加上一条抛物弧线就可以完成该设计。

现在可以把多个上光学组件放在光源的周围将其完全包住[6],如图 7.18 所示。这里所用的上光学组件同图 7.17 中的一样,而下光学组件的设计方法也相同。

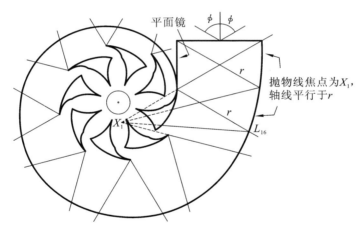

图 7.18 间隙光学组件:接收角为 2ϕ 的集中器,与圆形接收器间有一间隙且不相接

该器件是一个间隙光学组件(gap optics),它是一个接收角为 2ϕ 的集中器,而且它与中央圆形接收器并不相接。

也可以把紧凑光学组件(见图 7.5)与间隙光学组件(见图 7.18)结合使用。针对图 7.18 的间隙光学组件,去掉下光学组件的部分(从点 L_{16} 开始),调整垂直平面镜的长度,从而产生图 7.19 的光学组件(其方位相对于图 7.18 的光学组件转动了 90°)。

为了耦合这两个光学组件,从平面镜 P_5C_1 开始设计。平面镜与上光学组件相切于点 P_5(见图 7.15(a)),镜面长度与 C_1L_{16} 连线形成的角度为 2α,从而可以与紧凑光学组件的上光学组件的角度相匹配。

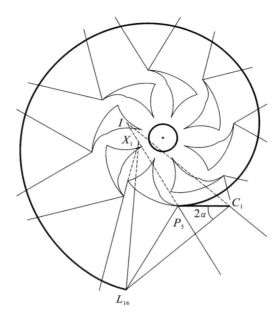

图 7.19　为了耦合间隙光学组件与紧凑光学组件，从平面镜 P_5C_1 开始设计。平面镜与上光学组件相切于点 P_5，镜面长度与 C_1L_{16} 连线形成的角度为 2α，从而可以与紧凑光学组件的上光学组件的角度相匹配

　　图 7.20 显示了间隙光学组件与紧凑光学组件的结合。点 I 是点 L_{16} 的镜像（以 P_5C_1 为镜面）。紧凑光学组件的上光学组件与图 7.5 的相似。下光学组件由一组抛物弧线组成，它把从间隙光学组件沿方向 r 传播的边缘光线转向为与水平方向成 2α 夹角的方向传播。在图 7.21 中，把这样的两个光学组件（见图 7.20）并排放在一起。

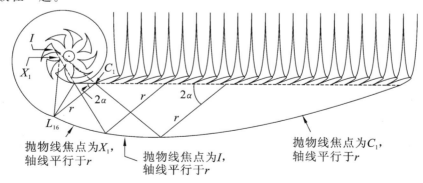

抛物线焦点为 X_1，
轴线平行于 r

抛物线焦点为 I，
轴线平行于 r

抛物线焦点为 C_1，
轴线平行于 r

图 7.20　紧凑光学组件与集中器的结合，集中器的光学组件与接收器间有一间隙

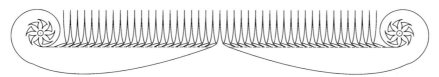

图 7.21　两个相邻的光学组件(与图 7.20 中的光学组件一样)

7.4　例子

下面的例子中用到的曲线及函数可以在第 21 章里找到。

例 7.1　设计一个半接收角 $\theta = 20°$ 的阶梯形流线集中器。

首先考虑复合抛物面集中器的参数表达式。半接收角为 θ,小孔径大小为 $2a$(以原点为中点)的复合抛物面集中器的右边抛物弧线可以写成

$$c_{\mathrm{R}}(\phi) = (c_1(\phi), c_2(\phi))$$

$$= \left(a\,\frac{1 - \cos(\phi + 2\theta) + 2\sin(\phi + \theta)}{\cos\phi - 1}, a\,\frac{\cos(\phi + \theta)}{\sin^2(\phi/2)}(1 + \sin\theta) \right)$$

$$(7.4)$$

其中,$3\pi/2 - \theta \leqslant \phi \leqslant 2\pi - 2\theta$,如图 7.22 所示。

左边的抛物弧线相对于垂直轴 x_2 左右对称,从而可以写成 $c_{\mathrm{L}}(\phi) = (-c_1(\phi), c_2(\phi))$。如果小孔径的中点从 $(0,0)$ 挪到点 M(见图 7.23),则复合抛物面集中器的抛物弧线变成 $c_{\mathrm{R}}(\phi) + M$,以及 $c_{\mathrm{L}}(\phi) + M$,其参数范围不变。

要设计阶梯形流线集中器,可以考虑从点 $A = (0,0)$ 到点 $B = (0,1)$ 的水平线,将器件分成上、下两部分,如图 7.23 所示。

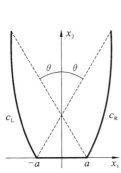

图 7.22　复合抛物面集中器的小孔径
大小为 $2a$,其中点在原点上

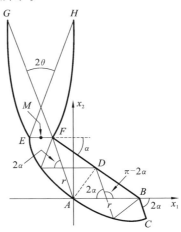

图 7.23　阶梯形流线集中器的上光学组件
(AB 以上)及下光学组件(AB 以下)

首先考虑 AB 以下的下光学组件,它被设计为一条与水平夹角为 $\pi-2\alpha$ 的抛物弧线 AC,也就是说,它的轴线平行于 r。光学组件的半接收角 $\theta=20°$,用于定义下光学组件的角度 α 可以写成

$$\alpha = \arcsin(\sqrt{\sin\theta}) = 35.790\ 6° \qquad (7.5)$$

抛物弧线 AC 的参数表达式就可以写成

$$a(\phi) = \mathrm{par}(\pi-2\alpha, B, A)$$
$$= \left(1 - \frac{0.684\ 04\cos(1.249\ 33 - \phi)}{1 - \cos\phi}, \frac{0.684\ 04\sin(1.249\ 33 - \phi)}{1 - \cos\phi}\right)$$
$$(7.6)$$

其中,$2\alpha \leqslant \phi \leqslant \pi$。让 $\phi = \pi$,就可以得到点 C,有 $C = (1.108\ 06, -0.324\ 499)$。然后,就可以计算点 F 的位置,即

$$\boldsymbol{F} = \mathrm{isl}(B, (\cos(-\alpha), \sin(-\alpha)), A, (\cos(-2\alpha), \sin(-2\alpha)))$$
$$= (-0.315\ 96, 0.948\ 773) \qquad (7.7)$$

抛物弧线 AE 以水平线为轴,焦点为 F,其表达式为

$$b(\phi) = \mathrm{par}(0, F, A)$$
$$= \left(-0.315\ 96 + \frac{0.684\ 04\cos\phi}{1 - \cos\phi}, 0.948\ 773 + \frac{0.684\ 04\sin\phi}{1 - \cos\phi}\right) \quad (7.8)$$

其中,$\pi \leqslant \phi \leqslant 2\pi - 2\alpha$。让 $\phi = \pi$,就可以得到点 E,有 $E = (-0.657\ 98, 0.948\ 773)$。最后,考虑上边的复合抛物面集中器,其侧壁是抛物弧线 EG 与 FH。小孔径的中点是 $M = E + 0.5(F - E) = (-0.486\ 97, 0.948\ 773)$,其长度参数是 $a = [E, F]/2 = 0.171\ 01$。所以,复合抛物面集中器右边的抛物弧线可以写成

$$c_{\mathrm{R}}(\phi) + M$$
$$= \left(-0.486\ 97 + 0.171\ 01\frac{1 - \cos(0.698\ 132 + \phi) + 2\sin(0.349\ 066 + \phi)}{\cos\phi - 1}, \right.$$
$$\left. 0.948\ 773 + 0.229\ 499\frac{\cos(0.349\ 066 + \phi)}{\sin^2(0.5\phi)}\right)$$
$$(7.9)$$

左边的抛物弧线可以写成

$$c_{\mathrm{L}}(\phi) + M$$
$$= \left(-0.486\ 97 - 0.171\ 01\frac{1 - \cos(0.698\ 132 + \phi) + 2\sin(0.349\ 066 + \phi)}{\cos\phi - 1}, \right.$$
$$\left. 0.948\ 773 + 0.229\ 499\frac{\cos(0.349\ 066 + \phi)}{\sin^2(0.5\phi)}\right)$$
$$(7.10)$$

其中,$3\pi/2 - \theta \leqslant \phi \leqslant 2\pi - 2\theta$。

要把多个上光学组件与单一下光学组件结合起来,则需要改变下光学组

件的大小，而用一个上光学组件阵列与之匹配。譬如说，如果需要用 10 个上光学组件，则可以把下光学组件放大 10 倍，其参数表达式就会变为 $10a(\phi)$，参数范围不变。上光学组件的抛物弧线 AE 就可以用阵列的形式表达为

$$b(\phi) + i(B - A) \quad i = 0, 1, \cdots, 9 \tag{7.11}$$

参数范围也跟前面讨论的一样。复合抛物面集中器右边的抛物弧线同样可以写成

$$c_R(\phi) + M + i(B - A) \quad i = 0, 1, \cdots, 9 \tag{7.12}$$

左边的则可以写成

$$c_L(\phi) + M + i(B - A) \quad i = 0, 1, \cdots, 9 \tag{7.13}$$

图 7.24 显示了由多个上光学组件及一个下光学组件组成的集中器。

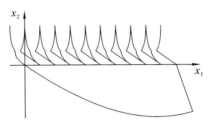

图 7.24   将几个光学组件组合成一个集中器

参 考 文 献

[1] Chaves,J. and Collares-Pereira,M. ,Ultra flat ideal concentrators of high concentration,*Sol. Energy*,69,269,2000.

[2] Chaves,J. et al. ,Combination of light sources and light distribution using manifold optics,*Nonimaging Opt. Efficient Illumination Systems III*，SPIE Vol. 6338,63380M,2006.

[3] Dross,O. et al. ,LED headlight architecture that creates a high quality beam pattern independent of LED shortcomings,*Nonimaging Opt. Efficient Illumination Systems II*,SPIE Vol. 5942,126,2005.

[4] Miñano,J. C. et al. ,High-efficiency LED backlight optics designed with the flow-line method,*Nonimaging Opt. Efficient Illumination Systems II*,SPIE Vol. 5942,6,2005.

[5] Chaves,J. and Collares-Pereira,M. ,Ideal concentrators with gaps,*Appl. Opt.* ,41,1267,2002.

[6] Feuermann,D. ,Gordon,J. M. ,and Ries,H. ,Nonimaging optical designs for maximum-power-density remote irradiation,*Appl. Opt.* ,37,1835,1998.

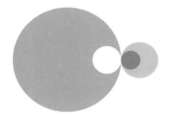

第 8 章
灯具

8.1　简介

灯具是一个反射镜（或光学组件），可以把从光源发出的光线反射到接收器上，而且在接收器上达到预定的光强分布。如果光源的尺寸远小于灯具反射镜，则该光源可以被考虑为一个点光源。如果灯具到接收器的距离很大，则可以用传统的设计方法来决定灯具镜面的形状[1,2]。如果光源比较大，则需要用非成像光学方法来决定灯具镜面的形状[1]。

在前面分析非成像光学组件时，我们考虑的是如何从某一光源把光线集中起来。照度是与之相反的情况；这时，光源取代了接收器或吸收体的位置，而设计的目标是要在某一距离上产生某一预定辐射分布。设计可以在平面上产生均匀照度的灯具时，如果该平面与灯具的距离比较大，情况可以被简化。首先考虑二维空间中一个微小光源 da 被用来照亮一条线段的情况，如图 8.1 所示。

该光源在线段上产生的光照度 E 可以写成（见第 20 章）

$$\frac{E}{E_0} = \frac{I}{I_0}\cos^2\theta \tag{8.1}$$

其中，E_0 是在线段中点（$\theta = 0$）上的光照度；I_0 是在该方向上的光强度。

如果想要使每一点上的光照度一样，也就是对线上每一点而言 $E = E_0$，则必须有

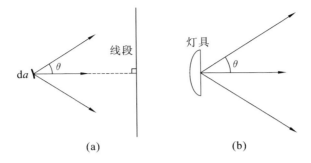

图 8.1　(a)一个微小光源 da 照亮在有限距离外的一条线段;(b)如果线段是在无穷远处,
　　　　则可以用一个产生同样光强度分布的灯具取代微小光源,它会在无穷远的平面
　　　　上产生均匀的辐射分布

$$I = \frac{I_0}{\cos^2\theta} \tag{8.2}$$

因为式(8.2)跟微小光源 da 到线段的距离无关,具有同样光强度分布的光源
也必然可以在一条无限远处的线段上产生均匀的光照度。但是,如果现在线段
是在无限远处,光源的大小就变得不重要了,也就是说,它不需要是微小的。所
以就可以用一个有限大小的光源取代点光源,如图 8.1(b)所示。一个可以对
无限远处的线段产生均匀光照度的灯具,其光强度分布必须如式(8.2)描述。

人们可能会想用一个接收角为 θ 的复合抛物面集中器来做这样的灯具,只
需要把光线的方向反向便可。但事实上这并不是一个解决方案,因为如果在复
合抛物面集中器的小孔上放一个朗伯光源,从大孔发出的辐射虽然在角度 θ
内,但仍具有朗伯光源的特性。

所以,必须寻找其他的解决方案。当介绍复合抛物面集中器时,我们首先
在接收器的两边放上平面镜,然后再将平面镜转换为组成复合抛物面集中器
的镜面。在这里,我们将会以同样的方法进行灯具的设计。

8.2　对应于大光源的平面镜灯具

首先考虑图8.2的情况,在朗伯光源的两边,分别放上两块平面镜,平面镜
与水平的夹角为 $\pi/4$。以竖直方向为参考轴,顺时针方向角度为正。因此,
图 8.2(a) 中的角度为负,写成 $-|\theta|$。

一个观察者沿 $-|\theta|$ 方向朝灯具看过去时,会看到光源 OQ。光源在方向 θ
产生的光强度 $I_s = L_v[O,Q]\cos\theta$,或写成

$$I_s = L_v[O,Q]\cos\theta = L_v S \tag{8.3}$$

其中,$S = [O,Q]\cos\theta$ 是从方向 θ 看到的光源大小;L_v 是亮度。

但是,观察者也同时看到光源从镜面反射的像。在 θ 方向上,像的大小是 M。反射时亮度守恒,因此从镜面所成的像的光强度可以写成

$$I_{\mathrm{M}} = L_{\mathrm{V}}M \tag{8.4}$$

当观察者沿 θ 方向朝灯具看过去时,会看到宽度为 I_{S} 的辐射光源,及其宽度为 I_{M} 的镜像。所以观察者看到的等同于一个宽度为 $I_{\mathrm{M}} + I_{\mathrm{S}}$ 的光源[1,3]。在 θ 方向上,该灯具在每一单位角度上辐射的功率正比于 $I_{\mathrm{M}}(\theta) + I_{\mathrm{S}}(\theta)$。灯具的强度可以写成角度 θ 的函数,即

$$I(\theta) = I_{\mathrm{M}}(\theta) + I_{\mathrm{S}}(\theta) = L(M + S) \tag{8.5}$$

要注意的是,随着 θ 的绝对值增加,例如,变成 $\theta_1, \theta_2, \theta_3, \cdots$,点 R 会沿镜面移到 $R_1, R_2, R_3, \cdots$,如图 8.2(b) 所示。

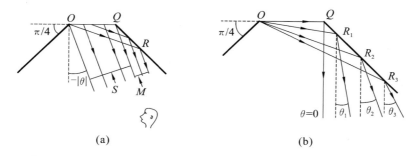

(a)   (b)

图 8.2   考虑从朗伯光源 OQ 发出,与竖直方向成 θ 夹角传播的光线,它携带的功率正比于 OQ 在该方向上的投影面积 S。如果在光源的两边分别放上平面镜,则右边镜面 QR 部分在 θ 方向上反射的功率正比于在此反射方向上看过去时观察到的光源宽度 M。(a) 一个观察者从 θ 方向看过去观察到的总功率正比于 $S + M$;(b) 考虑不同的角度 θ_1、θ_2、θ_3,在反射方向看到的光源大小会分别延伸到点 R_1、R_2、R_3

图 8.3 显示了当镜面的斜角(δ)超过 $\pi/4$ 的情况。这时,如果 $\theta = 0$,除了直接从光源发出的辐射,还有左右两个镜面的反射镜像(在右边的镜面中为 QR_{R} 部分,在左边的为 OR_{L} 部分)。所以,当发射角 θ 接近 0 时,便会有两个额外的镜像,令系统的分析更为复杂。

但是如果让角度 $\delta < \pi/4$,如图 8.3(b) 所示,从点 O 发出的光线会在镜面的点 Q 反射,反射后的方向与竖直方向的夹角为 $-\theta$。由于对称关系,从点 Q 发出朝点 O 传播的光线反射后与竖直方向的夹角为 θ。所以,当角度在 $\pm\theta$ 之间时,就不会看到光源从镜面反射所成的像,而只会有从光源产生的辐射,因而就没有办法利用灯具的设计来改变光线的分布以达到预期效应。

在图 8.2 中,镜面的斜角(与竖直方向成 $\pi/4$ 的夹角)的选择可以让从光源端点 O 发出的光线在镜面的端点 Q 反射后刚好沿竖直方向离开灯具。所以当 $\theta = 0$ 时,可以看到整个光源,但不会看到镜面的成像。对应其他的 θ 值,离开灯

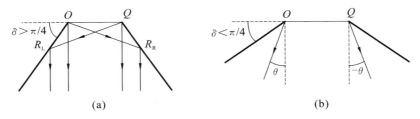

图 8.3 （a）如果镜面与水平的夹角 $\delta > \pi/4$，当 $\theta = 0$ 时，除了光源外，还会在镜面中看到两个反射像（OR_L 与 QR_R）；（b）如果观察方向与竖直方向的夹角在 $\pm\theta$ 之间，就不会看到镜面的反射像，且在这些角度之间，光线的分布是对应于从光源发出的，不能被改变

具的光线包含了从光源直接发出的部分，以及从其中一个镜面产生的镜像。

上述现象说明了从光源端点发出的光线被镜面端点反射后沿竖直方向离开灯具的重要性。因为其重要性，在以后的讨论中，会把这一条件作为灯具设计的一个边界条件。

下面来推导灯具在远方目标面上产生的辐射分布。从图 8.4（a）可以看出 $\psi = \pi/4 - \theta$。因为三角形 ROQ 的内角总和为 π，又因为 $\angle ROQ = 3\pi/4$，所以 $\angle OQR = \theta$。由于 $d = [O,Q]\sin\theta = [R,O]\sin\psi$，所以

$$[R,O] = [O,Q]\frac{\sin\theta}{\sin\psi} \tag{8.6}$$

但是 $I_M = L_V[R,O]\sin\psi$，所以 $I_M = L_V[O,Q]\sin\theta$。由于 $I_S = L_V[O,Q]\cos\theta$，因此，当 $0 < \theta < \pi/4$ 时，考虑左边的镜像，就可以得到

$$I(\theta) = L_V[O,Q](\cos\theta + \sin\theta) = I_0(\cos\theta + \sin\theta) \tag{8.7}$$

其中，$I_0 = L_V[O,Q]$。当 $-\pi/4 < \theta < 0$ 时，考虑右边的镜像，就可以得到

$$I(\theta) = I_0(\cos\theta - \sin\theta) \tag{8.8}$$

从图 8.4（b）可以看到灯具产生的总光强度为

$$I = r\cos(2\alpha - \pi/2) = r\sin(2\alpha) \tag{8.9}$$

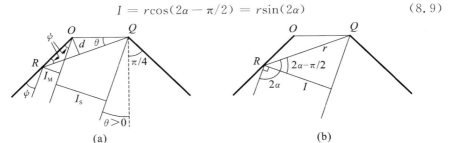

图 8.4 平面镜（与水平夹角为 $\pi/4$）灯具产生的光强度分布的计算。(a) 显示了从光源产生的光强度分量 I_S 以及从镜面产生的光强度分量 I_M；(b) 灯具产生的总光强度为 $I = I_S + I_M$

也可用图 8.5 的系统来推导式（8.7）。图 8.5 中的灯具与图 8.4 的很相似，它的镜面（AQ 与 BO）与水平的夹角是 $\pi/4$。

平面镜 AQ、OB 分别对光源产生了像 QO_M 及 OQ_M。在图 8.5 的例子中，观察者是在灯具的远方沿角度 θ 通过孔径 AB 观察灯具。观察者会看到光源 OQ 及其像 OQ_M。光源产生的光强度是 $L_V[O,Q]\cos\theta$，而像（OQ_M）产生的光强度是 $L_V[O,Q_M]\cos\zeta = L_V[O,Q]\sin\theta$，起始条件为 $\theta + \zeta = \pi/2$。于是就得到式（8.7）来描述灯具产生的光强度。观察者在镜面上看到的像从点 O 延伸到点 R。如果观察方向与竖直方向的夹角大于 β，观察者只会看到像 OQ_M 的一部分，如图 8.5(b) 所示。但是，如果观察方向是沿着竖直方向（垂直于孔径 AB）的，则只会看到光源 OQ 而不会看到任何镜像，因为平面镜所成的像与观察方向垂直从而不能被看到。

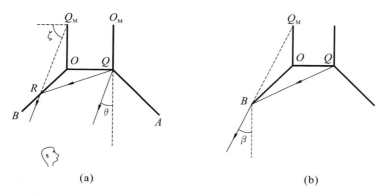

(a)　　　　　　　　　　　　　　(b)

图 8.5　(a) 镜面 AQ、OB 分别对光源产生了像 QO_M 及 OQ_M。当通过孔径 AB 观察时，看到的是等效光源 Q_MOQO_M；(b) 如果观察角度大于 β，只会看到像 OQ_M 的一部分。因此，当观察角度为 θ 时，观察者会看到光源 OQ 及像 OQ_M，所以等效光源是 QOQ_M

因为 $\cos(\pi/4) = \sin(\pi/4)$，当 $\theta < 0$，考虑右边镜面的反射时，可以把式（8.8）改写为

$$I(\theta) = I_0\frac{\cos\theta\cos(\pi/4) - \sin\theta\sin(\pi/4)}{\cos(\pi/4)} = I_0\frac{\cos(\pi/4 + \theta)}{\cos(\pi/4)} \quad (8.10)$$

因为 $I_0/\cos(\pi/4)$ 是常数，可以看到，当 $\theta < 0$ 时，在 θ 方向上产生的光强度正比于 $\cos(\pi/4 + \theta)$。将式（8.1）里的 I/I_0 代入式（8.10），便可以得到

$$E = \frac{E_0}{\cos(\pi/4)}\cos\left(\frac{\pi}{4} + \theta\right)\cos^2\theta \Rightarrow E \propto \cos\left(\frac{\pi}{4} + \theta\right)\cos^2\theta \quad (8.11)$$

所以结论是，在远方目标面上的光照度正比于 $\cos(\pi/4 + \theta)\cos^2\theta$[1]，其值不是常数。因此，如果想要得到光照度为常数的灯具，该灯具就不能设计成上述形状。

现在考虑灯具的平面镜与光源没有接触的情况,如图 8.6 所示。如前所述,当 $\theta = 0$ 时,没有任何镜像;而当 $\theta \neq 0$ 时,只能在单一镜面上产生一个像。所以,镜面起点 R_0 的位置必须刚好让从点 O 发出的光线反射到竖直方向上,如图 8.6 所示。此条件的设定是为了让 $\theta \neq 0$ 时,可以得

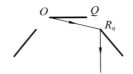

图 8.6　由两块平面镜组成的灯具,镜面与光源没有接触。镜面起点 R_0 的位置刚好可以让从光源端点 O 发出的光线反射到竖直方向上

到一个镜像来调整光照度分布。然而永远不会出现在两个镜面上同时成像的情况。

现在用一个坐标函数 $r(\phi)$ 来描述镜面点,如图 8.7(a) 所示。如图 8.7(b) 所示,对于不同的角度 ϕ,镜面反射出来的光线会不一样。例如,对于 ϕ_1 及 ϕ_2,从点 O 发出的光线会在镜面点 R_1 及 R_2 处反射,而离开灯具的光线与竖直方向的夹角分别为 θ_1 及 θ_2。而且,在 R_1 及 R_2 上,入射光线与反射光线的夹角分别是 $2\alpha_1$ 及 $2\alpha_2$。所以对应不同的镜面形状可以推导不同的 $\phi(\theta)$、$\alpha(\theta)$,以及 $r(\phi(\theta)) = r(\theta)$ 函数。

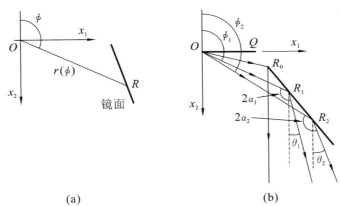

(a)　　　　　　　　(b)

图 8.7　(a) 可以用一个坐标函数 $r(\phi)$ 来描述镜面点;(b) 对于不同的角度 ϕ,光线会在镜面的不同位置 R_i 上以不同的角度 θ_i 反射。入射光线与反射光线的夹角 α_i 也不一样。这时,可以定义下列函数:$\phi(\theta)$、$\alpha(\theta)$,以及 $r(\phi(\theta)) = r(\theta)$

光源 OQ 的大小在灯具设计过程中只是一个比例因子。如果光源大小加倍,灯具的大小也会同样加倍。所以可以让 $[O,Q] = 1$,从而使设计不失普遍性。现在,如果希望在远方目标面上得到均匀的光照度,可以让光源的亮度为 L_V,由此产生的光强度必须满足:$I(\theta) = L_V / \cos^2 \theta$。如果让光源的高度 $L_V = 1$,

则其对应的光强度变成 $I(\theta) = 1/\cos^2\theta$，这并不影响灯具的形状。所以，在不影响设计普遍性的前提下，设计灯具时可以让 $L_V = 1$。对于一个朗伯光源，便有 $I_S(\theta) = I_0\cos\theta$。如果令 $I_0 = 1$，那么 $I_S(\theta) = \cos\theta$。在以后的讨论中，我们都会假设光源的大小为 $[O,Q] = 1$，且 $L_V = 1$。

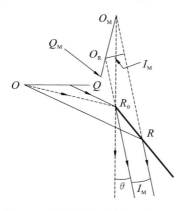

图 8.8　灯具的镜面对光源产生的像是 $Q_M O_M$，在 θ 方向上产生的光强度是 I_M

图 8.8 所示的为图 8.7(b) 中的镜面对光源产生的像。灯具的镜面对光源产生了一个像 $Q_M O_M$，如果观察方向是 θ，便只会看到像的 $O_M O_R$ 部分，而它在方向 θ 上产生的光强度是 I_M。对于不同的 θ，反射点会在镜面的不同位置上，可以看到的光源镜像的部分 $O_M O_R$ 也不一样。该灯具产生的光强度仍然是 $I_M + I_S$，如图 8.9(a) 所示。

为了计算镜面产生的光强度，首先定义一个函数 $p(\theta)$ 为

$$p = r\sin(2\alpha) \tag{8.12}$$

现在可以用图 8.9(b) 所示的方法计算镜面产生的光强度。对于角度 θ，光源在镜面的像从点 R_0 延伸到点 R，镜面在方向 θ 上产生的光强度可以计算为[4]

$$I_M = r\sin(2\alpha) - r_0\sin(2\alpha_0) = p - p_0 \tag{8.13}$$

注意，图 8.9(b) 中的线段 r 代表一条从点 O 发出的光线，它在点 R 处反射后，以与竖直方向成 θ 夹角的方向离开灯具。但是线段 r_0 并不代表任何光线。因为已经说明过，在图 8.6 中，从点 O 发出在点 R_0 处反射的光线，会沿竖直方向（也就是 $\theta = 0$）离开灯具。所以对于点 R_0，有 $p_0(\theta) = r_0\sin(2\alpha_0(\theta))$，其中，$r_0$ 是点 O 与 R_0 之间的距离，即 $r_0 = [O,R_0]$。对于点 R，有 $p(\theta) = r(\theta)\sin(2\alpha(\theta))$，所以

$$I_M(\theta) = p(\theta) - p_0(\theta) \tag{8.14}$$

灯具产生的总光强度就可以写成

$$I(\theta) = I_M(\theta) + I_S(\theta) = r(\theta)\sin(2\alpha(\theta)) - r_0\sin(2\alpha_0(\theta)) + I_S(\theta) \tag{8.15}$$

即使镜面不是平面镜，式(8.15) 也成立。注意，$I_M(\theta)$ 只是一个镜面的贡献，因为不会同时在两个镜面中产生光源的像。

图 8.10 显示了另外一个由平面镜组成的灯具的例子。这里镜面的设计会令从光源近缘（点 O）发出的光线在镜面的下端点（R_0）反射到竖直方向。

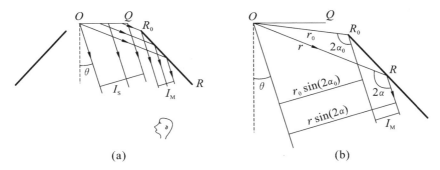

图 8.9　灯具的镜面与光源的边缘不一定接触。(a) 灯具的镜面与光源没有接触,在 θ 方向上产生的光强度仍然是 $I_s + I_M$;(b) 镜面反射的光强度是 $I_M = r\sin(2\alpha) - r_0\sin(2\alpha_0) = p - p_0$,其中,$p = r\sin(2\alpha)$

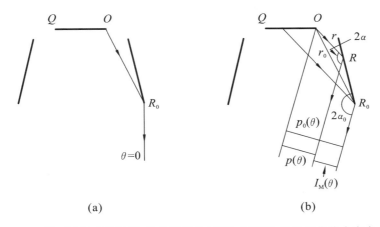

图 8.10　(a) 平面镜组成的灯具,从光源近缘(相对于镜面)发出的光线会在点 R_0 反射到竖直方向;(b) 光源镜像的宽度是 $I_M = r_0\sin(2\alpha_0) - r\sin(2\alpha) = p_0 - p$,其中,$p = r\sin(2\alpha)$

当观察方向与竖直方向的夹角 θ 改变时,观察者在镜面看到的像会从 R_0 延伸到 R,如图 8.10(b) 所示。灯具的镜面对光源产生的像是 $Q_M O_M$,如图 8.11 所示。

从 θ 方向看过去,只会看到光源镜像的 $O_M O_R$ 部分,对应的光强度是 I_M。当 θ 改变时,点 R 在镜面上的位置会随之改变,而光源镜像被看到的部分 $O_M O_R$ 也会不一样。

如图 8.10(b) 所示,这时镜面产生的光强度正比于

$$I_M(\theta) = r_0\sin(2\alpha_0) - r\sin(2\alpha) = p_0(\theta) - p(\theta) \tag{8.16}$$

在前面的例子中,镜面产生的光强度是式(8.14)所得的值。但此时灯具产生的总光强度为

$$I(\theta) = I_M(\theta) + I_S(\theta) = r_0 \sin(2\alpha_0) - r\sin(2\alpha) + I_S(\theta) \qquad (8.17)$$

注意,这里的 $I_M(\theta)$ 也只涉及单一镜面,因为不会同时在两个镜面中看到光源的像。

如前所述,镜面上点 R 的位置可以用坐标 r 与 ϕ 定义,如图 8.7 所示。当然也可以用新的参数来描述镜面端点 R_0 的位置。这些参数是:光源在 R_0 处所张的角度 γ,以及从 R_0 到原点的距离。如果原点在远离 R_0 的光源边缘 O 处,可以得到如图 8.12 所示的远缘(far-edge)的情况。

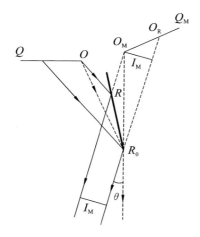

图 8.11　灯具的镜面对光源产生的镜像是 $Q_M O_M$,在 θ 方向上其光强度是 I_M

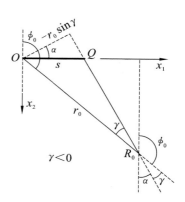

图 8.12　当原点在光源的远缘时,计算光源在镜面端点 R_0 处所张角度

从图 8.12 可以看到 $\alpha = \pi - (\phi_0 - \gamma)$。在图 8.12 中,$\gamma < 0$,所以 $\alpha = \pi - (\phi_0 + |\gamma|)$,因此 $\cos\alpha = -\cos(\phi_0 - \gamma)$。虽然通常让光源的大小 $[O, Q] = 1$,但在本例中我们让 $[O, Q] = s$,所以有

$$-s\cos(\phi_0 - \gamma) = -r_0 \sin\gamma \Leftrightarrow \cos(\phi_0 - \gamma) = \frac{r_0}{s}\sin\gamma \qquad (8.18)$$

从式(8.18)可以得到

$$\phi_0 = \gamma + \arccos\left(\frac{r_0}{s}\sin\gamma\right) \qquad (8.19)$$

如果 γ 与 r_0(或 r_0/s)已知,就可以决定角度 ϕ_0 的值,因此 R_0 可以写成这些参数的函数。

下面考虑原点 O 在光源靠近于 R_0 的边缘上的情况,这样就得到一个近缘 (near-edge) 例子,如图 8.13 所示。

从图 8.13 可以看到

$$[Q,C] = \sqrt{s^2 - r_0^2 \sin^2 \gamma} \qquad (8.20)$$

因此

$$\begin{aligned} s \sin\alpha &= [A,B] - [A,O] \\ &= [Q,C]\cos\gamma - [A,O] \\ &= \cos\gamma \sqrt{s^2 - r_0^2 \sin^2 \gamma} - r_0 \sin^2 \gamma \end{aligned}$$
$$(8.21)$$

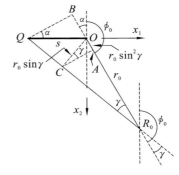

图 8.13　当原点在光源的近缘时,计算光源在镜面端点 R_0 处所张角度

因为 $\alpha = \pi - \phi_0$,所以 ϕ_0 可以写成

$$\phi_0 = \pi - \arcsin\left(\cos\gamma \sqrt{1 - \left(\frac{r_0}{s}\sin\gamma\right)^2} - \frac{r_0}{s}\sin^2\gamma \right) \qquad (8.22)$$

如前所述,如果 γ 与 r_0(或 r_0/s)已知,就可以决定角度 ϕ_0 的值,从而就可以决定 R_0。根据该结果,我们可以用 r_0 与 γ 定义端点 R_0 的位置,而不用它的坐标 $R_0 = (R_{01}, R_{02})$ 来定义。

角度 γ 是很重要的,因为它决定了可以让光源镜像在镜面上延伸到点 R_0 时 θ 的最大值,如图 8.14 所示。图 8.14(a) 显示的是近缘情况。在这里,如果 $\theta > \gamma$,则镜面上的像再也不会延伸到 R_0。因为一条光线若以角度 $\theta > \gamma$ 离开 R_0,该光线必然是从光源点 Q 的左边发出的。但是又因为光源终止于 Q,所以这是不可能的。

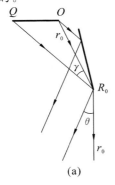
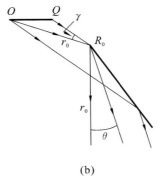

(a)　　　　　　　　　　　(b)

图 8.14　角度 γ 决定了可以让光源镜像在镜面上延伸到点 R_0 的最大 θ 值。在图(a)与图 (b) 中,从原点 O 发出的光线 r_0 在点 R_0 反射后,均以竖直方向前进。当角度 $\theta >$ γ 时,如果镜面上的像可以延伸到 R_0,则该光线在图(a)中必须来自点 Q 的左边, 在图(b)中光线来自点 Q 的右边,但这是不可能的

类似的情况也发生在图 8.14(b) 的远缘例子中。如果 $|\theta| > \gamma$，则镜面上的像也不能延伸到 R_0。因为如果一条光线以角度 $|\theta| > \gamma$ 离开 R_0，它必须来自光源点 Q 的右边。但是又因为光源终止于 Q，所以这是不可能的。

式 (8.14) 及式 (8.16) 描述了当镜像在镜面上从点 R 延伸到端点 R_0 时，镜面产生的光强度。这些公式只有当 $|\theta| < \gamma$ 时才成立。这一点在以后分析由曲面镜组成的灯具时会很重要。

8.3 平面光源的一般解决方法

下面介绍对曲面镜灯具的分析。首先要确定一个坐标系统以便对镜面进行参数化描述。图 8.15(a) 显示了自定义坐标系统。通常系统的 x_2 轴朝下，如图 8.15(b) 所示[1,4]。从该图可以看出

$$2\alpha = \phi - \theta \tag{8.23}$$

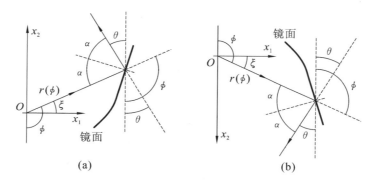

图 8.15 (a) 用来描述灯具镜面参数的坐标系；(b) 同样的坐标系统，但是 x_2 轴朝下，这是在描述灯具时通常会采用的坐标系统

如前所述，对应不同的 ϕ，会有不同的 θ，因此可以定义函数 $\phi(\theta)$，以及 $r(\phi) = r(\phi(\theta)) = r(\theta)$。而且，$\alpha$ 可以写成 θ 的函数 $\alpha(\theta)$。所以，$p(\theta)$ 可以写成

$$p(\theta) = r(\phi)\sin(\phi - \theta) \quad \Leftrightarrow \quad p(\theta) = r(\theta)\sin(2\alpha(\theta)) \tag{8.24}$$

然后，就可以得到镜面的表达式 $r(\phi)$，即

$$r(\phi) = \frac{p(\theta)}{\sin(\phi - \theta)} \quad \Leftrightarrow \quad r(\theta) = \frac{p(\theta)}{\sin(2\alpha(\theta))} \tag{8.25}$$

$p(\theta)$ 有两种不同的表达方式，可以从式 (8.15) 得到

$$p(\theta) = I(\theta) + r_0\sin(\phi_0 - \theta) - I_s(\theta) \tag{8.26}$$

或是从式 (8.17) 得到

$$p(\theta) = -I(\theta) + r_0\sin(\phi_0 - \theta) + I_s(\theta) \tag{8.27}$$

其中，$r_0 = r(\phi_0)$ 是一个常数。注意，让 $\phi = \phi_0$，便可以得到 α_0，而且 α_0 是 θ 的函数，如图 8.9(b) 及图 8.10(b) 所示。因此，$\alpha_0(\theta) = (\phi_0 - \theta)/2$，或 $2\alpha_0(\theta) = \phi_0 - \theta$。在这些表达式中，$I(\theta)$ 是期望从灯具得到的光强度分布。

$p_0(\theta)$ 的表达式可以从灯具设计的起始条件得到。如果镜面端点 R_0 的位置已知，便可以计算 r_0 及 ϕ_0，如图 8.16 所示。

因为所需的光强度分布已知，所以可以计算 $p(\theta)$ 的表达式。如果镜面设计的起点 R_0 靠近光源，情况便与图 8.9 的类似，而 $p(\theta)$ 便可以用式(8.26) 表达。如果镜面设计的起点远离光源，情况便与图 8.10 的类似，而 $p(\theta)$ 便可以用式(8.27) 表达。

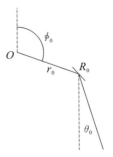

图 8.16　灯具设计的起始条件包括 R_0 的位置(用来决定 r_0 及 ϕ_0)，以及从点 O 发出的光线在 R_0 反射后的方向(角度 θ_0)。在前面的例子中，$\theta_0 = 0$。

因为 ϕ 可以表达为 θ 的函数 $\phi(\theta)$，所以可以把式(8.25) 写成 $r(\phi(\theta)) = p(\theta)/\sin(\phi(\theta) - \theta)$，或 $r(\theta) = p(\theta)/\sin(2\alpha(\theta))$。但是，因为不知道 $\alpha(\theta)$，所以仍然不能由此公式得到解答。因此，需要先求得 $\alpha(\theta)$ 的表达式。

现在考虑在镜面上的一个微小区域(见图 8.17)。当 $\mathrm{d}\phi \to 0$ 时，OA 与 OC 趋于平行，而图 8.17(a) 就变成图 8.17(b) 的情况。

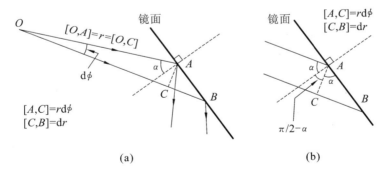

(a)　　　　　　　　　　(b)

图 8.17　(a) 为了得到描述镜面的微分方程，考虑镜面上的一个小区域。坐标系统的原点是 O。当 $\mathrm{d}\phi \to 0$ 时，OA 与 OC 趋于平行，而图(a) 就变成图(b) 的情况，这时，$\mathrm{d}r/(r\mathrm{d}\phi) = \tan\alpha$

从图 8.17(a) 及(b) 可以确认 $CB = \mathrm{d}r$，$AC = r\mathrm{d}\phi$，因此就可以写成[4]

$$\frac{\mathrm{d}r}{r\mathrm{d}\phi} = \tan\alpha \Leftrightarrow \frac{1}{r}\frac{\mathrm{d}r}{\mathrm{d}\phi} = \tan\alpha \Leftrightarrow \frac{\mathrm{d}\ln r}{\mathrm{d}\phi} = \tan\alpha \tag{8.28}$$

利用式（8.23）中描述的 α 与 ϕ 的关系，以及使用式（8.24）将式（8.28）中的 r 用 p 取代，便可以从式（8.28）解出 $\alpha(\theta)$ 为（见本章附录 A）

$$\alpha(\theta) = \arctan\left(\frac{p(\theta)}{P(\theta) - C_{\mathrm{m}}}\right) \tag{8.29}$$

其中，$P(\theta)$ 是 $p(\theta)$ 的原函数。如果用式（8.26）来表达 $p(\theta)$，就可以得到

$$P(\theta) = \int p(\theta)\mathrm{d}\theta = \int I(\theta)\mathrm{d}\theta + r_0\cos(\theta - \phi_0) - \int I_{\mathrm{S}}(\theta)\mathrm{d}\theta \tag{8.30}$$

如果用式（8.27）来表示 $p(\theta)$，就可以得到

$$P(\theta) = \int p(\theta)\mathrm{d}\theta = -\int I(\theta)\mathrm{d}\theta + r_0\cos(\theta - \phi_0) + \int I_{\mathrm{S}}(\theta)\mathrm{d}\theta \tag{8.31}$$

在式（8.29）中，C_{m} 是一个积分常数，必须由起始条件决定。图 8.16 显示了镜面设计的起始条件。如果起点 R_0 已知，便可以决定 ϕ_0 及 r_0（r_0 是 O 与 R_0 之间的距离）。可以用式（8.26）或式（8.27）决定 $p(\theta)$ 的表达式；而使用式（8.30）或式（8.31）便可以决定 $P(\theta)$ 的表达式。然后，假设从点 O 发出的光线在 R_0 反射后的传播方向与竖直方向成 θ_0 的夹角。那么，我们便可以得到开始镜面设计必备的起始条件。已知的 θ_0 值可以决定常数 C_{m}。要留意的是，α_0 是 ϕ_0 与 θ_0 的函数（见式（8.23）），$\alpha_0 = (\phi_0 - \theta_0/2)$。利用式（8.29）便可以解出常数 C_{m}，有

$$C_{\mathrm{m}} = P(\theta_0) - \frac{p(\theta_0)}{\tan((\phi_0 - \theta_0)/2)} = P(\theta_0) - \frac{p(\theta_0)}{\tan(\alpha(\theta_0))} \tag{8.32}$$

现在可以计算镜面点。如果 O 的位置是 $O = (O_1, O_2)$，镜面点的坐标就可以写成（见图 8.15）

$$R(\theta) = O + r(\theta)(\cos\xi, \sin\xi) = O + r(\theta)\left(\cos\left(\phi)(\theta) - \frac{\pi}{2}\right), \sin\left(\phi(\theta) - \frac{\pi}{2}\right)\right)$$
$$= (O_1, O_2) + r(\theta)(\sin(2\alpha(\theta) + \theta), -\cos(2\alpha(\theta) + \theta))$$

$$\tag{8.33}$$

如果 O 在原点，$O = (0, 0)$，就得到

$$R(\theta) = r(\theta)(\sin(2\alpha)(\theta) + \theta, -\cos(2\alpha)(\theta) + \theta) \tag{8.34}$$

$r(\theta)$ 可以用式（8.25）来表达。

现在总结刚刚讨论的步骤。作为起始条件，必须知道：光源的大小 OQ，需要的光强度分布 $I(\theta)$，镜面的起点 R_0，以及从原点 O 发出的光线在 R_0 反射后的方向。确定了这些起始条件后，便可以得到 r_0、ϕ_0、θ_0 的值。然后就可以用式（8.26）或式（8.27）得到 $p(\theta)$，使用式（8.30）或式（8.31）就可以得到 $P(\theta)$，利用式（8.32）可以决定 C_{m}，利用式（8.29）可以决定 $\alpha(\theta)$ 的表达式，$r(\theta)$ 可用式（8.25）决定，可用式（8.34）决定镜面点。

我们已经看到，根据镜面设计的起点 R_0 的位置（靠近或远离光源，也就

是到底使用式（8.26）还是式（8.27）来表示 $p(\theta)$，会有两组不同的镜面设计表达式。同时，坐标原点的位置也可以选定为在光源上靠近镜面的端点，或是远离镜面的端点。所以总的来说，针对平面光源而设计的灯具可以有四种不同的结构。

8.4　平面光源的远缘发散灯具

前面已经介绍过可以在远方平面产生均匀光照度的灯具，以及设计时所需要用到的数学工具。

现在先讨论灯具的镜面设计起点（R_0）靠近光源的情况，与图 8.9 所示的情况相似。此灯具称为远缘发散灯具（far-edge diverging luminaire），因为被选择为原点的光源边缘在镜面的远方，因此这种情形称为远缘；又因为从原点 O 发射过来的光线在镜面反射后会发散，所以该灯具称为发散灯具。这时，从原点发出的边缘光线的焦散在反射器的后方，所以使用式（8.26）来表达 $p(\theta)$。图 8.18 所示的为该灯具。

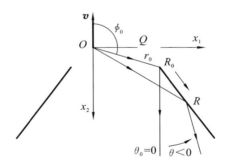

图 8.18　远缘发散灯具。设计的起点为 R_0。从 O 发出的光线在这点被反射到竖直方向上，所以起始的 θ 为 0；当镜面点与光源距离更大时，θ 变成负值

现在可以用前面讨论过的步骤进行设计。设光源 OQ 的亮度为 L_V。如果想在远方平面上产生均匀的光照度，光源及灯具产生的光强度必须如式（8.2）所示。I_0 是 $\theta = 0$ 时的光强度。但是当 $\theta = 0$ 时，并不需要考虑光源的镜像，所以 I_0 就完全是光源在该方向上的贡献，并且可以将 $\theta = 0$ 代入式（8.3），从而得到 $I_0 = L_V[O,Q]$。把此结果代入式（8.26）便可以得到

$$p(\theta) = \frac{L_V[O,Q]}{\cos^2\theta} + r_0\sin(\phi_0 - \theta) - L_V[O,Q]\cos(\theta) \qquad (8.35)$$

如果 $[O,Q] = 1$，$L_V = 1$，便可以写成

$$p(\theta) = \frac{1}{\cos^2\theta} + r_0\sin(\phi_0 - \theta) - \cos(\theta) \qquad (8.36)$$

利用式（8.30）可以计算 $P(\theta)$，即

$$P(\theta) = \int p(\theta)\mathrm{d}\theta = \tan\theta + r_0\cos(\theta - \phi_0) - \sin\theta \tag{8.37}$$

假设点 O、Q 及镜面的起点 R_0 已知。如果 O 与 R_0 的坐标是 $O = (O_1, O_2)$，$R_0 = (R_{01}, R_{02})$，ϕ_0 可以表达为（见图 8.18）

$$\phi_0 = \arccos\left(\frac{\boldsymbol{v} \cdot \boldsymbol{r}_0}{\sqrt{(\boldsymbol{v} \cdot \boldsymbol{v})(\boldsymbol{r}_0 \cdot \boldsymbol{r}_0)}}\right) \tag{8.38}$$

其中，$\boldsymbol{v} = (0, -1)$；$\boldsymbol{r}_0 = (R_{01}, R_{02}) - (O_1, O_2)$。如果 $O = (0,0)$，得到 $\boldsymbol{r}_0 = (R_{01}, R_{02})$。$r_0$ 也可以写成

$$r_0 = [O, R_0] = \sqrt{\boldsymbol{r}_0 \cdot \boldsymbol{r}_0} \tag{8.39}$$

现在把下列起始条件应用到设计上：当 $\phi = \phi_0$ 时，$\theta = \theta_0 = 0$。也就是说，从 O 发出的光线在 R_0 反射后会沿竖直方向离开灯具，这也是前面用过的起始条件。该条件保证了当 $\theta \neq 0$ 时，只会在单一镜面上看到光源的像，从而可以通过修改镜面形状来调整光强度分布。永远不会在两个镜面上同时看到光源的像。因此，式（8.36）和式（8.37）可以写成

$$p(\theta_0) = r_0\sin\phi_0 \tag{8.40}$$

与

$$P(\theta_0) = r_0\cos\phi_0 \tag{8.41}$$

其中，ϕ_0 与 r_0 如式（8.38）与式（8.39）所示。使用式（8.32）便可以得到常数 C_m，即

$$C_m = P(\theta_0) - \frac{p(\theta_0)}{\tan(\phi_0/2)} \tag{8.42}$$

$\alpha(\theta)$ 如式（8.29）所示，现在根据式（8.25）便可以得到 $r(\theta)$。式（8.34）是镜面点的表达式。在设计开始时，$\theta = 0$，随着设计的进展，θ 变成负值，如图 8.18 所示。

如果把 R_0 选定在光源的边缘 Q 上，便可以得到此设计的一个特例，如图 8.19 所示。这时候镜面的表达式会比较简单。

因为镜面的起点为 Q，可得到 $R_0 = \theta$，$r_0 = 1$，$\phi_0 = \pi/2$，所以式（8.36）与式（8.37）就可以简化为

$$p(\theta) = \frac{1}{\cos^2\theta} \tag{8.43}$$

与

$$P(\theta) = \tan\theta \tag{8.44}$$

利用边界条件：当 $\phi_0 = \pi/2$ 时，$\theta_0 = 0$，可以得到 $\alpha_0 = (\phi_0 - \theta_0)/2 = \pi/4$。所以，当 $\theta = \theta_0 = 0$，就可以写成

$$p(\theta_0) = 1, \quad P(\theta_0) = 0 \tag{8.45}$$

如果让 $r_0 = 1, \phi_0 = \pi/2$，也可以从式（8.40）与式（8.41）得到这些结果。利用式（8.42）可以得到

$$C_m = 0 - \frac{1}{\tan(\pi/4)} = -1 \tag{8.46}$$

利用式（8.29）可以得到

$$\alpha(\theta) = \arctan\left(\frac{1/\cos^2\theta}{\tan\theta + 1}\right) = \arctan\left(\frac{1}{\cos\theta(\cos\theta + \sin\theta)}\right) \tag{8.47}$$

由式（8.25）得到

$$r(\theta) = \frac{p(\theta)}{\sin(2\alpha(\theta))} = \frac{1}{\cos^2\theta\sin(2\alpha(\theta))} \tag{8.48}$$

最后，镜面的表达式可以用式（8.34）得到。当按顺时针方向量度时，角度 θ 为正。在开始设计时 $\theta = 0$，随着设计的进展，θ 变成负值，如图 8.19 所示。

当 $\theta \to -\pi/4$ 时，由式（8.34）可以看到 $\cos\theta + \sin\theta \to 0$；因此 $\alpha(\theta) \to \pi/2$，所以，$r(\theta) \to +\infty$，也就是说镜面会从光源延伸到无穷远。所以在真正的设计中，它们必须被截断。因此，在使用式（8.34）描述镜面点时，会满足 $\theta_m < \theta < 0$，其中 $-\pi/4 < \theta_m < 0$。

图 8.19 显示了用这个方法设计的镜面形状。可以看出，镜面几乎是平坦的[1]。如前所述，此镜面不能在远方平面上产生均匀光照度。

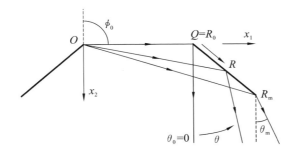

图 8.19 在远方平面上产生均匀光照度的灯具。因为从设计层面而言，完整的灯具会延伸到无穷远处，所以它必须被截断。只有当 $|\theta| < |\theta_m|$ 时，远方平面上的光照度才会是均匀的

从设计层面而言，完整的灯具会延伸到无穷远处，也就是说镜面会与观察平面在无穷远处相接。这就与前面讨论的以定制边缘光线集中器作为菲涅耳主反射器的次集中器的情况很相似。因为理论上定制边缘光线集中器会一直延伸到主组件而且将它整个罩住。所以同样的方法可以用在这两种不同器件的设计上[1]。

这个截断的动作不会影响在截断角内（$\theta_m < \theta < 0$）的均匀度。在截断角之外，光强度分布是不受控制的。

同样可以证明这些灯具（如图 8.19 所示）的设计方法跟上一章对菲涅耳主组件设计定制边缘光线集中器镜面的方法一样[1]。

图 8.19 所示的设计（或与它相似的设计）可以用作具有旋转对称的三维灯具的设计剖面图，从而得到的三维灯具也可以在远方目标面上产生均匀光照度[5]。

8.5　平面光源的远缘会聚灯具

现在讨论灯具的镜面设计起点（R_0）在光源的远方，而坐标系统的原点 O 选定为在镜面远方的光源边缘的情况。此灯具称为远缘会聚灯具（far-edge converging luminaire），因为被选择为原点的光源边缘在镜面的远方，因此这种情形称为远缘（far-edge）；又因为从原点 O 投射过来的光线在镜面反射后会会聚，所以该灯具称为会聚灯具。从原点发出的边缘光线的焦散是在反射器的前方。因为镜面设计起点 R_0 在光源的远方，所以使用式（8.27）来表达 $p(\theta)$，如图 8.20(b) 所示。图 8.20(a) 显示了这个灯具。

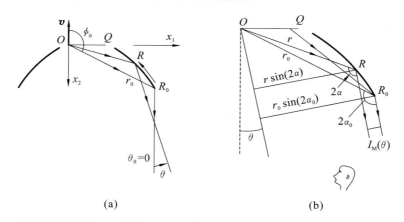

(a)　　　　　　　　　　　　　　(b)

图 8.20　远缘会聚灯具。(a) 设计的起点为 R_0，从 O 发出的光线在这点被反射到竖直方向上，所以起始的 θ 为 0，当镜面点挪近光源时，θ 变成负；(b) 灯具在 θ 方向上发射的功率对应于在点 R 与 R_0 间的镜面对光源的反射的功率

现在假设想要设计的灯具会在远方平面上产生均匀的光照度，光强度就是 $I(\theta) = 1/\cos^2\theta$。这时，由光源产生的光强度是 $I_S(\theta) = \cos\theta$。所以，式（8.27）可以写成

$$p(\theta) = -\frac{1}{\cos^2\theta} + r_0\sin(\phi_0 - \theta) + \cos\theta \qquad (8.49)$$

式(8.31)显示了此函数的原函数,即

$$P(\theta) = -\tan\theta + r_0\cos(\theta - \phi_0) + \sin\theta \qquad (8.50)$$

假设点 O、Q 及镜面的起点 R_0 已知。如果 O 与 R_0 的坐标是 $O = (0,0)$,$R_0 = (R_{01}, R_{02})$,ϕ_0 便可以用式(8.38)计算,其中,$v = (0, -1)$,$r_0 = (R_{01}, R_{02})$,如图 8.20(a) 所示。同样,由式(8.39)可以得到 r_0。

现在将下列边界条件应用到该设计上:当 $\phi = \phi_0$ 时,$\theta = \theta_0 = 0$。也就是说从 O 发出的光线在 R_0 反射后会沿竖直方向离开灯具。这也是前面用过的边界条件。这时,式(8.49)与式(8.50)也可以写为式(8.40)与式(8.41)。利用式(8.42)便可以得到常数 C_m。

$a(\theta)$ 可以用式(8.29)和 $p(\theta)$ 表示,$P(\theta)$ 可以分别用式(8.49)及式(8.50)表示。如前所述,现在可以用式(8.25)推导 $r(\theta)$。镜面点仍然可以式(8.34)表达。该设计的 θ 值从 0 开始变成负值,如图 8.20(a) 所示。图 8.21 所示的为此方法设计的灯具。

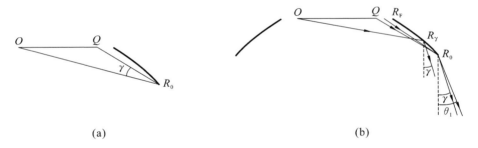

图 8.21　远缘会聚灯具。(a) 镜面的设计起始于点 R_0,终止于穿过光源的水平线;(b) 只有当 $|\theta| < \gamma$ 时,光强度才可以被调整,因为对应于更大的角度,镜面中的像再也不能延伸到 R_0

镜面的起点是 R_0。从 O 发出的光线在这点上反射后其方向变成竖直方向。这些就是灯具设计的起始条件。光源在这一点上所张的角度是 γ,如图 8.21(a) 所示。

镜面设计开始于点 R_0,而且应该终止于穿过点 O 与 Q 的水平线,也就是点 R_F。因为超过这一点后,再也不会在镜面中看到光源,如图 8.21(b) 所示。但是,不可能有任何光线从点 R_0 以大于 γ 的角度 θ_1 离开,因为这样的光线会来自点 Q 与 R_F 之间的点上,如图 8.21(b) 所示。所以,只有当 θ 小于 γ 时,才会得到需要的光强度分布,因此不需要考虑超过点 R_γ 的镜面设计。让 $\theta_m = \gamma$,所以,当 θ 小于 θ_m 时,得到的光强度分布便是所期待的,而在该角度范围之外,无法控制光强度分布的样式。

此设计有一个缺陷，因为该灯具只能在一个狭窄的角度范围内调整光分布。然而，如果容许在灯具镜面上产生多次反射，这个缺陷可以被更正过来。图8.22 的灯具是以同样的方法设计的，但起点 R_0 不一样。

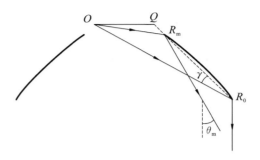

图 8.22　　远缘会聚灯具。在此设计中，起点的选择会令镜面的终点 R_m 落在连接 Q 与 R_0 的线段上。镜面不能超过 R_m，不然就会遮挡光源

　　如前所述，从 O 发出的光线在 R_0 反射后会沿竖直方向传播，光源在 R_0 所张的角度是 γ。镜面的终点 R_m 落在 Q 与 R_0 的连线上，镜面不能超过 R_m，因为它会遮挡光源。对下式求解便能得到 R_m：

$$R(\theta) = Q + x(R_0 - Q) \tag{8.51}$$

该公式事实上对应两个方程式，包含 θ 与 x 两个未知数。对 x 求解便能得到 R_m 在线段 QR_0 上的位置；对 θ 寻求最大值 θ_m，便能得到对应于灯具定制辐射样式的最大角度。当角度 $\theta < \theta_m$ 时，光强度分布会符合想要的样式，在该角度范围之外，光强度的分布是没有被控制的。

　　如前所述，只有当 $\theta < \gamma$ 时，镜面上的像会延伸到 R_0。所以，就如在前面例子中讨论的一样，该设计只有当 $\theta < \gamma$ 时才有意义。但事实上并非如此，因为在镜面上的多次反射会改变这一情况。

　　图 8.23 所示的为 θ 达到 γ 值的情况，在 R_0 反射的光线来自光源的边缘 Q。

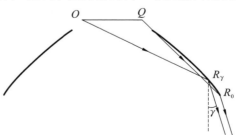

图 8.23　　如果光线在离开灯具之前，只能在镜面上反射一次，对于任何小于 γ 的 θ 值，镜面中的像只能延伸到 R_0

对于任何大于 γ 的 θ 值,光线会在镜面上多次反射而令像可以延伸到 R_0,如图 8.24 所示。所以,可以用同样的公式来设计当 $\theta > \gamma$ 时的镜面形状。镜面在点 R_0 上的切线方向决定了出光的最大角度。

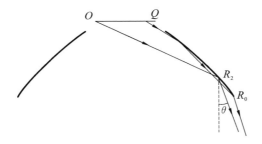

图 8.24　如果光线可以在镜面上进行多次反射,即使对于大于 γ 的 θ 值,镜面中的像
　　　　 仍能延伸到 R_0。

8.6　平面光源的近缘发散灯具

现在介绍的灯具的镜面起点(R_0)在光源的远方,而坐标系统的原点 O 选定为在镜面近方的光源边缘。此灯具称为近缘发散灯具(near-edge diverging luminaire)。因为被选择为原点的光源边缘在镜面的近方,因此这种情形称为近缘(near-edge);又因为从原点 O 投射过来的光线在镜面反射后会发散,所以该灯具称为发散灯具。此时,从原点发出的边缘光线的焦散是在反射器的后方。因为镜面设计起点 R_0 在光源的远方,所以使用式(8.27)来表达 $p(\theta)$,如图 8.25(b)所示。图 8.25(a)显示了该灯具。注意,现在 O、Q 的位置刚好倒过来,因为现在的原点 O 必须在靠近镜面的边缘上。

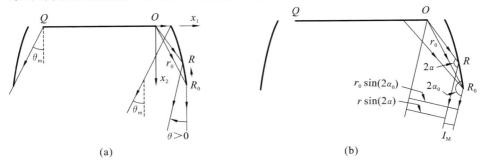

(a)　　　　　　　　　　　　　　　　　　(b)

图 8.25　近缘发散灯具。(a)设计的起点 R_0 与 O 的距离是 r_0,从 O 发出的光线在该点上被
　　　　 反射到竖直方向,所以初始的 θ 为 0,当镜面点挪近光源时,θ 变成正值;(b)灯具在
　　　　 θ 方向上发射的功率对应于在点 R 与 R_0 之间的镜面对光源的反射的功率

用来描述灯具的公式会跟前面描述远缘会聚灯具的一样。但这时，θ 会从 0 开始随设计的演进变成正值。镜面会延伸直到相接 x_1 轴（通过光源的水平线）。对下式求解便可以得到对应的 θ 值：

$$\phi = \frac{\pi}{2} \Leftrightarrow 2\alpha(\theta) + \theta = \frac{\pi}{2} \tag{8.52}$$

利用此式可以得到 θ 的最大值 θ_m，对应于小于 θ_m 的角度 θ，产生的光强度分布是需要的，在这个角度范围之外，光强度的分布并不受控制。

　　对这些灯具而言，取决于起点 R_0 的位置选择，镜面可能会将从光源发出，在某一定角度范围内的部分光线遮挡住。图 8.26 显示了一个被遮挡的灯具，图 8.27 说明了该遮挡效应。

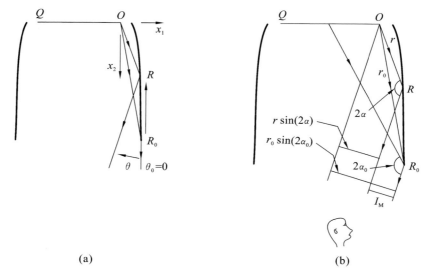

(a)　　　　　　　　　　　　(b)

图 8.26　近缘发散灯具起点 R_0 的位置选择使得镜面在某些 θ 方向上挡住了光源。(a) 当镜面设计朝光源的方向推进时，θ 的值从 0 变成正值；(b) 镜面对灯具光强度的贡献

　　设计这些灯具的方法跟前面的差不多，均使用同样的公式；差别在于光源对光照度的贡献的计算：基于角度 θ 的贡献不同，计算公式也会不同。

　　当 θ 在 $\pm\theta_1$ 之间时，整个光源是完全可见的，所以对应的光强度是 $I_S(\theta) = [O,Q]\cos\theta$。

　　如果 θ 在 θ_1 与 θ_2 之间，只会看到光源 PQ 的部分。所以，在该方向上，只有这一部分会对灯具的光强度有贡献。所以，必须使公式 $I_M(\theta) = [O,Q]\cos\theta$ 乘上因子 $[P,Q]/[O,Q]$。在角度 θ 方向上能够看到的光源部分可以写成

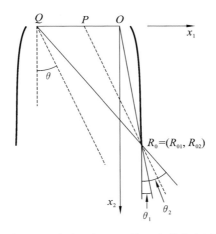

图 8.27   如果对应于竖直方向的角度 θ 大于 θ_1,镜面会挡住光源,所以只可以看到 QP 的
部分。如果 θ 大于 θ_2,整个光源被挡住

$$f(\theta) = \frac{[Q,P]}{[O,Q]} \tag{8.53}$$

当 $\theta_1 < |\theta| < \theta_2$ 时,此光源产生的光强度为

$$I_s(\theta) = [Q,P]\cos\theta = \frac{[Q,P]}{[O,Q]}[O,Q]\cos\theta = f(\theta)[O,Q]\cos\theta \tag{8.54}$$

令 $Q = (Q_1, 0)$,$P = (P_1, 0)$,$R_0 = (R_{01}, R_{02})$,便可以计算

$$\begin{cases} \tan\theta_2 = \dfrac{R_{01} - Q_1}{R_{02}} \\[2mm] \tan\theta = \dfrac{R_{01} - P_1}{R_{02}} \end{cases} \tag{8.55}$$

因而,可以得到

$$\tan(\theta_2) - \tan\theta = \frac{R_{01} - Q_1}{R_{02}} - \frac{R_{01} - P_1}{R_{02}} = \frac{P_1 - Q_1}{R_{02}} = \frac{[Q,P]}{R_{02}} \tag{8.56}$$

令 $R_{02} = y_0$,当 $\theta_1 < |\theta| < \theta_2$ 时,可以得到

$$f(\theta) = \frac{(\tan\theta_2 - \tan\theta)y_0}{[O,Q]} \tag{8.57}$$

因为当 $|\theta| < \theta_1$ 时,光源完全可见;而当 $|\theta| > \theta_2$ 时,光源完全不可见。令
$[O,Q] = 1$,便可以得到

$$f(\theta) = \begin{cases} 1, & |\theta| < \theta_1 \\ (\tan\theta_2 - \tan\theta)y_0, & \theta_1 < |\theta| < \theta_2 \\ 0, & |\theta| > \theta_2 \end{cases} \tag{8.58}$$

因此在设计灯具时，必须根据函数 $f(\theta)$ 的分段值，把灯具分成几个部分来考虑。

如前所述，如果要得到均匀的照度，必须得到 $I(\theta) = 1/\cos^2\theta$。因为镜面设计的起点 R_0 在光源的远方，所以要用式（8.27）来表达 $p(\theta)$（见图 8.26(b)），即

$$p(\theta) = -\frac{1}{\cos^2\theta} + r_0\sin(\phi_0 - \theta) + f(\theta)\cos\theta \tag{8.59}$$

当 $\theta < \theta_1$，$f(\theta) = 1$ 时，因为 $p(\theta)$ 与前面得到的式（8.49）一样，因此在前面讨论远缘会聚灯具时得到的公式也可以用在该例中，只是这时 θ 的值从 0 开始再变为正值，如图 8.26(a) 所示。因为镜面必须连续，镜面点 R_1（对应于 $\theta = \theta_1$）会被用作下一段镜面设计的边界条件。对于下一段镜面，边界条件是：对应于 $\theta = \theta_1$，$\alpha = \alpha_1 = \alpha(\theta_1)$。图 8.28 显示了从 R_0 到 R_1 的镜面。

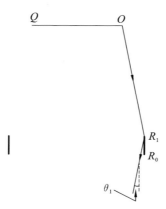

图 8.28　如果对应于竖直方向的角度 θ 小于 θ_1，镜面不会挡住光源。在该角度范围内，镜面从 R_0 延伸到 R_1，而且是对称的

对于下一段镜面，有 $\theta_1 < |\theta| < \theta_2$。这时，由式（8.59）可以得到

$$p(\theta) = -\frac{1}{\cos^2\theta} + r_0\sin(\phi_0 - \theta) + (\tan\theta_2 - \tan\theta)y_0\cos\theta \tag{8.60}$$

其中，r_0 与 ϕ_0 的值跟前一段镜面的一样，因为在镜面中光源的像仍然延伸到 R_0。对式（8.60）积分便可以得到

$$P(\theta) = r_0\cos(\phi_0 - \theta) + y_0\frac{\cos(\theta_2 - \theta)}{\cos\theta_2} - \tan\theta \tag{8.61}$$

让 $\theta_0 = \theta_1$，$\alpha = \alpha_1$，由式（8.32）可以得到常数 C_m

$$C_m = P(\theta_1) - \frac{p(\theta_1)}{\tan\alpha_1} \tag{8.62}$$

要注意的是，在式（8.62）中，$p(\theta)$ 与 $P(\theta)$ 是对新一段镜面计算的，可以用式（8.60）与式（8.61）来表示。但是，$\alpha_1 = \alpha(\theta_1)$（$\theta = \theta_1$）的值是根据前一段镜面

计算的,也就是用前一段镜面的 $\alpha(\theta)$ 函数来表示。

现在已经对最新的镜面部分计算了 $p(\theta)$、$P(\theta)$ 及 C_m。所以就可以跟前面一样,利用式(8.29)来对函数 $\alpha(\theta)$ 推导一个新的表达式,$r(\theta)$ 可以通过式(8.25)得到,镜面点可以用式(8.34)计算。

这时,镜面必须延伸,直到与 x_1 轴相接。可以对式(8.52)求解以得到对应的 θ,从而得到其最大值 θ_m。如图 8.27 所示,镜面的第二部分涵盖的角度范围为 $\theta_1 < \theta < \theta_m$。

图 8.29 比较了灯具被遮挡及没有被遮挡的情况。从图中可以看到,对应于相同的出光孔径以及相同的最大角度 θ_m,没有遮挡的灯具尺寸比较小。因为有被遮挡的灯具的设计非常复杂,因而没有任何实用价值。

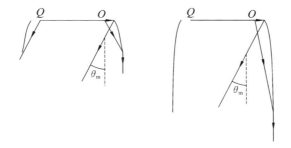

图 8.29   两个近缘发散灯具的比较。上边的设计没有遮挡,下边的设计有遮挡。它们有相同的出光孔径以及最大角度 θ_m。可以看到有遮挡的灯具尺寸比较大,而且设计也比较复杂

8.7   平面光源的近缘会聚灯具

最后,介绍的灯具的镜面起点 R_0 在光源的近方,而坐标系统的原点 O 选定为在靠近镜面的光源边缘上。该灯具称为近缘会聚灯具(near-edge converging luminaire)。因为被选择为原点的光源边缘在镜面的近方,因此这种情形称为近缘(near-edge);又因为从原点 O 投射过来的光线在镜面反射后会聚,所以该灯具称为会聚灯具。此时,从原点发出的光线的焦散是在反射器的前方。因为镜面设计起点 R_0 在光源的近方,所以使用式(8.26)来表达 $p(\theta)$,如图 8.30 所示。用来设计这些灯具的公式跟前面的远缘发散灯具的一样。但是,角度 θ 从 0 开始变为正值,如图 8.31(a)所示。

跟前面对近缘发散灯具的讨论一样,这些灯具可能会或不会遮挡光源。但是,会遮挡光源的设计的表现并不见得比较好,而且其尺寸比较大[6],跟前面

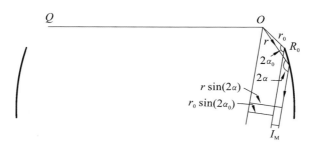

图 8.30   近缘会聚灯具中镜面对光强度的贡献

近缘发散灯具的情况一样。因此,使用近缘会聚灯具并没有任何优势。另外,其设计方法也较复杂。因为镜面的起点 R_0 跟光源比较靠近,所以镜面的终点未知,因而就不能够从开始设计时便预测镜面的遮挡效应,而必须使用迭代方法进行设计。因此也必须猜测镜面终点 R_m 的位置来计算以 R_0 为起点,R_m 为终点时的遮挡效应。如果按此进行设计,就会发现镜面终点事实上不在 R_m,便必须重新开始计算另外一个镜面。此迭代步骤必须继续进行,直到可以找到一个合理的解决方案(也就是灯具最终会以选定的 R_m 为终点)。

没有遮挡的灯具设计比较容易,图 8.31 便是这样的一个灯具。镜面以 R_0 为起点。如前所述,设计的起始条件是从 O 发出的光线在 R_0 反射后会沿竖直方向离开灯具。镜面变成竖直的点就是镜面的终点。在这个点上,从光源发出,与竖直方向成 θ_m 夹角的光线,仍然会在没有被遮挡的情况下离开灯具。而当 R_m 被反射的光线在离开灯具时,与竖直方向的夹角也是 θ_m。因为在 R_m 上,$\phi_m + \theta_m = \pi$,对下式求解,便可以决定 R_m 的位置:

$$\pi - \phi = \theta \Leftrightarrow \pi - (2\alpha(\theta) + \theta) = \theta \qquad (8.63)$$

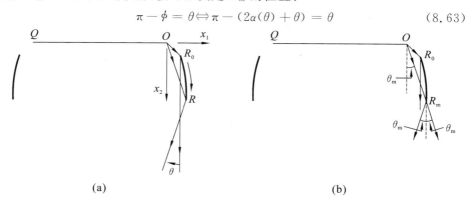

(a)   (b)

图 8.31   近缘发散灯具。(a) 设计的起点为 R_0,从 O 发出的光线在这点被反射到竖直方向上,所以起始的 θ 为 0,当镜面点远离光源时,θ 变成正值;(b) 最大角度 θ_m 使镜面变成竖直方向,超过这一点,镜面就会遮挡光源

接下来,便可以决定 θ 的最大值 θ_{m}。对于任何小于 θ_{m} 的 θ,所产生的光强度会是我们想要的。在此范围之外,光强度的分布就不受控制。

所以在设计灯具时有四种不同的组合[4]。如果以光源的边缘位置作为设计的一个基本考虑,有两个可能性,近缘与远缘;如果从镜面的形状来考虑,有两个可能性,会聚与发散。

注意,在远缘设计中,开始时镜面点的 $\theta = 0$,随设计的演进变成负值;在近缘设计中,开始时镜面点的 θ 仍然是 0,但这时会随设计的演进变成正值。

远缘发散设计用到的公式跟近缘会聚的一样,远缘会聚设计的公式跟近缘发散的一样。

8.8 圆形光源的灯具

前面讨论的设计都是对应线性朗伯光源。但是也应该考虑其他形状光源的灯具,例如,荧光灯管的管状光源[7-9]。

如果用一个渐开线镜面将这个管状光源转换成线性朗伯光源,可以使用前面讨论的设计方法[8]。图 8.32 显示了一个管状光源,以及将它转换成虚拟线性朗伯光源(OQ)的渐开线镜面。

这些渐开线镜面可以应用在各种形状的光源上,不只是圆形光源。

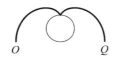

图 8.32　管状辐射光源可以被两个渐开线镜面转换成虚拟线性光源 OQ,就可以把前面对线性光源发展出来的设计方法应用在光源 OQ 上

接下来,可以将前面针对平面光源而设计的灯具用在这个组合上。例如,用图 8.32 所示的光源组合取代图 8.22 里的平面光源,就可以得到图 8.33 的结果。

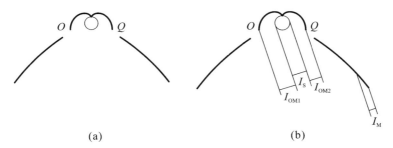

(a)　　　　　　　　　　　　(b)

图 8.33　一个管状光源被两个渐开线弧线转换成等效平面光源 OQ。(a) 平面光源的远缘会聚灯具调整光强度;(b) 光源对灯具光强度的贡献是 I_{S},镜面的是 I_{M},两条渐开线弧线的贡献分别是 I_{OM1} 与 I_{OM2}

非成像光学导论(第二版)

也可以直接将式(8.24)与式(8.28)推广到管状光源的应用上而得到前面的理论[9]。

在前面讨论线性光源的灯具时,考虑从一点上发出的边缘光线来决定镜面的形状,如图8.34(a)所示。这时有两个可能情况,边缘光线可以来自光源的远缘或近缘。对于管状光源,分析方法也差不多,但会比较复杂。这时,边缘光线与管壁相切,并有两个可能性:它们可以来自管的下边(见图8.34(b)),或管的上边(见图8.34(c))。当边缘光线来自管的下边时,这种情形称为远缘;来自上边时,这种情形称为近缘。

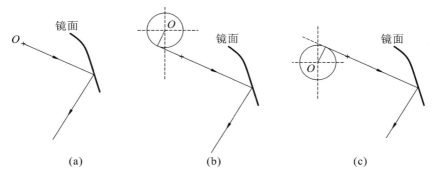

图 8.34　(a)在设计灯具时,常以光源的边缘为考虑的基础,对线性光源而言,该边缘对应于一个点。对管状光源而言,有两个可能性;(b)用于设计灯具的边缘光线来自管状光源的下部,这种情形称为远缘;(c)用于设计灯具的边缘光线来自管状光源的上部,这种情形称为近缘

远缘情况的分析,可以采用图8.35的坐标系统。这时式(8.23)仍然成立。利用图8.36便可以得到决定镜面形状对应的公式。当$d\phi \to 0$时,r与r_1趋于平行,图8.36(a)就变成图8.36(b)的情况。

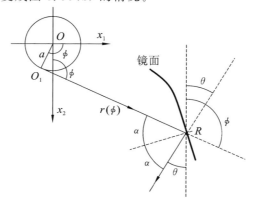

图 8.35　用于计算远缘灯具镜面的坐标系统

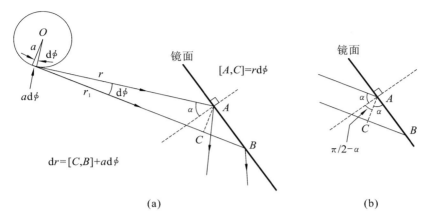

(a)   (b)

图 8.36   要决定描述镜面形状的微分方程,先考虑镜面上的一小部分 AB。坐标系统的原
点是 O,当 $\mathrm{d}\phi \to 0$ 时,r 与 r_1 趋于平行,图(a)就变成图(b)的情况,而且
$(\mathrm{d}r - a\mathrm{d}\phi)/(r\mathrm{d}\phi) = \tan\alpha$

从这些图可以看到 $[C,B] = \mathrm{d}r - a\mathrm{d}\phi$,$[A,C] = r\mathrm{d}\phi$,所以可以得到

$$\frac{\mathrm{d}r - a\mathrm{d}\phi}{r\mathrm{d}\phi} = \tan\alpha \Leftrightarrow \frac{1}{r}\frac{\mathrm{d}r}{\mathrm{d}\phi} = \tan\alpha + \frac{a}{r} \Leftrightarrow \frac{\mathrm{d}\ln r}{\mathrm{d}\phi} = \tan\alpha + \frac{a}{r} \quad (8.64)$$

当 $a \to 0$ 时,式(8.64)就变成之前讨论过的式(8.28)。

$p(\theta)$ 也可以被推广应用到管状光源上。从图 8.37 得到 $b = a/\tan\alpha$。所以
$p(\theta)$ 的表达式就可以推广为

$$p(\theta) = \left(r + \frac{a}{\tan\alpha}\right)\sin(2\alpha) \quad (8.65)$$

当管的半径趋近于 0 时,式(8.65)就变成式(8.24)。

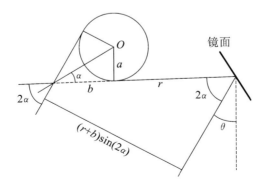

图 8.37   跟线性光源灯具一样,对应于管状光源,镜面产生的光强度也是通
过函数 $p(\theta)$ 定义的

非成像光学导论(第二版)

如前所述，$p(\theta)$ 的表达式可以用来计算镜面对灯具光强度的贡献。类似于前面对平面光源灯具的讨论，这种情形也有两种可能的设计方法。在图 8.38 中，边缘光线在灯具镜面反射后没有相交，这是发散情况，镜面的贡献可以写成

$$I_\mathrm{M} = (r+b)\sin(2\alpha) - (r_0+b_0)\sin(2\alpha_0) = p(\theta) - p_0(\theta) \quad (8.66)$$

其中，$b_0 = a/\tan\alpha$。

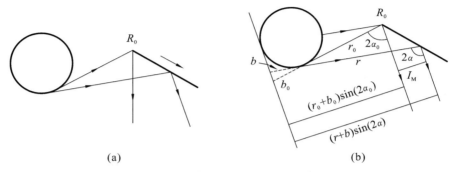

图 8.38　近缘发散结构。(a) 跟圆柱体相切的边缘光线在镜面反射后会发散；(b) 镜面对光强度的贡献是 $I_\mathrm{M} = p(\theta) - p_0(\theta)$，其中，$p(\theta)$ 如式(8.65) 所示

在图 8.39 中，边缘光线在灯具镜面反射后会相交，这是会聚情况，镜面的贡献可以写成

$$I_\mathrm{M} = (r_0+b_0)\sin(2\alpha_0) - (r+b)\sin(2\alpha) = p_0(\theta) - p(\theta) \quad (8.67)$$

其中，$b_0 = a/\tan\alpha_0$。

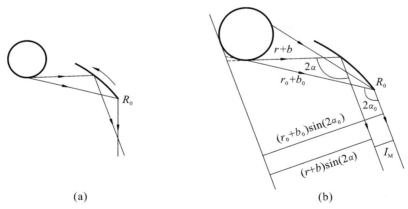

图 8.39　近缘会聚结构。(a) 跟圆柱体相切的边缘光线在镜面反射后会聚；(b) 镜面对光强度的贡献是 $I_\mathrm{M} = p_0(\theta) - p(\theta)$，其中，$p(\theta)$ 如式(8.65) 所示

如果是线性光源，灯具的光强度可以用式(8.5) 表示。对于管状光源，除了灯具的镜面外，必须考虑其他的镜面，例如，渐开线镜面，如图 8.33 所示。灯具

• 250 •

光强度的表达式可以写成

$$I(\theta) = I_{\mathrm{S}}(\theta) + I_{\mathrm{M}}(\theta) + I_{\mathrm{OM}}(\theta) \tag{8.68}$$

其中,$I_{\mathrm{OM}}(\theta)$ 是除了需要设计的灯具镜面以外的其他镜面的贡献。如前所述,它们通常是渐开线弧线。在图 8.33 的例子中,有

$$I_{\mathrm{OM}}(\theta) = I_{\mathrm{OM1}}(\theta) + I_{\mathrm{OM2}}(\theta)$$

其中,$I_{\mathrm{OM1}}(\theta)$ 是左边渐开线镜面的贡献;$I_{\mathrm{OM2}}(\theta)$ 是右边的贡献。

将式(8.66)和式(8.67)代入式(8.68)可以得到

$$\begin{cases} I(\theta) = I_{\mathrm{S}}(\theta) + p(\theta) - p_0(\theta) + I_{\mathrm{OM}}(\theta) \\ p(\theta) = I(\theta) - I_{\mathrm{S}}(\theta) + p_0(\theta) - I_{\mathrm{OM}}(\theta) \end{cases} \tag{8.69}$$

或

$$\begin{cases} I(\theta) = I_{\mathrm{S}}(\theta) + p_0(\theta) - p(\theta) + I_{\mathrm{OM}}(\theta) \\ p(\theta) = I_{\mathrm{S}}(\theta) + p_0(\theta) + I_{\mathrm{OM}}(\theta) - I(\theta) \end{cases} \tag{8.70}$$

如果已经知道所需的灯具光强度分布、光源的光强度,以及系统中其他镜面的光强度,便可以决定 $p(\theta)$ 的大小。这些其他镜面往往在开始设计时定义下来,而不是通过计算决定的。所以必须先了解它们对光强度的贡献。

跟平面光源一样,在设计镜面时,必须选择一个起点 R_0。如果 $\alpha(\theta)$ 已知,使用式(8.65)便可以决定 $r(\theta)$。利用式(8.64)、式(8.65)以及表达式 $2\alpha = \phi - \theta$,便可以得到式(8.71)(见本章附录 B,该公式也可以作为 $\alpha(\theta)$ 的隐式定义)

$$C_{\mathrm{m}} = P(\theta) - (p(\theta) - 2a)\cot\alpha - 2a \arctan(\cot\alpha) \tag{8.71}$$

在该式中,C_{m} 是通过起始条件决定的常数。而且

$$P(\theta) = \int p(\theta)\,\mathrm{d}\theta \tag{8.72}$$

也可以写成

$$C_{\mathrm{m}} = P(\theta) - (p(\theta) - 2a)\cot\left(\frac{\phi-\theta}{2}\right) - 2a \arctan\left(\cot\left(\frac{\phi-\theta}{2}\right)\right) \tag{8.73}$$

如果镜面的起点已知,便可以计算 ϕ_0。如果知道起始的 $\theta = \theta_0$,便可以得到 C_{m}。

如果 θ 的值已知,便可以对式(8.71)求解而得到 α。对不同的 θ 重复这样的步骤,便可以得到 $\alpha(\theta)$。然后,使用式(8.65)就可以得到 $r(\theta)$ 的表达式,即

$$r(\theta) = \frac{p(\theta)}{\sin(2\alpha(\theta))} - \frac{a}{\tan(\alpha(\theta))} \tag{8.74}$$

从而得到镜面点的参数表达式。从图 8.35 可以看出 $O_1 = a(\cos\phi, \sin\phi)$,利用式(8.33)便可以得到(这时,用新的位置 O_1 取代公式中的点 O)

$$R = O_1 + r(\theta)(\sin(2\alpha(\theta) + \theta), -\cos(2\alpha(\theta) + \theta)) \tag{8.75}$$

或写成

$$R = a(\cos(2\alpha(\theta) + \theta), \sin(2\alpha(\theta) + \theta)) + r(\theta)(\sin(2\alpha(\theta) + \theta), -\cos(2\alpha(\theta) + (\theta)) \tag{8.76}$$

管状光源灯具的设计往往从渐开线开始。渐开线可能会或不会跟光源接触。在有接触的情况下，可以使用完整或部分渐开线进行灯具的设计。图 8.32 显示了一个完整的渐开线。这时，管状光源被完全转换成一个线性光源。所以，所有对应于线性光源的设计方案都可以应用于这种情况。涉及部分渐开线的设计方案表现为截断渐开线的形式[8]。图 8.40 中的渐开线截断角度对应于竖直方向的夹角大小为 μ。当 $|\mu| = \dfrac{\pi}{2}$ 时，便变成一个完整渐开线。

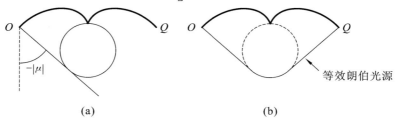

图 8.40　（a）对于管状光源，灯具的设计可以从两条与光源接触的渐开线镜面开始。这时，当与竖直方向的夹角小于 μ 时，光源的表现相当于一个宽度为 OQ 的朗伯光源；（b）对等的朗伯光源是以点 O 及 Q 为端点的平滑楔形物

在设计具有部分渐开线的灯具时，所用到的方法跟前面线性光源的方法差不多。但是，现在光源的几何形状不一样，所以对应的公式必须被修改才可以应用到这种新情况。

当 θ 在 $\pm\mu$ 之间时，两个端点（O 与 Q）都在视野之内，光源就像是一个宽度为 OQ 的朗伯辐射器。但是如果只有 Q 在视野之内，可以看到的光源宽度（d）就会由下列两个因素决定：渐开线的端点 Q，以及管状光源的切点 P[8]，如图 8.41 所示。

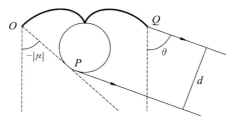

图 8.41　对于图 8.40 的例子而言，如果光线离开灯具的角度大于 μ，管状光源及镜面的组合看起来就像是一个宽度为 d 的光源，该光源位于镜面的端点 Q 及光源的切点 P 之间

用来定义镜面的公式取决于出光角大小。根据此角度大小,可以决定到底要用对应于平面光源还是管状光源的公式。

如果要设计的是远缘灯具,则可以用渐开线的端点 O 或管状光源的切点作为设计时的光源边缘,如图 8.42 所示。对 R_B 与 R_T 之间的镜面而言,端点 O 在视野之内,所以定义镜面的微分方程就是式(8.28)。对 R_T 上边的点而言,光源的端点是从该方向看到的切点,那么所用到的微分方程就是式(8.64)[8]。

在设计近缘灯具时,刚刚讨论的困难并不存在,因为端点 O 会常在镜面的视野之内,如图 8.42 所示。

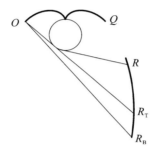

图 8.42   如果灯具针对远缘 O 而设计,当 $|\theta| < |\mu|$ 或 $|\theta| > |\mu|$ 时,用来定义镜面的
            公式不一样。对镜面的 $R_B R_T$ 部分而言,渐开线的端点 O 在视野之内,所以用来
            描述镜面的微分方程与线性光源的一样,见式(8.28)。对镜面的 $R_T R$ 部分而言,
            点 O 不在视野之内,所以描述镜面的微分方程是式(8.64)

图 8.43 显示了一个远缘会聚灯具。在设计时可以先从渐开线下手,从而决定点 O 与 Q 的坐标,便能得到表观光源(apparent source)的大小 $s = [O, Q]$。

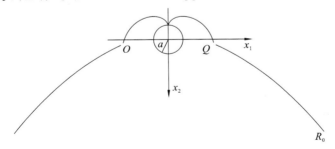

图 8.43   远缘会聚灯具。包含了两条渐开线弧线,起始于管状光源的最高点,终止于
            点 O 与 Q。镜面从 R_0 开始向光源延伸

接下来,选择点 R_0 作为镜面设计的起点。如图 8.44 所示,从 R_0 可以看到渐开线的端点 O,所以这部分的设计方法跟线性光源 OQ 的远缘会聚灯具设计

方法一样,这样便可以完成从 R_0 到 R_1 的镜面设计。对点 R_1 而言,光源发出的边缘光线与管状光源相切,如图 8.44(a) 所示,所以就必须用对应于管状光源的公式。而且,对这一部分镜面而言,光源的像一直延伸到 R_0。

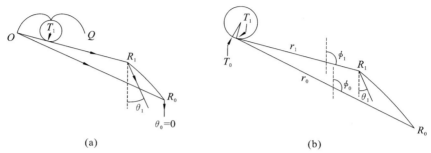

图 8.44 (a) 远缘会聚灯具。点 R_0 是设计的起点,从那里可以看到渐开线的端点 O。镜面 R_0R_1 部分的设计就相当于针对一个线性光源 OQ 的设计一样。在点 R_1 以上,必须使用针对管状光源的设计公式;(b) 显示了在设计点 R_1 以上的镜面所用到的起始条件

利用式(8.70)可以把 $p(\theta)$ 的表达式写成

$$p(\theta) = \left(r_0 + \frac{a}{\tan\left(\dfrac{\phi_0 - \theta}{2}\right)} \right) \sin(\phi_0 - \theta) + s\cos\theta - \frac{s}{\cos^2\theta} \tag{8.77}$$

$$= a + a\cos(\theta - \phi_0) - r_0\sin(\theta - \phi_0) + s\cos\theta - \frac{s}{\cos^2\theta}$$

其中,$s = [O,Q]$。如图 8.44(b) 所示,r_0 是从点 R_0 到 T_0(T_0 是在通过 R_0 的光线与光源相切的直线上)的距离。角度 ϕ_0 是线段 T_0R_0 与竖直线的夹角。对式(8.77) 积分,就可以得到

$$P(\theta) = a\theta + \cos\theta(r_0\cos\phi_0 - a\sin\phi_0) + \sin\theta(s + a\cos\phi_0 + r_0\sin\phi_0) - s\tan\theta \tag{8.78}$$

从点 R_1(镜面第一部分的终点)可以计算式(8.73)中的常数 C_m。R_1 接下来会变成下一段镜面的起点。从 θ_1(从 O 发出的光线在 R_1 反射后与竖直方向的夹角)可以得到 $p(\theta_1)$ 与 $P(\theta_1)$。取代式(8.73)中的 ϕ_1 与 θ_1 可以计算 C_m。对于不同的 θ,对式(8.71) 求解便能得到对应的 α。把 (θ, α) 的值代入式(8.74) 便能得到 $r(\theta)$。最后,利用式(8.76)便能计算镜面点。图 8.43 显示了完整的灯具。

与线性光源 OQ 的远缘发散灯具设计一样,利用多次反射,也可以将此设计延伸超过角度 γ(光源对起点 R_0 所张的角度,见图 8.45)。在 R_0 上的最大出

光角对应于从 R_0 到镜面切线的方向。一般不能通过设计方法来控制超过这个方向以外的光强度以达到期望的分布。

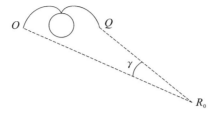

图 8.45　光源对起点 R_0 所张的角度为 γ。因为镜面上的多次反射,灯具的设计可以延伸超过 γ,跟平面光源的远缘会聚灯具设计一样

现在来考虑另外一个情况:灯具中央部分的两个渐开线弧线跟光源没有相接,如图 8.46 所示。该灯具的光学表现与前面图 8.40 所示的灯具的光学表现完全不一样。这时候,它就不会是以 O、Q 为端点的朗伯光源了。图 8.46 解释了这两条渐开线弧线的光学特性,并显示了从光源产生的 I_S,从左边镜面产生的 I_{IL},以及从右边镜面产生的 I_{IR}。

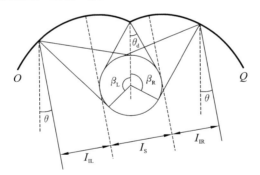

图 8.46　如果灯具中央部分由两条渐开线弧线组成,在 θ 方向上,会同时看到从这两条弧线产生的反射。因此,在这方向上的光强度会是光源产生的光强度与从这两个镜面产生的光强度的总和

每一条渐开线弧线产生的光强度由其几何形状决定,如图 8.47 所示。在图 8.47 中,可以看到 $\delta = \beta_R - \theta - \pi/2$。所以,$d_1 = a - a\cos\delta = a - a\sin(\beta_R - \theta)$,$d_2 = a + a\cos\delta = a + a\sin(\beta_R - \theta)$,$d_3 = d_2 - d_1 = 2a\sin(\beta_R - \theta)$,这就是右边渐开线产生的光强度。同样,左边的渐开线的贡献是 $2a\sin(\beta_L + \theta)$。因此,光源的贡献(I_S)与渐开线的贡献($I_1 = I_{IL} + I_{IR}$)的总和就可以写成

$$I_S + I_1 = 2a + 2a\sin(\beta_R - \theta) + 2a\sin(\beta_L + \theta) \tag{8.79}$$

然而，必须记得该式只对在 $\pm\theta_{\mathrm{d}}$ 范围内的 θ 成立（图 8.46 显示了 θ_{d} 的定义）。对应于此范围以外的 θ 值，此式必须被重新计算，因为这时所成的像是没有接在一起的[9]。灯具的总光强度就可以写成

$$I(\theta) = I_{\mathrm{S}}(\theta) + I_{\mathrm{I}}(\theta) + I_{\mathrm{M}}(\theta) \tag{8.80}$$

其中，$I(\theta)$ 是想要的光强度；$I_{\mathrm{I}}(\theta)$ 是渐开线产生的光强度；$I_{\mathrm{M}}(\theta)$ 是将要设计的镜面所产生的光强度。

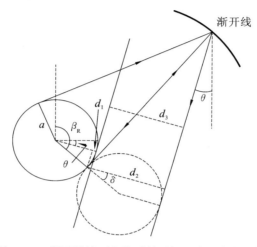

图 8.47　渐开线镜面上的反射对灯具光强度的贡献

前面讨论的分析方法可以用来设计包含这种渐开线的灯具镜面。首先假设镜面的起点是 R_0，与光源底部相切的光线在这一点反射后，会沿竖直方向传播，如图 8.48(a) 所示。此边界条件跟前面对平面光源的例子用到的类似。所以，就可以决定在此角度范围内（$0 < \theta_i < \gamma$）的对应镜面点 R_i，也就可以决定了从 R_0 到 R_γ 间的镜面。对这些角度（θ_i）而言，光源在镜面的成像从 R_0 延伸到 R_i。当在 R_0 反射的光线变成与光源上部相切时，该光线对应的角度便决定了 γ 的最大值，如图 8.48(c) 所示。当与竖直方向的夹角大于 γ 时，一般没有办法决定镜面的形状，因为从光源发出的光线不可能在 R_0 反射后沿这些方向离开灯具。因此光源在镜面上的像不能延伸超过 R_0，所以对应的光强度就不能使用公式 $I(\theta) = p(\theta) - p_0(\theta)$ 来获得。

但是如果使用别的设计方法，便可以把镜面延伸到点 R_γ 以外。同时也可以把之前计算的、介于 R_0 与 R_γ 之间的镜面用在其延伸设计上。现在考虑与光源上部相切的光线 s_{P1} 投射到镜面 $R_0 R_\gamma$ 的点 P_1 上（见图 8.49），该光线被反射后变成 r_{P1}，与竖直方向的夹角是 θ_1。如果镜面在该方向上所需要产生的光强度

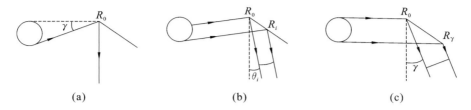

图 8.48　(a) 在点 R_0，与光源底部相切的光线被反射到竖直方向；(b) 当 $\theta \neq 0$ 且 $|\theta| < \gamma$ 时，像从 R_0 延伸到镜面上的另一点 R_i；(c) $|\theta| = \gamma$ 时的极限情况。当 $|\theta|$ 值更大时，管状光源在镜面的像不再延伸到 R_0

I_1 已知，便能决定线段 r_{Q1}：此线段会平行于 r_{P1}，而它们之间的距离是 I_1。因为镜面上的点 R_γ 已知，便能决定在该点上镜面的法线 $\boldsymbol{n}_\gamma$ 方向。然后，从线段 r_{Q1} 与镜面 R_γ 的切线的交点便能决定点 Q_1。因为在这一点上镜面必须把光线 s_{Q1}（与光源相切）反射为 r_{Q1} 而离开灯具。利用此条件就可以决定镜面在点 Q_1 上的法线 $\boldsymbol{n}_1$ 方向。

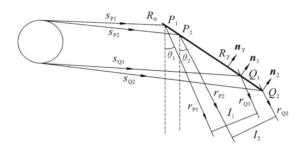

图 8.49　对大于 γ 的角度 $\theta_1,\theta_2,\cdots$ 而言，光源在镜面中的像只延伸到 $P_1,P_2,\cdots$ 而不会到达 R_0。如果知道在这些方向上的所需要产生的光强度大小，就可以根据已经计算的镜面来决定新的镜面点 Q_1、Q_2，等等

　　现在考虑与光源上部相切的光线 s_{P2}，投射到镜面 R_0Q_1 的点 P_2 上，该光线被反射后变成 r_{P2}，与竖直方向的夹角是 θ_2。如果镜面在此方向上所需要产生的光强度 I_2 已知，便能决定线段 r_{Q2}：此线段会平行于 r_{P2}，而它们之间的距离是 I_2。因为镜面上的点 Q_1 已知，便能决定在这一点上镜面的法线 $\boldsymbol{n}_1$ 方向。然后，从线段 r_{Q2} 与镜面在点 Q_1 的切线的交点便能决定点 Q_2。因为在这一点上，镜面必须把光线 s_{Q2}（与光源相切）反射为 r_{Q2} 而离开灯具。利用这一条件就可以决定镜面在点 Q_2 上的法线 $\boldsymbol{n}_2$ 方向。

　　重复上述步骤便能决定其他的镜面点。为了要得到比较好的结果，在设计时，应该让每一点之间的距离比较小。

现在,对于角度 θ_1,光源在镜面中的像从 P_1 延伸到 Q_1;对于角度 θ_2,光源的像从 P_2 延伸到 Q_2。对这些 $\theta(|\theta|>\gamma)$ 而言,光源在镜面中的像不再局限于 R_0 与其他镜面点之间的范围,而是由边缘光线 s_P 与 s_Q 来决定像的延伸范围。光线 s_P 与 s_Q 分别称为前缘光线与后缘光线[7]。

灯具的光强度如式(8.68)所示,I 是灯具所需要产生的光强度,I_S 是光源产生的光强度,I_M 是根据前面方法设计的镜面所产生的光强度,I_{om} 是灯具中可能拥有的其他镜面(如渐开线弧线)的贡献[9]。

图 8.50 所示的灯具是用前面讨论的方法设计的。在点 R_0 与 R_γ 间的镜面是用分析方法设计的,在 R_γ 以外的镜面是用图 8.49 所描述的数值方法设计的。镜面在起点 R_0 的斜率必须刚好让从光源投射过来的光线 r_1 反射后沿竖直方向离开灯具。这也是在前面讨论线性光源时所用到的起始条件。

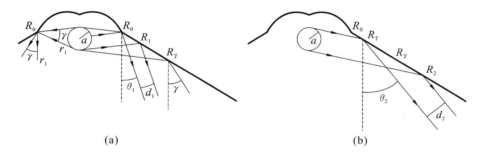

(a)   (b)

图 8.50   (a) 当 $\theta<\gamma$ 时,可以决定镜面的 R_0R_γ 部分。对这一部分镜面上的点 R_1 而言,如果角度是 θ,光源的反射像从 R_0 延伸到 R_1,而镜面对光强度的贡献是 d_1;(b) 当 $\theta>\gamma$ 时,光源在镜面的反射像从 R_T 延伸到另一点 R_2。R_T 是在已经设计好的镜面上,而 R_2 根据 R_T 而计算得到。这时,镜面对光强度的贡献是 d_2

前面讨论的分析方法只有当 $|\theta|<\gamma$ 时才成立。其中,γ 是管状光源对点 R_0 所张的角度,如图 8.50(a) 所示。这时候,光源在镜面的像从 R_0 延伸到 $R_1(\theta)$;而且,当 $|\theta|=|\theta_1|<\gamma$ 时,光强度 I_M 是 d_1。这一分析方法可以用来设计点 R_0 与 R_γ 间的镜面,以及从式(8.76)得到的镜面点。

接下来,考虑 $|\theta|>\gamma$ 的情况,如图 8.50(b) 所示。这时候,光线不可能以这些角度离开 R_0。所以,当 $|\theta|=|\theta_2|>\gamma$ 时,管状光源的像会从 $R_T(\theta)$ 延伸到 $R_2(\theta)$。对于不同的 θ_2,可以利用已经存在的镜面来决定 R_T 的位置。进而可以利用 R_T 计算下一点 R_2。所以,新的镜面可以从已经计算的部分来推导。在所考虑的两条光线中,一条光线会投射到已经存在的镜面上,另外一条光线帮助决定新的镜面[7,9]。有时候,在设计灯具时,也必须要考虑镜面的遮挡效应,如图 8.27 所示的灯具。

在设计灯具时,很重要的一点是要避免从光源发出的辐射被反射回到光源上,因为设计的目标是要让所有的辐射离开光源,让发射功率达到最大;但是,也必须让灯具越紧凑越好。灯具的中央部分通常会用两条相邻的渐开线弧线来完成设计。

此外,镜面的法线不能跟管状光源相交,因为如果相交,则辐射会被反射回到光源,如图 8.51 所示的曲线 a。如果镜面的法线远离光源,如曲线 b 所示,上述的问题就不存在,而光线反射后会离开光源。但是,此时的镜面会比较大。使用渐开线曲线就能避免辐射反射回到光源的情况,并且可以用最小的镜面来完成设计。

前面讨论的设计方法中,灯具的中央部分不是必须要由两条渐开线弧线组成的[9]。但是使用渐开线可以得到最紧凑的器件。而且,因为镜面的法线不能跟管状光源相交,镜面间必然会有一个楔形点。

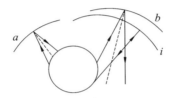

图 8.51　灯具的中央部分具有渐开线曲线的形状(曲线 i),该曲线形状可以达到最紧凑的设计,而且没有光线反射回到光源。对于曲线 a 的情况,曲线的法线与管状光源相交,所以光线会被反射到光源,而投射不到目标面上。对于曲线 b 的情况,法线远离管状光源,所以利用这一形状设计的镜面的尺寸会比渐开线曲线的大

8.9　例子

下面例子中用到的曲线及函数可以在第 21 章里找到。

例 8.1　对单位长度的光源,设计一个远缘会聚灯具,使其在远方目标面上的照度均匀。

首先,定义光源的端点为 $O = (-0.5, 0)$,$Q = (0.5, 0)$,并且定义镜面的端点为 $R_0 = (1.82, 1.3)$,就可以计算

$$\begin{cases} \phi_0 = \mathrm{ang}(R_0 - O, (0, -1)) = 2.081\ 55° \\ r_0 = [R_0, O] = 2.659\ 4 \end{cases} \tag{8.81}$$

从而得到

$$\begin{cases} p(\theta) = -\dfrac{1}{\cos^2\theta} + r_0\sin(\phi_0-\theta) + \cos\theta \\[2mm] \qquad = \cos\theta - \sec^2\theta + 2.659\,4\sin(2.081\,55-\theta) \\[2mm] P(\theta) = -\tan\theta + r_0\cos(\theta-\phi_0) + \sin\theta \\[2mm] \qquad = 2.659\,4\cos(2.081\,55-\theta) + \sin\theta - \tan\theta \end{cases} \quad (8.82)$$

让从 O 发出的光线在 R_0 反射后沿竖直方向离开灯具,所以 $\theta_0=0$,因此

$$\begin{cases} p(\theta_0) = r_0\sin\phi_0 = 2.32 \\ P(\theta_0) = r_0\cos\phi_0 = -1.3 \end{cases} \quad (8.83)$$

可以得到常数 C_m 为

$$C_m = P(\theta_0) - \frac{p(\theta_0)}{\tan(\phi_0/2)} = -2.659\,4 \quad (8.84)$$

而且

$$\alpha(\theta) = \arctan\left(\frac{p(\theta)}{P(\theta)-C_m}\right) \quad (8.85)$$

最后,镜面点可以写成

$$R(\theta) = O + \frac{p(\theta)}{\sin(2\alpha(\theta))}(\sin(2\alpha(\theta)+\theta), -\cos(2\alpha(\theta)+\theta)) \quad (8.86)$$

对下式以数值方法求解:

$$R(\theta) = Q + x(R_0-Q) \quad (8.87)$$

就可以得到 θ 的最大值为 $\theta=\theta_m=-0.512\,409$ rad $=-29.358\,8°$,而且 $x=x_m=0.132\,99$,从而得到 $R_m=R(\theta_m)$(在 Q 与 R_0 的连线上),最后便可以得到 $\theta_m\leqslant\theta\leqslant0$ 时镜面表达式 $R(\theta)$。图 8.52 显示了这一灯具。

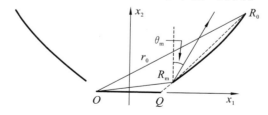

图 8.52　远缘会聚灯具

利用光线追迹方法便能决定远方目标面上的照度样式。图 8.53 显示了灯具与目标面的几何形状。图 8.54 显示了目标面上照度样式对角度 θ 的函数图。

现在解释怎样对这些光学组件进行光线追迹的问题。首先产生一组光线,然后,可以用蒙特卡罗积分法(Monte Carlo Integration)[10]。

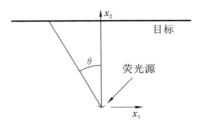

图 8.53　远缘会聚灯具与远方目标面的几何形状

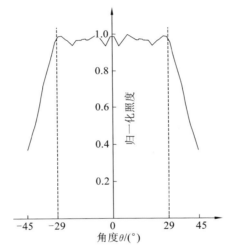

图 8.54　远方目标面上归一化照度样式对角度 θ(单位为度) 的函数图

函数对从 θ_1 到 θ_2 的角度区间 $\Delta\theta(\Delta\theta = \theta_2 - \theta)$ 的积分可以用蒙特卡罗积分法近似为

$$\int_{\theta_1}^{\theta_2} I(\theta)\mathrm{d}\theta \approx \Delta\theta \frac{1}{N} \sum_{i=1}^{N} I(\theta_i) \qquad (8.88)$$

该结果等于角度区间 $\Delta\theta$ 与函数在该区间内的平均值的乘积。平均值的近似可以用下述方法得到：首先，在区间 $\Delta\theta$ 中，以随机数方法对 θ 点产生取样点 θ_i(假设 θ 在区间内为均匀分布)，计算在每一个 θ_i 点上的函数值 $I(\theta_i)$，然后再除以取样点的总数。

利用式(8.88)就能够产生一组任意光线来模拟计算机光线追迹中的光源。考虑一个长度为 L_s 的均匀二维朗伯光源，例如，图 8.52 中的线性光源 OQ，$L_s = [O, Q]$。这一均匀光源在不同方向上产生的光强度 $I(\theta) = I_0\cos\theta$，其发射总通量为

$$\Phi = \int_{-\pi/2}^{\pi/2} I(\theta)\mathrm{d}\theta = \int_{-\pi/2}^{\pi/2} I_0\cos\theta\mathrm{d}\theta = \sum_{i=1}^{N} \frac{\pi I_0}{N}\cos\theta_i \qquad (8.89)$$

然后，就可以产生一个光线组，组内每一条光线由下列物理量所定义：光线的起点位置 $P_i = (x_i, 0)$；方向 $v_i = (\cos\theta_i, \sin\theta_i)$；以及功率 $p_i = \pi I_0 \cos\theta_i / N$，$N$ 是光线组的光线总数。所以，在这一光线组里的光线就可以表示为 (P_i, v_i, p_i)，$i = 1, \cdots, N$。x_i 与 θ_i 的值由下列公式决定：$x_i = L_{\mathrm{S}}(y_i - 1/2)$，$\theta_i = \pi(z_i - 1/2)$，$y_i$ 与 z_i 是在 0 与 1 之间的随机数。这样就模拟了一个从 $-L_{\mathrm{S}}/2$ 延伸到 $L_{\mathrm{S}}/2$ 的光源，其发光角度在 $-\pi/2$ 与 $\pi/2$ 之间。

现在可以对这些光线在整个系统中进行光线追迹。投射在接收器上的光线会被收集起来。要确定接收器上光通量的分布，可以将接收器分成一组小格子来统计每一个小格子中的光线通量。这过程称为分组。

假设以参数 α（其值介于 α_{m} 与 α_{M} 间）定义接收器。以图 8.53 为例，目标面是接收器，而水平坐标 x_1 便是参数 α。可以把该参数坐标分为一些长度相等的小格子，如图 8.55 所示。在这例子中，有 7 个小格子，每一个小格子的长度是 $\Delta\alpha$。一般而言，如果有 N 个小格子，其长度就会是 $\Delta\alpha = (\alpha_{\mathrm{M}} - \alpha_{\mathrm{m}})/N$。

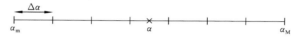

图 8.55　接收器被分成小格子

当一条光线打在接收器的某一点上时，如果这一点的参数值是 α，要决定对应的格子编号，则可以计算 $b = (\alpha - \alpha_{\mathrm{m}})/\Delta\alpha$。以图 8.55 为例，$b$ 是 3.5，该点在第四号格子内。定义函数 $\mathrm{sig}(b)$，其函数值是对应不小于 b 的最小整数值，例如，$\mathrm{sig}(3.1) = 4$，$\mathrm{sig}(3.8) = 4$，$\mathrm{sig}(4) = 4$。该函数可以决定对应于任何 $\alpha(\alpha > \alpha_{\mathrm{m}})$ 的格子编号。当 $\alpha = \alpha_{\mathrm{m}}$ 时，对应的格子号码是 1。

在图 8.56 中，一条光线从点 P 离开光源，传播方向为 v，功率为 p。它穿过系统中的光学组件后投射在目标面上的某一点，对应的参数值为 α。

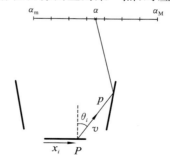

图 8.56　功率为 p 的光线，从点 P 沿 v 方向离开光源。穿过系统中的光学组件后投射到目标面上的某一点（点的参数值为 α）

当一条光线投射到某一个小格子中时,便把这条光线的功率加到这个格子中。最后,就可以知道投射在每一个小格子中的功率,从而得到整个接收器上的功率分布。

如果想要知道光强度分布,则可以将角度空间分成小格子,然后计算每一个小格子中的光通量。例如,这些小格子对应于光轴的角度间隔可以是从 0° 到 5°,然后从 5° 到 10°,等等。对每一条从光学组件投射出来的光线,可以检验它对光轴的夹角,然后再将它的功率加到对应的小格子中。最后,就可以得到功率对光轴夹角的分布函数。

例 8.2 对单位长度的光源,设计一个近缘发散灯具,使其在远方目标面上的照度均匀。

首先,定义光源的端点为 $O = (-0.5, 0)$,$Q = (0.5, 0)$,定义镜面的端点为 $R_0 = (0.77, 0.532\ 4)$,就可以计算

$$\begin{cases} \phi_0 = \mathrm{ang}(R_0 - O, (0, -1)) = 153.109° \\ r_0 = [R_0, O] = 0.579\ 957 \end{cases} \tag{8.90}$$

得到

$$\begin{cases} p(\theta) = -\dfrac{1}{\cos^2\theta} + r_0\sin(\phi_0 - \theta) + \cos\theta \\ \qquad = \cos\theta - \sec^2\theta + 0.579\ 957\sin(2.672\ 25 - \theta) \\ P(\theta) = -\tan\theta + r_0\cos(\theta - \phi_0) + \sin\theta \\ \qquad = 0.579\ 957\cos(2.672\ 25 - \theta) + \sin\theta - \tan\theta \end{cases} \tag{8.91}$$

让从 O 发出的光线在 R_0 反射后沿竖直方向离开灯具,所以 $\theta_0 = 0$,因此

$$\begin{cases} p(\theta_0) = r_0\sin\phi_0 = 0.262\ 314 \\ P(\theta_0) = r_0\cos\phi_0 = -0.517\ 244 \end{cases} \tag{8.92}$$

接下来,可以得到常数 C_m 为

$$C_\mathrm{m} = P(\theta_0) - \frac{p(\theta_0)}{\tan(\phi_0/2)} = -0.579\ 957 \tag{8.93}$$

而且

$$\alpha(\theta) = \arctan\left(\frac{p(\theta)}{P(\theta) - C_\mathrm{m}}\right) \tag{8.94}$$

最后,镜面点可以写成

$$R(\theta) = O + \frac{p(\theta)}{\sin(2\alpha(\theta))}(\sin(2\alpha(\theta) + \theta), -\cos(2\alpha(\theta) + \theta)) \tag{8.95}$$

对下式以数值方法求解:

$$2\alpha + \theta = \frac{\pi}{2} \tag{8.96}$$

就可以得到 θ 的最大值为 $\theta = \theta_m = 0.462\ 083\ \text{rad} = 26.475\ 4°$，从而决定了镜面在水平轴（$x_1$）上的终点。当 $0 \leqslant \theta \leqslant \theta_m$ 时，镜面表达式可以用 $R(\theta)$ 表达。图 8.57 所示的为该灯具。

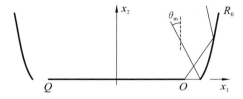

图 8.57　近缘发散灯具

利用光线追迹方法便能决定远方目标面上的照度样式。图 8.58 所示的为灯具与目标面的几何形状。图 8.59 所示的为目标面上照度样式对角度 θ 的函数图。

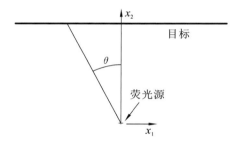

图 8.58　近缘发散灯具与远方目标面的几何形状

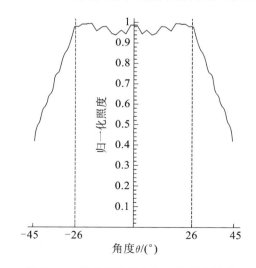

图 8.59　远方目标面上归一化照度样式

例 8.3　对单位半径($a=1$)的管状光源,设计一个远缘会聚灯具,使其在远方目标面上的照度均匀。

在设计这一灯具时,首先考虑与光源配用的渐开线

$$\text{inv}(\xi) = a(\cos(\xi - \pi/2), \sin(\xi - \pi/2)) + \xi a(\cos(\xi - \pi), \sin(\xi - \pi)) \tag{8.97}$$

其中,$a=1$,而且

$$-(\pi/2 + \mu) \leqslant \xi \leqslant \pi/2 + \mu \tag{8.98}$$

令 $\mu = 75°$,所以,$Q = \text{inv}(\pi/2 + \mu) = (3.040\,49, 0.220\,58)$,$O$ 是其对称点,如图 8.60 所示。

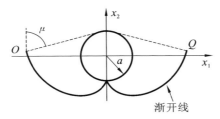

图 8.60　灯具的设计起始于与光源配用的渐开线

接下来将灯具镜面的起点选定为 $R_0 = (10.4, 605)$。在点 R_0 与 R_1 之间的镜面会看到表观光源(光源在渐开线镜面的像)的端点 O,如图 8.61 所示。

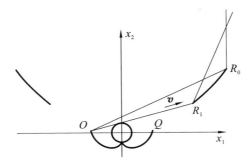

图 8.61　选定 R_0 为起点。镜面的第一部分(R_0R_1)被设计为对应于线性光源 OQ 的远缘会聚灯具

另一部分的镜面 R_0R_1 被设计为对应于线性光源 OQ 的远缘会聚灯具,可以得到

$$\begin{cases} s = [O, Q] = 6.080\,97 \\ \phi_0 = \text{ang}(R_0 - O, (0, -1)) = 115.042° \\ r_0 = [R_0, O] = 14.835 \end{cases} \tag{8.99}$$

从而得到

$$\begin{cases} p(\theta) = -\dfrac{s}{\cos^2\theta} + r_0\sin(\phi_0-\theta) + s\cos\theta \\[2mm] \qquad\;\; = 6.080\,97(\cos\theta - \sec^2\theta) + 14.835\sin(2.007\,86-\theta) \\[2mm] P(\theta) = -s\tan\theta + r_0\cos(\theta-\phi_0) + s\sin\theta \\[2mm] \qquad\;\; = 14.835\cos(2.007\,86-\theta) + 6.080\,97(\sin\theta - \tan\theta) \end{cases} \quad (8.100)$$

令从 O 发出来的光线在 R_0 反射后沿竖直方向离开灯具,所以 $\theta_0 = 0$,从而得到

$$\begin{cases} p(\theta_0) = r_0\sin\phi_0 = 13.440\,5 \\[2mm] P(\theta_0) = r_0\cos\phi_0 = -6.279\,42 \end{cases} \quad (8.101)$$

常数 C_m 可以写成

$$C_m = P(\theta_0) - \dfrac{p(\theta_0)}{\tan(\phi_0/2)} = -14.835 \quad (8.102)$$

而且

$$\alpha(\theta) = \arctan\left(\dfrac{p(\theta)}{P(\theta)-C_m}\right) \quad (8.103)$$

最后镜面点的表达式可以写成

$$R(\theta) = O + \dfrac{p(\theta)}{\sin(2\alpha(\theta))}(\sin(2\alpha(\theta)+\theta),\, -\cos(2\alpha(\theta)+\theta)) \quad (8.104)$$

图 8.61 中的矢量 v 可以写成 $v = (\cos(\pi/2-\mu),\sin(\pi/2-\mu))$。对下列的一对方程式求解(注意,$O$、$v$、$Ra$ 是在二维空间):

$$O + dv = R(\theta) \quad (8.105)$$

便能得到 $\theta = \theta_1 = -23.529\,7°,d = d_1 = 10.427\,8$,从而得到 R_1。当 $\theta_1 \leqslant \theta \leqslant 0$ 时,镜面 R_0R_1 可以用 $R(\theta)$ 表示。

从 R_1 往下,看不到点 O,而镜面的计算就会与对应于管状光源的远缘会聚灯具一样。该灯具第二部分镜面所成的像也会一直延伸到 R_0,所以要对这一点计算 $p(\theta)$ 与 $P(\theta)$。对于这一新的镜面,首先在光源上决定 P_0 的位置(P_0 对光源的切线会通过点 R_0,见图 8.62)。

有 $P_0 = (-0.459\,09, 0.888\,39)$,所以

$$\begin{cases} r_0 = [P_0,R_0] = 12.223\,3 \\[2mm] \phi_0 = \mathrm{ang}(R_0-P_0,(0,-1)) = 117.328° \end{cases} \quad (8.106)$$

而且

$$\begin{cases} p(\theta) = a + a\cos(\theta-\phi_0) - r_0\sin(\theta-\phi_0) + s\cos\theta - s/\cos^2\theta \\[2mm] \qquad\;\; = 1 + 16.481\cos\theta - 6.080\,97\sec^2\theta + 6.5\sin\theta \\[2mm] P(\theta) = a\theta + \cos\theta(r_0\cos\phi_0 - a\sin\phi_0) + \sin\theta(s + a\cos\phi_0 + r_0\sin\phi_0) \\[2mm] \qquad\;\; = \theta - 6.5\cos\theta + 16.481\sin\theta - 6.080\,97\tan\theta \end{cases}$$

$$(8.107)$$

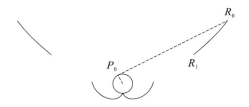

图 8.62　通过光源上点 P_0 的光源切线也通过点 R_0

在计算积分常数 C_m 时，用点 R_1（新镜面的起点）作为数据计算的参考点。这里已经得到 θ_1 与 ϕ_1 为（见图 8.62）

$$\phi_1 = \mathrm{ang}(R_1 - O, (0, -1)) = 105° \tag{8.108}$$

而且

$$\begin{cases} p(\theta_1) = 6.281\,75 \\ P(\theta_1) = -10.302 \end{cases} \tag{8.109}$$

常数 C_m 就可以写成

$$C_m = P(\theta_1) - \cot\left(\frac{\phi_1 - \theta_1}{2}\right)(p(\theta_1) - 2a) - 2a\arctan\left(\cot\left(\frac{\phi_1 - \theta_1}{2}\right)\right)$$

$$= -13.264\,2 \tag{8.110}$$

现在设定 θ 的最大值为 $\theta_m = -31°$。当 $\theta_m \leqslant \theta \leqslant \theta_1$ 时，对下式以数值方法求解：

$$C_m = P(\theta) - \cot\alpha(p(\theta) - 2a) - 2a\arctan(\cot\alpha) \tag{8.111}$$

便能得到 α。以下是一些解出来的 (θ_i, α_i) 结果：$((-31, 0.949\,81), (-30, 0.997\,741), (-29, 1.033\,4), (-28, 1.060\,44), (-27, 1.081\,13), (-26, 1.097\,01), (-25, 1.109\,12), (-24, 1.118\,22))$。这里可以对每一组数据计算

$$r_i = \frac{p(\theta_i)}{\sin(2\alpha_i)} - \frac{a}{\tan\alpha_i} \tag{8.112}$$

镜面点的表达式最后可以写成

$$R_i = a(\cos(2\alpha_i + \theta_i), \sin(2\alpha_i + \theta_i)) + r_i(\sin(2\alpha_i + \theta_i), -\cos(2\alpha_i + \theta_i)) \tag{8.113}$$

而对应的 R_i 结果是：$R_i = ((7.679\,64, 8.439\,46), (71.058\,6, -260.689), (20.150\,8, -5.738\,02), (19.583\,3, 19.701\,3), (-27.667\,1, 94.487\,3), (-9.607\,06, 3.422\,71), (9.642\,54, 10.949\,3), (4.850\,06, -25.372\,6))$。

图 8.63 显示了完整的灯具设计。在远方目标面上的照度样式可以采用光线追迹确定。图 8.64 所示的为灯具与目标面的几何形状。图 8.65 所示的为在目标面上照度样式对角度 θ 的函数图。在设计的角度范围内，照度均匀。

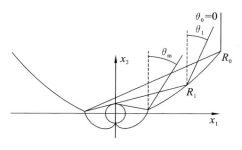

图 8.63　完整的灯具

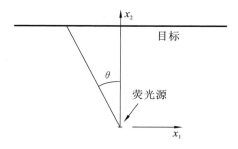

图 8.64　远缘会聚灯具与远方目标面的几何形状

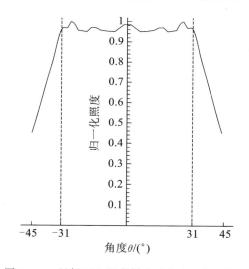

图 8.65　目标面上照度样式对角度 θ 的函数图

附 A:线性光源的镜面微分方程

将下式对 $\alpha(\theta)$ 求解:

$$\frac{\mathrm{d}\ln r(\phi)}{\mathrm{d}\phi} = \tan\alpha(\theta) \tag{A.1}$$

其中

$$\phi = 2\alpha(\theta) + \theta$$
$$r(\theta) = \frac{p(\theta)}{\sin(2\alpha)} \tag{A.2}$$

而且，$p(\theta)$ 已知。

要将式（A.1）对 $\alpha(\theta)$ 求解，首先计算 $\ln r$ 的导数，即

$$\frac{\mathrm{d}\ln r}{\mathrm{d}\theta} = \frac{\mathrm{d}\ln r}{\mathrm{d}\phi}\frac{\mathrm{d}\phi}{\mathrm{d}\theta} \quad \Leftrightarrow \quad \frac{\mathrm{d}\ln r}{\mathrm{d}\theta} = \frac{1}{r}\frac{\mathrm{d}r}{\mathrm{d}\phi}\frac{\mathrm{d}\phi}{\mathrm{d}\theta} \tag{A.3}$$

由式（A.2）可以得到

$$\frac{\mathrm{d}\phi}{\mathrm{d}\theta} = 2\frac{\mathrm{d}\alpha}{\mathrm{d}\theta} + 1 \tag{A.4}$$

因此

$$\frac{\mathrm{d}\ln r}{\mathrm{d}\theta} = \tan(\alpha(\theta))\left(2\frac{\mathrm{d}\alpha}{\mathrm{d}\theta} + 1\right) \tag{A.5}$$

这是 $\alpha(\theta)$ 的微分方程。利用式（A.2）的第二个公式便可以得到

$$\ln(p(\theta)) = \ln(r(\phi(\theta))) + \ln(\sin(2\alpha(\theta))) \tag{A.6}$$

对 θ 求导数，便可以得到

$$\frac{\mathrm{d}\ln p}{\mathrm{d}\theta} = \frac{1}{r}\frac{\mathrm{d}r}{\mathrm{d}\phi}\frac{\mathrm{d}\phi}{\mathrm{d}\theta} + 2\frac{\cos(2\alpha)}{\sin(2\alpha)}\frac{\mathrm{d}\alpha}{\mathrm{d}\theta} \tag{A.7}$$

根据式（A.3）与式（A.5）可以得到

$$\begin{aligned}\frac{\mathrm{d}\ln p}{\mathrm{d}\theta} &= \tan\alpha\left(2\frac{\mathrm{d}\alpha}{\mathrm{d}\theta} + 1\right) + \frac{\cos^2\alpha - \sin^2\alpha}{\sin\alpha\cos\alpha}\frac{\mathrm{d}\alpha}{\mathrm{d}\theta}\\ &= \left(\frac{2\sin^2\alpha}{\sin\alpha\cos\alpha} + \frac{\cos^2\alpha - \sin^2\alpha}{\sin\alpha\cos\alpha}\right)\frac{\mathrm{d}\alpha}{\mathrm{d}\theta} + \frac{\sin\alpha}{\cos\alpha}\end{aligned} \tag{A.8}$$

因为 $p(\theta)$ 已知，这是 $\alpha(\theta)$ 的微分方程。现在可以写成[4]

$$\frac{\mathrm{d}\alpha}{\mathrm{d}\theta} = \sin\alpha\cos\alpha\frac{\mathrm{d}\ln(p(\theta))}{\mathrm{d}\theta} - \sin^2\alpha \tag{A.9}$$

将式（A.9）除以 $\sin^2\alpha$ 便可以得到

$$-\frac{1}{\sin^2\alpha}\frac{\mathrm{d}\alpha}{\mathrm{d}\theta} + \frac{1}{\tan\alpha}\frac{\mathrm{d}\ln(p(\theta))}{\mathrm{d}\theta} = 1 \tag{A.10}$$

式（A.10）是 $\alpha(\theta)$ 的方程式，进行变量代换[4]，令

$$u = \frac{1}{\tan\alpha} \tag{A.11}$$

便可以解出

$$\frac{\mathrm{d}u}{\mathrm{d}\theta} + u\frac{\mathrm{d}\ln(p(\theta))}{\mathrm{d}\theta} = 1 \quad \Leftrightarrow \quad \frac{\mathrm{d}(up(\theta))}{\mathrm{d}\theta} = p(\theta) \tag{A.12}$$

对式（A.12）两边进行积分便得到

$$up = \int p(\theta)\mathrm{d}\theta - C_\mathrm{m} \quad \Leftrightarrow \quad u(\theta) = \frac{P(\theta) - C_\mathrm{m}}{p(\theta)} \tag{A.13}$$

其中，C_m 是积分常数；$P(\theta)$ 是 $p(\theta)$ 的原函数，有

$$P(\theta) = \int p(\theta)\mathrm{d}\theta \tag{A.14}$$

现在，从式（A.11）可以得到 α 为

$$\alpha(\theta) = \arctan\left(\frac{1}{u}\right) = \arctan\left(\frac{p(\theta)}{P(\theta) - C_\mathrm{m}}\right) \tag{A.15}$$

其中，C_m 可以由起始条件而决定。

附 B：圆形光源的镜面微分方程

利用下式推导 $\alpha(\theta)$ 的表达式：

$$\frac{1}{r}\frac{\mathrm{d}r}{\mathrm{d}\phi} = \tan\alpha + \frac{a}{r} \Leftrightarrow \frac{\mathrm{d}\ln r(\phi)}{\mathrm{d}\phi} = \tan\alpha(\theta) + \frac{a}{r} \tag{B.1}$$

其中，a 是一个常数，而且，下列公式必须同时成立：

$$\begin{cases} \phi = 2\alpha(\theta) + \theta \\ p(\theta) = \left(r + \dfrac{a}{\tan\alpha}\right)\sin(2\alpha) \end{cases} \tag{B.2}$$

式（B.2）中的第一个表达式描述了 ϕ、α、θ 间的关系，第二个表达式则将 r 与已知量 p 连在一起。

首先计算 p 的对数，有

$$\ln(p(\theta)) = \ln\left(r + \frac{a}{\tan\alpha}\right) + \ln(\sin(2\alpha)) \tag{B.3}$$

对 θ 求导数可得到

$$\begin{aligned}
\frac{\mathrm{d}\ln p}{\mathrm{d}\theta} &= \frac{1}{r + a/\tan\alpha}\left(\frac{\mathrm{d}r}{\mathrm{d}\phi}\frac{\mathrm{d}\phi}{\mathrm{d}\theta} - a\frac{1/\cos^2\alpha}{\tan^2\alpha}\frac{\mathrm{d}\alpha}{\mathrm{d}\theta}\right) + 2\frac{\cos(2\alpha)}{\sin(2\alpha)}\frac{\mathrm{d}\alpha}{\mathrm{d}\theta} \\
&= \frac{r\sin(2\alpha)}{p}\frac{1}{r}\frac{\mathrm{d}r}{\mathrm{d}\phi}\frac{\mathrm{d}\phi}{\mathrm{d}\theta} - \frac{\sin(2\alpha)}{p}\frac{a}{\sin^2\alpha}\frac{\mathrm{d}\alpha}{\mathrm{d}\theta} + 2\frac{\cos(2\alpha)}{\sin(2\alpha)}\frac{\mathrm{d}\alpha}{\mathrm{d}\theta}
\end{aligned} \tag{B.4}$$

利用式（B.1）与式（B.2）中的第一个公式可以写成

$$\begin{aligned}
\frac{\mathrm{d}\ln p}{\mathrm{d}\theta} &= \frac{r\sin(2\alpha)}{p}\left(\tan\alpha + \frac{a}{r}\right)\left(2\frac{\mathrm{d}\alpha}{\mathrm{d}\theta} + 1\right) - \frac{\sin(2\alpha)}{p}\frac{a}{\sin^2\alpha}\frac{\mathrm{d}\alpha}{\mathrm{d}\theta} + 2\frac{\cos(2\alpha)}{\sin(2\alpha)}\frac{\mathrm{d}\alpha}{\mathrm{d}\theta} \\
&= \tan\alpha\left(\frac{r\sin(2\alpha)}{p} + \frac{a\sin(2\alpha)}{p\tan\alpha}\right)\left(2\frac{\mathrm{d}\alpha}{\mathrm{d}\theta} + 1\right) - \frac{\sin(2\alpha)}{p}\frac{a}{\sin^2\alpha}\frac{\mathrm{d}\alpha}{\mathrm{d}\theta} + 2\frac{\cos(2\alpha)}{\sin(2\alpha)}\frac{\mathrm{d}\alpha}{\mathrm{d}\theta}
\end{aligned} \tag{B.5}$$

式（B.2）中的第二个公式可以写成

$$r\sin(2\alpha) + \frac{a\sin(2\alpha)}{\tan\alpha} = p \Leftrightarrow \frac{r\sin(2\alpha)}{p} + \frac{a\sin(2\alpha)}{p\tan\alpha} = 1 \qquad (B.6)$$

因此

$$\frac{\mathrm{d}\ln p}{\mathrm{d}\theta} = \tan\alpha\left(2\frac{\mathrm{d}\alpha}{\mathrm{d}\theta} + 1\right) - \frac{\sin(2\alpha)}{p}\frac{a}{\sin^2\alpha}\frac{\mathrm{d}\alpha}{\mathrm{d}\theta} + 2\frac{\cos(2\alpha)}{\sin(2\alpha)}\frac{\mathrm{d}\alpha}{\mathrm{d}\theta}$$

$$= \frac{2\sin^2\alpha}{\sin\alpha\cos\alpha}\frac{\mathrm{d}\alpha}{\mathrm{d}\theta} - \frac{(2a/p)\cos^2\alpha}{\sin\alpha\cos\alpha}\frac{\mathrm{d}\alpha}{\mathrm{d}\theta} + \frac{\cos^2\alpha - \sin^2\alpha}{\sin\alpha\cos\alpha}\frac{\mathrm{d}\alpha}{\mathrm{d}\theta} + \frac{\sin^2\alpha}{\sin\alpha\cos\alpha}$$

$$(B.7)$$

因而得到

$$\left(1 - \frac{2a\cos^2\alpha}{p(\theta)}\right)\frac{\mathrm{d}\alpha}{\mathrm{d}\theta} = \sin\alpha\cos\alpha\frac{\mathrm{d}\ln(p(\theta))}{\mathrm{d}\theta} - \sin^2\alpha \qquad (B.8)$$

当 $a \to 0$ 时,式(B.8)变成前面讨论线性光源时的式(A.9)。将式(B.8)除以 $\sin^2\alpha$,并让 $\mathrm{d}\ln p(\theta)/\mathrm{d}\theta = (1/p)\mathrm{d}p/\mathrm{d}\theta$,就可以得到

$$\frac{1}{\sin^2\theta}\frac{\mathrm{d}\alpha}{\mathrm{d}\theta} - \frac{2a}{p}\cot^2\alpha\frac{\mathrm{d}\alpha}{\mathrm{d}\theta} = \cot\alpha\frac{1}{p}\frac{\mathrm{d}p}{\mathrm{d}\theta} - 1 \qquad (B.9)$$

为了对式(B.9)求解,假定

$$\cot\alpha = \tan u \qquad (B.10)$$

注意,由式(B.10),可以得到 $\cos u\cos\alpha - \sin u\sin\alpha = 0$(或 $\cos(u + \alpha) = 0$),因此,$u + \alpha = \pi/2 + n\pi$(或 $u = (2n+1)\pi/2 - \alpha$),其中 n 是一个整数。将式(B.10)的两边取平方,并且因为对于任何角度 β,都有 $\sin^2\beta + \cos^2\beta = 1$,所以,得到

$$\frac{1 - \sin^2\alpha}{\sin^2\alpha} = \frac{1 - \cos^2 u}{\cos^2 u} \Leftrightarrow \frac{1}{\sin^2\alpha} = \frac{1}{\cos^2 u} \qquad (B.11)$$

将式(B.10)对 θ 取导数,并使用式(B.11)便可以得到

$$\frac{\mathrm{d}\cot\alpha}{\mathrm{d}\theta} = \frac{\mathrm{d}\tan u}{\mathrm{d}\theta} \quad \Leftrightarrow \quad -\frac{1}{\sin^2\alpha}\frac{\mathrm{d}\alpha}{\mathrm{d}\theta} = \frac{1}{\cos^2 u}\frac{\mathrm{d}u}{\mathrm{d}\theta} \quad \Leftrightarrow \quad -\frac{\mathrm{d}\alpha}{\mathrm{d}\theta} = \frac{\mathrm{d}u}{\mathrm{d}\theta}$$

$$(B.12)$$

将式(B.11)与式(B.12)代入式(B.9)便可以得到

$$\tan u\frac{\mathrm{d}p}{\mathrm{d}\theta} + \frac{p}{\cos^2 u}\frac{\mathrm{d}u}{\mathrm{d}\theta} = p + 2a\tan^2 u\frac{\mathrm{d}u}{\mathrm{d}\theta} \qquad (B.13)$$

式(B.13)与式(B.14)对等:

$$\frac{\mathrm{d}}{\mathrm{d}\theta}(p\tan u) = p + 2a\tan^2 u\frac{\mathrm{d}u}{\mathrm{d}\theta} \qquad (B.14)$$

使用关系式 $\tan^2 u = -(1 - 1/\cos^2 u)$,并将式(B.14)对 θ 进行积分,得到

$$p\tan u = \int p(\theta)\mathrm{d}\theta - 2a(u - \tan u) - C_\mathrm{m} \qquad (B.15)$$

其中,C_m 是一个积分常数。这一公式可以改写成

$$\tan u(p - 2a) + 2au = P(\theta) - C_\mathrm{m} \qquad (B.16)$$

其中，$P(\theta) = \int p(\theta)\,\mathrm{d}\theta$。

由式（B.16）与式（B.10）便可以得到

$$C_{\mathrm{m}} = P(\theta) - (p(\theta) - 2a)\cot\alpha - 2a\arctan(\cot\alpha) \qquad (\text{B.17})$$

由式（B.2）得到 $2\alpha = \phi - \theta$。所以式（B.17）可以写成

$$C_{\mathrm{m}} = P(\theta) - (p(\theta) - 2a)\cot\left(\frac{\phi - \theta}{2}\right) - 2a\arctan\left(\cot\left(\frac{\phi - \theta}{2}\right)\right) \quad (\text{B.18})$$

如果，初始值 ϕ_0 与 θ_0 已知，使用式（B.18）便可以得到 C_{m}。现在对不同的 θ 值，通过对式（B.17）的求解，便可以计算对应的 α，从而得到 $\alpha(\theta)$。

参 考 文 献

［1］ Winston，R. and Ries，H.，Nonimaging reflectors as functionals of the desired irradiance，*J. Opt. Soc. Am. A*，10，1902，1993.

［2］ Elmer，W. B.，*The Optical Design of Reflectors*，John Wiley & Sons，New York，1980.

［3］ Rabl，A.，Edge-ray method for analysis of radiation transfer among specular reflectors，*Appl. Opt.*，33，1248，1994.

［4］ Rabl，A. and Gordon，J. M.，Reflector design for illumination with extended sources：The basic solutions，*Appl. Opt.*，33，6012，1994.

［5］ Gordon，J. M. and Rabl，A.，Reflectors for uniform far-field irradiance：Fundamental limits and example of an axisymmetric solution，*Appl. Opt.*，37，44，1998.

［6］ Ong，P. T. et al.，Tailored edge-ray designs for uniform illumination of distant targets，*Opt. Eng.*，34，1726，1995.

［7］ Ries，H. and Winston，R.，Tailored edge-ray reflectors for illumination. *J. Opt. Soc. Am. A*，11，1260，1994.

［8］ Ong，P. T.，Gordon，J. M.，and Rabl，A.，Tailored lighting reflectors to prescribed illuminance distributions：Compact partial-involute designs，*Appl. Opt.*，34，7877，1995.

［9］ Ong，P. T.，Gordon，J. M.，and Rabl，A.，Tailored edge-ray designs for illumination with tubular sources，*Appl. Opt.*，35，4361，1996.

［10］ Fournier，F.，*Freeform Reflector Design with Extended Sources*，PhD thesis，College of Optics and Photonics at the University of Central Florida Orlando，2010.

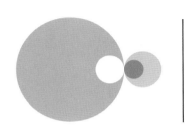

第 9 章
Miñano-Benitez 设计方法(同步多表面设计方法)

9.1 简介

本章讨论同步多表面(或 Miñano-Benitez)非成像光学设计方法。同步多表面(simultaneous multiple surface)的英文缩写 SMS 表示它是同步对多个光学表面进行设计的[1]。该方法最初由 Miñano 创立,Benitez 参与了早期的开发。开始时只是针对二维空间设计。Benitez 是将它推广到三维空间应用。然后 Miñano 与 Benitez 共同将此方法更进一步发展。该方法的编程应用,最初由 Miñano 与他的同事开展,后来 Benitez 也参与了这一工作。

在前面的章节中,我们讨论了怎样用 Winston-Welford 设计方法(或流线设计方法)得到非成像光学系统。该方法基于边缘光线原理:从光源端点发出的光线会投射在接收器的端点上。在该方法中,边缘光线被一些镜面反射导引前进,每一个镜面只会反射一组边缘光线。Miñano-Benitez 设计方法的情况就不一样。系统中的光学表面以序列性的方式同时反射或折射两组边缘光线。

在二维空间中,同步多表面设计方法的表面是由好几段笛卡儿卵形线(Cartesian oval)组成的片段曲线。所以我们先讨论笛卡儿卵形线的一些特性。首先考虑空气($n = 1$)中的一个点光源(辐射器)E,我们想要将这些光线完美地会聚到在折射率为 n 的介质中的点 R（接收器）上，如图9.1所示。如果让 E 与 R 间的光程为 S，我们可以设计一个表面将从 E 发出的光线会聚到 R 上，该表面称为笛卡儿卵形线，以笛卡儿（Descartes）命名，因为他是第一个针对球面波前提供了解决方案的科学家（Levi-Civita 在 1900 年对一般波前提供了解答）。虽然该曲线具有解析式[2]（或参考第 21 章），在这里我们会使用数值方法来讨论，因为这对于本章要讨论的 Miñano-Benitez 设计方法更为适合。如果 $\boldsymbol{v}$ 是一个已知的单位矢量，在笛卡儿卵形线上的一点 P 可以写成

$$\boldsymbol{P} = \boldsymbol{E} + t\boldsymbol{v} \tag{9.1}$$

其中，t 是 E 与 P 间的距离；$\boldsymbol{v} = (\cos\theta, \sin\theta)$。$P$ 与 R 间的距离就可以写成

$$d_{\mathrm{PR}} = \sqrt{(R-P)\cdot(R-P)} \tag{9.2}$$

对下式求解便可以得到距离 t

$$t + n\sqrt{(E+tv-R)\cdot(E+tv-R)} = S \tag{9.3}$$

从而得到 P，P 可以写成 $P = \mathrm{ccoptpt}(E,1,v,R,n,S)$，ccoptpt 的定义见第 21 章。我们假设点 E 是在空气（$n=1$）中，点 R 是在折射率为 n 的介质中。对不同的方向矢量重复前面的步骤，就可以完全定义整个笛卡儿卵形线。对于每一个 θ 值，我们可以在曲线上得到一个对应点 P。

图9.1(b) 显示了另外一个情况。现在从 E 发出的光线在进入折射率为 n 的介质后互相平行，并且垂直于由点 Q 及法线 $\boldsymbol{n}$ 所定义的波前 w。点 P 现在可以写成 $P = \mathrm{coptsl}(E,1,v,Q,n,n,S)$，$S$ 是 E 与 w 之间的光程（见第 21 章）。现在点 E 是在空气（$n=1$）中，而波前 w 是在折射率为 n 的介质中。如前所述，改变角度 θ 就可以得到曲线（或光学表面）上的不同点 P。

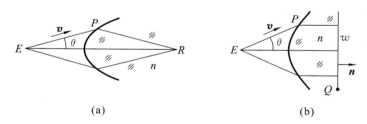

图9.1　(a)从点光源 E 发出的光线被会聚到一点 R 上（在折射率为 n 的介质中）；(b)从点光源 E 发出的光线在进入折射率为 n 的介质中后变成平行光线

图9.2 显示了一个更为普遍的情况。现在，我们有两个波前：w_1 与 w_2。我们需要计算可以把 w_1 折射到 w_2 的曲线 c（c 分隔了折射率为 n_1 与 n_2 的介质），这条曲线是一条广义笛卡儿卵形线（generalized Cartesian oval）。

我们可以通过常数光程（S）的条件来推导该曲线。对 w_1 上的任意点 W_1，我们知道光线的方向 t_1 垂直于 w_1。所以我们可以在该光线上计算点 P 的位

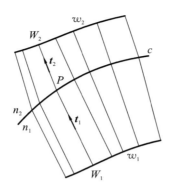

图 9.2　广义笛卡儿卵形线

置，使得 $n_1[W_1,P]+n_2[P,W_2]=S$。对 w_1 上的不同点重复该步骤，我们就得到在 c 上的对应点。在点 P 上折射的光线与波前 w_2 相交于点 W_2，光线的方向 t_2 垂直于 w_2。此方法也可以用来计算将一个波前反射到另外一个波前上的镜面。

9.2　RR 光学组件

我们现在可以将前面对笛卡儿卵形线讨论的理论用来设计同步多表面设计光学组件。我们首先讨论透镜（具有两个折射面的光学组件）。下面讨论的方法与 Schulz 设计非球面成像透镜的算法相关[3,4]，它逐点将折射面上的点计算出来。

图 9.3 显示了一个同步多表面设计，它是同步多表面设计光学组件的基本结构。首先我们定义两个点光源 E_1 与 E_2（在图中它们被显示为一个平面光源的两个端点），接下来，我们定义两个点接收器 R_1 与 R_2（它们被显示为平面接收器的两个端点）。假设系统具有对称性，则 E_1E_2 的垂直平分线 b 也是 R_1R_2 的垂直平分线。我们希望把从点 E_2 发出的光线集中在点 R_1 上，而从点 E_1 发出的光线集中在点 R_2 上。

现在假设需要设计的透镜的折射率是 n，而 E_1E_2 与 R_1R_2 在空气$(n=1)$中。选择某一任意点 P_0，其法线为 $\boldsymbol{n}_0$。因为系统的对称性，我们把 P_0 定在 E_1E_2 及 R_1R_2 的垂直平分线 b 上，并且让它的法线落在垂直方向上（同时垂直 E_1E_2 及 R_1R_2）。点 P_0 位于需要设计的透镜的上表面。让从 E_2 发出的光线 r_1 在 P_0 上折射，在沿着折射方向上，在透镜的下表面选择一点 P_1。因为我们想要将光线 r_1 折射到 R_1 上，此条件就确定了在点 P_1 的法线方向。而且，由光线 r_1 的光路便可以确定 E_2 与 R_1 间的光程，有

$$S=[E_2,P_0]+n[P_o,P_1]+[P_1,R_1] \tag{9.4}$$

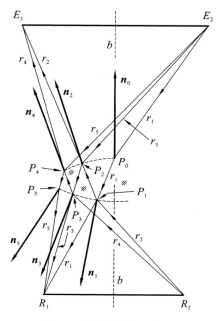

图 9.3　同步多表面设计链

由于系统的对称性，这也是 E_1 与 R_2 间的光程。现在，使从点 R_2 发出的光线 r_2 在 P_1 上折射，因为我们知道 R_2 与 E_1 间的光程 S，就可以把 P_1 与 E_1 间的光程写成

$$S_1 = S - [R_2, P_1] \tag{9.5}$$

因为已知 r_2 在 P_1 折射后的方向，以及 P_1 与 E_1 间的光程，我们就可以在透镜上表面上计算另外一点 P_2 的位置。P_2 的计算跟前面在笛卡儿卵形线上点 P 的计算差不多（见图 9.1(a)）。只是现在的光线是从高折射率的介质传播到低折射率的介质中。考虑在点 P_2 上入射及折射光线的方向，便可以确定在该点上光学表面的法线 $\boldsymbol{n}_2$。

现在，使从点 E_2 发出的光线 r_3 在 P_2 上折射，重复前面的步骤便可以在透镜下表面计算另外一点 P_3 及其法线 $\boldsymbol{n}_3$。使从 R_2 发出的光线在 P_3 处折射，便可以在透镜上表面确定点 P_4 及法线 $\boldsymbol{n}_4$。使从 E_2 发出的光线在 P_4 进行折射，便可以确定透镜下表面的点 P_5 及法线 $\boldsymbol{n}_5$。重复该步骤就可以分别计算在透镜上的下表面的设计点，从而得到一系列的设计点与法线（同步多表面设计链）。

这一方法只提供两组独立设计点，不能完全定义透镜的表面，图 9.4 显示了一个方法克服此局限性。与前面一样，我们在系统的对称轴上选定一点 P_0，而且其法线 $\boldsymbol{n}_0$ 是一个垂直矢量。使从 E_2 发出的光线 r_1 在 P_0 上折射，沿折射光线的方向上选择一点 P_1。光线 r_1 在 P_1 折射后必须投射在 R_1 上的条件可以帮

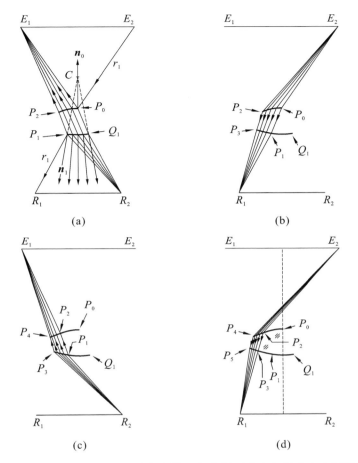

图 9.4 在透镜的上、下表面交替添加新的镜面部分便可以定义同步多表面透镜。这里的计算从中央开始，往边缘延伸。(a) 从 R_2 发出而穿过底下的圆弧部分（P_1Q_1）的光线可以用来定义上面的部分（P_0P_2）；(b) 从 E_2 发出而穿过 P_0P_2 的光线定义了新的部分 P_1P_3；(c) 从 R_2 发出而穿过 P_1P_3 的光线定义了新的部分 P_2P_4；(d) 从 E_2 发出而穿过 P_2P_4 的光线定义了新的部分 P_3P_5

助我们确定在 P_1 上的法线 $\boldsymbol{n}_1$。现在，利用系统的对称性，我们定义 Q_1 为 P_1 的对称点，Q_1 的法线也与 P_1 的法线 $\boldsymbol{n}_1$ 对称。现在可以选择一条曲线把 P_1 与 Q_1 连接起来，而且该曲线在点 P_1 与 Q_1 上与它们的法线垂直。在图 9.4(a) 中，该曲线是以 C 为中心的圆弧。在点 P_1 沿 $\boldsymbol{n}_1$ 方向画一条直线，再在点 P_0 沿 $\boldsymbol{n}_0$ 的方向画一条直线，两条直线的交点便是 C 的位置。现在我们确定了 P_1 与 Q_1 间的曲线，便可以计算在此曲线上的对应设计点及它们的法线。接下来，从 R_2 发出一组光线,并让这些光线穿过刚刚定义的这些设计点,便可以计算透镜上表面 P_0 与 P_2 间的对应设计点。这些设计点的位置是将刚刚讨论的同步多表面设计链计算方法应用到每一条光线而得到的。对所有这些光线而言,它们的光程相等,并可以用式(9.4)计算。这样,我们就确定了在透镜上表面的 P_0 与 P_2 间对应设计点的位置及它们的法线方向。从 E_2 发出一组光线,并让这组光线穿过刚刚定义的这些设计点(见图9.4(b)),便可以在透镜下表面上,在 P_1 与 P_3 间定义一组新的设计点。同样,这些设计点的位置是通过将刚刚讨论的同步多表面设计链计算方法(见图9.3)应用在每一条光线而得到的。接下来,从 R_2 发出一组光线,并让这些光线穿过刚刚定义的这些设计点,便可以计算透镜上表面 P_2 与 P_4 间的对应设计点(见图9.4(c))。然后,从 E_2 发出一组光线,并让这些光线穿过刚刚定义的这些设计点,便可以计算透镜下表面 P_3 与 P_5 间的对应设计点(见图9.4(d))。重复这些步骤就可以将透镜往两边延伸。

现在我们在两个透镜表面上都有很多设计点。开始时,如果我们在 $Q_1 P_1$ 上选定的设计点的数目越多,设计出来的透镜表面就会越好。透镜的右侧是根据对称性而确定的。

从图9.4可以看到,在设计该透镜时,我们从透镜的中央开始,然后往边缘进发。但有时候,从边缘开始会比较好,因为这可能导致更平滑的表面。设计的过程是类似的,也是以图9.3显示的同步多表面设计链计算方法为基础。我们首先考虑点 P_5(图9.3中最后计算的设计点)以及在同一表面上的相邻设计点 P_3。

我们现在可以在点 P_5 与 P_3 间(对应于前面讨论中的点 P_1 与 Q_1)内插一条曲线 $c(x)$,而且,这条曲线在点 P_5 会垂直于 $\boldsymbol{n}_5$,在点 P_3 会垂直于 $\boldsymbol{n}_3$,如图9.5(a)所示。例如,我们可以选用以下的三次多项式作为内插曲线:

$$p(x) = a + bx + cx^2 + dx^3 \tag{9.6}$$

现在,如果有 $P_5 = (P_{51}, P_{52})$, $P_3 = (P_{31}, P_{32})$,就可以得到

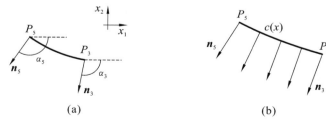

图9.5 (a)点 P_5 与 P_3 间的内插曲线。该曲线在 P_5 垂直于 $\boldsymbol{n}_5$,在 P_3 垂直于 $\boldsymbol{n}_3$;(b)从内插曲线提取一组镜面点及其对应法线

$$\begin{cases} P_{52} = a + bP_{51} + cP_{51}^2 + dP_{51}^3 \\ P_{32} = a + bP_{31} + cP_{31}^2 + dP_{31}^3 \end{cases} \tag{9.7}$$

而且,为了让 $p(x)$ 在点 P_5 与 P_3 上的导数达到预期值,下列式子必须成立:

$$\begin{cases} \dfrac{\mathrm{d}p(P_{51})}{\mathrm{d}x} = \tan\left(\alpha_5 + \dfrac{\pi}{2}\right) \Leftrightarrow b + 2cP_{51} + 3\mathrm{d}P_{51}^2 = \tan\left(\alpha_5 + \dfrac{\pi}{2}\right) \\ \dfrac{\mathrm{d}p(P_{31})}{\mathrm{d}x} = \tan\left(\alpha_3 + \dfrac{\pi}{2}\right) \Leftrightarrow b + 2cP_{31} + 3\mathrm{d}P_{31}^2 = \tan\left(\alpha_3 + \dfrac{\pi}{2}\right) \end{cases} \tag{9.8}$$

其中, α_5 与 α_3 是 $\boldsymbol{n}_5$ 与 $\boldsymbol{n}_3$ 对水平线的夹角。在该例子中, $\alpha_5 < 0$, $\alpha_3 < 0$。利用式(9.7)与式(9.8)便可以确定 a、b、c、d 的值,并定义 $p(x)$。曲线 $c(x)$ 的参数表达式就可以写成

$$c(x) = (x, p(x)) \tag{9.9}$$

其中, $P_{51} < x < P_{31}$。此曲线的法线就可以写成

$$\boldsymbol{n}_c(x) = (\mathrm{d}p(x)/\mathrm{d}x, -1) \tag{9.10}$$

应用的参数范围与前面的一样。$\boldsymbol{n}_c(x)$ 的表达式可以被归一化,从而对于所有的参数 x,其长度均为 1。

现在我们可以用前面讨论的步骤来计算透镜的表面。首先,在刚刚确定的曲线 P_5P_3 上定义一组设计点及其对应的法线,如图 9.5(b) 所示。接下来,与前面对同步多表面设计链的讨论一样(见图 9.3),从点 R_1 发出一组光线,通过 P_5P_3 上的点,使用常数光程 S,便可以确定上表面 P_4P_2 间的对应设计点,如图 9.6(a) 所示。

现在从 E_1 发出一组光线,通过刚刚在 P_4 与 P_2 间确定的点,便可以确定透镜下表面 P_3 与 P_1 间的对应设计点(见图 9.6(b))。接下来,从 R_1 发出一组光线,通过 P_3 与 P_1 间的点,便可以确定透镜上表面 P_2 与 P_0 间的对应设计点(见图 9.6(c))。接下来,从 E_1 发出一组光线,通过 P_2 与 P_0 间的新点,便可以在透镜下表面 P_1 与 Q_1 间定义一组新设计点(见图 9.6(d))。当这些表面到达系统的对称轴 b 时,便可以终止计算。右边的透镜可以通过对称性得到。

图 9.7 显示了完整的透镜结构。所有从 E_1 发出,往透镜的入光孔 P_4Q_4 传播的光线会被偏折投射到 R_2 上;所有从 E_2 发出,往透镜的入光孔 P_4Q_4 传播的光线会被偏折投射到 R_1 上。

计算同步多表面透镜的另外一个方法是利用下列两个条件:从辐射器到透镜的光学扩展量等于从透镜到接收器的光学扩展量;透镜有比较厚的边缘[5]。现在,使用第一个条件(让 E_1E_2 到透镜的光学扩展量与从透镜到接收器的光学扩展量相配),就可以确定透镜表面边缘上的点。图 9.8 显示了通过这样的方法设计的一个透镜。

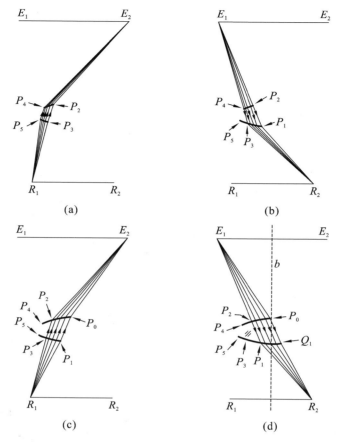

图 9.6　在透镜的上、下表面交替添加新的镜面部分便可以定义同步多表面透镜。这里的计算从边缘开始，往中央进发。(a) 从 R_1 发出而穿过 P_3P_5 部分的光线定义了新的部分 P_2P_4；(b) 从 E_1 发出而穿过 P_2P_4 的光线定义了新的部分 P_1P_3；(c) 从 R_1 发出而穿过 P_1P_3 的光线定义了新的部分 P_0P_2；(d) 从 E_1 发出而穿过 P_0P_2 的光线定义了新的部分 P_1Q_1

从 E_1E_2 到透镜入光孔 NM 的光学扩展量可以写成

$$u = 2([N, E_1] - [N, E_2]) \tag{9.11}$$

而且，从透镜出光孔 XY 到 R_1R_2 的光学扩展量为

$$u = 2([X, R_1] - [X, R_2]) \tag{9.12}$$

在确定光学扩展量 U 的值时，我们必须考虑光线从 E_1E_2[11,12] 通过透镜传到 R_1R_2 的过程。这时候，点 N 所在的双曲线（h_E）的定义式为

$$[N, E_1] - [N, E_2] = \frac{u}{2} \tag{9.13}$$

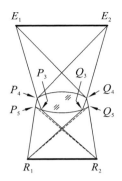

图 9.7　入光孔为 P_4Q_4 的同步多表面透镜将所有从 E_1E_2 接收的光线打到 R_1R_2 上。如果
　　　　让 R_1R_2 变成辐射器，并非所有打在入光孔 P_5Q_5 上的光线会传播到 E_1E_2 上。从
　　　　这角度来看，该透镜是不对称的

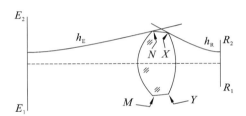

图 9.8　同步多表面透镜，从 E_1E_2 到透镜入光孔 NM 的光学扩展量与从透镜出光孔 XY
　　　　到 R_1R_2 的光学扩展量相配

而点 X 所在的另外一条双曲线（h_R）的定义为

$$[X,R_1] - [X,R_3] = \frac{u}{2} \tag{9.14}$$

利用第 21 章定义的函数 $\mathrm{hyp}(F,G,U,n)$，便可以得到这些双曲线。这里，F 与 G
会对应于 E_1 与 E_2（或 R_1 与 R_2）。因为双曲线在空气中，我们令 $n=1$。这时，我
们可以首先选定 U 的值，在双曲线 h_E 上选定点 N 的位置，并在双曲线 h_R 上选
定点 X 的位置（见图 9.9），然后开始透镜的设计。

　　考虑从 E_1 发出往点 N 传播的光线 r_1，它会被折射往 X 方向传播，最后投
射在 R_1 上。因为在 N 上的入射光线与折射光线的方向已知，便可以确定这一
点上的法线 $\boldsymbol{n}_N$。然后，由于在 X 上的入射光线与折射光线的方向也是已知的，
便可以确定其法线 $\boldsymbol{n}_X$。

　　点 N 可以接收所有在 E_1 与 E_2 间发出的光线，如图 9.10 所示。现在考虑从
E_2 发出的一条光线 r_2，因为在点 N 上的法线方向已知，我们可以确定该光线

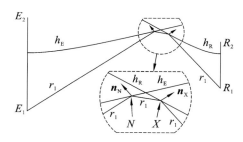

图 9.9   光线 r_1 从 E_1 到 N，再到 X，最后投射到 R_1 上的光路。从此光路可以确定在 N 与 X 上的法线

的折射方向。该光线会接着在透镜右边的点 X_1 上偏折而朝 R_1 传播。我们现在可以看出，从点 N 发出，局限在 r_1 与 r_2 间的光线会朝透镜的 XX_1 部分传播，然后必会聚到 R_1 上。所以 XX_1 部分必然是一个可以将这些从 N 发出的光线会聚到 R_1 的笛卡儿卵形线。由于知道 r_1 的光路，N 与 R_1 间的光程就可以写成

$$S_N = n[N,x] + [X,R_1] \qquad (9.15)$$

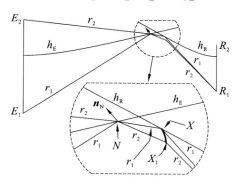

图 9.10   透镜的 XX_1 部分将从 N 发出，局限在 r_1 与 r_2 间的光线会聚到 R_1 上

这定义了透镜表面的 XX_1 部分。对于 XX_1 上的每一设计点，我们知道入射光线与折射光线的方向，所以就可以确定每一点上的法线方向。现在，光线 r_2 的完整光路就可以被定义为 $2-N-X_1-R_1$。因此，我们就可以计算 E_2 与 R_1 间的光程为

$$S = [E_2,N] + n[N,X_1] + [X_1,R_1] \qquad (9.16)$$

如果现在把 R_1R_2 变成光源，E_1E_2 为接收器，所有从 R_1R_2 发出往透镜传播的光线，都会折向投射到 E_1E 上，从这个角度来看，我们说该光学组件是对称的。然后，我们可以用同样的方法来定义透镜左表面，如图 9.11 所示。

因为在点 X 上的法线方向已知，我们可以使从 R_2 发出的光线 r_3 在该点上

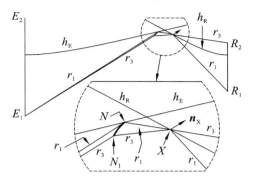

图 9.11　透镜的 NN_1 部分将从 X 发出，局限在 r_1 与 r_3 间的光线会聚到 E_1 上

进行折射。此光线会在透镜左边表面的点 N_1 上折向投射到点 E_1 上。从点 X 发出，局限在 r_1 与 r_3 间的光线会朝透镜的 NN_1 部分传播，然后会聚到 E_1 上。所以 NN_1 部分必然是一个可以将这些从 X 发出的光线会聚到 E_1 的笛卡儿卵形线。由于知道 r_1 的光路，X 与 E_1 间的光程就可以写成

$$S_X = n[X,N] + [N,E_1] \tag{9.17}$$

这定义了透镜表面的 NN_1 部分。因为在 NN_1 每一设计点上的入射光线及折射光线的方向已知，所以就可以对每一点计算它的法线。现在，光线 r_3 的完整光路就可以被定义为 $R_2 - X - N_1 - E_1$。因此，我们就可以计算 E_1 与 R_2 间的光程为

$$S = [R_2,X] + n[X,N_1] + [N_1,E_1] \tag{9.18}$$

因为系统的对称性，式(9.18)计算的光路（介于 E_1 与 R_2 间）等于式(9.16)的结果（介于 E_2 与 R_1 间）。现在我们分别定义曲线 NN_1 与 XX_1，以及分别分布在它们上面的设计点及对应法线，如图 9.12 所示。

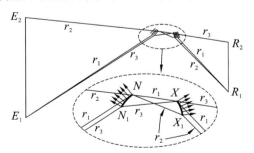

图 9.12　对同步多表面透镜表面的设计，开始时，我们首先定义两条起始于透镜边缘的笛卡儿卵形线 NN_1 与 XX_1

现在，我们可以用前面计算图 9.6 所示透镜的同样的方法来确定同步多表面透镜表面的其余部分。从 E_2 发出一组光线，穿过已经确定的透镜表面 NN_1，

光线在该表面上被折射。因为到 R_1 的光程已知，就可以在透镜另一边确定一个新表面 X_1X_2，如图 9.13(a) 所示。

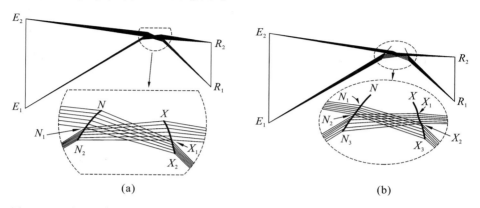

图 9.13　对已经确定的透镜表面发出光线，就可以计算透镜另一边的新表面。(a) 通过 NN_1 的光线定义了新的表面 X_1X_2，通过 XX_1 的光线则定义了新的表面 N_1N_2；(b) 通过 N_1N_2 的光线定义了新表面 X_2X_3，通过 X_1X_2 的光线则定义了新表面 N_2N_3

　　接下来，从 R_2 发出一组光线，穿过已经确定的透镜表面 XX_1，光线在该表面上被折射。因为到 E_1 的光程已知，就可以在透镜另一边确定另一个新表面 N_1N_2。现在可以对每一块刚刚确定的透镜表面重复这一步骤（见图 9.13(b)）：从 E_2 发出一组光线，穿过已经确定的透镜表面 N_1N_2，让光线在该表面上折射。因为到 R_1 的光程已知，就可以在透镜另一边确定另一个新表面 X_2X_3。我们也可以从 R_2 对已经确定的透镜表面 X_1X_2 发出一组光线，让这些光线在该表面上折射。因为到 E_1 的光程已知，就可以在透镜另一边确定另一个新表面 N_2N_3。我们重复该步骤直到透镜表面接触光轴为止。图 9.14 显示了计算的最后一步：透镜表面穿过对称轴 b。

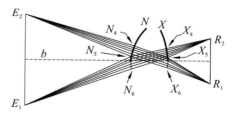

图 9.14　当透镜表面穿过对称轴 b 时，透镜的设计便完成了

　　因为系统关于线段 b 对称，我们可以把上边的透镜在下边产生镜像，这样便能完成透镜的设计。但是当我们这样做时，事实上是用线段 b 上边的透

镜镜像来取代应该通过计算而确定的表面（处于线段 b 下边的）。这样便会在透镜的中央部分引入缺陷。图 9.15 说明了这一缺陷对光线 r 的影响。在真正的计算中，光线应该会在透镜左表面的点 N_5 上折射，然后在另外一边的点 N_6 上再折射一次。但是如果我们将在 b 上边表面对 b（对称轴）产生镜像来确定下边表面，光线 r 就不会在点 N_6 上折射，而会在上边镜面点 X_u 的镜像点上折射。

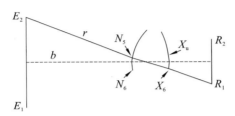

图 9.15　光线 r 在点 N_5 折射后应该在点 X_6 上再折射（点 X_6 在通过计算而确定的透镜表面上）。但是如果我们通过把上边表面产生镜像的方法来确定下边表面，光线 r 会在上边镜面点 X_u 的镜像点上折射

　　图 9.16 显示了透镜表面上不能把光线完美聚焦到点 R_1 及 R_2 上的部分。这部分表面是由通过透镜中心的边缘光线所确定的。一般而言，由此产生的轻度模糊是可以接收的。

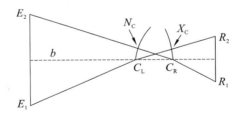

图 9.16　透镜中央部分（左边镜面介于 N_C 与 C_L 间，右边镜面介于 X_C 与 C_R 间）不能达到完美聚焦

　　从 E_1 发出，朝透镜左边表面中点（C_L）传播的边缘光线在另外一边表面上定义了点 X_C；而从 R_1 发出，朝透镜右边表面中点（C_R）传播的边缘光线在另外一边表面上定义了 N_C。通过 N_C-C_L 表面及 C_R-X_C 表面的光线会与理想状况有差异。但是这一差异很微小，在实际应用上，这些透镜的表现是挺好的。图 9.17 显示了一个完整的透镜，该透镜是将对称轴 b 上边表面对 b 下边产生镜像而得到的。

　　虽然此处的讨论中，透镜表面都垂直于光轴，但事实上并不一定是这样

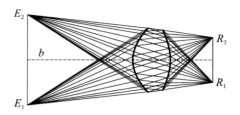

图 9.17　将从 E_2 及 E_1 发出的光线聚焦到 R_1 与 R_2 上的同步多表面透镜

的。如果考虑点 X 与 N，并根据光学扩展量守恒来设计透镜，我们得到的透镜在中央的部分可能会是一个尖顶。为了避免这种情况发生，我们必须移动 N 与 X 的位置，直到得到比较理想的结果。首先，我们让 N 的位置固定，然后将 X 沿双曲线 h_R 移动，直到左边的透镜表面跟光轴垂直。然后，我们固定 X，并将 N 沿双曲线 h_E 移动，直到右边的透镜表面跟光轴垂直。我们重复该步骤直到两边的表面同时垂直于对称轴。

我们现在根据图 9.7 中的透镜，可以对无穷远处的无穷大光源设计类似的透镜。图 9.18 就显示了这样的一个透镜。如果把辐射器的端点（E_1 与 E_2）往远离透镜的方向推到无穷远处，便可以得到图 9.18 的特例。从辐射器端点发出的光线会是两束分别垂直于波前 w_1 与 w_2 的平行光线。透镜将垂直于 w_2 的光线聚焦到 R_1 上，而垂直于 w_1 的光线聚焦到 R_2 上。同步多表面设计链的计算方法跟前面讨论的一样。

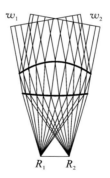

图 9.18　对在无穷远处的无穷大辐射器的同步多表面透镜设计。透镜将垂直于平面波前 w_2 与 w_1 的光线聚焦到点 R_1 与 R_2 上

接下来，我们根据图 9.17 的透镜，也可以对无穷远处的无穷大光源设计类似的透镜。图 9.19 就显示了其中的一个设计。透镜的端点 X 是在双曲线 h_R 上（跟前面的情况一样），但现在，端点 N 是在一条水平直线上。上、下直线（在图中同标为 l_E）的距离需要满足下列条件：如果 N 与 M 是在这些直线上，透镜所

接收的光学扩展量$(U = 2[N,M]\sin\theta)$必须等于根据双曲线 h_R 定义而得到的光学扩展量。

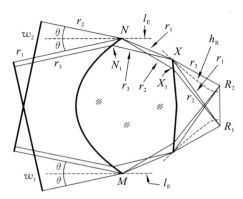

图 9.19　对应于在无穷远处的无穷大辐射器而设计的同步多表面厚透镜。透镜将垂直于平面波前 w_2 与 w_1 的光线聚焦到点 R_1 与 R_2 上

该透镜的设计方法与前面讨论的一样。垂直于平面波前 w_1 的边缘光线 r_1 与水平轴的夹角是 θ，它在点 N 折射后朝 X 传播，在点 X 上再被折射一次后往 R_1 投射。根据该光线在点 N 与 X 的偏折情况便可以确定在那些点上的法线方向。现在，考虑传播方向介于 r_1 与 r_2 间的光线在点 N 上的折射，便可以计算把它们聚到 R_1 上的笛卡儿卵形线 XX_1。然后，考虑从接收器发出朝 X 传播的光线，让它们在点 X 上折射（这些光线局限在 r_1 与 r_3 间），便可以计算将它们变成与波前 w_1 垂直的笛卡儿卵形线 NN_1。

接下来就可以利用透镜的 NN_1 与 XX_1 部分计算同步多表面设计链（跟前面的讨论一样）。这时候，对透镜表面的计算，我们也只做到光轴为止。另外一边的透镜表面会用镜像的方法得到。这里讨论的透镜牵涉两次折射，在 Miñano-Benitez 设计方法中，字母 R 用来代表折射。由于在该透镜中光线通过两次折射，所以它们称为 RR 器件。

9.3　薄边同步多表面器件

考虑图 9.7 中的透镜，如果我们把光线反向，光线传播的情况就不一样了。从这个角度来看，我们说这个透镜是不对称的。现在假设 R_1 是辐射器，所有投射在透镜表面，并落在 P_5 与 Q_3 间的光线都会偏折投射到 E_2 上。但是，投射在 Q_3 与 Q_5 间的光线并不会折向投射在 E_2 上。如果我们想要让从 R_1 发出投射在 Q_3 与 Q_5 间的光线被折射到 E_2 上，我们要将透镜的上表面延伸到 Q_4 的右边。

但是,即使我们可以把这一部分的镜面设计好,但是当考虑从 E_1 发出的光线投射在这一新镜面上时我们会碰到同样的情况:这些光线不会折射到 R_2 上。从 R_2 发出,打在透镜下表面的 P_3P_5 部分上的光线也会碰到同样的情况:它们不会聚到 E_1 上。

有两个方法可以解决这个问题。其中一个方法是继续将透镜往两边扩展。这样做的时候,同步多表面设计链上的点会越来越密集,这减低了非对称性,如图 9.20 所示。当我们在透镜的两端增加设计点,并让它们越来越靠近时,从 E_1E_2 往透镜入光孔发出的光线的光学扩展量也会越接近于透镜出光孔对 R_1R_2 发出的光学扩展量。

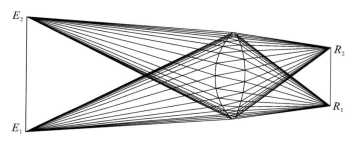

图 9.20 当我们增加同步多表面设计链上的设计点时,这些点在透镜的边缘会越来越靠近

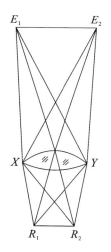

图 9.21 RR 同步多表面设计方法设计的透镜。其上、下表面相接于点 X 与 Y

图 9.21 显示了设计这种透镜的另外一个方法。在该方法中,透镜的两个表面具有相同的起点。

一旦我们确定了辐射器 E_1 与 E_2 的位置,以及接收器 R_1 与 R_2 的位置,我们就能确定透镜起点(X)的位置。因为投射在 X 上的光线不会投射到透镜的内部,所以 E_1 与 R_2 间的光程(相等于 E_2 与 R_1 间的光程)可以写成(见图 9.22)

$$S_1 + S_2 = S_3 + S_4 \qquad (9.19)$$

式(9.19)可以写成

$$S_1 - S_3 = S_4 - S_2 \qquad (9.20)$$

该条件事实上就是说,从辐射器 E_1E_2 到透镜入光孔的光学扩展量相等于从透镜发射到接收器 R_1R_2 上的光学扩展量。

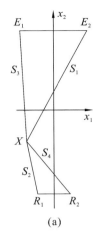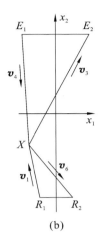

(a)   (b)

图 9.22　（a）显示了 RR 同步多表面透镜表面的起点 X，从该点到辐射器 E_1E_2 端点的光程，
以及从该点到接收器 R_1R_2 端点的光程；（b）点 X 以及穿过它的边缘光线的方向
（v_1、v_3、v_4、v_6）

　　我们现在可以定义点 X 为 $X = (X_1, y)$，其中，X_1 由我们选定，y 由式（9.19）
计算得到。一旦知道点 X 的位置，便可以决定矢量 v_1、v_3、v_4 及 v_6 的方向；它们
是由 X 的位置、辐射器与接收器的端点确定的，如图 9.22（b）所示。

　　首先，考虑透镜的下表面的起点 X，其法线为 n_b，与垂直方向的夹角 α 未知，
如图 9.23（a）所示。再来考虑在此表面上的另外一点 X_1，它与 X 的距离 δ 非常
小。当 $\delta \to 0$ 时，从 R_1 发出，投射在 X_1 上的光线的方向矢量会与图 9.22（b）中
的相同。让该光线（方向矢量 v_1）在 X_1 上发生折射，并计算它在透镜内的方向
矢量（v_2）。该光线接着在上表面折射后朝 E_2 传播。同样，因为 $\delta \to 0$，光线的方
向 v_3 会与图 9.22（b）中的一样。因为我们知道入射方向以及光线在上表面的
折射方向，便能确定上表面的法线 n_T。接下来，考虑方向为 v_4 的光线在上表面
（法线 n_T）的折射，并计算它在透镜内的方向 v_5，让该光线在下表面（法线 n_B）
发生折射，便能确定折射光线的方向 v_{P6}。我们迭代改变 α 的值，直到 v_{P6} 与
图 9.22（b）中的 v_6 平行（两者之间的夹角为 0）为止，从而确定在点 X 处上、下
表面法线（n_T、n_B）的方向。

　　让在上、下表面处于点 X 附近的表面为平面，法线分别是 n_T 与 n_B。同理
考虑与点 X 靠近的一点 X_1，现在它们之间的距离是 $\delta > 0$。让方向为 v_1 的光
线在下表面的点 X_1 上折射，然后计算上表面的点 X_2。让方向为 v_4 的光线在
点 X_2 上折射，便可以计算下表面的点 X_3，如图 9.23（a）所示。让在下表面上，
介于 X_1 与 X_3 间的表面为平面，法线为 n_B（见图 9.23（b）），我们现在以下表面

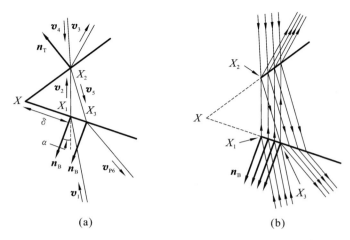

图 9.23 （a）在点 X 处，上、下表面法线（n_T、n_B）方向的计算；（b）薄边 RR 透镜的同步多表面设计链：从边缘往中央推进

的 $X_1 X_3$ 部分为起点，利用前面的方法，便可以计算同步多表面设计链。图 9.23（b）显示了该计算的第一步。跟前面一样，我们会对该表面进行计算直到系统的对称轴，然后利用镜像方法产生另外一边的表面。图 9.21 显示了整个透镜结构。这种用插值 X_1、X_3 和相应的同步多表面链来填补同步多表面点之间的空间的过程称为"skinning"（与这个词的通常含义相反，它意味着去除）。（以内插平面铺置在同步多表面设计链点之间以产生透镜表面）。

如果从辐射器发出的入射波前为平面波，也可以用同样的方法来设计透镜。如图 9.24 所示，端点为 X 与 Y 的薄边透镜可以分别将垂直于 w_1 的平行光线聚焦到 R_2，及垂直于 w_2 的平行光线聚焦到 R_1。该光学组件的接收角为 2θ。

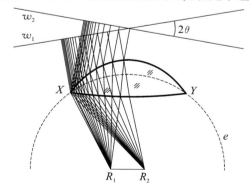

图 9.24 对应于平面入射波前（w_1，w_2）及点接收器（R_1，R_2）而设计的薄边同步多表面设计透镜，其端点（X 与 Y）分布在曲线 e 上

　　跟前面的讨论一样，在计算该光学组件为表面时，我们从端点 X 开始。在该点上，上表面的法矢量 $\boldsymbol{n}_\mathrm{T}$ 与下表面的 $\boldsymbol{n}_\mathrm{B}$ 是由方向矢量 $\boldsymbol{v}_1$、$\boldsymbol{v}_3$、$\boldsymbol{v}_4$ 与 $\boldsymbol{v}_6$ 确定的（见图 9.25）。点 X 的位置满足条件式（9.19）。

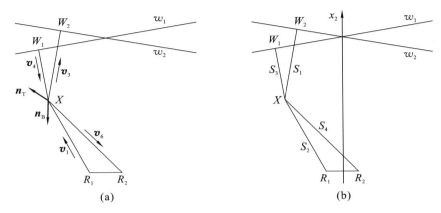

图 9.25　对应于平面入射波前（w_1，w_2）及点接收器（R_1，R_2）设计薄边同步多表面透镜的起始条件。(a) 确定上、下表面在透镜端点 X 的法线（$\boldsymbol{n}_\mathrm{T}$ 与 $\boldsymbol{n}_\mathrm{B}$）方向；(b) w_2 与 R_1 间的光程是 $S_1 + S_2$，w_1 与 R_2 间的光程是 $S_3 + S_4$，此光学组件使得 $S_1 + S_2 = S_3 + S_4$

　　点 X 与其对称点 Y 在曲线 e 上（见图 9.24）。我们现在来确定该曲线的形状。考虑图 9.26(a) 中的曲线 e，曲线上的每一点 P 满足下列条件：从波前 w_1 到 R_2 的光程等于从波前 w_2 到 R_1 的光程，可以写成 $S = [R_1, P] + [P, W_2] = [R_2, P] + [P, W_1]$，或 $S = t + d_\mathrm{T} = s + d_\mathrm{S}$。

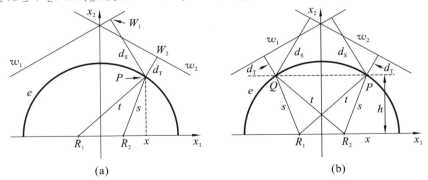

图 9.26　(a) 利用波前 w_1 到 R_2 的光程等于波前 w_2 到 R_1 的光程的条件便可以决定曲线 e 的形状；(b) 用一条高度为 h 的水平线切过曲线 e，便能定义 P 与 Q。从 w_1、w_2 到 PQ，再到 R_1R_2 的光学扩展量守恒

现在考虑图 9.26(b)。如果我们用一条高度为 h 的水平线切过曲线 e，便能定义 P 与 Q。从 w_1、w_2 对 PQ 发出的光学扩展量是 $U_1 = 2d_S - 2d_T$，从 PQ 到 R_1R_2 的光学扩展量是 $U_2 = 2t - s$。如果光学扩展量守恒，便能得到 $U_1 = U_2$，或 $t + d_T = s + d_S$，这也就是前面描述的条件：波前 w_1 到 R_2 的光程等于从波前 w_2 到 R_1 的光程。

为了得到曲线 e 的形状，如图 9.27 所示。从该图我们得到 $t + d\sin\theta = s + (2x + d)\sin\theta$，或可以写成

$$s = t - 2x\sin\theta \tag{9.21}$$

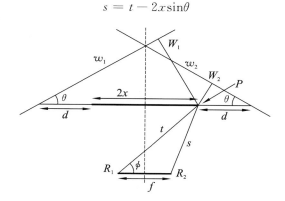

图 9.27　点 P 位置的计算。点 P 使得 w_1 到 R_2 的光程等于波前 w_2 到 R_1 的光程

在三角形 R_1R_2P 中，我们可以得到（余弦定律）

$$s^2 = f^2 + t^2 - 2ft\cos\phi \tag{9.22}$$

其中，$f = [R_1, R_2]$。利用式(9.21)与式(9.22)可以得到

$$(t - 2x\sin\theta)^2 = f^2 + t^2 - 2ft\cos\phi \tag{9.23}$$

把 $x = t\cos\phi - f/2$ 代入式(9.23)便可以得到一个 t 的二次方程。对 t 求解并可以得到两个解答，其中一个是

$$t(\phi) = \frac{f - f\sin^2\theta}{2\sin\theta - 2\sin^2\theta\cos\phi} \tag{9.24}$$

对分子、分母同时乘上 $f/\sin^2\theta$，便可以得到

$$t(\phi) = \frac{(f/\sin\theta)^2 - f^2}{2(f/\sin\theta) - 2f\cos\phi} = \frac{K^2 - f^2}{2K - 2f\cos\phi} \tag{9.25}$$

其中，$K = f/\sin\theta$。点 P 的位置就可以写成 $P = R_1 + t(\phi)(\cos\phi, \sin\phi)$，所以曲线 e 是一个椭圆（见第 21 章），其主轴的半长为

$$a = \frac{K}{2} = \frac{f}{2\sin\theta} \tag{9.26}$$

利用图 9.28，可以确定其半短轴 b 为

$$\left(\frac{f}{2}\right)^2 + b^2 = \left(\frac{K}{2}\right)^2 \tag{9.27}$$

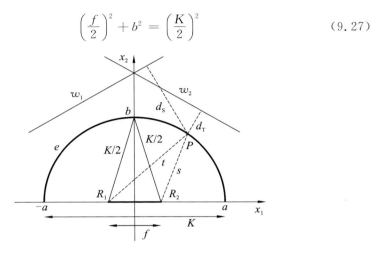

图 9.28　椭圆满足下列条件：从 w_1 到 R_2 的光程与从 w_2 到 R_1 的相等（$t + d_\mathrm{T} = s + d_\mathrm{S}$）

让 $K = f/\sin\theta$，并对 b 求解便可以得到

$$b = \frac{f}{(2\tan\theta)} \tag{9.28}$$

如果 $R_1 R_2$ 的中点为（0,0），上述的椭圆方程可以改写成

$$\left(\frac{x_1}{a}\right)^2 + \left(\frac{x_2}{b}\right)^2 = 1 \Leftrightarrow \left(\frac{x_1}{f/(2\sin\theta)}\right)^2 + \left(\frac{x_2}{f/(2\tan\theta)}\right)^2 = 1$$

$$\Leftrightarrow x_1^2 \sin^2\theta + x_2^2 \tan^2\theta = \left(\frac{f}{2}\right)^2 \tag{9.29}$$

椭圆 e 的参数表达式就可以写成

$$e(\varphi) = (a\cos\varphi, b\sin\varphi) = \frac{f}{2}\left(\frac{\cos\varphi}{\sin\theta}, \frac{\sin\varphi}{\tan\theta}\right) \tag{9.30}$$

其中，$0 < \varphi < 2\pi$。如果 $f = [R_1, R_2]$，我们就得到[6,7]

$$x_1^2 \sin^2\theta + x_2^2 \tan^2\theta = 1 \tag{9.31}$$

　　图 9.24 的光学组件的端点 X 与 Y 对应于图 9.26(b) 的点 Q 与 P，它们在曲线 e 上，高度为 h。在 f 趋向 0 的极限情况下，接收角 θ 也接近 0，而椭圆 e 会变成以点 R 为圆心的圆弧 c，如图 9.29 所示。

　　在此光学组件中，我们有

$$x = r_\mathrm{C}\sin\alpha \tag{9.32}$$

其中，r_C 是圆弧 c 的半径，因此，不随 α 变化。这时，光学扩展量变成无穷小，该极限称为齐明（aplanatic）极限（见第 11 章）。

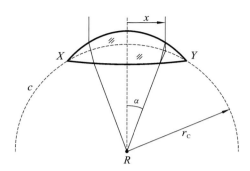

图 9.29　接收器大小趋近 0 而变成点 R 的极限，称为齐明极限

9.4　XR、RX 及 XX 光学组件

前面讨论的 RR 透镜有两个折射面。同样，Miñano-Benitez 设计方法也可以用来设计其他类型的同步多表面光学组件。例如，光学组件中的其中一个表面具有反射性（镜面），而另一个具有折射性，如图 9.30 所示。在 Miñano-Benitez 设计方法中，R 代表折射，X 代表反射，I 代表全反射（TIR）。所以这种新的光学组件是一个 XR 器件，因为光线会首先被反射，然后折射到接收器上。垂直于波前 w_1 的光线会被集中到接收器的端点 R_2 上，垂直于波前 w_2 的光线会被集中到接收器的端点 R_1 上。接收器是在折射率为 n 的介质中。

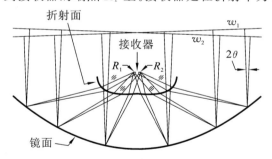

图 9.30　XR 同步多表面光学组件。其中一个表面是镜面（X），另一个是折射面（R），接收器是在折射率为 n 的介质中

计算此光学组件的方法与前面（图 9.4）的 RR 透镜一样。在设计过程中，我们忽略次组件（折射器件）对主组件（镜面）的遮挡效应。首先，我们确定接收器端点 R_1 与 R_2 的位置，然后任选一点 P_0 及其法线 $\boldsymbol{n}_0$ 方向（见图 9.31）。接下来，使从接收器端点 R_2 发出的光线 r_1 在点 P_0 上折射，在折射光线上选定一点 P_1，此边缘光线在 P_1 上反射后的传播方向必垂直波前 w_1，从而可以确定点 P_1 上的法线 $\boldsymbol{n}_1$ 方向。光线 r_1 与波前相交于点 W_1。点 Q_1 与 P_1 对称，法线方向也对

称。沿 P_1 的法线 n_1 方向延伸一条直线，该直线
与对称轴 x_2 相交的位置就确定了点 C。以点 C
为中心，我们可以定义一条穿过 P_1 的圆弧到
Q_1，此圆弧在 P_1 与 Q_1 的法线会与前面的计
算相符。

现在我们可以用设计 RR 透镜的方法计
算同步多表面设计链。图 9.32 显示了设计中
的一些步骤。光线 r_1 确定了 R_2 与 w_1 间的光
程（这也是 R_1 与 w_2 间的光程），即

$$S = n[R_2, P_0] + [P_0, P_1] + [P_1, W_1]$$

(9.33)

首先，考虑一组垂直于波前 w_2 的光线，
并让它们在 P_1 与 Q_1 间的镜面发生反射（见
图 9.32(a)）。根据等光程条件，可以计算折

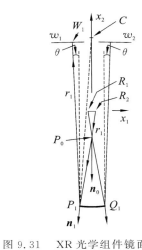

图 9.31   XR 光学组件镜面起始部
分的计算。镜面的其余部
分由此衍生

射面的 P_0P_2 部分。然后，从点 R_2 发出一组光线，让它们在此表面上折射，同样
根据等光程条件，可以计算 P_1P_3 部分的镜面，从而把这些光线反射到与波前 w_1
垂直的方向（见图 9.32(b)）。接着，考虑一组垂直于波前 w_2 的光线，让它们在
P_1P_3 的镜面上反射，根据等光程条件，便可以计算折射面的 P_2P_4 部分（见
图 9.32(c)）。继续这些步骤，便可以来回地确定反射镜面及折射面上的部分表面。

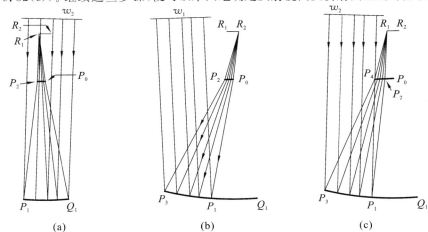

(a)   (b)   (c)

图 9.32   计算 XR 光学组件表面的同步多表面设计链。(a) 从 w_2 发出的光线，穿过镜面 Q_1P_1，
定义了折射面上的 P_0P_2 部分；(b) 从 R_2 发出的光线，穿过 P_0P_2，在传播到 w_1 的过程
中定义了新的表面 P_1P_3；(c) 从 w_2 发出的光线，穿过 P_1P_3，定义了新的表面 P_2P_4

与 RR 光学组件（见图 9.8）的情况一样，我们也可以用光学扩展量守恒（从辐射器到光学组件的光学扩展量等于从光学组件到接收器的光学扩展量）的方法来设计该光学组件，如图 9.33 所示。这里的辐射器是一个有限大小的光源 E_1E_2[5]。

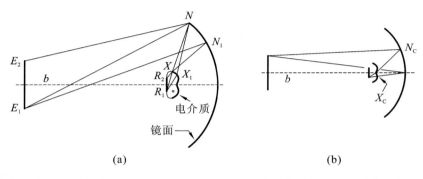

(a)　　　　　　　　　　　　　　　　(b)

图 9.33　(a)XR 光学组件，它使得从辐射器到光学组件的光学扩展量等于从光学组件到接收器的光学扩展量。它包含了一个镜面（收集从辐射器发出的光线），以及一片与接收器相接的电介质材料；(b) 同样，在该例子中使用 Miñano-Benitez 设计方法时，并不能够保证所有在 N_C 与对称点（以 b 为对称轴）间的镜面能够把所有的光线会聚起来

该器件的设计方法与前面应用于 RR 透镜上的方法差不多。首先我们定义起点 N 与 X 的位置。从光源 E_1E_2 到镜面的光学扩展量是 $U = 2([N,E_1] - [N,E_2])$；同样，从 R_1R_2 到折射面的光学扩展量是 $U = 2([[X,R_1]] - [[X,R_2]])$。要注意的是，对第二个公式而言，光程是在折射率为 n 的介质中计算的，因此，它们是折射率与对应点间的距离的乘积。从 E_1E_2 到达镜面的光学扩展量必须等于从折射面传播到 R_1R_2 的光学扩展量。接下来，我们可以对 U 选定一个值。点 N 必须在使 $[N,E_1] - [N,E_2] = U/2$ 的线上，所以它会是在以 E_1 与 E_2 为焦点的双曲线上；同理，点 X 必须在由 $[[X,R_1]] - [[X,R_2]] = U/2$ 定义的线上，所以它在以 R_1 与 R_2 为焦点的双曲线上。

与前面对 RR 透镜的设计情况类似（见图 8.16），我们先从第一表面（镜面）的 NN_1 部分，以及第二表面（折射面）的 XX_1 部分开始。第一表面（镜面）的 NN_1 部分将从 E_1 发出的光线聚焦到 X 上，它是一条以 E_1 与 X 为焦点，并穿过点 N 的椭圆弧线。第二表面的 XX_1 部分将从 N 发出的光线聚焦到 R_1 上，它是一条以 N 与 R_1 为焦点，并穿过点 N 的笛卡儿卵形线。利用光路 $E_2 - N - X_1 - R_1$ 便可以计算 E_2 与 R_1 间的光程；同样，利用光路 $R_2 - X - N_1 - E_1$，便可以计算 R_2 与 E_1 间的光程。由于设计的对称性，这两条光程将会相等。此

XR 光学组件的设计过程会与前面 RR 透镜的设计方法类似(见图 8.17)。从
E_2 发出一组光线,穿过刚刚确定的第一表面(镜面)的 N_1N_2 部分,因为到 R_1
的光程已知,就可以在第二表面(折射)上确定另一个新表面 X_1X_2。我们也
可以从 R_2 对已经确定的第二表面(折射)的 XX_1 部分发出一组光线。因为到
E_1 的光程已知,就可以在第一表面(镜面)上确定另一个新表面 N_1N_2。与
RR 透镜的情况一样,我们重复这一迭代步骤,直到所有表面接触光轴(也就
是对称轴)。

同样,在这个例子的两个表面上,其中央区域都不能保证光线聚焦的完美
度。对镜面而言,该区域从点 N_C 开始,终止于其对应 b 轴的对称点。点 N_C 是从
接收器边缘 R_1 发出,穿过折射面中央部分的光线而确定的。对折射面而言,该
区域是在点 X_C 与其对称点之间的部分。点 X_C 是从辐射器端点 E_2 发出,穿过
镜面中央部分的光线而确定的。

在计算 XR 光学组件时,由于光学表面间的焦散,会在表面上产生环状结
构。要想通过调整设计参数的方法来避免这些环状结构并不容易。一个办法是
在计算的过程中首先容许这些环状结构的存在;然后,在定义光学表面时,只
考虑那些会产生平滑表面的点,从而把环状结构去掉。由此产生的光学表面,
虽然并不完美,但是仍然可以用在多种实际应用中。

我们也可以对在无限远处的无限大光源(所张角度为 2θ)设计 XR 光学组
件,如图 9.34 所示。这一光学组件可以作为一个接收角为 2θ 的太阳能集中器。
利用旋转对称性也可以将它做成一个三维光学组件。

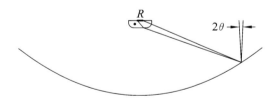

图 9.34 接收角为 2θ 的 XR 光学组件

在实际应用中,我们往往会将好几个太阳能集中器放在一起以形成一个
阵列。所以我们会把主组件镜面裁成正方形,如图 9.35 所示。

将图 9.34 中的二维设计绕对称轴转动一周,就得到图 9.36 中以虚线及点
线表示的光学组件:虚线对应于主组件,点线对应于接收器。用于剪裁主组件
的方形框(实线)内接于圆形主组件。由此产生的主组件镜面捕获的光线比较
少,从而降低了聚光比。如果使用外切圆形接收器的方形接收器 R,它虽然可
以捕获所有到达圆形接收器的光线,但却会进一步降低聚光比[8]。

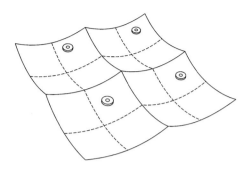

图 9.35　把 XR 光学组件裁成正方形，以便把这些组件放在一起

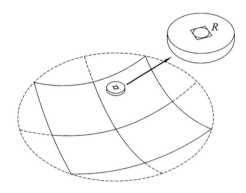

图 9.36　XR 方形集中器。剪裁后的器件内接具有旋转对称的圆形主组件，方形接收器
　　　　　外切圆形接收器（旋转对称）

图 9.37 显示了另外一款同步多表面光学组件。它的第一个表面是一个折射面（R），第二表面是反射面（X），它被称为 RX 光学组件[9,10]。接收器 R_1R_2 朝下（照明光线来自下方），并处在折射率为 n 的介质中。

设计方法也与 RR 透镜的一样（见图 9.4）。由于系统的对称性，我们把设计的起点（P_0）首先选择在接收器 R_1R_2 的垂直平分线上，并让其法线 $\boldsymbol{n}_0$ 垂直。我们使垂直于波前 w_2 的光线 r_1 在这点上折射，然后在折射光线上选定一点 P_1，如图 9.38 所示。P_1 的法线方向设定为可以让该光线反射到接收器的端点 R_1 上。Q_1 是 P_1 的对称点，而且法线也互为对称。

r_1 的光路定义了 w_2 与 R_1 间的光程（它与 w_1 与 R_2 间的光程相等），即

$$S = [W_2, P_0] + n[P_0, P_1] + n[P_1, R_1] \tag{9.34}$$

接下来，在 P_1 与 Q_1 间间画一条圆弧，其中心是沿 $\boldsymbol{n}_1$（P_1 的法线）的直线与系统对称轴（或 P_0 的法线 $\boldsymbol{n}_0$）的交点。从光源的端点 R_2 发出一组边缘光线，让这

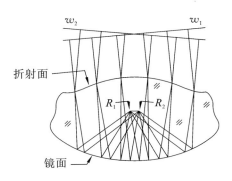

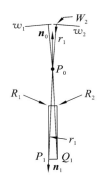

图 9.37　RX 光学组件，它的第一表面是一个折　图 9.38　RX 光学组件镜面第一部分的
　　　　　射面(R)，第二表面是反射面(X)　　　　　　　　计算，其余的表面由此衍生

组光线在 Q_1P_1 上反射到上表面的 P_0P_2 部分。P_0P_2 的设计使得折射光线垂直于波前 w_1，如图 9.39 所示。然后，让垂直于波前 w_2 的光线在 P_0P_2 上折射到镜面的 P_1P_3 部分，设计 P_1P_3 使得这些光线被聚集到接收器的 R_1 端点上。重复这些步骤，来回计算反射与折射面上的小部分。

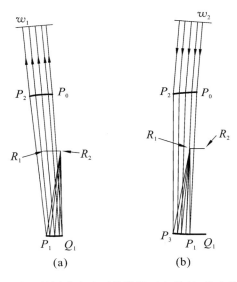

图 9.39　计算 RX 光学表面的同步多表面设计链。(a) 从 R_2 发出的光线在 P_1Q_1 上反射，
　　　　　定义了上表面的新部分 P_0P_2；(b) 从 w_2 发出的光线在 P_0P_2 上折射，定义了新
　　　　　的镜面 P_1P_3

　　图 9.40 显示了另外一个同步多表面光学组件，它包含了两个反射面。在此光学组件中，上镜面非常大，把整个下镜面完全罩起来。制造该光学折射的一

个方法是将它制成两个电介质部件,并在两者之间插进一层低折射率材料,如图 9.41 所示。

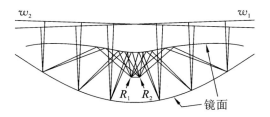

图 9.40 XX光学组件。第一表面是反射面(X),第二表面也是反射面(X)。在设计该光学组件时我们忽略上镜面对下镜面的遮挡效应

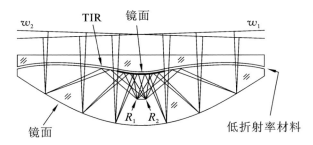

图 9.41 XX光学组件被制作成两个电介质部件(折射率 n),两者之间以一层低折射率材料(如空气)隔开。光线通过这层材料在下镜面反射,然后在上镜面全反射后射向接收器。并不是整个上表面都能产生全反射,所以在中央部分会用到一个小镜子

图 9.42 说明了该插层的功效。考虑在折射率为 n 的介质中传播的光线 r_1,它与法线方向的夹角小于临界角 α_C,所以在界面折射后进入低折射率材料,再进入折射率为 n 的介质继续以相同的方向传播。因此,对该光线而言,空气层就相当于不存在了(也可以说让光线往侧边移动了一下)。但是对于另外一条光线 r_2,如果它与垂直方向的夹角大于临界角,光线便会全反射往回传播。所以,对它而言,空气层就像是一个镜面。

对图 9.41 所示的 XX 光学组件而言,入射光辐射会通过低折射率材料,就像该材料根本不存在一样。在下镜面反射后,这些光线会以比较大的角度投射在上镜面,因此,会通过全反射到达接收器。并不是整个上表面都能产生全反射,所以在中央部分会用到一个小镜子。

设计这一 XX 光学组件的方法与前面讨论的方法一样。由于系统的对称性,我们把设计的起点(P_0)选择在接收器 R_1R_2 的垂直平分线上,并让其垂直法线为 n_0。让从接收器端点 R_2 发出的光线 r_1 进行反射(见图 9.43)。然后在反

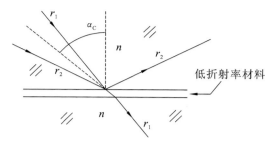

图 9.42　一层低折射率材料(如空气)隔开了两个高折射率部件。如果光线与垂直方向的夹角大于临界角,则该低折射率材料就像是一个镜面。如果光线与垂直方向的夹角小于临界角,则该低折射率材料会让它通过

射光线上选定一点 P_1, P_1 上的法线方向被设定为可以让该光线反射后垂直于波前 w_1。Q_1 是 P_1 的对称点,而且法线也互为对称。

r_1 的光路定义了 R_2 与 w_1 间的光程(这也是 w_2 与 R_1 间的光程),即

$$S = [R_2, P_0] + [P_0, P_1] + [R_1, W_1] \tag{9.35}$$

接下来,在 P_1 与 Q_1 间画一条圆弧,其中心是系统对称轴(或 P_0 的法线 $\boldsymbol{n}_0$)与沿 $\boldsymbol{n}_1$(P_1 的法线)的直线的交点。

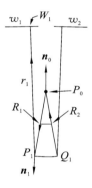

图 9.43　XX 光学组件镜面第一部分的计算,其余表面由此衍生

考虑一组垂直于波前 w_2 的边缘光线,让这些光线在 Q_1P_1 上反射到上表面的 P_0P_2 部分,设计 P_0P_2 使得反射光线投射到接收器的端点 R_1,如图 9.44

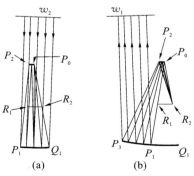

(a)　　　　　(b)

图 9.44　计算 XX 光学表面的同步多表面设计链。(a) 从 w_2 发出的光线在 Q_1P_1 上反射,定义了上表面的新部分 P_0P_2;(b) 从 R_2 发出的光线在 P_0P_2 上反射,定义了下镜面的新部分 P_1P_3

所示。然后,从光源的端点 R_2 发出一组边缘光线,让这组光线在 P_0P_2 上反射到下镜面的 P_1P_3 部分,设计 P_1P_3 使得这些光线反射后垂直于波前 w_1。重复这一步骤,来回计算反射与折射面上的小部分。

9.5　一般波前的 Miñano-Benitez 设计方法

Miñano-Benitez 设计方法也可以应用在一般的入射与出射波前,如图 9.45 所示的一般应用:两个入射波前 w_1 与 w_2,以及两个出射波前 w_3 与 w_4。我们想要设计一个将 w_1 耦合到 w_4,w_2 耦合到 w_3 的光学组件。该光学组件有两个光学表面 s_1 与 s_2。表面 s_1 分隔开折射率为 n_1 与 n_2 的介质,表面 s_2 分隔开折射率为 n_3 与 n_2 的介质[11]。如果 $n_1 = n_2$,第一表面 s_1 是反射面(镜面),否则,它是折射面。同理,如果 $n_2 = n_3$,第二表面 s_2 是反射面(镜面),否则,它是折射面。这些表面(通过反射或折射)使光线偏折。在下面的讨论中,我们假设这两个表面同为折射面。但是,如果其中一个或两个表面同为反射面,则此处的讨论仍然生效,只要把"折射"改成"反射"即可。

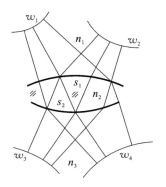

图 9.45　Miñano-Benitez 设计方法的一般应用:同步多表面光学组件耦合两个一般
性入射波前(w_1 与 w_2)与两个一般性出射波前(w_3 与 w_4)

设计的步骤与图 9.3、图 9.4、图 9.6 所示的一样。我们首先选择一点 P_0,以及其对应的法线 $\boldsymbol{n}_0$,如图 9.46 所示。垂直于波前 w_2 的光线 r_1 在 P_0 上折射,让 w_2 与 w_3 间的光程为 S_{23}。利用 S_{23} 可以计算点 P_1 的位置及其法线 $\boldsymbol{n}_1$,使得 r_1 在 P_1 上偏折后垂直于 w_3。然后把垂直于波前 w_4 的光线 r_2 在 P_1 上折射,让 w_1 与 w_4 间的光程为 S_{14}。利用 S_{14} 便可以计算点 P_2 的位置及其法线 $\boldsymbol{n}_2$,使得 r_2 在 P_2 上偏折后垂直于 w_1。

在 P_2 与 P_0 间以内插法确定曲线 c。该曲线在 P_0 上垂直于 $\boldsymbol{n}_0$,在 P_2 上垂直于 $\boldsymbol{n}_2$。对应此曲线,可以在 P_0 与 P_2 间定义一组设计点及对应的法线。考虑

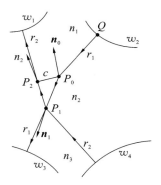

图 9.46　我们首先选择 P_0 及其法线 $\boldsymbol{n}_0$ 来开始这一设计步骤。然后，我们建立同步多
　　　　表面设计链的第一步，并在 P_2 与 P_0 间采用内插法插入曲线 c

一组垂直于波前 w_2 的光线，并让它们在这些点上发生折射（见图 9.47(a)），因
为知道 w_2 与 w_3 间的光程（S_{23}），便可以在光学表面 s_2 上计算一段新的部分
$P_1 P_3$。然后，考虑一组垂直于 w_4 的光线，让它们在这些新点上发生折射（见
图 9.47(b)），因为 w_4 与 w_1 间的光程（S_{14}）已知，便可以在光学表面 s_1 上计算
一段新的部分 $P_2 P_4$。

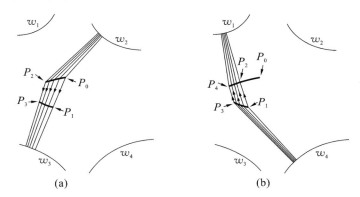

(a)　　　　　　　　　　　　　　　(b)

图 9.47　首先从 P_0 与 P_2 间的曲线 c 开始，我们交替计算上、下光学表面新的部分，将光
　　　　学表面的设计往左推进。(a) 从 w_2 发出，穿过 s_1 的 $P_0 P_2$ 部分的光线在 s_2 上定义
　　　　了新部分 $P_1 P_3$；(b) 从 w_4 发出，穿过 s_2 的 $P_1 P_3$ 部分的光线在 s_1 上定义新部
　　　　分 $P_2 P_4$

　　上述过程从起点 P_0 开始，逐步往左延伸将光学表面建立起来。我们也可
以采用类似的方法，从 P_0 开始，将光学表面 s_1 与 s_2 在右边建立起来。与前面讨
论的一样，在 P_0 与 P_2 间的曲线 c 上定义一组设计点及对应的法线（例如，采用

与前面一样的设计点)。考虑一组垂直于波前 w_1 的光线,并让它们在这些点上发生折射(见图 9.48(a)),因为我们知道 w_1 与 w_4 间的光程 S_{14},便可以在光学表面 s_2 上计算一个新的部分 P_1Q_1。接下来,考虑一组垂直于 w_3 的光线,让它们在这些新设计点上折射(见图 9.48(b)),因为 w_3 与 w_2 间的光程(S_{23})已知,便可以在光学表面 s_1 上计算一段新的部分 P_0Q_2。然后,我们可以在表面 s_2 上 Q_1 与 Q_3 间计算另外一个新的部分(见图 9.48(c));同理,可以在表面 s_1 上 Q_2 与 Q_4 间计算另一部分(见图 9.48(d))。重复这些步骤便可以得到图 9.45 中的光学组件。

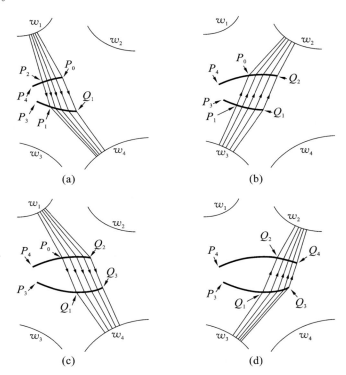

图 9.48 从 P_0 与 P_2 间的曲线 c 开始,我们交替计算上、下光学表面的新部分,将光学表面的设计往右边推进。(a) 从 w_1 发出,穿过 s_1 的 P_0P_2 部分的光线在 s_2 上定义了新部分 Q_1P_1;(b) 从 w_3 发出,穿过 Q_1P_1 的光线定义了新部分 Q_2P_0;(c) 从 w_1 发出,穿过 Q_2P_0 的光线定义了新部分 Q_3Q_1;(d) 从 w_3 发出,穿过 Q_1Q_3 的光线定义了新部分 Q_2Q_4

现在我们仔细地研究光线光路的确定过程。以图 9.46 中的光线 r_1 为例,若我们知道了 P_0 的位置,则必定确定了光线 r_1 从波前 w_2 的哪一点发出。

图 9.49 显示了一个类似的情况，考虑图中的点 P 及参数表达式为 $w(\sigma)$ 的波前。我们想要确定点 Q 的位置，使得从该点发出垂直于 $w(\sigma)$ 的光线可以穿过点 P。

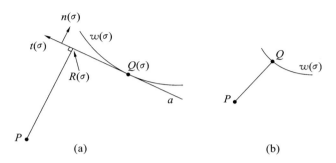

图 9.49　（a）寻找垂直于波前（参数表达式为 $w(\sigma)$）并通过点 P 的光线的方法；（b）$w(\sigma)$
　　　　上的点 Q 可以满足前述条件：点 Q 上对 $w(\sigma)$ 的法线穿过点 P

现在我们来讨论一个确定点 Q 位置的方法。首先考虑在波前上的某一点 $Q(\sigma)$，在该点上与波前的切线为 a，对应的单位切矢量为 $t(\sigma)$，单位法矢量为 $n(\sigma)$。在直线 a 上，我们选择点 $R(\sigma)$，让它到 P 的连线垂直于 a。这点 $R(\sigma)$ 可以写成（见第 21 章）

$$R(\sigma) = \mathrm{isl}(P, n(\sigma), Q(\sigma), t(\sigma)) = P + \frac{(Q-P) \cdot n}{n \cdot n} n \qquad (9.36)$$

现在改变波前 $w(\sigma)$ 的参数 σ，使得 $(R(\sigma) - Q(\sigma)) \cdot t(\sigma) = 0$，也就是使 $R(\sigma)$ 与 $Q(\sigma)$ 的距离为 0（$[R(\sigma), Q(\sigma)] = 0$），从而得到 Q 的位置。

对于图 9.46 的光线 r_1，因为知道了在 P_0 上的法线 n_0，我们以该光线发生折射。w_2 与 w_3 间的光程是 s_{23}，w_3 与 P_0 间的光程就可以计算为 $S_{03} = S_{23} - n_1[P_0, Q]$。

现在我们来考虑图 9.50 的情况。从图 9.50 中的点 F（对应于图 9.46 的 P_0）发出一条光线（对应于 9.46 的光线 r_1）。光线沿单位矢量 v 的方向传播（对应于光线 r_1 在 P_0 上折射后的传播方向）。我们知道 F 与波前（以 σ 为参数的曲线，对应于 r_1 的 w_3）间的光程为 S；光线偏折前、后的折射率分别是 n_2 与 n_3（对应于光线 r_1 在点 P_1 上的偏折）。我们想要确定该光线的光路。该情况与图 9.2 非常相似，在那里我们想要计算在曲线 c 上点 P 的位置。

现在我们来讨论一个确定该光线光路的方法。首先考虑在波前上的某一点 $Q(\sigma)$，在该点上与波前的切线为 a，对应的单位法矢量为 $n(\sigma)$，单位切矢量为 $t(\sigma)$。在直线 a 上，我们选择一点 $P(\sigma)$，使得 P 到 Q 的光程与 F 到 a 的相等。

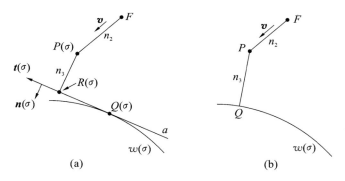

图 9.50　（a）如果已经知道光线在点 F 上的方向 v，以及从 F 到波前（参数表达式为 $w(\sigma)$）的光程 S，利用图中的方法就可以确定从 F 到波前 $w(\sigma)$ 的光路；（b）利用 $[R(\sigma),Q(\sigma)]=0$，并对参数 σ 求解，便可以确定 Q 的位置

点 P 可以写成（见第 21 章）

$$P(\sigma) = \mathrm{coptsl}(F,n_2,v,Q(\sigma),n_2,n(\sigma),S) = F + \frac{S-n_3(Q-F)\cdot n}{n_2-n_3 v\cdot n}v$$

$$(9.37)$$

从 $Q(\sigma)$ 沿 $t(\sigma)$ 方向延伸一条直线，再从 $P(\sigma)$ 沿 $n(\sigma)$ 方向延伸一条直线。这两条直线的交点便是 $R(\sigma)$，其数学表达式是（见第 21 章）

$$R(\sigma) = \mathrm{isl}(P(\sigma),n(\sigma),Q(\sigma),t(\sigma)) = P + \frac{(Q-P)\cdot n}{n\cdot n}n \qquad (9.38)$$

现在改变波前 $w(\sigma)$ 的参数 σ，使得 $(R(\sigma)-Q(\sigma))\cdot t(\sigma)=0$，也就是使 $R(\sigma)$ 与 $Q(\sigma)$ 的距离是 0（$[R(\sigma),Q(\sigma)]=0$），从而得到 Q 的位置（见图 9.50(b)）。

曲线 $w(\sigma)$ 的切矢量 $t(\sigma)$ 是

$$t(\sigma) = \frac{\mathrm{d}w(\sigma)/\mathrm{d}\sigma}{\|\,\mathrm{d}w(\sigma)/\mathrm{d}\sigma\,\|} \qquad (9.39)$$

把该矢量转动 $\pi/2$ 或 $-\pi/2$ 便可以得到对 a 的法线 $n(\sigma)$。

若要从式（9.37）正确地计算 $P(\sigma)$，当光线通过直线 a 时，光线的方向必须与 a 的法线同向。对折射光线而言，则表示 a 的法线必须满足 $v\cdot n>0$（见图 9.51(a)）。如果这些关系不能被满足，则光线必须反向。

上面讨论的方法也可以用在 $n_2=n_3=n$ 的情况中。这时（跟图 9.50(b) 所示的情况一样），光线在点 P 上反射后会垂直于波前 $w(\sigma)$。在确定 a 的法线的正确方向后，我们首先考虑直线 a 与光线（由点 F 与方向 v 所定义）的交点 X，如图 9.51(b) 所示。F 与 X 间的光程可以写成 $S_{FX}=n[F,X]$。如果 $S_{FX}<S$，则

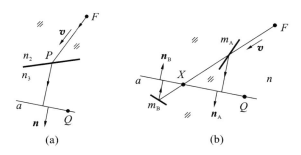

图 9.51　在(a)折射及(b)反射的情况中确定直线 a 的法线的正确方向的方法

反射发生在点 X 远方的 m_B 镜面上。这时，a 的法线 $\boldsymbol{n}_B$ 使得 $\boldsymbol{v} \cdot \boldsymbol{n}_B < 0$，而点 P 在 m_B 上。但是，如果 $S_{FX} > S$，则反射发生在点 X 另一边的 m_A 镜面上。这时，a 的法线 $\boldsymbol{n}_A$ 使得 $\boldsymbol{v} \cdot \boldsymbol{n}_A > 0$，而点 P 在 m_A 上。除非我们已经知道曲线 $w(\sigma)$ 的法线的正确方向，我们必须首先验证法线的方向然后再迭代改变参数 σ。

9.6　RXI 光学组件：迭代计算

RXI 光学表面与 XX 光学组件的表面非常相似，但是它们被做成单一部件，而不是具有空隙的两片部件。RXI 是由折射率为 n 的材料做成的紧凑集中器（或准直器）。作为集中器时，光线在上表面 s_1 折射，然后在下边镜面 s_2 反射，再在上表面 s_1 全反射后折射在折射率为 n 的介质中的接收器 AB[12,10]。因为在这些器件中光线会被折射（R）、反射（X），然后全反射（T），所以它们被称为 RXI 光学组件。上表面 s_1 的中央部分被镀成镜面，所以不会全反射。图 9.52 显示了两条光线（r_1 与 r_2）在 RXI 光学组件中的光路。

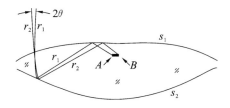

图 9.52　两条边缘光线在 RXI 光学组件中的光路

光线 r_1 在进入 RXI 前与垂直方向的夹角是 $-\theta$，它被改向投射到接收器左边的端点 A。光线 r_2 在进入 RXI 前与垂直方向的夹角是 $+\theta$，它被改向投射到接收器右边的端点 B。图 9.53 中显示了两个平面波前 w_1 与 w_2，垂直于这些波前的光线会分别被集中到接收器的两个端点 A 与 B 上。

在进行设计时，我们首先确定接收器的大小。例如，我们可以把它的中点

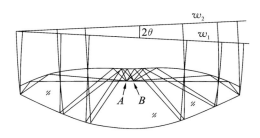

图 9.53　垂直于波前 w_1 的光线被集中到接收器的端点 A 上，垂直于 w_2 的光线则被集
中到端点 B 上

放在原点处，然后定义长度为两个单位，所以，$A = (-1, 0)$ 以及 $B = (1, 0)$。我
们也可以让光学组件的折射率为 n，以及半接收角为 θ。利用光学扩展量守恒原
理，我们就可以计算 RXI 的宽度为

$$w_{\text{RXI}} = n[A, B]/\sin\theta \tag{9.40}$$

现在任选一条上曲线 s_1，从而计算下曲线 s_2，再来重新计算上曲线 s_1。利用
该新的上曲线 s_1，我们计算另外一条下曲线 s_2，然后重新计算上曲线 s_1。重复这
些步骤，直到在接下来的连续迭代计算中得到的曲线没有太大的变化为止。
图 9.54 显示了用来产生图 9.53 所示的 RXI 的起始上曲线。

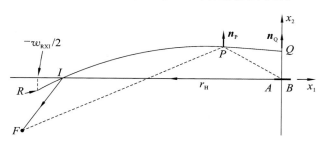

图 9.54　可以用来计算 RXI 的起始上曲线

在这个例子中，我们首先选择 R 的位置为 $R = (-w_{\text{RXI}}/2, -y)$，其中，$y$ 值
由我们自己确定。然后在水平轴 x_1 上选定一点 I。在确定上曲线 RI 部分的形
状时，并没有任何特别的规则，所以我们把它画成一条直线。然后使从接收器
AB 发出、沿水平方向传播的光线 r_{H} 在点 I 上反射，然后在反射光线上选择一
点 F。现在可以使上曲线的 IP 部分变成一个以点 F 与 $(0, 0)$（接收器 AB 的中
点）为焦点的椭圆。PQ 部分被定义为三次多项式：它通过点 P 与 Q（在垂直轴
x_2 上），在 P 上的法线为 $\boldsymbol{n}_{\text{P}}$（也是椭圆在该点上的法线），在 Q 上的法线为
$\boldsymbol{n}_{\text{Q}}$（沿垂直方向）。

定义了上曲线,便可以计算下曲线。我们首先计算它左边的端点 X:使与垂直方向成 $-\theta$ 夹角的光线 r_1 在点 R 上折射(见图 9.55),该折射光线与 r_H 在点 I 上反射后的光线的交点便是 X(下表面的第一个设计点)。

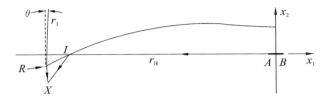

图 9.55　下表面第一个设计点的计算

现在我们对下表面 s_2 进行第一次迭代计算。首先,我们要定义波前 w_1 的位置。我们可以沿光线 r_1 选择一点 W_1,因为光线的光路已知($W_1-R-X-I-A$),便能计算 w_1 与接收器端点 A 之间的光程(见图 9.56)。

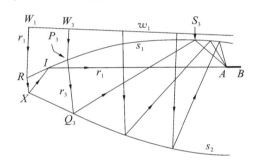

图 9.56　计算 RXI 的底部曲线

考虑上表面 s_1 的点 P_3,我们想要确定在波前 w_1 上点 W_3 的位置,就要使通过 P_3 与 W_3 的光线垂直于 w_1。然后,P_3 与 A 间的光程就可以写成 $S_{P3}=S_1-[W_3,P_3]$。接着,在下表面 s_2 上确定点 Q_3 的位置,使从 W_3 发出的光线 r_3 在 P_3 上折射后,在 Q_3 上反射,然后在上表面 s_1 的某一点(S_3)反射后投射到接收器的端点 A 上。对 s_1 上的一组设计点重复这样的步骤,就能够在 s_2 上确定对应设计点的位置及法线。

得到新的下表面 s_2 后,便可以重新计算上表面 s_1。首先,在点 R 上,使一组介于边缘光线(r_1 与 r_2)间的光线折射,并让它们聚焦到接收器的端点 B 上。现在考虑光线 r_1,不是让其终止于点 A,而是让它继续传播到 B。现在光线 r_1 的光路 $R-X-I-B$ 已知,便可以确定 R 与 B 间的光程,如图 9.57 所示。

光线在 R 处折射后会在下表面 s_2 反射,利用等光程条件便能够在上表面上定义一个新部分 IJ,将这些光线聚焦到接收器的端点 B 上。图 9.58 显示了

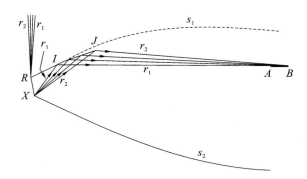

图 9.57　在上表面的点 R 上，使一组介于 r_1 与 r_2 间的光线折射，便可以重新计算点 I 与　　　J 之间的上表面

怎样定义波前 w_2 的位置。因为知道光线 r_2 的光路 $W_2 - R - X_2 - J - B$（见图 9.57），便能够定义波前 w_2 与接收器端点 B 之间的光程 S_2。然后，确定光线 r_4 从波前 w_2 到下表面点 Q 的光路 $W_4 - P_4 - Q_4$（见图 9.58）。Q_4 与 B 间的光程是 $S_{Q4} = S_2 - [W_4, P_4] - n[P_4, Q_4]$。因为我们知道光线在 Q_4 上反射后的方向（v_4），便可以确定在新上表面（s_1）的点 S_4 的位置。对 s_2 上的不同设计点重复这样的步骤，便能够对 s_1 确定一组新的设计点以及法线。

确定了新的上表面 s_1 后，我们可以重复刚刚的步骤：计算一个新的下表面 s_2，然后重新计算上表面 s_1。当重新计算的上表面跟之前计算的非常接近时，便可以终止这一计算。

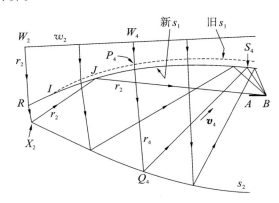

图 9.58　使垂直于波前 w_2 的光线在旧的上表面 s_1 上折射，然后在下表面 s_2 上反射，　　　便能重新计算在点 J 右边的上表面

　　跟 XX 的情况一样，RXI 上表面的中央部分不能通过全反射把光线传播到接收器上，所以该中央部分也会镀成镜面（见图 9.59）。α_C 是 RXI 材料中的临界

角。在中央部分加上镜面后就完成了 RXI 的设计。

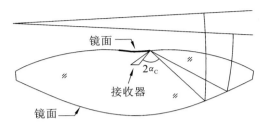

图 9.59　RXI 上表面的中央部分需要镀成镜面，因为从下表面反射的光线不能发生全反射

　　我们现在来讨论计算上、下表面的一些不同方法。在第一次迭代计算时，我们定义一条上曲线；在接下去的迭代计算中，我们定义一组设计点以及其对应的法线。我们可以通过内插法把这些设计点（及法线）用片段曲线连接起来。例如，我们可以用三次多项式进行内插以完成上曲线 s_1 的定义（类似于图 9.5 的情况）。

　　现在考虑上表面 s_1 的某一设计点 P_3，我们知道光线 r_3 折射后的方向，以及 P_3 与 A 之间的光程，如图 9.60 所示。此图中的 r_3 的光路与图 9.56 中的 r_3 在 P_3 上折射后的情况类似。

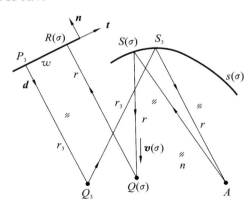

图 9.60　计算 RXI 下表面设计点的方法

　　从 P_3 发出，沿方向 $\mathbf{d}$（也就是光线 r_3 在 P_3 折射后的方向）传播的光线在 Q_3（其位置未知）反射后射向已知曲线 $s(\sigma)$（也就是 s_1）上的点 S_3，然后被反射到点 A 上。我们知道 P_3 与 A 之间的光程 S_{P3}；曲线 $s(\sigma)$ 是参数 σ 的函数；整条光路是在折射率为 n 的介质中。

　　要计算 Q_3 的位置，首先定义一条穿过 P_3，且垂直于 $\mathbf{d}$ 的直线 w。w 的切线

可以用单位矢量 t 表示，法线为 $n = -d$。在曲线 $s(\sigma)$ 上选择一点 $S(\sigma)$，使从 A 发出的光线在该点上反射，反射后的传播方向是单位矢量 $v(\sigma)$。$S(\sigma)$ 与 w 之间的光程是

$$S_{S\omega}(\sigma) = S_{P3} - n[A, S(\sigma)] \tag{9.41}$$

现在的情况可以简化如下：$S(\sigma)$ 与 w 间的光程 $S_{S\omega}$ 已知，要确定 $Q(\sigma)$ 的位置，使从 $S(\sigma)$ 发出，方向为 v 的光线 r 在 $Q(\sigma)$ 上反射后以垂直 w 的方向传播。$Q(\sigma)$ 的解析式可以写成（见第 21 章）

$$Q(\sigma) = \mathrm{coptsl}(S(\sigma), n, v(\sigma), P_3, n, n, S_{S\omega}(\sigma)) = S + \frac{S_{S\omega} - n(P_3 - S) \cdot n}{n - nv \cdot n}v$$

$$\tag{9.42}$$

从 $Q(\sigma)$ 发出一条垂直于 w 的直线，此直线与 w 的交点定义了 $R(\sigma)$。改变曲线 $s(\sigma)$ 的参数 σ，使得 $(R(\sigma) - P_3) \cdot t = 0$ 成立，也就是使得 $R(\sigma)$ 与 P_3 的距离是 0（$[R(\sigma), P_3] = 0$），从而得到 $R(\sigma)$ 的位置。同时，$Q(\sigma)$ 的位置会与 Q_3（我们想要确定的点）重合。

现在我们回到图 9.58 来考虑计算新的上表面的方法。首先我们可以在现有的上表面上选择一点 P_4，计算在波前 w_2 上的对应点 W_4，使光线在 P_4 上折射；再计算折射光线与下表面 s_2（由内插法所确定）的交点 Q_4；然后使光线在 Q_4 反射，接下来利用公式 $S_4 = \mathrm{coptpt}(Q_4, v_4, B, n, S_{Q4})$（见第 21 章）计算 S_4 的位置。该公式也可以用来计算上表面 I 与 J 之间的点。

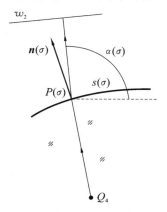

图 9.61　确定从波前 w_2 到下表面上某一点 Q_4 的光路的方法

我们也可以利用在下表面上已经计算好的设计点及对应的法线来确定上表面的设计点 S_4。这时候我们不需要通过内插法确定整个下表面，而只需要确定在点 X 与 X_2 间的部分，便可以用它来计算上表面 s_2 的 IJ 部分。在此方法中，我们选用之前对下表面计算过的 Q_4，然后在上曲线（参数表达式为 $s(\sigma)$）选择点 $P(\sigma)$，其对应于 $s(\sigma)$ 的法线是 $n(\sigma)$，如图 9.61 所示。

在 $P(\sigma)$ 上将从 Q_4 发出的光线折射，改变参数 σ，使得 $P(\sigma)$ 上的折射光线与水平方向的夹角变成 $\alpha(\sigma) = \pi/2 + \theta$，在此期间维持 P_4 的位置固定。点 W_4 是在穿过 P_4 并垂直于 w_2 的光线上，如图 9.58 所示。S_4 的计算跟前面讨论的一样。

9.7 RXI 光学组件：直接计算

我们也可以直接计算 RXI 光学组件，而不需要通过对光学表面的迭代计算。该设计方法也可以被修改以应用到辐射器是在空气中，而不是在折射率为 n 的介质中的情况[13]。

首先考虑一个接收器 R_1R_2，虚拟入光孔为 QQ^*，接收角为 2θ，如图 9.62 所示。根据光学扩展量守恒：$2[Q,Q^*]\sin\theta = 2[R_1,R_2]$，便可以确定距离 $[Q,Q^*]$。RXI 集中器可以将所有在接收角 2θ（由入射波前 w_1 与 w_2 所确定）之内、射向虚拟入光孔 QQ^* 的光线捕获起来，如图 9.63 所示。

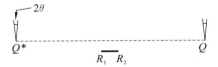

图 9.62　用于直接计算 RXI 光学组件的起始条件：接收器 R_1R_2，虚拟入光孔 QQ^*，以及被捕获的光线的孔径角 2θ

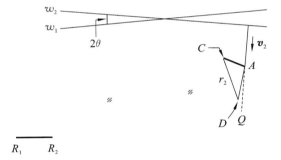

图 9.63　在设计 RXI 时，我们首先在上表面选择一段 AC，而在下表面选择一点 D

在垂直于波前 w_2 并通过点 Q 的直线（其方向为 $\boldsymbol{v}_2$）上选择一点 A，再选择一点 C，在 A 与 C 之间以一条直线或是由一个低阶多项式（最好是没有拐点）来定义光学表面 AC。我们现在可以计算在下表面另外一小段（DE）的形状，如图 9.64（a）所示。孔径角为 2θ，介于 r_2（垂直于 w_2）与 r_1（垂直于 w_1）之间，而射向 Q 的光束，它在上表面 AC 的 AB 部分被折射，然后在下表面 DE 反射，再聚焦到点 C 上。为了确定 DE 的形状，我们使光线 r_2 在点 A 上折射，然后在折射光线上选择一点 D 作为 DE 表面的起点。点 C 与 Q 间的光程可以写成：$S_{CQ} = n[C,D]+n[D,A]-[A,Q]$。注意：$Q$ 是在空气（$n=1$）中，而且是一个虚拟点，光线就像是从该点发散出来的一样（所以在 S_{CQ} 公式的最后一项前面有一个负号，见第21章）。表面 DE 就可以被确定为一个笛卡儿卵形线，其焦点为 C，虚拟焦点为 Q。现在考虑图 9.64(b) 中方向为 u，朝 Q 传播的光线光路。这条光线在上表面穿过点 I，在下表面的点 J（其位置是要被确定的对象）上反射后射向点 C。对这条光线而言，它在 C 与 Q 间的光程为 $n[C,J]+n[J,I]-[I,Q]=S_{CQ}$，或可以被写成 $S_I=S_{CQ}+[I,Q]=n[C,J]+n[J,I]$，其中，$S_I$ 是该光线对应于 $I-J-C$ 部分的光程。现在我们使入射方向为 u 的光线在上表面的点 I 上折射（折射光线方向为 v）。利用 $J=\text{ccoptpt}(I,n,v,C,n,S_I)$，便可以得到下表面的点 J，其中，n 是光学组件的折射率，函数 ccoptpt 的定义可以在第 21 章结尾部分找到。把点 I 的位置沿 AB 变动，重复以上步骤，便可以得到下表面的 DE 部分。垂直于波前 w_1，通过 Q 的直线与上表面的交点便确定了点 B。由 DE 定义，而在点 C 上反射的光束介于光线 r_1 与 r_2 间，如图 9.65 所示。利用在 C 上反射而射向接收器端点 R_1 的光束便可以确定接收腔的 MN 部分：它是一个笛卡儿卵形线（利用 C 与 R_1 间的等光程条件而决定）。这也确定了点 N 的位置，以及

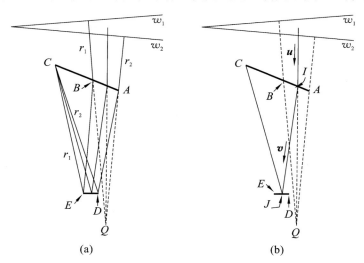

(a)　　　　　　　　　　　(b)

图 9.64　（a）下表面的设计使朝虚拟点 Q 传播的光线在 AB 上折射后，再被 DE 反射投射到点 C 上；（b）朝 Q 传播的光线在 I 上折射后，再在 J（要被确定的设计点）上反射后射向 C

其法线 n。同时，利用对称性便可以定义其对称点 N^*，及对应法线 n^*。现在我们可以在 N 与 N^* 间选择一条曲线，使在端点处该曲线的法线与 n 及 n^* 相符。这样就完成了对应于接收器 R_1R_2 的接收腔的设计。

　　确定了接收腔（$M-N-N^*-M^*$）的形状后，可以使从 R_1 发出的光线传

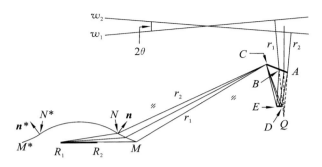

图 9.65　在光线 r_1 与 r_2 间的光束在 C 上反射后被笛卡儿卵形线 MN 偏折到 R_1 上。曲线 MN 及其对称线段 M^*N^* 确定了接收腔的边缘。选择曲线 NN^* 的形状便完成了接收腔的设计

播通过接收腔，并利用从 R_1 到波前 w_3 的光程（为常数）来确定 w_3 的形状，如图 9.66 所示。将从 R_2 发出的光线传播通过接收腔，就可以确定波前 w_4 的形状；它与 w_3 对称（如果用来确定波前的光程跟前面的一样）。

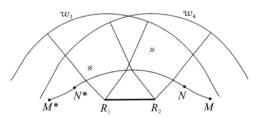

图 9.66　从 R_1 与 R_2 发出的光线穿过接收腔后便分别确定了波前 w_3 与 w_4

现在考虑通过点 $W_1 - A - D - C - W_3$ 的光线 r_2，其光路已知，如图 9.67 所示。该光线从 w_2 到 w_3 的光程为 S_{23}。使从 w_2 发出的光线在 DE 上反射，利用等光程 S_{23}，就可以在上表面上确定新的表面部分 CC_1。

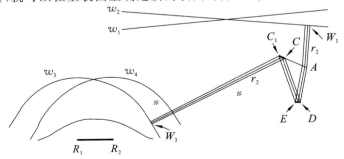

图 9.67　使从 w_2 发出的光线在 DE 上反射，利用从 w_2 到 w_3 的等光程 S_{23}，就可以在上表面上确定新的表面部分 CC_1

再来考虑通过点 $W_2 - B - E - C - W_2$ 的光线 r_1,其光路已知,如图 9.68 所示。该光线从 w_1 到 w_4 的光程为 S_{14}。使从 w_4 发出的光线在 CC_1 上反射,利用等光程 S_{14},就可以在下表面上确定新的表面部分 EE_1。

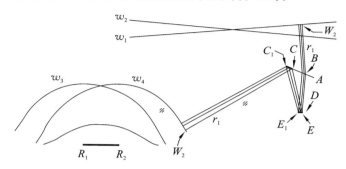

图 9.68　使从 w_4 发出的光线在 CC_1 上反射,利用等光程 S_{14}(从 w_4 到 w_1),就可以在下表面上确定新的表面部分 EE_1

然后使从 w_2 发出的光线在 EE_1 上反射,利用等光程 S_{23}(从 w_2 到 w_3),就可以在上表面上确定新的表面部分 C_1C_2,如图 9.69 所示。我们可以继续用这种同步多表面设计方法在上表面(s_1)及下表面(s_2)上计算新的部分,如图 9.69 所示。

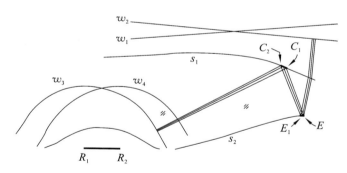

图 9.69　使从 w_2 发出的光线在 EE_1 上反射,利用等光程 S_{23}(从 w_2 到 w_3),就可以在上表面上确定新的表面部分 C_1C_2

图 9.70 显示了一个完整的 RXI 光学组件。在上表面上以点 M 为端点的中央部分(m_T)必须镀成镜面,因为在那里不能发生全反射。从 R_2 发出的边缘光线 r_3 投射在点 M 上时,它与表面法线方向的夹角等于临界角 α_C。所有从 R_1R_2 发出而投射在点 M 的光线皆局限在 r_3 与 r_4 间,而且它们与表面法线的夹角大于临界角。RXI 的下表面(m_B)也必须镀成镜面,因为光线也不能在那里发生全反射。

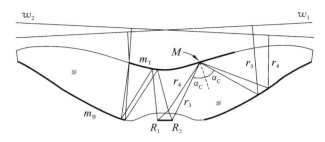

图 9.70　RXI 光学组件的镜面上表面（m_T）与镜面下表面（m_B）。镜面 m_T 延伸到 M，在那里，所有入射光线的角度大于临界角 α_C

RXI 也可以用作准直器，只需要把接收器改成辐射器，并把光学组件内所有的光线反向。图 9.71 显示了使用 RXI 光学组件的手电筒，图 9.71(b) 将 RXI 光学组件从其余的部分分离出来。

(a)　　　　　　　　　　　　(b)

图 9.71　(a)RXI 灯组；(b) 把 RXI 光学组件抽离灯组

9.8　同步多表面设计方法光程的调整

图 9.72 的二维图中给定了两个非对称的入射波前 w_1 与 w_2，它们在折射率为 n_1 的介质中；另外两个非对称的出射波前 R_1 与 R_2（在此例子中是两个点），它们在折射率为 n_3 的介质中。另外给定了点 P_0 及其法线 n_0。我们的目标是要用折射率为 n_2 的材料设计一个 RR 同步多表面透镜。

把 w_2 与 R_1 间的光程选定为 S_A，w_1 与 R_2 间的光程选定为 S_B。使从 w_2 发出的光线 r_1 在 P_0 上折射，利用等光程 S_A（从 w_2 到 R_1），便可以确定设计点 P_1 的位置及法线。现在考虑从 R_2 发出穿过 P_1 的另一条光线 r_2，利用等光程 S_B（从 w_1 到 R_2），便可以确定设计点 P_2 的位置及法线。重复这一步骤便可以在透镜表面上确定其他设计点及对应法线。回到点 P_0，并考虑从 w_1 发出的另一条光线，便可以计算新设计点 Q_1。重复这一步骤便可以确定右边的其他设计点

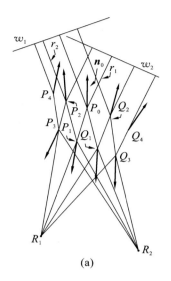
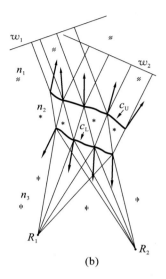

图 9.72 （a）对应于非对称入射波前 w_1 与 w_2，及出射（点）波前 R_1 与 R_2 的二维同步多表面设计链；（b）对同步多表面设计点及法线进行内插而得到的曲线 c_U 与 c_L 会出现起伏不平的现象

（Q_2、Q_3……），如图 9.72(a) 所示。如果现在对刚刚计算的设计点及法线进行内插，便能得到图 9.72(b) 的两条曲线（c_U 与 c_L）。一般而言，这些曲线都会出现起伏不平的现象。

另外一个方法是考虑对上边的设计点（……P_4、P_2、P_0、Q_2、Q_4……）进行内插（这时并不考虑点的法线方向），便能得到图 9.73 中的曲线 c_T。很明显，c_T 比 c_U 平滑，但是如果我们比较 n_0（从同步多表面设计方法得到在 P_0 上的法线方向）与 m_0（利用该方法而得到在 P_0 上的法线方向），可以看出来它们并不相符。对其他的设计点也是一样：同步多表面设计方法法线方向（实箭号）与曲线 c_T 的法线方向（虚箭号）有明显区别。

对下表面的设计点（……P_3、P_1、Q_1、Q_3……）也是一样的，利用这些点（不考虑同步多表面设计方法得到的法线）内插得到的曲线 c_B 比曲线 c_L 平滑，但是它的法线方向与同步多表面设计方法计算的有明显差别。由光学表面 c_T 与 c_B 确定的光学组件功能性不好。

如果我们调整光程（S_A 与 / 或 S_B）便能使同步多表面设计方法得到的法线（n_0）变得与曲线 c_T 的法线（m_0）相符。例如，我们可以把 S_A 的值确定下来，然后改变 S_B，则法线 n_0 与 m_0 的夹角就会变成 S_B 的函数，可以调整 S_B 的值使 $\beta(S_B) = 0$，结果如图 9.74 所示。现在，在 P_0 上，c_T 的法线与同步多表面设计方法得到的一样。在设计非对称光学组件时，我们也可以用该方法来调整光程 S_A 与 S_B，然后用 S_A 与 S_B 来计算整个同步多表面光学组件（使用图 9.46 到 9.48 所示的过程）。

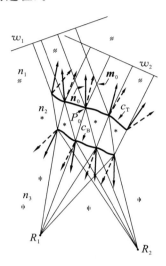 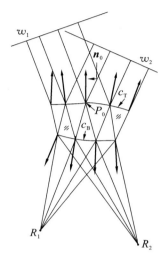

图 9.73 只对设计点（而不考虑对应的法线方向）进行内插就可以得到比较平滑的曲线 c_T 与 c_B，但是它们的法线不能与同步多表面设计方法的相符

图 9.74 调整 w_1 与 R_2 间，以及 w_2 与 R_1 间的光程能得到平滑曲线 c_T 与 c_B 以耦合入射和出射波前

9.9　三维同步多表面设计方法

同步多表面设计方法也可以推广到三维空间[14-17]。图 9.75 显示了一个同步多表面设计链的第一步。点 W_1 与法线 $\boldsymbol{n}_{W1}$ 定义了平面入射波前 w_1。点 W_2 与法线 $\boldsymbol{n}_{W2}$ 定义了另一个平面入射波前 w_2。这两个入射波前同在折射率为 n_1 的介质中。出射波前为两点（R_1 与 R_2），在折射率为 n_3 的介质中。点 W_1、W_2、R_1、R_2，以及法线 $\boldsymbol{n}_{W1}$ 与 $\boldsymbol{n}_{W2}$ 在同一平面 ν 中。我们想要定义一个 RR 光学组件，其第一光学表面分隔开折射率为 n_1 与 n_2 的介质，第二光学表面分隔开折射率为 n_2 与 n_3 的介质。

考虑图 9.75(a)，设计点 P_0 与法线 $\boldsymbol{n}_0$ 同在平面 ν 内，让 w_2 与 R_1 间的光程为 S_A。光线 r_{11} 穿过 P_0，垂直于 w_2，它在 w_2 上的起点位置（W_0）可以写成

$$W_0 = \mathrm{islp}(P_0, \boldsymbol{n}_{W2}, W_2, \boldsymbol{n}_{W2}) \qquad (9.43)$$

该光线在介质 n_1 中沿方向 $\boldsymbol{v}_{1A} = -\boldsymbol{n}_{W2}$ 传播。因为我们知道在 P_0 上的折射率（n_1 与 n_2），便可以计算前进到 n_2 的折射光线的方向 $\boldsymbol{v}_{1B}$ 为

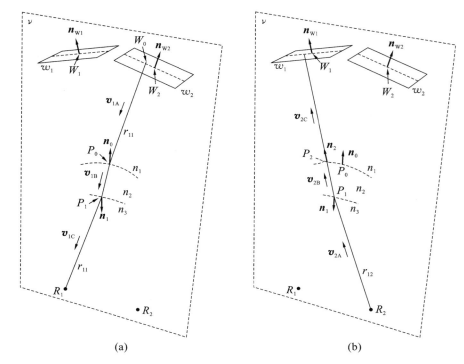

(a)   (b)

图 9.75　波前间的同步多表面设计光路。(a) 穿过 P_0（法线为 $\boldsymbol{n}_0$）的光线 r_{11} 定义了点 P_1 及
　　　　　法线 $\boldsymbol{n}_1$；(b) 穿过 P_1（法线为 $\boldsymbol{n}_1$）的光线 r_{12} 定义了点 P_2 及法线 $\boldsymbol{n}_2$

$$\boldsymbol{v}_{1B} = \mathrm{rfr}(\boldsymbol{v}_{1A}, n_0, n_1, n_2) \tag{9.44}$$

同时，P_0 与 R_1 间的光程 S_1 是 $S_1 = S_A - n_1[W_0, P_0]$。点 P_1 便可以计算为

$$P_1 = \mathrm{ccoptpt}(P_0, n_2, \boldsymbol{v}_{1B}, R_1, n_3, S_1) \tag{9.45}$$

折射后光线的方向 $\boldsymbol{v}_{1C}$ 是 $\boldsymbol{v}_{1C} = \mathrm{nrm}(R_1 - P_1)$。$P_1$ 的法线 $\boldsymbol{n}_1$ 是

$$\boldsymbol{n}_1 = \mathrm{rfrnrm}(\boldsymbol{v}_{1B}, \boldsymbol{v}_{1C}, n_2, n_3) \tag{9.46}$$

　　考虑图 9.75(b)，让 w_1 与 R_2 间的光程为 S_B。我们可以计算从 R_2 发出，穿过前面计算的设计点 P_1 的光线 r_{12} 的光路。它在折射率为 n_3 的介质中传播，方向为 $\boldsymbol{v}_{2A} = \mathrm{nrm}(P_1 - R_2)$。因为我们知道在 P_1 上的折射率（n_2 与 n_3），便可以计算该光线折射到 n_2 后的方向 $\boldsymbol{v}_{2B}$ 为

$$\boldsymbol{v}_{2B} = \mathrm{rfr}(\boldsymbol{v}_{2A}, n_1, n_2, n_3) \tag{9.47}$$

同时，P_1 与 w_1 间的光程 S_2 是 $S_2 = S_B - n_3[R_2, P_1]$。设计点 P_2 便可以计算为

$$P_2 = \mathrm{coptsl}(P_1, n_2, \boldsymbol{v}_{2B}, W_1, \boldsymbol{n}_{W1}, S_2) \tag{9.48}$$

P_2 的法线 $\boldsymbol{n}_2$ 是

$$\boldsymbol{n}_2 = \mathrm{rfrnrm}(\boldsymbol{v}_{2\mathrm{B}}, \boldsymbol{v}_{2\mathrm{C}}, n_2, n_1) \tag{9.49}$$

其中, $\boldsymbol{v}_{2\mathrm{C}} = \boldsymbol{n}_{\mathrm{W1}}$。

追迹光线 r_{11} 穿过上表面的已知点 P_0（及对应法线）便可以在下表面计算一个新设计点 P_1（及对应法线）；追迹光线 r_{12} 穿过下表面的点 P_1（及对应法线）便可以在上表面计算新设计点 P_2（及对应法线）。重复这一步骤就可以在 RR 光学组件的上、下表面分别确定对应的设计点及法线（见图 9.76）；追迹光线 r_{13} 穿过点 P_2 便可以计算设计点 P_3（及对应法线）；追迹光线 r_{14} 穿过点 P_3 便可以计算设计点 P_4（及对应法线）；依此类推。

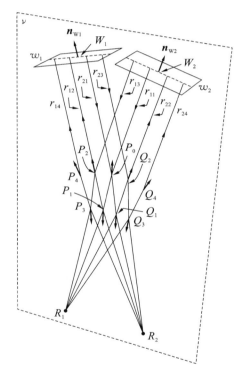

图 9.76　同步多表面设计链。所有的光线、设计点及法线都是在平面 ν 里面。所以,其是一个二维同步多表面设计链

我们也可以回到设计点 P_0（法线 $\boldsymbol{n}_0$）上,考虑另外一条光线 r_{21}（现在该光线来源于波前 w_1）,利用前面描述的步骤,并使用同样的光程 S_{B}（从 w_1 到 R_2）,便可以利用光线 r_{21} 在下表面定义一个新设计点 Q_1 及法线。追迹光线 r_{22} 穿过点 Q_1 便可以在计算设计点 Q_2,追迹光线 r_{23} 穿过点 Q_2 便可以计算设计点 Q_3,

追迹光线 r_{24} 穿过点 Q_3 便可以计算设计点 Q_4。最后，我们在 RR 透镜的上表面得到一组设计点（及法线）……P_4、P_2、P_0、Q_2、Q_4…… 而在下表面得到另一组设计点（及法线）……P_3、P_1、Q_1、Q_3……

前面提到的这些设计点及法线都在平面 ν 里面，所以，其是一个二维同步多表面设计链。但是，同样的步骤可以用来计算在平面 ν 以外的透镜设计点，如图 9.77 所示。这时，我们以曲线 c_0 上的点 T_0 为同步多表面设计链的起点。T_0 在点 P_0 上穿过平面 ν，所以它不在平面 ν 上。T_0 的法线 u_0 垂直于曲线 c_0，而 u_0 所在的平面在 T_0 处与 c_0 垂直。

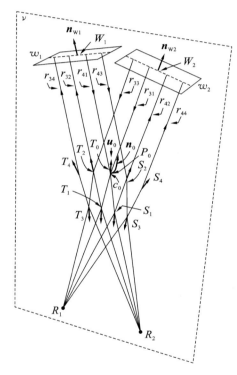

图 9.77　同步多表面设计链。设计点 T_0 在点 P_0 上穿过平面 ν，所以它不在平面 ν 上。因此得到的同步多表面设计链不在 ν 上，而是三维的

现在可以用前面计算（以 P_0 为起点）同步多表面设计链的步骤来计算（以 T_0 为起点）新的同步多表面设计链。光程 S_B（从波前 w_1 到 R_2）与 S_A（从波前 w_2 到 R_1）与前面一样。通过透镜上表面点 T_0 的光线 r_{31} 在下表面定义一个新设计点 T_1（及法线）。r_{31} 光路的计算方法与前面描述的类似（见式（9.43）到式（9.46））。追迹光线 r_{32} 穿过点 T_1 便可以计算设计点 T_2（及法线）。r_{32} 光路的

计算跟前面讨论的类似（见式（9.47）到式（9.49））。追迹光线 r_{33} 穿过点 T_2 便可以计算设计点 T_3；依此类推。现在回到点 T_0，追迹光线 r_{41} 穿过点 T_0 便可以计算设计点 S_1，追迹光线 r_{42} 便可以计算设计点 S_2；依此类推。最后，我们在 RR 透镜的上表面得到一组设计点（及法线）……T_4、T_2、T_0、S_2、S_4……而在下表面得到另一组设计点（及法线）……T_3、T_1、S_1、S_3……

图 9.76（或图 9.77）所示的每一个同步多表面设计链及对应的光线可以被考虑为用于产生完整透镜的一个切层。把设计点 T_0 沿曲线 c_0 移动便能产生其余的切层。在这些切层上的同步多表面设计点就定义了透镜的形状。

如图 9.78 所示，现在可以沿曲线 c_0 以小步长从 P_0 靠近 T_0（法线则从 n_0 逼近 u_0），沿曲线 c_1 以小步长从 P_1 靠近 T_1，沿曲线 c_2 以小步长从 P_2 靠近 T_2，等等；而且，沿曲线 e_1 从 Q_1 靠向 S_1，沿曲线 e_2 从 Q_2 靠向 S_2，等等。

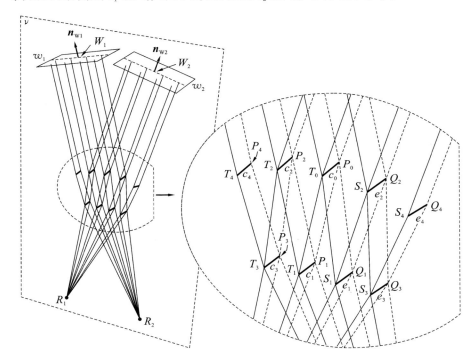

图 9.78　把起点 P_0 沿曲线 c_0 靠近 T_0，并计算其对应同步多表面设计链，便可以在透镜的上、下表面分别产生一组曲线

我们可以延伸曲线 c_0，并使用更多的点来计算新的同步多表面设计链来继续这个步骤。这样我们就可以在透镜的上表面得到一组曲线 ……c_4、c_2、c_0、e_2、e_4…… 而在下表面得到另外一组曲线 ……c_3、c_1、e_1、e_3…… 如图 9.79 所示。

每一组曲线看起来就像是"肋骨"，所以被称为肋（rib）。

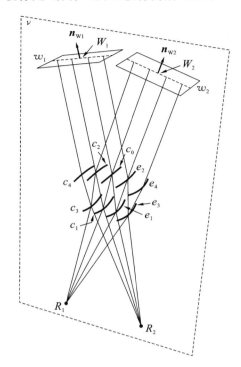

图 9.79　利用三维同步多表面设计链在三维同步多表面透镜上、下表面产生的曲线组

　　另外一个计算方法是首先在曲线 c_0 上选择一组设计点（及法线），如图 9.80（a）所示。从 w_2 追迹一组光线通过这些点，然后聚焦到 R_1 上，就可以在曲线 c_1 上确定一组新设计点及法线。对每一条光线要进行的计算跟前面讨论的类似（见式（9.43）到式（9.46））。w_2 与 R_1 间的光程 S_A 跟前面对应的光线一样。接下来，考虑一组从 R_2 发出的光线，使它们追迹通过曲线 c_1 上的点及法线，并且使这些光线垂直于波前 w_1，便可以在曲线 c_2 上确定一组新的设计点及法线。对每一条光线要进行的计算跟前面在式（9.47）到式（9.49）中描述的类似。而且，对每一条光线而言，w_1 与 R_2 间的光程 S_B 跟前面对应的光线一样。

　　从 w_2 追迹一组光线通过曲线 c_2 的点（及法线），然后聚焦到 R_1 上，就可以在曲线 c_3 上产生一组新设计点及法线，如图 9.81（a）所示。接下来，可以追迹一组从 R_2 发出的新的光线通过曲线 c_3 的点及法线，让这些光线垂直于波前 w_1，便可以在曲线 c_4 上确定一组新的设计点及法线，如图 9.81（b）所示。重复这一步骤一定可以得到图 9.79 中的曲线。

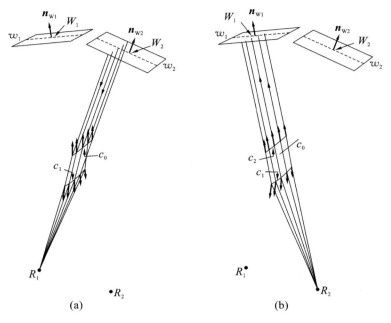

图 9.80　（a）从 w_2 追迹一组光线通过曲线 c_0（及法线），然后聚焦到 R_1 上，就可以产生曲线 c_1（及法线）；（b）从 R_2 发出，通过 c_1 的光线产生 c_2

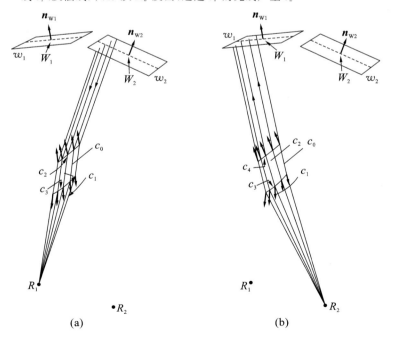

图 9.81　（a）从 w_2 发出，通过 c_2 的光线产生 c_3；（b）从 R_2 发出，通过 c_3 的光线产生 c_4

现在我们在透镜的上、下表面各有一些曲线。但是，这些曲线间的光学表面形状还未确定。接下来，我们讨论如何确定在同一表面上相邻曲线间的表面。该表面在这些曲线上的法线必须跟前面用同步多表面设计方法确定的相符。图 9.82 显示了这样的一个表面 s_0，它是在透镜下表面，介于曲线 c_1 与 e_1 之间。现在在 s_0 上定义一组设计点及法线。追迹一组从 R_2 发出的光线通过 s_0 的这些点及法线，让这些光线垂直于 w_1，便可以在透镜上表面确定表面 s_1 的点及法线（s_1 连接曲线 c_0 及 c_2）。同样，计算这些光线以及它们的光程（w_1 与 R_2 之间）的步骤与前面讨论的一样。

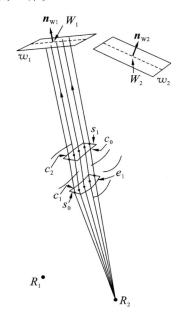

图 9.82 在透镜上表面 c_1 与 e_1 间产生的表面 s_0。追迹一组从 R_2 发出的光线，通过 s_0 到 w_1，便可以在透镜上表面的 c_0 与 c_2 间产生表面 s_1

追迹一组从 w_2 发出的光线，通过 s_1 的点及法线，便可以在透镜下表面确定表面 s_2 的点及法线（s_2 连接曲线 c_1 及 c_3），如图 9.83（a）所示。同样，计算这些光线以及它们的光程（w_2 与 R_1 之间）的步骤与前面讨论的一样。追迹一组从 R_2 发出的光线，通过 s_2 的点及法线，便可以在透镜上表面确定一个新表面 s_3 的点及法线（s_3 连接上表面的曲线 c_2 及 c_4），如图 9.83（b）所示。

重复这些步骤便能完全确定透镜完整的上、下表面，如图 9.84 所示。在肋上加表皮的过程称为铺皮。

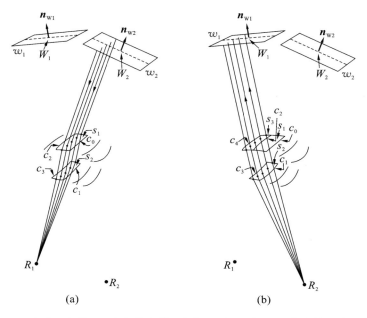

(a)   (b)

图 9.83　（a）追迹一组从 w_2 发出的光线，通过 s_1 到 R_1，便可以在透镜下表面产生表面 s_2；（b）追迹从 R_2 发出的光线，通过 s_2 到 w_1，便可以确定表面 s_3

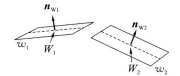

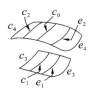

图 9.84　三维 RR 同步多表面透镜完整的上、下表面

图 9.85 显示了在上表面的肋($\cdots\cdots c_4$、c_2、c_0、e_2、$e_4 \cdots\cdots$)以及在下表面的肋($\cdots\cdots c_3$、c_1、e_1、$e_3 \cdots\cdots$)。点 $\cdots\cdots P_4$、P_2、P_0、Q_2、$Q_4 \cdots\cdots$ 定义了另一条曲线 t_3,穿过上表面的肋;点 $\cdots\cdots P_3$、P_1、Q_1、$Q_3 \cdots\cdots$ 则定义了另一条曲线 b_3,穿过下表面的肋(见图 9.76)。而且,点 $\cdots\cdots T_4$、T_2、T_0、S_2、$S_4 \cdots\cdots$ 定义一条曲线 t_2,穿过上表面的肋;点 $\cdots\cdots T_3$、T_1、S_1、$S_3 \cdots\cdots$ 则定义了曲线 b_2,穿过下表面的肋(见图 9.77)。一般而言,可以定义一组称为脊椎(spine) 的曲线,这些曲线穿过表面的肋。它们在上表面被表示为 $\cdots\cdots t_1$、t_2、t_3、t_4、$t_5 \cdots\cdots$ 在下表面被表示为 $\cdots\cdots b_1$、b_2、b_3、b_4、$b_5 \cdots\cdots$

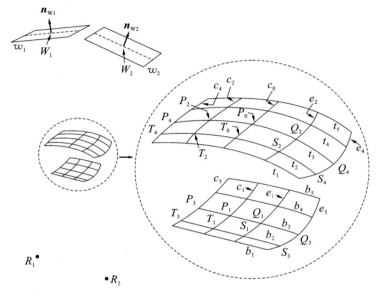

图 9.85　在透镜上表面,脊椎 t_1,t_2,t_3,t_4,t_5 穿过肋 c_4、c_2、c_0、e_2、e_4;在下表面,脊椎 b_1,b_2、b_3、b_4、b_5 穿过肋 c_3、c_1、e_1、e_3

起始曲线 c_0 的形状可以改变,例如,它可以是一条直线或是一道圆弧,我们也可以用同步多表面设计方法来确定它的形状。在图 9.86 中,显示了两个入射波前(w_A 与 w_B)、两个出射波前(R_A 与 R_B,这时候是两个点),以及一个同步多表面光学组件(上表面为 c_0,下表面为 c_B)把 w_A 耦合到 R_B,w_B 耦合到 R_A。

我们现在可以把曲线 c_0 作为三维同步多表面光学组件(在这个例子中是一个透镜)的起始曲线,如图 9.87 所示。这里,我们会选用一组新的入射波前(w_1 与 w_2)及新的出射波前(R_1 与 R_2)来确定该三维同步多表面光学组件。

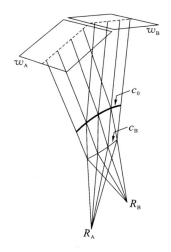

图 9.86　用同步多表面设计方法确定的起始曲线 c_0，它把波前 w_A 与 w_B 分别耦合到
R_B 与 R_A

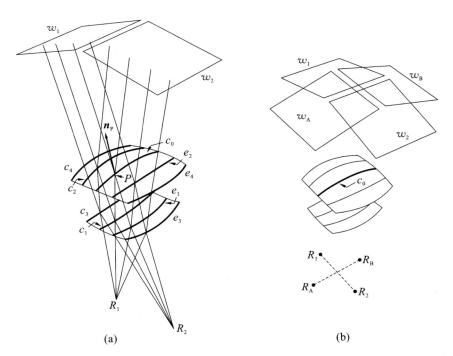

图 9.87　（a）把同步多表面设计方法确定的曲线 c_0 作为三维同步多表面光学组件设计的
起始曲线；（b）用于定义起始曲线 c_0 的波前 w_A、w_B、R_A、R_B，以及用于三维同步
多表面设计的波前 w_1、w_2、R_1、R_2

首先可以利用曲线 c_0 上的点 P(法线 $\boldsymbol{n}_P$)来开始三维同步多表面设计链。将点 P 沿曲线 c_0 移动在上表面定义曲线 ……c_4、c_2、c_0、e_2、e_4…… 在下表面定义曲线 ……c_3、c_1、e_1、e_3……

由此得到的光学组件会将 w_1 耦合到 R_2,w_2 耦合到 R_1;而且因为 c_0 的形状,它也可以近似地将 w_A 耦合到 R_B,w_B 耦合到 R_A。

9.10　三维非对称同步多表面设计方法

前面描述的设计方法也可以应用在高度非对称的光学组件上,图 9.88 的器件便是这样的一个例子。它是一个 RX 光学组件,包含有一个主组件(X)c_0 以及一个次折射面(R)c_B。开始设计时,我们首先选择平面的入射波前 w_A 与 w_B(它们之间的夹角是 2θ),而且在接收器 R 上选定两点 R_A 与 R_B,作为出射波前。接下来,可以在次表面上选定一个任意起点 P_0(法线 $\boldsymbol{n}_0$),然后调整光程 S_{AB}(介于 w_A 与 R_B 间),以及 S_{BA}(介于 w_B 与 R_A 间),以得到平滑光学表面。

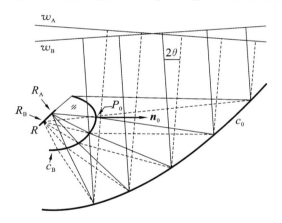

图 9.88　可以用同步多表面设计方法(将波前 w_A 与 w_B 分别耦合到 R_B 与 R_A)而确定非对称设计的起始曲线 c_0

现在我们可以把曲线 c_0 作为三维同步多表面设计方法的起点,如图 9.89 所示。我们可以选择两个新的平面波前 w_1 与 w_2(夹角为 2θ),以在接收器 R 上选定两个新的 R_1 与 R_2。可以将 w_A 与 w_B 绕垂直轴转动 $90°$ 以得到 w_1 与 w_2;同样,将 R_A 与 R_B 绕通过它们之间中点的法线转动 $90°$ 而得到 R_1 与 R_2。此时,三维同步多表面设计方法计算所需的光程可以定义为 $S_{3D} = (S_{AB} + S_{BA})/2$。

现在使一组从 w_1 发出的光线在曲线 c_0 的设计点(及法线)上反射,让 w_1 与 R_2 间的光程 S_{3D} 为常数,便可以在次组件上计算一组新设计点及法线(曲线

e_1），如图 9.89 所示。

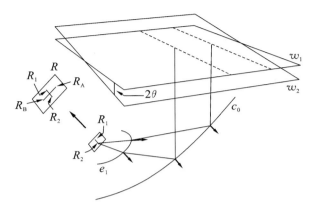

图 9.89　把起始曲线 c_0 作为三维同步多表面设计方法计算的起点。利用该曲线，并考虑 w_1
　　　　到 R_2 的耦合，我们可以在另外一边的光学表面上计算新的曲线 e_1

　　图 9.90 显示的形状与图 9.89 的一样，但是是从不同的角度看过去的。让一组从 R_1 发出的光线在曲线 e_1 的设计点（及法线，没有显示在图 9.90 中）上折射，使用同一光程 S_{3D}（现在对应于 R_1 与 w_2），便可以在主组件上计算一组新设计点及法线（曲线 e_2）。

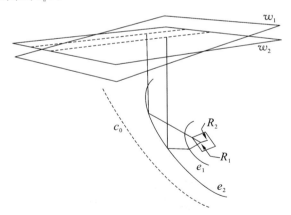

图 9.90　利用在次表面上的曲线 e_1，将点波前 R_1 耦合到 w_2，我们可以在镜面上计算新
　　　　曲线 e_2

　　现在考虑图 9.91，让一组从 w_1 发出的光线在曲线 e_2 的设计点（及法线，没有显示在图 9.91 中）上反射，让 w_1 与 R_2 间的光程 S_{3D} 为常数，便可以在次组件上计算一组新设计点及法线（曲线 e_3）。继续这个步骤便可以在主组件及次折射面上计算更多的曲线。

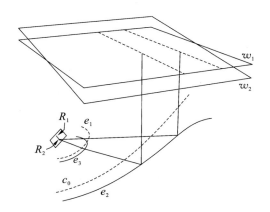

图 9.91　利用在镜面上的曲线 e_2,将波前 w_1 耦合到 R_2,便可以在次表面上计算新曲线 e_3

在这个例子中,我们把出射波前 R_A、R_B、R_1、R_2 定义在接收器的内部,而不是在边缘上。这使得曲线 e_1、e_2、e_3…… 彼此比较接近。因此,铺皮过程就会变得比较容易,甚至不需要铺皮过程。图 9.92 显示了在主、次组件上的曲线组。

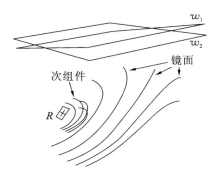

图 9.92　在主、次组件上的曲线组。这些曲线定义了光学表面

图 9.93 显示了一个比较真实的集中器设计结构,其几何聚光比为 $1\,000\times$,接收器单元的大小为 $1\ cm^2$,其接收角可以达到 $1.3°$[18]。在次组件上加上一个超短棱镜可以使接收器上的光照度分布比较平滑[19]。

图 9.94 显示了把这些光学组件组合成阵列的情况。每一个次组件是放在相邻的下一个集中器的镜面的后面,以避免次组件遮挡主组件。当用作光伏集中器时,每一个太阳能电池(接收器 R)的散热器也是被放在相邻接收器的背面,因此,不会在主组件上投下阴影。

图 9.95 显示了自由面 XR 集中器的次组件。除了包含一个自由面光学表面(见图 9.95(a)),此器件也包含一个支撑结构,以及在底部的短棱镜(见图 9.95(b)),以便在太阳能电池上得到比较均匀的照明效果。

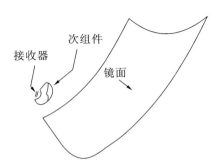

图 9.93　自由面（free-form）XR 集中器

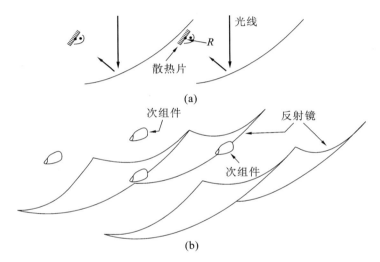

图 9.94　（a）自由面 XR 集中器阵列。每一个次组件是放在下一个集中器镜面的后面，
以避免遮挡主组件；（b）三维图

图 9.95　自由面集中器的次组件。（a）显示了自由面光学表面；（b）显示了中央的短棱镜
（两边凸起的部分是支撑结构）（Light Prescriptions Innovators 公司供图）

图 9.96(a) 显示了包含六个集中器的阵列。图的上边显示了帮助把热量从太阳能电池抽出来的热管以及散热鳍片。图 9.96(b) 显示了包含多个阵列的组成的模块。每一个集中器的散热器是在下边集中器的背面。因此,当朝该模块看过去时,就像整个表面都是镜面,如图 9.96(b) 所示。

(a)

(b)

图 9.96　(a) 自由面 XR 集中器阵列;(b) 由这些阵列组成的模块(Light Prescriptions Innovators 公司供图)

9.11　薄边三维同步多表面设计方法

在讨论二维同步多表面设计方法时,我们提到以薄边(thin edge)开始的设计,如图 9.24 所示。我们可以将该方法推广到三维空间[6,7]。图 9.97 显示了一个薄边(曲线 e_H)透镜。该透镜可以把垂直于平面波前 w_1 的光线聚焦到 R_2 上,以及把垂直于平面波前 w_2 的对称光线聚焦到 R_1 上。我们首先计算曲线 e_H 来进行透镜的设计。

让平面波前 w_1 与 w_2 分别到点 R_2 与 R_1 间的光程相等,便可定义一个表面使 $[R_1,P]+[P,W_2]=[R_2,P]+[P,W_1]$,也就是 $t+d_T=s+d_S$,如图 9.98 所示。

平面波前 w_1 与 w_2 的法矢量在平面 x_1x_3 内。波前 w_1 与 w_2 对水平的倾角为 θ,关于平面 x_2x_3 互为对称。点 R_1 与 R_2 也对称于平面 x_2x_3。利用光程守恒

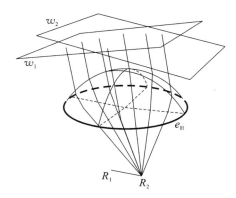

图 9.97　三维同步多表面透镜的薄边在曲线 e_H 上。它是针对平面入射波前（w_1、w_2）及在接收器上的点波前（R_1、R_2）而设计的

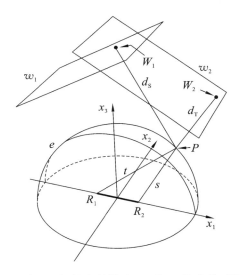

图 9.98　让 w_1 与 R_2 间的光程等于 w_2 到 R_1 的光程，便可定义表面 e

（见图 9.99）便可以得到 $[R_2,P]+[P,W_1]=[R_1,P]+[P,W_2]$，也就是 $s+(2x+d)\sin\theta=t+d\sin\theta$，或写成 $s=t-2x\sin\theta$（与式（9.21）一样）。

如图 9.100 所示，把点 P 沿圆弧 c 绕 R_1R_2 轴转动并不会改变 t、s、x，所以式（9.21）仍然成立。因此就可以得出结论，该表面对 R_1R_2 轴有转动对称性，而且其截面可以用式（9.29）或式（9.30）定义。因而，它是一个以 R_1 及 R_2 为焦点的椭圆，并对 R_1R_2 轴具有转动对称性。

因为在三维空间中，该表面对 R_1R_2 轴具有转动对称性，而且我们假设

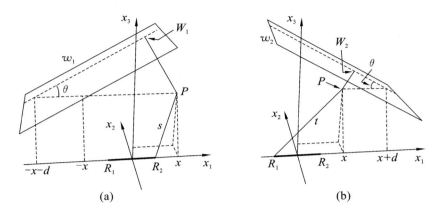

图 9.99　(a) 光线从 w_1 穿过 P 到达 R_2；(b) 光线从 w_2 穿过 P 到达 R_1。平面波前 w_1 与 w_2 对水平的倾角同为 θ

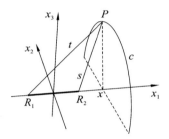

图 9.100　把点 P 沿圆弧 c 绕 R_1R_2 轴转动并不会改变 t、s、x

R_1R_2 的中点是 $(0,0)$。因此，式 (9.29) 在平面 x_1x_2 及平面 x_1x_3 中也成立。该表面的参数表达式可以写成

$$e(\varphi,\zeta) = (a\cos\varphi\sin\zeta, b\sin\varphi\sin\zeta, b\cos\zeta)$$
$$= \frac{f}{2}\left(\frac{\cos\varphi\sin\zeta}{\sin\theta}, \frac{\sin\varphi\sin\zeta}{\tan\theta}, \frac{\cos\zeta}{\tan\theta}\right) \tag{9.50}$$

其中，$0 < \varphi < 2\pi$ 及 $0 < \zeta < \pi$。

现在我们在高度 $x_3 = h$ 处定义一个水平面，让它与椭圆相交，如图 9.101 所示。相交的曲线 e_H 便是一个半长轴为 c，半短轴为 d 的椭圆。

点 $P = (c,0,h)$ 在平面 x_1x_3 上，并且满足式 (9.29)；将点 P 代入该式便可以得到（见图 9.102）

$$c^2\sin^2\theta + h^2\tan^2\theta = \left(\frac{f}{2}\right)^2 \tag{9.51}$$

再来考虑关系式 $d^2 + h^2 = b^2$，首先用式 (9.28) 取代该式中的 b，然后把此

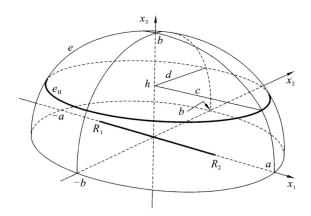

图 9.101　椭圆表面与在 $x_3 = h$ 处的水平面的交线定义了椭圆曲线 e_H（半长轴为 c，半短轴为 d）

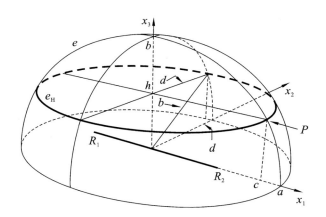

图 9.102　利用椭圆曲线 e_H 的半长轴 c 计算其半短轴 d。曲线 e_H 是椭圆 e 与在 $x_3 = h$ 处的平面的交线

关系式与式（9.51）联立，对 d 求解，便可以得到

$$d = c\cos\theta \qquad (9.52)$$

然后，在 $x_3 = h$ 处的椭圆 e_H 可以定义为

$$\left(\frac{x_1}{c}\right)^2 + \left(\frac{x_2}{d}\right)^2 = 1 \Leftrightarrow \left(\frac{x_1}{c}\right)^2 + \left(\frac{x_2}{c\cos\theta}\right)^2 = 1 \qquad (9.53)$$

e_H 的参数表达式可以写成

$$e_H(\varphi) = (c\cos\varphi, d\sin\varphi, h) = (c\cos\varphi, c\cos\theta\sin\varphi, h) \qquad (9.54)$$

其中，$0 < \varphi < 2\pi$。利用式（9.51）可以把 c 写成关于 h 的函数，即

$$c = \frac{\sqrt{f^2 - 4h^2\tan^2\theta}}{2\sin\theta} \tag{9.55}$$

其中, $0 < h < b = f/(2\tan\theta)$。

曲线 e_H 定义了图 9.97 中的三维同步多表面透镜的薄边。在该曲线上选择一点 P, 计算其切矢量 t_p（见图 9.103）, 便可以开始透镜的设计。

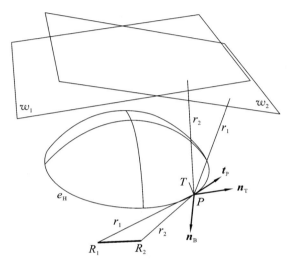

图 9.103　在边缘曲线 e_H 上选择一点 P 及其切矢量 t_P, 便可以计算 n_T（上表面的法线）与 n_B（下表面的法线）。矢量 n_T 与 n_B 垂直 t_P

让 n_T 与 n_B 分别代表上、下表面的法线。我们限制这两个法线在通过点 P, 法线为 t_P 的平面上。利用穿过 P 的光线 r_1 与 r_2, 就可以计算 n_T 与 n_B 的方向。该计算方法跟前面在图 9.23(a) 中讨论的步骤很相似, 只是现在是在三维空间中。知道 n_T 后, 便可以定义一个方向 $n_T \times t_P$。在透镜的上表面沿该方向移动一个很小的距离便得到点 T, 让 T 的法线也是 n_T。因为光线 r_1 与 r_2 的光程已知, 就可以计算同步多表面设计链以确定在透镜的上、下表面的设计点。此计算过程跟前面图 9.77 所示的相似。由这些设计点在上、下表面所定义的曲线间的距离可能较远。为了填补曲线之间的空间, 从而完全定义表面, 我们需要进行前面讨论过的铺皮过程（见图 9.23(b)）。

9.12　其他同步多表面光学组件

Miñano-Benitez 设计方法也可以用来设计其他很多不同的光学组件, 包括无焦透镜[21]、TIR-R 透镜[22]（它是全反射透镜与盖住接收器的次组件的组合）、与圆形接收器配用的主次集中器[23,24]。对最后一个例子而言，同步多表面设计方法的优势是次镜与接收器没有接触（参照第6章讨论的流线光学方法的结果）。

我们也可以将不同的几何形状组合起来以形成新的光学组件。例如，把 RX 与 RXI 光学组件组合在单一光学组件中[25]，也可以把同步多表面光学组件与流线镜面组合起来形成一个器件[25]。Miñano-Benitez 设计方法也可以用来设计成像应用中的同步多表面光学组件[2,26]。

9.13 例子

下面例子中用到的曲线及函数可以在第 21 章里找到。

例 9.1 设计 RR 同步多表面透镜，使从辐射器边缘（$R_1 = (-0.5, -2)$，$R_2 = (0.5, -2)$）发出的光线聚焦到接收器的端点（$E_1 = (-1, 2)$，$E_2 = (1, 2)$）上。透镜的折射率是 $n = 1.5$。

首先，让从辐射器发射到接收器的光学扩展量为 $U = 1$（如果系统单位是 mm，光学扩展量就是 $U = 1$ mm）。透镜的入光孔径的端点必须在一条双曲线上（焦点为 E_1 与 E_2），而且曲线上每一点 P 满足 $[P, E_1] - [P, E_2] = U/2$。同样，透镜的出光孔径的端点必须在双曲线（焦点为 R_1 与 R_2）上，而且曲线上每一点 P 满足 $[P, R_1] - [P, R_2] = U/2$。对应于辐射器与接收器的双曲线的表达式是

$$\begin{cases} h_E(\phi) = \text{hyp}(E_1, E_2, u, n) = -\dfrac{15}{4(1 - 4\cos(\phi))}(\cos(\phi), \sin(\phi)) + (-1, 2) \\ h_R(\phi) = \text{hyp}(R_1, R_2, u, n) = -\dfrac{0.75}{1 - 2\cos(\phi)}(\cos(\phi), \sin(\phi)) + (-0.5, -2) \end{cases}$$
$$(9.56)$$

现在在这两条双曲线上各取一点作为透镜表面设计的起点，有

$$\begin{cases} N = h_E(303.3°) = (0.721\,303, -0.620\,433) \\ X = h_R(42.6°) = (0.673\,162, -0.917\,437) \end{cases} \qquad (9.57)$$

定义光线 r_1 的光路为 $E_1 - N - X - R_1$。它可以帮助我们确定在点 N 与 X 上对应于透镜的法线（$\boldsymbol{n}_N$ 与 $\boldsymbol{n}_X$），如图 9.104 所示。

首先考虑在 N 上透镜的法线。从光源端点 E_1 发出的光线 r_1 在 N 处折射后朝 X 传播（见图 9.104），点 N 的法线 $\boldsymbol{n}_N$ 就可以计算为

$$\boldsymbol{n}_N = \text{rfrnrm}(\boldsymbol{s}_1, \boldsymbol{t}_1, 1, n) = (0.774\,292, 0.632\,829) \qquad (9.58)$$

其中，$\boldsymbol{s}_1 = \text{nrm}(N - E_1)$；$\boldsymbol{t}_1 = \text{nrm}(X - N) = (-0.16, -0.987\,117)$。我们现在可以让从 E_2 发出的光线 r_2 在该点上折射而得到方向 $\boldsymbol{t}_2$，有

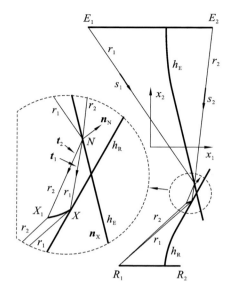

图 9.104　在设计 RR 同步多表面透镜时,我们首先在透镜的下表面计算笛卡儿卵形线 $X-X_1$

$$t_2 = \mathrm{rfr}(s_2, n_N, 1, n) = (-0.387\,389, -0.921\,916) \qquad (9.59)$$

其中,$s_2 = \mathrm{nrm}(N-E_2)$。光线 r_1 的光路 $E_1-N-X-R_1$ 已知。N 与 R_1 间的光程便可以计算为

$$S_{\mathrm{NR1}} = n[N,X] + [X,R_1] = 2.047\,64 \qquad (9.60)$$

从而就可以定义 X 与 X_1 之间的笛卡儿卵形线,将从 N 发出的光线聚焦到 R_1 上。接下来,我们要确定用来计算 $X-X_1$ 部分的设计点的数目(N_P)。例如,我们可以设定 $N_P = 5$。那么,在这些设计点上的方向(局限在 t_1 与 t_2 间)就可以计算为

$$t = \mathrm{nrm}(xt_2 + (1-x)t_1) \qquad (9.61)$$

其中,$0 \leqslant x \leqslant 1$,而且每点间的变化为 $\Delta x = 1/N_P$。利用下式可以得到笛卡儿卵形线 $X-X_1$ 上的点(对应不同 t 值):

$$\mathrm{ccoptpt}(N, n, t, R_1, 1, S_{\mathrm{NR1}}) \qquad (9.62)$$

对应于这一部分曲线的设计就可以表示为

$CO_1 = ((0.673\,162, -0.917\,437, 0.524\,912, -0.851\,157), (0.656\,641,$
$\qquad -0.926\,966, 0.473\,593, -0.880\,744), (0.638\,962, -0.935\,759,$
$\qquad 0.416\,074, -0.909\,331), (0.620\,269, -0.943\,542, 0.351\,424,$
$\qquad -0.936\,216), (0.600\,77, -0.950\,03, 0.278\,588, -0.960\,411),$
$\qquad (0.580\,74, -0.954\,948, 0.196\,453, -0.980\,513))$

在每一个表达式中，前面两个坐标代表点的位置，后面两个值代表对应的法线方向。

透镜上表面的第一部分也可以用同样方法来计算。首先计算点 X 的法线，即

$$\boldsymbol{n}_{\mathrm{X}} = \mathrm{rfrnrm}(\mathrm{nrm}(X-R_1),\mathrm{nrm}(N-X),1,n) = (0.524\,912,-0.851\,157) \tag{9.63}$$

该法线方向跟前面点 X（透镜 $X-X_1$ 部分的笛卡儿卵形线 CO_1 的第一点）的法线方向一样。接下来，我们可以计算 X 与 E_1 之间的光程为

$$S_{\mathrm{XE1}} = n[X,N]+[N,E_1] = 3.586\,53 \tag{9.64}$$

而且可以计算

$$\begin{cases} \boldsymbol{t}_1 = \mathrm{nrm}(N-X) \\ \boldsymbol{t}_2 = \mathrm{rfr}(\mathrm{nrm}(X-R_2),\boldsymbol{n}_{\mathrm{X}},1,n) = (-0.102\,201,0.994\,764) \end{cases} \tag{9.65}$$

同样，$\boldsymbol{t} = \mathrm{nrm}(x\boldsymbol{t}_2+(1-x)\boldsymbol{t}_1)$，其中，$0\leqslant x \leqslant 1$，而且，$\Delta x = 1/N_{\mathrm{P}}$。利用下式就可以得到笛卡儿卵形线 $N-N_1$ 上的点（对应不同 $\boldsymbol{t}$ 值）：

$$\mathrm{ccoptpt}(X,n,\boldsymbol{t},E_1,1,S_{\mathrm{XE1}}) \tag{9.66}$$

对应于这一部分曲线的设计点就可以表示为

$$\begin{aligned} CO_2 = &((0.721\,303,-0.620\,433,0.774\,292,0.632\,829),(0.707\,238,\\ &-0.604\,229,0.735\,292,0.677\,751),(0.691\,49,-0.588\,2,\\ &0.690\,403,0.723\,425),(0.674\,094,-0.572\,702,0.638\,771,\\ &0.769\,397),(0.655\,161,-0.558\,134,0.579\,425,0.815\,025),\\ &(0.634\,89,-0.544\,914,0.511\,301,0.859\,401)) \end{aligned}$$

同样，在每一个表达式中，前面两个坐标代表点的位置，而后面两个值代表对应的法线方向。图 9.105 显示了到目前完成了的透镜部分。

接下来，我们可以计算同步多表面设计链，将透镜表面设计往光轴推进。首先计算点 R_2 与 E_1 间的光程为 $S_{\mathrm{RE1}} = [R_2,X]+n[X,N_1]+[N_1,E_1] = 4.682\,86$；由于对称性，点 R_1 与 E_2 间的光程便是 $S_{\mathrm{ER2}} = S_{\mathrm{RE1}}$。

首先考虑透镜下表面的一部分（CO_1）的第三点，并计算透镜上表面的对应点。我们得到这一点的位置是 $X_{13} = (0.638\,962,-0.935\,759)$，法线为 $\boldsymbol{n}_{\mathrm{X13}} = (0.416\,074,-0.909\,331)$。$X_{13}$ 与 E_1 的光程可以写成 $S_{13} = S_{\mathrm{RE1}}-[R_2,X_{13}] = 3.609\,58$。从 R_2 发出的光线在 X_{13} 折射后的方向是 $\boldsymbol{t}_{13} = \mathrm{rfr}(\mathrm{nrm}(X_{13}-R_2),\boldsymbol{n}_{\mathrm{X13}},1,n) = (-0.067\,720\,9,0.997\,704)$。透镜上表面的对应点便可以计算为 $N_{13} = \mathrm{ccoptpt}(X_{13},n,\boldsymbol{t}_{13},E_1,1,S_{13}) = (0.611\,426,-0.530\,086)$，$N_{13}$ 的法线是 $\boldsymbol{n}_{\mathrm{N13}} = \mathrm{rfrnrm}(\boldsymbol{t}_{13},\mathrm{nrm}(E_1-N_{13}),n,1) = (0.554\,893,0.831\,922)$。对 $X-X_1$ 上的每一点重复这个步骤，便可以确定在 N 左边的透镜部分。同样，对

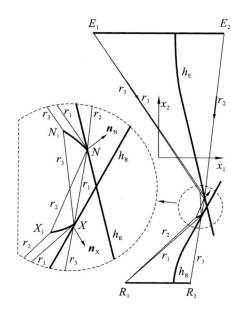

图 9.105　首先完成的透镜部分:两条笛卡儿卵形线曲线 $X-X_1$ 与 $N-N_1$

$N-N_1$ 上的每一点重复这个步骤,便可以得到 X_1 左边的透镜部分。然后,对刚才确定的新透镜点重复同样的步骤,就可以把透镜表面的设计朝辐射器与接收器的对称轴推进。在该例中,经过五次迭代计算后,我们便到达对称轴。用该方法得到的表面会越过垂直轴的左边,但是我们只考虑在右边的设计点。上表面的设计点就可以表示为

$((0.721\,303,\ -0.620\,433),\ (0.707\,238,\ -0.604\,229),\ (0.691\,49,$ $-0.588\,2),(0.674\,094,-0.572\,702),(0.655\,161,-0.558\,134),(0.634\,89,$ $-0.544\,914),(0.623\,548,-0.537\,957),(0.611\,426,-0.530\,086),(0.598\,783,$ $-0.521\,426),(0.585\,999,\ -0.512\,21),(0.573\,593,\ -0.502\,8),(0.551\,205,$ $-0.485\,926),(0.526\,741,-0.468\,696),(0.500\,375,-0.451\,458),(0.472\,458,$ $-0.434\,645),(0.443\,54,-0.418\,756),(0.415\,674,-0.404\,434),(0.385\,449,$ $-0.389\,485),(0.353\,339,-0.374\,315),(0.320\,157,-0.359\,443),(0.287\,099,$ $-0.345\,448),(0.242\,335,-0.328\,331),(0.193\,708,-0.312\,698),(0.142\,053,$ $-0.299\,603),(0.088\,725\,2,\ -0.290\,082),(0.035\,554\,1,\ -0.284\,913))$

下表面的设计点可以表示为

$((0.673\,162,\ -0.917\,437),\ (0.656\,641,\ -0.926\,966),\ (0.638\,962,$ $-0.935\,759),(0.620\,269,-0.943\,542),(0.600\,77,-0.950\,03),(0.580\,74,$

$-0.954\,948)$，$(0.568\,433, -0.957\,662)$，$(0.555\,116, -0.961\,122)$，$(0.541\,026,$ $-0.965\,332)$，$(0.526\,515, -0.970\,238)$，$(0.512\,055, -0.975\,706)$，$(0.490\,197,$ $-0.984\,131)$，$(0.466\,905, -0.992\,482)$，$(0.442\,46, -1.000\,56)$，$(0.417\,302,$ $-1.008\,13)$，$(0.392\,05, -1.014\,94)$，$(0.364\,609, -1.021\,89)$，$(0.334\,999,$ $-1.029\,38)$，$(0.303\,642, -1.037\,25)$，$(0.271\,216, -1.045\,28)$，$(0.238\,675,$ $-1.053\,21)$，$(0.201\,091, -1.061\,75)$，$(0.161\,133, -1.069\,61)$，$(0.119\,6,$ $-1.076\,27)$，$(0.077\,650\,9, -1.081\,22)$，$(0.036\,766, -1.084\,07))$

　　利用中央轴的对称性就可以得到左边的透镜。图 9.106 显示了完整的透镜结构。

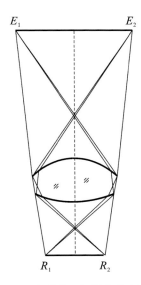

图 9.106　完整的 RR 同步多表面透镜

　　接下来，可以利用对这些点的内插法（如样条法）来确定整个透镜，如图 9.107 所示。我们仔细观察，在点 R_1 上光线聚焦的并不是一个点，而是具有一定的大小的束腰。我们需要考虑两个因素，较小束腰（w_1）的成因与设计点的数目有关（$N_p = 5$：在每一个同步表面上只有 5 个点）。设计点的数目越多，w_1 就会越小。较大的束腰（w_2）是由通过透镜中央部分的光线产生的，因为在该同步多表面设计方法中，我们并不能够保证通过透镜中央部分的光线会会聚到一点上。然而，对透镜的大小而言，这两个束腰仍然是很小的，如图 9.107 所示。

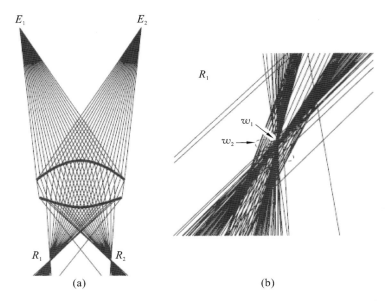

图 9.107　(a)RR 同步多表面透镜的光线追迹;(b)通过 R_1 的光线的细节图。很多的光线聚焦在较小的束腰 w_1 上,同时,一些光线分布在较大的束腰 w_2 上

例 9.2　设计一个 XR 同步多表面光学组件,其折射器件的折射率是 $n = 1.5$,投射在其反射面的光线的角度分布为 $\theta = 2°$(半角),此光学组件可以把这些光线聚焦到接收器的端点,$R_1 = (-0.5, 0)$,$R_2 = (0.5, 0)$。

　　XR 同步多表面光学组件的设计可以以镜面边缘为起点,并且让折射面是一个笛卡儿卵形线,从而计算同步多表面设计链,逐步往透镜中央推进,以确定表面形状,正如例 9.1 对 RR 同步多表面透镜的做法一样。另外一个方法是用一条已知曲线,从光学组件的中央开始,朝边缘计算同步多表面设计链。下面采用第二个方法。

　　首先在折射面上选择一点 $P_0 = (0, -4)$,其法线为 $\boldsymbol{n}_0 = (0, -1)$(见图 9.108)。接下来,我们让从光源端点 R_2 发出的光线 r_1 在 P_0 上折射,折射后的方向是

$$\boldsymbol{t} = \mathrm{rfr}(\mathrm{nrm}(P_0 - R_2), \boldsymbol{n}_0, n, 1) = (-0.186\,052, -0.982\,54) \quad (9.67)$$

我们现在在折射光线的方向上选择一点 P_1,有

$$P_1 = P_0 + 10\boldsymbol{t} = (-1.860\,52, -13.825\,4) \quad (9.68)$$

因为该光线在镜面反射后会平行于 $s_1 = (\cos(\pi/2 + \theta), \sin(\pi/2 + \theta))$,便可以确定点 P_1 的法线为

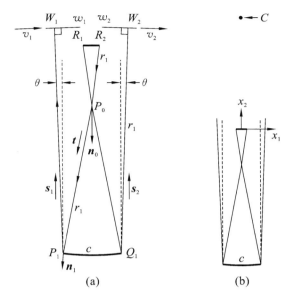

图 9.108　(a) 在设计 XR 光学组件时,可以先指定中央部分 c 的形状,然后用它来计算其他同步多表面设计方法设计点;(b) 在此例中,中央部分 c 被选定为以 C 为中心的圆弧

$$\boldsymbol{n}_1 = \mathrm{rfxnrm}(\boldsymbol{t},\boldsymbol{s}_1) = (-0.076\ 044\ 5, -0.997\ 104) \qquad (9.69)$$

利用对称性,我们可以在镜面的另一边定义点 Q_1,其法线对称于点 P_1 的法线。现在让 P_1 与 Q_1 间的镜面形状成为一道圆弧 c,圆心为 C(在由 P_1 与其法线定义的直线与对称轴 x_2 的交点上),有

$$C = \mathrm{isl}((0,0),(0,1),P_1,\boldsymbol{n}_1) = (0,10.57) \qquad (9.70)$$

我们也必需定义平面波前 w_1 与 w_2(分别垂直于两组平行入射光束)。平面波前 w_1 是由通过点 $W_1(W_1 = (W_{11},W_{12}) = P_1 + 15s_1)$ 的直线与切矢量 $\boldsymbol{v}_1 = (\cos\theta,\sin\theta)$ 所确定的。平面波前 w_2 是由点 $W_2(W_2 = (-W_{11},W_{12}))$ 与切矢量 $\boldsymbol{v}_2 = (\cos(-\theta),\sin(-\theta))$ 所确定的。

现在,w_1 与 R_2 间的光程可以计算为

$$S = [W_1,P_1] + [P_1,P_0] + n[P_0,R_2] = 31.0467 \qquad (9.71)$$

由于对称性,w_2 与 R_1 间的光程跟它相等。

现在我们具有所有需要用来建立同步多表面设计链的材料。我们可以在曲线 c 上选择一组设计点(譬如说,$N_P = 5$),把 Q_1 与 P_1 对 c 的法线的夹角分成等角区间。我们可以把最后一点去掉,因为这一点(P_1)重复了。这一组设计点是

$((1.860\ 52, -13.825\ 4, 0.076\ 044\ 5, -0.997\ 104),(1.117, -13.870\ 7,$
$0.045\ 654\ 9, -0.998\ 957),(0.372\ 449, -13.893\ 4, 0.015\ 223, -0.999\ 884),$

（－0.372 449，－13.893 4，－0.015 223，－0.999 884），（－1.117，－13.870 7，－0.045 654 9，－0.998 957））

在每一个表达式中，前两个坐标代表点的位置，而后两个值代表对应的法线方向。

现在我们在 c 上选择一点来说明同步多表面设计方法链的计算方法。譬如我们可以用点 $X = (0.372\ 449, -13.893\ 4)$，以及对应的法线 $n_X = (0.015\ 223, -0.999\ 884)$。现在考虑一条垂直于 w_2 的入射光线在该点上反射的情况。首先我们必须要确定该光线要在 w_2 上哪一点穿过才可以投射到 X 上（见图 9.109）。这一点 $P_{\omega2}$ 可以写成

$$P_{\omega2} = \text{isl}(X, s_2, W_2, v_2) = (0.900\ 126, 1.217\ 28) \tag{9.72}$$

X 与 R_1 间的光程就可以写成 $S_X = S - [X, P_{\omega2}] = 15.9268$。光线在点 X 上反射后的方向是

$$t_X = \text{rfx}(-s_2, n_X) = (-0.065\ 307\ 3, 0.997\ 865) \tag{9.73}$$

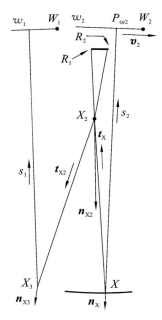

图 9.109　同步多表面设计链。从 $P_{\omega2}$ 发出的光线在 X 反射后投射在 X_2 上，然后折射到 R_1。从 R_2 发出的另一条光线在 X_2 折射后投射在 X_3 上，然后被反射到 s_1 的方向

我们现在要确定这条从 X 过来（方向 t_X）的光线投射在笛卡儿卵形线的位置 X_2（该笛卡儿卵形线会把这条光线聚焦到点 R_1 上），即

$$X_2 = \text{ccoptpt}(X,1,t_X,R_1,n,S_X) = (-0.274\ 686, -4.005\ 47)$$

$$(9.74)$$

该点的法线便可以计算为

$$\boldsymbol{n}_{X2} = \text{rfrnrm}(t_X, \text{nrm}(R_1 - X_2), 1, n) = (0.037\ 864\ 1, -0.999\ 283)$$

$$(9.75)$$

现在我们可以重复这一步骤，在 X_2 上折射一条从 R_2 发出的光线，并确定该光线在镜面上的反射点的位置，使得反射后的方向为

$$\boldsymbol{s}_1 = \left(\cos\left(\frac{\pi}{2}+\theta\right), \sin\left(\frac{\pi}{2}+\theta\right)\right) \tag{9.76}$$

X_2 与 w_1 间的光程是 $S_{X2} = S - n[R_2, X_2] = 24.927\ 2$。从 R_2 发出的光线在点 X_2 上折射后的方向是

$$\boldsymbol{t}_{X2} = \text{rfr}(\text{nrm}(X_2 - R_2), \boldsymbol{n}_{X2}, n, 1) = (-0.304\ 544, -0.952\ 498)$$

$$(9.77)$$

接下来考虑从 X_2 发出的光线，我们要确定该光线投射在笛卡儿卵形线的哪一点上才可以使折射后的方向垂直于直线 w_1。对应于方向 $\boldsymbol{t}_{X2}$，这一点的位置是

$$X_3 = \text{coptsl}(X_2, 1, \boldsymbol{t}_{X2}, W_1, 1, \boldsymbol{s}_1, S_{X2}) = (-3.362\ 93, -13.664\ 3)$$

$$(9.78)$$

最后我们计算镜面在 X_3 的法线方向，有

$$\boldsymbol{n}_{X3} = \text{frxnrm}(\boldsymbol{t}_{X2}, \boldsymbol{s}_1) = (-0.136\ 846, -0.990\ 592) \tag{9.79}$$

我们必须对 c 上的所有点，以及所有计算的新设计点，重复以上步骤。由此得到的透镜设计点的完整表示可以写成

$((-0.372\ 449, -13.893\ 4), (-1.117, -13.870\ 7), (-1.860\ 52, -13.825\ 4), (-2.607\ 83, -13.756\ 9), (-3.362\ 93, -13.664\ 3), (-4.124\ 66, -13.547\ 1), (-4.892\ 86, -13.404\ 6), (-5.668\ 58, -13.235\ 8), (-6.454\ 08, -13.039\ 1), (-7.248\ 13, -12.813\ 8), (-8.049\ 16, -12.559\ 5), (-8.858\ 05, -12.275\ 1), (-9.678\ 6, -11.957\ 9), (-10.503\ 5, -11.609\ 7), (-11.316\ 2, -11.237\ 7), (-12.113\ 5, -10.844\ 9), (-12.897\ 3, -10.431\ 8), (-13.675\ 6, -9.995\ 12), (-14.424, -9.550\ 2), (-15.109\ 4, -9.1216), (-15.739\ 6, -8.709\ 92), (-16.331\ 9, -8.308\ 09), (-16.908\ 2, -7.903\ 42), (-17.439\ 1, -7.519\ 04), (-17.891\ 6, -7.183\ 15), (-18.289\ 8, -6.881\ 75), (-18.661\ 1, -6.596\ 28), (-19.032\ 4, -6.306\ 71), (-19.370\ 9, -6.039\ 3\ 7), (-19.643\ 3, -5.822\ 38), (-19.876\ 9, -5.635\ 45), (-20.099, -5.457\ 17), (-20.335\ 1, -5.267\ 18), (-20.550\ 5, -5.093\ 47), (-20.711\ 3, -4.963\ 9), (-20.843\ 4, -4.857\ 85), (-20.972, -4.755\ 09), (-21.119\ 9, -4.637\ 47), (-21.251\ 9,$

−4.532 91），（− 21.334 4，−4.468 03），（−21.390 5，−4.424 31），（−21.441 6，−4.384 92））代表反射镜和透镜（（0，− 4），（− 0.135 644，− 4.001 4），（− 0.274 686，− 4.005 47），（− 0.416 515，− 4.011 98），（− 0.560 526，− 4.020 71），（− 0.706 103，− 4.031 47），（− 0.856 721，− 4.044 32），（−1.015 93，−4.058 94），（−1.183 22，−4.074 55），（−1.358 11，−4.090 36），（−1.540 21，−4.105 71），（−1.733，− 4.120 13），（−1.939 55，− 4.132 43），（−2.158 93，− 4.140 94），（− 2.390 36，− 4.144 1），（− 2.633 5，− 4.140 49），（−2.889 53，− 4.128 6），（− 3.156 83，− 4.106 4），（− 3.431 9，− 4.072 21），（− 3.712 28，− 4.024 8），（− 3.997 1，− 3.963 05），（− 4.280 97，− 3.887 22），（− 4.555 23，− 3.798 97），（− 4.818 14，− 3.698 82），（− 5.070 93，− 3.586 44），（− 5.316 53，− 3.460 34），（− 5.547 75，− 3.324 38），（− 5.756 39，− 3.184 24），（− 5.946 25，− 3.038 72），（− 6.121 91，− 2.884 9），（− 6.287 54，− 2.718 58），（− 6.436 21，− 2.546 43），（− 6.561 86，− 2.376 74），（− 6.669 13，− 2.205 19），（− 6.761 67，− 2.025 85），（− 6.841 27，− 1.831 88），（− 6.902 77，− 1.632 61），（− 6.943 19，− 1.438 63），（− 6.964 76，− 1.242 71），（− 6.967 15，− 1.036 05），（− 6.946 7，− 0.808 906），（− 6.900 58，− 0.572 656），（− 6.829 55，− 0.339 663），（− 6.728 35，− 0.098 585），（− 6.584 36，0.165 038））

接下来，必须对这些点进行内插法（如样条法）来确定光学表面的形状。图 9.110 显示了该光学组件。

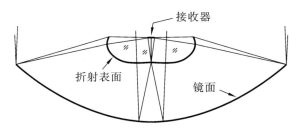

图 9.110　XR 光学组件

如果我们让一组与垂直方向倾角为 ±θ 的平行光线对该光学组件进行光线追迹，我们会发现在点 R_1 与 R_2 上的聚焦并不完美。这是因为在起始曲线 c 上取点数目 $M_p = 5$ 并不多。设计点的数目越多，聚焦效果就会越好。

例 9.3　RR 光学组件的折射率是 $n = 1.5$，计算其三维同步多表面设计链。

我们首先指定入射波前 w_A（由点 $A = (0.5,0,3.5)$ 及法线 $\boldsymbol{n}_A = (\cos75°,0,\sin75°) = (0.258\ 819,0,0.965\ 926)$ 定义），以及入射波前 w_B（由点 $B = (−0.5,0,3.5)$ 及法线 $\boldsymbol{n}_B = (\cos105°,0,\sin105°)$ 定义）。这两个波前对垂直轴

x_3 的倾角同为 15°。出射波前由点 $R_A = (1.3, 0, -5)$ 与 $R_B = (-1.3, 0, -5)$ 确定,如图 9.111(a) 所示。w_A 与 R_B 间的光程,以及 w_B 与 R_A 间的光程同是 $S = 9.7$。令 $P_0 = (0, 0, 1)$,其法线为 $\boldsymbol{n}_0 = (0, 0, 1)$。

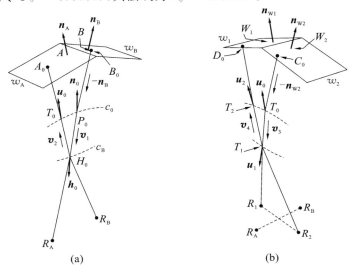

图 9.111　(a) 利用波前 w_A、w_B、R_A、R_B 可以计算起始曲线 c_0;(b) 利用 c_0 上的设计点及法线,以及波前 w_1、w_2、R_1、R_2 计算新的同步多表面设计点

首先确定光线 $B_0 - P_0 - H_0 - R_A$ 的光路。在波前 w_B 上的点 B_0 可以写为 $B_0 = \mathrm{islp}(P_0, \boldsymbol{n}_B, B, \boldsymbol{n}_B) = (-0.658\ 494, 0, 3.457\ 53)$。$P_0$ 与 R_A 间的光程是 $S_1 = S - [P_0, B_0] = 7.155\ 78$。从 w_B 发出的光线在 P_0 上折射后的方向是 $\boldsymbol{v}_1 = \mathrm{rfr}(-\boldsymbol{n}_B, \boldsymbol{n}_0, 1, n) = (0.172\ 546, 0, -0.985\ 001)$。透镜下表面上的点 H_0 是 $H_0 = \mathrm{ccoptpt}(P_0, n, \boldsymbol{v}_1, R_A, 1, S_1) = (0.349\ 972, 0, -0.997\ 861)$,其法线 是 $\boldsymbol{h}_0 = \mathrm{rfrnrm}(\boldsymbol{v}_1, \mathrm{nrm}(R_A - H_0), n, 1) = (0.055\ 129, 0, -0.998\ 479)$。

然后,确定光线 $R_B - H_0 - T_0 - A_0$ 的光路。H_0 与 w_A 间的光程是 $S_2 = S - [R_B, H_0] = 5.371\ 08$。从 R_B 发出的光线在 H_0 上折射后的方向是 $\boldsymbol{v}_2 = \mathrm{rfr}(\mathrm{nrm}(H_0 - R_B), \boldsymbol{h}_0, 1, n) = (0.234\ 457, 0, 0.972\ 127)$。点 T_0 是 $T_0 = \mathrm{coptsl}(H_0, n, \boldsymbol{v}_2, A, 1, \boldsymbol{n}_A, S_2) = (0.812\ 803, 0, 0.921\ 173)$,其法线是 $\boldsymbol{u}_0 = \mathrm{rfrnrm}(\mathrm{nrm}(T_0 - H_0), \boldsymbol{n}_A, n, 1) = (0.185\ 381, 0, 0.982\ 667)$。在波前 w_A 上的 点 A_0 可以写为 $A_0 = \mathrm{islp}(T_0, \boldsymbol{n}_A, A, \boldsymbol{n}_A) = (1.436\ 56, 0, 3.24\ 905)$。

重复这一步骤,便可以在 RR 同步多表面透镜的上、下曲线(c_0 与 c_B)计算 新的设计点及法线。

在上曲线 c_0 的设计点及法线系列是$((1.463\ 39, 0, 0.764\ 853, 0.260\ 348, 0, 0.965\ 515), (0.812\ 803, 0, 0.921\ 173, 0.185\ 381, 0, 0.982\ 667), (0, 0, 1, 0, 0, 1),$

$(-0.812\ 803,0,0.921\ 173,-0.185\ 381,0,0.982\ 667),(-1.463\ 39,0,0.764\ 853,$
$-0.260\ 348,0,0.965\ 515))$。

在下曲线 c_B 的设计点及法线系列是$((1.010\ 22,0,-0.922\ 831,0.176\ 88,0,$
$-0.984\ 232),(0.349\ 972,0,-0.997\ 861,0.055\ 129,0,-0.998\ 479),$
$(-0.349\ 972,0,-0.997\ 861,-0.055\ 129,0,-0.998\ 479),(-1.010\ 22,0,$
$-0.922\ 831,-0.176\ 88,0,-0.984\ 232))$。

这里的每一个元素包含了设计点的位置（头三个数值），及利用同步多表面设计方法在该点上计算得到法线（后三个数值）。

我们现在在上面计算得到的同步多表面设计的曲线 c_0 上取一点 T_0，并用它来计算新的三维同步多表面设计点，如图 9.111(b) 所示。将波前 w_1、w_2、R_1、R_2 绕 x_3 轴转动 $-90°$ 便可以得到波前 w_1、w_2、R_1、R_2。波前 w_1 可以写成 $w_1 =(0,-0.5,3.5,0,-0.258\ 819,0.965\ 926)$，前三个数值代表点 W_1 的位置，后三个数值代表其法线 $\boldsymbol{n}_{W1}$。波前 w_2 可以写成 $w_2 =(0,0.5,3.5,0,0.258\ 819,$ $0.965\ 926)$，前三个数值代表点 W_2 的位置，后三个数值代表其法线 $\boldsymbol{n}_{W2}$。波前 R_1 可以写成 $R_1 =(0,-1.3,-5)$，R_2 可以写成 $R_2 =(0,1.3,5)$。

我们现在计算 C_0-T_0-T_1-R_1 的光路。在波前 w_2 的点 C_0 可以通过下式计算得到 $C_0 = \text{islp}(T_0,\boldsymbol{n}_{W2},W_2,\boldsymbol{n}_{W2}) = (0.812\ 803,0.678\ 2,3.452\ 25)$。$C_0$ 与 T_0 间的光程是 $S_3 = S -[T_0,C_0] = 7.079\ 63$。从 w_2 发出的光线在 T_0 上折射后的方向矢量 $\boldsymbol{v}_3$ 可以写成 $\boldsymbol{v}_3 = \text{rfr}(-\boldsymbol{n}_{W2},\boldsymbol{u}_0,1,n) = (-0.063\ 947\ 7,$ $-0.172\ 546,-0.982\ 923)$。在透镜下表面的点 T_1 是 $T_1 = \text{ccoptpt}(T_0,n,\boldsymbol{v}_3,$ $R_1,1,S_3) = (0.690\ 781,-0.329\ 246,-0.954\ 406)$，该点的法线是 $\boldsymbol{u}_1 = \text{rfrnrm}(\boldsymbol{v}_3,\text{nrm}(R_1-T_1),n,1) = (0.130\ 432,-0.055\ 039,-0.989\ 928)$。

接下来计算 R_2-T_1-T_2-D_0 的光路。T_1 与 w_1 间的光程是 $S_4 = S -[R_2,$ $T_1] = 5.284\ 29$。从 R_2 发出的光线在 T_1 上折射后的方向矢量 $\boldsymbol{v}_4$ 可以写成 $\boldsymbol{v}_4 = \text{rfr}(\text{nrm}(T_1-R_2),\boldsymbol{u}_1,1,n) = (0.056\ 631\ 2,-0.225\ 866,0.972\ 511)$。点 T_2 的位置是 $T_2 = \text{coptsl}(T_1,n,\boldsymbol{v}_4,W_1,1,\boldsymbol{n}_{W1},S_4) = (0.796\ 503,-0.750\ 905,$ $0.861\ 13)$，该点的法线是 $\boldsymbol{u}_2 = \text{rfrnrm}(\text{nrm}(T_2-T_1),\boldsymbol{n}_{W1},n,1) = (0.167\ 726,$ $-0.157\ 919,0.973\ 103)$。在波前 w_1 上的点 D_0 是 $D_0 = \text{islp}(T_2,\boldsymbol{n}_{W1},W_1,\boldsymbol{n}_{W1}) =$ $(0.796\ 503,-1.393\ 82,3.260\ 5)$。

继续这一步骤，便可以利用在起始曲线 C_0 上的设计点在 RR 同步多表面透镜的上、下表面计算更多的设计点及法线。在上表面的设计点及法线的列表是

$(((1.390\ 29,-1.133\ 96,0.689\ 373,0.142\ 787,-0.111\ 239,0.983\ 482),$
$(0.756\ 508,-1.366\ 98,0.740\ 989,0.116\ 338,-0.218\ 387,0.968\ 903),(0,$
$-1.463\ 39,0.764\ 853,0,-0.260\ 348,0.965\ 515),(-0.756\ 508,-1.366\ 98,$

0.740 989，－0.116 338，－0.218 387，0.968 903），（－1.390 29，－1.133 96，
0.689 373，－0.142 787，－0.111 239，0.983 482）），（（1.443 51，－0.609 109，
0.738 966，0.232 015，－0.093 149 8，0.968 242），（0.796 503，－0.750 905，
0.861 13，0.167 726，－0.157 919，0.973 103），（0，－0.812 803，0.921 173，0，
－0.185 381，0.982 667），（－0.796 503，－0.750 905，0.861 13，－0.167 726，
－0.157 919，0.973 103），（－1.443 51，－0.609 109，0.738 966，－0.232 015，
－0.093 149 8，0.968 242）），（（1.463 39，0，0.764 853，0.260 348，0，0.965 515），
（0.812 803，0，0.921 173，0.185 381，0，0.982 667），（0，0，1，0，0，1），（－0.812 803，
0，0.921 173，－0.185 381，0，0.982 667），（－1.463 39，0，0.764 853，－0.260 348，0，
0.965 515）），（（1.443 51，0.609 109，0.738 966，0.232 015，0.093 149 8，
0.968 242），（0.796 503，0.750 905，0.861 13，0.167 726，0.157 919，0.973 103），
（0，0.812 803，0.921 173，0，0.185 381，0.982 667），（－0.796 503，0.750 905，
0.861 13，－0.167 726，0.157 919，0.973 103），（－1.443 51，0.609 109，0.738 966，
－0.232 015，0.093 149 8，0.968 242）），（（1.390 29，1.133 96，0.689 373，0.142 787，
0.111 239，0.983 482），（0.756 508，1.366 98，0.740 989，0.116 338，0.218 387，
0.968 903），（0，1.463 39，0.764 853，0，0.260 348，0.965 515），（－0.756 508，
1.366 98，0.740 989，－0.116 338，0.218 387，0.968 903），（－1.390 29，1.133 96，
0.689 373，－0.142 787，0.111 239，0.983 482））））

下表面的设计点及法线的列表是

（（（1.318 5，－0.821 472，－0.762 582，0.303 45，－0.180 023，－0.935 687），
（0.691 184，－0.955 168，－0.882 298，0.145 044，－0.177 442，－0.973 384），（0，
－1.010 22，－0.922 831，0，－0.176 88，－0.984 232），（－0.691 184，－0.955 168，
－0.882 298，－0.145 044，－0.177 442，－0.973 384），（－1.318 5，－0.821 472，
－0.762 582，－0.303 45，－0.180 023，－0.935 687）），（（1.315 75，－0.280 455，
－0.829 336，0.277 182，－0.056 189 4，－0.959 173），（0.690 781，－0.329 246，
－0.954 406，0.130 432，－0.055 039，－0.989 928），（0，－0.349 972，
－0.997 861，0，－0.055 129，－0.998 479），（－0.690 781，－0.329 246，
－0.954 406，－0.130 432，－0.055 039，－0.989 928），（－1.315 75，－0.280 455，
－0.829 336，－0.277 182，－0.056 189 4，－0.959 173）），（（1.315 75，0.280 455，
－0.829 336，0.277 182，0.056 189 4，－0.959 173），（0.690 781，0.329 246，
－0.954 406，0.130 432，0.055 039，－0.989 928），（0，0.349 972，－0.997 861，0，
0.055 129，－0.998 479），（－0.690 781，0.329 246，－0.954 406，－0.130 432，
0.055 039，－0.989 928），（－1.315 75，0.280 455，－0.829 336，－0.277 182，
0.056 189 4，－0.959 173）），（（1.318 5，0.821 472，－0.762 582，0.303 45，

0.180 023，—0.935 687)，(0.691 184,0.955 168，—0.882 298,0.145 044,
0.177 442，—0.973 384)，(0,1.010 22，—0.922 831,0,0.176 88，—0.984 232)，
(—0.691 184,0.955 168，—0.882 298，—0.145 044,0.177 442，—0.973 384)，
(—1.318 5,0.821 472，—0.762 582，—0.303 45,0.180 023，—0.935 687)))

图 9.112 显示了由这些点在同步多表面透镜上、下表面所形成的曲线。对这些曲线进行内插法便可以得到同步多表面设计表面。

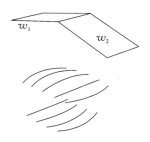

图 9.112　定义三维同步多表面透镜上、下表面的曲线

参 考 文 献

[1] Miñano,J. C. et al.，High efficiency non-maging optics,*United States Patent* 6.639.733,2003.

[2] Stavroudis,O. N.，*The Optics of Rays,Wave Fronts,and Caustics*，Academic Press,New York,1972.

[3] Schulz,G.，Aspheric surfaces,In *Progress in Optics*（Wolf,E.，ed.），Vol. XXV,North-Holland,Amsterdam,351,1988.

[4] Schulz,G.，Achromatic and sharp real imaging of a point by a single aspheric lens. *Appl. Opt.*，22,3242,1983.

[5] Miñano,J. C. and González,J. C.，New method of design of nonimaging concentrators,*Appl. Opt.*，31,3051,1992.

[6] Winston,R. et al.，*Nonimaging Optics*,Elsevier Academic Press,Amsterdam,2005.

[7] Benitez,P.，*Advanced concepts of non-imaging optics：design and manufacture*，PhD thesis,Polytechnic University of Madrid,1998.

［8］ Koshel,R. J.,*Illumination Engineering*:*Design with Nonimaging Optics*, Wiley IEEE Press,Piscataway,NJ,2013.

［9］ Miñano,J. C.,Benítez,P.,and González,J. C.,RX:A nonimaging concentrator, *Appl. Opt.*,34,2226,1985.

［10］ Miñano,J. C.,Gonzalez,J. C.,and Benitez,P.,New non-imaging designs:The RX and the RXI concentrators,*Nonimaging optics*:*Maximum-Efficiency Light Transfer II*,SPIE Vol.,2016,120,1993.

［11］ Gonzalez,J. C. and Miñano,J. C.,Design of optical systems which transform one bundle of incoherent light into another,*Nonimaging Optics*:*Maximum-Efficiency Light Transfer II*,SPIE Vol. 2016,109, 1993.

［12］ Miñano,J. C.,González,J. C. and Benítez,P.,A high-gain,compact, nonimaging concentrator:RXI,*Appl. Opt.*,34,7850,1985.

［13］ Muñoz,F. et al.,Simultaneous multiple surface design of compact air-gap collimators for light-emitting diodes,*Opt. Eng.*,43,1522,2004.

［14］ Benitez,P. et al.,SMS design method in 3D geometry:Examples and applications,*Nonimaging Optics*:*Maximum Efficiency Light Transfer VII*,SPIE Vol. 5185,18,2004.

［15］ Benitez,P. et al.,Simultaneous multiple surface optical design method in three dimensions,*Opt. Eng.*,43,1489,2004.

［16］ Benitez,P.,Mohedano,R.,and Miñano,J. C.,Design in 3D geometry with the simultaneous multiple surface design method of nonimaging optics,*Nonimaging Optics*:*Maximum Efficiency Light Transfer V*, SPIE Vol. 3781,12,1999.

［17］ Miñano,J. C. et al.,Free-form integrator array optics,*Nonimaging Optics and Efficient Illumination Systems II*,SPIE Vol. 5942, 114,2005.

［18］ Plesniak,A. et al.,Demonstration of high performance concentrating photovoltaic module designs for utility scale power generation. *Proc. ICSC*-5,Palm Desert,CA,USA,2008.

［19］ Cvetkovic,A. et al.,The free form XR photovoltaic concentrator:A high performance SMS3D design,*High and Low Concentration for Solar Electric Applications III*,*Proc. SPIE*,Vol. 7043,August 2008.

［20］ Dross,O. et al.,Review of SMS design methods and real-world applications,

Nonimaging Optics and Efficient Illumination Systems,SPIE Vol. 5529, 35,2004.

[21] Chaves,J. ,Miñano,J. C. ,and Benitez,P. ,Afocal video-pixel lens for tricolor LEDs,*Nonimaging Optics and Efficient Illumination Systems II* ,SPIE Vol. 5942,18,2005.

[22] Alvarez,J. L. et al. ,TIR-R concentrator:A new compact high-gain SMS design,*Nonimaging Optics:Maximum Efficiency Light Transfer VI* , SPIE Vol. 4446,32,2001.

[23] Benitez,P. ,Garcia R. ,and Miñano,J. C. ,Contactless efficient two-stage solar concentrator for tubular absorber,*Appl. Opt.* ,36,7119,1997.

[24] Benitez,P. et al. ,Contactless two-stage solar concentrators for tubular absorber,*Nonimaging Optics: Maximum Efficiency Light Transfer IV* ,SPIE Vol. 3139,205,1997.

[25] Benitez,P. et al. ,New nonimaging static concentrators for bifacial photovoltaic solar cells,*Nonimaging Optics:Maximum Efficiency Light Transfer V* ,SPIE Vol. 3781,22,1999.

[26] Benitez,P. and Miñano,J. C. ,Ultrahigh-numerical-aperture imaging concentrator, *J. Opt. Soc. Am. A* ,14,1988,1997.

第 10 章
产生指定输出
分布的波前

10.1 简介

非成像光学系统非常适合于将光从辐射器传输到接收器。但是在很多应用中,我们不只期望得到高效光传输,也期望可以达到一定的光照度分布。在真实情况中,使用边缘光线原理把辐射器边缘耦合到接收器边缘,一般并不能够产生期望的结果。

对非成像光学系统的波前进行整形提供了另外一个设计自由度,可以用来调整光线的输出结果。该过程决定了光学组件的出光孔径对接收器上某一点的照射程度,从而决定在接收器上的光分布。这时,辐射器的边缘光线再也不是投射在接收器的边缘上,而会根据所需的光照度分布改向投射到接收器的内部。同样的方法也可以用来对光学组件的输出光强度分布进行整形。

通过对输出波前的整形,可以设计非成像光学系统在接收器上产生指定的光照度分布,或是在远场产生指定的光强度分布。

10.2 产生指定光强度分布的波前

图 10.1 显示一个光学组件 O_1,它将捕获从辐射器 E 发出的光线,然后偏折射到不同的方向上。为了简单起见,以下我们假设辐射器 E 是在空气($n=1$)中,而且光学组件也是对空气($n=1$)发光。并且,如果辐射器是在不

同的折射率材料中,或光学组件对不同折射率的介质发光,这里讨论的方法同样适用。

光学组件的出光孔径从左边的 x_L 延伸到右边的 x_R。在孔径上的点 x_A 发出的光线局限在光线 r_{A1} 与 r_{A2} 间。它们与垂直方向(光学组件入光孔的法线)的夹角分别是 θ_{A1} 与 θ_{A2}。在 (x_1, θ) 图中,边缘光线 r_{A1} 可以表示为点 $A_1 = (x_A, \theta_{A1})$(见图 10.1 的上方);边缘光线 r_{A2} 可以表示为点 $A_2 = (x_A, \theta_{A2})$。我们可以在光学组件的孔上选择另一点 x_B 进行同样的分析。该点上的边缘光线 r_{B1} 和 r_{B2} 与垂直方向的夹角分别是 θ_{B1} 与 θ_{B2}。在 (x_1, θ) 图中,它们可以表示为点 $B_1 = (x_B, \theta_{B1})$ 及点 $B_2 = (x_B, \theta_{B2})$。对 x_L 与 x_R 间的所有点重复这一步骤,就可以得到两条曲线(函数):$c_1(x)$ 与 $c_2(x)$。它们描述了所有穿过光学组件孔的边缘光线。利用函数 $\theta_{A1} = c_1(x_A)$,$\theta_{A2} = c_2(x_A)$,$\theta_{B1} = c_1(x_B)$,$\theta_{B2} = c_2(x_B)$,便可以得到每一条边缘光线对垂直方向的夹角。

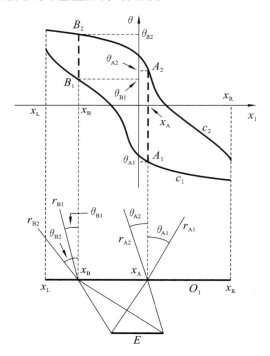

图 10.1　光学组件 O_1 把从辐射器 E 发出的光线捕获并偏折射到不同的方向上。所有辐射的每一条边缘光线都可以表示为 (x_1, θ) 图中的一点(见图的上方),这两组边缘光线在 (x_1, θ) 空间中就显示为两条曲线 c_1 与 c_2

通过光学组件 O_1 的边缘光线的方向定义了发射光的光学扩展量。因为光学组件对空气($n = 1$)发光,发射光线的光学扩展量就可以直接从图 10.2 的几

何形状决定,有

$$u_O = \int_{x_L}^{x_R} (\sin\theta_2 - \sin\theta_1) \mathrm{d}x = \int_{x_L}^{x_R} (\sin(c_2(x)) - \sin(c_1(x))) \mathrm{d}x \quad (10.1)$$

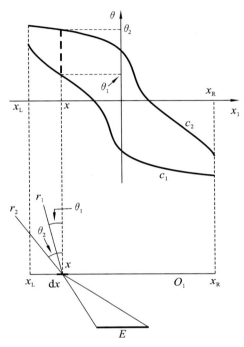

图 10.2 将光学扩展量在孔径上对微小部分 $\mathrm{d}x$ 做积分,便可以得到光学组件发出的
光线的光学扩展量

    如图 10.3 所示,我们可以选择一个发光方向 v(与垂直的夹角是 θ_1)来决定光学组件在该方向上的发光强度。在 (x_1,θ) 图中,高度为 $\theta = \theta_1$ 的水平线与曲线 c_1、c_2 相交于 C 与 D(水平坐标分别是 x_C 与 x_D)。对光学组件 O_1 而言,介于水平坐标 x_C 与 x_D 间的孔径部分会在 v 方向上发光,但其余部分的孔径则不会。例如,考虑在光学组件 O_1 上水平坐标为 x_E 的点。它发出的光是在角度 α_E 之内,包含了方向 v。所以,从方向 v 往该点看过去时,它是亮的。在点 x_C 处,发光角度范围为 α_C,边缘光线 r_{C1} 顺着方向 v。所以,从方向 v 往该点看过去时,该点也是亮的。但是,对 x_C 左边的点 x_G 而言,发光角度范围为 α_G,不包含方向 v。所以,从方向 v 往该点看过去时,该点是暗的。同样,在点 x_D,发光角度范围为 α_D,边缘光线 r_{D2} 顺着方向 v。所以,从方向 v 往该点看过去时,该点也是亮的。但是,对 x_D 右边的点 x_F 而言,发光角度范围为 α_F,不包含方向 v。所以,从方向 v 往该点看过去时,它是暗的。因此,沿方向 v 看过去时,光学组件 O_1 的点亮部

分从 x_C 延伸到 x_D，也就是在 (x_1,θ) 图上点 C 与 D 之间的距离。在该方向上发出的光强度正比于 $[C,D]\cos\theta_I$，其中 $[C,D] = x_D - x_C$，即 C 与 D 之间的距离。

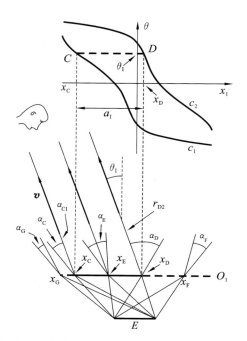

图 10.3   沿方向 v（与垂直方向的夹角为 θ_I）看过去时，光学组件 O_1 的点亮部分从 x_C 延伸到 x_D。光学组件 O_1 在方向 v 上发出的光强度可以从 (x_1,θ) 图上点 C 与 D 之间的距离得到，正比于 $[C,D]\cos\theta_I$

在二维空间中，光学组件发出的光强度可以写成

$$I = \frac{\mathrm{d}\Phi}{\mathrm{d}\theta} = L\,\frac{\mathrm{d}U}{\mathrm{d}\theta} = L\,\frac{a\cos\theta\mathrm{d}\theta}{\mathrm{d}\theta} = La\cos\theta \tag{10.2}$$

其中，L 是（辐射）亮度；$\mathrm{d}\Phi = L\mathrm{d}U$ 是光通量；$\mathrm{d}U$ 是光学扩展量（在计算 $\mathrm{d}\Phi$ 与 $\mathrm{d}U$ 时，只考虑在 $\mathrm{d}\theta$ 内的光线）。式（10.2）可以改写成

$$I = \frac{\mathrm{d}\Phi}{\mathrm{d}\theta} = L\,\frac{\mathrm{d}U}{\mathrm{d}\theta} = Lv \tag{10.3}$$

其中，$v = \mathrm{d}U/\mathrm{d}\theta$ 是在方向 θ 上单位角度内的光学扩展量。因此，在 θ 方向上的光强度 I 与 v 成正比（该方向上单位角度内的光学扩展量）。联合式（10.3）、式（10.2）可以得到

$$v = a\cos\theta \tag{10.4}$$

如果光学组件发出的光线是 $\theta_L < \theta < \theta_R$，所有光线的总光学扩展量就可

以写成

$$U = \int_{\theta_L}^{\theta_R} \upsilon(\theta)\mathrm{d}\theta \qquad (10.5)$$

对一个均匀朗伯辐射器 E 而言,在它的表面上的每一点对所有方向发出的光都具有同样的亮度 L。所以,从光学组件 O_1 发出的光线也具有相同的亮度 L,不随光线方向的改变而改变(假设系统中没有损耗)。因为亮度 L 是常数,从式(10.3)就可以看出,对发光角度 $\theta_L < \theta < \theta_R$ 而言,光强度分布 $I(\theta)$ 的定义跟 $\nu(\theta)$(单位角度内光学扩展量的分布)的定义是相当的。

对图 10.3 的光学组件而言,在方向 v 上的光强度是 $I_1 = La_1\cos\theta_1$。其中,$a_1 = x_D - x_C$ 是从 v 方向看过去被照射到区域的面积。

在 (x_1,θ) 图中,对应于某一发射角 θ_A,曲线 c_1 与 c_2 间的水平距离 a_A 是光学组件在该方向上照射到的区域面积,如图 10.4 所示。对应于某一发射位置 x_B,曲线 c_1 与 c_2 间的垂直距离 α_B 是光学组件在点 x_B 上的总发射角范围。

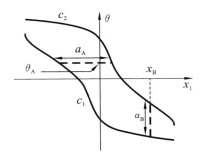

图 10.4   在高度 θ_A 处,曲线 c_1 与 c_2 间的水平距离 a_A 是 θ_A 方向上照射到的区域面积。在水平坐标 x_B 处,曲线 c_1 与 c_2 间的垂直距离 α_B 是光学组件在点 x_B 上的总发射角范围

(x_1,θ) 图中的一条曲线(如图 10.5 中的 c_2)定义了在光学组件 O_1 上的光束的边缘光线。对每一个水平坐标 x_A,曲线 c_2 给定了光线 r_A 对垂直方向的夹角,也就是定义了它的方向。这一束光线,垂直于波前 w_2。

为了要确定波前 w_2 的形状,我们可以首先考虑光学组件 O_1 上的一点 x_1,如图 10.6 所示。首先,利用曲线 c_2,我们可以得到在 x_1 上光线 r_1 的方向(采用在图 10.5 中对 x_A 应用的方法);其次,在光线 r_1 上选择一点 W_1;再次,在光学组件 O_1 上考虑另一点 x_2,并确定光线 r_2 的方向。从点 W_1 画一条垂直于光线 r_1 的直线,它与 r_2 的交点便确定了波前 w_2 上的一个新点 W_2;最后,在光学组件 O_1 的出光孔径上选择另一点 x_3,决定光线 r_3 的方向。从点 W_2 画一条垂直于光线 r_2 的直线,它与 r_3 的交点便确定了波前 w_2 上的一个新点 W_3。重复这一步骤

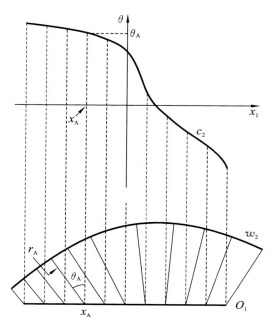

图 10.5　由 (x_1,θ) 图中的曲线 c_2 定义的边缘光线垂直于波前 w_2

直到光学组件 O_1 的出光孔径的端点。每一点之间的距离越小，得到的波前形状就越好。

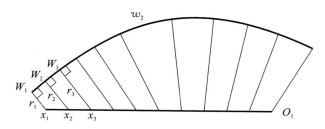

图 10.6　利用通过光学组件 O_1 的光线光路就能确定波前 w_2

　　我们现在用一个例子来说明怎样用前面描述的方法设计一个光学组件以产生指定的光强度分布。由于该例中的光学组件对垂直轴对称，从 $-x_0$ 延伸到 x_0，所以，$x_L = -x_0, x_R = x_0$。

　　现在假设我们要对辐射器 (E_1E_2) 设计一个光学组件 O_1O_2，而该光学组件会产生一个指定的光强度分布。图 10.7(a) 显示了该系统，包含辐射器 E、光学组件 O_1（在水平方向从 $-x_0$ 延伸到 x_0）。

　　因为亮度 L 是常数，从式 (10.3) 就可以看出，定义在发射角范围（$-\theta_R <$

$\theta < \theta_R$)内的光强度分布就相当于定义了在单位角度内的光学扩展量分布 $\nu(\theta)$。图 10.7(b)显示了对应于发射角范围($-\theta_R < \theta < \theta_R$)内的期望单位角度的光学扩展量(单位为任意)。此设计阶段,重要的是 $\nu(\theta)$ 曲线的形状,而不是它的数值大小。图中同时显示了照射到的面积曲线 $a_A(\theta) = va(\theta)/\cos\theta$(利用式(10.4)计算而得)。

图 10.7(a),发射器 $E(E_1$ 到 E_2),光学组件 $O_1(O_1$ 到 O_2),从 $-x_0$ 延伸到 x_0。图 10.7(b),单位角度内的光学扩展量 $\nu(\theta)$(单位为任意)定义了光学组件 O 在发射角范围($-\theta_R < \theta < \theta_R$)内光强度分布的形状;照射到面积 a_A 是 $aa(\theta) = \nu a(\theta)/\cos\theta$。

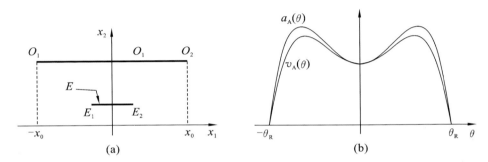

图 10.7　(a)辐射器 $E(E_1 E_2)$,光学组件 $O_1(O_1 O_2)$,从 $-x_0$ 延伸到 x_0;(b)单位角度内的光学扩展量 $\nu(\theta)$ 定义了光学组件 O_1 发光角度范围(介于 $-\theta_R$ 到 θ_R 之间)内的光强度分布的形状

从 $E_1 E_2$ 发出而被 $O_1 O_2$ 捕获的光线的光学扩展量是 $U = 2([E_1, O_2] - [E_2, O_2])$。从光学组件发出的光学扩展量可以利用 $\nu(\theta)$ 定义为

$$U_A = \int_{-\theta_R}^{\theta_R} \nu_A(\theta)\mathrm{d}\theta \qquad (10.6)$$

在理想的情况下,由于光学扩展量守恒,所以我们得到 $U_A = U$。接下来,可以定义

$$\nu(\theta) = \nu_A(\theta)\frac{U}{U_A} \qquad (10.7)$$

从而确认了关系式

$$U = \int_{-\theta_R}^{\theta_R} \nu(\theta)\mathrm{d}\theta \qquad (10.8)$$

现在让 $\nu(\theta)$ 为发射角范围内($-\theta_R < \theta < \theta_R$)的期望单位角度光学扩展量分布,从而可以计算对应的照射到的面积为

$$a(\theta) = \frac{\nu(\theta)}{\cos\theta} \qquad (10.9)$$

利用式（10.9）可以对 $a(\theta)$ 描图，如图 10.8 右上方所示。这时候，θ 轴朝上。利用 $a(\theta)$ 便可以决定在 (x_1,θ) 图内的曲线 c_1、c_2。利用这些曲线就可以决定光学组件 O_1（从 O_1 延伸到 O_2）的输出波前 w_1 与 w_2。该光学组件在 θ_1 方向上产生期望的光强分布（由在该方向上的照射到的面积 a_1 定义）。

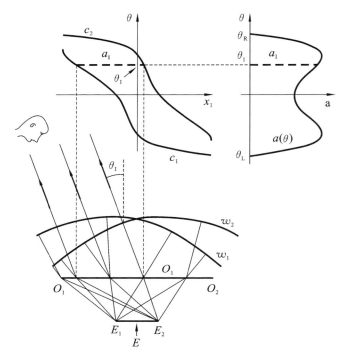

图 10.8　利用在不同方向 θ 上的期望照射到的面积 $a(\theta)$ 便可以决定曲线 c_1 与 c_2（答案并非唯一），这些曲线再被用来决定输出波前 w_1 与 w_2，然后便可以计算光学组件 O_1

　　我们现在利用曲线 $a(\theta)$ 来计算曲线 c_1 与 c_2 的可能形状。对应于某一 $a(\theta)$ 角，曲线 c_1 与 c_2 可以有不同的形状。因此，输出波前 w_1 与 w_2，以及光学组件 O_1 的解答也不唯一，如图 10.9 所示。首先，我们选择在端点 O_1 上的发射角为 α_E。曲线 c_2 的起点 $C_1=(-x_0,\theta_R)$，其中，$-x_0$ 是光学组件端点 O_1 的水平坐标，而 θ_R 是最大发射角。在 C_1、C_2 间的曲线 c_2 与在 A_1、A_2 间的曲线 $a(\theta)$ 相同；即，对某一发射角 θ_J 而言，曲线 c_2 上的点 $C_J=(-x_0+a_J,\theta_J)$，其中，$a_J=a(\theta_J)$。

　　现在我们可以定义另外一条曲线 c_M。对应于发射角 θ_J，c_M 上的点可以写成 $P_J=(-x_0+a_J/2,\theta_J)$，其中，$a_J=a(\theta_J)$。点 P_J 是线段 $Q_J C_J$ 的中点，其中，$Q_J=(-x_0,\theta_J)$。此方法定义了从点 C_1 到 M_2 的曲线 c_M。

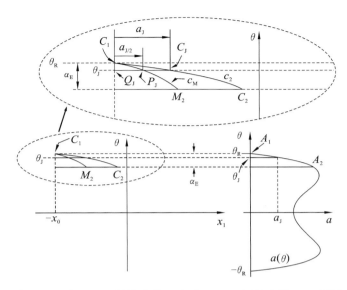

图 10.9　在 C_1、C_2 间的曲线 c_2 与在 A_1、A_2 间的曲线 $a(\theta)$ 相同

现在考虑处于原点（$(x_1,\theta)=(0,0)$）的点 M_3。将曲线 c_M 从 M_2 延伸到 M_3，如图 10.10 所示。考虑在 c_M 上的点 $P_K=(x_K,\theta_K)$。对应于该发射角（θ_K），照射到的面积是 $a_K=a(\theta_K)$。我们现在可以在曲线 c_1 上定义点 $L_K=(x_K-a_K/2,\theta_K)$，并在曲线 c_2 上定义点 $R_K=(x_K+a_K/2,\theta_K)$。将点 P_K 在点 M_2 与 M_3 间沿曲线 c_M 移动，便能定义在 x 轴上边的曲线 c_1 与 c_2。同理（或是使用对称性，如果发光方式具有对称性），便能定义在 x 轴下边的曲线 c_1 与 c_2。

对发射方向 θ_K 而言，曲线 $c_M(\theta_K)$ 定义了光学组件 O_1 孔径（从 $-x_0$ 到 x_0）内照射到面积 a_K 的中点 x_K。所以，为了要定义输出波前，我们需要知道以下两个发射角的函数：照射到的面积 $a(\theta)$，以及 $c_M(\theta)$（定义了在光学组件孔径（从 $-x_0$ 到 x_0）内照射到的面积的中点）。

至此，我们知道了在 $-x_0<x<x_0$ 范围内的曲线 $c_1(x)$ 与 $c_2(x)$ 的形状，便可以利用图 10.6 所示的方法来计算波前 w_1 与 w_2 的形状。$-x_0$ 与 x_0 是要被设计的光学组件的端点（O_1 与 O_2）的水平坐标，如图 10.7(a) 所示。

决定了输出波前 w_1 与 w_2，以及辐射器 E，我们便能设计光学组件 O_1，如图 10.11 所示。以端点 O_1 为设计起点，计算的方法与图 9.23（或图 10.24）所示的一样。光学组件 O_1 的输入波前是辐射器 E 的端点（在极限情况下，输入波前是辐射器 E 的两个端点 E_1 与 E_2 的球面波前）。

若该光学组件 O_1（从 O_1 延伸到 O_2）与一个复合椭圆集中器耦合，便能与

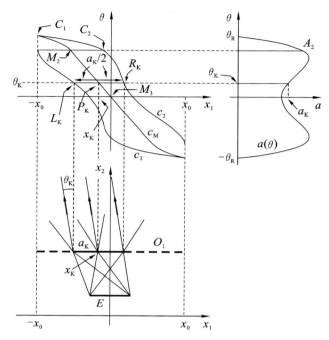

图 10.10 将中央曲线 c_M 朝左边移动 $a(\theta)/2$ 便能得到曲线 c_1,朝右边移动 $a(\theta)/2$ 便能得到曲线 c_2。曲线 c_M 也定义了在光学组件 O_1 孔径(从 $-x_0$ 到 x_0)内部照射到面积 a_K 的位置

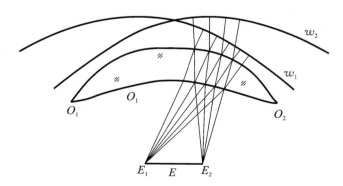

图 10.11 针对输出波前 w_1 与 w_2,以及辐射器 E_1E_2 而设计的光学组件 O_1(从 O_1 延伸到 O_2)。该光学组件产生由输出波前 w_1 与 w_2 定义的期望光强度分布

一个完全的朗伯光源 E_3E_4 配用,如图 10.12 所示。该复合椭圆集中器包含了椭圆弧 e_2(焦点为 E_3 与 O_1),以及对称的椭圆弧 e_1。

我们现在考虑另外一个指定光强度光学组件的例子。图 10.13 中的光学组

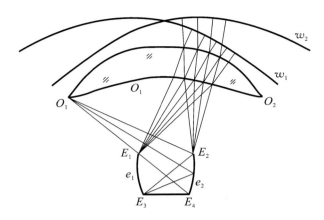

图 10.12　将复合椭圆集中器(包含椭圆弧 e_1 与 e_2)与光学组件 O_1 耦合,便能将从朗伯光源 E_3E_4 发出的光线转换成期望的光强度分布(由输出波前 w_1 与 w_2 所定义)

件(从 x_L 延伸到 x_R)可以产生指定光强度分布.图 10.13(b)显示了在各发射方向上的照射到的面积 $a(\theta)$,图 10.13(a)显示了在 (x_1,θ) 图中对应的曲线 c_1 与 c_2.在该例中,当 $\theta > 0$ 时,曲线 c_2 与 $a(\theta)$ 相同;当 $\theta < 0$ 时,曲线 c_1 与 $a(\theta)$ 对称.

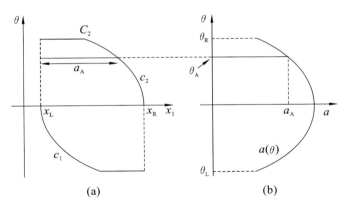

图 10.13　(a)用于计算光学组件输出波前的曲线 c_1 与 c_2;(b)在各发射方向(θ)上的照射到的面积

利用曲线 c_1 与 c_2 便能计算波前 w_1 与 w_2.图 10.14 显示了针对这些波前而设计的光学组件.图 10.14(a)是一个复合抛物面集中器光学组件;图 10.14(b)显示了一个电介质全反射集中器(DTIRC).将输出波前 w_1 与 w_2 对光学组件的出光孔 O_1O_2 积分而得到的光学扩展量必须与辐射器 E_1E_2 的光学扩展量相

等。DTIRC 比复合抛物面集中器光学组件短，而且它的辐射器 $E_1 E_2$ 也比较小，因为它是在折射率为 n 的材料中。w_2 与 E_1 间的光程在这两个光学组件中是一样的。

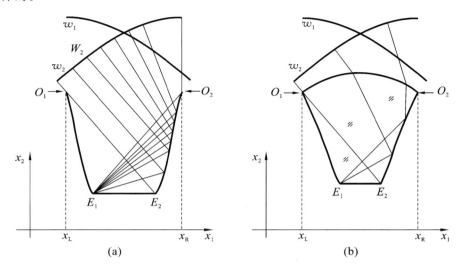

图 10.14　针对辐射器 $E_1 E_2$ 与输出波前 w_1 与 w_2 设计的(a) 复合抛物面集中器光学组件及 (b)DTIRC。在这两个光学组件中的辐射器并不一样

从图 10.13 的曲线 c_1 与 c_2 可以看出，当发射角为 $\theta = 0$ 时，光学组件孔径（从 x_L 到 x_R）被完全照射到。因此，我们不能再缩减孔径的大小。因为如果我们将孔径 $x_L x_R$ 减小，会使对应于 $\theta = 0$ 的光强度减小，从而降低在这个方向上的发射光强度。图 10.13 的曲线 c_2 在点 C_2 的导数不连续。这表示波前 w_3 在点 W_2 的二次导数不连续（曲率半径不连续）。但是，这并不会影响图 10.14 的光学组件的设计。

图 10.15 显示了图 10.13 及图 10.14 的结构的特例：照射到的面积在不同方向上是常数。因此，θ_L 与 θ_R 之间的光强度分布对应于一个朗伯光源（光强度随 $\cos\theta$ 的减少而减少）。在 (x_1, θ) 图中，从 x_L 到 x_{R1} 曲线 c_2 为常数。然后，在点 x_R 很快地下降至 0。在曲线 c_2 上的点 C_1、C_2、C_3、C_4、C_5 对应于波前 w_2 上的点 W_1、W_2、W_3、W_4、W_5。曲线 c_2 在点 C_3 的导数不连续，也就是说波前 w_2 在点 W_3 的曲率发生了变化。

在点 W_1 与 W_3 之间，波前 w_2 是平坦的（曲率半径是无穷大）。在点 W_3 与 W_5 之间，它是一条以 O_2 为中心，半径为 $[W_3, O_2]$ 的圆弧。因此，w_2 的曲率半径在点 W_3 处不连续，但是，w_2 仍然是平滑曲线（导数为连续的）。

图 10.15 显示了一个针对波前 w_2(以及其对称波前 w_1,没有显示出来)而设计的光学组件。它是一个复合抛物面集中器,其辐射器为 E_1E_2,出光孔径是 O_1O_2。在点 W_3 与 W_5 之间,垂直于 w_2 的所有光线都会聚在孔径的端点 O_2。因此,利用这一部分的波前设计的镜面不会超过点 O_2。

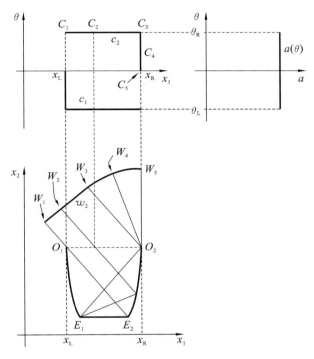

图 10.15　基于照射到的面积 $a(\theta)$ 对所有发射角 θ 为常数的条件而设计的结果:一个复合抛物面集中器光学组件

即使是不同的光学组件,不同的输出波前,仍然可以得到同样的光强度分布。图 10.16 便是这样的一个例子。图 10.16(a) 与图 10.16(b) 的光学组件产生同样的光强度分布(在每一个发射角 θ 上,照射到的面积 $a(\theta)$ 一样),但是它们的大小各异。图 10.16(a) 中的曲线 c_1 与 c_2 是利用图 10.13 所示的方法而得到的,而图 10.16(b) 中的曲线 c_1 与 c_2 是利用图 10.10 所示的方法而得到的。

图 10.16(a) 的光学组件具有可能达到的最小孔径 x_Lx_R。因为当 $\theta = 0$ 时,孔被完全照亮。如果减小孔径面积便减小了 $\theta = 0$ 时的光强度,而不能得到期望的光强度分布。图 10.17 比较了图 10.16(a)(镜面 m_1,透镜 l_1)与图 10.16(b)(镜面 m_2,透镜 l_2)的光学组件。类似的方法也可以用来在远处的目标面上产生预定的光照度分布。

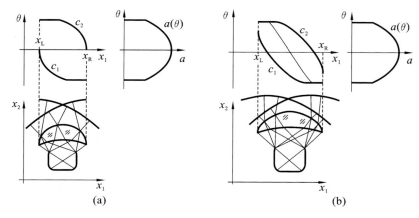

图 10.16　（a）小光学组件及（b）大光学组件，产生同样的光强度分布（所有发射角 θ 的照射到的面积 $a(\theta)$ 一样）

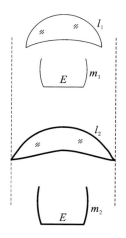

图 10.17　对应于同样的辐射器 E 并产生同样光强度分布的小光学组件（镜面 m_1，透镜 l_1：图的上方）及大光学组件（镜面 m_2，透镜 l_2：图的下方）

10.3　产生指定光照度分布的波前

图 10.3 说明了怎样使用一个光学组件 O_1 在特定方向 θ_1 上产生指定的光强度。同理，我们可以考虑放置在有限距离处的接收器（R）上的光照度分布的情况，如图 10.18（a）所示。接收器 R 上的点 P 接收了从光学组件 O_2 孔径（从水平坐标 x_C 延伸到 x_D）发出的光线（局限在光线 r_{C1} 与 r_{D2} 间）。这些光线最初来自一个辐射器 E。为了简单起见，在下面的例子中，我们假设辐射器 E 与接收

器 R 同在空气（$n = 1$）中。但是，如果辐射器 E 与接收器 R 是在其他折射率的介质中，这里讨论的方法仍然可以使用。

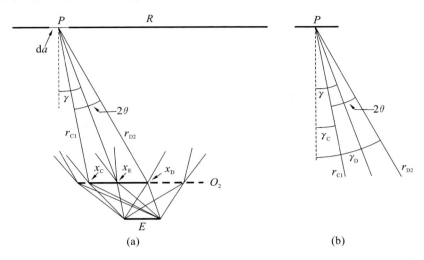

图 10.18　（a）当从接收器 R 的点 P 看过去时，光学组件照射到的面积从 x_C 延伸到 x_D。光学组件 O_2 在点 P 产生的光照度 E_P 可以写成 $E_P = 2L\cos\gamma\sin\theta$；（b）如果光线 r_{C1} 的方向，以及点 P 上的光照度 E_P 已知，便能决定光线 r_{D2} 的方向

　　均匀朗伯辐射器 E 表面上每一点对所有方向以相同（常数）的亮度 L 发光。到达接收器点 P 的光线亮度也是常数，跟光线的起点无关（假设系统没有损耗）。在点 P 上面积 $\mathrm{d}a$ 接收的光通量是

$$\mathrm{d}\Phi = 2\mathrm{d}aL\cos\gamma\sin\theta$$

其中，γ 是 r_{C1} 与 r_{D2} 的中分线与 R 的法线的夹角；2θ 是由光线 r_{C1} 与 r_{D2} 定义的孔径角；L 是亮度。点 P 的光照度 E_P 可以写成

$$E_P = \frac{\mathrm{d}\Phi}{\mathrm{d}a} = L\frac{\mathrm{d}U}{\mathrm{d}a} = L\frac{2\mathrm{d}a\cos\gamma\sin\theta}{\mathrm{d}a} = 2L\cos\gamma\sin\theta \qquad (10.10)$$

其中，$\mathrm{d}\Phi = L\mathrm{d}U$ 是投影在 $\mathrm{d}a$ 上的光通量；$\mathrm{d}U$ 是通过 $\mathrm{d}a$ 的光线的光学扩展量。式（10.10）可以改写成

$$E_P = \frac{\mathrm{d}\Phi}{\mathrm{d}a} = L\frac{\mathrm{d}U}{\mathrm{d}a} = Lu \qquad (10.11)$$

其中，$u = \mathrm{d}U/\mathrm{d}a$ 是在点 P 上单位长度的光学扩展量。所以，点 P 的光照度 E_P 正比于落在该点上的单位长度内的光学扩展量。结合式（10.10）与式（10.11）便可以得到

$$u = 2\cos\gamma\sin\theta \qquad (10.12)$$

如果光线 r_{C1} 已知，便可以利用式(10.12)计算光线 r_{D2} 的方向，如图 10.18(b)所示。从光线 r_{C1} 的方向，我们可以确定角度 γ_C。把角度 $\gamma = \gamma_C + \theta$ 代入式(10.12)，便可以得到 $u = 2\cos(\gamma_C + \theta)\sin\theta$。对 θ 求解，便能得到 θ 对期望单位长度光学扩展量 u 的函数。角度 $\gamma_D = \gamma + \theta$ 给出了光线 r_{D2} 的方向。

现在假设我们需要对辐射器 (E_1E_2) 及接收器 (R_1R_2) 设计一个光学组件 O_1O_2，以便在 R_1R_2 上产生指定的光照度分布。图 10.19 显示了这样一个系统的配置图。在接收器上的点 R_A 在 x_1 轴上的水平坐标是 x_{RA}。

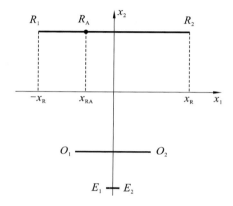

图 10.19　光学系统的配置图：辐射器 (E_1E_2)，光学组件 (O_1O_2)，接收器 $(R_1R_2$，在 x_1 轴上从 $-x_R$ 延伸到 x_R)。接收器上点 R_A 的水平坐标是 x_{RA}

因为亮度 L 是常数，从式(10.11)可以看到，要在接收器 R_1R_2 上对 $-x_R < x_1 < x_R$ 范围内确定光照度分布 $E_P(x_1)$，相当于定义单位长度的光学扩展量分布 $u(x_1)$。图 10.20 显示了在接收器上期望的单位长度光学扩展量分布 u_A（单位为任意）。在当前的设计过程中，只有曲线 $u_A(x_1)$ 的形状是关键，其大小并不重要。

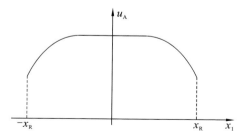

图 10.20　接收器上单位长度光学扩展量分布（单位为任意）。曲线的值必须通过光学组件的总光学扩展量归一化

从 $E_1 E_2$ 发出而被 $O_1 O_2$ 捕获的光线的光学扩展量是 $U = 2([E_1, O_2] - [E_2, O_2])$。到达接收器 $R_1 R_2$ 的光学扩展量可以通过 $u_A(x_1)$ 而定义为

$$U_A = \int_{-X_R}^{X_R} u_A(x) \mathrm{d}x \tag{10.13}$$

在理想的情况下，光学扩展量守恒，所以，$U_A = U$。因此，可以定义

$$u(x_1) = u_A(x_1) \frac{U}{U_A} \tag{10.14}$$

这样便确认了

$$U = \int_{-X_R}^{X_R} u(x) \mathrm{d}x \tag{10.15}$$

然后，我们便可以用 $u(x_1)$ 描述接收器 $R_1 R_2$ 上的期望单位长度光学扩展量。

可以用不同的方法计算，以便在 $R_1 R_2$ 上产生期望光照度分布的输出波前。其中一个方法是首先在光学组件 $O_1 O_2$ 的端点定义接收角 θ_E，如图 10.21(a) 所示。从光学组件端点 O_1 发出的光线会照射到接收器上的 $R_1 R_3$ 部分。其中，R_3 由光线 r_3 所定义。r_3 对从 O_1 延伸到 R_1 的光线的倾角是 θ_E。

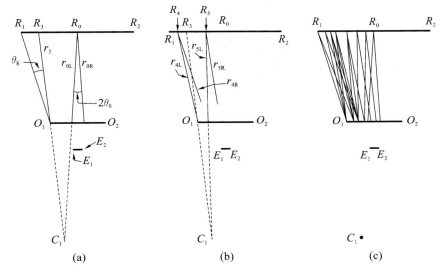

图 10.21　(a) 在光学组件的端点选定接收角 θ_E，并在接收器中点计算左边及右边的边缘
光线：r_{0L} 与 r_{0R}；(b) 计算投射到接收器的边缘光线；(c) 照射到接收器左半部
$R_1 R_0$ 的所有边缘光线

因为整个系统具有对称性，在接收器的中点 $R_0 (x_1 = 0)$ 上，左边与右边的边缘光线（r_{0L} 与 r_{0R}）相对于垂直轴互为对称。这两条光线的夹角为 $2\theta_0$。因为 r_{0L} 与 r_{0R} 的中分线在垂直方向上，$\gamma = 0$（见图 10.18）。利用式 (10.12) 便可以

得到 $\theta_0 = \arcsin(u(0)/2)$，从而决定 r_{0L} 与 r_{0R} 的方向。

在接收器的点 R_1 与 R_3 间选择一点 R_4（见图 10.21(b)），它从光学组件接收的光线的左端对应于光线 r_{4L}（起始于点 O_1）。右端的光线 r_{4R} 有待确定。点 R_4 的水平坐标是 x_{R4}（其表示方法与图 10.19 中点 R_A 的水平坐标 x_{RA} 的表示方法类似）。R_4 上的单位长度光学扩展量是 $u(x_{R4})$。利用图 10.18 以及上面讨论的方法，使用式（10.12）便可以决定 r_{4R} 的方向。把点 R_4 沿接收器的 R_1R_3 部分移动，便可以计算所有到达 R_1R_3 的边缘光线。

现在回到图 10.21(a)，光线 r_3 与 r_{0L} 的交点确定了点 C_1。该点可以用作点 R_5（介于 R_3 与 R_0 之间）的左边缘光线 r_{5L} 的枢纽点。这只是确定该光线的其中一个方法，还有其他的可能方法。

现在考虑图 10.21(b) 中的点 R_5。我们可以让点 R_5 上的左边缘光线 r_{5L} 指向 C_1。点 R_5 的水平坐标是 x_{R5}（其表示方法类似于图 10.19 中点 R_A 的水平坐标 x_{RA} 的表示方法）。R_5 上的单位长度光学扩展量是 $u(x_{R5})$。利用图 10.18 以及上面讨论的方法，使用式（10.12）便可以决定 r_{5R} 的方向。把点 R_5 沿接收器的 R_3R_0 部分移动，便能计算所有到达 R_3R_0 的边缘光线。

图 10.21(c) 显示了对接收器左半部 R_1R_0 计算的所有边缘光线，图 10.22(a) 显示了从右边射过来的边缘光线，图 10.22(b) 显示了从左边射过来的边缘光线，图 10.22(c) 显示了与图 10.22(b)（左边缘光线）对称的光线。

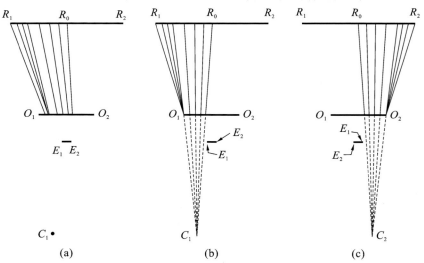

图 10.22　(a) 接收器 R_1R_0 上的右边的边缘光线；(b) 接收器 R_1R_0 上的左边缘光线；(c) 与图(b) 光线对称的光线

　　图 10.23 把图 10.22(a) 里的边缘光线与图 10.22(c) 的边缘光线结合在一起，显示了所有从右边照射整个接收器 R_1R_2 上的边缘光线，同时也显示了从接收器端点 R_1 发散出来通过 $W_{1A}W_{1B}$ 的额外光线。这些光线照射在点 R_1 而产生期望的光照度。波前 w_1 的形状就可以取决于一条垂直于所有这些光线的曲线（其过程类似于图 10.5 所描述的步骤）。

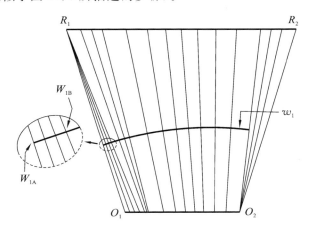

图 10.23　照射在整个接收器 R_1R_2 上的整组边缘光线定义了波前 w_1。通过 $w_{1A}w_{1B}$ 的光线
　　　　从接收器端点 R_1 发散出来

　　利用对称性便可以得到波前 w_2。接下来，使用同步多表面设计方法便可以设计出在点 O_1 与 O_2 间的光学组件 O_1。如图 10.24 所示，我们以端点 O_1 为设计的起点。设计的方法与图 9.23 所示的类似。

　　图 10.25 显示了通过光学组件的光线照射到接收器 R_1R_2 的情况。它显示了在点 R_4 与 R_6 上的照明光锥。对点 R_4 而言，照明光锥的左边缘光线 r_{4L} 来自光学组件的端点 O_1，右边缘光线 r_{4R} 来自辐射器的端点 E_2。对点 R_6 而言，照射到光锥的左边缘光线 r_{6L} 来自辐射器的端点 E_1，右边缘光线 r_{6R} 来自辐射器的端点 E_2。由镜面 e_1 与 e_2 组成的复合椭圆集中器跟光学组件 O_1 一起便可以与朗伯辐射器 E_3E_4 配用了。这时，E_1E_2 变成了复合椭圆集中器的出光孔径。

　　图 10.25(b) 显示了另外一个例子。一个光学组件 O_4 针对同样的出光孔径 O_1O_2 及相同的输出波前（w_1 与 w_2）设计，因此在接收器 R_1R_2 上产生的光照度分布跟图 10.25(a) 的相同。该光学组件对应于不同的辐射器 E_1E_2，但是设计的方法与图 10.25(a) 的一样。将它跟平面镜 m_1（从 E_3 到 O_1）与平面镜 m_2（从

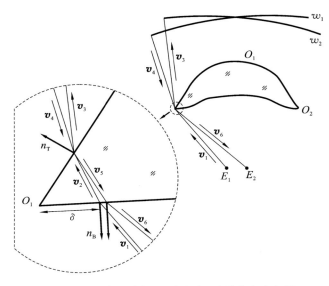

图 10.24　光学组件 O_1 的设计以端点 O_1 为起点。设计的方法与图 9.23 所示的类似

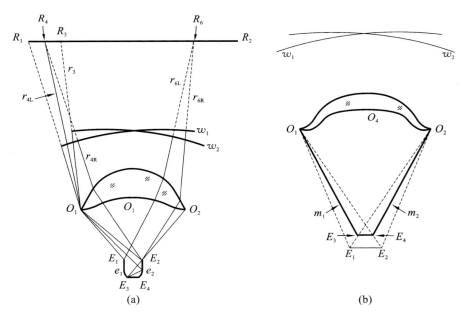

图 10.25　(a) 针对辐射器 $E_1 E_2$ 与输出波前 w_1 与 w_2 设计的光学组件，以及对应的光线。该
　　　　　光学组件与复合椭圆集中器(椭圆镜面 e_1 与 e_2)组合在一起，便可以用在朗伯辐
　　　　　射器 $E_3 E_4$ 上；(b) 光学组件 O_4 与图(a) 中的光学组件 O_1 类似，但是针对另一辐
　　　　　射器 $E_1 E_2$ 而设计的，它与平面镜 m_1 与 m_2 一起使用时便可以用在朗伯辐射器
　　　　　$E_3 E_4$ 上

E_4 到 O_2)一起使用时便可以用在朗伯辐射器 E_3E_4 上。在该配置中,距离$[E_3,$ $E_1]=[E_3,E_4]$。镜面 m_1 平分 $E_1E_3E_4$,所以 E_1 是 E_4 的镜像。而且点 O_1 是在镜面 m_1 与通过 E_2、E_4 的直线的交点。因为$[O_1,E_4]=[O_1,E_1]$,而且$[E_4,E_2]=$ $[E_3,E_4]$,从配置图的几何形状便可以看出 $U=2([O_1,E_2]-[O_1,E_1])=$ $2([O_1,E_4]+[E_4,E_2]-[O_1,E_1])=2[E_3,E_4]$。所以朗伯辐射器 E_3E_4 的光学扩展量 U 等于虚拟辐射器 E_1E_2 与接收器 O_1O_2 间交换的光学扩展量。

我们也可以用其他的设计方法达到同样的效果。图 10.26 便是这样的一个例子。首先考虑图 10.20 的光照度分布,及图 10.19 中的辐射器 E_1E_2、光学组件端点 O_1O_2、接收器 R_1R_2。接下来,我们会说明怎样设计图 10.26 中的光学组件以配合图 10.19 的光学组件产生图 10.20 的光照度分布。而且,我们会指定图 10.26 的光学组件的下表面为平坦的(也可以使用其他的形状)。

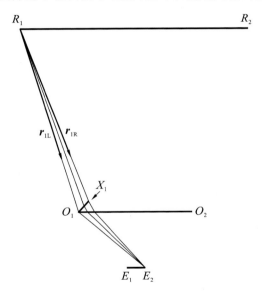

图 10.26　针对在接收器 R_1R_2 上的指定光照度分布而设计的透镜。我们选定其下表面(从 O_1 到 O_2 为平坦,可以是其他的形状)。上表面的边缘 O_1X_1 部分将从 E_2 发出的光线聚焦到 R_1 上。在边缘光线 r_{1L} 与 r_{1R} 间的光锥定义 R_1 上的光照度

点 R_1 与 O_1 定义了光线 r_{1L} 的方向。在点 R_1 上的单位长度光学扩展量 $u(-x_R)$ 确定了光线 r_{1R} 的方向。现在,上表面的 O_1X_1 部分(在矢量 r_{1L} 与 r_{1R} 之间)可以计算为一个笛卡儿卵形线,将从 E_2 发出的光线聚焦到 R_1 上。这些光线在通过平坦的下表面 O_1O_2 时会发生折射,如图 10.26 所示。

现在考虑在 E_1E_2 上的一点 E_4（见图 10.27）。从 E_4 发出一条穿过点 O_1 的光线，它在光学组件的上、下表面上分别折射一次，然后继续传播为光线 r_{4L}，并与 R_1R_2 相交于点 R_4。利用点 R_4 上的单位长度光学扩展量 $u(x_{R4})$，可以计算 r_{4L} 的方向。前面的计算中，我们已经知道点 X_1 的位置以及它的法线 $\boldsymbol{n}_1$ 方向，因而可以定义一个平面。接下来，就可以确定光线 r_{4L} 与该平面的交点 X_2。光线 r_{4L} 必须照射在点 E_2 上，从而可以确定其法线 $\boldsymbol{n}_2$ 方向。

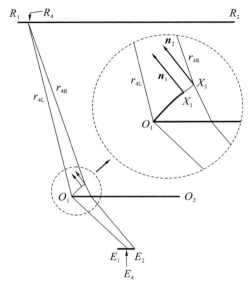

图 10.27　在 E_1E_2 间的点 E_4 发出一条光线，在点 O_1（上、下表面）上折射，然后照射 R_1R_2 的点 R_4 上。利用之前计算的点 X_1，便可以在上表面上定义一个新点 X_2

以一定方式将点 E_4 从 E_2 移向 E_1，重复前面的步骤，便能计算透镜上表面 X_1 与 X_3 之间的点，如图 10.28 所示。

在已经计算的透镜上表面部分入射取一点 X，并决定从 X 到 E_1 的光线光路。该光线从透镜出射后变成光线 r_{5L}，并投射在接收器的点 R_5 上，如图 10.29 所示。利用点 R_5 上的单位长度光学扩展量 $u(x_{R5})$，可以计算 r_{5R} 的方向。前面的计算，我们已经知道点 X_3 的位置以及它的法线 $\boldsymbol{n}_3$ 方向，因而可以定义一个平面。接下来，就可以决定光线 r_{5R} 与该平面的交点 X_4。光线 r_{5R} 必须入射在点 E_2 上，从而可以决定其法线 $\boldsymbol{n}_4$ 方向。

把点 X 沿刚计算的透镜移动，重复前面的步骤，便能在透镜上表面计算更多的点。图 10.30 显示了完整的透镜。在点 R_L 可以到达接收器中点 R_0 之前，光

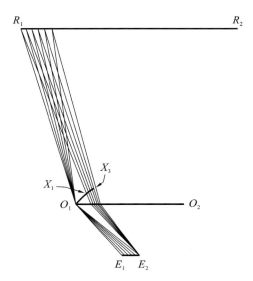

图 10.28　在 E_1E_2 间发出的光线,在点 O_1 穿过透镜(在上、下表面折射),定义了透镜上表面的一个新部分 X_1X_3

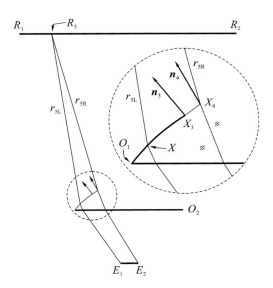

图 10.29　从 E_1 发出的光线,穿过透镜上的已知点 X,然后打在 R_1R_2 的点 R_5 上。利用之前计算的点 X_3,便可以定义一个新点 X_4

线 r_{LR} 已经到达透镜的中点 X_0,这表明接收器中央部分 R_LR_R 的光照度无法得到控制(点 R_R 与 R_L 互为对称)。

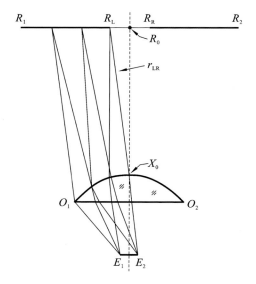

图 10.30　完整的透镜。光线 r_{LR} 在点 R_L 到达 R_0 之前到达透镜的中心 X_0，光照度无法控制（点 R_R 与 R_L 互为对称）

10.4　光束耦合与指定光照度分布

在非成像光学中，有两类主要的设计课题。第一类是光束耦合，其目标是要将从辐射器（光源）到接收器（目标面）的光功率传输达到最大化。第二类是达到指定光照度或光强度，其目标是要在接收器（目标面）上产生指定的光照度分布[2-4]。

考虑光学组件 O_1（端点为 O_1 与 O_2），以及辐射器 E_1E_2，我们可以定义从朗伯光源 E_1E_2 到 O_1O_2 的光束 b_1 为通过 E_1E_2 与 O_1O_2 的所有光线，如图 10.31(a) 所示。光束 b_1 的光学扩展量为 U_1。现在考虑朗伯光源 R_1R_2，它发出的光线在各可能方向上往下传播（发光角度为 $\pm\pi/2$）。与光学组件 O_1O_2 相交的光线定义了另一光束 b_2。它代表所有可以同时穿过 O_1O_2 与 R_1R_2 的光线。光束 b_2 的光学扩展量为 U_2。

现在考虑光学组件 O_2（端点仍是 O_1 与 O_2），以及同样的辐射器 E_1E_2，如图 10.31(b) 所示。从 E_1E_2 到 O_1O_2 的光束 b_1 与前面的一样，所以光学扩展量仍然是 U_1。光学组件 O_2 对应于另外一个接收器 R_AR_B。我们也可以把 R_AR_B 看成一个朗伯光源，它发出的光线在各可能方向上往下传播（发光角度为 $\pm\pi/2$）。与光学组件 O_1O_2 相交的光线定义了另一光束 b_3。它代表所有可以同时穿过 O_1O_2

与 $R_A R_B$ 的光线。光束 b_3 的光学扩展量为 U_3。

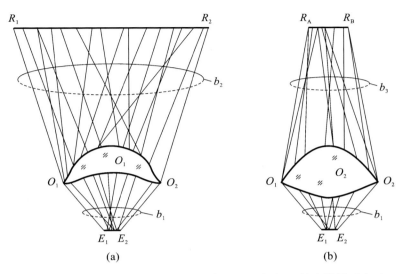

图 10.31　（a）光束 b_1 的光线同时通过 $E_1 E_2$ 与 $O_1 O_2$，光束 b_2 的光线同时穿过 $O_1 O_2$ 与 $R_1 R_2$；（b）光束 b_1 的光线同时通过 $E_1 E_2$ 与 $O_1 O_2$（与图（a）一样），而光束 b_3 的光线同时穿过 $O_1 O_2$ 与 $R_A R_B$

图 10.32(b) 显示了图 10.31(b) 中的同一光学组件 O_2，以及辐射器 $E_1 E_2$、接收器 $R_A R_B$。接收器上的每一点 R_1 被整个光学组件 $O_1 O_2$ 所照射。R_1 上的光锥左边缘对应于从光学组件端点 O_1 发出的左边缘光线 r_{1L}，右边缘则对应于从光学组件端点 O_2 发出的右边缘光线 r_{1R}。光学组件 O_2 接收了所有在光束 b_1 中的光线，并把它们转换成光束 b_3。所以光学组件 O_2 耦合了光束 b_1 与 b_3，这就是光束耦合的一个例子。光束 b_1 的光学扩展量 U_1 与 b_3 的（U_3）相等：$U_1 = U_3$。

图 10.32(a) 中的光学组件 O_1 与图 10.25(a) 及图 10.31(a) 中的相同。该光学组件对应于辐射器 $E_1 E_2$ 而设计，它在接收器 $R_1 R_2$ 上产生指定的光照度分布。对接收器上的每一点 R_1，入射光线是在左边缘光线 r_{1L} 与右边缘光线 r_{1R} 之间。例如，在点 R_2 上的边缘光线分别是 r_{2L} 与 r_{2R}。

光学组件 O_1 接收了从 $E_1 E_2$ 朝 $O_1 O_2$ 发出的光束 b_1，但它不能产生光束 b_2 中的所有光线。例如，光线 r 属于光束 b_2，但不属于从 O_1 往 $R_1 R_2$ 发射的光线。但是，光束 b_4 包含了所有从 $O_1 O_2$ 发出而到达 $R_1 R_2$ 的光线。它的光学扩展量是 U_4。对接收器上每一点 R_1 而言，光束 b_4 包含了所有在边缘光线 r_{1L} 与 r_{1R} 之间的光线。光束 b_4 是 b_2 的子集。其光学扩展量 U_4 远小于光束 b_2 的光学扩展量 $U_1 = U_4 \ll U_2$。

当辐射器的光学扩展量 U_1 远小于接收器的光学扩展量 U_2 时，可以设计一个光学组件在接收器上产生指定光照度分布。这一光学组件的设计并不是

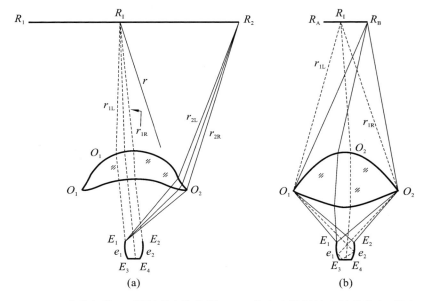

图 10.32 (a) 光学组件 O_1 照射到大接收器 $R_1 R_2$,并产生期望的光照度分布(指定光照度);(b) 光学组件 O_2 耦合光源的光学扩展量与接收器 $R_1 R_2$ 的光学扩展量(光束耦合)

唯一的。即使在接收器上的光线的分布可能会不一样(对应不同的入射方向),仍然可以达到同样的光照度分布。这种光学组件称为指定光照度光学组件。

参 考 文 献

[1] Gonzalez,J. C. and Miñano,J. C.,Design of optical systems which transform one bundle of incoherent light into another,*Nonimaging Opt.:Maximum-Efficiency Light Transfer II*,SPIE Vol.,2016,109,1993.

[2] Winston,R. et al.,*Nonimaging Optics*,Elsevier Academic Press,Amsterdam,2005.

[3] Hernandez,M. et al.,High-performance Köhler concentrators with uniform irradiance on solar cell,*Proc. SPIE 7059*,*Nonimaging Optics and Efficient Illumination Systems V*,San Diego,California,USA,September 2,2008.

[4] Buljan,M.,*Free-Form Optical Systems for Nonimaging Applications*,PhD thesis,Technical University of Madrid,2014.

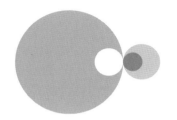

第 11 章
微小光学扩展量
光学组件

11.1　简介

同步多表面设计方法让我们可以同步对两个光学组件表面进行设计,将两个输入波前耦合到两个输出波前。现在,考虑当光学组件捕获的光线的光学扩展量逼近于 0 的极限情况。此时,辐射器与接收器的大小逼近于无穷小。如果光学组件是太阳能集中器,其接收角逼近于 0。

在这一极限情况下,可以对两个光学组件表面同步进行设计。其设计过程比较简单、稳定,并且没有出现在同步多表面设计方法中碰到的循环的情况。因此,在接收器很小,或非优化光学组件是可以接受的情况下,这一设计方法可以派上用场。该方法也可以作为同步多表面设计方法优化的起点。

11.2　微小光学扩展量光学组件

考虑图 11.1(a) 的辐射器 E 与接收器 R,它们之间交换的光学扩展量是

$$U = [[R_2, E_1]] + [[R_1, E_2]] - [[R_2, E_2]] - [[R_1, E_1]] \qquad (11.1)$$

其中,$[[X, Y]]$ 是 X 与 Y 之间的光程。

但是,当辐射器 E 与接收器 R 的大小逼近于 0 时,R 接收的微小光学扩展量变成(见图 11.(b))

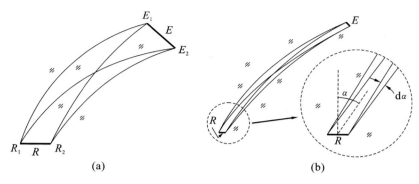

图 11.1　（a）大辐射器（E）与大接收器（R）；（b）微小辐射器（E）与微小接收器（R）

$$U_1 = 2nR\cos\alpha\sin\left(\frac{\mathrm{d}\alpha}{2}\right) \tag{11.2}$$

其中，n 是接收器所在介质的折射率；$\mathrm{d}\alpha$ 是从接收器 R 看过去时辐射器 E 所张的孔径角；R 是接收器的大小。现在把这一结果应用到具有接收器 R 的光学组件中。图 11.2 是该光学组件的二维切面图。图中也显示了半接收角为 θ（全接收角为 2θ）的边缘光线。根据光学扩展量守恒，可以得到

$$2\mathrm{d}\rho\sin\theta = 2nR\cos\alpha\sin\left(\frac{\mathrm{d}\alpha}{2}\right) \tag{11.3}$$

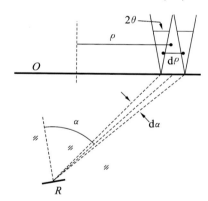

图 11.2　具有微小接收器的光学组件在二维空间中的光学扩展量守恒

因为，当 $\zeta \to 0$ 时，$\sin\zeta \to \zeta$，可以得到 $\sin(\mathrm{d}\zeta) = \mathrm{d}\zeta$（角度 ζ 的单位是弧度）。假定 $\sin(\mathrm{d}_\alpha/2) = \mathrm{d}_\alpha/2$，便可以得到

$$\frac{\mathrm{d}\rho}{\mathrm{d}\alpha} = \frac{n}{2\sin\theta}R\cos\alpha \tag{11.4}$$

在推导该式时，假设 α 增加，ρ 同时增加。但事实上，相反的情况也是可能的：α

增加,ρ 减少。所以式(11.4)也可以写成

$$\frac{\mathrm{d}\rho}{\mathrm{d}\alpha} = -\frac{n}{2\sin\theta}R\cos\alpha \qquad (11.5)$$

因此,一般而言,有

$$\frac{\mathrm{d}\rho}{\mathrm{d}\alpha} = \pm\frac{n}{2\sin\theta}R\cos\alpha \qquad (11.6)$$

对该微分方程积分便可以得到

$$\rho = \pm\frac{nR}{2\sin\theta}\sin\alpha + C \qquad (11.7)$$

或可以写成

$$\rho = \pm f\sin\alpha + C \qquad (11.8)$$

其中,$f = nR/(2\sin\theta)$;C 是一个积分常数。当 $C = 0$ 时(如果这时 $\alpha = 0$,$\rho = 0$),从式(11.8)就可以得到 $\rho = f\sin\alpha$。

现在假设接收器的形状是任意的,它在 α 方向上的投影面积是 $p(\alpha)$(见图 11.3)。该投影面积也可以写成 $p(\alpha) = Rb(\alpha)$,其中,$b(\alpha)$ 是角度 α 的函数。当 $\alpha = 0$ 时,图 11.3 中的接收器的投影面积大小是 $p(0) = R$。

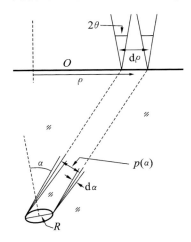

图 11.3　具有任意形状接收器的微小光学扩展量光学组件

这时,式(11.3)可以写成

$$2\mathrm{d}\rho\sin\theta = 2nRb(\alpha)\sin\left(\frac{\mathrm{d}\alpha}{2}\right) \qquad (11.9)$$

而式(11.6)则可以写成

$$\frac{\mathrm{d}\rho}{\mathrm{d}\alpha} = \pm\frac{nR}{2\sin\theta}b(\alpha) \qquad (11.10)$$

对该微分方程积分便可以得到

$$\rho(\alpha) = \pm \frac{nR}{2\sin\theta}B(\alpha) + C \qquad (11.11)$$

其中, $B(\alpha) = \int b(\alpha)$; C 是积分常数。

对应于大小为 R 的平面接收器(见图 11.2) $b(\alpha) = \cos\alpha$, 因此, $B(\alpha) = \sin\alpha$。如果接收器是圆盘形, 直径为 R, $b(\alpha) = 1$, $B(\alpha) = \alpha$。所以

$$\rho(\alpha) = \pm \frac{nR}{2\sin\theta}\alpha + C \qquad (11.12)$$

现在考虑具有圆形对称的微小光学扩展量光学组件[1]。当 $\alpha = 0$ 时, 假设 $\rho = 0$, 便能得到 $C = 0$。此时, 垂直于接收器的光线会在 $\rho = 0$ 处离开光学组件。图 11.4 便显示了这样的情况。其中的光学组件 O_C 圆形对称, 而子午面接收角为 θ_M。式(11.8) 可以写成

$$\rho = \frac{nR}{2\sin\theta_M}\sin\alpha \qquad (11.13)$$

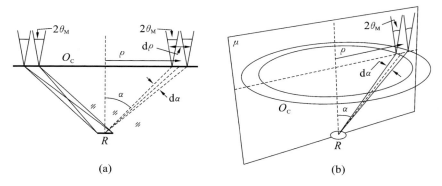

图 11.4　(a) 具有圆形对称集中器的子午面光线; (b) 同一集中器的三维图, 显示了
子午面 μ

图 11.5 是同一集中器 O_C(具有圆形对称)的三维图。同时显示了在弧矢面上的两条弧矢面光线 s_1 与 s_2。如果这些光线对应于入射辐射的边缘光线, 它们定义了弧矢面接收角 θ_G。对集中器入光孔径上的点而言, 这些光线具有最大的扭曲度。当到达接收器时, 它们的扭曲度也会是最大的, 因此会落在边缘上。考虑光线 s_1, 作为一根弧矢面光线, 当到达接收器时, 与垂线(也就是光轴)的夹角是 α。由于扭曲度守恒, 所以

$$\rho\sin\theta_G = n\frac{R}{2}\sin\alpha \Leftrightarrow \rho = \frac{nR}{2\sin\theta_G}\sin\alpha \qquad (11.14)$$

其中, ρ 是径向坐标。如果弧矢面接收角 θ_G 等于子午面接收角 θ_M, 式(11.14) 与

式(11.13)相同。因此满足齐明条件(见式(11.13))的光学组件,其弧矢面接收角与子午面接收角相等。

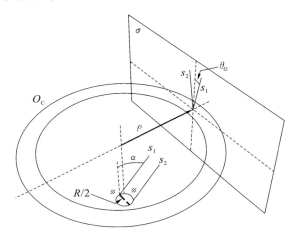

图 11.5　具有圆形对称集中器的弧矢面光线

当 $\theta_{\text{G}} = \theta_{\text{M}}$ 时,我们得到

$$\rho = f\sin\alpha \qquad (11.15)$$

其中

$$f = \frac{nR}{2\sin\theta} \qquad (11.16)$$

满足式(11.15)的光学组件称为齐明光学组件[2],当接收角逼近于 0 时,它们是同步多表面光学组件的极限情况[3]。

图 11.6(a) 显示了一个接收角为 2θ 的同步多表面光学组件,以及对应的接收器 R。图 11.6(b) 显示了同一光学组件以及两条流线(f_1 与 f_2)。在这两条流线间的辐射的光学扩展量是 $U = 2(2\rho)\sin\theta = 2(d_1 - d_2)$。现在,如果 R 的大小逼近于 0,便得到图 11.6(c) 的情况:d_1 与 d_2 变得平行,而且 $d_1 - d_2 = R\sin\alpha$。这时候光学扩展量是 $2\rho\sin\theta = R\sin\alpha$,与式(11.15)、式(11.16)描述的齐明光学组件一样。在该例中,接收器 R 是在折射率 $n = 1$ 的介质(空气)中。但是,$n \neq 1$,同样的论据仍然成立。因此可以有结论:在极限情况,当 $R \to 0$ 时,同步多表面光学组件会变成齐明光学组件。

现在考虑一个假想的圆形光学组件 O,其圆心在接收器 R 上,它接收一束平行竖直光线,并将它们聚焦到 R 上,如图 11.7 所示。对该光学组件而言,$\rho = [V, R]\sin\alpha$,其中,$[V, R]$ 是从光学组件端点 V 到点接收器 R 的距离。因此,这是一个齐明光学组件。距离 $[V, R]$ 是光学组件 O 的半径。

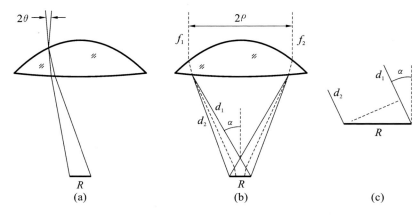

图 11.6　（a）接收角为 2θ 的同步多表面光学组件与接收器 R；（b）穿过同步多表面光学组件的流线 f_1 与 f_2；（c）当 R 的大小逼近于 0 时的极限情况

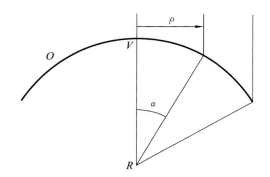

图 11.7　微小光学扩展量（齐明）光学组件

在三维空间中，该光学组件会是一个圆球冠，如图 11.8 所示。现在，我们在 $x_1 = p_X$ 处设立一个竖直面 μ，切过该光学组件，从而定义了一条圆弧曲线 c。

现在考虑 $[V, R] = n$ 的特例。其中，n 是 R 所在介质的折射率。从 R 发出，终止于圆弧 c 上的矢量对应于从 R 发出，穿过曲线 c 的（逆向）光线的光学动量，如图 11.9 所示。

所有这些光线的动量落在以 R 为端点的锥面上。例如，光线 r_A、r_B、r_C 具有动量 p_A、p_B、p_C。光学动量 $p_A = (p_{A1}, p_{A2}, p_{A3})$，其中，$p_{A1} = p_X$。同样，$p_{B1} = p_X$，$p_{C1} = p_X$。因此，所有在锥面上穿过 c 的光线，具有 $p_1 = $ 常数。这些光线都落在一个在 $x_1 = $ 常数的平面 μ 上，并且都会沿着 x_3 的方向离开光学组件，如图 11.8 所示。这是齐明系统的一个特性：离开光学组件的光线的动量 $p_1 = $ 常数，而且光线都在 $x_1 = $ 常数的平面上。

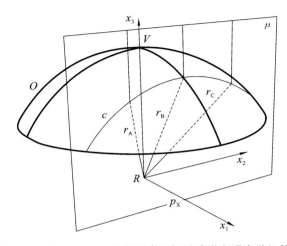

图 11.8 在 $x_1 = p_X$ 处的竖直面切过球形齐明光学组件 O

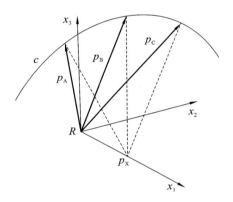

图 11.9 所有指向曲线 c,而且光学动量为 $p_1 = p_X$ 的光线落在 $p_1 =$ 常数的锥体上

11.3 连续光学表面

设计齐明光学组件时,可以采用一个简单方法,对多个光学表面以小步递进的方式同步设计。图 11.10 便是这种光学组件的一个例子,其光学表面同为镜面。入射光线的方向为 v(从无穷远处的物件发出),被第一光学表面 m_B 反射后,再被第二光学表面 m_T 反射,投射到焦点 R 上(在该处产生物件的像)。

参考图 11.11,以及式(11.15),可以定义一个方法来计算齐明光学组件镜面的设计点。首先,选定接收器 R 的大小(应该远小于距离 $[P,Q]$)。然后,选定半接收角 θ 的值。知道了 R 及 θ,就可以使用式(11.16)计算放大率 f。

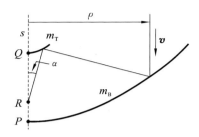

图 11.10　具有两个镜面（m_B 与 m_T）及点接收器 R 的齐明 XX 光学组件

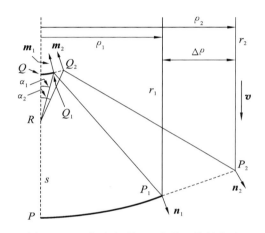

图 11.11　构造齐明 XX 光学组件的方法

现在假设已经知道点 P_1 的位置（法线 n_1）及点 Q_1 的位置（法线 m_1）。因此，光线 r_1 的光路为已知。现在考虑另外一条光线 r_2，其传播方向为 v，与光线 r_1 的相对距离是 $\Delta\rho$。然后，考虑由点 P_1 及法线 n_1 定义的平面。光线 r_2 与该平面的交点是点 P_2。利用式（11.15），便可以决定 $\alpha_2 = \arcsin(\rho_2/f)$。

从点 R 发出一条相对于光轴倾角为 α_2 的光线，考虑由点 Q_1 及法线 m_1 定义的平面，该光线与该平面的交点是点 Q_2，由此便决定了光线 r_2 的完整光路。利用在点 P_2 上的入射光线与反射光线的方向便可以决定在该点上的法线 n_2。同样，利用在点 Q_2 上的入射光线与反射光线的方向便可以决定其法线 m_2。考虑在 r_2 右边的另外一条光线，重复刚才的步骤，便可以在 P_2 与 Q_2 的右边决定两个新的设计点。重复这些步骤，便能定义更多的设计点，从而完成所有的光学表面设计。这一设计过程起始于在光轴上定义点 P 与 Q（表面 m_S 与 m_T 的起点）。P 与 Q 的法线平行光轴 s。

要注意的是，为了得到比较准确的光学表面，在设计时，每一点的距离应该很小(如 $\Delta\rho = 10^{-6}[P,Q]$))。也就是说,需要对每个镜面计算成千上万的点。但是,要得到比较好的近似镜面,不需要存取所有点。一般而言,对每个镜面,大概存取 100 点便可以了。因此,在计算过程中,可以计算很多互相靠近的点。但是,只需要大概每一万点才存取一点。

前面对齐明光学组件(见图 11.10)的讨论,只有当接收角以及接收器 R 为无穷小时才成立。在实际应用中,这些光学组件通常会与有限大小的接收器 R(其设计中点为 R,见图 11.12)配合使用而构成集中器,其接收角为 2θ,并非无穷小。这时候,接收器的理想中点位置不再是设计点 R,而应该在点 R_E 上,稍微靠近次组件,如图 11.12 所示。

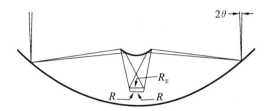

图 11.12　当齐明光学组件用作具有有限接收角的集中器时,接收器的理想位置会稍微
　　　　　靠近次镜

这类似于把抛物面主组件与复合椭圆集中器次组件结合的情况。复合椭圆集中器的入光孔的理想位置不再在抛物面反射镜的焦点上,而会往镜面靠近(见第 6 章)。

如果想要设计两个光学表面,在第一个表面前方的折射率为 n_1,两个表面之间的折射率为 n_2,在第二个表面后方的折射率为 n_3。如果 $n_1 = n_2$,第一个表面是反射面,否则是折射面。同样,如果 $n_2 = n_3$,第二个表面是反射面,否则是折射面。如前所述,在设计过程中利用式(11.15)定义新光线的光路,并同时在每一个光学表面上定义新的设计点。设计点的表面法线可以计算为

$$\mathrm{dflnrm}(\boldsymbol{i},\boldsymbol{r},n_A,n_B) = \frac{n_A\boldsymbol{i} - n_B\boldsymbol{r}}{\|n_A\boldsymbol{i} - n_B\boldsymbol{r}\|} \tag{11.17}$$

其中,$\|\boldsymbol{i}\| = \|\boldsymbol{r}\| = 1$;$\boldsymbol{i}$ 是入射光线的方向;$\boldsymbol{r}$ 是偏折光线的方向;n_A 与 n_B 是偏折前、后的折射率(见第 16 章)。如果 $n_A \neq n_B$,则光线被折射;如果 $n_A = n_B$,则光线被反射。可以用这一方法来设计不同类型的齐明光学组件,如 R_R、X_R、R_X、X_X、R_{XI}。图 11.13 显示了一个 R_R 及一个 R_X 齐明光学组件。

图 11.14 显示另一个例子:RXI 光学组件。首先,选定线段 AB(如我们可以选定 AB 为直线)。线段 AB 满足 $\rho_B = f\sin\alpha_A$,其中,f 是齐明光学组件的放大率。

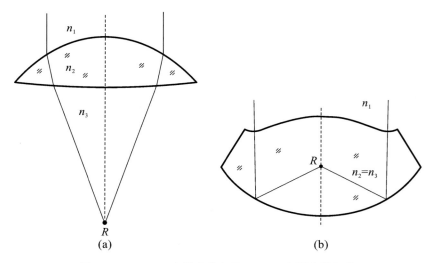

图 11.13 （a）R_R 齐明光学组件；（b）R_X 齐明光学组件

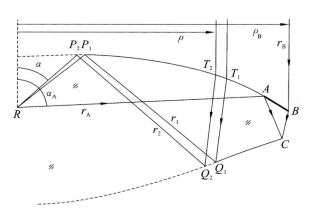

图 11.14 RXI 齐明光学组件

现在考虑从接收器 R 发出的光线 r_A，让它在点 A 上反射。同时考虑一条竖直光线 r_B，并让它在点 B 上折射。这两条光线的交点就定义了下表面的边缘点 C。现在假设上表面的 P_1B 部分与下表面的 Q_1C 部分已知，从而可以决定光线 r_1 的光路。同时，可以决定在光学表面上的点 Q_1 与 P_1（没有在图中显示出来）的表面法线。现在考虑另外一条竖直光线 r_2（与光轴的距离为 ρ）。让它在上表面的点 T_2 上折射，然后与下表面的切线（切点为 Q_1）相交，便定义了下表面的一个新设计点 Q_2。利用公式 $\rho = f\sin\alpha$ 便可以计算角度 α。从 R 发出一条光线（与光轴的夹角为 α），让它与上表面的切线（以 P_1 为切点）相交，便可以在上表面定义一个新设计点 P_2。光线 r_2 的光路便可以完全决定了，而且也可以决定上、下表面上的点 P_1 与 Q_1 的法线。接下来,稍微减少 ρ 的值,重复前面的步骤,便可以计算在 P_2、Q_2 左边的设计点。

11.4 菲涅耳光学组件

我们也可以使用菲涅耳(非连续)光学表面来设计微小光学扩展量光学组件。现在来看一个例子。考虑一个由定日镜 h 与平面接收器 R 组成的菲涅耳反射器,如图 11.15 所示。定日镜 h 将垂直入射的光线反射到接收器 R 上。现在在器件的边缘上加一片新的定日镜(起点为 P_0)。此新的定日镜的设计是与次镜 m_S(起点为 S_0)配用的。点 P_0 与对称轴的水平距离是 ρ_0,而且 S_0 与对称轴(垂直于 R)的夹角是 α_0。

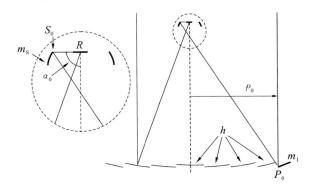

图 11.15   定日镜 h 与接收器 R 组成的菲涅耳集中器。附加的微小光学扩展量光学组件包含了主组件 m_1 与次组件 m_2

图 11.16 显示了在 P_0 右边的集中器对应的一些光路。对该结构而言,ρ 随着 α 的减少而增加。所以我们应该用带负号的式(11.8):$\rho = -f\sin\alpha + C$。

对镜面 m_1 而言,设计起点是 P_0,光线在接收器的角度是 $\alpha_0 = \pi/2$,到光轴的距离是 ρ_0。因为接收器是在空气中,所以 $n = 1$。利用 $\rho = -f\sin\alpha + C$,便可以得到镜面 m_1 的起始位置为

$$\rho_0 = -\frac{R}{2\sin\theta}\sin\left(\frac{\pi}{2} + C\right) \tag{11.18}$$

或

$$C = \rho_0 + \frac{R}{2\sin\theta} \tag{11.19}$$

对于次镜,便可以得到

$$\rho = -f\sin(\alpha) + \rho_0 + f \tag{11.20}$$

其中,$f = R/(2\sin\theta)$。为了维持一致性,可以假定菲涅耳接收器(包含定日镜 h

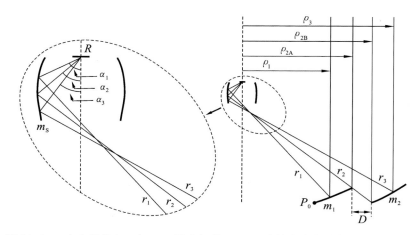

图 11.16　由主组件（m_1 与 m_2）及次组件（m_s）组成的微小光学扩展量光学组件

与接收器 R）的半接收角为 θ。

对于在镜面 m_1 反射的光线 r_1，有 $\rho_1 = -f\sin\alpha_1 + \rho_0 + f$；同样，对在镜面 m_1 右缘反射的光线 r_2，有 $\rho_{2A} = -f\sin\alpha_2 + \rho_0 + f$。但是，光线 r_2 也可以被考虑为是在镜面 m_2 的左缘反射。因而，$\rho_{2B} = -f\sin\alpha_2 + \rho_0 + f + D$。这一表达式也可以应用在所有在镜面 r_2 上反射的其他光线（r_3），$\rho_3 = -f\sin\alpha_3 + \rho_0 + f + D$。图 11.17 显示了整个光学组件。

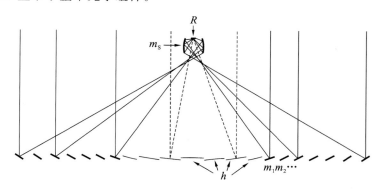

图 11.17　菲涅耳集中器包含定日镜 h 与接收器 R，以及附加的微小光学扩展量光学组件（定日镜 m_1、m_2……及对应的次镜 m_s）

如果具有圆形对称，对图 11.17 的集中器而言，子午面接收角 θ_m 与弧矢面接收角 θ_G 不相等。如果要让它们相等，必须使用式（11.13）或是其对等式（11.14）进行设计。但这并不是设计中央菲涅耳镜面，或附加的定日镜（m_1、m_2……）及次镜 m_s 时的情况。

同时也可以设计一个具有圆形接收器（R）的镜面-镜面（XX）集中器，如图 11.18 所示。此时有

$$\rho(\alpha) = \frac{R}{2\sin\theta}\alpha + C = f\alpha + C \qquad (11.21)$$

其中，$f = R/(2\sin\theta)$；R 是圆形接收器的直径。式（11.21）可以从式（11.12）（带"+"号的解答）推导出来。因为接收器在空气中，所以 $n = 1$。

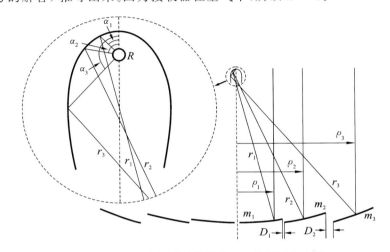

图 11.18　对应圆形接收器的 XX 菲涅耳集中器

当 $\alpha = 0$，$\rho = 0$（所以，$C = 0$）时，便可以对第一镜面 m_1 进行计算而得到

$$\rho_1(\alpha) = f\alpha_1 \qquad (11.22)$$

对第二镜面可以得到

$$\rho_2(\alpha) = f\alpha_2 + D_1 \qquad (11.23)$$

对第三镜面可以得到

$$\rho_3(\alpha) = f\alpha_3 + D_1 + D_2 \qquad (11.24)$$

对其他的定日镜也可以依此类推。

图 11.19 显示了该设计的一个例子。它包含有一个主组件 m_1，对应的次镜 m_S（以及它们的对称部件）[4]。在这个例子中，整个光学组件利用与式（11.23）类似的表达式计算。其中，D_1 是由光线 r_1 的光路而决定的常数。在最左边的光线 r_1，当它从图 11.19 的上方往下传播时，会刚好从次镜的旁边擦过，因此，次镜不会在主组件上产生投影。这条光线被 m_1 反射后，在被 m_S 反射到 R 之前，也会刚好擦过圆形接收器。

利用与图 11.10 类似的方法可以设计具有圆形接收器（R）的镜面-透镜（XR）集中器，如图 11.20 所示[5]。此时，有

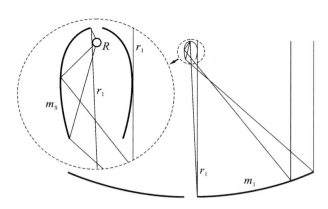

图 11.19 在这 RR 集中器中,所有光线都会经过两次反射。在往下传播时,所有光线都会错过了次镜 m_s 及接收器 R。在主组件 m_1 上的反射,会让它们折向而投射在次组件 m_s 上,从而再改向投射到接收器上

$$\rho(\alpha) = \frac{nR}{2\sin\theta}\alpha = f\alpha \qquad (11.25)$$

其中,R 是圆形接收器的直径。式(11.25)也可以从式(11.12)(带"+"号的解答)推导出来。当 $\alpha = 0$,$\rho = 0$ 时,得到 $C = 0$。

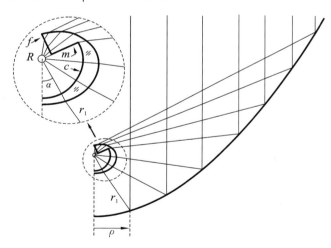

图 11.20 具有圆形接收器(R)的 XR 集中器

次组件的内部包含了以下部分:以 R 为中心的一条圆弧,沿着流线而指向中心 R 的直线 m,以及直线 f(垂直于 m)。

图 11.21 显示了一个类似的光学组件。只是该折射器的内表面没有径向直线 m。竖直入射的光线穿过光学组件后射向中心 R。它们会垂直于 R 的表

面,从而产生均匀照明,如图 11.21(a)所示。以接收角 θ 入射的光线会被光学组件折向而变得几乎与 R 相切。因此,也会在 R 上产生一个颇为均匀的照明,如图 11.21(b)所示。所以,在接收角范围内的平行光线都会在接收器 R 上产生均匀照明。

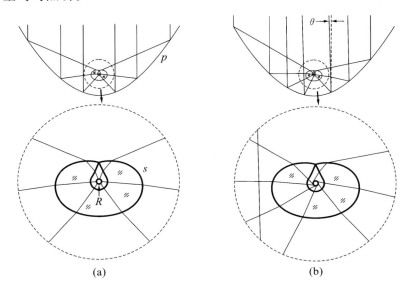

图 11.21　不同入射角的太阳光线在圆形接收器上产生均匀照明。(a)竖直光线;(b)倾角为 θ(集中器的接收角)的光线

　　微小光学扩展量设计可以视为一个基本设计,并通过同步多表面设计方法改进[6]。图 11.21 的光学组件满足式(11.25)(f 为常数)。从图 11.21 可以看到,入射的平行垂直光线被折向传播到接收器 R 的中心。但是,因为 R 为有限大小,这些光线在传播到接收器表面时就会被吸收。对于倾角为 θ 的边缘光线,情况也一样。如果这些光线来自远方的大物体(如太阳),该物件不会成像于圆形接收器上。这与图 11.10 中的光学组件的情况刚好相反。图 11.10 的光学组件满足齐明条件(见式(11.15)),会对远方的大物件成像于平面接收器上。

11.5　在有限距离处的光源

　　在前面的例子中,光源对光学组件的距离都很大。这是在太阳能集中器设计过程中常见的情况,因为太阳对地球(集中器)的距离很远。但是,前面提到的概念也可以应用在光源(辐射器)与接收器对光学组件颇为靠近的情况,如图 11.22 所示。辐射器(E)发出的光线被光学组件捕获后,转而投射到接收器(R)上。

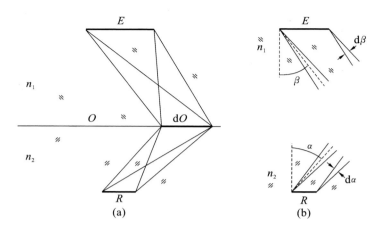

图 11.22 (a) 小辐射器(E)发出的光线被光学组件捕获并改向投射到接收器(R)上。显示了从 E 发出并穿过光学组件 O 的 dO 部分的光线;(b) 显示了从 E 发出,在 β 方向及孔径角 $d\beta$ 范围内传播的光线,同时显示了沿 α 方向,在孔径角 $d\alpha$ 范围内传播,而被接收器 R 捕获的光线

考虑辐射器(E)与接收器(R)都是很小的极限情况,式(11.2)对它们皆适用。假设辐射器(E)是在折射率 n_1 的介质中,它在 β 方向上,孔径角 $d\beta$ 范围内发出的光线的光学扩展量可以写成

$$U_{\mathrm{E}} = 2n_1 E \cos\beta \sin\left(\frac{\mathrm{d}\beta}{2}\right) \tag{11.26}$$

这些光线被光学组件(O)的 dO 部分改变传播方向,投射到在折射率为 n_2 的介质中的接收器(R)。接收器上的光学扩展量可以写成

$$U_{\mathrm{R}} = 2n_2 R \cos\alpha \sin\left(\frac{\mathrm{d}\alpha}{2}\right) \tag{11.27}$$

假设从 E 发出的光学扩展量等于 R 所捕获的光学扩展量,便可以得到

$$2n_1 E \cos\beta \sin\left(\frac{\mathrm{d}\beta}{2}\right) = 2n_2 R \cos\alpha \sin\left(\frac{\mathrm{d}\alpha}{2}\right) \tag{11.28}$$

或可写成(当 $\alpha \to 0$ 时,$\beta \to 0$)

$$n_1 E \cos\beta \mathrm{d}\beta = n_2 R \cos\alpha \mathrm{d}\alpha \tag{11.29}$$

以及

$$n_1 E \sin\beta = n_2 R \sin\alpha + C \tag{11.30}$$

当 $\alpha = 0$ 时,$\beta = 0$,可以得到 $C = 0$,以及[7]

$$\sin\beta = \frac{n_2 R}{n_1 E} \sin\alpha \tag{11.31}$$

该表达式与式(4.74)一样,唯一不同在于这里的 R 与 E 是无限小,而在式(4.74)

中，a_1 与 a_2 为有限大小。图 11.23 显示了这样的一个光学组件。角度 α 与 β 的关系式（见式（11.31））可以写成

$$\alpha(\beta) = \arcsin\left(\frac{n_1}{n_2}\frac{E}{R}\sin\beta\right) \tag{11.32}$$

现在考虑另外一个情况。点辐射器（E）与光学组件 O_R（对 b 轴有转动对称）耦合，从而产生某一输出光强度分布，如图 11.24 所示。在方向（β,φ）上，立体角 $\mathrm{d}\Omega_S$ 内，点 E 的发射光强度是 $I_S(\beta,\varphi)$，对应的光通量是 $\mathrm{d}\Phi = I_S(\beta,\varphi)\mathrm{d}\Omega_S$。光学组件会改变这些光线的方向，从而产生一个输出分布：在方向（α,φ）上，立体角 $\mathrm{d}\Omega_P$ 内，光强度是 $I_0 I_P(\alpha,\varphi)$，对应的光通量是 $\mathrm{d}\Phi = I_0 I_P(\alpha,\varphi)\mathrm{d}\Omega_P$，其中，$I_0$ 是有待确定的常数。

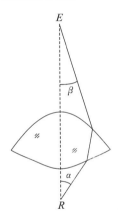

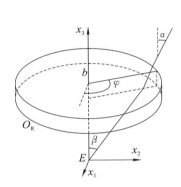

图 11.23　RR 齐明光学组件，辐射器 E，接收器 R

图 11.24　从点辐射器（E）发出，传播角（相对于光轴）为 β 的光线，穿过光学组件 O_R（具有转动对称）后传播角为 α

由于能量守恒，从 E 发出的光通量必须等于从光学组件发出的光通量，有

$$\begin{aligned}
\mathrm{d}\Phi &= I_S(\beta,\varphi)\mathrm{d}\Omega_S = I_0 I_P(\alpha,\varphi)\mathrm{d}\Omega_P \\
&= I_S(\beta)\sin\beta\mathrm{d}\beta\mathrm{d}\varphi = I_0 I_P(\alpha)\sin\alpha\mathrm{d}\alpha\mathrm{d}\varphi \\
&= I_S(\beta)\sin\beta\mathrm{d}\beta = I_0 I_P(\alpha)\sin\alpha\mathrm{d}\alpha
\end{aligned} \tag{11.33}$$

因为光线以相同的角度 $\mathrm{d}\varphi$ 进入以及离开光学组件。这是 $\alpha(\beta)$ 的微分方程式。假设，当 $\alpha = \alpha_0$ 时，$\beta = \beta_0$，便可以得到起始条件，有

$$\int_{\beta_0}^{\beta} I_S(\beta)\sin\beta\mathrm{d}\beta = I_0\int_{\alpha_0}^{\alpha} I_P(\alpha)\sin\alpha\mathrm{d}\alpha \tag{11.34}$$

点 E 的发光角度范围是 $\beta_0 < \beta < \beta_M$，光学组件将这些光线重新分配，从而产生一个发光角度范围为 $\alpha_0 < \alpha < \alpha_M$ 的输出分布。把 $\beta = \beta_M$ 及 $\alpha = \alpha_M$ 代入式（11.34）中，根据能量守恒，便可以对辐射器发出的总能量导出一个关系式以计算 I_0。

接下来，可以改变 β 的值，计算对应的 α，便可以得到 $\alpha(\beta)$。

现在考虑一个特殊情况：$I_{\mathrm{S}}(\beta)=\cos^N(\beta)$，$I_{\mathrm{P}}(\alpha)=\cos^M(\alpha)$。式（11.34）就可以写成

$$\int_{\beta_0}^{\beta}\cos^N\beta\sin\beta\mathrm{d}\beta=I_0\int_{\alpha_0}^{\alpha}\cos^M\alpha\sin\alpha\mathrm{d}\alpha \tag{11.35}$$

现在考虑以下表达式：

$$\int\cos^B x\sin x\mathrm{d}x=-\frac{\cos^{1+B}x}{1+B} \tag{11.36}$$

其中，B 是一个参数。将式（11.36）代入式（11.35），并令 $\beta=\beta_{\mathrm{M}}$，$\alpha=\alpha_{\mathrm{M}}$，便可以得到

$$I_0=\frac{\cos^{1+N}\beta_0-\cos^{1+N}\beta_{\mathrm{M}}}{1+N}\Big/\frac{\cos^{1+M}\alpha_0-\cos^{1+M}\alpha_{\mathrm{M}}}{1+M} \tag{11.37}$$

可以将式（11.37）改写成

$$\frac{\cos^{1+N}\beta}{1+N}=I_0\frac{\cos^{1+M}\alpha}{1+M}+C \tag{11.38}$$

其中

$$C=\frac{\cos^{1+N}\beta_0}{1+N}-I_0\frac{\cos^{1+M}\alpha_0}{1+M} \tag{11.39}$$

利用式（11.38），便可以计算 $\alpha(\beta)$ 为

$$\alpha(\beta)=\arccos\left(\left(\frac{1+M}{I_0}\left(\frac{\cos^{1+N}\beta}{1+N}-C\right)\right)^{\frac{1}{1+M}}\right) \tag{11.40}$$

现在来考虑一个应用例子。$N=1$，从而得到 $I_{\mathrm{S}}(\beta)=\cos(\beta)$，所以 E 是一个朗伯辐射器。同时，$M=-3$，从而得到 $I_{\mathrm{P}}(\alpha)=\cos^{-3}(\alpha)$，这对应于在远方目标面上的一个均匀光照度分布（见第 20 章）。作为起始条件，假定 $\beta_0=\alpha_0=0$，也就是说，从 E 发出，沿光轴传播的光线（$\beta=0$）会同样会沿光轴（$\alpha=0$）离开光学组件。最后，假定 $\beta_{\mathrm{M}}=90°$（E 对所有可能方向发光），以及对 α_{M} 选定一个值。利用这些条件，可以用式（11.37）计算 I_0，用式（11.39）计算常数 C，以及用式（11.40）计算 $\alpha(\beta)$。

图 11.25 显示了这种光学组件的一个范例。点 E 对折射率为 n 的球体发光。点 P_0（及对应的法线 $\boldsymbol{n}_0$）是球体设计的起点。现在假设已经知道球体上从 P_0 到 P_1 间的形状。因此，光线 r_1 的光路已知，在球体点 P_1 上的法线 $\boldsymbol{n}_1$ 也是已知的。现在以角度 $\beta_2=\beta_1+\Delta\beta$（$\Delta\beta$ 的值很小）从 E 发出一条新的光线 r_2，让 r_2 与通过点 P_1、垂直于 $\boldsymbol{n}_1$ 的直线相交，从而决定点 P_2 的位置。利用式（11.40）便可以得到 $\alpha_2=\alpha(\beta_2)$。知道了 r_2 在点 P_2 上折射前、后的方向，便可以计算在 P_2 上的法线 $\boldsymbol{n}_2$ 方向。接下来，选择一个新的角度（$\beta_3=\beta_2+\Delta\beta$）便可以继续对球

体计算新的部分,并在 P_2 上确定一个新
的设计点 P_3。重复这个步骤(维持 $\Delta\beta$ 的
值很小),便可以决定整个球体的形状。
当 $\beta = \beta_M$,$\alpha = \alpha_M$(对应于光线 r_M 时,设
计过程终止。

图 11.26 是另外一个例子。在这个例
子中,点辐射器(E)及输出光强度分布与
图 11.25 的一样。只是该例的光学组件是
一个透镜,具有两个光学表面(S_B 与 S_T),
而光线看起来就像是从点 R 发出的。

可以把 S_B 表面上的点 P_0(法线 n_0),
及在 S_T 表面上的点 Q_0(法线 m_0),作为透
镜设计的起点。现在假设已经计算了 P_0

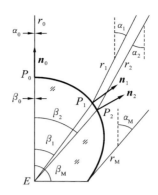

图 11.25 折射面接收从点辐射器(E)
发出的光线而产生一个指定
的光强度分布

到 P_1(在 S_B 表面上)的形状,及 Q_0 到 Q_1(在 S_T 表面上)的形状。因此,光线 r_1
的光路已知,所以,法线 n_1(在点 P_1)及法线 m_1(在点 PQ_1)也是已知的。现在
以角度 $\beta_2 = \beta_1 + \Delta\beta$($\Delta\beta$ 的值很小)从 E 发出一条新的光线 r_2,让 r_2 与通过点
P_1、垂直于 n_1 的直线相交,从而决定点 P_2 的位置。利用式(11.40)便可以得到
$\alpha_2 = \alpha(\beta_2)$。现在,以角度 α_2 从点 R 发出一条新的虚光线 r_{2V},让 r_{2V} 与通过点
Q_1、垂直于 m_1 的直线相交,从而决定点 Q_2 的位置。知道了 r_2 在点 P_2 及点 Q_2 上

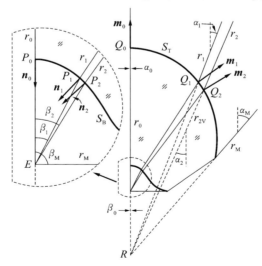

图 11.26 具有两个光学表面(S_B 与 S_T)的透镜接收从点辐射器(E)发出的光线,并产生
一个指定光强度分布。光线看起来就像是从点 R 发出的

折射前、后的方向，便可以计算法线 $\boldsymbol{n}_2$ 方向（点 P_2）及 $\boldsymbol{m}_2$（点 Q_2）。接下来，选择一个新的角度（$\beta_3 = \beta_2 + \Delta\beta$）便可以继续计算透镜的其他部分，并在 P_2（S_{B} 表面）右边确定一个新的设计点 P_3，及在 Q_2（S_{T} 表面）右边确定一个新的设计点 Q_3。重复这个步骤（维持小的 $\Delta\beta$），便可以决定透镜的 S_{B} 及 S_{T} 表面的形状。当 $\beta = \beta_{\mathrm{M}}$，$\alpha = \alpha_{\mathrm{M}}$（对应于光线 r_{M}）时，设计过程终止。

要留意的是，图 11.26 的透镜设计过程与图 11.23 中的透镜设计过程是一样的，只是这里的点 R 是一个虚光源，而函数 $\alpha(\beta)$ 是通过式（11.40），而不是式（11.32）计算的。

图 11.27 显示了另外一个透镜例子，其辐射器（E）和输出分布与图 11.26 的一样，透镜的设计过程也与图 11.26 的类似。只是这里每一条光线的光路不一样。光线 r_2 离开 E 时，其传播方向与竖直方向的夹角为 β_2，单位矢量 $\boldsymbol{v}_{\mathrm{B}} = (\cos(\pi/2 - \beta_2), \sin(\pi/2 - \beta_2))$；离开透镜时的单位矢量为 $\boldsymbol{v}_{\mathrm{A}} = (\cos(\pi/2 - \alpha_2), \sin(\pi/2 - \alpha_2))$，其中，$\alpha_2 = \alpha(\beta_2)$ 是由式（11.40）决定的。定义光线在透镜内的传播方向为 $\boldsymbol{v}_{\mathrm{L}} = \mathrm{nrm}(\boldsymbol{v}_{\mathrm{B}} + \boldsymbol{v}_{\mathrm{A}})$，$\boldsymbol{v}_{\mathrm{L}}$ 是在 $\boldsymbol{v}_{\mathrm{B}}$ 与 $\boldsymbol{v}_{\mathrm{A}}$ 的平分线方向上。现在从 E 沿 $\boldsymbol{v}_{\mathrm{B}}$ 发出一条光线 r_2，让 r_2 与通过点 P_1、垂直于 $\boldsymbol{n}_1$ 的直线相交，从而决定点 P_2 的位置。接下来，从 P_2 沿 $\boldsymbol{v}_{\mathrm{L}}$ 的方向再发出光线 r_2，让它与通过点 Q_1、垂直于 $\boldsymbol{m}_1$ 的直线相交，从而决定点 Q_2 的位置。知道了 r_2 在点 P_2 及点 Q_2 上折射前、后的方向，便可以计算法线 $\boldsymbol{n}_2$ 方向（点 P_2）及 $\boldsymbol{m}_2$（点 Q_2）。与前面一样，重复迭进以小量改变设计参数的值便可以完成整个设计了。

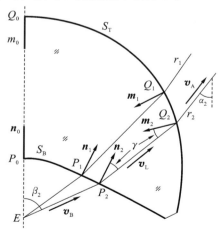

图 11.27　具有两个光学表面（S_{B} 与 S_{T}）的透镜接收从点辐射器（E）发出的光线，并产生一个指定光强度分布。光线 r_2 与 S_{B} 表面的法线的夹角为 γ，跟它与 S_{T} 表面的法线的夹角一样

因为穿过透镜的光线与光学表面 S_B 与 S_T 的法线方向的夹角同为 γ,所以,当光线穿过透镜时,光线方向的改变是平均分配到表面 S_B 与 S_T 上。

11.6 例子

下面例子中用到的曲线及函数可以在第 21 章里找到。

例 11.1 设计一个齐明(微小光学扩展量)RX 光学组件。其折射率为 $n=1.5$,点接收器所在位置是 $R=(0,0)$,折射面起点是 $Q=(0,2.5)$,法线为 $\boldsymbol{m}=(0,1)$;镜面起点是 $P=(0,-5)$,法线为 $\boldsymbol{n}=(0,-1)$,如图 11.28 所示。

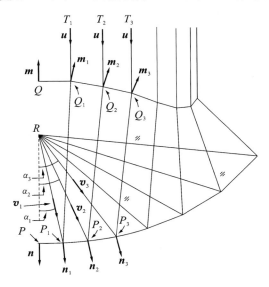

图 11.28 计算齐明 RX 光学组件的过程

让接收器的大小为 $R=1$,半接收角为 $\theta=6°$。利用式(11.16)便可以决定系统的放大率为 $f=1.5\times1/(2\sin6°)=7.175\,08$。

让 $\gamma=12°$,$\delta=\alpha_1=\gamma=12°$。矢量 $\boldsymbol{v}_1$ 便可以写成 $\boldsymbol{v}_1=(\cos(-\pi/2+\delta),\sin(-\pi/2+\delta))=(0.207\,912,-0.978\,148)$;点 P_1 可以写成 $P_1=\mathrm{islp}(R,\boldsymbol{v}_1,P,n)=(1.062\,78,-5)$。让点 T_1 的垂直坐标为 $X_2=5$,便可以得到 $T_1=(f\sin\delta,5)=(1.491\,78,5)$。点 Q_1 可以计算为 $Q_1=\mathrm{islp}(T_1,\boldsymbol{u},Q,\boldsymbol{m})=(1.491\,78,2.5)$,其中,$\boldsymbol{u}=(0,-1)$。知道了点 P_1 与点 Q_1 后,便可以计算 $\boldsymbol{n}_1=\mathrm{rfrnrm}(\mathrm{nrm}(P_1-R),\mathrm{nrm}(Q_1-P_1),n,n)=(0.076\,077\,3,-0.997\,102)$,及 $\boldsymbol{m}_1=\mathrm{rfrnrm}(\mathrm{nrm}(Q_1-P_1),-\boldsymbol{u},n,1)=(0.169\,667,0.985\,501)$。其中,$-\boldsymbol{u}=(0,1)$。

接下来，令 $\delta = \alpha_2 = 2\gamma = 24°$，矢量 v_2 便可以写成 $v_2 = (\cos(-\pi/2+\delta),$ $\sin(-\pi/2+\delta)) = (0.406\,737, -0.913\,545)$；点 P_2 可以写成 $P_2 = \mathrm{islp}(R, v_2, P_1, n_1) = (2.187\,92, -4.914\,15)$，点 $T_2 = (f\sin\delta, 5) = (2.918\,37, 5)$。点 Q_2 可以计算为 $\mathrm{islp}(T_2, (0, -1), Q_1, m_1) = (2.918\,37, 2.254\,4)$。知道了点 P_2 与点 Q_2，便可以计算 $n_2 = \mathrm{rfrnrm}(\mathrm{nrm}(P_2 - R), \mathrm{nrm}(Q_2 - P_2), n, n) = (0.158\,002, -0.987\,439)$，及 $m_2 = \mathrm{rfrnrm}(\mathrm{nrm}(Q_2 - P_2), (0,1), n, 1) = (0.295\,128, 0.955\,458)$。

现在，让 $\delta = \alpha_3 = 3\gamma = 36°$，矢量 v_3 便可以写成 $v_3 = (\cos(-\pi/2+\delta),$ $\sin(-\pi/2+\delta)) = (0.587\,785, -0.809\,017)$；点 P_3 可以写成 $P_3 = \mathrm{islp}(R, v_3, P_2, n_2) = (3.426\,37, -4.715\,99)$，点 $T_3 = (f\sin\delta, 5) = (4.217\,41, 5)$。点 Q_3 可以计算为 $\mathrm{islp}(T_3, (0, -1), Q_2, m_2) = (4.217\,41, 1.853\,14)$。知道了点 P_3 与点 Q_3，便可以计算 $n_3 = \mathrm{rfrnrm}(\mathrm{nrm}(P_3 - R), \mathrm{nrm}(Q_3 - P_3), n, n) = (0.251\,509, -0.967\,855)$，及 $m_3 = \mathrm{rfrnrm}(\mathrm{nrm}(Q_3 - P_3), (0,1), n, 1) = (0.344\,158, 0.938\,912)$。

重复这些步骤就可以在上、下光学表面计算更多的设计点。图 11.29 是让 $\gamma = 0.01°$ 的计算结果。在这个过程中会计算很多的点，但是不需要把每一点都存储起来。例如，只要每 10 点才存取一点便可以了。图中的入射光线的孔径角是 $2\theta = 12°$。光线会（近似地）聚集在端点 $R_1 = (-0.5, 0)$ 与 $R_2 = (0.5, 0)$ 之间的接收器上。

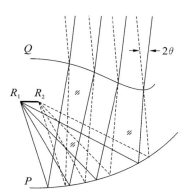

图 11.29　对应于 2θ 孔径角的光束投射在齐明 RX 光学组件的情况

参 考 文 献

[1] Koshel, R. J. , *Illumination Engineering : Design with Nonimaging Optics* , Wiley IEEE Press, Piscataway, NJ, 2013.

［2］ Gordon,J. M. and Feuermann,D. ,Optical performance at the thermodynamic limit with tailored imaging designs,*Appl. Opt.* ,44(12),2005.

［3］ Benitez,P. and Miñano,J. C. ,Ultrahigh-numerical-aperture imaging concentrator, *J. Opt. Soc. Am. A* ,14(8),1997.

［4］ Canavarro,C. et al. ,New second-stage concentrators （XX SMS） for parabolic primaries:Comparison with conventional parabolic trough concentrators,*Sol. Energy* ,92,98-105,2013.

［5］ Benitez,P. and Miñano,J. C. ,Offence against the edge ray theorem?*SPIE Proceedings* ,5529,*Nonimaging Optics and Efficient Illumination Systems* , 2004.

［6］ Canavarro,D. et al. ,Infinitesimal etendue and Simultaneous Multiple Surface （SMS） concentrators for fixed receiver troughs,*Sol. Energy* ,97, 493-504,2013.

［7］ Nakar,D. et al. ,Aplanatic near-field optics for efficient light transfer, *Opt. Eng.* ,45(3),2006.

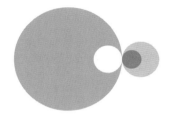

第 12 章
科勒光学器件
与混色

12.1　简介

　　非成像光学器件把光从辐射器转移到接收器上。但是很多时候，辐射器并不是均匀的(如热点的存在)。这些不均匀度会通过光学器件从辐射器转到接收器上，而产生不理想的光照度分布。在其他情况中，辐射器的性质可能随时间而改变，例如，当太阳在天空中移动时，太阳光线会随时间的改变而改变。另一个例子是由多个辐射器组成的 LED 光源，每一个辐射器可能会在不同的时间被点亮。另外，辐射器(如 LED) 的位置可能因为在组合过程中存在位置误差，位置变化影响输出分布。在前面提到的这些例子中，很多时候即使辐射器的性质发生变化或具有瑕疵，我们仍期望输出的光分布维持不变。科勒光学器件(Kohler optics) 可以产生一个稳定的输出分布，不随光源的变化而改变。

12.2　科勒光学器件

　　图 12.1(a) 显示了一个同步多表面设计光学器件 CD、辐射器 AB、接收器 EF。从辐射器边缘 A 发出的光线会被折射到接收器的边缘 F 上，从辐射器边缘 B 发出的光线会投射到接收器的边缘 E 上。如果整个辐射器 AB 被点亮，朝 CD 发光，接收器 EF 上的每一点都会被照亮，如图 12.1(b) 所示。

　　在实际系统中，当组合不同的组件时，它们的位置相对于理想位置会有一

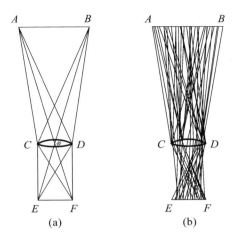

图 12.1　（a）同步多表面设计光学器件 CD、辐射器 AB、接收器 EF；（b）均匀辐射器 AB
照亮整个接收器 EF

定的误差。假设因为组装误差，辐射器被放在图 12.2 的 AB 范围内。如果辐射
器在 E_1 位置，接收器上只有 R_1 区间被照亮。如果辐射器在 E_2 或 E_3 位置，接收
器上只有 R_2 或 R_3 区间被照亮。这将导致在接收器 EF 上产生不均匀的照明，
如图 12.2 所示。

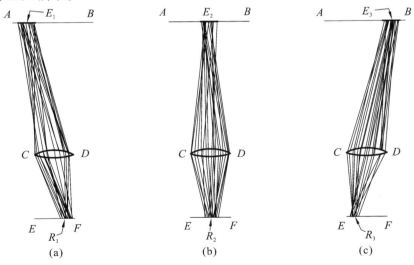

图 12.2　如果把辐射器 E 放在 AB 内，它会在接收器 EF 上产生非均匀照明。（a）、（b）、（c）
分别显示了把不同辐射器 E_1、E_2、E_3 放在 AB 内的情况。如果这些辐射器代表不
同的颜色，接收器 EF 上的不同区域会被不同颜色的光所照明，导致在接收器上
的颜色分离

另外一个情况是，即使 E_1、E_2、E_3 的位置颇为准确，位置误差不大，也存在问题。这些辐射器带有不同的颜色，如果 E_1 是红色，接收器 EF 上的 R_1 区域就会是红色；如果 E_2 与 E_3 分别是绿色与蓝色，接收器 EF 上的 R_2 与 R_3 区域就会分别是绿色与蓝色。这就导致颜色分离：接收器上不同的区域被不同颜色的光照明。

在接收器上的不均匀照明，或颜色分离现象，在某些应用中是不受欢迎的。避免这些效应的一个方法是将两个光学器件 CD 与 EF 串联起来，如图 12.3 所示。现在，光学器件 CD 会将从 AB 接收的光线转向投射到 EF 上，同时，光学器件 EF 会将从 CD 接收的光线转向投射到 GH 上。光学器件 CD 与 EF 的组合称为科勒积分器（Kohler integrator）[1-7]。区域 AB 称为积分区（integration area），所有的辐射器都应该放在该区域内。

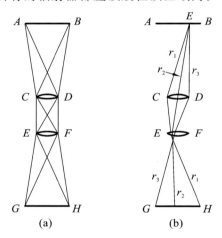

图 12.3　(a) 积分器：光学器件 CD 将从 AB 接收的光线转向投射到 EF 上，而光学器件 EF 将从 CD 接收的光线转向投射到 GH 上；(b) 在 AB 区域内点 E 发出的光线分布在整个接收器 GH 上，将它完全照明

图 12.3(b) 显示了从点 E 发出的光线 r_1、r_2、r_3。因为这些光线都来自 AB 之内，光学器件 CD 会将它们转向投射到 EF 内的点上。当从光学器件 EF 看过去时，边缘光线 r_1 来自端点 C，所以会被转向投射到端点 H 上；光线 r_3 来自端点 D，所以会被转向投射到端点 G 上；光线 r_2 来自 CD 内部的一点，所以会被转向投射到 GH 内。所以从点 E 发出的光线会分布在 GH 上，将它照亮。

图 12.4 显示了一个对应积分区 AB 及接收器 GH 而设计的科勒积分器（Kohler integrator）。在 AB 内的辐射器 E_1，可以将接收器 GH 完全照明，如图 12.4(a) 所示。如果将辐射器移到 AB 内的 E_2 或 E_3 位置，它仍然可以将接收器 GH 完全照明，产生类似的照明分布。因此，积分区 AB 就是辐射器 E_1 的

误差容许范围:E_1 可以被放在 AB 内任何位置上。从应用的角度来看,这是很重要的。因为在制造光学器件的过程中,辐射器对应光学器件的位置常会有误差。但是,在理想的情况下,照明分布应该不受这些误差的影响。

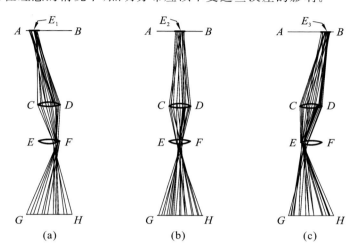

图 12.4 　光源可以放在积分区 AB 内任何位置(如图中所示的三个位置:E_1、E_2、E_3)上,而仍然在 GH 上产生相似的照明分布。如果 E_1、E_2、E_3 是不同颜色的光源,它们的光线会在 GH 上混合。(a)、(b)、(c) 分别显示了光源(辐射器)在 E_1、E_2、E_3 位置时,光线穿过光学器件的光路

如果 E_1、E_2、E_3 是不同颜色的辐射器(例如,它们可以是在一个灯具中不同颜色的 LED),情况就不一样了。这时,这三个辐射器在 GH 上产生相似的照明分布,因此,它们的光线会在 GH 上混合而产生白光。对混色而言,这是很重要的。积分光学器件除了混色,也对这些在 AB 内不同颜色辐射器(E_1、E_2、E_3)提供容许的位置误差。

图 12.1 的光学器件可以简化成图 12.5 的形状。在图 12.5 中,图 12.1 的同步多表面设计(SMS)透镜 CD 被一个折射面 CD 取代。从点 A 发出的边缘光线现在不能完美聚焦在点 F 上,所以,一些光线会投射不到 EF 上,导致辐射能的损失。同样,从点 B 发出的边缘光线也会出现类似的情况。

如果角度 2θ 不大,距离 $[C,E]$ 比 $[C,D]$ 大(也就是说,折射面 CD 具有长焦距),则聚焦的情况可能对某些应用而言是足够好的。这时我们可以说表面 CD 将 AB 成像到 EF 上。图 12.6 就显示了由折射面 CD 与 EF 组成的积分器,它们取代了图 12.4 中的同步多表面设计透镜 CD 与 EF。

图 12.7 显示了该器件的三维图:二维折射面 CD 与 EF 被三维折射面 L_1 与 L_2 取代。此积分器对辐射器的积分区为 E,接收器为 R。

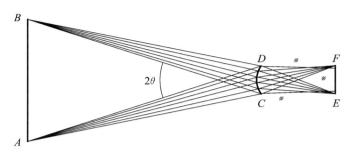

图 12.5　折射面 CD 把 AB（不完美地）成像到 EF 上

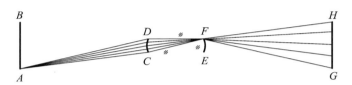

图 12.6　折射面 CD 与 EF 组成一个积分器

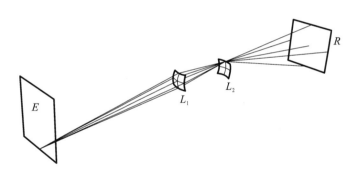

图 12.7　积分器折射面 L_1 与 L_2 的三维图

　　第一折射面 L_1 将在积分区 E 内的光源成像到第二折射面 L_2 上，如图 12.8 所示。第二折射面 L_2 将第一折射面 L_1 成像到接收器 R 上，产生 L_1 的像 I_1，如图 12.9 所示。图 12.10 显示了光线从光源到接收器 R 的完整光路，折射面 L_1 将光源成像到折射面 L_2 上，而 L_2 将 L_1 成像到 R 上。如果 L_1 被光源均匀照明，L_1 的像 I_1 也会是均匀的，从而在接收器 R 上产生一个均匀的光照度分布。

　　现在让我们重新考虑图 12.1 的情况。假设 AB 很大，而且到光学器件 CD 的距离很远。从 CD 看过去，该大光源张角为 2θ（见图 12.11(a)）。光学器件 CD 将光源的边缘光线聚焦到接收器的端点 E、F 上。光源内的一个发光区域张角（2α）会比较小，所以只会照亮接收器 EF 内的一个区域 R，如图 12.11(b) 所示。

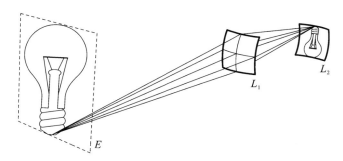

图 12.8　第一折射面 L_1 将光源成像到第二折射面 L_2 上。能够将所有从 E 发出的光线
　　　　　打到 R_2,对效率而言,是非常重要的

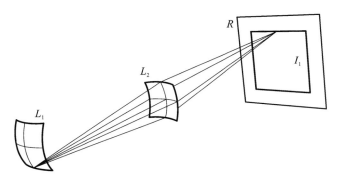

图 12.9　第二折射面 L_2 将第一折射面 L_1 成像到接收器 R 上,产生 L_1 的像 I_1

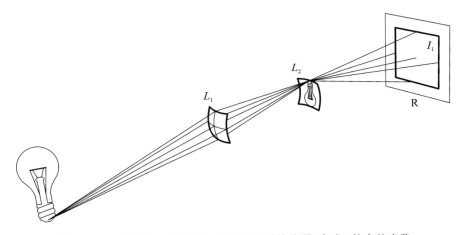

图 12.10　积分器中光线从光源(左边)到接收器(右边)的完整光路

　　如果接收器 EF 与光学器件 CD 大小一样,可以把两个相同的光学器件组
合成一个器件,如图 12.12 所示。光学器件 EF 与 CD 关于对称轴 S 互为对称。

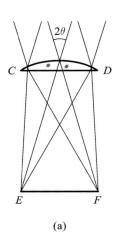

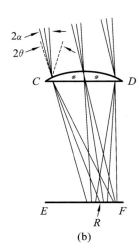

图 12.11　(a)距离光学器件 CD 很远的大光源张角为 2θ;(b)光源内的一个小发光区域张
　　　　　角为 2α,照明接收器 EF 内的区域 R

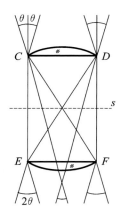

图 12.12　由两个对称透镜 EF 与
　　　　　CD 组成的科勒积分
　　　　　器,出光孔径角与入光
　　　　　孔径角同为 θ

该器件是一个积分器。它可以接收从上方而来,分布在孔径角为 2θ(积分角度)的光锥内的光线,并以同样的孔径角 2θ 往下发光。光学器件 CD 接收了在接收角为 2θ 内的光线,将它们传播到 EF 上。对称的光学器件 EF 将 CD 发出的光线,再往下传播,光线局限在孔径角 2θ 内。

该积分器是针对在无穷远处的无穷大光源(孔径角为 2θ)设计的。如果该光源只是部分被点亮,到达积分器上光学器件的光束就局限在小角度(2α)范围内,如图 12.13(a)所示。该光线只会照明光学器件 EF 的一部分(类似于图 12.11(b)的情况)。但是光学器件 EF 接收的光线来自整个 CD 的表面,因此表面 CD 发出的光线对应的发光角度是 2θ,而将在无穷远处的无穷大接收器整个照亮。因此,即使积分器的光源并没有完全点亮(或许不均匀),整个接收器还是会被完全照明。尤其是对图 12.13(b)所示的一组平行光线 r 而言,它们投射在积分器上的角度是在积分角度为 2θ 的范围内,它们在离开积分器时光线的角度也会分布在 2θ 的范围内。

如图 12.14 所示,可以用一个聚光折射面 CD 取代图 12.11 中的非成像光

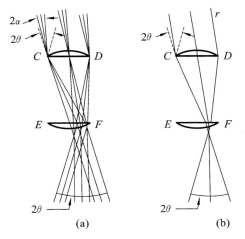

图 12.13　(a) 积分角度为 2θ 的科勒光学器件被较小孔径角(2α) 的光线照明;(b) 入射光线为平行光束的极限情况。在(a) 与(b) 的图例中,下光学器件的出光孔径角同是 2θ

学器件 CD。一般而言,当表面 CD 将对应于孔径角为 2θ 的边缘光线聚焦到 EF 的边缘时,并不能产生完美的焦点,如图 12.14 所示。但是,对应于较小的 2θ,并且距离$[C,E]$ 较$[C,D]$ 大(透镜 CD 具有长焦距),这种聚焦的结果,对很多实际应用来讲,已经是不错的了。

　　在这种情况中,图 12.13 的积分器可以被简化成图 12.15 的情况。这时,积分器包含两个折射面 CD 与 EF,以入射角 θ 投射在器件上的光线会被聚焦到 EF 的端点 F 上。而这些光线在离开器件时,会形成一个孔径角为 2θ 的光锥,如图 12.15(a) 所示。垂直入射的光线会被聚焦到 EF 的中点上,同样,在离

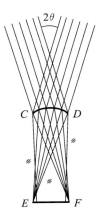

图 12.14　折射面 CD 将在孔径角 2θ 内的光线转向投射到 EF 上

开器件时,会形成一个孔径角为 2θ 的光锥,如图 12.15(b) 所示。一般而言,只要入射角是在积分的角度 2θ 之内,这些光线在离开积分器时都会分布在 2θ 的角度范围内。图 12.15(c) 是图 12.15(a) 的三维图,其中的二维透镜 CD 与 EF 现在分别被三维透镜 L_1 与 L_2 取代。

　　现在,将多个这样的组件并排在一起便组成一个科勒积分器,每一个组件

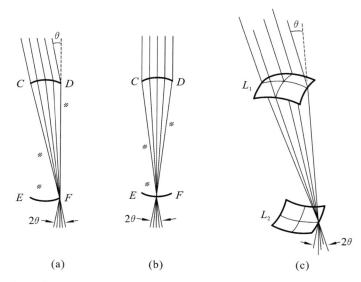

图 12.15　在(a)与(b)中，折射面 CD 与 EF 组成一个积分器，出光角为 2θ；(c)同一器件的三维图。离开器件的光线是在一个孔径角为 2θ 的光锥中

称为科勒通道(Kohler channel)，如图 12.16 所示。图 12.17 显示了通过科勒积分器的光线在相位空间的分布。

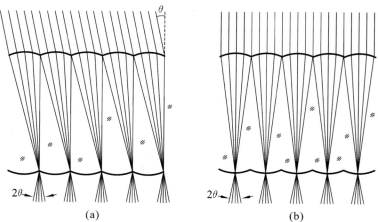

图 12.16　科勒积分器通道数组。(a)对垂直方向倾角为 θ 的入射光线的光路；(b)垂直入射光线的光路

　　图 12.16 的器件具有无穷大积分区间，无穷大接收器(它们所张的孔径角同为 2θ)。但是我们也可以对有限大小的积分区及接收器设计多通道科勒积分器，如图 12.18 所示。这时，积分区间为 E_1E_2，接收器为 R_1R_2。光学表面 P_1P_2

必须将 E_1E_2 成像到 Q_1Q_2 上,而光学表面 Q_1Q_2 必须将 P_1P_2 成像到 R_1R_2 上。虽然光学表面 P_1P_2 不能保证将 E_1E_2 完美地成像到 Q_1Q_2 上,但是,使用一个笛卡儿卵形表面便可以完美地将 E_1E_2 的中点 E 聚焦到 Q_1Q_2 的中点 Q 上。所以光学表面 P_1P_2 是一个以 E、Q 为焦点的笛卡儿卵形表面。同样,光学表面 Q_1Q_2 是一个以 P(P_1P_2 的中点)、R(R_1R_2 的中点)为焦点的笛卡儿卵形表面。

除了成像的考虑,也必须保证当光线穿过科勒通道(从 E_1E_2 到 P_1P_2、Q_1Q_2、及 R_1R_2)时,没有丢掉光线。从 E_1E_2 到 P_1P_2 的光线的光学扩展量 U_1 必须与从 P_1P_2 到 Q_1Q_2 的光学扩展量U_2,以及从 Q_1Q_2 到 R_1R_2 的光学扩展量U_3 相等。

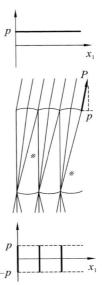

图 12.17　科勒积分器光线在相位空间分布的示意图

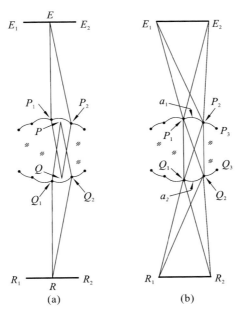

(a)　　　　　　　(b)

图 12.18　对应于有限大小辐射器(E_1E_2)及接收器(R_1R_2)设计的多通道科勒积分器。(a)从 E 发出的光线被聚焦到点 Q 上,而从 P 发出的光线被聚焦到 R 上;(b)从 E_1E_2 到 P_1P_2 的光学扩展量与从 P_1P_2 到 Q_1Q_2 的光学扩展量,以及从 Q_1Q_2 到 R_1R_2 的光学扩展量相等

现在假设 E_1E_2 与 R_1R_2 的位置已知,我们可以选择 P_1 与 Q_1 的位置。接下来,我们必须要确定 $P_2 = (x_P, y_P)$ 与 $Q_2 = (x_Q, y_Q)$ 的位置。所以,我们有四个未知数:x_P、y_P 与 x_Q、y_Q。因为光学表面 P_1P_2 将 E 成像到 Q,从 E 经过 P_1 到 Q 的光路必须与从 E 经过 P_2 到 Q 的光路相等,即

$$[E, P_1] + n[P_1, Q] = [E, P_2] + n[P_2, Q] \tag{12.1}$$

而且,因为光学表面 Q_1Q_2 将 P 成像到 R 上,从 P 经过 Q_1 到 R 的光路必须等于从 P 经过 Q_2 到 R 的光路,即

$$n[P, Q_1] + [Q_1, R] = n[P, Q_2] + [Q_2, R] \tag{12.2}$$

其中,$[X, Y]$ 是点 X 与 Y 之间的距离;n 是透镜的折射率。从 E_1E_2 到 P_1P_2 的光学扩展量是

$$U_1 = [E_1, P_2] + [E_2, P_1] - [E_1, P_1] - [E_2, P_2] \tag{12.3}$$

从 P_1P_2 到 Q_1Q_2 的光学扩展量是

$$U_2 = n[P_1, Q_2] + [P_2, Q_1] - [P_1, Q_1] - [P_2, Q_2] \tag{12.4}$$

而从 Q_1Q_2 到 R_1R_2 的光学扩展量是

$$U_3 = [Q_1, R_2] + [Q_2, R_1] - [Q_1, R_1] - [Q_2, R_2] \tag{12.5}$$

现在,因为光线穿过科勒通道时光学扩展量守恒,所以

$$U_1 = U_2, \quad U_2 = U_3 \tag{12.6}$$

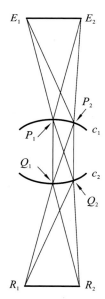

图 12.19　修改现存光学器件以附加科勒通道

式(12.1)、式(12.2)、式(12.6) 对应于四个方程式,可以用来确定四个未知数(x_P、y_P、x_Q、y_Q),从而确定 $P_2 = (x_P, y_P)$ 与 $Q_2 = (x_Q, y_Q)$。一旦点 P_2 与 Q_2 的位置确定了,从 P_1 到 P_2 的笛卡儿卵形线 a_1,及从 Q_1 到 Q_2 的笛卡儿卵形线 a_2 便可以计算出来。曲线 a_1 将 E 聚焦到 Q 上,而曲线 a_2 将 P 聚焦到 R 上。

现在 P_2 与 Q_2 的位置已知,通过同样的步骤,我们可以在下一个科勒通道边缘上确定两个新的设计点:P_3 与 Q_3。重复这个步骤,直到计算所有所需的通道。

我们也可以利用某一现有光学器件为科勒通道设计的起点。例如,图 12.19 显示的同步多表面设计(或齐明)光学器件:它包含了一个辐射器 E_1E_2、接收器 R_1R_2,以及光学表面 c_1 与 c_2。现在我们可以对这些光学器件附加科勒通道。

假设我们以 P_1(在 c_1 上) 及 Q_1(在 c_2 上) 作

为科勒通道的端点。此科勒通道的其他端点 P_2（在 c_1 上）及 Q_2（在 c_2 上）有待确定。所以，现在我们有两个设计自由度：点 P_2（在 c_1 上）及 Q_2（在 c_2 上）的参数。因此，我们不能使用式（12.1）、式（12.2）、式（12.6）对应的四个方程式，必须从中选择两个来确定 P_2 与 Q_2 的位置。我们可以选择式（12.6）以保证从 E_1E_2 到 P_1P_2 的光学扩展量等于从 P_1P_2 到 Q_1Q_2，以及从 Q_1Q_2 到 R_1R_2 的光学扩展量。

当我们建构类似于图 12.18 所示的笛卡儿卵形表面曲线时，并不能保证以 P_1（在 c_1 上）为起点的笛卡儿卵形表面曲线 a_1 终止于 P_2；同样，我们不能保证以 Q_1（在 c_2 上）为起点的笛卡儿卵形表面曲线 a_2 终止于 Q_2。当建构多通道科勒光学器件（见图 12.18）时，在上表面的点 P_1、P_2 …… 以及在下表面的点 Q_1，Q_2 …… 可能会有不连续现象。

图 12.20(a) 显示了对现有同步多表面设计光学器件添加科勒通道的另外一个方法。在同步多表面设计光学器件的上表面选择一点 P_1，并考虑通过它的流线 f_P，此流线穿过下表面的点 Q_1。从 E_2 发出光线 r_2，并在 P_1 上将此光线折射到点 Q_1 的表面法线 $\boldsymbol{n}_P$。从 E_1 发出光线 r_1，让它在点 P_1（法线 $\boldsymbol{n}_P$）上折射后与同步多表面设计光学器件下表面相交以确定 Q_2 的位置。穿过 Q_2 的流线 f_Q 在上表面确定点 P_2 的位置。一旦在上表面确定了 P_1 与 P_2，以及在下表面确定了 Q_1 与 Q_2，就可以计算科勒通道的表面形状（类似于图 12.18 所示的 a_1 与 a_2）。

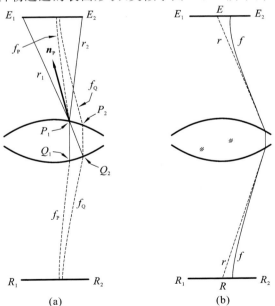

图 12.20　(a) 选择流线 f_P 与 f_Q 以确定将要添加到现有光学器件上的科勒通道的边缘；(b) 可以用中央光线（从辐射器 E_1E_2 到接收器 R_1R_2）近似流线

因为流线（f_P 与 f_Q）间光学扩展量守恒，E_1E_2 到 P_1P_2 间的光传输与 Q_1Q_2 到 R_1R_2 间的相等。所以根据式（12.6），有 $U_1 = U_3$。但我们不能保证 $U_1 = U_2$，或满足式（12.1）、式（12.2）的条件。但是这种方法可以被延伸到三维空间[1]。

当流线从辐射器 E_1E_2 发出时，它们是以 E_1 及 E_2 为焦点的双曲线。当它们远离 E_1E_2 时，这些双曲线会越来越接近它们的渐近线。因此在离开 E_1E_2 比较远的地方，可以用从辐射器 E_1E_2 的中点 E 发出的光线 r 的光路作为流线 f 的近似光路。当流线穿过透镜后往接收器 R_1R_2 传播时，情况也一样；在离开 R_1R_2 较远的区域，可以用穿过 R_1R_2 中点 R 的光线 r 的光路作为流线 f 的近似光路。图 12.20(b) 显示了流线 f 与光线 r（从 E 到 R）的比较。

12.3 根据科勒光学器件设计的太阳能集中器

科勒光学器件可以应用在太阳能集中器上。考虑图 12.21(a) 所示的齐明（微小光学扩展量）透镜。入射光线到光轴的距离为 d，与光线在焦点 F 处对垂直轴的倾角 α 有如下的关系：$d = f\sin\alpha$，其中 f 是放大率。该光学器件可以与接收器 R 配合使用作为集中器（接收角为 2θ），如图 12.21(b) 所示。边缘光线在 R 的端点上的聚焦并不完美（见第 11 章）。放大率为 $f = nR/(2\sin\theta)$。因为接收器 R 是在空气中，折射率 $n = 1$，而且对比较小的 θ，有 $\sin\theta \approx \theta$，所以放大率可以近似为 $f = R/(2\theta)$。

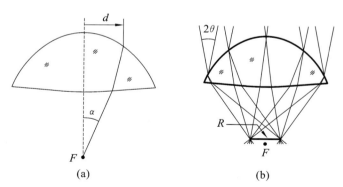

图 12.21　(a) 以 F 为焦点的齐明透镜；(b) 同一光学器件与接收器 R 配合使用作为集中器，接收角为 2θ

图 12.22(a) 显示了子午面 μ 上一束光线穿过小孔 P 的情况。孔径角为 2θ 的光线会被折向并分别（近似地）投射在接收器 R 两端的点 R_1 与 R_2 上。但是，当光学器件被用作太阳能集中器时，因为太阳能光线的孔径角 $2\theta_s$ 比较小，光束的边缘光线会被投射在较短线段 R_s 的两边上，R_s 的大小正比于 $2\theta_s$。

在矢状面 σ 上穿过小孔 P 而进入集中器的光线（见图 12.22(b)），也会发生类似的情况：孔径角为 2θ 的矢状面边缘光线会被折向并分别（近似地）投射在接收器 R 两端的点 R_3 与 R_4 上。但是，因为太阳能光线的孔径角 $2\theta_S$ 比较小，光束的边缘光线会被投射在较短线段 R_S 的两边上，R_S 的大小正比于 $2\theta_S$。

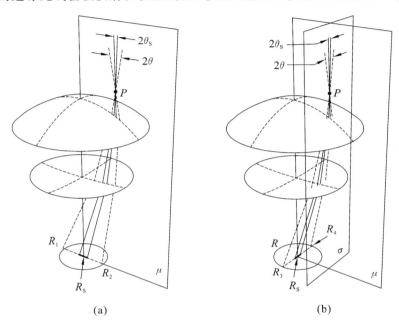

图 12.22　(a) 子午面光线穿过具有圆对称的光学器件的光路；(b) 矢状面光线穿过具有圆对称的光学器件的光路

因此，在接收器上的光照度分布便是在中央处的一个亮点，如图 12.23 所示。现在假设通过小孔 P 的光通量是 Φ_P。在照明区间的光照度 dE_P 正比于 $\Phi_P/(\pi\theta_S^2)$，也就是 $dE_P \propto \Phi_P/\theta_S^2$。在整个接收器上的平均光照度 dE_R 正比于 $\Phi_P/(\pi\theta^2)$，也就是 $dE_R \propto \Phi_P/\theta^2$。亮点与整个接收器的光照度的比值是 $dE_P/dE_R \propto (\theta/\theta_S)^2$。所以，在接收器中央的照明峰值会很大。对太阳能应用而言，这是不理想的状况。

降低接收器中央光照度的一个方法是使用科勒积分器（这是基于现有光学而设计积分器的一个例子）。参考图 12.24(a)，考虑光学表面 c_1 与 c_2（图中只显示了 c_1 和 c_2 的右半边）在对称轴上的点 P_1 与 P_2。现在利用前面讨论的光学扩展量守恒方法计算科勒通道的端点 P_2 与 Q_2（在曲线 c_1 与 c_2 上）。如果 $P_1 = (P_{11}, P_{12})$，$P_2 = (P_{21}, P_{22})$，在 $P_1 P_2$ 上的入射光线的光学扩展量便是 $U_1 = 2(P_{21} - P_{11})\sin\theta$。重复这个步骤就可以在曲线 c_1 与 c_2 上计算其他的点 P_K 与

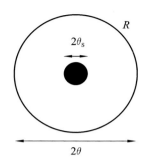

图 12.23　垂直入射、孔径角为 $2\theta_S$ 的太阳光线被具有圆对称（接收角为 2θ）的集中器聚焦到接收器 R 上形成一个光照度热点（中央的黑圈）

$Q_K(K = 1,2,3,\cdots)$，从而定义其他的科勒通道。现在光学表面 c_1 与 c_2 会被两组笛卡儿卵形表面所取代，如图 12.24(b) 所示。如前所述，在上表面的点 P_2、$P_3\cdots\cdots$ 及下表面的点 Q_2、$Q_3\cdots\cdots$ 呈现不连续现象。

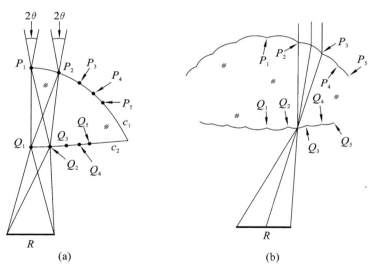

图 12.24　(a) 把现存光学器件分成科勒通道；(b) 原来的光学器件被一组科勒通道取代

　　现在，利用圆形对称性，可以将此设计做成一个三维光学器件，如图 12.25 所示。假设我们想要将这种器件作为一个太阳能集中器。光学器件的接收角是 2θ，但是被用来收集孔径角（$2\theta_S$）比较小的太阳光线。现在考虑图 12.25(a) 的子午面 μ，在这个平面上有一道径向狭缝 s（对应于透镜结构的径向大小）。在平面 μ 上，局限在角度 $2\theta_S$ 内的光线穿过光学器件后会分布在接收器 R 的 R_1R_2 上。

现在考虑垂直于 μ 的矢状面 σ,以及同样的狭缝 s,如图 12.25(b) 所示。在平面 σ 上,局限在角度 2θ 内的光线穿过光学器件后会(大约地)分布在接收器 R 的直径 R_3R_4 上。但是,入射的太阳光线是局限在较小的角度 $2\theta_S$ 内。所以,这些光线会分布在较短线段 R_S 上。

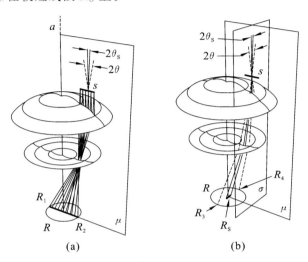

图 12.25　具有圆形对称的科勒通道。(a) 子午面光线;(b) 矢状面光线

根据图 12.25,角度分布在 $2\theta_S$ 内的光线穿过狭缝 s 后在 R 上产生的光照度分布如图 12.26(a) 所示。孔径角为 2θ 的光线会照亮直径 R_3R_4,孔径角为 $2\theta_S$ 的光线会照亮 R_S(见图 12.25)。因此,R_3R_4 与 R_S 的相对大小会等于 2θ 与 $2\theta_S$ 的相对大小,如图 12.26(a) 所示。孔径角为 2θ 的辐射穿过狭缝 s 后,在 R 上的照明区间的长度正比于 2θ,宽度正比于 $2\theta_S$。现在将狭缝 s 绕光轴转动,图 12.26(a) 中的照明区间也会跟着 s 在接收器 R 上转动,从而产生图12.26(b) 的照明样式:在中央处是一个热点,在边缘处的照明程度比较弱。

现在假设通过狭缝 s 的光通量是 Φ_S。图 12.26(a) 的照明区域上的光照度 $\mathrm{d}E_S$ 正比于 $\Phi_S/(2\theta_S \times 2\theta) = \Phi_S/(4\theta\theta_S)$,或 $\mathrm{d}E_S \propto \Phi_S/(\theta\theta_S)$。整个接收器上的平均光照度正比于 $\Phi_S/(\pi\theta^2)$,或 $\mathrm{d}E_R \propto \Phi_S/\theta^2$;两者之间的比值是 $\mathrm{d}E_S/\mathrm{d}E_R \propto \theta/\theta_S$,这与前面对图 12.25(a) 的阴影区的讨论结果一样。

当将狭缝 s 绕轴 a 转动时,只有在接收器 R 中央,直径为 $2\theta_S$ 的部分(图 12.26(b) 中央的黑色圆盘)会被所有的(转动)狭缝照亮。对所有位置而言,黑色圆盘与整个接收器的光照度比值正比于 θ/θ_S。这也就是集中器的光照度比值 $\mathrm{d}E_S/\mathrm{d}E_R \propto \theta/\theta_S$。

具有圆形对称的积分器不能将接收器中央的热点去掉。但是可以将热点

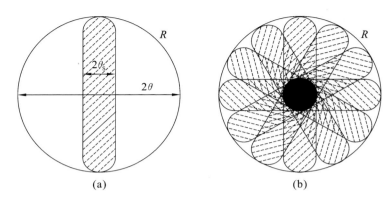

(a)   (b)

图 12.26　（a）垂直入射、孔径角为 $2\theta_S$ 的太阳光线，穿过具有圆对称（接收角为 2θ）的科勒光学器件集中器的径向狭缝后，在接收器 R 上产生的光照度分布（中央阴影区）；（b）整个科勒光学器件集中器产生的照明样式

相对于整个接收器的平均光照度的比值大为降低：从 $(\theta/\theta_S)^2$ 到 θ/θ_S。图 12.27 显示了一个更为实用的太阳能集中器的结构，它包含了两个反射面（镜面），而非两个折射面。

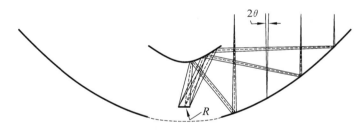

图 12.27　双镜面（XX）集中器，接收角为 2θ，接收器为 R

　　我们也可以将这些光学表面修改为多通道科勒光学器件，作为积分器使用，如图 12.28 所示。当使用转动对称将这些设计变成三维器件时，在积分器的接收器 R 中央处的光照度峰值会比图 12.27 中的光学器件的低很多。图 12.29 就显示了该结果。它是在接收器上相对光照度对 r（到中点的相对距离）的函数图。曲线 a、b 分别对应于图 12.28 与图 12.27 的光学器件。

　　前面描述的光学器件都在二维空间中设计，然后赋予转动对称性。但是我们也可以设计不具转动（或线性）对称的科勒光学器件，如图 12.30 所示。这种光学器件包含一个反射主组件（由四个部分 p_1、p_2、p_3、p_4 组成），以及一个折射次组件（也是由四个部分 s_1、s_2、s_3、s_4 组成）。所有这些部分都是被放在一个垂直中央轴 b 的周围，b 通过主组件及接收器 R 的中心。

　　主组件的 p_1 部分是一个抛物面，对应于穿过点 V_1（相对中点 C 有一定偏

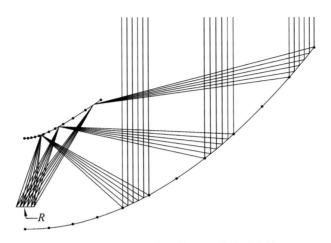

图 12.28 以科勒通道取替(XX)集中器的镜面

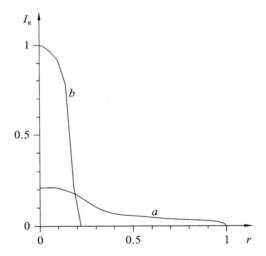

图 12.29 曲线 a 是由具有圆形对称的聚焦光学器件在接收器上产生的光照度分布,曲线
b 是由类似的光学器件与径向科勒积分器组合器件在接收器上产生的光照度
分布

离)的垂直轴 a_1 有转动对称。次组件上对应的 s_1 部分是一个笛卡儿卵形表面,
对应于 $P_1 R_1$ 轴有转动对称,它将点 P_1 聚焦到 R_1 上,如图 12.30(a) 所示。主组
件的 p_1 部分将垂直入射的光线聚焦到 s_1 上。次组件的 s_1 部分将主组件的 p_1 部
分成像到接收器上。整个设计如图 12.30(b) 所示。主组件上的 p_1、p_2、p_3 与 p_4
部分分别与次组件上的 s_1、s_2、s_3 与 s_4 部分配合运作。

这种光学器件的目标是要在接收器 R 上产生一个均匀而清晰的方形照

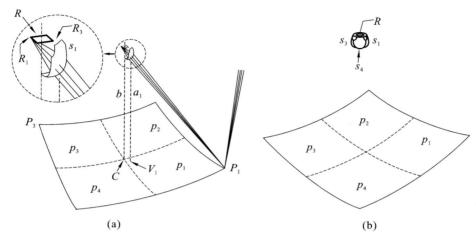

图 12.30　(a) 主组件 p_1 与次组件 s_1 组成一个科勒通道;(b) 由四个科勒通道组成的科勒积分器

明。次组件的 s_1 部分将点 P_1 清晰地聚焦到点 R_1 上,因此可以将主组件的 P_1 角落清晰地聚焦到接收器的 R_1 角落上而将之照明。但是 s_1 不能将点 C 完美地聚焦到 R_3 上,因此不会在接收器的 R_3 角落产生清晰照明样式。但是,s_3 可以将点 P_3 清晰地聚焦到点 R_3 上,因此可以将主组件的 P_3 角落清晰地聚焦到接收器的 R_3 角落上。当我们将从主组件不同部分投射过来的光线叠加在接收器 R 上时,便可以产生一个清晰的均匀方形照明。

图 12.31 显示了一个剖面图(剖面通过轴 a、b_1,点 R_1、R_3、P_1)。图 12.31(a) 显示了次组件的 s_1 部分把主组件的端点 P_1 聚焦到接收器 R 的端点 R_1 的情况;图 12.31(b) 显示了主组件的 p_1 部分把垂直入射的光线聚焦到次组件的点 F 的情况。在设计过程中,可能需要优化焦点 F 的位置。虽然在这个例子中我们将它放在 s_1 的表面上,但这可能并不是最优位置。最优位置可能会在 s_1 的内侧。因为这个器件包含了反射(X)及折射(R)光学表面,所以它称为 XR 科勒光学器件。

图 12.32(a) 显示了垂直入射太阳光线在接收器 R(大小为 $|X|$)上的光照度分布(任意单位);图 12.32(b) 显示了当入射光线与垂直方向(集中器的 b 轴)的夹角为 $0.7°$ 的情况。对垂直入射光线而言,光照度会是均匀分布的,而且光照度的形状会刚好将方形接收器填满。对于以一定夹角入射的光线,光照度分布仍然颇为均匀,但是会有变化。刚刚讨论的结果也会随设计参数的改变而改变。

如果用菲涅耳透镜取代主组件便能得到一个类似于图 12.30 显示的太阳

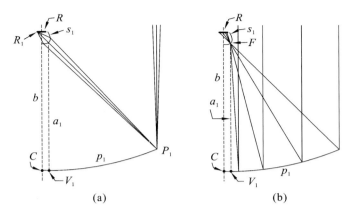

图 12.31　图 12.30 的积分器的剖面图。(a) 在主组件 p_1 的端点 P_1 反射的光线的光路；
　　　　　(b) 被 p_1 聚焦到 s_1 的光线的光路

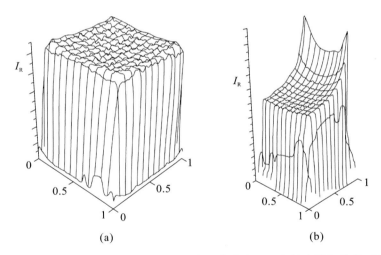

图 12.32　图 12.30 中的集中器的接收器上的光照度分布：(a) 入射光线为垂直；(b) 入射光
　　　　　线与垂直方向的夹角为 $0.7°$

能集中器，如图 12.33(a) 所示。现在菲涅耳透镜的 p_1、p_2、p_3、p_4 部分将垂直入
射光线分别聚焦到次组件的 s_1、s_2、s_3、s_4 部分上。次组件上的每一部分将主组
件上对应部分的外角落聚焦到接收器 R 的对边角落上。图 12.33(b) 显示了这
种次组件。

　　图 12.34 是沿着主组件的对角线 P_1P_3 切过去的垂直截面，它显示了集中
器的细节部分几何结构。主组件的方形 P_1 部分是一个菲涅耳透镜，关于垂直
轴 a_1 圆形对称，焦点 F 在次组件上。轴 a_1 对应于穿过接收器中央的轴 b 有平

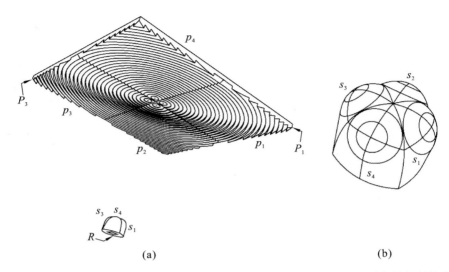

图 12.33　(a) 科勒通道包含四个菲涅耳透镜部分(p_1、p_2、p_3、p_4),以及对应的折射性次组件(s_1、s_2、s_3、s_4);(b) 次组件的细节

移。次组件的 s_1 部分与轴 R_1P_1 圆形对称,把主组件的 P_1 角落聚焦到接收器 R 的 R_1 角落上。与 XR 科勒光学器件一样,主组件的焦点 F 的最优位置可能不会在 s_1 表面上,而可能会在其内侧。

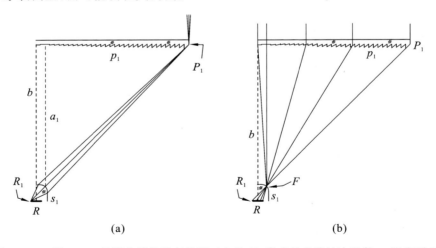

图 12.34　图 12.33 的积分器的垂直截面。(a) 从 P_1 发出的光线被次组件 s_1 聚焦到 R;(b) 垂直入射光线被菲涅耳透镜 p_1 聚焦到 F 上

因为该器件有一个菲涅耳主组件及一个折射次组件(R),它被称为菲涅耳折射科勒(FK)集中器。图 12.35(a) 显示了 FK 集中器的菲涅耳主组件的中央

部分,图 12.35(b) 显示了对应的次组件,图 12.36 显示了把几个 FK 集中器排成阵列组合起来形成一个模组的情况。

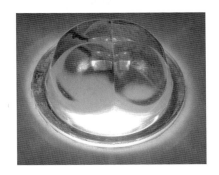

图 12.35　菲涅耳折射科勒集中器的(a) 主组件及(b) 次组件(感谢 Light Prescriptions Innovators 公司供图)

图 12.36　由几个集中器组成的菲涅耳折射科勒模组(感谢 Light Prescriptions Innovators 公司供图)

12.4　产生指定光照度的科勒光学器件

我们也可以在现有而且可以在接收器上产生指定光照度的光学器件上添加科勒通道。考虑图 12.37 中从 O_1 延伸到 O_2 的光学器件 O_1,这种光学器件是针对辐射器 $E_1 E_2$ 及接收器 $R_1 R_2$ 设计的(见第 10 章,图 10.25(a))。投射在接收器($R_1 R_2$)上的点 R_6 的光锥的边缘光线是 r_{6L} 及 r_{6R},它们分别垂直于波前 w_2 及 w_1。如果这些照明光线的辐射亮度(L)在所有方向上大小一样(表示它们是从朗伯光源发出的),点 R_6 上的光照度就由该光锥(局限在 r_{6L} 及 r_{6R} 间)确定。

我们可以将图 12.38 所示的光学表面 c_1 与 c_2,加在图 12.37 的光学器件

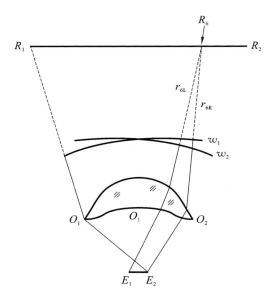

图 12.37　光学器件 O_1 在接收器 R_1R_2 上产生指定光照度

上，形成科勒通道。假设我们已经知道 P_1（在 c_1 上）及 Q_1（在 c_2 上）的位置，便可以使用光学扩展量守恒计算 P_2（在 c_1 上）及 Q_2（在 c_2 上），从而确定科勒通道的端点。

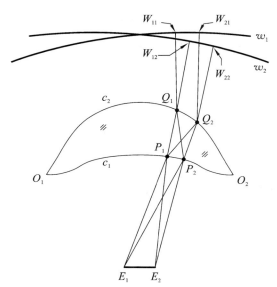

图 12.38　如果在科勒通道一边上的点 P_1 与 Q_1 已知，便可以使用光学扩展量守恒计算在另外一边上的 P_2（在 c_1 上）及 Q_2（在 c_2 上）

使用式(12.3)可以计算从 E_1E_2 到 P_1P_2 的光学扩展量 U_1,使用式(12.4)可以计算从 P_1P_2 到 Q_1Q_2 的光学扩展量 U_2,从 Q_1Q_2 到波前 w_1 与 w_2 的光学扩展量 U_3 可以写成(见图 12.38)

$$U_3 = [Q_1, W_{12}] + [Q_2, W_{21}] - [Q_1, W_{11}] - [Q_2, W_{22}] \qquad (12.7)$$

因为光线穿过科勒通道时,光学扩展量守恒,所以,$U_1 = U_2$,$U_2 = U_3$。根据已知的 P_1 与 Q_1 位置,利用这两个式子,就可以分别在曲线 c_1 及 c_2 上确定点 P_2 及 Q_2。继续该步骤,通过类似于图 12.24 所示的过程,便能在 P_2 及 Q_2 右边确定更多科勒通道的端点,如图 12.39 所示。

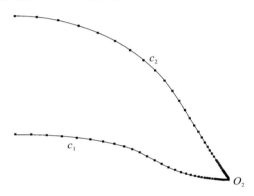

图 12.39　通过曲线 c_1 与 c_2 上的点确定科勒通道的边缘

现在可以将微透镜放在科勒通道的端点间,如图 12.40 所示。下边微透镜 l_2 是一个笛卡儿卵形表面,它的焦点分别在 E_1E_2 的中点,以及在相对微透镜 l_1 的中点。上边微透镜 l_3 可以计算一个笛卡儿卵形表面,它将从波前 w_1 发出的光线聚焦到相对微透镜 l_4 的端点上。在这些微透镜之间会有小间隙。

设计上边微透镜的另外一个办法是考虑一个中分波前(bisector wavefront)w_B,它发出的光线会将垂直于波前 w_1 与 w_2 的边缘光线平分,如图 12.41 所示。

图 12.42 显示了计算上边微透镜 l_3 的另外一个方法。现在 l_3 是一个笛卡儿卵形表面,它将从中分波前 w_B 发出的光线聚焦到相对微透镜 l_4 的中点上。

在科勒光学器件中,离开透镜的边缘光线(近似地)垂直于波前 w_1 与 w_2,如图 12.43(a) 所示。这些边缘光线是由上边微透镜 l_3 与下边微透镜 l_4 的几何形状定义的,而不是由辐射器 E_1E_2 定义的。图 12.43(b) 显示一个类似但表面平滑的光学器件。这时候,离开光学器件的边缘光线仍然垂直于波前 w_1 与 w_2。但是它们是由辐射器 E_1E_2 定义的。

在前面讨论的两个例子中,输出端的边缘光线垂直于波前 w_1 与 w_2。因此,

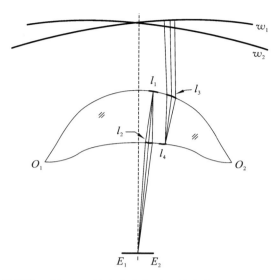

图 12.40　下边微透镜 l_2 把 E_1E_2 的中点聚焦到 l_1 的中点上。上边微透镜 l_3 把从 w_1 发出的光线聚焦到 l_4 的边缘上

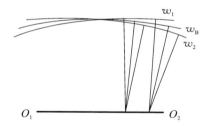

图 12.41　垂直于中分波前 w_B 的光线会将垂直于波前 w_1 与 w_2 的边缘光线平分

这两个光学器件产生同样的发光样式。但是，在科勒光学器件的例子中，发光样式是由微透镜的几何形状确定的；在平滑表面的光学器件中，却是由辐射器 E_1E_2 所定义的。因此，科勒光学器件对辐射器的位置或是其他的变化有更大的容忍度，而平滑光学组件则不行。然而，不同的科勒通道会对不同区域发光，这可能会导致伪像（artifact）。

如果图 12.44 的科勒光学器件与一个大朗伯光源（E_1E_2）配合使用，则它在 R_1R_2 上产生的光照度分布会与图 12.37 的平滑光学组件产生的非常接近。如果该科勒光学器件是与一个放置在积分区（E_1E_2）范围内较小的辐射器 E 配合使用，则它在 R_1R_2 上产生的光照度分布也会几乎不变。

现在考虑一个可以将朗伯辐射器 E_3E_4 耦合到 O_1O_2 上的复合椭圆集中器

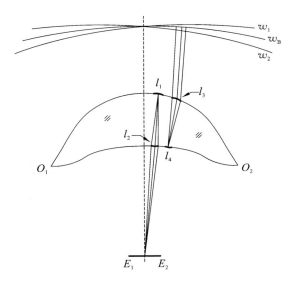

图 12.42　下边微透镜 l_2 把 E_1E_2 的中点聚焦到 l_1 的中点上。上边微透镜 l_3 将从中分波
　　　　　前 w_B 发出的光线聚焦到相对微透镜 l_4 的中点上

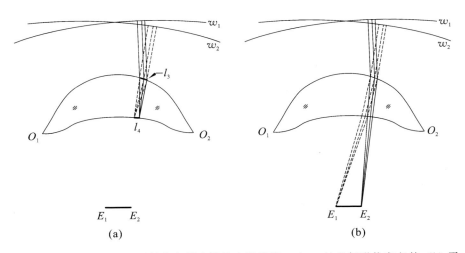

图 12.43　（a）科勒光学器件的发射光线是由微透镜 l_3 与 l_4 的几何形状定义的；（b）平
　　　　　滑光学器件的发射光线是由辐射器 E_1E_2 定义的

（镜面 e_1 与 e_2）。如果将该复合椭圆集中器与科勒光学器件组合起来使用，在
R_1R_2 上产生的光照度分布仍然会一样。图 12.45 显示了此系统。但是如果辐射
器 E_3E_4 被一个较小的朗伯辐射器 E 所取代，复合椭圆集中器在科勒光学器件
下表面（c_1）产生的光照度分布会不一样。因此，在接收器 R_1R_2 上的光照度分

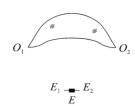

图 12.44　科勒光学器件(O_1O_2) 与一个大辐射器(E_1E_2) 配合使用，它在 R_1R_2 上产生所需的光照度分布。当与放置在积分区(E_1E_2) 范围内较小的辐射器 E 配合使用时，也会产生类似的光照度分布

布也会不一样。

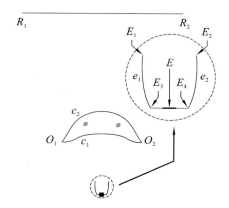

图 12.45　科勒光学器件(O_1O_2) 与复合椭圆集中器(e_1、e_2) 配合使用。这时候，辐射器 E_3E_4 会在 R 上产生所需的光照度分布。但是，如果使用一个比较小的辐射器，则结果就不一样了

12.5　对科勒光学器件进行混色

如前所述，可以使用科勒光学器件将来自不同光源的光线混合。混色壳（shell mixer）便是这种积分光学器件的一个例子[5]，其原理是使用一个光学器件将一个不均匀光源转换成看起来均匀的虚光源。图 12.46 显示了混色壳的一个科勒通道。第一折射面 P_0P_1 将辐射器 E_1E_2 成像到第二折射面 Q_0Q_1

上，如图 12.46(a) 所示。折射面 Q_0Q_1 在辐射器 E_1E_2 上产生 P_0P_1 的虚像，如图 12.46(b) 所示。从 P_0P_1 上的点发出的光线现在看起来就像是从 E_1E_2 上的点发出的一样。即使辐射器 E_1E_2 不均匀，表面 P_0P_1 将会被均匀照明（因为它距离 E_1E_2 较远），所以在 E_1E_2 上产生的 P_0P_1 的虚像也会是均匀的。不均匀的辐射器 E_1E_2 现在就被一个均匀的虚拟辐射器所取代。从辐射器 E_1E_2 内部点 E 发出的光线，从光学器件的另一侧看过来，就像是从整个辐射器发出的一样，如图 12.46(c) 所示。

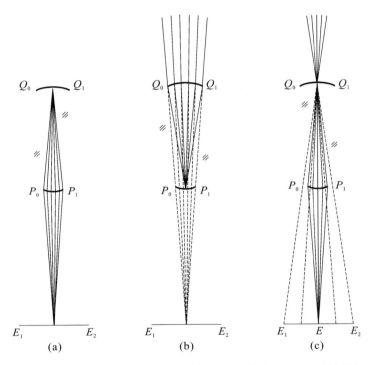

图 12.46　混色壳积分科勒通道。(a) 从辐射器 E_1E_2 中点发出的光线被第一折射面 P_0P_1 聚焦到第二折射面 Q_0Q_1 的中点上；(b) 从 P_0P_1 中点发出的光线，看起来就像是从 E_1E_2 的中点发出的一样；(c) 从辐射器 E_1E_2 内部点 E 发出的光线，看起来就像是从整个辐射器发出的一样

知道了 P_1 与 Q_1 的位置后，计算科勒通道的点 P_2 与 Q_2 的方法与式(12.1)、式(12.2)、式(12.6) 描述的方法非常相似。但是，现在接收器 R_1R_2 是虚拟的，而且是重叠在辐射器 E_1E_2 上，也就是说，$R_1=E_1$，$R_2=E_2$。对应于光学表面 P_1P_2（见图 12.47(a)），可以使用式(12.1)计算其光程。而对光学表面 Q_1Q_2，因为光线 Q_1E 和 Q_2E 是虚拟的（见图 12.47(b) 及第 21 章），则可以得到光

程为

$$n[P, Q_1] - [Q_1, E] = n[P, Q_2] - [Q_2, E] \tag{12.8}$$

从 E_1E_2 到 P_1P_2,以及从 P_1P_2 到 Q_1Q_2 的光学扩展量可以分别利用式 (12.3) 及式 (12.4) 计算,如图 12.47(c) 所示。因为从 Q_1Q_2 离开的光线,现在看起来就像是从虚拟"接收器"E_1E_2 发出的一样(见图 12.47(d)),从 Q_1Q_2 到 E_1E_2 的光学扩展量是

$$U_3 = [Q_1, E_2] + [Q_2, E_1] - [Q_1, E_1] - [Q_2, E_2] \tag{12.9}$$

从 Q_1Q_2 发出的光线的光学扩展量等于从 E_1E_2 的朗伯光源对 Q_1Q_2 发出的光线的光学扩展量。

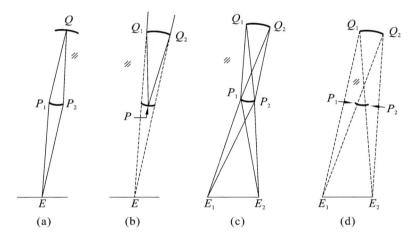

图 12.47 (a) 与 (b) 说明了混色壳的科勒通道的光程守恒,(c) 与 (d) 则说明了光学扩展量守恒

一旦根据点 P_1 与 Q_1 计算出了点 P_2 与 Q_2 后,表面 P_1P_2 便可以确定为一个笛卡儿卵形表面,将 E 聚焦到 Q 上;而表面 Q_1Q_2 为一个笛卡儿卵形表面,它的作用使从 P 发出的光线看起来就像是从 E 发出的一样。

图 12.48 显示了一个完整的光学器件。它的通道把整个辐射器 E_1E_2 包裹起来。在辐射器 E_1E_2 内部的点 P 发出的光线,看起来就像是从整个辐射器 E_1E_2 发出的一样,如图 12.48 的虚线(虚拟光线)所示。刚刚描述的性质对在积分器 E_1E_2 内部的任何点都成立。因此,如果在 E_1E_2 内部有不同颜色的光源 P,从这些光源发出的光线看起来就像是从盖住整个 E_1E_2 的虚拟辐射器发出的一样。这些不同光源发出的光线混合起来。

图 12.49 是混色壳光学器件的顶视图及底视图。在该光学器件靠近底部的位置,在实际器件中,微透镜变得很小而且其铺排也会有不同的样式。特别是

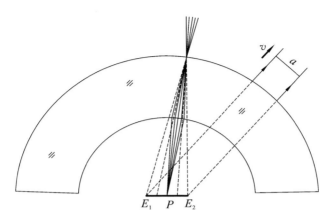

图 12.48　混色壳光学器件的通道把整个辐射器 E_1E_2 包裹起来。在方向 v 的闪光区 a 可以涵盖几个科勒通道

在最底部 b 的位置,混色壳的微透镜是柱状的,如图 12.49 所示。柱状微透镜会有一个小的拔模角,方便注塑成型制程。

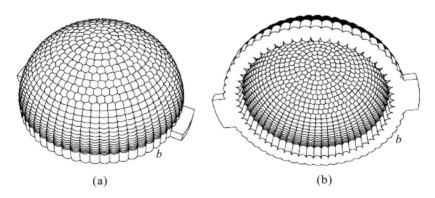

(a)　　　　　　　　　　　(b)

图 12.49　(a) 混色壳光学器件的顶视图。在实际器件中,底部 b 处的微透镜几乎垂直而且呈柱状;(b) 混色壳光学器件的底视图

在三维空间中,图 12.47(a) 的笛卡儿卵形表面 P_1P_2 对通过其焦点(E 与 Q）的轴具有转动对称性。图 12.47(b) 的笛卡儿卵形表面 Q_1Q_2 也一样在三维空间中对通过其焦点(E 与 P）的轴具有转动对称性。这些表面构成了混色壳的微透镜。也可以使用近轴光学方法(paraxial optics) 计算一个近似的混色壳[8],其微透镜具有球形光学表面。图 12.50 显示了一个混色壳光学组件,图 12.51(a) 和(b) 显示了混色壳上部及底部的微透镜。

图 12.50　混色壳光学组件(感谢 Light Prescriptions Innovators 公司供图)

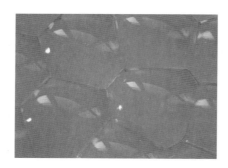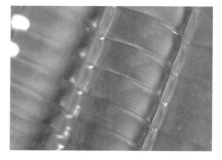

图 12.51　混色壳上部(a)及底部(b)的微透镜(感谢 Light Prescriptions Innovators 公司供图)

12.6　同步多表面设计科勒光学器件

使用三维同步多表面设计方法可以将科勒光学器件延伸到三维空间[1]。但是必须先了解以下描述的概念,并将其应用到这些设计上才可以进行三维同步多表面科勒设计(SMS 3-D Kohler design)。

第一个概念是关于常数 p 波前(constant p wave front)。考虑曲线 f,其参数表达式为 $f(\sigma)$,其切矢量(曲线的导数)为 $t(\sigma)$。其中 σ 是曲线的参数,如图 12.52 所示。从曲线上的点 $f(\sigma)$ 可以发出两条光线 $r_1(\sigma)$ 与 $r_2(\sigma)$。它们对于切矢量的角度是 α,光线 $r_1(\sigma)$ 与 $r_2(\sigma)$ 分别垂直于波前 w_A 与 w_B。

现在考虑图 12.53 的情况。光束 r 与矢量 t 的夹角是 α(光束中每一条光线与矢量 t 的夹角都是 α)。这些光线都在一个以 C 为顶点的光锥上。可以用绕矢量 t 的角度 φ 作为参数而将这些光线写成 $r(\varphi)$。它们的动量 $p(\varphi)$ 指向垂直于 t 的圆 b 上。因为所有光线对矢量 t 的夹角都是 $\alpha(\sigma)$,它们在 t 上的投影(对所有

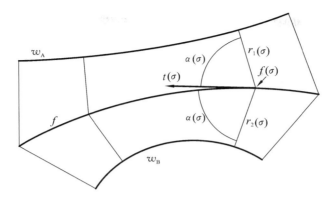

图 12.52　光线 $r_1(\sigma)$ 与 $r_2(\sigma)$ 对曲线 $f(\sigma)$ 的切矢量 $t(\sigma)$ 的角度是 $\alpha(\sigma)$，分别垂直于波前 w_A 与 w_B

的 φ 值）为常数，即

$$p = 常数 \tag{12.10}$$

该常数有时候称为常数 p 光束（constant p bundle of rays）。

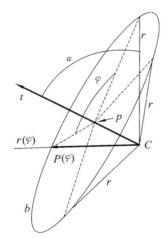

图 12.53　点 C 与矢量 t 定义的直线与光束 r 之间的夹角为 α。光束中的每一条光线都可以用参数 φ（绕矢量 t 的角度）描述

　　现在可以将图 12.52 的概念延伸到 $t(\sigma)$ 三维空间，如图 12.54(a) 所示。在曲线 f 上的点 $f(\sigma)$ 发出的光线 r 与切矢量（f 在点 $f(\sigma)$ 上的切线）的夹角为 $\alpha(\sigma)$。这些光线对矢量 $t(\sigma)$ 具有圆形对称性。因此它们落在以 $f(\sigma)$ 为顶点的光锥上。光锥的底部是一个垂直于 $t(\sigma)$ 的圆 $b(\sigma)$。这与图 12.53 的情况非常类似。图 12.54(b) 显示了从曲线点 $f(\sigma)$ 发出的光线 r。要完全定义这些光线，除了参数 σ，还需要用到绕矢量 $t(\sigma)$ 的角度 φ。因此，这是一个双参数光束 $r(\sigma,\varphi)$。这

些光线的动量 $p(\sigma,\varphi)$ 指向垂直于 $t(\sigma)$ 的圆 $b(\sigma)$。而且对某一固定的 σ，所有动量 $\boldsymbol{p}(\sigma,\varphi)$ 在方向 $t(\sigma)$ 上的分量相等，都是 $p(\sigma)$。而对于某一固定的 σ，在光锥上所有光线的 p 值相等，与 φ 无关。这也与图 12.53 的情况类似。

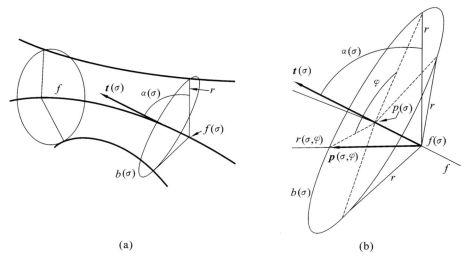

(a)   (b)

图 12.54　(a) 光线 r 是从一个以 $f(\sigma)$ 为端点的光锥发出的。此光锥以相切于曲线 f 的切矢量 $t(\sigma)$ 为光轴，其孔径角为 $\alpha(\sigma)$；(b) 从曲线 f 的点 $f(\sigma)$ 发出的光线 r 的动量 $p(\sigma,\varphi)$ 沿切矢量 $t(\sigma)$ 的分量 $p(\sigma)$ 为常数

从曲线 f 不同点上发出的光锥形成的光束可以用一个二维参数表达式 $r(\sigma,\varphi)$ 描述。它们垂直于波前 w_2（见图 12.55），称为常数 p 波前（constant p wave front）。

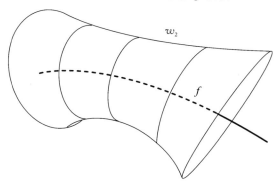

图 12.55　从曲线 f 发出而落在 p 为常数的光锥上的光线垂直于波前 w_2

现在我们考虑另外一个概念：在曲线（线段）上的折射（或反射）。考虑动量为 p_1 的光线 i，在折射率为 n_1 的介质中传播。它在法线为 $\boldsymbol{n}$ 的界面上进行折射，射入折射率为 n_2 的介质，变成动量为 p_2 的光线 r，如图 12.56 所示。

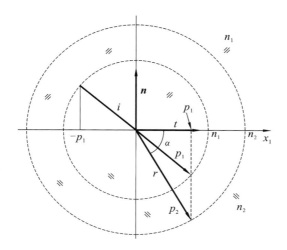

图 12.56　在折射率为 n_1 的介质中的光线 i 被折射到折射率为 n_2 的介质中

入射光线与折射光线的动量满足以下关系式:

$$\boldsymbol{p}_1 \cdot \boldsymbol{t} = \boldsymbol{p}_2 \cdot \boldsymbol{t}$$

其中,$\boldsymbol{t}$ 是垂直于 $\boldsymbol{n}$ 的单位矢量,它与 $\boldsymbol{n}$、$\boldsymbol{p}_1$、$\boldsymbol{p}_2$ 在同一平面内。我们也可以写成 $\boldsymbol{p}_1 = n_1 \boldsymbol{i}$,$\boldsymbol{p}_2 = n_2 \boldsymbol{r}$,从而得到:$n_1 \boldsymbol{i} \cdot \boldsymbol{t} = n_2 \boldsymbol{r} \cdot \boldsymbol{t}$,其中,$\boldsymbol{i}$ 与 $\boldsymbol{r}$ 是分别在 $\boldsymbol{p}_1$ 与 $\boldsymbol{p}_2$ 方向上的单位矢量。折射光线与切矢量之间的夹角 α 可以从关系式 $n_1 \boldsymbol{i} \cdot \boldsymbol{t} = n_2 \cos\alpha$ 得到,或写成

$$\alpha = \arccos\left(\frac{n_1}{n_2}\boldsymbol{i} \cdot \boldsymbol{t}\right) = \arccos\left(\boldsymbol{p}_1 \cdot \frac{\boldsymbol{t}}{n_2}\right) \qquad (12.11)$$

图 12.57 是在三维空间中对应的表示图。法线垂直于轴 x_1,因此可以写成 $\boldsymbol{n} = (0, m_2, m_3)$,其中,$m_2$ 与 m_3 分别是它在 x_2 与 x_3 轴的坐标。矢量 $\boldsymbol{t}$ 垂直于 $\boldsymbol{n}$,而落在 $\boldsymbol{p}_1$、$\boldsymbol{p}_2$ 所在的平面上。$\boldsymbol{p}_1$ 与 $\boldsymbol{p}_2$ 分别是光线被折射前与折射后的动量。它们可以写成:$\boldsymbol{p}_1 = (p_1(n_1), p_2(n_1), p_3(n_1))$,$\boldsymbol{p}_2 = (p_1(n_2), p_2(n_2), p_3(n_2))$,而且,$\boldsymbol{p}_2 = \boldsymbol{p}_1 + k\boldsymbol{n}$,其中,$k$ 是一个常量。因为 $\boldsymbol{n}$ 的 x_1 分量为 0,$p_1(n_1) = p_1(n_2)$,所以

$$p_1 = 常数 \qquad (12.12)$$

折射光线与切矢量 $\boldsymbol{t}$ 的夹角 α 仍然可以通过式(12.11)得到。

现在考虑图 12.58 的情况。法线 $\boldsymbol{n}$ 绕 x_1 轴或(矢量 $\boldsymbol{t}$)转动而形成一个以原点为中心的圆 c_1。入射光线 i 不变。虽然法线 n_1、n_2、n_3 …… 的方向不一样,但是它们仍然垂直于 x_1(或矢量 $\boldsymbol{t}$),所以可以写成 $n_k = (0, m_{k2}, m_{k3})$,其中,$k = 1$,$2, 3, \cdots$。对于所有这些法线,式(12.12)仍然成立。而且这些折射光线(r_1、r_2、r_3 ……)的动量是在平行于平面 $x_2 x_3$ 的曲线 c_2 上。c_2 的中心为点 $(p_1, 0, 0)$。

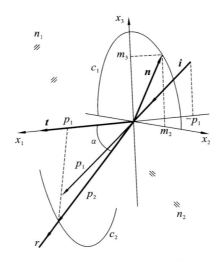

图 12.57　在折射率为 n_1 的介质中的光线 i 被折射到折射率为 n_2 的介质中。法线 $\boldsymbol{n}$ 垂直
　　　　　于 x_1 轴

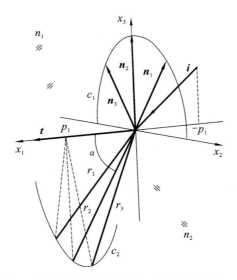

图 12.58　在折射率为 n_1 的介质中的光线 i 被折射到折射率为 n_2 的介质中。法线垂直
　　　　　于 x_1 轴，并绕 x_1 轴转动成 $\boldsymbol{n}_1$、$\boldsymbol{n}_2$、$\boldsymbol{n}_3$……

光线 r_1、r_2、r_3…… 对应的光锥由圆 c_2 定义，其端点在原点（折射发生的地方）。
在此光锥上的所有折射曲线（r_1、r_2、r_3……）与切矢量 $\boldsymbol{t}$ 的夹角同为 α，其值仍
然可以用式（12.11）计算。在反射的情况（$n_1 = n_2$）中，因为 $\boldsymbol{p}_2 = \boldsymbol{p}_1 + k\boldsymbol{n}$（其中
k 是一个纯量）仍然成立，我们可以得到类似的结果。

现在考虑第三个概念：笛卡儿卵形表面。它可以将从一个波前发出的光线改变方向以穿过某一指定曲线 c。笛卡儿卵形表面的形状是由另外一条已知曲线确定的。笛卡儿卵形表面的计算利用到前面讨论的两个概念：常数 p 波前，以及在线段上的折射。

现在让我们考虑另外一个情况：我们想要计算一个光学表面以便使从点波前 w_1 发出的光线改变方向，以穿过已知曲线 f；而且我们要求此表面必须包含另一条已知曲线 c。

我们首先考虑在曲线 c 上的一点 P，如图 12.59 所示。矢量 t 在 P 上与 c 相切。该光学表面在点 P 上的法线会垂直于切矢量 t。现在考虑一个以 P 为中心，垂直于 t 的圆 c_1（半径为一个单位）。同时考虑该光学表面在点 P 上的所有可能法矢量。这些法矢量落在曲线 c_1 上。对应的折射光线落在一个孔径角为 α 的光锥上。光锥的端点为 P，圆 c_2 垂直于 t。在点 P 上折射的光线的光锥与曲线 f 相交于点 X。X、P、w_1 便定义了一条穿过 P 的光线 r。

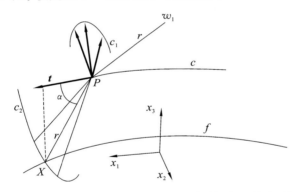

图 12.59　从波前 w_1 发出的光线在曲线 c 的点 P 上折射（或反射后）的光线会落在孔径角为 α、轴为 t（在 P 点与 c 相切）的光锥上。此光锥与曲线 f 相交于点 X，从而定义了光线 r 的光路

我们可以利用图 12.60 所示的结构来确定锥体与曲线的交点。该交点 $X = f(\sigma X)$ 满足

$$(f(\sigma X) - p) \cdot t = \parallel f(\sigma X) - p \parallel \cos\alpha \tag{12.13}$$

其中，角度 α 是锥壁与通过锥体对称轴的平分单位矢量 t（bisector unit vector）的夹角。我们可以将式（12.13）对 σX 求解以确定交点 X。

因为我们已经知道光线 r 的光路，$w_1 - P - X$ 便可以确定从 w_1 到 X 的光程 S_1。现在如果我们把光线 r 逆向（如图 12.61 所示），则它将会以矢量 u 的方向离开点 X，并在点 P 上折射往波前 w_1 传播。曲线 f 在点 X 的单位切矢量是 t_X。将矢量 u 绕矢量 t_X 转动会得到一个以点 X 为端点的光锥。让从 X 到 w_1 的

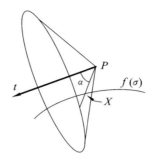

图 12.60　考虑一个锥体（其端点为 p，轴线为 t，孔径角为 α）。当矢量 $X-P$ 与 t 的夹角为 α 时，X 便是锥体与曲线 $f(\sigma)$ 的交点

光程 S_1 为常数，便可以确定光线 r_1、r_2、r_3……的光路，以及在曲线 g_1（在光学表面上）上的新设计点 Q_1、Q_2、Q_3……

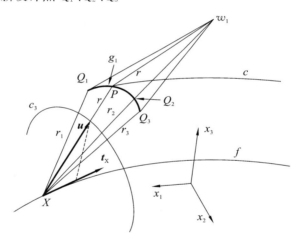

图 12.61　已知光线 r 的光路，以及在点 X 上的方向 $\boldsymbol{u}$，让从 X 到 w_1 的光程 S_1 为常数，便可以确定在光学表面上的曲线 g_1。将 $\boldsymbol{u}$ 绕轴 t_X（在点 X 上与曲线 f 相切）转动便能定义光线 r_1、r_2、r_3 在曲线 g_1 的折射方向

　　将点 P 沿曲线 c 移动，并重复上述步骤，便可以在光学表面上计算新的曲线 g_2、g_3……g_K……所有这些曲线加起来便可以定义笛卡儿卵形光学表面，如图 12.62 所示。要注意的是，对曲线 g_1 上的所有点而言，其光程是 S_1（常数）。但是，当点 P 沿曲线 c 移动时，曲线 g_2 上的点对应的光程会有另外一个不同的值 S_2。所以，一般而言，对于曲线 c 的点 P_K，我们可以让 w_1 到 X_K 间的光程为 S_K，从而确定曲线 g_K。

　　与图 12.55 所示的情况类似，会聚到曲线 f 上的光线垂直于常数 p 波前

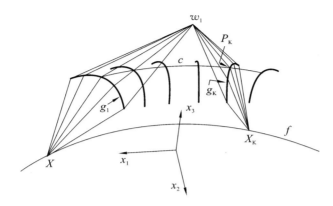

图 12.62　波前 w_1 与点 X_K（在曲线 f 上）间的常数光程 S_K 确定了不同的曲线 g_K（起始
　　　　于曲线 c 上的点 P_K）。所有这些曲线（g_K）加起来便定义了笛卡儿卵形光学表
　　　　面，此表面包含了 c，而且把从波前 w_1 发出的光线折向曲线 f 的点上

w_2。当利用图 12.62 所示的方法时，我们不需要通过计算绕曲线 f 的常数 p 波前
的形状便能得到笛卡儿卵形表面（由曲线组 g_K 所定义）。但是我们可以利用与
计算笛卡儿卵形表面类似的方法来确定绕曲线 f 的常数 p 波前。考虑图 12.63
中的光线 r（与图 12.59 中的光线 r 一样），我们可以沿它的光路选定一点 W，这
一点定义了从 w_1 到 W 的光程为 $[[w_1,P,W]]$。现在我们可以把点 W 绕切矢量
t_X（在点 X 上与曲线 f 相切）转动一圈而得到圆 c_3。

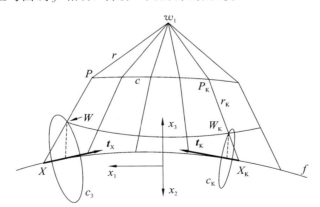

图 12.63　点 W_K 是沿光线 r_K 的光路上的一点。它满足关系式 $[[w_1,P_K,W_K]] =$
　　　　$[[w_1,P,W]]$。我们可以把点 W_K 绕切矢量 t_K（在点 X_K 上与曲线 f 相切）转
　　　　动一圈而得到圆 c_K。这一组圆（c_K）定义了绕曲线 f 的常数 p 波前

　　　利用图 12.59 所示的方法，我们可以计算其他从波前 w_1 发出，穿过曲线
c，而到达曲线 f 的光线 r_K。同样，我们可以在这些光线上确定点 W_K 的位置，

使光程$[[w_1,P_K,W_K]]$等于光程$[[w_1,P,W]]$,也就是说我们要计算W_K使$[[w_1,P_K,W_K]]=[[w_1,P,W]]$成立。我们可以将点$W_K$绕切矢量$t_K$(在点$X_K$上与曲线$f$相切)转动一圈而得到圆$c_K$。这一组圆$(c_K)$就定义了绕曲线$f$的常数$p$波前$w_2$的形状。它的形状与图12.55中的形状非常相似。

现在考虑第四个概念:在二维空间中以同步多表面设计方法为基础而设计的科勒光学器件(以同步多表面设计链为基础而计算的二维科勒光学器件几何形状)。考虑辐射器E_1E_2、接收器R_1R_2,以及起点P_0及其法线,我们现在可以从点P_0开始计算同步多表面设计链,从而定义两个光学表面。图12.64(a)中以实线表示了该同步多表面设计链对应的光线。现在考虑在下光学表面的中点Q_0及其法线。值得注意的是,P_0与Q_0是在同一条流线上,而且此流线也是该光学器件的对称轴。使用与前面一样的光程,我们便能够以Q_0为起点,计算一组新的同步多表面设计链。图12.64(b)以虚线表示了这组新同步多表面设计链对应的光线。

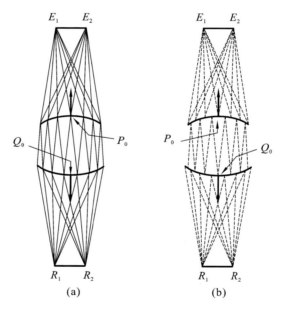

图12.64　(a)以P_0为起点的同步多表面设计链;(b)以Q_0(下光学表面的中点)为起点的同步多表面设计链

图12.65显示了将这两组同步多表面设计链放在一起的情况。现在考虑实线光线跟上表面的交点,以及虚线光线跟下表面的交点。图12.65(b)显示了这些点,以及通过P_0、P_1(上表面)及Q_0、Q_1(下表面)的光线。这些点(P_0、P_1,及Q_0、Q_1)可以用作一个科勒通道的端点。该方法并不保证光学扩展量守恒。

从 E_1E_2 到 P_0P_1 的光学扩展量,从 P_0P_1 到 Q_0Q_1 的光学扩展量,以及从 Q_0Q_1 到 R_1R_2 的光学扩展量并不一定相等。虽然此方法在某些情况下并不是很准确,但是它却让我们可以很直观地看到同步多表面设计链与科勒通道之间的近似关系。

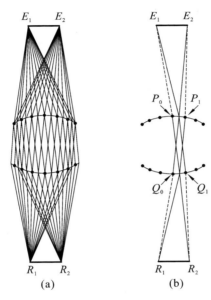

图 12.65　(a) 图 12.64 所示的两个同步多表面设计链。我们考虑实线光线与上表面的交点,以及虚线光线与下表面的交点;(b) 图(a) 的点,以及通过 P_0、P_1、Q_0、Q_1 的光线

从 E_1E_2 端点发出,穿过 P_0P_1 中心的光线,会投射在下边微透镜的端点 Q_0 与 Q_1。而且,从端点 R_1 与 R_2 发出,穿过 Q_0Q_1 中心的光线,会投射在上边微透镜的端点 P_0 与 P_1。图 12.66 显示了由此得到的科勒光学器件以及一些穿过它的光线。图 12.66 中的光路(P_1-R_1 与 P_0-R_2)与图 12.65(b) 中的光路非常相似(在理想的情况下,它们应该一样)。

我们现在可以将上面讨论的四个概念结合在一起来设计一个三维同步多表面科勒光学器件。我们以图 12.67 的结构作为设计的起点,它显示了一个辐射器 E_1E_2、接收器 R_1R_2,以及起点 P_0 及其法线。我们现在以 P_0 为起点,计算同步多表面设计链,并定义两个光学表面(曲线)。

我们把曲线 c_0 作为三维同步多表面设计方法的起始曲线,如图 12.68(a) 所示。使从点 E_4 发出的光线在曲线 c_0 的点上折射(这些点的法线没有在图中显示出来),限制从 E_4 到 R_3 的所有光线的光程一样,便能计算这些光线折向到

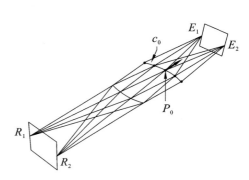

图 12.66　根据图 12.65 中的同步多表面
　　　　　设计点而得到的科勒光学器
　　　　　件。光路（P_1-R_1 与 P_0-R_2）与
　　　　　图 12.65(b) 中的光路非常相似

图 12.67　首先用二维的同步多表面设
　　　　　计链定义曲线 c_0，然后利用 c_0
　　　　　作为三维同步多表面设计方
　　　　　法的起始曲线

R_3 上去的曲线 c_1 的点（这些点的法线没有在图中显示出来）。现在，使从点 R_4
发出的光线在曲线 c_1 的点上折射（见图 12.68(b)），限制从 E_3 到 R_4 的所有光
线具有相同的光程，便能计算将这些光线折向到 E_3 上去的曲线 c_2。重复这些
步骤便可以在透镜的上、下表面确定其他的曲线。

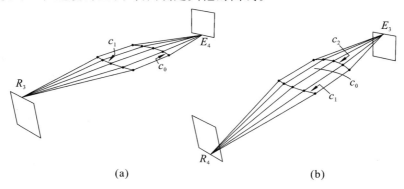

(a)　　　　　　　　　　　　　　　　(b)

图 12.68　(a) 使从点 E_4 发出的光线在曲线 c_0 的点上折射，让光线到 R_3 的光程一样，便
　　　　　能计算曲线 c_1；(b) 使从点 R_4 发出的光线在曲线 c_1 的点上折射，让光线到 E_3
　　　　　的光程一样，便能计算曲线 c_2

图 12.69 的一组实线显示了整组曲线(c_0、c_1、c_2……)。它们定义了两个光学表面:s_1 与 s_2。如果需要,可以使用铺皮法(skinning method,见第 9 章)计算更多的点以得到更确切的光学表面定义。

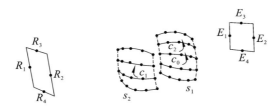

图 12.69　根据起始曲线 c_0 推演出来的三维同步多表面设计透镜的曲线。该透镜可以将 E_3 聚焦到 R_4,E_4 到 R_3

我们现在需要将这些光学表面参数化。首先考虑一组点 P_{ij},我们可以用内插法以表面 s 把这些点连接起来,如图 12.70(a)所示[9]。然后此表面可以参数化并写成 $s(u,v)$,其中 $u_A \leqslant u \leqslant u_B$,$v_A \leqslant u \leqslant v_B$;$(u,v)$ 是对应的参数空间,如图 12.70(b)所示。在参数化的过程中,我们可以让曲线 g_0 上的点都对应于一个常数参数 v_0。也就是说,曲线 g_0 的参数表达式可以写成 $g_0(u) = s(u,v_0)$,其中,v_0 是常数,而且 $u_A \leqslant u \leqslant u_B$。同样,曲线 g_1 的参数表达式可以写成 $g_1(v) = s(u_1,v)$,其中,u_1 是常数,而且 $v_A \leqslant v \leqslant v_B$。一般而言,参数的范围被选定为 $0 \leqslant u \leqslant 1, 0 \leqslant v \leqslant 1$,也就是 $u_A = v_A = 0, u_B = v_B = 1$。

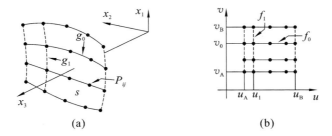

(a)　　　　　　　　　　(b)

图 12.70　(a) 对点 P_{ij} 进行内插法便得到表面 $s(u,v)$;(b) 表面 s 的参数空间。在参数空间中,曲线 g_0 是定义为一条水平线,$f_0 = (u,v_0)$,其中,v_0 是常数,而且 $u_A \leqslant u \leqslant u_B$;曲线 g_1 是定一条垂线,$f_1 = (u_1,v)$,其中,u_1 是常数,而且 $v_A \leqslant v \leqslant v_B$

另一方面,由同步多表面设计方法计算出来的光学表面的设计点也可以用同样的参数化过程进行内插。图 12.71 就显示了图 12.69 的表面 $s_1 = s_1(u,v)$。在 s_1 上的点 P 可以写成 $P = s_1(u_P,v_P)$,它在此表面上定义了两条等参数曲线 c_H 与 c_V。曲线 c_H 的参数表达式可以写成 $c_H(u) = s_1(u,v_P)$,其中,$u_A \leqslant u \leqslant u_B$。曲

线 c_V 的参数表达式则可以写成 $c_V(v) = s_1(u_P, v)$，其中，$v_A \leqslant v \leqslant v_B$。以上的讨论也可以应用到表面 s_2 的内插过程。

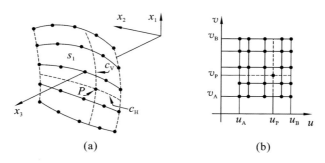

图 12.71　(a) 点 P 在表面 s_1 上定义了一条水平曲线 c_H，及一条垂直曲线 c_V；(b) 表面 s_1 的参数空间

　　现在考虑与图 12.69 类似的一个结构，以及从辐射器到接收器的流线 f。在图 12.72(a) 的例子中，此流线穿过辐射器的中点 E，接收器的中点 R。它与表面 s_1 相交于点 P_1，与表面 s_2 相交于点 Q_1。点 P_1 在 s_1 上定义两条曲线：垂直方向的 g_P，以及水平方向的 b_1。同时，点 Q_1 在 s_2 上也定义了两条曲线：垂直方向的 g_Q，以及水平方向的 e_1。在这个例子中，曲线 g_P 与 g_Q 是在系统的对称面上（该对称面穿过点 E_3、E_4、R_3、R_4）。我们现在可以在曲线 g_P 上寻找点 P_2，在曲线 g_Q 上寻找点 Q_2，使从 E_3E_4 到 P_1P_2 的光学扩展量，从 P_1P_2 到 Q_1Q_2 的光学扩展量，以及从 Q_1Q_2 到 R_3R_4 的光学扩展量皆相等。这与图 12.24 所示的二维例子类似。点 P_2 定义一条水平曲线 b_2，点 Q_2 定义一条水平曲线 e_2。我们可以把曲线 b_1 与 b_2 作为表面 s_1 上的科勒微透镜的边界，而把曲线 e_1 与 e_2 作为表面 s_2 上的对应微透镜的边界。

　　另外一个做法是把图 12.20 的方法延伸到三维空间，从而计算点 P_2 与 Q_2 的近似位置。这时候我们会用到波前 E_3、E_4 与 R_3、R_4。中点 $E = (E_3 + E_4)/2$，中点 $R = (R_3 + R_4)/2$。从 E 发出的光线可以近似地作为流线（见图 12.72(a)）。在 s_1 上选择点 P_1 以确定曲线 b_1。从 E 发出一条光线穿过表面 s_1 上的点 P_1，该光线与 s_2 的交点 Q_1 便可以确定曲线 e_1。从 E_3 发出一条光线，并让它在曲线 b_1 的点 P_1 上折射。在点 P_1 上，科勒微透镜的法线 n_P 将会垂直于曲线 b_1。把 n_P 绕 b_1 转动直到从 E_3 发出的折射光线与 e_1 相交，这样便定义了 n_P。现在，从 E_4 发出一条光线，并让它在点 P_1 上折射（法线为 n_P）。该光线与 s_2 的交点 Q_2 确定了曲线 e_2。从 R 发出一条光线，并让它在 s_2 的点 Q_2 上折射，该光线与 s_1 的交点便确定了点 P_2（一般而言，该光线的光路会近似于通过 Q_2 的流线），点 P_2 确定了曲线 b_2。

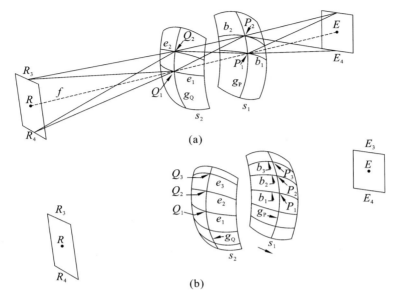

图 12.72　(a) 流线 f 与表面 s_1 相交于点 P_1，与 s_2 相交于点 Q_1。利用 E_3E_4、P_1P_2、
Q_1Q_2、R_3R_4 间的光学扩展量守恒便能得到新设计点 P_2 与 Q_2。通过 P_1 的曲
线 b_1，与通过 P_2 的曲线 b_2 定义了表面 s_1 上的科勒微透镜的边界。通过 Q_1
的曲线 e_1，与通过 Q_2 的曲线 e_2 则定义了 s_2 上的科勒微透镜的边界；(b) 重
复同样的过程便能在 s_1 上计算曲线 b_1、b_2、b_3……在 s_2 上计算曲线 e_1、e_2、
e_3…… 从而定义科勒通道的边界

　　我们现在可以将右边的微透镜（在表面 s_1 上）计算为笛卡儿卵形表面。此
表面包含了曲线 b_1，而且能够使从点 E_4 发出的光线聚焦到曲线 e_2 上。一般而
言，用该方法计算出来的光学表面并不会终止于曲线 b_2，而会留下一个间隙。
图 12.73(a) 显示了这种计算结果。

　　首先在 b_1 上取点 P 并计算光路 E_4-P-X（见图 12.73）。这在曲线 e_2 的
点 X 上定义了一个光锥（见图 12.61），图 12.74 是此光锥的示意图。曲线 b_2 与
光锥相交于点 A。点 P 与 X 定义了矢量 $\boldsymbol{u}$ 的方向。点 A 与 X 定义了矢量 $\boldsymbol{u}_A$ 的
方向。从 X 发出一束光线，并限制它们从 X 到 E_4 的光程为某一定值，便能计算
笛卡儿卵形表面上的曲线 $P-Q$（见图 12.73(a)）。光线的发射方向起始为 $\boldsymbol{u}$，
再绕 $\boldsymbol{t}_X$（在点 X 与 e_2 相切）转动到 $\boldsymbol{u}_A$，之间涵盖的角度为 γ。γ 是矢量 $\boldsymbol{v}=P-T$
与 $\boldsymbol{v}_A=A-T_A$ 间的角度（其中，$T=X+(P-X)\cdot\boldsymbol{t}_X\boldsymbol{t}_X$，$T_A=X+(A-X)\cdot$
$\boldsymbol{t}_X\boldsymbol{t}_X$）。点 T 是点 P 在点 X 与单位矢量 $\boldsymbol{t}_X$ 定义的线段上的投影；点 T_A 是点 A 在
该线段上的投影。使点 P 沿曲线 b_1 移动并重复同样的步骤，便能在微透镜上计
算新的曲线。

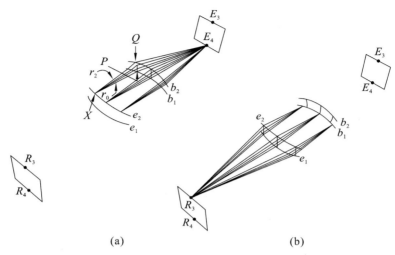

(a)　　　　　　　　　　　　(b)

图 12.73　（a) 右边的微透镜可以计算为一个笛卡儿卵形表面，此表面包含曲线 b_1，而且能够使从点 E_4 发出的光线聚焦到线段 e_2 上；(b) 左边的微透镜则可以计算为一个笛卡儿卵形表面，包含曲线 e_1，使从点 R_3 发出的光线聚焦到线段 b_1 上

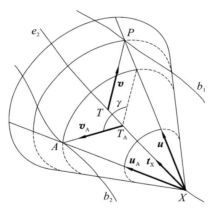

图 12.74　限制从 X 到 E_4 的光程为常数，便能计算图 12.73(a) 中右边微透镜上的曲线 PQ。曲线 PQ 上的点是由从 X 发出的光线所确定的。光线的发射方向起始于 $\boldsymbol{u}$，再绕 $\boldsymbol{t}_X$ 转动到 $\boldsymbol{u}_A$（从曲线 b_1 到 b_2），之间涵盖的角度为 γ

　　类似地，我们可以计算左边的微透镜（在表面 s_2 上），它会是一个包含曲线 e_1 的笛卡儿卵形表面，而且能够使从点 R_3 发出的光线聚焦到曲线 b_1 上。一般而言，用该方法计算出来的光学表面并不会终止于曲线 e_2，而会留下一个间隙。图 12.73(b) 显示了这种计算的结果。现在可以在表面 s_1 的曲线 b_2 与 b_3 间，以及在表面 s_2 的 e_2 与 e_3 间计算新的微透镜（见图 12.72(b)）。用同样的步骤，也可以在下边的点 P_1 与 Q_1 间加上新的微透镜（见图 12.75）。

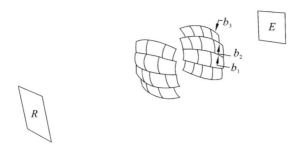

图 12.75 把辐射器 E 耦合到接收器 R 的科勒光学器件

在图 12.76 中，一束光线从辐射器的点 E_4 发出，穿过光学器件后，它们大约分布在接收器 R 中央的一条垂直线上。如果把发光点沿直线 E_4E_3 在垂直方向上移动，则在接收器上的光照度分布不会有明显的改变。但是，如果发光点在水平方向沿直线 E_1E_2 移动，则在 R 上的照明线（图中的虚线）将会沿水平方向上移动，其移动方向与发光点的移动方向相反。因此，这是一个一维积分器，因为它只会对 E_3E_4 方向进行积分，不会对 E_1E_2 方向积分。

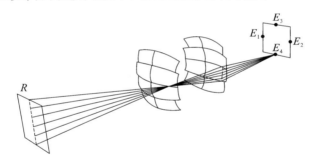

图 12.76 以三维同步多表面设计方法为基础而设计的科勒微透镜的光线追迹

图 12.77(a) 显示了另外一个计算科勒光学器件微透镜的方法。在表面 s_2 上，点 Q_1 与 Q_2 间的中点 Q（在曲线 g_Q 上）定义了曲线 e。而且，在表面 s_1 上，点 P_1 与 P_2 间的中点 P（在曲线 g_P 上）定义了曲线 b。从波前 E_3 与 E_4 发出，穿过右边微透镜的中央曲线 b 的光线 r_E（以点线表示），会被 s_1 改变方向而大约投射到左边微透镜的边缘曲线 e_1 与 e_2 上，如图 12.77(b) 所示。同样，从波前 R_3 与 R_4 发出，穿过左边微透镜的中央曲线 e 的光线 r_R（以实线表示），会被 s_2 改变方向而大约投射到右边微透镜的边缘曲线 b_1 与 b_2 上。这与图 12.65(b) 所示的情况类似，只不过现在是在三维空间中。

要计算其他的微透镜，我们只需要考虑如何将辐射器的中点 E 聚焦到曲线 e 上，以及如何将接收器的中点 R 聚焦到 b 上，如图 12.78 所示。将这些微透

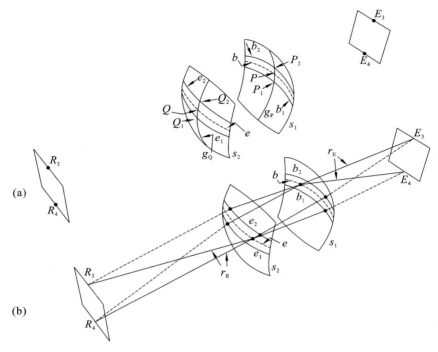

图 12.77　(a) 点 P_1 与 P_2 间的中点 P 定义了曲线 b，它可以用作左边微透镜(曲线 e_1 与 e_2 间)的焦点。点 Q_1 与 Q_2 间的中点 Q 定义了曲线 e，它可以用作右边微透镜 (曲线 b_1 与 b_2 间)的焦点；(b) 从 R_3 与 R_4 发出，穿过中央曲线 e 的光线，会改变方向而大约投射到边缘曲线 b_1 与 b_2 上。从 E_3 与 E_4 发出，穿过中央曲线 b 的光线，会改变方向而大约投射到边缘曲线 e_1 与 e_2 上

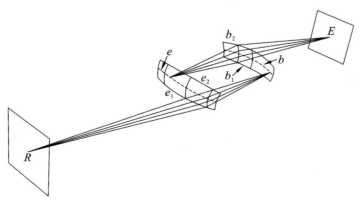

图 12.78　右边的微透镜是一个笛卡儿卵形表面，将 E 聚焦到 e 上。左边的微透镜同样是一个笛卡儿卵形表面，将 R 聚焦到 b 上

镜往水平方向及垂直方向继续延伸，便能得到图 12.79 的光学器件。沿用这个方法也可以进一步得到在两个方向上的积分，比如，混色壳或菲涅耳-R 科勒光学器件（FK）。

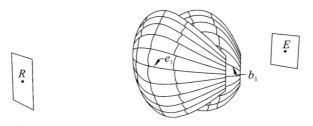

图 12.79　一维积分（科勒）光学器件

12.7　混色与槽形反射器

这一节讨论的光学器件并不是科勒光学器件，但是它们也可以将来自不同颜色光源的光混合在一起，与科勒光学器件的功能相似。

考虑图 12.80 的 V- 槽反射器（V-groove reflector），它是一个长条形回射器（retro-reflector），包含了两个以直角相交的平面镜（m_1 与 m_2）。我们用一个由矢量 s、t、n 组成的局部坐标系来描述它。镜面 m_1 与 m_2 的交线与单位切矢量（t）的方向一致。单位法矢量 n 垂直于 t，而且指向两个镜面夹角（90°）的平分线方向。单位矢量 s 同时垂直于 t 与 n。

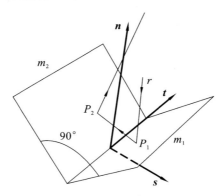

图 12.80　由两个以直角相交的平面镜 m_1 与 m_2 组成的回射器（V- 槽反射器）

投射在回射器上的光线 r 会被反射两次，第一次在镜面 m_1 上，第二次在镜面 m_2 上。图 12.81 显示了从两个不同方位看过去的光路图。

现在考虑一条入射方向为 i 的光线，它在法线为 n 的平面镜上反射后，离

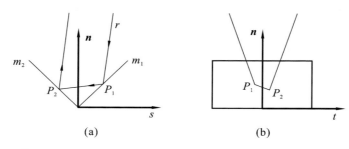

图 12.81　回射器包含了两个以直角相交的平面镜 m_1 与 m_2。(a) 与 (b) 分别是光线 r 投射在该回射器上的光路的俯视图及侧视图

开镜面的方向将会是（见第 16 章）

$$r = i - 2(i \cdot n)n \tag{12.10}$$

同一条光线如果被图 12.80 的回射器反射，离开的方向 r_R 将会与 r 相对于平面 μ（法线 s）互为对称，如图 12.82 所示。因此，回射器光线是被反射两次：第一个反射面的法线为 n，第二个法线为 s，从而得到[10]

$$r_R = i - 2(i \cdot n)n - 2(i \cdot s)s \tag{12.11}$$

使用图 12.82 所示的回射器性质便能设计可以进行混色的准直光学器件。

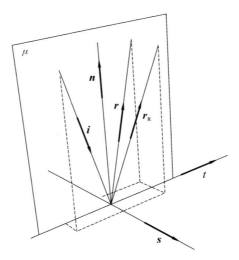

图 12.82　入射方向为 i 的光线，它在法线为 n 的平面镜上反射，沿 r 的方向离开镜面。如果是回射器，离开的方向是 r_R

一些更复杂的 V-槽反射器可以使用自由曲面方法设计[11,12]。图 12.83 显示了一个平滑的椭球面镜（焦点为 R 与 F）。它将所有从 R 发出的光线聚焦到点

F 上,如图 12.83(a) 所示。而且所有从点 P 发出的离轴光线会被反射到点 Q (P 的像点) 上，如图 12.83(b) 所示。

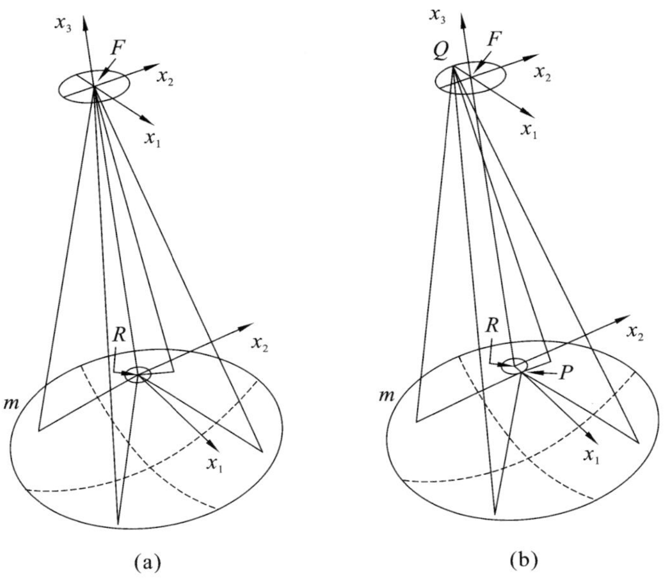

图 12.83 (a) 椭球面镜把点 R 聚焦到点 F 上;(b) 离轴点 P 被 m 聚焦到点 Q 上

我们现在可以用该平滑镜面作为基面,沿径向方向铺置 90°-V 形槽,而产生图 12.84 所示的槽形反射器。我们现在将图 12.83 的平滑反射器与图 12.84 所示的槽形反射器进行比较。在图 12.83(b) 中,从离轴点 P 发出的光线在平滑镜面的点 M 反射后会投射到点 Q 上。但是,槽形反射器 m_G 会将这一条投射

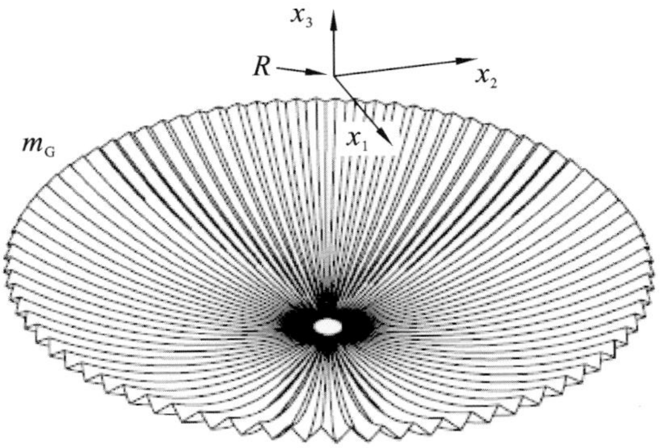

图 12.84 具有径向回射槽的槽形反射器 m_G

在 M 上的光线反射到点 T 上。T 与 Q 相对于通过 M 的子午面（平面 μ）互为对称，如图 12.85 所示。平面 μ 与镜面 m 的交线为 c，通过点 M 的 V 槽也刚好落在该径向曲线 c 上。

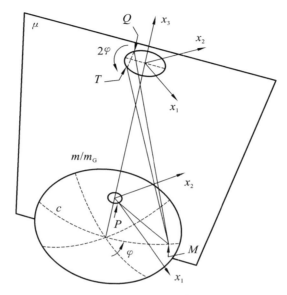

图 12.85　从 P 射向 M 的光线被平滑镜面反射到 Q 上。但是，槽形反射器 m_G 上的径向回射槽（沿径向曲线 c）会把同一条光线投射到点 T 上。T 与 Q 相对于通过回射槽的平面 μ 互为对称

　　一般而言，当从 P 投射到 M 上的光线是被一个径向回射器反射时，如果将点 M 与平面 μ 绕轴 x_3 对轴 x_1 转动 φ 的角度，那么点 Q 将会绕轴 x_3 对点 T 转动 2φ 的角度。尤其要注意的是，如果点 M 对槽形反射器 m_G 的光轴转动 π，那么点 Q 会转动 2π，绕着光轴转了一圈，从而形成一个环形光斑，如图 12.86（a）所示。对于反射镜，从径向线段 R 发出的光线将会产生一个盘状的照明区域光盘 D，如图 12.86（b）所示[13]。

　　现在假设我们将该槽形反射器与一个具有四个辐射器（R、G、G、B）的光源配合使用，如图 12.87 所示。这四个辐射器可以有不同的颜色，比如，一个是红色，两个是绿色，一个是蓝色。红色的辐射器产生一个红色的光盘（D）。同样，绿色的辐射器产生绿色的光盘（D），蓝色的辐射器产生蓝色的光盘（D）。所有这些不同颜色的光盘叠加起来便产生了白光，从而得到混色。

　　利用同一原理，可以用一个同步多表面 RXI 光学器件为基础，设计一个更实用的准直器[14,15]。图 12.88 是一个 RXI 光学器件的切面图。在它的中央是一

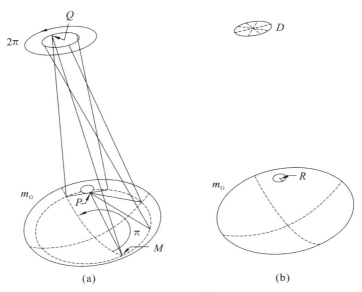

图 12.86　(a)从离轴点 P 发出的光线射向槽形镜面 m_G 的点 M，如果点 M 对光轴
　　　　　转动 π，那么点 Q 会转动 2π，绕着光轴转了一圈；(b)从径向线段 R 发
　　　　　出的光线形成一个光盘 D

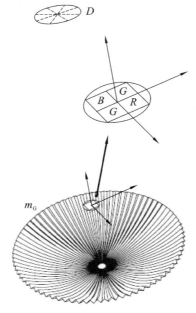

图 12.87　辐射器 R 产生光盘 D。辐射器 G 跟 B 也一样。如果它们具有不同的颜色(比
　　　　　如，红色、绿色、蓝色)，这些光盘(红色、绿色、蓝色)叠加起来便产生了白光

个折射透镜,它可以让光线在离开光学器件时散开,所以会在 RXI 的出光孔（孔径角为 2θ）的中央部分形成一团光晕。而且,用了这种透镜,便不需要在 RXI 上表面中央部分放置反射镜了（见第 9 章）。图 12.89 的器件与图 12.88 的相当,只是在后面多了槽形镜面。图 12.90（a）显示了一个槽形 RXI 光学器件,图 12.90（b）是它用于灯具被点亮时的样子。

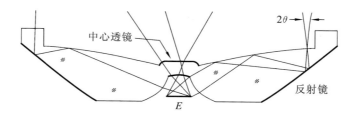

图 12.88　RXI 光学器件的切面图。在它的中央是一个折射透镜

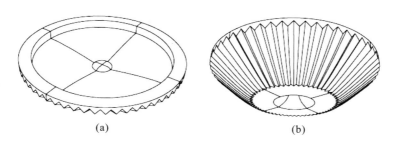

(a)　　　　　　　　　　　　(b)

图 12.89　槽形 RXI 的上表面（a）及下表面（b）

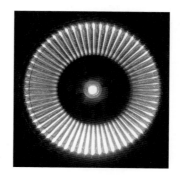

图 12.90　（a）槽形 RXI；（b）点亮的槽形 RXI（感谢 Light Prescriptions Innovators 公司供图）

12.8　例子

下面例子中用到的曲线及函数可以在第 21 章里找到。

例 12.1　如图 12.91 所示,针对下列系统设计一个科勒积分透镜：辐射器

的端点为 $E_1 = (-0.4, 2)$，$E_2 = (0.4, 2)$；接收器的端点为 $R_1 = (-0.5, -2.5)$，$R_2 = (0.5, -2.5)$；折射率为 $n = 1.5$；科勒通道的起点为 $P_1 = (0, 0.6)$，$Q_1 = (0, -0.6)$。

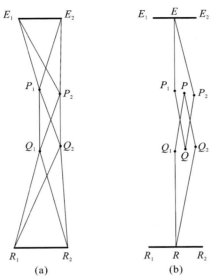

图 12.91　已知：辐射器的端点 E_1 与 E_2；接收器的端点 R_1 与 R_2；科勒通道的起点 P_1 与 Q_1。使用 (a) 光学扩展量守恒及 (b) 恒常光程方法计算积分通道的其他端点

我们现在计算科勒通道其他端点 $P_2 = (x_P, y_P)$ 与 $Q_2 = (x_Q, y_Q)$ 的位置；我们也可以确定 $E = (0, 2)$ 与 $R = (0, -2.5)$。同时点 P 与 Q 的位置可以写成未知数 (x_P, y_P, x_Q, y_Q) 的函数：$P = 0.5(P_1 + P_2) = (0.5x_P, 0.5(y_P + 0.6))$，$Q = (0.5x_Q, 0.5(y_Q - 0.6))$。

利用式 (12.3)，从 $E_1 E_2$ 到 $P_1 P_2$ 的光学扩展量可以写成

$$U_1 = \sqrt{(-0.4 - x_P)^2 + (2 - y_P)^2} - \sqrt{(x_P - 0.4)^2 + (y_P - 2)^2}$$
$$(12.12)$$

利用式 (12.4)，从 $P_1 P_2$ 到 $Q_1 Q_2$ 的光学扩展量可以写成

$$U_2 = 1.5\Big(-1.2 + \sqrt{x_P^2 + (y_P + 0.6)^2} + \sqrt{x_Q^2 + (y_Q - 0.6)^2} - \sqrt{(x_Q - x_P)^2 + (y_Q - y_P)^2}\Big)$$
$$(12.13)$$

利用式 (12.5)，从 $Q_1 Q_2$ 到 $R_1 R_2$ 的光学扩展量可以写成

$$U_3 = -\sqrt{(0.5 - x_Q)^2 + (-2.5 - y_Q)^2} + \sqrt{(0.5 + x_Q)^2 + (2.5 + y_Q)^2}$$
$$(12.14)$$

而光程则可以分别用式 (12.1) 与式 (12.2) 写成

$$1.4 + 1.5 \sqrt{0.25x_Q^2 + 0.25(y_Q - 1.8)^2}$$
$$= \sqrt{x_P^2 + (y_P - 2)^2} + 1.5 \sqrt{(x_P - 0.5x_Q)^2 + (0.3 + y_P - 0.5y_Q)^2} \quad (12.15)$$

与

$$1.9 + 1.5 \sqrt{0.25x_P^2 + 0.25(y_P + 1.8)^2}$$
$$= \sqrt{x_Q^2 + (y_Q + 2.5)^2} + 1.5 \sqrt{(x_Q - 0.5x_P)^2 + (y_Q - 0.3 - 0.5y_P)^2}$$
$$(12.16)$$

使用式(12.12)～式(12.16),并对式(12.6)求解,便能得到未知数的值:$x_P = 0.365\ 958$,$y_P = 0.518\ 326$,$x_Q = 0.387\ 795$,$y_Q = -0.509\ 867$。从而得到 $P_2 = (0.365\ 958, 0.518\ 326)$,$Q_2 = (0.387\ 795, -0.509\ 867)$。点 P 与 Q 也可以写成 $P = 0.5(P_1 + P_2) = (0.182\ 979, 0.559\ 163)$,$Q = 0.5(Q_1 + Q_2) = (0.193\ 898, -0.554\ 934)$。我们现在可以将连接 P_1 与 P_2 的折射面(笛卡儿卵形表面)的形状写成表达式 $a_1 = \mathrm{cco}(Q, n, E, 1, P_1)$,也就是

$$a_1 = (-0.193\ 898 + K_1\cos(1.495\ 05 + \phi),$$
$$-0.554\ 934 + K_1\sin(1.495\ 05 + \phi)) \quad (12.17)$$

其中

$$K_1 = 3.787\ 97 - 2.049\ 82\cos\phi$$
$$-0.8\sqrt{21.453\ 7 - 24.264\ 6\cos\phi + 3.282\ 64\cos(2\phi)} \quad (12.18)$$

而且 $\phi_1 \leqslant \phi \leqslant \phi_2$,$\phi_1 = \mathrm{angpn}(P_1 - Q, E - Q) = -0.090\ 588\ 9$,$\phi_2 = \mathrm{angpn}(P_2 - Q, E - Q) = 0.234\ 709$。

连接 Q_1 与 Q_2 的折射面(笛卡儿卵形表面)的形状也可以写成 $a_2 = \mathrm{cco}(P, n, R, Q_1)$,也就是

$$a_1 = (-0.182\ 979 + K_2\cos(4.772\ 13 + \phi),$$
$$-0.559\ 163 + K_2\sin(4.772\ 13 + \phi)) \quad (12.19)$$

其中

$$K_2 = 4.392\ 33 - 2.451\ 7\cos\phi$$
$$-0.8\sqrt{29.833\ 5 - 33.652\ 2\cos\phi + 4.695\ 98\cos(2\phi)} \quad (12.20)$$

而且 $\phi_1 \leqslant \phi \leqslant \phi_2$,$\phi_1 = \mathrm{angpn}(Q_1 - P, R - P) = 0.096\ 820\ 3$,$\phi_2 = \mathrm{angpn}(Q_2 - P, R - P) = -0.249\ 039$。

其他的科勒通道可以用同一方法计算。该方法设计出来的器件会与图 12.18 中的很接近。

参 考 文 献

[1] Miñano,J. C.,Free-form integrator array optics,*Proc. SPIE* 5942,*Nonimaging Optics and Efficient Illumination Systems II*,September 2,2005.

［2］ Benitez,P. et al.,High-concentration mirror-based Köhler integrating system for tandem solar cells,*Photovoltaic Energy Conversion*,*IEEE 4th World Conference*,Vol. 1,pp. 690-693,2006.

［3］ Dross,O. et al.,Köhler integrators embedded into illumination optics add functionality,*Proc. SPIE* 7103,*Illumination Optics*,September 24,2008.

［4］ Hernandez,M. et al.,1000 × shadow-free mirror-based Köhler concentrator,*Proc. SPIE* 8468,*High and Low Concentrator Systems for Solar Electric Applications VII*,October 10,2012.

［5］ Cvetkovic,A. et al.,Primary optics for efficient high-brightness LED colour mixing,*Proc. SPIE* 8485,*Nonimaging Optics:Efficient Design for Illumination and Solar Concentration IX*,October 11,2012.

［6］ Hernandez,M. et al.,CPV and illumination systems based on XR-Köhler devices,*Proc. SPIE* 7785,*Nonimaging Optics:Efficient Design for Illumination and Solar Concentration VII*,August 18,2010.

［7］ Hernandez,M. et al.,High-performance Köhler concentrators with uniform irradiance on solar cell,*Proc. SPIE* 7059,*Nonimaging Optics and Efficient Illumination Systems V*,September 2,2008.

［8］ Hecht,E.,*Optics*,Addison-Wesley,San Francisco,CA,2002.

［9］ Piegel,L. and Tiller,W.,*The NURBS book*,Springer,Germany,1997.

［10］ Buljan,M.,*Free-Form Optical Systems for Nonimaging Applications*,PhD thesis,Technical University of Madrid,2014.

［11］ Grabovickic,D.,Benitez,P. and Miñano,J. C.,Aspheric V-groove reflector design with the SMS method in two dimensions,*Opt. Express*,18(3),2515-2521,2010.

［12］ Grabovickic,D.,Benitez,P. and Miñano,J. C.,Free-form V-groove reflector design with the SMS method in three dimensions,*Opt. Express*,19(S4),A747-A756,2011.

［13］ Benitez,P. et al.,On the analysis of rotational symmetric microstructured surfaces,*Opt. Express*,15(5),2219,2007.

［14］ Grabovickic,D. et al.,Metal-less V-groove RXI collimator,*Proc. SPIE* 8170,*Illumination Optics II*,September 21,2011.

［15］ Grabovickic,D. et al.,Design,manufacturing,and measurements of a metal-less V-groove RXI collimator,*Proc. SPIE* 8124,*Nonimaging Optics:Efficient Design for Illumination and Solar Concentration VIII*,September 21,2011.

第 13 章
应用泊松括号的
Miñano 设计方法

13.1　简介

在设计非成像光学组件时，我们常从二维图开始，接着可以将图拉伸形成槽形的光学组件，或转动以产生具有圆对称性的光学组件，或是将它拖拉以形成一个方形的光学组件。在三维空间中，这些光学组件的表现都不理想。应用泊松括号的 Miñano 设计方法在设计理想三维光学组件时，使用了一个额外的自由度：让光学组件中的折射率为变数。举例而言，该方法可以用来设计平坦的入射光及出光孔径，接收角为 θ，而且拥有最大的聚光比的三维集中器。

13.2　不均匀介质二维集中器的设计

现在考虑怎样制定一个折射率分布以使光线组在平面内有一定的传播方式。如果我们可以计算这些光线的光程，那么可以使用以下的程函方程来计算折射率 n：

$$n^2 = \parallel \nabla S \parallel^2 \tag{13.1}$$

但问题是，要计算 S，我们需要先知道 n。虽然我们不能够直接计算 S，我们可以在平面内定义一组与光线垂直的曲线：$i(x_1, x_2) = C$，其中，C 是常数。对于不同的 C 值，我们可以得到一组垂直于光线的曲线。所以我们可以得到

$S(x_1,x_2) = S(i(x_1,x_2))$，或可以写成 $S = S(i)$，且

$$\nabla S = \frac{\mathrm{d}S}{\mathrm{d}i}\,\nabla i \tag{13.2}$$

因为曲线 $i(x_1,x_2) = C$ 已经被定义，所以 ∇i 已知。这样，我们就可以用程函方程来计算 $\mathrm{d}S/\mathrm{d}i$。把式 (13.2) 代入式 (13.1)，可以得到

$$n^2 = \left(\frac{\mathrm{d}S}{\mathrm{d}i}\right)^2 \parallel \nabla i \parallel^2 \tag{13.3}$$

现在考虑两组在折射率为 $n(x_1,x_2)$ 的介质中传播的光线，它们分别垂直于波前 $S_1(=$ 常数$)$ 与 $S_2(=$ 常数$)$。对于这两个波前，有

$$\begin{cases} \boldsymbol{p}_1 = \nabla S_1 \\ \boldsymbol{p}_2 = \nabla S_2 \end{cases} \tag{13.4}$$

或可以写成

$$\begin{cases} \boldsymbol{p}_1 + \boldsymbol{p}_2 = \nabla(S_1 + S_2) \\ \boldsymbol{p}_1 - \boldsymbol{p}_2 = \nabla(S_1 - S_2) \end{cases} \tag{13.5}$$

如果这两个波前是在同样的折射率中，我们就得到 $\parallel \boldsymbol{p}_1 \parallel = \parallel \boldsymbol{p}_2 \parallel = n$，而矢量 $\boldsymbol{p}_1 + \boldsymbol{p}_2$ 的方向与这两组光线的平分线同向。我们现在可以得到

$$\parallel \boldsymbol{p}_1 + \boldsymbol{p}_2 \parallel^2 = (\boldsymbol{p}_1 + \boldsymbol{p}_2)\boldsymbol{\cdot}(\boldsymbol{p}_1 + \boldsymbol{p}_2) = \parallel \boldsymbol{p}_1 \parallel^2 + \parallel \boldsymbol{p}_2 \parallel^2 + 2\boldsymbol{p}_1\boldsymbol{\cdot}\boldsymbol{p}_2 \tag{13.6}$$

或可写成

$$2n^2 + 2\boldsymbol{p}_1\boldsymbol{\cdot}\boldsymbol{p}_2 = \parallel \nabla(S_1 + S_2) \parallel^2 \tag{13.7}$$

以及

$$\parallel \boldsymbol{p}_1 - \boldsymbol{p}_2 \parallel^2 = (\boldsymbol{p}_1 - \boldsymbol{p}_2)\boldsymbol{\cdot}(\boldsymbol{p}_1 - \boldsymbol{p}_2) = \parallel \boldsymbol{p}_1 \parallel^2 + \parallel \boldsymbol{p}_2 \parallel^2 - 2\boldsymbol{p}_1\boldsymbol{\cdot}\boldsymbol{p}_2 \tag{13.8}$$

或可以写成

$$2n^2 - 2\boldsymbol{p}_1\boldsymbol{\cdot}\boldsymbol{p}_2 = \parallel \nabla(S_1 - S_2) \parallel^2 \tag{13.9}$$

把式 (13.7) 与式 (13.9) 相加便可以得到

$$4n^2 = \parallel \nabla(S_1 + S_2) \parallel^2 + \parallel \nabla(S_1 - S_2) \parallel^2 \tag{13.10}$$

或可写成

$$n^2 = \left\| \nabla\left(\frac{S_1 + S_2}{2}\right) \right\|^2 + \left\| \nabla\left(\frac{S_1 - S_2}{2}\right) \right\|^2 \tag{13.11}$$

我们也可以得到

$$\nabla(S_1 + S_2)\boldsymbol{\cdot}\nabla(S_1 - S_2) = (\boldsymbol{p}_1 + \boldsymbol{p}_2)\boldsymbol{\cdot}(\boldsymbol{p}_1 - \boldsymbol{p}_2) = \parallel \boldsymbol{p}_1 \parallel^2 - \parallel \boldsymbol{p}_2 \parallel^2 = 0 \tag{13.12}$$

因此可以得到以下结论：如果满足式 (13.12)，就可以在折射率为 n 的介质中找到垂直于两个已知波前的光线组。而且，对应的折射率可以用式 (13.11) 计算

而得到。

现在让刚刚讨论的这两组光线对应于在介质中传播的辐射的边缘光线。所以，所有的传播光线都会在这两组光线之间。这与以前在用流线方法计算非成像光学组件时用到的假设一样。从式（13.4）我们知道，$p_1 + p_2$ 是在边缘光线的平分线方向上。因此，也就是在矢通量（vector flux，J）的方向上，如图 13.1。现在考虑以下函数：

$$\begin{cases} G = \dfrac{S_1 - S_2}{2} \\ F = \dfrac{S_1 + S_2}{2} \end{cases} \tag{13.13}$$

式（13.11）与式（13.12）就可以写成

$$n^2 = \parallel \nabla F \parallel^2 + \parallel \nabla G \parallel^2 \tag{13.14}$$

以及

$$\nabla F \cdot \nabla G = 0 \tag{13.15}$$

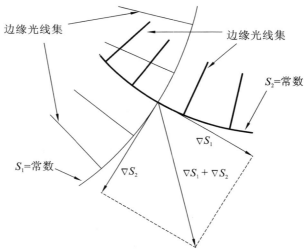

图 13.1　矢量 $p_1 + p_2$ 的方向跟两组光线的平分线同向。$p_1 + p_2$ 沿着 $\nabla(S_1 + S_2) = \nabla S_1 + \nabla S_2$ 的方向，而且 $\parallel \nabla S_1 \parallel = \parallel \nabla S_2 \parallel$

由式（13.15）可知，G 为常数的线段跟矢量 ∇F 相切。而且，∇F 跟矢量 $p_1 + p_2$ 同向，因此，是在矢通量（J）的方向上。从第 4 章我们知道，在任何两条 G 为常数的线段间，光学扩展量守恒。

如果我们沿着流线放置镜面，则得到的光学系统会令光学扩展量守恒，而且不会改变现存的光线。这是因为镜面将从一个波前发出的光线转换成另外一个波前发出的光线。流线将这两个波前的光线平分。

因为 $\nabla F \cdot \nabla G = 0$, F 为常数的线段与 G 为常数的线段互相垂直,所以我们可以在平面上定义一个新的坐标系统:$(i_1(x_1, x_2), i_2(x_1, x_2))$,其中,$i_1$ 为常数的线段与 G 为常数的线段重合,i_2 为常数的线段与 F 为常数的线段重合。所以我们可以写成

$$G = G(i_1), F = F(i_2)$$

其中,$G(x_1, x_2) = G(i_1(x_1, x_2))$;$F(x_1, x_2) = F(i_2(x_1, x_2))$。从关系式 $G = G(i_1)$,我们可以知道:$i_1 = $ 常数 $\Rightarrow G = $ 常数;并且,从关系式 $F = F(i_2)$,我们可以知道 $i_2 = $ 常数 $\Rightarrow F = $ 常数。而且因为

$$\begin{cases} \nabla G = \dfrac{\mathrm{d}G}{\mathrm{d}i_1} \nabla i_1 \\ \nabla F = \dfrac{\mathrm{d}F}{\mathrm{d}i_2} \nabla i_2 \end{cases} \tag{13.16}$$

所以

$$\nabla G \cdot \nabla F = 0 \Leftrightarrow \frac{\mathrm{d}G}{\mathrm{d}i_1} \frac{\mathrm{d}F}{\mathrm{d}i_2} \nabla i_1 \cdot \nabla i_2 = 0 \Leftrightarrow \nabla i_1 \cdot \nabla i_2 = 0 \tag{13.17}$$

从而得到结论:坐标系统 (i_1, i_2) 为正交,而且 $\nabla i_1 \cdot \nabla i_2 = 0$。因此,$\nabla F \cdot \nabla G = 0$。那么,在该坐标系中,式(13.11)与式(13.12)就可以简化成

$$n^2 = \| \nabla G(i_1) \|^2 + \| \nabla F(i_2) \|^2 \tag{13.18}$$

或可以写成

$$n^2 = \left(\frac{\mathrm{d}G}{\mathrm{d}i_1}\right)^2 \| \nabla i_1 \|^2 + \left(\frac{\mathrm{d}F}{\mathrm{d}i_2}\right)^2 \| \nabla i_2 \|^2 \tag{13.19}$$

让 $\alpha(i_1) = \mathrm{d}G/\mathrm{d}i_1$,$\beta(i_2) = \mathrm{d}F/\mathrm{d}i_2$,并且,$a_1 = \| \nabla i_1 \|$,$a_2 = \| \nabla i_2 \|$,便可以得到

$$n^2 = \alpha(i_1)^2 a_1^2 + \beta(i_2)^2 a_2^2 \tag{13.20}$$

在 13.7 节中可以找到利用该公式设计的理想二维集中器的例子。

当这两组边缘光线一样时,我们得到 $S_1 = S_2 = S$,因此,$G = 0$,从而得到 $F = (S_1 + S_2)/2 = S$。所以,对应单一波前时,式(13.19)简化成式(13.3)。如果 F 与 G 的函数已知,利用式(13.13)可以得到 S_1 与 S_2,即

$$\begin{cases} S_1 = F + G \\ S_2 = F - G \end{cases} \tag{13.21}$$

我们现在定义 i_1 线段为 $i_2 = $ 常数的线段(也就是只有 i_1 为变数的线段);同样,我们定义 i_2 线段为 $i_1 = $ 常数的线段(也就是只有 i_2 为变数的线段)。$G = $ 常数(i_2 线段,i_1 为常数)的线段是平分边缘光线的流线,$F = $ 常数(i_1 线段,i_2 为常数)的线段则垂直于流线。

13.3 边缘光线在相空间中形成的管状表面

可以利用以下的哈密顿方程来描述三维光学系统(其中,H 是哈密顿量,见第 14 章):

$$\begin{cases} \dfrac{\mathrm{d}x_1}{\mathrm{d}x_3} = \dfrac{\partial H}{\partial p_1} \quad \dfrac{\mathrm{d}p_1}{\mathrm{d}x_3} = -\dfrac{\partial H}{\partial x_1} \\[2mm] \dfrac{\mathrm{d}x_2}{\mathrm{d}x_3} = \dfrac{\partial H}{\partial p_2} \quad \dfrac{\mathrm{d}p_2}{\mathrm{d}x_3} = -\dfrac{\partial H}{\partial x_2} \\[2mm] H = -\sqrt{n^2 - p_1^2 - p_2^2} \end{cases} \tag{13.22}$$

我们也可以引进一个新的哈密顿量 P,把以上的三维系统的方程改写成

$$\begin{cases} \dfrac{\mathrm{d}x_1}{\mathrm{d}\sigma} = \dfrac{\partial P}{\partial p_1} \quad \dfrac{\mathrm{d}p_1}{\mathrm{d}\sigma} = -\dfrac{\partial P}{\partial x_1} \\[2mm] \dfrac{\mathrm{d}x_2}{\mathrm{d}\sigma} = \dfrac{\partial P}{\partial p_2} \quad \dfrac{\mathrm{d}p_2}{\mathrm{d}\sigma} = -\dfrac{\partial P}{\partial x_2} \\[2mm] \dfrac{\mathrm{d}x_3}{\mathrm{d}\sigma} = \dfrac{\partial P}{\partial p_3} \quad \dfrac{\mathrm{d}p_3}{\mathrm{d}\sigma} = -\dfrac{\partial P}{\partial x_3} \\[2mm] P = p_1^2 + p_2^2 + p_3^2 - n^2 = 0 \end{cases} \tag{13.23}$$

二维光学系统没有沿 x_3 的维度,因此它们的哈密顿方程可以写成(其中,H 是哈密顿量)

$$\begin{cases} \dfrac{\mathrm{d}x_1}{\mathrm{d}x_2} = \dfrac{\partial H}{\partial p_1} \\[2mm] \dfrac{\mathrm{d}p_1}{\mathrm{d}x_2} = -\dfrac{\partial H}{\partial x_1} \\[2mm] H = -\sqrt{n^2 - p_1^2} \end{cases} \tag{13.24}$$

同样,我们也可以用新的哈密顿量 P 把以上的二维系统的方程改写成

$$\begin{cases} \dfrac{\mathrm{d}x_1}{\mathrm{d}\sigma} = \dfrac{\partial P}{\partial p_1} \\[2mm] \dfrac{\mathrm{d}p_1}{\mathrm{d}\sigma} = -\dfrac{\partial P}{\partial x_1} \\[2mm] \dfrac{\mathrm{d}x_2}{\mathrm{d}\sigma} = \dfrac{\partial P}{\partial p_2} \\[2mm] \dfrac{\mathrm{d}p_2}{\mathrm{d}\sigma} = -\dfrac{\partial P}{\partial x_2} \\[2mm] P = p_1^2 + p_2^2 - n^2 = 0 \end{cases} \tag{13.25}$$

对该二维系统进行分析可以帮助我们明白成像系统与非成像光学系统之间的根本差别。然后,我们可以将二维系统的结论延伸到三维系统。在以下的

讨论中,式(13.24)的定义比式(13.25)的更为适合,所以,我们用变数(x_1,x_2,p_1)来定义光线轨迹。

假设光学系统的入光孔径为 a_1,出光孔径为 a_2(见图 13.2)。而且,假设在入光孔径上所接收的辐射的孔径角随位置改变而改变。成像系统的目标是要将所有从物点(水平坐标 $x_1 = X$)发出的光线,不管入射角的大小,聚集在像点上(水平坐标 $x_1 = x$)。在 $x_1 p_1$ 图中,就相当于将在入光孔径上的垂线 L_1 转换成在出光孔径上的垂线 L_2[1]。在 $x_1 p_1$ 图中,$x_1 = x$ 的垂线代表了所有从点 x 向各个方向发出的光线。对成像系统而言,X 与 x 间的关系可以用以下的表达式描述:

$$x = MX \tag{13.26}$$

其中,M 是光学系统的放大率,因为它告诉了我们像比物大了多少倍。该式没有包含点 x 上光线的角度(对应于动量 p),这是因为入射方向并不重要,只有物与像间的大小关系是重要的。

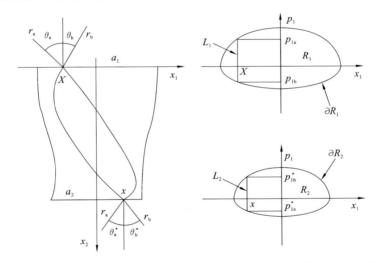

图 13.2 在成像系统中,所有从物点(在入光孔径 a_1 上的水平坐标 $x_1 = X$)发出的光线必须聚集在一点上(在出光孔径 a_2 上的水平坐标为 x)。在相空间中,成像系统将在器件入光孔径上的垂线转换成在出光孔径上的垂线。非成像光学系统将在入光孔径上的线段 ∂R_1 转换成在出光孔径上的线段 ∂R_2,也就是将入光孔径的边缘光线转换成出光孔径的边缘光线

非成像光学系统的情况完全不一样。如果入光孔径 a_1 被具有某一定角度分布的辐射照明,光学组件必须将该辐射传输到出光孔径 a_2 上,并以另外一个角度分布样式发射[2]。对于器件的入光孔径,在 $x_1 p_1$ 空间中的线段 ∂R_1 勾画出每一个 x_1 所对应的 p_1 的极值,因此它代表了对应的边缘光线组。例如,考虑在

入光孔径上水平坐标为 X 的点，其边缘光线可以用相位点 (X, p_{1a}) 与 (X, p_{1b}) 代表，这两点落在线段 ∂R_1 上。在器件的出光孔径上，边缘光线在相空间 $x_1 p_1$ 中定义了线段 ∂R_2。非成像光学系统的作用是将在器件入光孔径上的线段 ∂R_1 转换成在出光孔径上的线段 ∂R_2，也就是将入光孔径的边缘光线转换成出光孔径的边缘光线[3]。

在以下的讨论中，使用相空间（三维空间 (x_1, x_2, p_1)）表示法来描述成像光学组件与非成像光学组件的差别会比较方便。图 13.3 显示了在相空间中成像系统与非成像光学系统的表示法[1]。在成像系统中，对象中任意水平坐标 (x_1) 为 X 的点都可以在 $x_1 p_1$ 平面中以一条对应的垂线 L_1 表示。该垂线代表了以不同角度离开 X 的光线。成像系统的光学组件将该直线 L_1 转换成对应于像的垂线 L_2，L_2 代表了以不同角度从 X 到达 x 的光线。

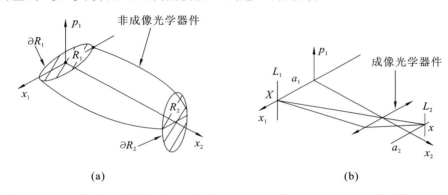

(a)   (b)

图 13.3　(a) 非成像光学组件将入光孔径上的边缘光线（对应于相空间中的线段 ∂R_1）转换成出光孔径的边缘光线（对应于在相空间的线段 ∂R_2）。边缘光线原理：如果 ∂R_1 转换成 ∂R_2，那么所有穿过器件入光孔径 R_1 区域的光线都会在出光孔径上通过 R_2；(b) 成像光学组件将在相空间的垂线 L_1（在器件的入光孔径上）转换成垂线 L_2（在出光孔径上）

在非成像光学系统中，光学组件将在相空间 $x_1 p_1$ 的区域 R_1（在入光孔径上）转换到相空间的另外一个区域 R_2（在出光孔径上）。该转换可以用边缘光线原理。边缘光线原理：要将 R_1 转换成 R_2，我们只需要将 R_1 的边线 ∂R_1 转换成 R_2 的边线 ∂R_2，也就是将 R_1 的边缘光线转换成 R_2 的边缘光线。如果从 ∂R_1 发出的光线转换到 ∂R_2，那么所有从 R_1 发出的光线都会通过 R_2[4]。

将一条边线转换成另外一条的过程可以通过以一个表面将这两条边线相连的方式达到，如图 13.4 所示[1,3,4]。该表面可以写成以下的数学表达式：

$$\omega(x_1, x_2, p_1) = 0 \tag{13.27}$$

举例而言，$x_1^2 + p_1^2 = R^2$ 所代表的表面将会是一个以 x_2 轴为径向方向、半径为

R 的管状的表面。

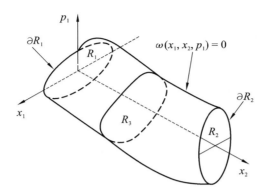

图 13.4　为了保证 ∂R_1 被转换成 ∂R_2，我们可以用一个表面（数学表达式为 $\omega(x_1, x_2, p_1) = 0$）将这两条线段相连。在该表面上的光线在相位空间中的轨迹对应于边缘光线在光学组件中的传播轨迹。要保证光学扩展量守恒，所有平行于 $x_1 p_1$ 平面的切面面积必须等于 R_3 而且 $R_1 = R_2 = R_3$

入光孔径的边缘光线被转换成出光孔径的边缘光线的过程保证了所有在 R_1 内的光线被传输到 R_2。事实上，如果 R_1 的某一条光线不能传到 R_2，则这条光线必须从 $\omega = 0$ 的表面上脱离。但是，在它能脱离 $\omega = 0$ 的表面之前，它会首先变成在表面上的一条光线。然而，所有在 $\omega = 0$ 的表面上的光线会被传输到 R_2 的边线[①]。因此，$\omega = 0$ 的表面不会容许任何光线从它的内部逃脱[5]。

但是，该表面并不是随便的一个表面。区域 R_1 在光学组件的入光孔径的面积等于在该位置的光学扩展量[3,4]，而在出光孔径的面积 R_2 也具有同样性质。当我们在出光孔径与入光孔径间用某一平行于 $x_1 p_1$ 的平面切过表面 $\omega(x_1, x_2, p_1) = 0$，所得到的 R_3 区域的面积即为该处的光学扩展量。为了保证光学扩展量守恒，面积 R_1、R_3 与 R_2 必须相等。$\omega(x_1, x_2, p_1) = 0$ 的表面是由边缘光线在相空间的轨迹构成的。在二维空间中，我们有

$$p_1 = n\cos\theta_1 = n\frac{\mathrm{d}x_1}{\sqrt{\mathrm{d}x_1^2 + \mathrm{d}x_2^2}} = n\frac{x_1'}{\sqrt{1 + x_1'^2}} \tag{13.28}$$

其中，$x_1' = \mathrm{d}x_1/\mathrm{d}x_2$；$\theta_1$ 是光学动量对 x_1 轴的夹角；$(\mathrm{d}x_1, \mathrm{d}x_2)$ 是沿光路的无穷小位移。所以，表达式 $\omega(x_1, x_2, p_1) = 0$ 可以写成

$$\omega\left(x_1, x_2, \frac{\mathrm{d}x_1}{\mathrm{d}x_2}\right) = 0 \tag{13.29}$$

该微分方程让我们可以求解轨迹 $x_1(x_2)$，我们可以将其写成[6]

---

① 边线为边缘光线的简称。

$$\Psi(x_1, x_2, c) = 0 \qquad\qquad (13.30)$$

其中，c 是积分常数。对不同的 c 有不同的轨迹。所有这些轨迹在一起就组成了 $\omega(x_1, x_2, p_1) = 0$ 的表面。式(13.30) 代表了光线的单参数族(one parameter manifold)，而 c 是该参数族的参数。每一个 c 值便决定了一条光线在 $x_1 x_2$ 平面上的轨迹。

举例而言，$\omega(x_1, x_2, p_1) = 0$ 形式的表面可以对应于在 $x_1 x_2$ 平面上勾画出的正弦轨迹的光线。在具有抛物线函数形式的折射率的光纤中传播的光线具有这样的正弦轨迹[1,3,6]。这种光线在相空间中对应的轨迹乃是螺旋线，如图 13.5 所示。在 $x_1 x_2$ 平面中的两条轨迹对应于在相空间中两条不同的线段。在该二维光纤中的光线的所有可能正弦轨迹在相空间中形成一个圆筒，其表达式可以写成 $\omega(x_1, x_2, p_1) = 0$，如图 13.5 所示。在这个例子中，$\omega(x_1, x_2, p_1) = x_1^2 + p_1^2 - R^2 = 0$，其中，$R$ 是圆筒的半径，也就是在 $x_1 x_2$ 平面上光线的正弦轨迹的振幅。

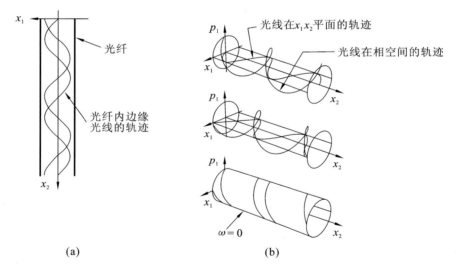

图 13.5　(a) 光线在光纤中的正弦轨迹；(b) 在相空间中对应的螺旋线轨迹。具有同一振幅的所有可能正弦轨迹在相空间中形成一个圆筒

现在考虑图 13.6 所示的光学系统，它包含了两个平行的平面镜，光线在其间来回反射。图 13.7 显示了其中两条光线在相空间对应的轨迹。在相空间中，这些光线在上、下表面之间来回移动，而且在垂直壁间来回反射。

现在 $\omega(x_1, x_2, p_1) = 0$ 的表面是由一个上表面、一个下表面，以及两个代表镜面的垂直侧壁组成的[6]。要注意的是，图 13.7 所显示的 $\omega(x_1, x_2, p_1) = 0$ 的表面具有边，但是图 13.5 的表面却没有边，可以认为后者是一个极限情况。

在每次反射之间，传播光线对 x_1 轴的夹角不变，所以在相空间中对应的光

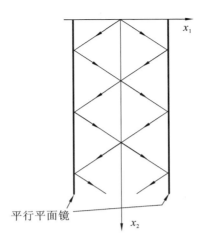

图 13.6   平行的两个平面镜是放在折射率为常数的介质中。光线在这两个镜面间来回
        传播的轨迹

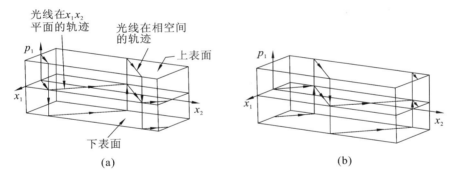

图 13.7   图 13.6 中的光线在相空间中对应的轨迹。(a) 光线起始于 $x_2 = 0$，而且 $p_1 > 0$；
        (b) 光线起始于 $x_2 = 0$，而且 $p_1 < 0$

线是在 p_1 上为常数，而且平行于 $x_1 x_2$ 平面的平面中移动。光线在镜面上反射
时，它与 x_1 轴的夹角就会变成其镜面对称值，而 p_1 的符号改变。在相空间中，
该光线现在是在 $-p_1 =$ 常数的平面中移动，直到下一次的反射。所以在相空
间中光线会分别在 $p_1 =$ 常数，以及 $-p_1 =$ 常数的平面上传播。而每一次反射
会将光线以垂直升、降的方式在上、下表面之间挪动。所有这些光线在相空间
中就形成一个长条状的表面。

    现在让我们来考虑用式(13.25)的方式来描述该光学系统。此时，我们需
要用到变数(x_1, x_2, p_1, p_2)，而不单是(x_1, x_2, p_1)。所以，我们需要多考虑一个
动量，以及另外一个将这些变数结合在一起的公式：$P = 0$。因此当选用这种方

式来描述时，我们不只多加了一个变数（p_2），而且同时多了一个公式（$P = 0$）。现在条件 $\omega(x_1, x_2, p_1) = 0$ 必须被写成

$$\omega(x_1, x_2, p_1, p_2) = 0, \quad P = 0 \tag{13.31}$$

此新表达式 $\omega(x_1, x_2, p_1, p_2) = 0$ 与以前的 $\omega(x_1, x_2, p_1) = 0$ 是一样的，因为 p_1 与 p_2 满足以下关系：$p_1^2 + p_2^2 = n^2(x_1, x_2)$（相当于 $P = 0$ 的条件）。因此我们可以把 p_2 写成 $p_2 = p_2(x_1, x_2, p_1)$，把它代入式（13.31），便能得到 $\omega(x_1, x_2, p_1) = 0$。

13.4　泊松括号

光线在相空间中从入光孔传输到出光孔的方式就决定了对应的光学系统的特性，即成像系统或非成像光学系统。然而，该传输也必须满足式（13.23）所代表的光学的一般定律（式（13.23）适用于所有光学系统）。满足该表达式的系统也同时会满足光学扩展量守恒定律，因为该定律是式（13.23）的结果（见第 18 章）。

现在我们必须对光线在相空间中从入光孔到出光孔的传输过程定义一个（或一组）数学表达式来描述它。这些数学表达式必须与式（12.23）组合起来以描述对应的光学系统。但是该传输过程的描述必须满足光学扩展量守恒，不然就会与式（13.23）起冲突，不会有适当的解答。

参考图 13.2 与图 13.3，该光学系统的入光孔径为 a_1，出光孔径为 a_2。照明 a_1 的光线在相空间中分布于区域 R_1，照明 a_2 的光线则分布于 R_2。光线从 R_1 传输到 R_2 的方式就决定了该光学系统的特性（成像系统或非成像光学系统）。

光线从 R_1 传到 R_2 的方法起码有两种。在成像系统中，R_1 内的垂线 L_1 被转换成 R_2 内的垂线 L_2，而且它们的空间坐标有以下关系：$x = MX$，见式（13.26）。在非成像光学系统中，R_1 的边线（∂R_1）转换成 R_2 的边线（∂R_2）。完成该转换的数学方法乃是使用 $\omega(x_1, x_2, p_1) = 0$ 的表面（见式（13.27））连接 ∂R_1 与 ∂R_2。为了要保证得到的光学系统是可行的，我们必须要保证让该表面满足光学扩展量守恒，也就是说所有平行于 $x_1 p_1$ 的切面与该表面勾画出的区域的面积必须是一个常数。

现在考虑一个一般性的三维非成像光学系统。它的入光孔与出光孔被以下表面连接：

$$\omega(x_1, x_2, x_3, p_1, p_2, p_3) = 0 \tag{13.32}$$

式（13.32）是描述非成像光学系统特征的表达式。它与描述一般光学系统的表达式（式（13.23））一起对非成像光学系统提供了一个数学描述方法。也就是说，在式（13.23）描述的所有一般光学系统中，我们现在只对那些能够满足式（13.32）且具有非成像光学系统特征的系统有兴趣，即

$$
\begin{cases}
\dfrac{\mathrm{d}x_1}{\mathrm{d}\sigma} = \dfrac{\partial P}{\partial p_1} \quad \dfrac{\mathrm{d}p_1}{\mathrm{d}\sigma} = -\dfrac{\partial P}{\partial x_1} \\[2mm]
\dfrac{\mathrm{d}x_2}{\mathrm{d}\sigma} = \dfrac{\partial P}{\partial p_2} \quad \dfrac{\mathrm{d}p_2}{\mathrm{d}\sigma} = -\dfrac{\partial P}{\partial x_2} \\[2mm]
\dfrac{\mathrm{d}x_3}{\mathrm{d}\sigma} = \dfrac{\partial P}{\partial p_3} \quad \dfrac{\mathrm{d}p_3}{\mathrm{d}\sigma} = -\dfrac{\partial P}{\partial x_3} \\[2mm]
P = p_1^2 + p_2^2 + p_3^2 - n(x_1, x_2, x_3) = 0 \\[2mm]
\omega(x_1, x_2, x_3, p_1, p_2, p_3) = 0
\end{cases} \tag{13.33}
$$

幸运地,我们可以将该组方程简化。因为 $\omega = 0$ 的表面代表了在相空间中边缘光线移动的表面,所以,$\mathrm{d}\omega/\mathrm{d}\sigma$ 代表了当边缘光线在系统中传播时 ω 的变化。但是由式(13.33)可知 $\omega = 0$,因此,$\mathrm{d}\omega/\mathrm{d}\sigma = 0^{[6]}$。我们有

$$
\frac{\mathrm{d}\omega}{\mathrm{d}\sigma} = \sum_{j=1}^{3}\left(\frac{\partial \omega}{\partial x_j}\frac{\mathrm{d}x_j}{\mathrm{d}\sigma} + \frac{\partial \omega}{\partial p_j}\frac{\mathrm{d}p_j}{\mathrm{d}\sigma}\right) \tag{13.34}
$$

式(13.34)并没有包含 $\partial\omega/\partial\sigma$ 项,因为我们只考虑 ω 并不是 σ 显函数的表面。从式(13.32)可以看到 $\omega(x_1(\sigma), x_2(\sigma), x_3(\sigma), p_1(\sigma), p_2(\sigma), p_3(\sigma)) = 0$,不是 σ 的显函数。利用式(13.33)的第一组方程我们现在可以得到

$$
\frac{\mathrm{d}\omega}{\mathrm{d}\sigma} = \sum_{j=1}^{3}\left(\frac{\partial \omega}{\partial x_j}\frac{\partial P}{\partial p_j} - \frac{\partial \omega}{\partial p_j}\frac{\partial P}{\partial x_j}\right) = \{\omega, P\} = 0 \tag{13.35}
$$

其中,$\{\omega, P\}$ 称为泊松括号(Poisson bracket),由式(13.35)所定义[8-10]。因为我们在推导式(13.35)时已经用到式(13.33)中的微分方程($\mathrm{d}x_i/\mathrm{d}\sigma$, $\mathrm{d}p_i/\mathrm{d}\sigma$),所以,式(13.35)已经包含这些微分方程。我们现在可以得出结论:满足方程 $\omega = 0$,并满足条件 $\{\omega, P\} = 0$ 和 $P = 0$ 的轨迹,就满足了式(13.33)的所有方程,因此,代表了非成像光学系统里的光线。最后,该系统对应的方程可以写成

$$
\begin{cases}
\{\omega, P\} = 0 \\
P = 0 \\
\omega = 0
\end{cases} \tag{13.36}
$$

式(13.36)也可以写成

$$
\begin{cases}
\displaystyle\sum_{j=1}^{3}\left(\frac{\partial \omega}{\partial x_j}\frac{\partial P}{\partial p_j} - \frac{\partial \omega}{\partial p_j}\frac{\partial P}{\partial x_j}\right) = 0 \\[2mm]
P = p_1^2 + p_2^2 + p_3^2 - n^2(x_1, x_2, x_3) = 0 \\[2mm]
\omega(x_1, x_2, x_3, p_1, p_2, p_3) = 0
\end{cases} \tag{13.37}
$$

式(13.23)中的哈密顿量在坐标系统 (x_1, x_2, x_3) 和式(13.38)所示的广义坐标系统中有同样的表达式(见第 14 章),因此,式(13.36)在新的坐标系统中也成立[1,3,7]。

$$
(i_1(x_1, x_2, x_3), i_2(x_1, x_2, x_3), i_3(x_1, x_2, x_3)) \tag{13.38}
$$

对应于新的坐标(i_1,i_2,i_3),我们有新的动量(u_1,u_2,u_3)。所以,$\{\omega,P\}=0$可以被写成

$$\{\omega,P\}=\sum_{j=1}^{3}\left(\frac{\partial\omega}{\partial i_j}\frac{\partial P}{\partial u_j}-\frac{\partial\omega}{\partial u_j}\frac{\partial P}{\partial i_j}\right)=0 \tag{13.39}$$

而且这时候条件$P=0$可以表达为

$$P=u_1^2a_1^2(i_1,i_2,i_3)+u_2^2a_2^2(i_1,i_2,i_3)+u_3^2a_3^2(i_1,i_2,i_3)-n^2=0 \tag{13.40}$$

其中,$a_k=\parallel\nabla i_k\parallel$,$k=1,2,3$。因为$i_k=i_k(x_1,x_2,x_3)$,我们有$a_k=a_k(x_1,x_2,x_3)$。或者可以将$x_1,x_2,x_3$写成$i_1,i_2,i_3$的函数。那么,$a_k=a_k(i_1,i_2,i_3)$。所以,式(13.37)就可以写成

$$\begin{cases}\sum_{j=1}^{3}\left(\frac{\partial\omega}{\partial i_j}\frac{\partial P}{\partial u_j}-\frac{\partial\omega}{\partial u_j}\frac{\partial P}{\partial i_j}\right)=0\\P=u_1^2a_1^2(i_1,i_2,i_3)+u_2^2a_2^2(i_1,i_2,i_3)+u_3^2a_3^2(i_1,i_2,i_3)-n^2(i_1,i_2,i_3)=0\\\omega(i_1,i_2,i_3,u_1,u_2,u_3)=0\end{cases}$$

$$\tag{13.41}$$

这就是用来描述三维非成像光学系统的一般方程组。

13.5 曲线坐标系统

如前所述,$\omega=0$的表面是由边缘光线的轨迹组成的。在某些坐标系中,当光学动量p的分量p_1与p_2的表达式比较简单时,这些轨迹的计算也会比较简单。作为一个例子,考虑在复合抛物面集中器内部交错的两条边缘光线,如图13.8所示。光线r_1与r_2通过复合抛物面集中器的内部点P。该复合抛物面集中器的内部被空气($n=1$)填满。代表这两条边缘光线的方向的单位矢量分别是$\boldsymbol{p}_1=(p_{11},p_{12})$与$\boldsymbol{p}_2=(p_{21},p_{22})$。这两条光线在$x_1$与$x_2$轴上的投影$(p_{11},p_{12},p_{21},p_{22})$各不相等;而且,两条光线合起来的$\boldsymbol{p}_1$分量($p_{11}$与$p_{12}$)与$\boldsymbol{p}_2$分量($p_{21}$与$p_{22}$)也不相等。但是,如果我们考虑在入光孔上的点$Q$,情况就不一样了。这时候,这两条边缘光线的方向的单位矢量可以写成$\boldsymbol{p}_1=(p_{11},q)$与$\boldsymbol{p}_3=(p_{31},q)$。因为坐标轴$x_2$是边缘光线的平分线,所以$\boldsymbol{p}_1$与$\boldsymbol{p}_3$有对称性。因此,在点$Q$处,$\boldsymbol{p}_1$分量包含了互为对称的$p_{31}$与$p_{11}=-p_{31}$,而每一条光线对$\boldsymbol{p}_2$分量的贡献同为$q$。

以下讨论的曲线坐标系统(i_1,i_2)将会很适合用来简化p_1与p_2的表达式。$i_1=$常数的线段与$i_2=$常数的线段必须正交,而且其中一条线段会在空间的每一点上将边缘光线平分。图13.9显示了在复合抛物面集中器内对应的线段,它们在空间的每一点上将边缘光线平分。

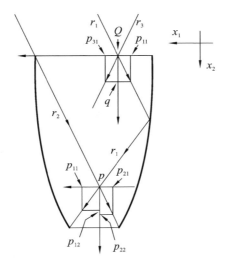

图 13.8　点 P 是在被空气 $(n=1)$ 填满的复合抛物面集中器内部的一点。边缘光线的光学动量分别是 $\boldsymbol{p}_1=(p_{11},p_{12})$ 与 $\boldsymbol{p}_2=(p_{21},p_{22})$，而且，$p_{11}\neq p_{12}\neq p_{21}\neq p_{22}$。但是在入光孔上的另一点 Q 上，这时候坐标轴 x_2 平分边缘光线，光线的光学动量可以写成 $\boldsymbol{p}_1=(p_{11},q)$ 与 $\boldsymbol{p}_3=(p_{31},q)$，其中，$p_{11}=-p_{31}$，因此，只需要较少的变量数目来定义这些光学动量

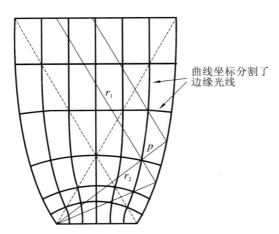

图 13.9　曲线柱坐标系统。在复合抛物面集中器内部的任何点 p 上，该坐标系统的两个坐标轴对应于边缘光线 $(r_1$ 与 $r_2)$ 的平分线

　　如前所述，对应于矢通量 $\boldsymbol{J}$ 的线段平分边缘光线的轨迹。所以，现在考虑的曲线坐标必然跟矢通量 $\boldsymbol{J}$ 对应的线段重合。要注意的是，前面讨论过的 $G=$ 常数的线段是沿流线的方向，因此，$G=$ 常数的线段及 $F=$ 常数的线段与 $i_1=$

常数的线段及 $i_2 = $ 常数的线段（也就是目前考虑的曲线坐标系统）重合。而且事实上，在之前我们就已经考虑过应该要让 $G = G(i_1)$ 与 $F = F(i_2)$，而 $i_1 = $ 常数的线段将平分边缘光线。现在我们必须要定义这些新的线段：$i_1 = $ 常数的线段及 $i_2 = $ 常数的线段。事实上，我们只需要定义其中的一组（如 $i_1 = $ 常数），因为另外一组会垂直于第一组。

图 13.10 显示了通过平面上某一已知点的两条边缘光线。每条边缘光线在方向 ∇i_2 上的分量 u_2 相同，在方向 ∇i_1 上的分量 u_1 大小相等，但符号各异。所以对这两条边缘光线，u_2 相同，而且其值只与该空间点的坐标位置有关，所以我们可以写成 $u_2 = \beta(i_1, i_2)$。这时候，式（13.27）可以表示为

$$\omega(i_1, i_2, u_2) = 0 \Leftrightarrow u_2 - \beta(i_1, i_2) = 0 \qquad (13.42)$$

这是 $\omega = 0$ 方程的一个简化表达式。

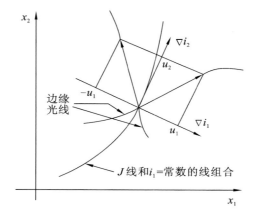

图 13.10 在曲线坐标系统 (i_1, i_2) 中，$i_1 = $ 常数的线段与边缘光线的平分线同向。两条边缘光线的动量的 u_2 分量值相同，而 u_1 分量互为对称。边缘光线与 $i_1 = $ 常数线呈 V 形分布

13.6 二维集中器的设计

在二维空间中，式（13.41）可以写成

$$\begin{cases} \sum_{j=1}^{2} \left(\dfrac{\partial \omega}{\partial i_j} \dfrac{\partial P}{\partial u_j} - \dfrac{\partial \omega}{\partial u_j} \dfrac{\partial P}{\partial i_j} \right) = 0 \\ P = u_1^2 a_1^2(i_1, i_2) + u_2^2 a_2^2(i_1, i_2) - n^2(i_1, i_2) = 0 \\ \omega(i_1, i_2, u_1, u_2) = 0 \end{cases} \qquad (13.43)$$

这是用来描述二维非成像光学系统的一般方程组。在以下的讨论中，我们会应用 $\omega = 0$ 方程的简化表达式（式（13.42））。利用式（13.43），现在需要求解的方

程组可以写成

$$
\begin{cases}
\{\omega, P\} = \displaystyle\sum_{j=1}^{2} \left(\frac{\partial \omega}{\partial i_j} \frac{\partial P}{\partial u_j} - \frac{\partial \omega}{\partial u_j} \frac{\partial P}{\partial i_j} \right) = 0 \\
P = u_1^2 a_1^2(i_1, i_2) + u_2^2 a_2^2(i_1, i_2) - n^2(i_1, i_2) = 0 \\
\omega = u_2 - \beta(i_1, i_2) = 0
\end{cases}
\tag{13.44}
$$

从其中的第一个表达式,我们得到

$$
\{\omega, P\} = \frac{\partial \omega}{\partial i_1} \frac{\partial P}{\partial u_1} - \frac{\partial \omega}{\partial u_1} \frac{\partial P}{\partial i_1} + \frac{\partial \omega}{\partial i_2} \frac{\partial P}{\partial u_2} - \frac{\partial \omega}{\partial u_2} \frac{\partial P}{\partial i_2} = 0
\tag{13.45}
$$

从第二个表达式,我们得到

$$
\begin{cases}
\dfrac{\partial P}{\partial i_1} = 2a_1 \dfrac{\partial a_1}{\partial i_1} u_1^2 + 2a_2 \dfrac{\partial a_2}{\partial i_1} u_2^2 - 2n \dfrac{\partial n}{\partial i_1} \quad \dfrac{\partial P}{\partial u_1} = 2a_1^2 u_1 \\[2mm]
\dfrac{\partial P}{\partial i_2} = 2a_1 \dfrac{\partial a_1}{\partial i_2} u_1^2 + 2a_2 \dfrac{\partial a_2}{\partial i_2} u_2^2 - 2n \dfrac{\partial n}{\partial i_2} \quad \dfrac{\partial P}{\partial u_2} = 2a_2^2 u_2
\end{cases}
\tag{13.46}
$$

从第三个表达式,我们得到

$$
\begin{cases}
\dfrac{\partial \omega}{\partial i_1} = -\dfrac{\partial \beta}{\partial i_1} \quad \dfrac{\partial \omega}{\partial u_1} = 0 \\[2mm]
\dfrac{\partial \omega}{\partial i_2} = -\dfrac{\partial \beta}{\partial i_2} \quad \dfrac{\partial \omega}{\partial u_2} = 1
\end{cases}
\tag{13.47}
$$

令 $u_2 = \beta$,ω 与 P 的泊松括号可以写成

$$
a_1^2 u_1 \frac{\partial \beta}{\partial i_1} + a_2^2 \beta \frac{\partial \beta}{\partial i_2} - n \frac{\partial n}{\partial i_2} + a_1 \frac{\partial a}{\partial i_2} u_1^2 + a_2 \frac{\partial a_2}{\partial i_2} \beta^2 = 0
\tag{13.48}
$$

利用条件 $P = 0$,就可以得到

$$
u_1^2 = \frac{n^2 - a_2^2 \beta^2}{a_1^2} \Leftrightarrow u_1 = \pm \frac{\sqrt{n^2 - a_2^2 \beta^2}}{a_1}
\tag{13.49}
$$

其中,$u_2 = \beta$。对某一已知 u_2,式(13.49) 对应两个 u_1 值,如图 13.10 所示。利用式(13.49) 取代式(13.48) 的 u_1 项,可以得到

$$
\left(a_1^2 \frac{\partial \beta}{\partial i_1} \right) u_1 + \left(a_2^2 \beta \frac{\partial \beta}{\partial i_2} - n \frac{\partial n}{\partial i_2} + \frac{n^2 - a_2^2 \beta^2}{a_1} \frac{\partial a_1}{\partial i_2} + a_2 \frac{\partial a_2}{\partial i_2} \beta^2 \right) = 0
\tag{13.50}
$$

该表达式的形式类似 $Au_1 + B = 0$ 的形式。它必须同时满足 u_1 的两个可能值,因此 $Au_1 + B = 0$,$-Au_1 + B = 0$,所以 $A = B = 0$。然后,因为 $a_1 = \parallel \nabla i_1 \parallel \neq 0$,便可以得到

$$
\begin{cases}
\dfrac{\partial \beta}{\partial i_1} = 0 \\[2mm]
a_2^2 \beta \dfrac{\partial \beta}{\partial i_2} - n \dfrac{\partial n}{\partial i_2} + \dfrac{n^2 - a_2^2 \beta^2}{a_1} \dfrac{\partial a_1}{\partial i_2} + a_2 \dfrac{\partial a_2}{\partial i_2} \beta^2 = 0
\end{cases}
\tag{13.51}
$$

利用 $\partial \beta / \partial i_1 = 0$,可以得到

$$\beta = \beta(i_2) \tag{13.52}$$

式（13.51）的第二个表达式就可以写成

$$\frac{\left(2n\dfrac{\partial n}{\partial i_2} - 2\beta\dfrac{\partial \beta}{\partial i_2}a_2^2 - 2a_2\dfrac{\partial a_2}{\partial i_2}\beta^2\right)a_1^2 - 2a_1\dfrac{\partial a_1}{\partial i_2}(n^2 - \beta^2 a_2^2)}{a_1^4} = 0 \tag{13.53}$$

也就是

$$\frac{\partial}{\partial i_2}\left(\frac{n^2 - \beta^2 a_2^2}{a_1^2}\right) = 0 \Leftrightarrow \frac{n^2 - \beta^2 a_2^2}{a_1^2} = \alpha(i_1)^2 \Leftrightarrow n^2 = \alpha(i_1)^2 a_1^2 + \beta(i_2)^2 a_2^2$$

$$\tag{13.54}$$

其中，$\beta(i_2)a_2 = u_2 a_2$ 是 $\boldsymbol{p}$ 在矢量 ∇i_2 方向上的分量，因此，$\alpha(i_1)a_1$ 必须是 $\boldsymbol{p}$ 在矢量 ∇i_1 方向上的分量。该式对应于前面推导过的式（13.20）。

13.7 理想二维集中器的例子

我们现在讨论 Miñano 设计方法在二维空间应用的一个例子。在前面我们讨论过怎样设计一个具有平面入光孔、平面出光孔，以及最大聚光比的集中器。在这个例子中，我们会应用这些概念。此时，入光孔径在 x_1 轴上（$x_2 = 0$），出光孔径在 $x_2 = 1$ 的线段上。我们定义 i_1 线段的形状，然后利用正交关系来决定 i_2 线段。接下来，就可以使用式（13.20）或式（13.54），以及对应的边界条件来决定折射率。

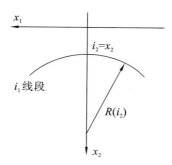

图 13.11 $\quad i_1$ 线段（$i_2 =$ 常数）被选定为一条圆心在 x_2 轴上，半径为 $R(i_2)$ 的圆弧

图 13.11 显示了一条 i_1 线段的形状（$i_2 =$ 常数）。它是一条圆心在 x_2 轴上的圆弧。在第 13.9 节中，当我们将该节的结果应用到三维集中器的设计时，选择 i_1 为圆弧的原因就会变得很明显。

如果圆弧的中心是 $(x_1, x_2) = (0,0)$，对应的方程就会是 $x_1^2 + x_2^2 = R^2$。然而，将该中心沿 x_2 轴平移到位置 $R + i_2$，其方程就会变成 $x_1^2 + ((R + i_2) - x_2)^2 = R^2$。所以

$$x_2 = R(i_2) + i_2 - \sqrt{R(i_2)^2 - x_1^2} \tag{13.55}$$

稍后我们会推导 $R(i_2)$ 的表达式。这是用来描述 i_1 线段（$i_2 =$ 常数）的方程。对于每一个 i_2，可以定义一个 $R(i_2)$，从而得到一条圆弧。这些圆弧在 $x_2 = i_2$ 处通过 x_2 轴。因此，$i_2 = 0$ 的线段在 $x_2 = 0$（对应于 x_1 轴）处穿过 x_2 轴，而 $i_2 = 1$ 的线在 $x_2 = 1$ 处穿过 x_2 轴。$i_2 = 0$ 与 $i_1 = 0$ 的线段分别对应于集中器

的入光孔径与出光孔径,所以线必须为平坦的。因此,对应于 $x_2 = i_2 = 0$ 与 $x_2 = i_2 = 1$,我们必须有 $R \to \infty$。i_2 线段必须垂直于 i_1 线段,因此我们可以让它们在 $i_1 = x_1$ 处通过 x_1 轴。图 13.12 显示了一些 i_1 与 i_2 线段。

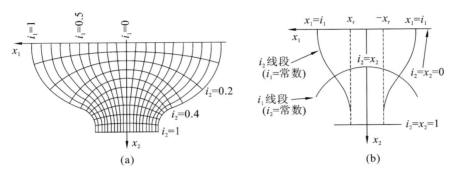

图 13.12   (a) 集中器的 i_1 与 i_2 线段;(b) i_2 线段在 $x_2 = i_2$ 处穿过 x_2 轴(光轴),i_1 线段与入光孔径(x_1 轴)相交于 $x_1 = i_1$ 处,与出光孔径($x_2 = 1$)相交于 $x_1 = x_r$ 处

i_1 的表达式可以写成

$$i_1 = \frac{2Rx_1}{R + \sqrt{R^2 - x_1^2}} \exp\left(\int_0^{i_2} \frac{1}{R} di_2\right) \tag{13.56}$$

其中,$R = R(i_2)$ 是 i_2 的函数,并且满足式(13.55)。我们不会推导式(13.56),但会证明 i_1 与 i_2 线段满足前面提到的条件[7]。首先,我们定义函数 $M(i_1)$ 为

$$M(i_1) = \ln\left(\frac{i_1}{2}\right) = \ln\left(\frac{R}{R/x_1 + \sqrt{R^2/x_1^2 - 1}} \exp\left(\int_0^{i_2} \frac{1}{R} di_2\right)\right) \tag{13.57}$$

它可以写成

$$M(i_1) = \ln R - \ln\left(\frac{R}{x_1} + \sqrt{\frac{R^2}{x_1^2} - 1}\right) + \int_0^{i_2} \frac{1}{R} di_2 \tag{13.58}$$

计算 $M(i_1)$ 对 x_1 与 x_2 的导数可以得到

$$\frac{\partial M}{\partial x_1} = \frac{\partial i_2/\partial x_1}{R}\left(R' - \frac{R'R}{\sqrt{R^2 - x_1^2}} + 1\right) + \frac{R}{x_1 \sqrt{R^2 - x_1^2}} \tag{13.59}$$

及

$$\frac{\partial M}{\partial x_2} = \frac{\partial i_2/\partial x_2}{R}\left(R' - \frac{R'R}{\sqrt{R^2 - x_1^2}} + 1\right) \tag{13.60}$$

其中,$R' = dR(i_2)/di_2$。因为

$$\begin{cases} \int_0^{i_2} \frac{1}{R} di_2 = F(i_2) \\ \frac{\partial F(i_2)}{\partial x_2} = \frac{dF}{di_2} \frac{\partial i_2}{\partial x_2} \end{cases} \tag{13.61}$$

其中，$F(i_2)$ 是 i_2 的函数，所以

$$\begin{cases} \dfrac{\partial}{\partial x_1}\left(\displaystyle\int_0^{i_2} \frac{1}{R}\mathrm{d}i_2\right) = \frac{1}{R}\frac{\partial i_2}{\partial x_1} \\[4mm] \dfrac{\partial}{\partial x_2}\left(\displaystyle\int_0^{i_2} \frac{1}{R}\mathrm{d}i_2\right) = \frac{1}{R}\frac{\partial i_2}{\partial x_2} \end{cases} \tag{13.62}$$

将式（13.55）对 x_1 与 x_2 求导数（$\partial i_2/\partial x_1$，$\partial i_2/\partial x_2$），并对 $\partial i_2/\partial x_1$ 与 $\partial i_2/\partial x_2$ 求解（注意：$\mathrm{d}x_2/\mathrm{d}x_2 = 1$，而且 $\mathrm{d}x_2/\mathrm{d}x_1 = 0$），便可以得到偏导数，即

$$\frac{\partial i_2}{\partial x_1} = \frac{-x_1/\sqrt{R^2-x_1^2}}{1+R'-(R'R/\sqrt{R^2-x_1^2})} \tag{13.63}$$

与

$$\frac{\partial i_2}{\partial x_2} = \frac{1}{1+R'-(R'R/\sqrt{R^2-x_1^2})} \tag{13.64}$$

或可写成

$$\nabla i_2 = \left(1+R'-\frac{R'R}{\sqrt{R^2-x_1^2}}\right)^{-1}\left(-x_1\frac{1}{\sqrt{R^2-x_1^2}},1\right) \tag{13.65}$$

将式（13.63）和式（13.64）代入式（13.59）与式（13.60）就可以得到

$$\begin{cases} \left(\dfrac{\partial M}{\partial x_1}\right)^2 = \dfrac{1}{x_1^2}-\dfrac{1}{R^2} \\[4mm] \left(\dfrac{\partial M}{\partial x_2}\right)^2 = \dfrac{1}{R^2} \end{cases} \tag{13.66}$$

式（13.66）也可以被写成

$$\nabla M = \left(\sqrt{\frac{1}{x_1^2}-\frac{1}{R^2}},\frac{1}{R}\right) = \frac{1}{R}\left(\frac{1}{x_1}\sqrt{R^2-x_1^2},1\right) \tag{13.67}$$

然后就可以得到

$$\nabla i_2 \cdot \nabla M = 0 \tag{13.68}$$

因为式（13.57）定义了 $M = M(i_1)$，所以

$$\nabla M = \frac{\mathrm{d}M}{\mathrm{d}i_1}\nabla i_1 \Leftrightarrow \nabla M = \frac{1}{i_1}\nabla i_1 \tag{13.69}$$

而且因为 $\mathrm{d}M/\mathrm{d}i_1 \neq 0$，我们就可以得到

$$\nabla i_1 \cdot \nabla i_2 = 0 \tag{13.70}$$

如前所述，在定义 i_2 线段时，我们让它们在 $i_1 = x_1$ 处通过 x_1 轴（$x_2 = 0$）。利用式（13.56），该条件可以写成

$$i_1 = \frac{2x_1}{1+\sqrt{1-x_1^2/R^2}}\exp\left(\int_0^{i_2} \frac{1}{R}\mathrm{d}i_2\right) \tag{13.71}$$

当 $i \to 0$ 和 $R \to \infty$ 时，$i_1 \to x_1$，因为 $i_2 = 0$，我们得到 $\exp\left(\int_0^{i_2}(1/R)\mathrm{d}i_2\right) =$

$\exp\left(\int_0^\infty (1/R)\mathrm{d}i_2\right) = \exp(0) = 1$。因此，在入光孔处，我们得到 $i_1 = x_1$。

$\quad$ i_1 线段与出光孔(接收器)相交于 $x_1 = x_r$ 处。$i_2 \to 1$ 和 $R \to \infty$，从式子(13.71)便能得到 x_r 的表达式：

$$i_1 = x_r \exp\left(\int_0^1 \frac{1}{R}\mathrm{d}i_2\right) \tag{13.72}$$

$\quad$ 注意，当 $i_2 \to 0$ 与 $i_2 \to 1$ 时，$R(i_2) \to \infty$。但是，对应于 $0 < i_2 < 1$，$R(i_2)$ 的值是有限的。现在考虑 i_2 线段为流线的情况。如果把其中的两条 i_2 线段改成镜面，便能用这两条线段来完成最终器件的设计。这两条线段与入光孔径 ($i_2 = 0$) 的两个交点就定义了最终器件的入光孔径大小，而它们与出光孔径的交点就定义了最终器件的出光孔径大小。因为这两条线段在 $x_1 = i_1$ 处穿过入光孔径，在 $x_1 = x_r$ 处穿过出光孔径，器件的入光孔径与出光孔径大小的比值便是 $C_{2-D} = i_1/x_r$。而对称集中器的几何聚光比可以写成 $C_g = i_1/x_r$。利用式(13.72)我们就得到

$$C_g = \exp\left(\int_0^1 \frac{1}{R}\mathrm{d}i_2\right) \tag{13.73}$$

我们还没有 $R(i_2)$ 的表达式。但是从前面的讨论可知，当 $i_2 \to 0$ 与 $i_2 \to 1$ 时，$R \to \infty$。所以我们可以选择下列函数来代表 $R(i_2)$：

$$R(i_2) = \frac{m}{i_2^2(1 - i_2^2)} \tag{13.74}$$

其中，m 是一个常数。我们可以将该 $R(i_2)$ 的表达式代入式(13.73)，从而得到 m 的值，即

$$\ln C_g = \frac{1}{m}\int_0^i i_2^2(1 - i_2^2)\mathrm{d}i_2 \Leftrightarrow m = \frac{2}{15\ln C_g} \tag{13.75}$$

所以我们现在就有一个计算 i_1 与 i_2 线段的完整方法。

$\quad$ 我们现在必须找出可以将 i_2 线段转换成矢通量线的二维折射率分布。我们可以使用式(13.20)或式(13.54)，$n^2 = \alpha(i_1)^2 a_1^2 + \beta(i_2)^2 a_2^2$，来推导该折射率分布。首先，因为我们知道 $a_1^2 = \parallel \nabla i_1 \parallel^2$，$a_2^2 = \parallel \nabla i_2 \parallel^2$，所以，可以得到(见式(13.63)与式(13.64))

$$a_2^2 = \left(\frac{\partial i_2}{\partial x_1}\right)^2 + \left(\frac{\partial i_2}{\partial x_2}\right)^2 = \left((1 + R')\sqrt{1 - \frac{x_1^2}{R^2}} - R'\right)^{-2} \tag{13.76}$$

从式(13.66)可以得到

$$\parallel \nabla M \parallel^2 = \frac{1}{x_1^2} \tag{13.77}$$

而从式(13.69)可以得到

$$\parallel \nabla i_1 \parallel^2 = \frac{1}{x_1^2} i_1^2 \tag{13.78}$$

因此

$$n^2 = \frac{1}{x_1^2} \alpha^* (i_1)^2 + \left((1+R') \sqrt{1 - \frac{x_1^2}{R^2}} - R' \right)^{-2} \beta(i_2)^2 \tag{13.79}$$

其中，$\alpha^*(i_1) = i_1 \alpha(i_1)$。从式(13.74)可以得到

$$R' = \frac{dR(i_2)}{di_2} = \frac{2m(2i_2^2 - 1)}{i_2^3 (i_2^2 - 1)^2} \tag{13.80}$$

如果想要得到最大聚光比，在出光孔径处，边缘光线与 i_2 线段的夹角必须是 $\pi/2$。这表示光学动量的分量 $a_2 u_2$ 必须为 0。因为 $a_2 = \parallel \nabla i_2 \parallel$，该光学动量分量可以写成 $\parallel \nabla i_2 \parallel \beta(i_2)$。如果 $\nabla i_2 = 0$，就不能定义一个局部坐标系统，因为该局部坐标系统其中的一个单位矢量是 $e_2 = \nabla i_2 / \parallel \nabla i_2 \parallel$。如果该光学动量分量在出光孔径为 0，以下条件必须成立：当 $i_2 = 1$ 时，$\beta(i_2) = 0$。此时，式(13.79)就可以写成

$$n^2 (i_2 = 1) = \frac{1}{x_r^2} \alpha^* (i_1)^2 \tag{13.81}$$

在接收器上，$x_1 = x_r$，x_r 可以用式(13.72)计算。从前面的讨论，我们知道 $i_1 = x_r C_g$。如果我们想要在接收器上的折射率是 $n = n_r$，从式(13.81)可以得到

$$\alpha^* (i_1) = \frac{i_1 n_r}{C_g} \tag{13.82}$$

所以，式(13.79)就可以写成

$$n^2 = \frac{1}{x_1^2} \frac{i_1^2 n_r^2}{C_g^2} + \left((1+R') \sqrt{1 - \frac{x_1^2}{R^2}} - R' \right)^{-2} \beta(i_2)^2 \tag{13.83}$$

或可以使用式(13.71)来表达 i_1 而写成

$$n^2 = \left(\frac{2}{1 + \sqrt{1 - x_1^2/R^2}} \exp\left(\int_0^{i_2} \frac{1}{R} di_2 \right) \right)^2 \frac{n_r^2}{C_g^2} + \left((1+R') \sqrt{1 - \frac{x_1^2}{R^2}} - R' \right)^{-2} \beta(i_1)^2 \tag{13.84}$$

在光轴上 $(x_1 = 0)$，我们有

$$n^2 (x_1 = 0) = \beta(i_2)^2 + \left(\exp\left(\int_0^{i_2} \frac{1}{R} di_2 \right) \right)^2 \frac{n_r^2}{C_g^2} \tag{13.85}$$

如果现在让光轴上的折射率为 $n = n_r$，就可以得到

$$\beta(i_2) = n_r \sqrt{1 - \frac{1}{C_g^2} \left(\exp\left(\int_0^{i_2} \frac{1}{R} di_2 \right) \right)^2} \tag{13.86}$$

当光线沿光轴前进时，光学动量在 i_2 线段上的分量必须满足 $a_2 u_2 = a_2 \beta(i_2) > 0$，所以，在入光孔径与出光孔径间(也就是 $0 < i_2 < 1$)，$\beta(i_2) > 0$。要

注意的是，因为我们要求聚光比为最大，所以当 $i_2 = 1$ 时，$a_2 = \parallel \nabla i_2 \parallel > 0$ 而且，$\beta(i_2) = 0$。从式（13.86）与式（13.73）就可以看出来，我们得到的 $\beta(i_2)$ 表达式满足这些条件。折射率的表达式现在就可以写成

$$n^2 = \frac{1}{x_1^2} \frac{i_1^2 n_r^2}{C_g^2} + \left((1+R') \sqrt{1 - \frac{x_1^2}{R^2}} - R' \right)^{-2} n_r^2 \left(1 - \frac{\exp\left(2 \int_0^{i_2} (1/R)\, \mathrm{d}i_2 \right)}{C_g^2} \right)$$

$$(13.87)$$

在入光孔径上（$i_2 = 0$），我们有 $R \to \infty$，$i_1 = x_1$，所以该表达式就可以简化成

$$n^2(i_2 = 0) = \frac{n_r^2}{C_g^2} + n_r^2 \left(1 - \frac{1}{C_g^2} \right) = n_r^2 \qquad (13.88)$$

所以，在入光孔径上折射率为常数：$n = n_r$。利用式（13.84）与式（13.87），折射率可以写成

$$n^2 = \frac{4R^2 \dfrac{n_r^2}{C_g^2} \exp\left(2 \int_0^{i_2} \dfrac{1}{R}\mathrm{d}i_2 \right)}{(R + \sqrt{R^2 - x_1^2})^2} + \frac{n_r^2 - \dfrac{n_r^2}{C_g^2} \exp\left(2 \int_0^{i_2} \dfrac{1}{R}\mathrm{d}i_2 \right)}{\left((1+R') \sqrt{1 - (x_1^2/R^2)} - R' \right)^2}$$

$$(13.89)$$

现在我们仍然要确定几何聚光比 C_g 与集中器的接收角 φ 的关系。在入光孔径处，折射率为 n_r，根据折射定律，折射光线会被局限在半角为 φ_1 的光锥中，而且 φ_1 满足以下关系式：

$$n_r \sin\varphi_1 = \sin\varphi \qquad (13.90)$$

因为该集中器具有最大聚光比，而且因为在出光孔径处的折射率为 n_r，器件内部的聚光比等于几何聚光比，并可以写成 $C_g = 1/\sin\varphi_1$。所以，就可以得到

$$\sin\varphi = \frac{n_r}{C_g} \qquad (13.91)$$

现在我们就可以得到

$$n^2 = \frac{n_r^2 - \sin^2\varphi \exp\left(2 \int_0^{i_2} \dfrac{1}{R}\mathrm{d}i_2 \right)}{\left((1+R') \sqrt{1 - \dfrac{x_1^2}{R^2}} - R' \right)^2} + \frac{4R^2 \sin^2\varphi \exp\left(2 \int_0^{i_2} (1/R)\mathrm{d}i_2 \right)}{(R + \sqrt{R^2 - x_1^2})^2}$$

$$(13.92)$$

举例，假设 $n_r = 1.5$，$C_g = 3$，接收角就可以计算为

$$\varphi = \arcsin\left(\frac{1.5}{3} \right) = 30° \qquad (13.93)$$

如果 i_2 的值已知，利用式（13.74）与式（13.80）就可以计算 R 与 R'。如果 x_1 的值也已知，利用式（13.92）就可以计算 $n(x_1, i_2)$。根据 x_1 与 i_2 的值，利用

式（13.55）就可以计算 $x_2(x_1,i_2)$，从而得到 $n(x_1,x_2)$。图 13.13 显示了计算得到的折射率分布。

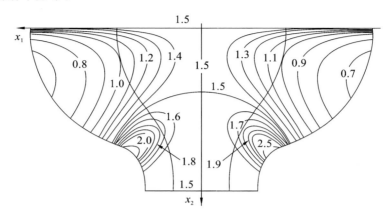

图 13.13　在集中器内部的折射率分布（显示了等折射率线）

利用式（13.74）取代式（13.55）中的 R，就可以得到 x_2，即

$$x_2 = i_2 + \frac{m}{i_2^2 - i_2^4} - \sqrt{\frac{m^2}{i_2^4(i_2^2-1)^2} - x_1} \tag{13.94}$$

而且可以得到

$$\int_0^{i_2} \frac{1}{R}di_2 = \int_0^{i_2} \frac{i_2^2(1-i_2^2)}{m}di_2 = \left(\frac{5i_2^3 - 3i_2^5}{15m}\right)_0^{i_2} = \frac{5i_2^3 - 3i_2^5}{15m} \tag{13.95}$$

式（13.56）中的 i_1 现在可以写成

$$i_1 = \frac{2mx_1\exp((5i_2^3 - 3i_2^5)/15m)}{m - i_2^2(i_2^2-1)\sqrt{m^2/(i_2^4(i_2^2-1)^2) - x_1^2}} \tag{13.96}$$

将该式对 x_1 求解就可以得到

$$x_1 = \frac{4i_1 m^2 \exp(i_2^3(5 + 3i_2^2)/15m)}{i_1^2 i_2^4(i_2^2-1)^2 \exp(2i_2^5/5m) + 4m^2\exp(2i_2^3/3m)} \tag{13.97}$$

现在保持 i_1 不变而改变 i_2，便能得到不同的 x_1。利用式（13.94）便能计算对应的 x_2，从而得到的 i_2 线就会如图 13.12 所显示的一样。

利用式（13.74）表达 R，而且利用式（13.95）与式（13.80）计算 R'，式（13.92）就可以写成

$$n^2 = 4m^2 A\left(m - i_2^2(i_2^2-1)\sqrt{\frac{m^2}{i_2^4(i_2^2-1)^2} - x_1^2}\right)^{-2}$$

$$+ (n_r^2 - A)\left(1 + \frac{2m(2i_2^2-1)}{i_2^3(i_2^2-1)^2}\right)^{-2}\left(1 + \frac{m(2-4i_2^2)}{i_2^3(i_2^2-1)^2} - \frac{i_2^4 x_1^2(i_2^2-1)^2}{m^2}\right)^{-1}$$

$$\tag{13.98}$$

其中，$A = \sin^2\varphi \exp[2i_2^3(5 - 3i_2^2)/(15m)]$。确定了 i_2 与 x_1 的值便能计算 n。我们也可以对某一 i_2 与 x_1 值，用式(13.94)先计算 x_2，从而得到 $n(x_1,x_2)$。

接下来，可以选择其中两条流线作为镜面，以完成理想二维集中器的设计。

13.8　三维集中器的设计

三维集中器的设计与二维方法非常相似。在这里，我们只考虑具有转动对称的系统[3,7]。在解决该问题时，我们选用的坐标系统只不过是二维坐标系统的延伸。我们现在选用坐标系统 (i_1,θ,i_3) 描述三维空间 (x_1,x_2,x_3)。其中，θ 是绕对称轴的角度(对应于圆柱坐标系统中的角坐标)。当 $\theta = $ 常数时，我们得到一个包含光轴的平面。在这个平面上，坐标 i_1 与 i_2 是两个曲线坐标，类似于前面二维空间中所考虑的 (i_1,i_2)。图 13.14 显示了这些坐标轴。这一组新坐标轴的正交性可以表示为

$$\nabla i_1 \cdot \nabla\theta = \nabla\theta \cdot \nabla i_3 = \nabla i_1 \cdot \nabla i_3 = 0 \tag{13.99}$$

我们现在可以让

$$a_1 = \parallel \nabla i_1 \parallel, b = 1/\rho = \parallel \nabla\theta \parallel, a_3 = \parallel \nabla i_3 \parallel \tag{13.100}$$

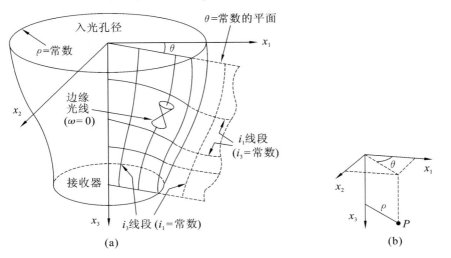

图 13.14　(a) 在具有圆形对称的系统中，绕光轴的角度 θ 可以被选定为一个坐标。在 $\theta = $ 常数的平面上，可以定义曲线坐标系统 (i_1,i_3)。在该例中，边缘光线会绕 i_3 线段形成一个光锥。也就是说，i_3 线段是在边缘光线的平分线的方向上；(b) 圆柱坐标系统。轴 x_3 与光轴同向，而 ρ 是点 P 到轴 x_3 的距离

设 u_1、h、u_3 为对应于这些坐标的动量。类似于二维的情况，我们现在可以

将光学动量对应于 ∇i_1、$\nabla\theta$、∇i_3 的分量分别写成 $a_1 u_1$、bh、$a_3 u_3$。因为系统的折射率与 θ 无关，物理量 h 是一个常数，被称为扭曲度（skewness，或 skew invariant，见第 17 章）。注意，在计算 ∇i_1 时，我们令 $\theta =$ 常数，$i_3 =$ 常数；在计算 $\nabla\theta$ 时，我们令 $i_1 =$ 常数，$i_3 =$ 常数；在计算 ∇i_3 时，我们令 $i_1 =$ 常数，$\theta =$ 常数。也就是说，在 ∇i_1 的方向上，只有 i_1 可变；在 $\nabla\theta$ 的方向上，只有 θ 可变；在 ∇i_3 的方向上，只有 i_3 可变。只有 i_1 为可变的线段称为 i_1 线段；只有 θ 为可变的线段称为 θ 线段；只有 i_3 可变的线段称为 i_3 线段。

在该坐标系统中，P 的表达式可以写成

$$P = a_1^2 u_1^2 + b^2 h^2 + a_3^2 u_3^2 - n^2 \tag{13.101}$$

式中

$$bh = n\cos\phi = \frac{h}{\rho} \tag{13.102}$$

其中，h 是扭曲度（一个常数）；$b = 1/\rho$，ρ 是到对称轴的距离；ϕ 是光线的切线与矢量 $e_\theta = \nabla\theta/\parallel\nabla\theta\parallel$ 之间的夹角。所以，在该坐标系统中，P 的表达式现在可以写成

$$P = a_1^2(i_1, i_3)u_1^2 + b^2(i_1, i_3)h^2 + a_3^2(i_1, i_3)u_3^2 - n^2(i_1, i_3) \tag{13.103}$$

由于转动对称，a_1、b、a_3、n 与 θ 无关。当 $\omega = 0$ 与 $P = 0$ 时，ω 与 P 的泊松括号必须为 0，即

$$\{\omega, P\} = \frac{\partial\omega}{\partial i_1}\frac{\partial P}{\partial u_1} - \frac{\partial\omega}{\partial u_1}\frac{\partial P}{\partial i_1} + \frac{\partial\omega}{\partial\theta}\frac{\partial P}{\partial h} - \frac{\partial\omega}{\partial h}\frac{\partial P}{\partial\theta} + \frac{\partial\omega}{\partial i_3}\frac{\partial P}{\partial u_3} - \frac{\partial\omega}{\partial u_3}\frac{\partial P}{\partial i_3} = 0 \tag{13.104}$$

所以需要考虑的系统方程组就可以写成

$$\begin{cases} \{\omega, P\} = \dfrac{\partial\omega}{\partial i}\dfrac{\partial P}{\partial u_1} - \dfrac{\partial\omega}{\partial u_1}\dfrac{\partial P}{\partial i_1} + \dfrac{\partial\omega}{\partial\theta}\dfrac{\partial P}{\partial h} - \dfrac{\partial\omega}{\partial h}\dfrac{\partial P}{\partial\theta} + \dfrac{\partial\omega}{\partial i_3}\dfrac{\partial P}{\partial u_3} - \dfrac{\partial\omega}{\partial u_3}\dfrac{\partial P}{\partial i_3} = 0 \\ P = a_1^2(i_1, i_3)u_1^2 + b^2(i_1, i_3)h^2 + a_3^2(i_1, i_3)u_3^2 - n^2(i_1, i_3) = 0 \\ \omega(i_1, \theta, i_3, u_1, h, u_3) = 0 \end{cases}$$

$$\tag{13.105}$$

我们现在可以应用 $\omega = 0$ 的简化形式。式 (13.42) 可以写成[3,7]

$$\omega = u_3 - \beta(i_1, i_3) = 0 \tag{13.106}$$

其中，β 与 a_1、b、a_3、n 一样，只是 i_1 与 i_3 的函数。现在我们不能够确定式 (13.106) 所描述的条件对系统的边缘光线成立。只有当我们利用这一组方程组得到适合的光学系统时，才能够确认该条件的正确性。基本上，式 (13.106) 要求，在目前考虑的点上，所有边缘光线的动量 p 在 u_3 分量上的投影是一样的。也就表示说，所有的边缘光线必须绕 i_3 线段形成一个圆锥。在前面讨论的二维系统中，该"圆锥"是对应于 i_2 线段的一个 V 形圆锥。如果 i_3 线段与边缘光线的平分线

同向,它们也必须与矢通量 $\boldsymbol{J}$ 对应的线段重合。

因为 $\omega = \omega(i_1, i_3, u_3)$,需要求解的方程组就可以写成

$$\begin{cases} \{\omega, P\} = \dfrac{\partial \omega}{\partial i_1} \dfrac{\partial P}{\partial u_1} + \dfrac{\partial \omega}{\partial i_3} \dfrac{\partial P}{\partial u_3} - \dfrac{\partial \omega}{\partial u_3} \dfrac{\partial P}{\partial i_3} = 0 \\ P = a_1^2(i_1, i_3)u_1^2 + b^2(i_1, i_3)h^2 + a_3^2(i_1, i_3)u_3^2 - n^2(i_1, i_3) = 0 \\ \omega = u_3 - \beta(i_1, i_3) = 0 \end{cases}$$

$$(13.107)$$

要对该方程组求解,在 $\{\omega, P\}$ 的表达式(见式(13.104))中,我们首先以式(13.103)取代 P,以式(13.106)取代 ω(也就是把方程组(13.107)的第二跟第三式代入第一式),从而得到

$$\frac{\partial \beta}{\partial i_1}a_1^2 u_1 + \frac{\partial \beta}{\partial i_3}a_3^2 u_3 - \left(n\frac{\partial n}{\partial i_3} - a_1\frac{\partial a_1}{\partial i_3}u_1^2 - b\frac{\partial b}{\partial i_3}h^2 - a_3\frac{\partial a_3}{\partial i_3}u_3^2 \right) = 0$$

$$(13.108)$$

我们现在可以使用条件 $P = 0$ 来消除 h^2,而且使用条件 $\omega = 0$ 以 β 取代 u_3,从而得到

$$u_1^2\left(a_1\frac{\partial a_1}{\partial i_3} - \frac{\partial b/\partial i_3}{b}a_1^2 \right) + u_1\left(\frac{\partial \beta}{\partial i_1}a_1^2 \right)$$

$$+ \left(-n\frac{\partial n}{\partial i_3} + \frac{\partial b/\partial i_3}{b}n^2 + a_3\frac{\partial a_3}{\partial i_3}\beta^2 - \frac{\partial b/\partial i_3}{b}a_3^2\beta^2 + \beta\frac{\partial \beta}{\partial i_3}a_3^2 \right) = 0$$

$$(13.109)$$

因为 $b = 1/\rho$,我们也可以用 $(\partial \rho/\partial i_3)/\rho$ 来取代 $(\partial b/\partial i_3)/b$ 对式(13.109)改写。对 i_3 的导数可以写成

$$\frac{\partial b}{\partial i_3} = -\frac{\partial \rho/\partial i_3}{\rho^2} \Leftrightarrow \frac{\partial b/\partial i_3}{b} = -\frac{\partial \rho/\partial i_3}{\rho}$$

$$(13.110)$$

因为对任意的 u_1,式(13.109)必须为 0。所以我们必须有以下的关系式:

$$\begin{cases} \partial \beta/\partial i_1 = 0 \\ a_1\dfrac{\partial a_1}{\partial i_3} - \dfrac{\partial b/\partial i_3}{b}a_1^2 = 0 \\ -n\dfrac{\partial n}{\partial i_3} + \dfrac{\partial b/\partial i_3}{b}n^2 + a_3\dfrac{\partial a_3}{\partial i_3}\beta^2 - \dfrac{\partial b/\partial i_3}{b}a_3^2\beta^2 + \beta\dfrac{\partial \beta}{\partial i_3}a_3^2 = 0 \end{cases}$$

$$(13.111)$$

由第一个方程我们可以得到

$$\frac{\partial \beta}{\partial i_1} = 0 \Leftrightarrow \beta = \beta(i_3)$$

$$(13.112)$$

第二个方程可以写成

$$\frac{b}{a_1^3}\left(a_1\frac{\partial a_1}{\partial i_3}-\frac{\partial b/\partial i_3}{b}a_1^2\right)=0\Leftrightarrow\frac{(\partial a_1/\partial i_3)b-(\partial b/\partial i_3)a_1}{a_1^2}=0$$

$$\Leftrightarrow\frac{\partial(a_1/b)\partial i_3}{a_1/b}=0\Leftrightarrow\frac{\partial}{\partial i_3}\ln\left(\frac{a_1}{b}\right)=0$$

$$(13.113)$$

将其积分便得到

$$\ln\left(\frac{a_1}{b}\right)=F_1(i_1)\Leftrightarrow\left|\frac{a_1}{b}\right|=F_2(i_1)\Leftrightarrow\frac{b^2}{a_1^2}=F_3^2(i_1) \qquad (13.114)$$

令 $F_3(i_1)=\mathrm{d}M(i_1)/\mathrm{d}i_1$，便得到

$$\frac{b^2}{a_1^2}=\left[\frac{\mathrm{d}M(i_1)}{\mathrm{d}i_1}\right]^2 \qquad (13.115)$$

因为 M 是 $i_1(x_1,x_2,x_3)$ 的函数，便可以得到

$$\nabla M=\left(\frac{\partial M}{\partial x_1},\frac{\partial M}{\partial x_2},\frac{\partial M}{\partial x_3}\right)=\left(\frac{\mathrm{d}M}{\mathrm{d}i_1}\frac{\partial i_1}{\partial x_1},\frac{\mathrm{d}M}{\mathrm{d}i_1}\frac{\partial i_1}{\partial x_2},\frac{\mathrm{d}M}{\mathrm{d}i_1}\frac{\partial i_1}{\partial x_3}\right)=\frac{\mathrm{d}M}{\mathrm{d}i_1}\nabla i_1$$

$$(13.116)$$

根据 a_1 的定义便可以写成

$$\parallel\nabla M\parallel^2=\left(\frac{\mathrm{d}M}{\mathrm{d}i_1}\right)^2a_1^2 \qquad (13.117)$$

将式(13.117)代入式(13.115)就可以得到

$$b^2=\parallel\nabla M\parallel^2\Leftrightarrow\parallel\nabla M(i_1)\parallel^2=\frac{1}{\rho^2} \qquad (13.118)$$

对方程组(13.111)的第三个方程积分就可以得到

$$\begin{cases}\left[\left(2n\frac{\partial n}{\partial i_3}-2a_3\frac{\partial a_3}{\partial i_3}\beta^2-2\beta\frac{\partial\beta}{\partial i_3}a_3^2\right)b^2-2b\frac{\partial b}{\partial i_3}(n^2-a_3^2\beta^2)\right]b^{-4}=0\\ \Leftrightarrow\frac{\partial}{\partial i_3}\left(\frac{n^2-a_3^2\beta^2}{b^2}\right)=0\end{cases}$$

$$(13.119)$$

根据 P 的表达式(式(13.103))及条件 $P=0$，我们可以知道：$n^2-a_3^2\beta^2=a_1^2u_1^2+b^2h^2\geqslant0$。对式(13.119)积分就可以得到

$$\frac{n^2-a_3^2\beta^2}{b^2}=\eta(i_1)^2 \qquad (13.120)$$

我们可以令

$$n^2=b^2\eta(i_1)^2+a_3^2\beta(i_3)^2 \qquad (13.121)$$

利用式(13.114)就可以写成

$$n^2=a_1^2\alpha^2(i_1)+a_3^2\beta^2(i_3) \qquad (13.122)$$

其中，$\alpha^2(i_1)=(b^2/a_1^2)\eta^2(i_1)=F_3^2(i_1)\eta^2(i_1)$。所以就可以得到以下两个方程：

$$\begin{cases} \parallel \nabla M(i_1) \parallel^2 = \dfrac{1}{\rho^2} \\ n^2 = a_1^2 \alpha^2(i_1) + a_3^2 \beta^2(i_3) \end{cases} \tag{13.123}$$

在第 13.9 节的例子中,我们已经用过这两个方程。首先,利用边界条件对第一个方程($\parallel \nabla M(i_1) \parallel^2 = 1/\rho^2$)求解,从而得到 i_1 与 i_3 线的形状。然后,就可以使用第二个方程($n^2 = a_1^2 \alpha^2(i_1) + a_3^2 \beta^2(i_3)$)来得到折射率分布。

我们可以将方程组(13.123)写成不同的形式。例如,首先使用式(13.114)求得 $a_1^2 F_3^2(i_1) = 1/\rho^2$,便可以将之写成

$$\begin{cases} \parallel \nabla i_1 \parallel^2 F_3^2(i_1) = \dfrac{1}{\rho^2} \\ \parallel \nabla i_1 \parallel^2 \alpha^2(i_1) + \parallel \nabla i_3 \parallel^2 \beta^2(i_3) = n^2 \end{cases} \tag{13.124}$$

另外,也可以首先定义两个函数:$A(i_1)$ 与 $C(i_3)$,而且,$\mathrm{d}A/\mathrm{d}i_1 = \alpha$,$\mathrm{d}C/\mathrm{d}i_3 = \beta$。然后,就可以将方程组(13.123)的第一个方程改写成

$$\begin{cases} \parallel \nabla A \parallel^2 = \left(\dfrac{\mathrm{d}A}{\mathrm{d}i_1}\right)^2 \parallel \nabla i_1 \parallel^2 = \alpha^2 a_1^2 \\ \parallel \nabla C \parallel^2 = \left(\dfrac{\mathrm{d}C}{\mathrm{d}i_3}\right)^2 \parallel \nabla i_3 \parallel^2 = \beta^2 a_3^2 \end{cases} \tag{13.125}$$

而第二个方程可以写成[3]

$$n^2 = \parallel \nabla A(i_1) \parallel^2 + \parallel \nabla C(i_3) \parallel^2 \tag{13.126}$$

该表达式对应于二维空间中的式(13.18)。所以,从方程组(13.107),我们得到下列两个方程:

$$\begin{cases} \parallel \nabla M(i_1) \parallel^2 = \dfrac{1}{\rho^2} \\ n^2 = \parallel \nabla A(i_1) \parallel^2 + \parallel \nabla C(i_3) \parallel^2 \end{cases} \tag{13.127}$$

方程组(13.123)与方程组(13.124)或方程组(13.127)是对等的。其中任何一个方程组都可以用来设计具有可变折射率的理想三维集中器。

13.9 理想三维集中器的例子

我们现在讨论 Miñano 设计方法在三维集中器中的应用。我们会用到式(13.123)(现在重写为)

$$\begin{cases} \parallel \nabla M(i_1) \parallel^2 = \dfrac{1}{\rho^2} \\ n^2 = a_1^2 \alpha^2(i_1) + a_3^2 \beta^2(i_3) \end{cases} \tag{13.128}$$

该例的详细讨论可以在参考文献[3,7,11,12]中找到。首先考虑第一个方程,它事实上跟程函方程 $\parallel \nabla S \parallel^2 = n^2$(其中,$S$ 为光程)非常相似。这时,$S =$

常数的表面对应于一个波前，光线垂直于该表面。在方程组（13.128）的第一个方程中，如果将 M 看成光程，而将 $1/\rho$ 看成折射率，那么与式（13.128）描述的状况非常相似。我们可以将 $M =$ 常数的表面看成波前，而垂直于该表面的线段看成光线。然而，$M = M(i_1)$，所以 $M =$ 常数就表示 $i_1 =$ 常数。因此，我们可以将 $i_1 =$ 常数的表面看成波前，而垂直于这些表面的线段看成光线。垂直于 $i_1 =$ 常数的表面的线段是 i_1 线段，所以它们就代表了光线在折射率为 $1/\rho$ 介质中的传播的情况。由于系统的对称性，i_1 与 i_3 线段是在 $\theta =$ 常数的平面上，如图 13.14 所示。而且，i_3 线垂直于 i_1 线段，因此，i_3 线段的形状就会对应于在折射率为 $1/\rho$ 的介质中传播的光线的波前。

在折射率为 $1/\rho$ 的介质中，光线的形状是圆心在光学系统上对称轴（$\rho = 0$ 轴，或 x_3 轴）的圆[7,13]。对方程组（13.128）的第一个方程（$\| \nabla M(i_1) \|^2 = 1/\rho^2$）求解便能得到这些光线。因此，$i_1$ 线也会是一组圆心在 x_3 轴上的圆。将 i_1 线绕 x_3 轴转动便能得到 $i_3 =$ 常数的表面。其中的两个表面会被分别用作入光孔径与出光孔径。因为这些表面是通过将圆绕 x_3 轴转动而得到的，它们就会是

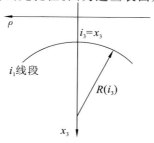

图 13.15　i_1 线段（$i_3 =$ 常数，$\theta =$ 常数）是一条圆心在 x_3 轴上，半径为 $R(i_3)$ 的圆弧

以 x_3 轴为对称轴的球表面。每一个球表面的半径将会是 i_3 的函数。而且，如果入光孔径与出光孔径是平坦的，球面在这两个孔径上的半径将会是无穷大的。同时，如果我们选择入光孔径为 $i_3 = 0$ 所定义的表面，而出光孔径为 $i_3 = 1$ 所定义的表面，那么当 $i_3 = 0$ 及 $i_3 = 1$ 时，$R(i_3)$ 为无穷大。

图 13.15 显示了一条 i_1 线的形状——圆心在 x_3 轴上的圆弧。

该圆弧的方程是

$$x_3 = R(i_3) + i_3 - \sqrt{R^2(i_3) - \rho^2} \tag{13.129}$$

这是 i_1 线段（$i_3 =$ 常数，$\theta =$ 常数）的方程。对不同的 i_3 值，便能得到不同的 $R(i_3)$，而定义不同的圆弧。角度 θ 定义了它绕 x_3 轴的角度。可以看出该圆弧在 $x_3 = i_3$ 处穿过 x_3 轴（$\rho = 0$）。因此，表面 $i_3 = 0$ 与表面 $x_3 = 0$ 重合，而表面 $i_3 = 1$ 与表面 $x_3 = 1$ 重合。记得：表面 $i_3 = 0$ 与 $i_3 = 1$ 分别对应于集中器的入光孔径与出光孔径，而且它们被选定为平坦表面。

在 $\theta =$ 常数的平面上，i_3 线垂直于 i_1 线段，它们对应于光线的波前（光线是方程组（13.128）第一个方程的解）。i_3 线段与 $x_3 = 0$ 的平面相交于 $i_1 = \rho$ 处。图 13.16 显示了 i_1 与 i_3 线段。所以，在 $\theta =$ 常数的平面上，i_1 与 i_3 线的形状与前面的二维集中器中的 i_1 与 i_2 线段相同。在二维集中器中，我们会选择这种奇

怪形状的 i_1 与 i_2 线段的原因是因为它们也可以应用于在三维集中器。

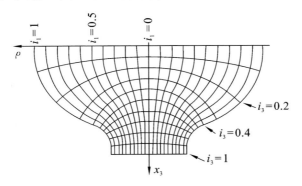

图 13.16　集中器的 i_1 与 i_3 线段

在三维空间中的 ρx_3 平面现在与二维空间中的 $x_1 x_2$ 平面有同样的几何结构。所以我们可以将二维空间的结果延伸到三维空间中：$x_1 \rightarrow \rho$，$x_2 \rightarrow x_3$，$i_2 \rightarrow i_3$。所以，二维空间中的式（13.71）可以在三维空间中写成

$$i_1 = \frac{2R\rho}{R + \sqrt{R^2 - \rho^2}} \exp\left(\int_0^{i_3} \frac{1}{R} \mathrm{d}i_3 \right) \tag{13.130}$$

将函数 $M(i_1)$ 选定为

$$M(i_1) = \ln\left(\frac{i_1}{2} \right) = \ln\left(\frac{R}{R/\rho + \sqrt{R^2/\rho^2 - 1}} \exp\left(\int_0^{i_3} \frac{1}{R} \mathrm{d}i_3 \right) \right) \tag{13.131}$$

该表达式类似于二维的式（13.57）。所以，$M(i_1)$ 的表达式可以重写成

$$M(i_1) = \ln R - \ln\left(\frac{R}{\rho} + \sqrt{\frac{R^2}{\rho^2} - 1} \right) + \int_0^{i_3} \frac{1}{R} \mathrm{d}i_3 \tag{13.132}$$

可以证明这里定义的 $M(i_1)$ 函数与式（13.130）定义的 i_1 线满足方程组（13.128）的第一个方程。计算 $M(i_1)$ 对 x_3 及 ρ 的导数，并利用从式（13.129）得到的 $\partial i_3 / \partial x_3$ 与 $\partial i_3 / \partial \rho$ 的表达式，就可以得到

$$\begin{cases} \left(\dfrac{\partial M}{\partial \rho} \right)^2 = \dfrac{1}{\rho^2} - \dfrac{1}{R^2} \\ \left(\dfrac{\partial M}{\partial x_3} \right)^2 = \dfrac{1}{R^2} \end{cases} \tag{13.133}$$

这跟我们在二维集中器中推导式（13.6）的过程一样，因而，就可以验证方程组（13.128）的第一个方程被满足。

如前所述，i_3 线段与 $x_3 = 0$ 的平面相交于 $i_1 = \rho$ 处，i_3 线段与出光孔径（接收器）平面相交于 $\rho = \rho_r$ 处。可以通过下式计算 ρ_r（参考式（13.72））：

$$i_1 = \rho_r \exp\left(\int_0^1 \frac{1}{R} \mathrm{d}i_3 \right) \tag{13.134}$$

非成像光学导论(第二版)

被设计的器件将会是圆对称的。因为 i_3 线段是流线,如果把其中的两条 i_3 线段改成镜面(具有圆对称),便能用这两条线段来制定最终器件。这两条线段与入光孔径($i_3 = 0$)的两个交点就定义了最终器件的入光孔径大小,而它们与出光孔径的交点就定义了最终器件的出光孔径大小。因为这两条线段在 $\rho = i_1$ 处穿过入光孔径,在 $\rho = \rho_r$ 处穿过出光孔径,器件的入光孔径与出光孔径大小的比值便是 i_1/ρ。而具有圆对称的集中器的几何聚光比可以写成 $C_g = (i_1/\rho_r)^2$。利用式(13.134)我们就得到

$$C_g = \left(\exp\left(\int_0^1 \frac{1}{R} \mathrm{d}i_3 \right) \right)^2 \tag{13.135}$$

我们现在还没有 $R(i_3)$ 的表达式。但是从前面的讨论我们知道,当 $i_3 \to 0$ 与 $i_3 \to 1$ 时,$R \to \infty$。所以我们可以选择下列函数来代表 $R(i_3)$(类似于前面二维空间的情况,见式(13.74)):

$$R(i_3) = \frac{m}{i_3^2(1 - i_3^2)} \tag{13.136}$$

其中,m 是一个常数。要得到 m 的值,我们将 $R(i_3)$ 的表达式代入 C_g 的表达式(见式(13.135))中,便能得到

$$\ln(\sqrt{C_g}) = \frac{1}{m}\int_0^1 i_3^2(1 - i_3^2)\mathrm{d}i_3 \Leftrightarrow m = \frac{4}{15\ln C_g} \tag{13.137}$$

所以我们现在就完整定义了 i_1 与对应的 i_3 线段,因为这些线段是在 $\theta =$ 常数的平面内。接下来的步骤就会与在二维空间中求解这些线段的过程非常相似。我们现在必须找出可以将 i_3 线段转换成流线的二维折射率分布。我们可以使用方程组(13.128)的第二个方程($n^2 = a_1^2\alpha^2(i_1) + a_3^2\beta^2(i_3)$)来推导该折射率分布。求解的方法与在二维空间中求解的方法非常类似。该集中器的设计会使聚光比达到最大。利用式(13.129)的 x_3 表达式,以及式(13.136)的 R 表达式,我们就可以得到

$$x_3 = i_3 + \frac{m}{i_3^2 - i_3^4} - \sqrt{\frac{m^2}{i_3^4(i_3^2 - 1)^2} - \rho} \tag{13.138}$$

该式类似于前面在二维空间中的式(13.94)。折射率就可以写成

$$n^2 = 4m^2 A\left(m - i_3^2(i_3^2 - 1)\sqrt{\frac{m^2}{i_3^4(i_3^2 - 1)^2} - \rho^2} \right)^{-2}$$
$$+ (n_r^2 - A)\left(1 + \frac{2m(2i_3^2 - 1)}{i_3^3(i_3^2 - 1)^2} \right)^{-2}\left(1 + \frac{m(2 - 4i_3^2)}{i_3^3(i_3^2 - 1)^2} - \frac{i_3^4\rho^2(i_3^2 - 1)^2}{m^2} \right)^{-1} \tag{13.139}$$

其中,$A = \sin^2\varphi \exp[2i_3^3(5 - 3i_3^2)/(15m)]$,而 φ 是光学组件的接收角。指定了 i_3 与 ρ 的值便能得到 n。对于同样的 i_3 与 ρ 值,我们也可以首先使用式(13.138)确定 x_3 值,然后确定 $n(\rho, x_3)$。

• 490 •

参 考 文 献

［1］ Miñano,J.C and Benitez,P.,Poisson bracket design method review. Application to the elliptic bundles,*SPIE Conference on Nonimaging Optics*:*Maximum Efficiency Light Transfer V*,SPIE Vol. 3781,2,1999.

［2］ Welford,W.T. and Winston,R.,*High Collection Nonimaging Optics*, Academic Press,San Diego,1989.

［3］ Miñano,J.C.,Poisson brackets method of design of nonimaging concentrators: A review,*SPIE Conference on Nonimaging Optics*:*Maximum Efficiency Light Transfer II*,SPIE Vol. 2016,98,1993.

［4］ Miñano,J.C,Two-dimensional nonimaging concentrators with inhomogeneous media:A new look,*J.Opt.Soc.Am.A*,2,11,1826,1985.

［5］ Gordon,J.,*Solar Energy—The State of the Art*,*ISES Position Papers*, James & James Science Publishers Ltd,London,2001.

［6］ Miñano,J.C.,Refractive-index distribution in two-dimensional geometry for a given one-parameter manifold of rays,*J.Opt.Soc.Am.A*,2,11, 1821,1985.

［7］ Miñano,J.C.,Design of three-dimensional nonimaging concentrators with inhomogeneous media,*J.Opt.Soc.Am.A*,3,9,1345,1986.

［8］ Goldstein,H.,*Classical Mechanics*,Addison-Wesley Publishing Company, Reading,1980.

［9］ Leech,J.W.,*Classical Mechanics*,Chapman & Hall,London,1965.

［10］ Honerkamp,J. and Römer,H.,*Theoretical Physics*,*A Classical Approach*, Springer-Verlag,Berlin,1993.

［11］ Luque,A.,*Solar Cells and Optics for Photovoltaic Concentration*, Adam Hilger,Bristol and Philadelphia,1989.

［12］ Winston,R.,Miñano,J.C.,Benitez,P.,with contributions by Shatz, N.,Bortz,J.C.,*Nonimaging Optics*,Elsevier Academic Press,Amsterdam, 2005.

［13］ Stavroudis,O.N.,*The Optics of Rays*,*Wave Fronts*,*and Caustics*, Academic Press,New York,1972.

第二部分
几何光学

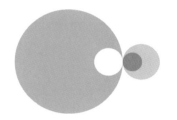

第 14 章
拉格朗日和哈密顿
几何光学

14.1　费马原理

几何光学的所有的内容均可以从费马原理导出。费马原理表明,一条光线在任何两点间任意传播一定的时间,任何其他相邻的路径传播时间应该是一样的。作为一个原理,没办法去演示证明,但是认为是真实的并且用来推导出几何光学的数学框架。然而,通过分析反射和折射,可以推断出它描述光的行为的原因。

反射定律闻名于世已久。回溯到希腊时代,亚历山大的先贤认为光线在均匀介质中是沿着最短的路径传播的,其依据如图 14.1(a) 所示。从点 P_1 发出的光线,在反射镜 M 上的点 A 处发生反射,且经过点 P_2。点 P_1 和点 P_2 之间的距离与点 Q 到点 P_2 的距离相等,其中点 Q 是点 P_1 在反射镜中的像点。如果光线沿路径 P_1BP_2,则应该等于 QBP_2,或 P_1CP_2 应该等于 QCP_2,这是一条比较长的路径。这个原理解释了入射光线与反射面法线的夹角 α 应该等于反射光线与反射面法线的夹角。

从数学上来说,图 14.1(b) 中的点 P_1 和点 P_2 之间的距离 S,可以写为

$$S = \sqrt{a^2 + x^2} + \sqrt{b^2 + (d-x)^2} \tag{14.1}$$

因此

$$\frac{\mathrm{d}S}{\mathrm{d}x} = \frac{1}{2} \frac{2x}{\sqrt{a^2 + x^2}} - \frac{1}{2} \frac{2(d-x)}{\sqrt{b^2 + (d-x)^2}} = \sin\alpha_1 - \sin\alpha_2 \tag{14.2}$$

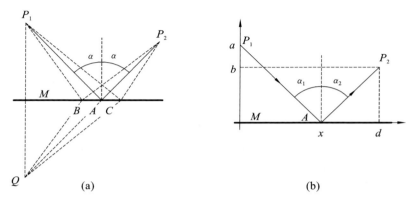

图 14.1　(a) 反射定律中, 光线沿最短路径从 P_1 发出, 传播至 P_2; (b) 入射角 α_1 和反射角 α_2 关于表面法线对称相等

找到位置点 A 的位置 x, 可以决定 P_1 和 P_2 的距离为最小值, 关于 x 的 S 的最小值可以通过 $\mathrm{d}S/\mathrm{d}x = 0$ 来计算, 因此

$$\sin\alpha_1 = \sin\alpha_2 \Leftrightarrow \alpha_1 = \alpha_2 \qquad (14.3)$$

式 (14.3) 即为反射定律。

原理表明两点之间光线沿最短路径传播, 这并不能解释折射定律, 如图 14.2(a) 所示。

此处我们有两种不同折射率的介质 (比如空气和水)。如果光线沿最短路径传播, 光线直接从 P_1 到 P_2 而不会发生折射。皮埃尔·德·费马是第一个认为光在不同的介质中有不同速度的人, 光线经过点 P_1 和 P_2 的时间最短。反射定律是这个原理的特殊情况, (这种情况下) 光总是在相同的介质中传输 (总是具有相同的速度), 如图 14.2(b) 所示, 因此最短距离和最短时间等价。在折射中, 光从点 P_1 到点 P_2 花费的时间 T 为

$$T = \frac{\sqrt{a^2 + x^2}}{v_1} + \frac{\sqrt{b^2 + (d-x)^2}}{v_2} \qquad (14.4)$$

其中, v_1 是 P_1 所在介质中的传播速度; v_2 是 P_2 所在介质中的传播速度。

我们可以有

$$\frac{\mathrm{d}T}{\mathrm{d}x} = \frac{x}{v_1\,\sqrt{a^2 + x^2}} - \frac{d-x}{v_2\,\sqrt{b^2 + (d-x)^2}} = \frac{\sin\alpha_1}{v_1} - \frac{\sin\alpha_2}{v_2}$$
$$= n_1\sin\alpha_1 - n_2\sin\alpha_2 \qquad (14.5)$$

其中, $n = c/v$ 是介质材料的折射率; c 是真空中的光速。我们因此有, $n_1 = c/v_1$ 和 $n_2 = c/v_2$。

我们寻找一个点 A 的位置 x 来满足光从点 P_1 到点 P_2 的传播时间为最小

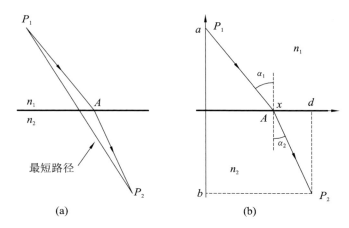

图 14.2　如果光线在 P_1 和 P_2 两点间沿最短路径传播,将出现图(a)的路径,折射将不会发生。如果用最短时间代替,将出现图(b)的情况

值。x 值对应的 T 的最小值可以通过 $\mathrm{d}T/\mathrm{d}x = 0$ 来求解,因此

$$n_1 \sin\alpha_1 = n_2 \sin\alpha_2 \tag{14.6}$$

式(14.6)即为折射的斯涅耳定律(折射定律)。当 $n_1 = n_2$ 时我们得到反射定律。

求 T 的最小值时,我们使用表示式 $\mathrm{d}T/\mathrm{d}x = 0$。另外一种思考方式是我们可以这样考虑最小值问题,对于一个小变量 $\mathrm{d}x$,我们必须有 $\mathrm{d}T = 0$,表达式(14.5)可以写为

$$\mathrm{d}T = \frac{1}{c}\left(n_1 \sin\alpha_1 - n_2 \sin\alpha_2\right)\mathrm{d}x \tag{14.7}$$

因此

$$\mathrm{d}T = 0 \Leftrightarrow n_1 \sin\alpha_1 - n_2 \sin\alpha_2 = 0 \Leftrightarrow n_1 \sin\alpha_1 = n_2 \sin\alpha_2 \tag{14.8}$$

表示式 $\mathrm{d}T = 0$,我们得到折射定律和反射定律(特殊情况下 $n_1 = n_2$)。表达式(14.4)可以写为

$$T = \frac{s_1}{v_1} + \frac{s_2}{v_2} = \frac{1}{c}\left(n_1 s_1 + n_2 s_2\right) = \frac{1}{c}S \tag{14.9}$$

此处 s_1 是点 P_1 和点 A 之间的距离,s_2 是点 P_2 和点 A 之间的距离。现在定义一个新的量:光程 S,由折射率和物理距离决定。我们看到 $S = n_1 s_1 + n_2 s_2$ 是点 P_1 和点 P_2 的光程。求 T 的最小值和求 S 的最小值等价,后者可以通过前者乘以一个常数 c 获得。即 $\mathrm{d}T = 0 \Leftrightarrow \mathrm{d}S = 0$,因为 $\mathrm{d}S = cT$,我们得出结论 $\mathrm{d}S = 0$ 可以得到折射定律和反射定律。

反射的情况如图 14.3 所示,这里有一条光线 $P_1 A P_2$(一条真实的光线路径)。表面点 A 的法矢量为 $\boldsymbol{n}$。我们也可以考虑一条改变过的路径 $P_1 B P_2$(这不是一条真实的光线路径),通过移动点 A 一段距离 $\mathrm{d}x$ 得到。在这个例子中折射

率可考虑为常数值 $n=1$,从而光将以直线传播。这条光线的光程是 $S_1 = [P_1, A] + [A, P_2]$,这里 $[X, Y]$ 是点 X 和点 Y 两点间的距离。改变过的路径的光程为 $S_2 = [P_1, B] + [B, P_2] = [P_1, A] + \mathrm{d}s_1 + [A, P_2] - \mathrm{d}s_2$,但是 $\mathrm{d}s_1 = \mathrm{d}s_2$,因此有

$$\mathrm{d}S = S_2 - S_1 = 0 \qquad (14.10)$$

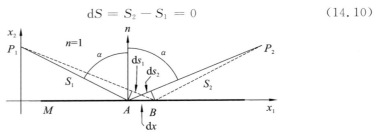

图 14.3　路径的变分表示

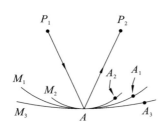

图 14.4　非极小值特例

事实上光沿光程最小的路径传播原理并不能解释所有的情况。其中背离这个原理的例子为椭圆镜上的反射,如图 14.4 所示,这里一条光线从点 P_1 出射,在点 A 处反射折向点 P_2。如果考虑光线被镜子 M_1 反射,该镜子是以点 P_1 和点 P_2 为焦点的椭圆,那么对于镜子上的所有点光程都是相等的。例如,如果反射发生在点 A_1 上,那么光程是一样的,因为由椭圆的定义对任何点 A_1 都有 $[P_1, A] + [A, P_2] = [P_1, A_1] + [A_1, P_2]$。

然而,如果光是镜子 M_2 反射的,该镜子放置在椭圆的里面,那么在上面任意点 A_2 发生的反射都将意味一个更小的光程,因此,对于镜子 M_2,光沿光程最大路径传播。

最后,如果光是镜子 M_3 反射的,该镜子放置在椭圆的外面,那么在上面任意点 A_3 发生的反射都将意味一个更大的光程,因此,对于镜子 M_3,光沿光程最小路径传播。然而,在所有这三种情况中,$\mathrm{d}S = 0$ 可以看作是对图 14.3 的解释。

在目前看到的所有情况中,我们考虑的或是只有一个折射率常数 n 或是被一表面隔开的折射率为 n_1 和 n_2 的两种介质。然而,一般而言,光在折射率逐点变化的介质中会沿某一路径传播,该折射率则为 $n(x_1, x_2, x_3)$。在一般情况下,点 P_1 和点 P_2 两点间的光程的定义可推广为

$$S = \int_{P_1}^{P_2} n \mathrm{d}s = \int_{P_1}^{P_2} n(x_1, x_2, x_3) \mathrm{d}s \qquad (14.11)$$

　　图 14.5 说明了这种更普遍的情况,图中展示了在折射率逐点变化的介质中从点 P_1 到另一点 P_2 的一条任意形状的光线。

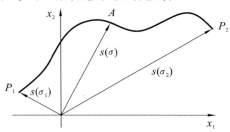

图 14.5　渐变折射率介质中光线

　　这里,任意光的轨迹都通过曲线 $s(\sigma) = (x_1(\sigma), x_2(\sigma), x_3(\sigma))$。由于参数 σ 的每一个值都代表空间中的一个点,那么当 σ 在 σ_1 和 σ_2 间连续变化时将形成一条空间曲线,以数学的形式表示了这条光线。由此我们就有 $P_1 = s(\sigma_1) = (x_1(\sigma_1), x_2(\sigma_1), x_3(\sigma_1))$ 和 $P_2 = s(\sigma_2) = (x_1(\sigma_2), x_2(\sigma_2), x_3(\sigma_2))$。曲线长度的微分形式 $\mathrm{d}s$ 为

$$\mathrm{d}s = \sqrt{\mathrm{d}x_1^2 + \mathrm{d}x_2^2 + \mathrm{d}x_3^2} = \sqrt{\left(\frac{\mathrm{d}x_1}{\mathrm{d}\sigma}\right)^2 + \left(\frac{\mathrm{d}x_2}{\mathrm{d}\sigma}\right)^2 + \left(\frac{\mathrm{d}x_3}{\mathrm{d}\sigma}\right)^2}\,\mathrm{d}\sigma$$
(14.12)

　　因此从点 P_1 到点 P_2 的曲线 s 的光程为

$$S = \int_{\sigma_1}^{\sigma_2} n(x_1, x_2, x_3)\sqrt{\left(\frac{\mathrm{d}x_1}{\mathrm{d}\sigma}\right)^2 + \left(\frac{\mathrm{d}x_2}{\mathrm{d}\sigma}\right)^2 + \left(\frac{\mathrm{d}x_3}{\mathrm{d}\sigma}\right)^2}\,\mathrm{d}\sigma \qquad (14.13)$$

　　在前面的例子中,条件 $\mathrm{d}S = 0$ 用来描述相邻路径只依赖一个参数的情况下的光线 x。然而一般情况下,相邻路径将是某种复杂的形状,这样它就不再是只有一个参数 x 的函数,而是另一条与原先的路径相邻的独立曲线。一般情况下光程差为 $\delta S = 0$,这里 $\delta S = S_2 - S_1$ 为光线的光程,S_2 为相邻路径的光程。这种更为普遍的情况如图 14.6 所示。

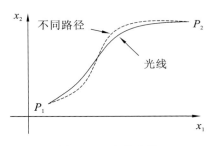

图 14.6　变分路径

　　这个条件($\delta S = 0$)意味光程在一条光线上是稳定值。以数学的形式,有

$$\delta S = \delta \int_{P_1}^{P_2} n\mathrm{d}S = 0 \qquad (14.14)$$

　　从式(14.13)可知式(14.14)也可以写成

$$\delta \int_{\sigma_1}^{\sigma_2} n(x_1, x_2, x_3) \sqrt{x_1'^2 + x_2'^2 + x_3'^2} d\sigma = 0$$

$$\Leftrightarrow \delta \int_{\sigma_1}^{\sigma_2} L(x_1, x_2, x_3, x_1', x_2', x_3') d\sigma = 0$$

(14.15)

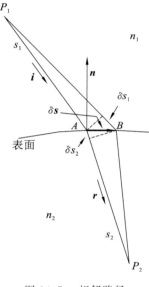

图 14.7   相邻路径

其中,$x_k' = dx_k/d\sigma, k = 1, 2, 3$,而函数 L 由这个表达式定义。如图 14.7 所示,发生在一表面上的折射例子可以在几何上解释由式(14.16)所表达的原理。一条从点 P_1 出发的光线在表面上点 A 处折射,转而折向另一点 P_2。这条光线的光程为

$$S_1 = \int_{P_1}^{P_2} n ds = n_1 s_1 + n_2 s_2 \quad (14.16)$$

其中,s_1 和 s_2 分别是点 P_1 到点 A 和点 A 到点 P_2 的距离;n_1 和 n_2 分别是上、下表面的折射率。

路径 $P_1 A P_2$ 的光程是 S_1。现在如果点 A 沿着表面的切向方向 δs 轻微地移动一段距离,那么就得到了另一条(相邻的)路径 $P_1 B P_2$。一般情况下,这条路径不太可能是一条光线,除非它的光程 S_2 满足 $\delta S = S_2 - S_1 = 0$。如果满足了这个条件,那么路径 $P_1 B P_2$ 就将是一条可能的光线。

对于相邻的路径 $P_1 B P_2$,折射前的光程差为 $\delta s_1 = i \cdot \delta s$,折射后的为 $\delta s_2 = -r \cdot \delta s$。单位矢量 i 的方向为入射光 $P_1 A$ 的方向,而单位矢量 r 的方向为折射光 $A P_2$ 的方向。由此,从路径 $P_1 A P_2$ 到路径 $P_1 B P_2$ 的光程差为

$$\delta S = n_1 \delta s_1 + n_2 \delta s_2 = n_1 i \cdot \delta s - n_2 r \cdot \delta s \quad (14.17)$$

其中,δs 是一个切于表面的无穷小矢量。当然这里也有垂直于表面的法矢量 n(单位矢量)。因此,有 $\delta s \cdot kn = 0$,这里 k 为常数。因 $\delta s = 0$,有

$$(n_1 i - n_2 r) \cdot \delta s = kn \cdot \delta s \Leftrightarrow n_1 i - n_2 r = kn \quad (14.18)$$

其中,i、r 和 n 分别是入射光、折射光和表面的法矢量,三者共面。因此可以得出折射光 r 是入射光 i 和法矢量 n 的线性组合

$$r = \lambda i + \mu n \quad (14.19)$$

其中,λ 和 μ 都是标量。对式(14.18)两边都进行叉乘处理,并且注意到 $n \times n = 0$,于是得到了斯涅耳定律:

$$n_1 i \times n - n_2 r \times n = kn \times n \Leftrightarrow n_1 i \times n = n_2 r \times n \Leftrightarrow n_1 \sin\alpha_1 = n_2 \sin\alpha_2$$

(14.20)

其中,α_1 和 α_2 分别是入射光和折射光与表面的法矢量的夹角。虽然上述推导是

基于二维的(见图 14.7),但同样的计算与结果在三维中也都成立。对于反射的情况,式(14.19)仍然有效,而式(14.20)将会得到 $\alpha_1 = \alpha_2$。

14.2　一般情形的拉格朗日量和哈密顿量

我们从数学推导开始,之后再把结果应用到光学这个特殊情况中,定义

$$S = \int_{P_1}^{P_2} L(x_1, x_2, \sigma, x_1', x_2') \, \mathrm{d}\sigma \tag{14.21}$$

为给定函数 $L(x_1, x_2, \sigma, x_1', x_2')$ 沿着点 P_1 和点 P_2 间的一条路径的积分。在这个表达式中 $x_k' = \mathrm{d}x_k / \mathrm{d}\sigma$。我们想要找的路径要满足

$$\delta S = 0 \Leftrightarrow \delta \int_{P_1}^{P_2} L(x_1, x_2, \sigma, x_1', x_2') \, \mathrm{d}\sigma = 0 \tag{14.22}$$

假设在平面 $x_1 x_2$ 上有一条由 $c_1(\sigma) = (x_1(\sigma), x_2(\sigma))$ 决定的路径,这里 σ 为参数,其范围是 $\sigma_1 \leqslant \sigma \leqslant \sigma_2$。这条路径从点 $P_1 = c_1(\sigma_1)$ 开始,在点 $P_2 = c_1(\sigma_2)$ 结束。定义 S_1 为函数 L 沿这条路径 c_1 的积分

$$S_1 = \int_{\sigma_1}^{\sigma_2} L(x_1, x_2, \sigma, x_1', x_2') \, \mathrm{d}\sigma \tag{14.23}$$

其中,$x_1(\sigma)$ 和 $x_2(\sigma)$ 定义了曲线 c_1。为了计算光程差,我们来考虑一条不同的路径 c_2,这条路径轻微地偏离路径 c_1,但相同的是都在点 P_1 开始且在点 P_2 结束,如图 14.8 所示。这条新的路径由 $c_2(\sigma) = (x_1^*(\sigma), x_2^*(\sigma))$ 决定,其范围也是 $\sigma_1 \leqslant \sigma \leqslant \sigma_2$。这两条路径的关系为

$$c_2(\sigma) = c_1(\sigma) + (\delta x_1(\sigma), \delta x_2(\sigma)) \tag{14.24}$$

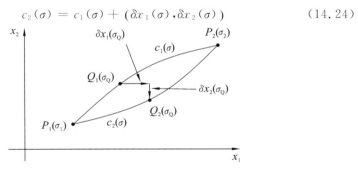

图 14.8　路径的变分表示

举例来说,曲线 c_1 上的点 $Q_1 = c_1(\sigma_Q)$ 通过 $Q_2 = Q_1 + (\delta x_1(\sigma_Q), \delta x_2(\sigma_Q))$ 对应于曲线 c_2 上的点 $Q_2 = c_2(\sigma_Q)$。现在,可以得出

$$\begin{cases} \delta x_1(\sigma) = \eta_1(\sigma) \delta \alpha \\ \delta x_2(\sigma) = \eta_2(\sigma) \delta \alpha \end{cases} \tag{14.25}$$

其中,$\delta \alpha$ 是一个极小值;$\eta_1(\sigma)$ 和 $\eta_2(\sigma)$ 是 σ 的函数。为了确保 c_2 在点 P_1 开始,

必须使 $\eta_1(\sigma_1) = \eta_2(\sigma_1) = 0$。为了确保 c_2 在点 P_2 结束，必须使 $\eta_1(\sigma_2) = \eta_2(\sigma_2) = 0$。

对式(14.25)求 σ 的导数，那么 $\delta x_1 = \eta_1 \delta\alpha$ 和 $\delta x_2 = \eta_2 \delta\alpha$ 可以写成

$$\begin{cases} \delta x'_1 = \eta'_1 \delta\alpha \\ \delta x'_2 = \eta'_2 \delta\alpha \end{cases} \quad (14.26)$$

式(14.21)中对路径 c_2 的 S 积分为

$$S_2 = \int_{\sigma_1}^{\sigma_2} \left(L + \frac{\partial L}{\partial x_1}\eta_1\delta\alpha + \frac{\partial L}{\partial x_2}\eta_2\delta\alpha + \frac{\partial L}{\partial x'_1}\eta'_1\delta\alpha + \frac{\partial L}{\partial x'_2}\eta'_2\delta\alpha \right) d\sigma \quad (14.27)$$

因而，变量 S 为

$$\delta S = S_2 - S_1 = \delta\alpha \int_{\sigma_1}^{\sigma_2} \left(\frac{\partial L}{\partial x_1}\eta_1 + \frac{\partial L}{\partial x'_1}\eta'_1 + \frac{\partial L}{\partial x_2}\eta_2 + \frac{\partial L}{\partial x'_2}\eta'_2 \right) d\sigma \quad (14.28)$$

我们现在可以写($k = 1,2$)

$$\int_{\sigma_1}^{\sigma_2} \left(\frac{\partial L}{\partial x'_k}\eta'_k \right) d\sigma = \int_{\sigma_1}^{\sigma_2} \left[\frac{d}{d\sigma}\left(\frac{\partial L}{\partial x'_k}\eta_k \right) - \frac{d}{d\sigma}\left(\frac{\partial L}{\partial x'_k} \right)\eta_k \right] d\sigma = -\int_{\sigma_1}^{\sigma_2} \left[\frac{d}{d\sigma}\left(\frac{\partial L}{\partial x'_k} \right)\eta_k \right] d\sigma$$

$$(14.29)$$

由于 $\eta_k(\sigma_1) = \eta_k(\sigma_2) = 0$。表达式 δS 可以写为

$$\delta S = \delta\alpha \int_{\sigma_1}^{\sigma_2} \left(\left(\frac{\partial L}{\partial x_1} - \frac{d}{d\sigma}\left(\frac{\partial L}{\partial x'_1} \right) \right)\eta_1 + \left(\frac{\partial L}{\partial x_2} - \frac{d}{d\sigma}\left(\frac{\partial L}{\partial x'_2} \right) \right)\eta_2 \right) d\sigma \quad (14.30)$$

考虑式(14.22)中 $\delta S = 0$ 对任何 η_1 和 η_2 都成立，那么

$$\begin{cases} \dfrac{d}{d\sigma}\left(\dfrac{\partial L}{\partial x'_1} \right) = \dfrac{\partial L}{\partial x_1} \\[3mm] \dfrac{d}{d\sigma}\left(\dfrac{\partial L}{\partial x'_2} \right) = \dfrac{\partial L}{\partial x_2} \end{cases} \quad (14.31)$$

这些就是路径 $(x_1(\sigma), x_2(\sigma))$ [3~7] 的欧拉方程。

引入拉格朗日量是求解式(14.22)的一种方法，而引入哈密顿量是另一种方法。

首先定义

$$\begin{cases} p_1 \equiv \dfrac{\partial L}{\partial x'_1} \\[3mm] p_2 \equiv \dfrac{\partial L}{\partial x'_2} \end{cases} \quad (14.32)$$

其中，这两个量都称为动量。现在欧拉方程(14.31)可以写成

$$\begin{cases} \dfrac{dp_1}{d\sigma} = \dfrac{\partial L}{\partial x_1} \\[3mm] \dfrac{dp_2}{d\sigma} = \dfrac{\partial L}{\partial x_2} \end{cases} \quad (14.33)$$

现在定义一个新的函数 H

$$H \equiv x'_1 p_1 + x'_2 p_2 - L \tag{14.34}$$

由于 $L = L(x_1, x_2, \sigma, x'_1, x'_2)$，从式 (14.32) 可以得到

$$\begin{cases} x'_1 = x'_1(x_1, x_2, p_1, p_2, \sigma) \\ x'_2 = x'_2(x_1, x_2, p_1, p_2, \sigma) \end{cases} \tag{14.35}$$

因而从式 (14.34) 可得 $H = H(x_1, x_2, p_1, p_2, \sigma)$。现在可以得到 H 的微分形式[3]，即

$$dH = \sum_k \frac{\partial H}{\partial x_k} dx_k + \frac{\partial H}{\partial p_k} dp_k + \frac{\partial H}{\partial \sigma} d\sigma, \quad k = 1, 2 \tag{14.36}$$

然而，从式 (14.34) 中 H 的定义，也可以得到 H 的微分形式，即

$$dH = \sum_k x'_k dp_k + p_k dx'_k - \frac{dL}{dx'_k} dx'_k - \frac{dL}{dx_k} dx_k - \frac{\partial L}{\partial \sigma} d\sigma, \quad k = 1, 2 \tag{14.37}$$

现在考虑式 (14.32) 和欧拉方程 (14.33)，可以得出

$$dH = \sum_k x'_k dp_k - p'_k dx_k - \frac{\partial L}{\partial \sigma} d\sigma, \quad k = 1, 2 \tag{14.38}$$

其中，$p'_k = dp_k/d\sigma$。比较方程 (14.36) 和方程 (14.38) 我们可以得出

$$\begin{cases} x'_k = \dfrac{\partial H}{\partial p_k}, \quad p'_k = -\dfrac{\partial H}{\partial x_k}, \quad k = 1, 2 \\ \dfrac{\partial H}{\partial \sigma} = -\dfrac{\partial L}{\partial \sigma} \end{cases} \tag{14.39}$$

$dx_1/d\sigma, dx_2/d\sigma, dp_1/d\sigma$ 和 $dp_2/d\sigma$ 的微分方程称为规范哈密顿方程，这里的 H 为哈密顿函数。

在拉格朗日公式里面，路径在配置空间 (x_1, x_2) 里计算，由两个称为欧拉方程的二阶微分方程定义。

在哈密顿公式里面，多了两个变量 p_1 和 p_2。路径现在在相位空间 (x_1, x_2, p_1, p_2) 里计算，由四个称为规范哈密顿方程的一阶微分方程描述，变量 p_1 和 p_2 称为动量。

推导规范哈密顿方程的另一种方式是对式 (14.22) 的修改。我们用式 (14.34) 代替 L 得到

$$\delta \int_{P_1}^{P_2} (x'_1 p_1 + x'_2 p_2 - H) d\sigma = 0 \tag{14.40}$$

由于 $H = H(x_1, x_2, p_1, p_2, \sigma)$，式 (14.40) 只是下面方程更为普遍的形式的一个特殊形式[3]：

$$\delta \int_{P_1}^{P_2} f(x_1, x_2, p_1, p_2, \sigma, x'_1, x'_2, p'_1, p'_2) d\sigma = 0 \tag{14.41}$$

这和式(14.22)形式相同,只是变量多了。现在,相应的欧拉方程为

$$\begin{cases} \dfrac{\mathrm{d}}{\mathrm{d}\sigma}\left(\dfrac{\partial f}{\partial x'_k}\right) = \dfrac{\partial f}{\partial x_k}, & k = 1,2 \\[2mm] \dfrac{\mathrm{d}}{\mathrm{d}\sigma}\left(\dfrac{\partial f}{\partial p'_k}\right) = \dfrac{\partial f}{\partial p_k}, & k = 1,2 \end{cases} \tag{14.42}$$

在这种情况下,$f = x'_1 p_1 + x'_2 p_2 - H$,由此有 $\partial f/\partial x'_k = p_k$ 和 $\partial f/\partial x_k = -\partial H/\partial x_k$,这样可以把第一组方程写为

$$p'_k = -\frac{\partial H}{\partial x_k}, \quad k = 1,2 \tag{14.43}$$

然而,f 不是明显依赖于 p'_k,因此 $\partial f/\partial p'_k = 0$,这样第二组方程减少为 $\partial f/\partial p_k = 0$ 或者为

$$x'_k = \frac{\partial H}{\partial p_k}, \quad k = 1,2 \tag{14.44}$$

式(14.43)和式(14.44)对应于规范哈密顿方程(14.39)。

14.3　几何光学的拉格朗日量和哈密顿量

现在把之前获得的数学结果应用到光学这个特别的情况中。考虑一条在点 P_1 和点 P_2 间传播的光线。光线从点 P_1 到点 P_2 传播所花的时间为

$$T = \int_{P_1}^{P_2} \mathrm{d}t = T_2 - T_1 \tag{14.45}$$

这就是到达的时间 T_2 减去出发的时间 T_1。我们知道光线的路径和光在每一点的速度,而不知道光发出的时间 T_1 和光到达的时间 T_2,这就出现了不同的情况。我们现在可以写为

$$\mathrm{d}s = v\mathrm{d}t$$

其中,$\mathrm{d}s$ 是无穷小距离;v 是光在介质中传播的速度;$\mathrm{d}t$ 是无穷小时间间隔。这样式(14.45)可以写为

$$T = \frac{1}{c}\int_{P_1}^{P_2} \frac{c}{v}\frac{\mathrm{d}s}{\mathrm{d}t}\mathrm{d}t = \frac{1}{c}\int_{P_1}^{P_2} n\mathrm{d}s \tag{14.46}$$

其中,$n = c/v$ 是折射率;c 是光在真空中的速度。现在我们通过累加(积分)光从点 P_1 到点 P_2 传播每一段无穷小距离 $\mathrm{d}s$ 所花费的每一段无穷小时间间隔 $\mathrm{d}t$ 来计算 T。

光在点 P_1 和点 P_2 间传播的光程 S 为

$$S = \int_{P_1}^{P_2} n\mathrm{d}s \tag{14.47}$$

其中,$n(x_1, x_2, x_3)$ 是折射率;$\mathrm{d}s$ 是光线路径的无穷小距离。从 S 到 T 的定义可以看出它们通过表达式 $S = cT$ 联系;因此,如果它们其中一个已知,那么另一

个就可以得到。然而,S 的表达式是完全属于几何的,因为表达式里没有时间的存在。

假设光往 x_3 增加的方向传播,这样,可以把 x_3 作为一个变量,使得 $x_1 = x_1(x_3)$ 和 $x_2 = x_2(x_3)$。光线的轨迹可以写为 $s = (x_1(x_3), x_2(x_3), x_3)$。这样光程可以写为

$$S = \int n \mathrm{d}s = \int n \frac{\mathrm{d}s}{\mathrm{d}x_3} \mathrm{d}x_3 = \int L \mathrm{d}x_3 \qquad (14.48)$$

其中,L 是

$$L = n \frac{\mathrm{d}s}{\mathrm{d}x_3} = n \frac{\sqrt{\mathrm{d}x_1^2 + \mathrm{d}x_2^2 + \mathrm{d}x_3^2}}{\mathrm{d}x_3} = n \sqrt{1 + x_1'^2 + x_2'^2} \qquad (14.49)$$

这里,$x_1' = \mathrm{d}x_1/\mathrm{d}x_3$ 和 $x_2' = \mathrm{d}x_2/\mathrm{d}x_3$。考虑 $n = n(x_1, x_2, x_3)$,可以得出 $L = L(x_1, x_2, x_3, x_1', x_2')$。函数 L 就是光学系统中的拉格朗日量。几何光学的定律可以从费马原理得出,即

$$\delta S = 0 \Leftrightarrow \delta \int_{P_1}^{P_2} n \mathrm{d}s = 0 \qquad (14.50)$$

或者

$$\delta \int_{P_1}^{P_2} L(x_1, x_2, x_3, x_1', x_2') \mathrm{d}x_3 = 0 \qquad (14.51)$$

正如我们所见,方程(14.51)和方程(14.23)有相同的格式。而最主要的不同是,这里的参数为 x_3 而不是 σ,因此由 $(x_1(x_3), x_2(x_3), x_3)$ 定义的路径为三维空间中的光线。欧拉方程(14.31)现在变为

$$\frac{\mathrm{d}}{\mathrm{d}x_3}\left(\frac{\partial L}{\partial x_1'}\right) = \frac{\partial L}{\partial x_1} \quad \frac{\mathrm{d}}{\mathrm{d}x_3}\left(\frac{\partial L}{\partial x_2'}\right) = \frac{\partial L}{\partial x_2} \qquad (14.52)$$

这就是几何光学中的拉格朗日公式。

现在考虑哈密顿公式。由于 $\mathrm{d}x_3/\mathrm{d}x_3 = x_3' = 1$,我们也可以这样写 $L = n \sqrt{x_1'^2 + x_2'^2 + x_3'^2}$。由式(14.32)中 p_k 的定义,并定义 $p_3 = \partial L/\partial x_3'$,可以得出

$$p_k = \frac{\partial L}{\partial x_k'} = n \frac{x_k'}{\sqrt{x_1'^2 + x_2'^2 + x_3'^2}} = n \frac{\mathrm{d}x_k}{\sqrt{\mathrm{d}x_1^2 + \mathrm{d}x_2^2 + \mathrm{d}x_3^2}} = n \frac{\mathrm{d}x_k}{\mathrm{d}s}, \quad k = 1, 2, 3$$

$$(14.53)$$

后者写为矢量的形式 $\boldsymbol{p} = n\mathrm{d}\boldsymbol{s}/\mathrm{d}s$。为了解释矢量 $\boldsymbol{p}$ 的物理意义,考虑沿一条光线的一无穷小位移 $\mathrm{d}\boldsymbol{s}$。它也可以写成 x_1、x_2 和 x_3 坐标分量的形式,如图 14.9 所示。

$$\mathrm{d}\boldsymbol{s} = (\mathrm{d}x_1, \mathrm{d}x_2, \mathrm{d}x_3) = (\mathrm{d}s\cos\alpha_1, \mathrm{d}s\cos\alpha_2, \mathrm{d}s\cos\alpha_3) \qquad (14.54)$$

其中,$\mathrm{d}s = \|\mathrm{d}\boldsymbol{s}\|$;$\alpha_1$、$\alpha_2$ 和 α_3 分别是位移 $\mathrm{d}\boldsymbol{s}$ 与坐标轴 x_1、x_2 和 x_3 各自的夹角。

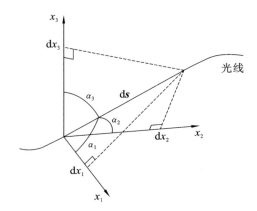

图 14.9 延光线的位移 ds 可以写成 $ds = (dx_1, dx_2, dx_3) = (ds\cos\alpha_1, ds\cos\alpha_2, ds\cos\alpha_3)$

乘以折射率可得

$$n\frac{ds}{ds} = (n\cos\alpha_1, n\cos\alpha_2, n\cos\alpha_3) \tag{14.55}$$

由式(14.53)，光学动量 p 为

$$p = n\frac{ds}{ds} = \left(n\frac{dx_1}{ds}, n\frac{dx_2}{ds}, n\frac{dx_3}{ds}\right) = (p_1, p_2, p_3) \tag{14.56}$$

矢量模 $\parallel p \parallel = n$，或者

$$p_1^2 + p_2^2 + p_3^2 = n^2 \tag{14.57}$$

并且它指向光的传播方向，在每一点它都相切于光线。由式(14.55)和式(14.56)也可以得出 $p = n(\cos\alpha_1, \cos\alpha_2, \cos\alpha_3) = nt$，这里 $\parallel t \parallel = 1$。注意到一个单位矢量投影到 x_1、x_2 和 x_3 轴的坐标为 $(\cos\alpha_1, \cos\alpha_2, \cos\alpha_3)$，因此 $\cos^2\alpha_1 + \cos^2\alpha_2 + \cos^2\alpha_3 = 1$。

由式(14.49)定义的拉格朗日量 L 可以写为

$$\begin{aligned} L = n\sqrt{1 + x_1'^2 + x_2'^2} = x_1'\frac{nx_1'}{\sqrt{1 + x_1'^2 + x_2'^2}} \\ + x_2'\frac{nx_2'}{\sqrt{1 + x_1'^2 + x_2'^2}} + n\frac{1}{\sqrt{1 + x_1'^2 + x_2'^2}} \end{aligned} \tag{14.58}$$

或者，考虑式(14.53)，有

$$L = x_1'p_1 + x_2'p_2 + p_3 \tag{14.59}$$

把式(14.59)和式(14.34)相比较，可以看到

$$H = -p_3 = -n\frac{1}{\sqrt{1 + x_1'^2 + x_2'^2}} \tag{14.60}$$

由于有 $n > 0$ 和 $p_3 > 0$，因而 $H < 0$。由 $p_3 > 0$ 可以看出，我们考虑的光线有 $\cos\alpha_3 > 0$。由图 14.9 可以看出，必有 $0 \leqslant \alpha_k \leqslant \pi$，因此 $\cos\alpha_3 > 0$ 意味着 0

$\leqslant \alpha_3 < \pi/2$,这就证实了之前的假设,即光在系统中沿着 x_3 增加的方向传播。

我们之前(见式(14.57))已经看到 $p_1^2 + p_2^2 + p_3^2 = n^2$,因此有 $p_3 = \sqrt{n^2 - p_1^2 - p_2^2}$,因而 $p_3 > 0$。因为 $H = -p_3$,我们可以得出

$$H = -\sqrt{n^2 - p_1^2 - p_2^2} \tag{14.61}$$

让式(14.61)与式(14.39)[8,9]结合,我们最后可以写出

$$\begin{cases} \dfrac{\mathrm{d}x_1}{\mathrm{d}x_3} = \dfrac{\partial H}{\partial p_1}, \dfrac{\mathrm{d}p_1}{\mathrm{d}x_3} = -\dfrac{\partial H}{\partial x_1} \\[2mm] \dfrac{\mathrm{d}x_2}{\mathrm{d}x_3} = \dfrac{\partial H}{\partial p_2}, \dfrac{\mathrm{d}p_2}{\mathrm{d}x_3} = -\dfrac{\partial H}{\partial x_2} \\[2mm] H = -\sqrt{n^2 - p_1^2 - p_2^2} \end{cases} \tag{14.62}$$

由于 $n = n(x_1, x_2, x_3)$,有 $H = H(x_1, x_2, x_3, p_1, p_2)$,而 H 明显依赖于参数 x_3。

14.4　哈密顿量的另一种形式

现在我们来考虑一种比式(14.21)描述的更一般的情况,给这个问题增加一个维度 x_3,这样就有

$$S = \int_{P_1}^{P_2} L(x_1, x_2, x_3, \sigma, x_1', x_2', x_3') \mathrm{d}\sigma \tag{14.63}$$

方程(14.22)变为

$$\delta \int_{P_1}^{P_2} L(x_1, x_2, x_3, \sigma, x_1', x_2', x_3') \mathrm{d}\sigma = 0 \tag{14.64}$$

其中,点 P_1 和点 P_2 间的路径由 $c(\sigma) = (x_1(\sigma), x_2(\sigma), x_3(\sigma))$ 描述。拉格朗日公式的欧拉方程(14.31)变为

$$\begin{cases} \dfrac{\mathrm{d}}{\mathrm{d}\sigma}\left(\dfrac{\partial L}{\partial x_1'}\right) = \dfrac{\partial L}{\partial x_1} \\[2mm] \dfrac{\mathrm{d}}{\mathrm{d}\sigma}\left(\dfrac{\partial L}{\partial x_2'}\right) = \dfrac{\partial L}{\partial x_2} \\[2mm] \dfrac{\mathrm{d}}{\mathrm{d}\sigma}\left(\dfrac{\partial L}{\partial x_3'}\right) = \dfrac{\partial L}{\partial x_3} \end{cases} \tag{14.65}$$

对于哈密顿公式,与先前的式(14.32)一样,定义光学动量为

$$p_k \equiv \frac{\partial L}{\partial x_k'}, \quad k = 1, 2, 3 \tag{14.66}$$

同样,如果我们与先前的式(14.34)一样定义一个新的哈密顿量 P

$$P \equiv x_1' p_1 + x_2' p_2 + x_3' p_3 - L \tag{14.67}$$

那么现在规范哈密顿方程(14.39)就变为

$$\begin{cases} \dfrac{\mathrm{d}x_1}{\mathrm{d}\sigma} = \dfrac{\partial P}{\partial p_1}, \dfrac{\mathrm{d}p_1}{\mathrm{d}\sigma} = -\dfrac{\partial P}{\partial x_1} \\[2ex] \dfrac{\mathrm{d}x_2}{\mathrm{d}\sigma} = \dfrac{\partial P}{\partial p_2}, \dfrac{\mathrm{d}p_2}{\mathrm{d}\sigma} = -\dfrac{\partial P}{\partial x_2} \\[2ex] \dfrac{\mathrm{d}x_3}{\mathrm{d}\sigma} = \dfrac{\partial P}{\partial p_3}, \dfrac{\mathrm{d}p_3}{\mathrm{d}\sigma} = -\dfrac{\partial P}{\partial x_3} \\[2ex] \dfrac{\partial P}{\partial \sigma} = -\dfrac{\partial L}{\partial \sigma} \end{cases} \tag{14.68}$$

其中,$P = P(x_1, x_2, x_3, \sigma, p_1, p_2, p_3)$ $\mathrm{d}x_k/\mathrm{d}\sigma$ 和 $\mathrm{d}p_k/\mathrm{d}\sigma$ 的微分方程是规范哈密顿方程,这里 P 为哈密顿量。这些方程也可以通过把式(14.67)代入式(14.64)得到

$$\delta \int_{P_1}^{P_2} (x_1' p_1 + x_2' p_2 + x_3' p_3 - P) \mathrm{d}\sigma = 0 \tag{14.69}$$

这与式(14.40)有相同的形式,只是多了一个空间变量 x_3 和一个动量 p_3。

我们现在可以把这些结果应用到光学中。与把坐标 x_3 当作光线路径的参量不同,我们现在考虑一个一般的参量 σ。这样就有

$$L = n \frac{\mathrm{d}s}{\mathrm{d}\sigma} = n \frac{\sqrt{\mathrm{d}x_1^2 + \mathrm{d}x_2^2 + \mathrm{d}x_3^2}}{\mathrm{d}\sigma} = n(x_1, x_2, x_3) \sqrt{x_1'^2 + x_2'^2 + x_3'^2} \tag{14.70}$$

其中,$x_k = x_k(\sigma) x_k' = \mathrm{d}x_k/\mathrm{d}\sigma$。因此,我们得到了一个拉格朗日量

$$L(x_1, x_2, x_3, x_1', x_2', x_3') \tag{14.71}$$

这是式(14.64)的一种特殊情况,这里拉格朗日量 L 并不明显依赖于参量 σ。这样有 $\partial L/\partial \sigma = 0$,因此由式(14.68)的最后一式我们可以得到 $\partial P/\partial \sigma = 0$,所以 P 并不明显依赖于参量 σ,有

$$P = P(x_1, x_2, x_3, p_1, p_2, p_3) \tag{14.72}$$

现在,由式(14.70)我们可以得出

$$p_k = \frac{\partial L}{\partial x_k'} = n \frac{x_k'}{\sqrt{x_1'^2 + x_2'^2 + x_3'^2}}, \quad k = 1, 2, 3 \tag{14.73}$$

因此

$$L = x_1' \frac{nx_1'}{\sqrt{x_1'^2 + x_2'^2 + x_3'^2}} + x_2' \frac{nx_2'}{\sqrt{x_1'^2 + x_2'^2 + x_3'^2}} + x_3' \frac{nx_3'}{\sqrt{x_1'^2 + x_2'^2 + x_3'^2}} \tag{14.74}$$

或者

$$L = x_1' p_1 + x_2' p_2 + x_3' p_3 \tag{14.75}$$

由式(14.67),有 $P = 0$,再由式(14.72),可有

$$P(x_1, x_2, x_3, p_1, p_2, p_3) = 0 \tag{14.76}$$

再由式(14.73),可以得到

$$p_1^2 + p_2^2 + p_3^2 - n^2 (x_1, x_2, x_3) = 0 \qquad (14.77)$$

光学哈密顿量为

$$P = p_1^2 + p_2^2 + p_3^2 - n^2 (x_1, x_2, x_3) = 0 \qquad (14.78)$$

P 的表达式(14.78)和式(14.68)中除最后一式以外的全部方程形成了一组描述光线的方程组

$$\begin{cases} \dfrac{\mathrm{d}x_1}{\mathrm{d}\sigma} = \dfrac{\partial P}{\partial p_1}, \quad \dfrac{\mathrm{d}p_1}{\mathrm{d}\sigma} = -\dfrac{\partial P}{\partial x_1} \\[2mm] \dfrac{\mathrm{d}x_2}{\mathrm{d}\sigma} = \dfrac{\partial P}{\partial p_2}, \quad \dfrac{\mathrm{d}p_2}{\mathrm{d}\sigma} = -\dfrac{\partial P}{\partial x_2} \\[2mm] \dfrac{\mathrm{d}x_3}{\mathrm{d}\sigma} = \dfrac{\partial P}{\partial p_3}, \quad \dfrac{\mathrm{d}p_3}{\mathrm{d}\sigma} = -\dfrac{\partial P}{\partial x_3} \\[2mm] P = p_1^2 + p_2^2 + p_3^2 - n^2 (x_1, x_2, x_3) = 0 \end{cases} \qquad (14.79)$$

其中,P 是系统的一个新的哈密顿量。在这种情况下,σ 为光线轨迹的一个参量。

注意 P 的选择并不是唯一的。举例来说,我们有一个函数 $f(x)$,这样,$f(x) = 0$ 仅当 $x = 0$ 时 $f'(x) \neq 0$,这里 $f' = \mathrm{d}f/\mathrm{d}x$。现在可以选择 $f(P)$ 为新的哈密顿量。把这个代入式(14.79),可以得出

$$\frac{\mathrm{d}x_k}{\mathrm{d}\sigma} = \frac{\partial (f(P))}{\partial p_k} = f'(P) \frac{\partial P}{\partial p_k} \qquad (14.80)$$

由于光线必须有 $P = 0$,可以得出

$$\frac{\mathrm{d}x_k}{\mathrm{d}\sigma} = f'(0) \frac{\partial P}{\partial p_k} \qquad (14.81)$$

现在可以改变坐标得出

$$\frac{\mathrm{d}x_k}{\mathrm{d}\tau} \frac{\mathrm{d}\tau}{\mathrm{d}\sigma} = f'(0) \frac{\partial P}{\partial p_k} \qquad (14.82)$$

如果使 $\mathrm{d}\tau/\mathrm{d}\sigma = f'(0)$ 可得

$$\frac{\mathrm{d}x_k}{\mathrm{d}\tau} = \frac{\partial P}{\partial p_k} \qquad (14.83)$$

这和原先的方程一样,只是参量不同。$\mathrm{d}p_k/\mathrm{d}\sigma$ 的方程也可做同样的处理。对于这个新的哈密顿量 $f(P)$,由于 $f(0) = 0$ 和 $P = 0$,可有 $f(P) = 0$。

为了证实方程(14.62)和方程(14.79)的系统是等效的,方程 $P = 0$ 可用来清除两个其他的方程,有

$$P = p_3^2 - (n^2 - p_1^2 - p_2^2) = p_3^2 - H^2 = 0 \Leftrightarrow p_3 = \pm H \qquad (14.84)$$

其中,$H^2 = n^2 - p_1^2 - p_2^2$ 在 $p_3 = \pm H$ 这两个可能的解中,我们选择(其原因将在方程(14.94)的推导后面说明)

$$p_3 = -H \qquad (14.85)$$

假设光线沿着 x_3 增加的方向传播，这相当于 $p_3 > 0$。这样应该有 $H < 0$，那么

$$H = -\sqrt{n^2(x_1, x_2, x_3) - p_1^2 - p_2^2} \tag{14.86}$$

H 称为哈密顿量，$H = H(x_1, x_2, x_3, p_1, p_2)$。由式（14.79），有

$$\frac{\mathrm{d}x_3}{\mathrm{d}\sigma} = \frac{\partial P}{\partial p_3} = \frac{\partial(p_3^2 - H^2)}{\partial p_3} = 2p_3 = -2H \tag{14.87}$$

应用式（14.87）有

$$\frac{\mathrm{d}x_2}{\mathrm{d}\sigma} = \frac{\partial(p_3^2 - H^2)}{\partial p_2} = -2H\frac{\partial H}{\partial p_2} \Leftrightarrow \frac{\mathrm{d}x_2}{\mathrm{d}\sigma} = \frac{\mathrm{d}x_3}{\mathrm{d}\sigma}\frac{\partial H}{\partial p_2} \tag{14.88}$$

那么

$$\frac{\mathrm{d}x_2}{\mathrm{d}x_3} = \frac{\partial H}{\partial p_2} \tag{14.89}$$

同样有

$$\frac{\mathrm{d}x_1}{\mathrm{d}x_3} = \frac{\partial H}{\partial p_1} \tag{14.90}$$

现在可以对式（14.79）剩下的方程进行类似的计算。可得

$$\frac{\mathrm{d}p_3}{\mathrm{d}\sigma} = -\frac{\partial P}{\partial x_3} = 2H\frac{\partial H}{\partial x_3} = -\frac{\mathrm{d}x_3}{\mathrm{d}\sigma}\frac{\partial H}{\partial x_3} \tag{14.91}$$

那么

$$\frac{\mathrm{d}p_3}{\mathrm{d}x_3} = -\frac{\partial H}{\partial x_3} \Leftrightarrow \frac{\mathrm{d}H}{\mathrm{d}x_3} = \frac{\partial H}{\partial x_3} \tag{14.92}$$

类似地，可以深入计算

$$\frac{\mathrm{d}p_2}{\mathrm{d}\sigma} = -\frac{\partial P}{\partial x_2} = 2H\frac{\partial H}{\partial x_2} = -\frac{\mathrm{d}x_3}{\mathrm{d}\sigma}\frac{\partial H}{\partial x_2} \Leftrightarrow \frac{\mathrm{d}p_2}{\mathrm{d}x_3} = -\frac{\partial H}{\partial x_2} \tag{14.93}$$

同样有

$$\frac{\mathrm{d}p_1}{\mathrm{d}x_3} = -\frac{\partial H}{\partial x_1} \tag{14.94}$$

式（14.86）、式（14.89）、式（14.90）、式（14.93）和（14.94）现在可以放在一起作为方程（14.62）的系统。可以注意到，如果在方程（14.85）中我们选的是 $p_3 = H$ 而不是 $p_3 = -H$，那么 $\mathrm{d}x_k/\mathrm{d}x_3$ 的方程将会是 $\mathrm{d}x_k/\mathrm{d}x_3 = -\partial H/\partial p_k$，而 $\mathrm{d}p_k/\mathrm{d}x_3$ 的方程将会是 $\mathrm{d}p_k/\mathrm{d}x_3 = \partial H/\mathrm{d}x_k$，而不是方程（14.62）的形式。

由 H 的表达式（14.86），有 $H = H(x_1(x_3), x_2(x_3), x_3, p_1(x_3), p_2(x_3))$。$H$ 对 x_3 的全微分为

$$\frac{\mathrm{d}H}{\mathrm{d}x_3} = \frac{\partial H}{\partial x_1}\frac{\mathrm{d}x_1}{\mathrm{d}x_3} + \frac{\partial H}{\partial x_2}\frac{\mathrm{d}x_2}{\mathrm{d}x_3} + \frac{\partial H}{\partial p_1}\frac{\mathrm{d}p_1}{\mathrm{d}x_3} + \frac{\partial H}{\partial p_2}\frac{\mathrm{d}p_2}{\mathrm{d}x_3} + \frac{\partial H}{\partial x_3} \tag{14.95}$$

应用方程（14.62），可得

$$\frac{\mathrm{d}H}{\mathrm{d}x_3} = \frac{\partial H}{\partial x_1}\frac{\mathrm{d}x_1}{\mathrm{d}x_3} + \frac{\partial H}{\partial x_2}\frac{\mathrm{d}x_2}{\mathrm{d}x_3} + \frac{\partial H}{\partial p_1}\frac{\mathrm{d}p_1}{\mathrm{d}x_3} + \frac{\partial H}{\partial p_2}\frac{\mathrm{d}p_2}{\mathrm{d}x_3} + \frac{\partial H}{\partial x_3} \qquad (14.96)$$

方程(14.96)类似于方程(14.92)。可以看出方程(14.96)隐含在方程(14.62)中，这样就不需要写出这个方程。

14.5 哈密顿方程的坐标系变换

一般的方程

$$\delta \int L \mathrm{d}\sigma = 0 \Leftrightarrow \delta \int_{P_1}^{P_2} (x'_1 p_1 + x'_2 p_2 + x'_3 p_3 - P)\mathrm{d}\sigma = 0 \qquad (14.97)$$

在光学特例中，对应于费马原理得出规范哈密顿方程(14.79)

$$\begin{cases} \dfrac{\mathrm{d}x_1}{\mathrm{d}\sigma} = \dfrac{\partial P}{\partial p_1}, & \dfrac{\mathrm{d}p_1}{\mathrm{d}\sigma} = -\dfrac{\partial P}{\partial x_1} \\[2mm] \dfrac{\mathrm{d}x_2}{\mathrm{d}\sigma} = \dfrac{\partial P}{\partial p_2}, & \dfrac{\mathrm{d}p_2}{\mathrm{d}\sigma} = -\dfrac{\partial P}{\partial x_2} \\[2mm] \dfrac{\mathrm{d}x_3}{\mathrm{d}\sigma} = \dfrac{\partial P}{\partial p_3}, & \dfrac{\mathrm{d}p_3}{\mathrm{d}\sigma} = -\dfrac{\partial P}{\partial x_3} \end{cases} \qquad (14.98)$$

其约束条件为

$$P = p_1^2 + p_2^2 + p_3^2 - n^2(x_1, x_2, x_3) = 0 \qquad (14.99)$$

现在考虑对由方程(14.98)和方程(14.99)定义的哈密顿方程进行坐标系变换。由于我们有6个独立的变量，$x_1(\sigma)$、$x_2(\sigma)$、$x_3(\sigma)$、$p_1(\sigma)$、$p_2(\sigma)$ 和 $p_3(\sigma)$，坐标系变换的普遍形式为

$$\begin{cases} i_1 = i_1(x_1, x_2, x_3, p_1, p_2, p_3, \sigma) \\ i_2 = i_2(x_1, x_2, x_3, p_1, p_2, p_3, \sigma) \\ i_3 = i_3(x_1, x_2, x_3, p_1, p_2, p_3, \sigma) \\ u_1 = u_1(x_1, x_2, x_3, p_1, p_2, p_3, \sigma) \\ u_2 = u_2(x_1, x_2, x_3, p_1, p_2, p_3, \sigma) \\ u_3 = u_3(x_1, x_2, x_3, p_1, p_2, p_3, \sigma) \end{cases} \qquad (14.100)$$

其中，i_1、i_2 和 i_3 都是新的空间坐标；u_1、u_2 和 u_3 都是新的动量。我们希望这些新的坐标系下的光线的方程能和方程(14.98)有相同的形式，那么由方程(14.100)定义的坐标必须满足

$$\delta \int_{P_1}^{P_2} (i'_1 u_1 + i'_2 u_2 + i'_3 u_3 - Q)\mathrm{d}\sigma = 0 \qquad (14.101)$$

其中，$i'_k = \mathrm{d}i_k/\mathrm{d}\sigma$；$Q$ 是这些新变量的新哈密顿量。由方程(14.97)可得出方程(14.98)和方程(14.99)。同样，方程(14.101)和方程(14.97)形式相同，仅仅是换了新的变量，它将得出与方程(14.98)和方程(14.99)形式相同的方程，但所用

变量不同:$x_1 \rightarrow i_1$，$x_2 \rightarrow i_2$，$x_3 \rightarrow i_3$，$p_1 \rightarrow u_1$，$p_2 \rightarrow u_2$，$p_3 \rightarrow u_3$ 和 $P \rightarrow Q$。

方程(14.97)和方程(14.101)可以结合得出

$$\delta \int_{P_1}^{P_2} [\, (x_1' p_1 + x_2' p_2 + x_3' p_3 - P) - (i_1' u_1 + i_2' u_2 + i_3' u_3 - Q)\,]\mathrm{d}\sigma = 0$$

$$(14.102)$$

条件 $\delta \int g \mathrm{d}\sigma = 0$，一般而言，满足 $g = \mathrm{d}G/\mathrm{d}\sigma$，其中，$G$ 是一任意函数。把这个结果应用到方程(14.102)可得

$$(x_1' p_1 + x_2' p_2 + x_3' p_3 - P) - (i_1' u_1 + i_2' u_2 + i_3' u_3 - Q) = \frac{\mathrm{d}G}{\mathrm{d}\sigma}$$

$$(14.103)$$

满足方程(14.103)的坐标系变换称为正则变换，在这些新的坐标系 i_k 和 $u_k (k = 1,2,3)$ 下的光线方程与方程(14.98)有相同的形式。

一般而言，方程(14.103)的左边是关于 x_k、p_k、i_k、u_k 和 σ 的函数，这里 $k = 1,2,3$。一般来说，函数 G 就是这所有13个变量的1个函数。然而，这些变量由方程(14.100)的6个方程关联，那么我们可以将独立变量的数目减少到7个。根据我们选择旧的还是新的空间坐标、旧的还是新的动量作为 G 的参数，我们将得到不同类型的生成函数。

考虑下面这个特殊的函数 G

$$G = G_2 (x_1,x_2,x_3,u_1,u_2,u_3) - \sum_{k=1}^{3} u_k i_k \qquad (14.104)$$

函数 G_2 称为类型2的生产函数。将此代入方程(14.103)得

$$\Big(\sum_{k=1}^{3} x_k' p_k - P \Big) - \Big(\sum_{k=1}^{3} i_k' u_k - Q \Big) = \frac{\mathrm{d}}{\mathrm{d}\sigma} \Big(G_2 (x_1,x_2,x_3,u_1,u_2,u_3) - \sum_{k=1}^{3} u_k i_k \Big)$$

$$(14.105)$$

和

$$\Big(\sum_{k=1}^{3} p_k - \frac{\partial G_2}{\partial x_k} \Big) \mathrm{d}x_k + \Big(\sum_{k=1}^{3} i_k - \frac{\partial G_2}{\partial u_k} \Big) \mathrm{d}u_k + (Q - P)\mathrm{d}\sigma = 0 \qquad (14.106)$$

由于 x_k、u_k 和 σ 为独立变量，我们有

$$p_k = \frac{\partial G_2}{\partial x_k} \quad i_k = \frac{\partial G_2}{\partial u_k} \quad Q = P \qquad (14.107)$$

其中，$k = 1,2,3$。现在选一个特殊的函数 G_2

$$G_2 = G_2 (x_1,x_2,x_3,u_1,u_2,u_3)$$
$$= u_1 i_1 (x_1,x_2,x_3) + u_2 i_2 (x_1,x_2,x_3) + u_3 i_3 (x_1,x_2,x_3) \qquad (14.108)$$

再由方程(14.107)，可以得到

$$p_k = \frac{\partial G_2}{\partial x_k} = u_1 \frac{\partial i_1}{\partial x_k} + u_2 \frac{\partial i_2}{\partial x_k} + u_3 \frac{\partial i_3}{\partial x_k} \tag{14.109}$$

或者以矢量的形式

$$\boldsymbol{p} = u_1 \boldsymbol{\nabla} i_1 + u_2 \boldsymbol{\nabla} i_2 + u_3 \boldsymbol{\nabla} i_3 \tag{14.110}$$

同样,由于

$$G_2 = \sum_{k=1}^{3} u_k i_k \tag{14.111}$$

我们有 $i_k = \partial G_2 / \partial u_k$,$k = 1,2,3$,或者是

$$\begin{cases} i_1 = i_1(x_1, x_2, x_3) \\ i_2 = i_2(x_1, x_2, x_3) \\ i_3 = i_3(x_1, x_2, x_3) \end{cases} \tag{14.112}$$

这组让我们把旧的坐标系 (x_1, x_2, x_3) 变换为新的坐标系 (i_1, i_2, i_3) 的方程组的过程称为点变换,因为它只包含空间的坐标而没有包含动量。

方程(14.104)和方程(14.67)中拉格朗日量和哈密顿量间的变换称为勒让德变换。

由于 $x_1, x_2, x_3, p_1, p_2, p_3$ 和 $i_1, i_2, i_3, u_1, u_2, u_3$ 间的坐标系变换为正则变换,它保持了方程(14.98)的形式。以相同的方式,我们从方程(14.97)得出方程(14.98)和式(14.99),由于 $Q = P$,我们从方程(14.101)得出

$$\begin{cases} \dfrac{\mathrm{d}i_1}{\mathrm{d}\sigma} = \dfrac{\partial P}{\partial u_1}, \quad \dfrac{\mathrm{d}u_1}{\mathrm{d}\sigma} = -\dfrac{\partial P}{\partial i_1} \\[2mm] \dfrac{\mathrm{d}i_2}{\mathrm{d}\sigma} = \dfrac{\partial P}{\partial u_2}, \quad \dfrac{\mathrm{d}u_2}{\mathrm{d}\sigma} = -\dfrac{\partial P}{\partial i_2} \\[2mm] \dfrac{\mathrm{d}i_3}{\mathrm{d}\sigma} = \dfrac{\partial P}{\partial u_3}, \quad \dfrac{\mathrm{d}u_3}{\mathrm{d}\sigma} = -\dfrac{\partial P}{\partial i_3}k \\[2mm] P = \boldsymbol{p} \cdot \boldsymbol{p} - n^2 = 0 \end{cases} \tag{14.113}$$

现在可以把光线动量 $\boldsymbol{p}$ 重新写为

$$\boldsymbol{p} = u_1 \parallel \nabla i_1 \parallel \frac{\nabla i_1}{\parallel \nabla i_1 \parallel} + u_2 \parallel \nabla i_2 \parallel \frac{\nabla i_2}{\parallel \nabla i_2 \parallel} + u_3 \parallel \nabla i_3 \parallel \frac{\nabla i_3}{\parallel \nabla i_3 \parallel}$$

$$\tag{14.114}$$

或者

$$\boldsymbol{p} = u_1 a_1 \boldsymbol{e}_1 + u_2 a_2 \boldsymbol{e}_2 + u_3 a_3 \boldsymbol{e}_3 \tag{14.115}$$

其中,$a_k = \parallel \nabla i_k \parallel$;$\boldsymbol{e}_k = \nabla i_k / \parallel \nabla i_k \parallel$。矢量 $\boldsymbol{e}_1$、$\boldsymbol{e}_2$ 和 $\boldsymbol{e}_3$ 形成了一组单位矢量。它的二维情况如图 14.10 所示。

应该注意,由于 $i_k = i_k(x_1, x_2, x_3)$ 和 $a_k = \parallel \nabla i_k \parallel$ 有 $a_k = a_k(x_1, x_2, x_3)$,或者根据方程(14.112)可以把 i_1、i_2 和 i_3 看作 x_1、x_2 和 x_3 的函数,因此有 $a_k = a_k(i_1, i_2, i_3)$。

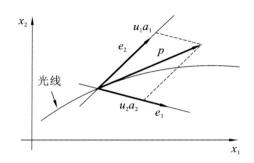

图 14.10   光学矢量 $\boldsymbol{p}$ 的基展开

现在我们继续限定方程(14.112)中坐标系的变换条件为矢量 $\boldsymbol{e}_1$、$\boldsymbol{e}_2$ 和 $\boldsymbol{e}_3$ 是正交矢量,也就是

$$\nabla i_1 \cdot \nabla i_2 = \nabla i_2 \cdot \nabla i_3 = \nabla i_1 \cdot \nabla i_3 = 0 \qquad (14.116)$$

矢量 ∇i_1 垂直于表面 $i_1 =$ 常数,如图 14.11 所示。如果 i_1 不是常数,而 i_2 和 i_3 都同时为常数,我们就得到了一条只有 i_1 能变的直线,称为 i_1 线。这样的一条直线垂直于表面 $i_1 =$ 常数。矢量相切于 i_1 线。同样,我们可画出 i_2 和 i_3 的线。矢量 $\boldsymbol{e}_1$、$\boldsymbol{e}_2$ 和 $\boldsymbol{e}_3$ 组成一正交单位矢量,其二维图如图 14.12 所示。注意,一般情况下,i_1 线和 i_2 线和光线为曲线。

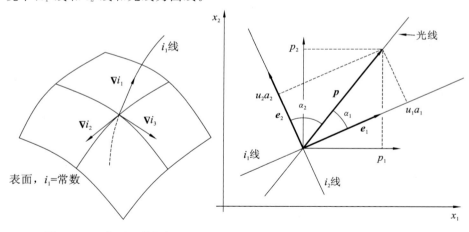

图 14.11   曲面上的标架   图 14.12   三维空间的光学动量

从式(14.113)中的最后一个表达式可知,有 $\| \boldsymbol{p} \| = n$。式(14.115)乘以 $1/n$,得

$$\frac{\boldsymbol{p}}{\| \boldsymbol{p} \|} = \frac{u_1 a_1}{n} \boldsymbol{e}_1 + \frac{u_2 a_2}{n} \boldsymbol{e}_2 + \frac{u_3 a_3}{n} \boldsymbol{e}_3 \qquad (14.117)$$

其中,$\boldsymbol{p}/\| \boldsymbol{p} \|$ 是一单位矢量。这样,我们可以得出 $u_1 a_1/n$ 是矢量 $\boldsymbol{p}$ 和矢量 $\boldsymbol{e}_1$

的夹角 α_1 的方向余弦。类似地，$u_2 a_2/n$ 和 $u_3 a_3/n$ 是矢量 $\boldsymbol{p}$ 和矢量 $\boldsymbol{e}_2$ 与 $\boldsymbol{e}_3$ 的夹角 α_2 与 α_3 的方向余弦，即

$$\begin{cases} \dfrac{u_1 a_1}{n} = \cos\alpha_1 \\[2mm] \dfrac{u_2 a_2}{n} = \cos\alpha_2 \\[2mm] \dfrac{u_3 a_3}{n} = \cos\alpha_3 \end{cases} \tag{14.118}$$

这样可以得出

$$\boldsymbol{p} = n\cos\alpha_1 \boldsymbol{e}_1 + n\cos\alpha_2 \boldsymbol{e}_2 + n\cos\alpha_3 \boldsymbol{e}_3 \tag{14.119}$$

结合式 (14.115)、式 (14.113) 可最终写为

$$\begin{cases} \dfrac{\mathrm{d}i_1}{\mathrm{d}\sigma} = \dfrac{\partial P}{\partial u_1}, \qquad \dfrac{\mathrm{d}u_1}{\mathrm{d}\sigma} = -\dfrac{\partial P}{\partial i_1} \\[3mm] \dfrac{\mathrm{d}i_2}{\mathrm{d}\sigma} = \dfrac{\partial P}{\partial u_2}, \qquad \dfrac{\mathrm{d}u_2}{\mathrm{d}\sigma} = -\dfrac{\partial P}{\partial i_2} \\[3mm] \dfrac{\mathrm{d}i_3}{\mathrm{d}\sigma} = \dfrac{\partial P}{\partial u_3}, \qquad \dfrac{\mathrm{d}u_3}{\mathrm{d}\sigma} = -\dfrac{\partial P}{\partial i_3} \\[3mm] P = u_1^2 a_1^2 + u_2^2 a_2^2 + u_3^2 a_3^2 - n^2 = 0 \end{cases} \tag{14.120}$$

这就是广义坐标系中的正则哈密顿方程。

14.6　积分不变量

让我们给出式 (14.63) 中 S 的具体值，当其沿着系统路径从点 $P_A = P_A(\sigma_A) = (x_1(\sigma_A) x_2(\sigma_A), x_3(\sigma_A)) = (x_{1A}, x_{2A}, x_{3A})$ 到点 $P_B = P_B(\sigma_B) = (x_1(\sigma_B) x_2(\sigma_B), x_3(\sigma_B)) = (x_{1B}, x_{2B}, x_{3B})$ 时，如果这个路径是已知的，那么 S 可以表示为

$$\begin{aligned} S = S(P_A, \sigma_A, P_B, \sigma_B) &= S(x_{1A}, x_{2A}, x_{3A}, \sigma_A, x_{1B}, x_{2B}, x_{3B}, \sigma_B) \\ &= \int_{\sigma_A}^{\sigma_B} L(x_1, x_2, x_3, \sigma, x_1', x_2', x_3') \mathrm{d}\sigma \end{aligned}$$

$$\tag{14.121}$$

现在让我们考虑在配置空间 (x_1, x_2, x_3) 中的轨迹 t_P。它服从哈密顿方程从点 $P_A(x_{1A}, x_{2A}, x_{3A}, \sigma_A)$ 到点 $P_B(x_{1B}, x_{2B}, x_{3B}, \sigma_B)$，如图 14.13 所示。对于该轨迹，函数 S 具有一个值 $S_P = S(x_{1A}, x_{2A}, x_{3A}, \sigma_A, x_{1B}, x_{2B}, x_{3B}, \sigma_B)$。现在，考虑另一个轨迹 t_Q，距离 t_P 的距离为无穷小。轨迹 t_Q 从一个点 $Q_A(x_{1A} + \mathrm{d}x_{1A}, x_{2A} + \mathrm{d}x_{2A}, x_{3A} + \mathrm{d}x_{3A}, \sigma_A + \mathrm{d}\sigma_A)$ 到点 $Q_B(x_{1B} + \mathrm{d}x_{1B}, x_{2B} + \mathrm{d}x_{2B}, x_{3B} + \mathrm{d}x_{3B}, \sigma_B + \mathrm{d}\sigma_B)$。对于这个轨迹 t_Q，函数 S 有另一个值，即 $S_Q = S(x_{1A} + \mathrm{d}x_{1A}, x_{2A} + $

$\mathrm{d}x_{2A}$，$x_{3A}+\mathrm{d}x_{3A}$，$\sigma_A+\mathrm{d}\sigma_A$，$x_{1B}+\mathrm{d}x_{1B}$，$x_{2B}+\mathrm{d}x_{2B}$，$x_{3B}+\mathrm{d}x_{3B}$，$\sigma_B+\mathrm{d}\sigma_B$）。$S$ 从 t_P 到 t_Q 的变化由 $\mathrm{d}S=S_Q-S_P$ 给出。

现在考虑距离 t_P 有限距离的轨迹。轨迹 t_R 为从一个点 $R_A(x_{1C}, x_{2C}, x_{3C}, \sigma_C)$ 到点 $R_B(x_{1D}, x_{2D}, x_{3D}, \sigma_D)$。对于这条轨迹，函数 S 的值为 $S_R=S(x_{1C}, x_{2C}, x_{3C}, \sigma_C,$ $x_{1D}, x_{2D}, x_{3D}, \sigma_D)$。$S$ 从 t_P 到 t_R 的总体变化可以表示为 $S_R-R_P=\int\mathrm{d}S$。

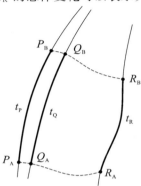

图 14.13　配置空间中从点 P_A 到点 P_B 的轨迹 t_P，以及与 t_P 相距无限远的轨迹 t_Q，和与 t_P 相距有限远的轨迹 t_R

函数 S 的参数 $\mathrm{d}S$ 相对于其参数的变化由下式给出

$$\mathrm{d}S = \frac{\partial S}{\partial x_{1A}}\mathrm{d}x_{1A} + \frac{\partial S}{\partial x_{2A}}\mathrm{d}x_{2A} + \frac{\partial S}{\partial x_{3A}}\mathrm{d}x_{3A} + \frac{\partial S}{\partial \sigma_A}\mathrm{d}\sigma_A$$
$$+ \frac{\partial S}{\partial x_{1B}}\mathrm{d}x_{1B} + \frac{\partial S}{\partial x_{2B}}\mathrm{d}x_{2B} + \frac{\partial S}{\partial x_{3B}}\mathrm{d}x_{3B} + \frac{\partial S}{\partial \sigma_B}\mathrm{d}\sigma_B \tag{14.122}$$

为了获得 $\mathrm{d}S$ 的方程，我们需要计算该表达式中的偏导数。

我们首先考虑端坐标 $X_1\cdots$ 和 $X_2\cdots$ 的变化，这可以让我们得到式（14.122）中 $\mathrm{d}S/\mathrm{d}X_1\cdots$ 的值。在这个情况下 S 的值由下式给出

$$\delta S = \int_{\sigma_A}^{\sigma_B}\sum_{k=1}^{3}\left(\frac{\partial L}{\partial x_k}\delta x_k + \frac{\partial L}{\partial x_k'}\delta x_k'\right)\mathrm{d}\sigma \tag{14.123}$$

使用欧拉方程（14.65），我们可以得到

$$\delta S = \int_{\sigma_A}^{\sigma_B}\sum_{k=1}^{3}\left(\frac{\mathrm{d}}{\mathrm{d}\sigma}\left(\frac{\partial L}{\partial x_k'}\right)\delta x_k + \frac{\partial L}{\partial x_k'}\delta x_k'\right)\mathrm{d}\sigma = \int_{\sigma_A}^{\sigma_B}\sum_{k=1}^{3}\frac{\mathrm{d}}{\mathrm{d}\sigma}\left(\frac{\partial L}{\partial x_k'}\delta x_k\right)\mathrm{d}\sigma$$
$$\tag{14.124}$$

使用方程（14.66），可以得到另一种表达形式

$$\delta S = \int_{\sigma_A}^{\sigma_B}\frac{\mathrm{d}}{\mathrm{d}\sigma}(p_1\delta x_1 + p_2\delta x_2 + p_3\delta x_3)\mathrm{d}\sigma = (p_1\delta x_1 + p_2\delta x_2 + p_3\delta x_3)\Big|_{\sigma_A}^{\sigma_B}$$
$$= (p_{1B}\delta x_{1B} + p_{2B}\delta x_{2B} + p_{3B}\delta x_{3B}) - (p_{1A}\delta x_{1A} + p_{2A}\delta x_{2A} + p_{3A}\delta x_{3A}) \tag{14.125}$$

其中，$p_{kA} = p_k(\sigma_A)$；$p_{kB} = p_k(\sigma_B)$；$\delta x_{kA} = \delta x_k(\sigma_A)$；$\delta x_{kB} = \delta x_k(\sigma_B)$，$k = 1, 2, 3$。

然而，由表达式(14.121)，我们可以得到

$$\delta S = \frac{\partial S}{\partial x_{1A}} \delta x_{1A} + \frac{\partial S}{\partial x_{2A}} \delta x_{2A} + \frac{\partial S}{\partial x_{3A}} \delta x_{3A}$$
$$+ \frac{\partial S}{\partial x_{1B}} \delta x_{1B} + \frac{\partial S}{\partial x_{2B}} \delta x_{2B} + \frac{\partial S}{\partial x_{3B}} \delta x_{3B} \tag{14.126}$$

又由等式(14.125)和式(14.126)，我们得到

$$\begin{cases} p_{1A} = -\dfrac{\partial S}{\partial x_{1A}}, \quad p_{2A} = -\dfrac{\partial S}{\partial x_{2A}}, \quad p_{3A} = -\dfrac{\partial S}{\partial x_{3A}} \\[2mm] p_{1B} = \dfrac{\partial S}{\partial x_{1B}}, \quad p_{2B} = \dfrac{\partial S}{\partial x_{2B}}, \quad p_{3B} = \dfrac{\partial S}{\partial x_{3B}} \end{cases} \tag{14.127}$$

特别地，在点 p_B，路径的结束点处，我们有

$$p = \nabla S \tag{14.128}$$

其中，$p = (p_1, p_2, p_3)$，$\nabla S = (\partial S/\partial x_1, \partial S/\partial x_2, \partial S/\partial x_3)$。

式(14.127)是一组六个一阶微分方程。注意，对于 $\sigma = \sigma_A$，如果函数 S 和六个初始条件 $q_{1A}, q_{2A}, q_{3A}, p_{1A}, p_{2A}, p_{3A}$ 都已知，式(14.127)可用于求解 $q_{1B}, q_{2B}, q_{3B}, p_{1B}, p_{2B}, p_{3B}$ 在另一参数 $\sigma = \sigma_B$ 的情况下。初始条件 q_{1A}，q_{2A}, q_{3A} 决定了光线的初始位置，并且，p_{1A}, p_{2A}, p_{3A} 决定了光线的初始方向和折射率。现在我们考虑 σ_A 和 σ_B 的变化，这需要我们考虑 $\partial S/\partial \sigma_A$ 和 $\partial S/\partial \sigma_B$ 的值。在表达式(14.121)中，对于参数值 $\sigma = \sigma_B$ 的变化和微积分的基本定理，我们有

$$dS/d\sigma_B = L_B \tag{14.129}$$

其中，$dS/d\sigma_B$ 是 $dS/d\sigma$ 在 $\sigma = \sigma_B$ 和 $L_B = L(\sigma_B)$ 情况下计算得到的值。使用式(14.127)，我们可以重新将表达式写为

$$L_B = \frac{\partial S}{\partial \sigma_B} + \frac{\partial S}{\partial x_{1B}} \frac{\partial x_{1B}}{\partial \sigma_B} + \frac{\partial S}{\partial x_{2B}} \frac{\partial x_{2B}}{\partial \sigma_B} + \frac{\partial S}{\partial x_{3B}} \frac{\partial x_{3B}}{\partial \sigma_B}$$
$$= \frac{\partial S}{\partial \sigma_B} + p_{1B} x'_{1B} + p_{2B} x'_{2B} + p_{3B} x'_{3B} \tag{14.130}$$

并且从式(14.67)中我们得到

$$\frac{\partial S}{\partial \sigma_B} = -P_B \tag{14.131}$$

其中，P_B 是在 $\sigma = \sigma_B$ 处的哈密顿算子。

现在，对于式(14.121)中参数的变化 $\sigma = \sigma_A$ 和微积分基本定理，我们有

$$\frac{dS}{d\sigma_A} = -L_A \tag{14.132}$$

又由式(14.127)得到

$$-L_{A} = \frac{\partial S}{\partial \sigma_{A}} + \frac{\partial S}{\partial x_{1A}} \frac{\partial x_{1A}}{\partial \sigma_{A}} + \frac{\partial S}{\partial x_{2A}} \frac{\partial x_{2A}}{\partial \sigma_{A}} + \frac{\partial S}{\partial x_{3A}} \frac{\partial x_{3A}}{\partial \sigma_{A}}$$

$$= \frac{\partial S}{\partial \sigma_{A}} - p_{1A} x'_{1A} - p_{2A} x'_{2A} - p_{3A} x'_{3A}$$

(14.133)

又从式(14.67)中有

$$\frac{\partial S}{\partial \sigma_{A}} = -P_{A}$$

(14.134)

其中,P_{A} 是在 $\sigma = \sigma_{A}$ 处的哈密顿算子。

如果我们现在考虑表达式(14.121)中所有参数的变化,我们可以从式(14.122)、式(14.127)、式(14.131)和式(14.134)中得到

$$dS = (p_{1B} dx_{1B} + p_{2B} dx_{2B} + p_{3B} dx_{3B} - P_{B} d\sigma_{B})$$

$$- (p_{1A} dx_{1A} + p_{2A} dx_{2A} + p_{3A} dx_{3A} - P_{A} d\sigma_{A})$$

(14.135)

另一种表达形式为

$$dS = (p_{1} dx_{1} + p_{2} dx_{2} + p_{3} dx_{3} - P d\sigma)_{\sigma=\sigma_{B}}$$

$$- (p_{1} dx_{1} + p_{2} dx_{2} + p_{3} dx_{3} - P d\sigma)_{\sigma=\sigma_{A}}$$

(14.136)

现在考虑配置空间中的闭合曲线 c_{A},如图 14.14 所示。它的每个点与遵循哈密顿运动方程的轨迹相交(这些轨迹都不与 c_{A} 相切)。而这些轨迹在配置空间中演化,每一个轨迹都与另一个闭合曲线 c_{B} 的点相交(这些轨迹都不与 c_{B} 相切)。这些轨迹 t_{P} 中的每一个轨迹,都相交于 c_{A} 中的点 P_{A} 和 c_{B} 中的点 P_{B}。因此 c_{A} 和 c_{B} 中的点一一对应。现在,考虑点 P_{A} 沿着曲线 c_{A} 移动到其相邻的点 Q_{A} 处,点 P_{B} 沿着曲线 c_{B} 移动到其相邻的点 Q_{B} 处。在沿着轨迹 t_{P} 从 P_{A} 到 P_{B},和

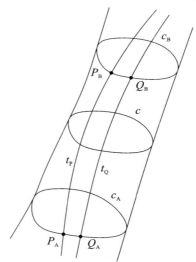

图 14.14　轨迹 $t_{P}, t_{Q} \cdots$ 穿过配置空间中的闭合曲线 c_{A},并与另一条闭合曲线 c_{B} 相交

沿着轨迹 t_Q 从 Q_A 到 Q_B 计算 S 的值时,不同的 dS 值,由表达式(14.122),或其等同式(14.135)给出。这里 $(p_{1B}dx_{1B}+p_{2B}dx_{2B}+p_{3B}dx_{3B}-p_Bd\sigma_B)$ 对应于从 P_B 到 Q_B 的位移,$(p_{1A}dx_{1A}+p_{2A}dx_{2A}+p_{3A}dx_{3A}-p_Ad\sigma_A)$ 对应于从 P_A 到 Q_A 的位移。

如果现在点 P_A 围绕曲线 c_A 返回到起点 P_A,并且对应点 P_B 围绕曲线 c_B 返回到起点 P_B,S 的总变化将为 0,即 $\oint S=0$。在图 14.13 中,对应于点 R_A 返回到点 P_A 并且点 R_B 返回到点 P_B。从式(14.136)中我们得到

$$\oint_{c_A}(p_1dx_1+p_2dx_2+p_3dx_3-Pd\sigma)-\oint_{c_B}(p_1dx_1+p_2dx_2+p_3dx_3-Pd\sigma)=0$$
(14.137)

或者

$$\oint_{c_A}(p_1dx_1+p_2dx_2+p_3dx_3-Pd\sigma)=\oint_{c_B}(p_1dx_1+p_2dx_2+p_3dx_3-Pd\sigma)$$
(14.138)

如果我们沿着轨迹 t_P,t_Q,$\cdots$ 移动闭合曲线到另一个曲线 c,我们仍然得到相同的结果,因此

$$I=\oint_c(p_1dx_1+p_2dx_2+p_3dx_3-Pd\sigma)=\text{常数}\qquad(14.139)$$

其值在给定域(如曲线 c)上不变时的积分称为系统的积分不变量。现在,如果我们将曲线 c 限制在常数 σ 的平面上,我们有 $d\sigma=0$,则方程(14.139)变为

$$I=I_1=\oint_c(p_1dx_1+p_2dx_2+p_3dx_3)=\text{常数}\qquad(14.140)$$

注意,如果我们从开始就没有假设 S 对 σ 的明确依赖关系,则式(14.121)为
$$S=S(P_A,P_B)=S(x_{1A},x_{2A},x_{3A},x_{1B},x_{2B},x_{3B})$$
$$=\int_{\sigma_A}^{\sigma_B}L(x_1,x_2,x_3,x_1',x_2',x_3')d\sigma$$
(14.141)

其中,P_A 和 P_B 是平面 σ 上的点。在这个情况下,方程(14.122)变为
$$dS=\frac{\partial S}{\partial x_{1A}}dx_{1A}+\frac{\partial S}{\partial x_{2A}}dx_{2A}+\frac{\partial S}{\partial x_{3A}}dx_{3A}$$
$$+\frac{\partial S}{\partial x_{1B}}dx_{1B}+\frac{\partial S}{\partial x_{2B}}dx_{2B}+\frac{\partial S}{\partial x_{3B}}dx_{3B}$$
(14.142)

式(14.127)将以相同的方式导出,式(14.135)变为
$$dS=(p_{1B}dx_{1B}+p_{2B}dx_{2B}+p_{3B}dx_{3B})-(p_{1A}dx_{1A}+p_{2A}dx_{2A}+p_{3A}dx_{3A})$$
(14.143)

在图 14.14 中,曲线 c_A、c_B 和 c 位于常数 σ 平面上,并且得到表达式(14.140)。现在,回到式(14.140),我们可以认为曲线 c 包含配置空间 (x_1,x_2,x_3) 中

的表面 A。该表面可以通过两个参数 (u,v) 参数化，并且其点由下式定义：$(x_1 = x_1(u,v), x_2 = x_2(u,v), x_3 = x_3(u,v))$。如果表面 A 的每个点被一个轨迹穿过，则 A 定义了两个参数的轨迹束：对于每个 (u,v)，存在一个轨迹。

通常，闭合曲线 c 由下式给出：

$$(x_1(\tau), x_2(\tau), x_3(\tau))$$

其中，τ 是曲线的参数。曲线的每个点都与一个轨迹相交，因此，曲线 c 限定轨迹的一个参数集：参数 τ 的每个值都存在一个轨迹。该轨迹的单参数集合定义了轨迹的双参数集合的边界，每个轨迹由参数 (u,v) 决定。然后曲线 c 定义了双参数 (u,v) 组轨迹的边界。沿曲线 c 的位移 $(\mathrm{d}x_1, \mathrm{d}x_2, \mathrm{d}x_3)$ 由下式给出

$$\mathrm{d}x_k = \frac{\partial x_k}{\partial u}\mathrm{d}u + \frac{\partial x_k}{\partial v}\mathrm{d}v \qquad (14.144)$$

其中，$k = 1,2,3$。将这些表达式代入式 (14.140)，我们得到

$$I_1 = \oint_b \sum_{k=1}^{3} p_k \mathrm{d}x_k = \oint_b \sum_{k=1}^{3} p_k \frac{\partial x_k}{\partial u}\mathrm{d}u + p_k \frac{\partial x_k}{\partial v}\mathrm{d}v \qquad (14.145)$$

注意，线积分（见式 (14.140)）沿着配置空间 (x_1, x_2, x_3) 中的曲线 c 计算。然而，在将坐标从 (x_1, x_2, x_3) 改变到 (u,v) 之后，现在在参数平面中沿曲线 b 计算线积分（见式 (14.145)）。曲线 b 是配置空间中的曲线 c 的平面中的图像。方程 (14.145) 则可以改写成

$$I_1 = \sum_{k=1}^{3} \oint_b p_k \frac{\partial x_k}{\partial u}\mathrm{d}u + p_k \frac{\partial x_k}{\partial v}\mathrm{d}v \qquad (14.146)$$

格林定理为

$$\oint F\mathrm{d}u + G\mathrm{d}v = \iint \left(\frac{\partial G}{\partial u} - \frac{\partial F}{\partial v}\right)\mathrm{d}u\mathrm{d}v \qquad (14.147)$$

参数平面中的曲线 b 包围在同一平面 (u,v) 中的区域 B。将格林定理应用于求和中的每个项（见式 (14.146)），曲线 b 上的线积分可以被转换为 B 上的表面积分

$$
\begin{aligned}
I_1 &= \sum_{k=1}^{3} \iint_B \left(\frac{\partial}{\partial u}\left(p_k \frac{\partial x_k}{\partial v}\right) - \frac{\partial}{\partial v}\left(p_k \frac{\partial x_k}{\partial u}\right)\right)\mathrm{d}u\mathrm{d}v \\
&= \iint_B \sum_{k=1}^{3} \left(\frac{\partial}{\partial u}\left(p_k \frac{\partial x_k}{\partial v}\right) - \frac{\partial}{\partial v}\left(p_k \frac{\partial x_k}{\partial u}\right)\right)\mathrm{d}u\mathrm{d}v
\end{aligned}
\qquad (14.148)
$$

现在 $k = 1,2,3$，有

$$
\begin{aligned}
\frac{\partial}{\partial u}\left(p_k \frac{\partial x_k}{\partial v}\right) - \frac{\partial}{\partial v}\left(p_k \frac{\partial x_k}{\partial u}\right) &= \frac{\partial p_k}{\partial u}\frac{\partial x_k}{\partial v} + p_k \frac{\partial}{\partial u}\frac{\partial x_k}{\partial v} - \frac{\partial p_k}{\partial v}\frac{\partial x_k}{\partial u} - p_k \frac{\partial}{\partial v}\frac{\partial x_k}{\partial u} \\
&= \frac{\partial p_k}{\partial u}\frac{\partial x_k}{\partial v} - \frac{\partial x_k}{\partial u}\frac{\partial p_k}{\partial v} = \frac{\partial(p_k, x_k)}{\partial(u,v)}
\end{aligned}
$$

$$(14.149)$$

这是规范变量 (x_k,p_k) 和参数 (u,v) 之间的变换的雅可比行列式。然后我们从表达式(14.148)中可以知道

$$I_1 = \iint_B \left(\sum_{k=1}^3 \frac{\partial(p_k,x_k)}{\partial(u,v)} \right) du\,dv = J_2 = \iint_A \sum_{k=1}^3 dp_k\,dx_k \quad (14.150)$$

其中,由表达式(14.140)可知,$I_1 = J_2$ 为常数。积分现在在相空间 $(x_1,x_2,x_3,p_1,p_2,p_3)$ 中计算。

由方程(14.140)和方程(14.150),我们得到一个不变量

$$I_1 = \oint_b \sum_{k=1}^3 p_k\,dx_k = \oint_c (p_1\,dx_1 + p_2\,dx_2 + p_3\,dx_3) = \oint_c d\boldsymbol{p} \cdot d\boldsymbol{x}$$

$$= J_2 = \iint_A \sum_{k=1}^3 dp_k\,dx_k = \iint_A dp_1\,dx_1 + dp_2\,dx_2 + dp_3\,dx_3 = \iint_A d\boldsymbol{p} \cdot d\boldsymbol{x}$$

$$(14.151)$$

其中,$\boldsymbol{p}=(p_1,p_2,p_3)$,$d\boldsymbol{x}=(dx_1,dx_2,dx_3)$,$d\boldsymbol{p}=(dp_1,dp_2,dp_3)$。通过应用斯托克斯定理,我们得到

$$\oint_c \boldsymbol{p} \cdot d\boldsymbol{x} = \iint_A \nabla\times\boldsymbol{p} \cdot \boldsymbol{n}\,da = \iint_A \nabla\times\boldsymbol{p} \cdot d\boldsymbol{a} \quad (14.152)$$

其中,$d\boldsymbol{a}=da\boldsymbol{n}$,$\boldsymbol{n}$ 是由曲线 c 限定的表面 A 的单位法向量,da 是 A 中的微小区域。

由式(14.150)式(14.149),我们可以得到

$$I_1 = \iint_B \left(\sum_{k=1}^3 \frac{\partial p_k}{\partial u}\frac{\partial x_k}{\partial v} - \sum_{k=1}^3 \frac{\partial x_k}{\partial u}\frac{\partial p_k}{\partial v} \right) du\,dv \quad (14.153)$$

或

$$I_1 = \iint_B (\boldsymbol{p}_u \cdot \boldsymbol{x}_v - \boldsymbol{p}_v \cdot \boldsymbol{x}_u) du\,dv \quad (14.154)$$

其中

$$\boldsymbol{x}_u = \left(\frac{\partial x_1}{\partial u}, \frac{\partial x_2}{\partial u}, \frac{\partial x_3}{\partial u} \right)$$

$$\boldsymbol{x}_v = \left(\frac{\partial x_1}{\partial v}, \frac{\partial x_2}{\partial v}, \frac{\partial x_3}{\partial v} \right)$$

$$\boldsymbol{p}_u = \left(\frac{\partial p_1}{\partial u}, \frac{\partial p_2}{\partial u}, \frac{\partial p_3}{\partial u} \right) \quad (14.155)$$

$$\boldsymbol{p}_v = \left(\frac{\partial p_1}{\partial v}, \frac{\partial p_2}{\partial v}, \frac{\partial p_3}{\partial v} \right)$$

式(14.151)、式(14.152)和式(14.154)的结果现在可以被概括为

$$I_1 = \oint_c \boldsymbol{p} \cdot d\boldsymbol{x} = J_2 = \iint_A d\boldsymbol{p} \cdot d\boldsymbol{x} = \iint_A \nabla\times\boldsymbol{p} \cdot d\boldsymbol{a}$$

$$= \iint_B (\boldsymbol{p}_u \cdot \boldsymbol{x}_v - \boldsymbol{p}_v \cdot \boldsymbol{x}_u) du\,dv \quad (14.156)$$

非成像光学导论（第二版）

还有更高阶的整数不变量[14,18-21]

$$J_4^* = \iiiint \sum_{i=1}^{3} \sum_{j=1}^{3} \mathrm{d}x_i \mathrm{d}x_j \mathrm{d}p_i \mathrm{d}p_j \tag{14.157}$$

其中，J_4^* 是常数。该表达式可以被重写为使得 $x_k = x_k(s,t,u,v)$，$p_k = p_k(s,t,u,v)$，$k = 1,2,3$。s、t、u、v 是积分 J_4^* 的 4 参数空间的参数，有

$$J_4^* = \iiiint \sum_{i=1}^{3} \sum_{j=1}^{3} \frac{\partial(\mathrm{d}x_i \mathrm{d}x_j \mathrm{d}p_i \mathrm{d}p_j)}{\partial(s,t,u,v)} \mathrm{d}s\mathrm{d}t\mathrm{d}u\mathrm{d}v \tag{14.158}$$

现在，当两行（或列）相等时，矩阵的行列式为 0，我们得到

$$\mathrm{d}x_k \mathrm{d}x_k \mathrm{d}p_i \mathrm{d}p_j = \mathrm{d}x_i \mathrm{d}x_j \mathrm{d}p_k \mathrm{d}p_k = 0 \tag{14.159}$$

此外，改变两行（或列）的顺序来改变行列式的符号，我们得到

$$\mathrm{d}x_i \mathrm{d}x_j \mathrm{d}p_k \mathrm{d}p_l = -\mathrm{d}x_j \mathrm{d}x_i \mathrm{d}p_k \mathrm{d}p_l = \mathrm{d}x_j \mathrm{d}x_i \mathrm{d}p_l \mathrm{d}p_k \tag{14.160}$$

其中，i、j、k 可以取值 1、2、3。该属性在外部代数中表示为 $\mathrm{d}x_1 \hat{} \mathrm{d}x_2 = -\mathrm{d}x_2 \hat{} \mathrm{d}x_1$，其中，$\mathrm{d}x_1 \hat{} \mathrm{d}x_1 = -\mathrm{d}x_1 \hat{} \mathrm{d}x_1 = 0$。

外部代数也可以用于积分不变量的导出。不同于表达式(14.157)中的 J_4，我们可以使用[24,25]

$$J_4 = \iiiint \sum_{i \neq j} \mathrm{d}x_i \mathrm{d}x_j \mathrm{d}p_i \mathrm{d}p_j \tag{14.161}$$

或者

$$J_4 = \iiiint \mathrm{d}x_1 \mathrm{d}x_2 \mathrm{d}p_1 \mathrm{d}p_2 + \mathrm{d}x_1 \mathrm{d}x_3 \mathrm{d}p_1 \mathrm{d}p_3 + \mathrm{d}x_2 \mathrm{d}x_3 \mathrm{d}p_2 \mathrm{d}p_3 \tag{14.162}$$

其同样为常数。阶 6 的积分不变量也存在

$$J_6 = \iiiiint \mathrm{d}x_1 \mathrm{d}x_2 \mathrm{d}x_3 \mathrm{d}p_1 \mathrm{d}p_2 \mathrm{d}p_3 \tag{14.163}$$

其中，J_2、J_4 和 J_6 分别是阶 2、4 和 6 的整数不变量。积分不变量称为光学中的光学扩展量守恒，这将在第 18 章做进一步讨论。

14.7 正则变换的系统运动

式(14.135)具有与式(14.103)相同的形式。因此，根据从坐标(x_{1a}, x_{2a}, x_{3a})到坐标(x_{1b}, x_{2b}, x_{3b})的运动方程的系统的运动，可以被看作是具有 S 的正则变换，作为变换的生成函数[24]。现在，坐标的变化由

$$(x_1, x_2, x_3, p_1, p_2, p_3) \rightarrow (i_1, i_2, i_3, u_1, u_2, u_3) \tag{14.164}$$

变为

$$(x_{1A}, x_{2A}, x_{3A}, p_{1A}, p_{2A}, p_{3A}) \rightarrow (x_{1B}, x_{2B}, x_{3B}, p_{1B}, p_{2B}, p_{3B}) \tag{14.165}$$

且 P 到 P_A，Q 到 P_B。现在式(14.104)中的生成函数

$$G_2(x_{1A}, x_{2A}, x_{3A}, p_{1B}, p_{2B}, p_{3B}) \tag{14.166}$$

和式(14.107) 变为

$$\begin{cases} p_{kA} = \dfrac{\partial G_2}{\partial x_{kA}} \\[2mm] x_{kB} = \dfrac{\partial G_2}{\partial p_{kB}} \\[2mm] P_B = P_A \end{cases} \tag{14.167}$$

其中,$k = 1,2,3$。这些结果现在可以用来显示[26]

$$J_6 = \iiiiii dx_{1A} dx_{2A} dx_{3A} dp_{1A} dp_{2A} dp_{3A} = \iiiiii dx_{1B} dx_{2B} dx_{3B} dp_{1B} dp_{2B} dp_{3B} \tag{14.168}$$

当系统根据运动方程演进时相空间中的体积 J_6 是恒定的。

我们现在可以使用在式(14.166)中的生成函数 G_2 定义的正则变换。改写前为

$$dx_{1A} dx_{2A} dx_{3A} dp_{1A} dp_{2A} dp_{3A} = \left| \frac{\partial(x_{kA} , p_{kA})}{\partial(x_{kA} , p_{kB})} \right| dx_{1A} dx_{2A} dx_{3A} dp_{1B} dp_{2B} dp_{3B} \tag{14.169}$$

其中

$$\left| \frac{\partial(x_{kA} , p_{kA})}{\partial(x_{kA} , p_{kB})} \right| = \frac{\partial(x_{1A} , x_{2A} , x_{3A} , p_{1A} , p_{2A} , p_{3A})}{\partial(x_{1A} , x_{2A} , x_{3A} , p_{1B} , p_{2B} , p_{3B})} \tag{14.170}$$

改写后是

$$dx_{1B} dx_{2B} dx_{3B} dp_{1B} dp_{2B} dp_{3B} = \left| \frac{\partial(x_{kB} , p_{kB})}{\partial(x_{kA} , p_{kB})} \right| dx_{1A} dx_{2A} dx_{3A} dp_{1B} dp_{2B} dp_{3B} \tag{14.171}$$

其中

$$\left| \frac{\partial(x_{kB} , p_{kB})}{\partial(x_{kA} , p_{kB})} \right| = \frac{\partial(x_{1B} , x_{2B} , x_{3B} , p_{1B} , p_{2B} , p_{3B})}{\partial(x_{1A} , x_{2A} , x_{3A} , p_{1B} , p_{2B} , p_{3B})} \tag{14.172}$$

现在我们可以写出

$$\left| \frac{\partial(x_{kA} , p_{kA})}{\partial(x_{kA} , p_{kB})} \right| = \left| \begin{array}{cc} \left[\dfrac{\partial x_{iA}}{\partial x_{jA}} \right] & \left[\dfrac{\partial x_{iA}}{\partial p_{jB}} \right] \\[3mm] \left[\dfrac{\partial p_{iA}}{\partial x_{jA}} \right] & \left[\dfrac{\partial p_{iA}}{\partial p_{jB}} \right] \end{array} \right| = \left| \begin{array}{cc} I & \left[\dfrac{\partial x_{iA}}{\partial p_{jB}} \right] \\[3mm] 0 & \left[\dfrac{\partial p_{iA}}{\partial p_{jB}} \right] \end{array} \right| = \left| \frac{\partial p_{iA}}{\partial p_{jB}} \right| = \left| \frac{\partial G_2}{\partial p_{jB} \partial x_{iA}} \right| \tag{14.173}$$

其中,I 是单位矩阵;0 是零矩阵。同样,p_{iA} 和 x_{jA} 为自变量,因此

$$\begin{cases} \dfrac{x_{iA}}{x_{jA}} = \delta_{ij} \\[2mm] \dfrac{\partial p_{iA}}{\partial x_{jA}} = 0 \end{cases} \tag{14.174}$$

这里，若 $i \neq j$，则 $\delta_{ij} = 0$；若 $i = j$，则 $\delta_{ij} = 1$。现在我们可以写出

$$\left| \frac{\partial(x_{kB}, p_{kB})}{\partial(x_{kA}, p_{kB})} \right| = \left| \begin{bmatrix} \dfrac{\partial x_{iB}}{\partial x_{jA}} \end{bmatrix} \quad \begin{bmatrix} \dfrac{\partial x_{iB}}{\partial p_{jB}} \end{bmatrix} \\ \begin{bmatrix} \dfrac{\partial p_{iB}}{\partial x_{jA}} \end{bmatrix} \quad \begin{bmatrix} \dfrac{\partial p_{iB}}{\partial p_{jB}} \end{bmatrix} \right| = \left| \begin{bmatrix} \dfrac{\partial x_{iB}}{\partial x_{jA}} \end{bmatrix} \quad \mathbf{0} \\ \begin{bmatrix} -\dfrac{\partial p_{iB}}{\partial x_{jA}} \end{bmatrix} \quad \mathbf{I} \right| = \left| \frac{\partial x_{iB}}{\partial x_{jA}} \right| = \left| \frac{\partial G_2}{\partial x_{jA} \partial p_{iB}} \right|$$

$$(14.175)$$

其中，p_{iB} 和 x_{jB} 都是自变量，有

$$\begin{cases} \dfrac{\partial x_{iB}}{\partial x_{jB}} = \delta_{ij} \\ \dfrac{\partial p_{iB}}{\partial x_{jB}} = 0 \end{cases} \qquad (14.176)$$

因此由式（14.175）和式（14.173）可以得到

$$\left| \frac{\partial(x_{kA}, p_{kA})}{\partial(x_{kA}, p_{kB})} \right| = \left| \frac{\partial(x_{kB}, p_{kB})}{\partial(x_{kA}, p_{kB})} \right| \qquad (14.177)$$

结合这些结果和式（14.171）和式（14.167），有

$$\mathrm{d}x_{1A}\mathrm{d}x_{2A}\mathrm{d}x_{3A}\mathrm{d}p_{1A}\mathrm{d}p_{2A}\mathrm{d}p_{3A} = \mathrm{d}x_{1B}\mathrm{d}x_{2B}\mathrm{d}x_{3B}\mathrm{d}p_{1B}\mathrm{d}p_{2B}\mathrm{d}p_{3B} \quad (14.178)$$

或者

$$J_6 = \int \mathrm{d}x_1 \mathrm{d}x_2 \mathrm{d}x_3 \mathrm{d}p_1 \mathrm{d}p_2 \mathrm{d}p_3 \qquad (14.179)$$

根据运动方程，J_6 是作为系统的轨迹保持不变的整数不变量。

参 考 文 献

[1] Pedrotti, L. S. and Pedrotti, F. L., *Optics and Vision*, Prentice-Hall, Upper Saddle River, New Jersey, 1998.

[2] Buchdahl, H. A., *An Introduction to Hamiltonian Optics*, Dover Publications, Inc, New York, 1970.

[3] Goldstein, H., *Classical Mechanics*, Addison-Wesley Publishing Company, Reading, Massachusetts, 1980.

[4] Leech, J. W., *Classical Mechanics*, Chapman & Hall, London, 1965.

[5] Arnaud, J. A., *Beam and Fiber Optics*, Academic Press, New York, 1976.

[6] Guenther, R. D., *Modern Optics*, John Wiley & Sons, New York, 1990.

[7] Stavroudis, O. N., *The Optics of Rays, Wavefronts, and Caustics*, Academic Press, New York, 1972.

[8] Marcuse, D., *Light Transmission Optics*, Van Nostrand Reinhold Company, New York, 1972.

[9] Luneburg, R. K., *Mathematical Theory of Optics*, University of California

Press,Berkeley and Los Angeles,1964,90.

[10] Miñano,J. C. ,Design of three-dimensional nonimaging concentrators with inhomogeneous media,*J. Opt. Soc. Am. A*,3,9,1345,1986.

[11] Miñano,J. C. ,Poisson brackets method of design of nonimaging concentrators:A review,*SPIE Conference on Nonimaging Optics: Maximum Efficiency Light Transfer II*,SPIE Vol. 2016,98,San Diego,California,USA,1993.

[12] Miñano,J. C. and Benitez,P. ,Poisson bracket design method review. Application to the elliptic bundles,*SPIE Conference on Nonimaging Optics: Maximum Efficiency Light Transfer V*,SPIE Vol. 3781,2,1999.

[13] Winston,R. et al. ,*Nonimaging Optics*,Elsevier Academic Press,Amsterdam, 2005.

[14] Meirovitch,L. ,*Methods of Analytical Dynamics*,McGraw-Hill,USA, 1970.

[15] Apostol,T. M. ,*Calculus*,*Volume 1*,*One-Variable Calculus*,*with an Introduction to Linear Algebra*,2nd edition,John Wiley & Sons,1967.

[16] Poincaré,H. ,*Les Méthodes Nouvelles De Mécanique Céleste*,*Tome III*, Gauthier-Villars,Paris,1899.

[17] Cartan,E. ,*Leçons Sur Les Invariants Intégraux*,Hermann,Paris, 1922.

[18] Gantmacher,F. ,*Lectures in Analytical Mechanics*,Mir Publishers, Moscow,1975.

[19] Rund,H. ,*The Hamilton-Jacobi Theory in the Calculus of Variations: Its Role in Mathematics and Physics*,D. Van Nostrand Company LTD, London,1966.

[20] Tiwari,R. N. and Thakur,B. S. ,*Classical Mechanics:Analytical Dynamics*, Prentice-Hall,New Delhi,2007.

[21] Pars,L. A. ,*A Treatise on Analytical Dynamics*,Heinemann,London, 1965.

[22] Miñano,J. C. and Benitez,P. ,Fermat's principle and conservation of 2D etendue,*Proc. SPIE 5529*,*Nonimaging Optics and Efficient Illumination Systems*,Denver,Colorado,USA,2004.

[23] Flanders,H. ,*Differential Forms with Applications to the Physical Sciences*,Dover Publications,Inc. ,New York,1963.

［24］Landau，L. D. and Lifshitz，E. M. ，*Mechanics*，3rd edition，Butterworth-
　　Heinemann，2000.

［25］Whittaker，E. T. ，*A Treatise on the Analytical Dynamics of Particles*
　　and Rigid Bodies，2nd edition，Cambridge University Press，London，
　　Edinburgh，New York，Bombay，Toronto，Tokyo，1917.

［26］Teodorescu，P. P. ，*Mechanical Systems*，*Classical Models*，*Volume III*：
　　Analytical Mechanics，Springer，Bucharest，2002.

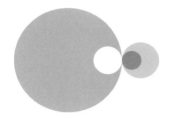

第 15 章
光线和波前

15.1　光学动量

光线在点 Q 处的光学动量 p 是光线在点 Q 处的切线。可以发现光学动量矢量 p 同时垂直于表面 $S =$ 常数,因此,这些表面和光线方向垂直。

可以将拉格朗日公式 $L = L(x_1,x_2,x_3,x'_1,x'_2)$ 用于式(14.51),写为

$$\frac{\mathrm{d}L}{\mathrm{d}x_3} = \sum_{k=1}^{2} \frac{\partial L}{\partial x_k}x'_k + \frac{\partial L}{\partial x'_k}\frac{\mathrm{d}x'_k}{\mathrm{d}x_3} + \frac{\partial L}{\partial x_3} \tag{15.1}$$

通过欧拉公式(14.52),得到[1]

$$\frac{\mathrm{d}L}{\mathrm{d}x_3} = \sum_{k=1}^{2} \frac{\mathrm{d}}{\mathrm{d}x_3}\left(\frac{\partial L}{\partial x'_k}\right)x'_k + \frac{\partial L}{\partial x'_k}\frac{\mathrm{d}x'_k}{\mathrm{d}x_3} + \frac{\partial L}{\partial x_3}$$
$$= \frac{\mathrm{d}}{\mathrm{d}x_3}\left(\sum_{k=1}^{2} \frac{\partial L}{\partial x'_k}x'_k\right) + \frac{\partial L}{\partial x_3} \tag{15.2}$$

因此

$$\frac{\mathrm{d}}{\mathrm{d}x_3}\left(L - \sum_{k=1}^{2} \frac{\partial L}{\partial x'_k}x'_k\right) = \frac{\partial L}{\partial x_3} \tag{15.3}$$

通过式(14.49) 和 $\mathrm{d}x_3/\mathrm{d}x_3 = x'_3 = 1$,可以得到

$$L - \sum_{k=1}^{2} \frac{\partial L}{\partial x'_k}x'_k = n\sqrt{1 + x'^2_1 + x'^2_2} - \sum_{k=1}^{2} n\frac{x'^2_k}{\sqrt{1 + x'^2_1 + x'^2_2}} = n\frac{1}{\sqrt{1 + x'^2_1 + x'^2_2}} \tag{15.4}$$

该式可以写为

$$L - \sum_{k=1}^{2} \frac{\partial L}{\partial x'_k} x'_k = n \frac{x'_3}{\sqrt{x_1'^2 + x_2'^2 + x_3'^2}} = \frac{\partial L}{\partial x'_3} \tag{15.5}$$

将式(15.5)代入式(15.3),最终可以得到

$$\frac{\mathrm{d}}{\mathrm{d}x_3}\left(\frac{\partial L}{\partial x'_3}\right) = \frac{\partial L}{\partial x_3} \tag{15.6}$$

将该式和欧拉公式(式14.52)相结合,得到

$$\frac{\mathrm{d}}{\mathrm{d}x_3}\left(\frac{\partial L}{\partial x'_k}\right) = \frac{\partial L}{\partial x_k}, \quad k = 1,2,3 \tag{15.7}$$

由于 $p_k = \partial L / \partial x'_k$,因此也可以写成

$$\frac{\mathrm{d}p_k}{\mathrm{d}x_3} = \frac{\partial L}{\partial x_k}, \quad k = 1,2,3 \tag{15.8}$$

根据拉格朗日光学定理、式(14.48)和刚刚提及的欧拉公式,可以写为

$$\frac{\partial S}{\partial x_k} = \frac{\partial}{\partial x_k}\int L \mathrm{d}x_3 = \int \frac{\partial L}{\partial x_k}\mathrm{d}x_3 = \int \frac{\mathrm{d}p_k}{\mathrm{d}x_3}\mathrm{d}x_3 = p_k \tag{15.9}$$

$p_k = \partial S / \partial x_k$,该式也可以写成

$$\boldsymbol{p} = \nabla S \tag{15.10}$$

从该式可以总结出矢量 $\boldsymbol{p}$ 与表面 S 垂直,S 是一个常数,S 为光程。由于矢量 $\boldsymbol{p}$ 与光线方向相切,由此可以总结出恒定大小的表面 S 与光线方向垂直,这些平面称为波前。

拉格朗日公式和哈密顿公式在光学上可以互相替换。作为支撑这个观点的一个例子,式(15.10)中关于光线波前的部分也可以通过哈密顿公式得到。通过式(14.34)和式(14.49),能够得到

$$n\frac{\mathrm{d}s}{\mathrm{d}x_3} = x'_1 p_1 + x'_2 p_2 - H \tag{15.11}$$

因此

$$S = \int n\mathrm{d}s = \int n\frac{\mathrm{d}s}{\mathrm{d}x_3}\mathrm{d}x_3 = \int (x'_1 p_1 + x'_2 p_2 - H)\mathrm{d}x_3 \tag{15.12}$$

由以上可以得到

$$\frac{\partial S}{\partial x_1} = \frac{\partial}{\partial x_1}\int (x'_1 p_1 + x'_2 p_2 - H)\mathrm{d}x_3 = \int \frac{\partial}{\partial x_1}(x'_1 p_1 + x'_2 p_2 - H)\mathrm{d}x_3 \tag{15.13}$$

由于 $x_1 = x_1(x_3)$, $x'_1 = x'_1(x_3)$,所以 $\partial x'_1 / \partial x_1 = 0$,因此 $\partial x'_2 / \partial x_2 = 0$。通过式(14.62)的哈密顿公式,可以得到

$$\frac{\partial S}{\partial x_1} = \int -\frac{\partial H}{\partial x_1}\mathrm{d}x_3 = \int \frac{\mathrm{d}p_1}{\mathrm{d}x_3}\mathrm{d}x_3 = p_1 \tag{15.14}$$

相同的方法

$$\frac{\partial S}{\partial x_2} = p_2 \tag{15.15}$$

式(14.39)中包括参数 σ，并且在坐标 x_3 下，由于 $\partial L/\partial x_3 = -\partial H/\partial x_3$，因此

$$\frac{\partial}{\partial x_3}[x_1' p_1 + x_2' p_2 - H] = -\frac{\partial H}{\partial x_3} \tag{15.16}$$

并且，因为 $H = -p_3$，有

$$\frac{\partial S}{\partial x_3} = \frac{\partial}{\partial x_3}\int (x_1' p_1 + x_2' p_2 - H)\mathrm{d}x_3 = \int -\frac{\partial H}{\partial x_3}\mathrm{d}x_3 = \int \frac{\mathrm{d}p_3}{\mathrm{d}x_3}\mathrm{d}x_3 = p_3$$

$$\tag{15.17}$$

结合式(15.14)、式(15.15)和式(15.17)可以得到

$$\boldsymbol{p} = \nabla S \tag{15.18}$$

该式和式(15.10)相同。

在每个点上光学动量 $\boldsymbol{p}$ 都指向光线的方向。由于光学动量 $\boldsymbol{p}$ 垂直于波前，光线也垂直于波前，如图 15.1 所示。

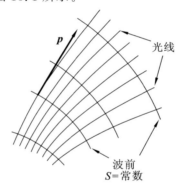

图 15.1　光线与波前垂直。光学动量 $\boldsymbol{p}$ 与波前垂直

光线经过折射率连续变化的材料，光线被弯曲，在光线上点 Q 的光学动量 $\boldsymbol{p}$ 与光线相切，并且光学动量 $\boldsymbol{p}$ 的大小和点 Q 折射率的大小相同，$\| \boldsymbol{p}(Q) \| = n(Q)$，如图 15.2(a)所示。如果折射率是恒定的常数 n，光线是直线，光学动量 $\boldsymbol{p}$ 与光线平行，$\| \boldsymbol{p} \| = n$，如图 15.2(b)所示。

对于矢量 $\boldsymbol{p} = (p_1, p_2)$，$p_1$ 是 x_1 轴上的分量，其大小与动量 $\boldsymbol{p}$ 和 x_1 轴夹角的余弦值有关，$p_1 = \| \boldsymbol{p} \| \cos\alpha_1 = \| \boldsymbol{p} \| \cos\beta_1$。对在 x_2 轴上的分量也一样，$p_2 = \| \boldsymbol{p} \| \cos\alpha_2 = \| \boldsymbol{p} \| \cos\beta_2$，如图 15.3 所示。

在三维系统中，对于矢量 $\boldsymbol{p} = (p_1, p_2, p_3)$ 有部分和二维系统相同。依然存在 $p_1 = \| \boldsymbol{p} \| \cos\alpha_1 = \| \boldsymbol{p} \| \cos\beta_1$，角 α_1 和 β_1 是矢量 $\boldsymbol{p}$ 与 x_1 轴的夹角。如果在 x_1 轴和动量 $\boldsymbol{p}$ 在平面 γ 内，那么和图 15.3(a)所示的情况相同。如图 15.4 所示，

我们也能够得到动量 p 在 x_2、x_3 轴的分量。

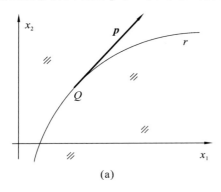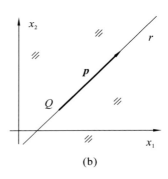

(a)   (b)

图 15.2   （a）光线在折射率连续变化的介质中会弯曲并且光学动量与光线相切；（b）当折射率不变时，光线是直线，并且光学动量方向和光线方向相同

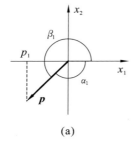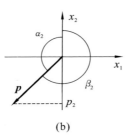

(a)   (b)

图 15.3   矢量 p 的 p_1 分量根据 $p_1 = \parallel p \parallel \cos\alpha_1 = \parallel p \parallel \cos\beta_1$ 求得。同理在 x_2 轴上的分量可由 $p_2 = \parallel p \parallel \cos\alpha_2 = \parallel p \parallel \cos\beta_2$ 求得

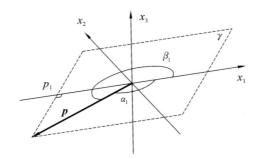

图 15.4   平面 γ 是由动量 p 和 x_1 轴定义的，p_1 分量可以由 $p_1 = \parallel p \parallel \cos\alpha_1 = \parallel p \parallel \cos\beta_1$ 求得，α_1 和 β_1 是动量 p 与 x_1 轴的夹角

在二维系统中,对于给定 p_1 的值,有两种可能的光线 r_A 和 r_B,它们有相同大小的 p_1 分量(见图 15.5(a))。在二维系统中,对于两种光线的 p_2 值,可以由公式 $p_1^2 + p_2^2 = n^2$ 求得,即

$$p_2 = \pm \sqrt{n^2 - p_1^2} \qquad (15.19)$$

如图 15.5(b) 所示,在三维系统中与之类似。给定 p_1、p_2 的值后,可以计算 p_3 的值为

$$p_3 = \pm \sqrt{n^2 - p_1^2 - p_2^2} \qquad (15.20)$$

但是,在大多数的光学系统中,光线沿指定的方向传播。如图 15.6 所示,可以看出,在二维系统中,光线沿 x_2 轴正方向传播。

在这种情况下,可以得出 $p_2 > 0$,因此,给定 p_1 的值,可以得出与之相关的 p_2 的值,这样就可以完全决定光线。这个方法可以应用到图 15.5(a) 中二维情况下的光线 r_A 上。

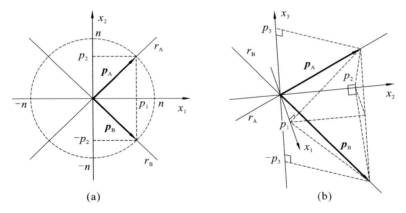

图 15.5　(a) 在二维系统中,计算光线的 p_1 值不能定义光线,因为这两条光线有相同的 p_1 值;(b) 在三维系统中,计算 p_1 和 p_2 的方法和二维系统的类似

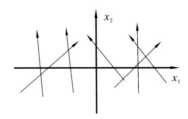

图 15.6　在大多数光学系统中,光的运动方向是沿着光轴方向的,在这个例子中,该轴是 x_2

对于三维系统,如果光线的传播方向是沿着 x_3 的正方向的,那么 $p_3 > 0$,给定 p_1 和 p_2 就能定义光线。图 15.5(b) 所示的光线 r_A 的 $p_3 > 0$。

15.2　光程函数方程

从式(14.56)和式(15.10),可以得出

$$\boldsymbol{p} = n\frac{\mathrm{d}s}{\mathrm{d}s}\nabla S \tag{15.21}$$

可以写成分量的形式 $p_i = \partial S/\partial x_i$。从式(14.57)可以得出 $\|\boldsymbol{p}\| = n$。根据式(15.21)可以得出

$$\left(\frac{\partial S}{\partial x_1}\right)^2 + \left(\frac{\partial S}{\partial x_2}\right)^2 + \left(\frac{\partial S}{\partial x_3}\right)^2 = n^2 \Leftrightarrow \|S\|^2 = n^2 \tag{15.22}$$

这就是光程函数方程[2-5]。应当指出,根据式(15.21)得到光程函数等式,可以通过将式(14.79)减少到 $P = 0$ 来实现。

从式(15.21)得到光程函数等式另一种方法是通过该表达式的第三个分量 $\partial S/\partial x_3 - p_3 = 0$。通过式(14.60),$p_3 = -H$,可以得到 $\partial S/\partial x_3 + H = 0$。从式(14.86)中可以得出 $H = H(x_1, x_2, x_3, p_1, p_2)$。结合式(15.21),最终可以得出

$$\frac{\partial S}{\partial x_3} + H\left(x_1, x_2, x_3, \frac{\partial S}{\partial x_1}, \frac{\partial S}{\partial x_2}\right) = 0 \tag{15.23}$$

这是一个关于 S 的微分方程,称为哈密顿-雅可比方程[3,4]。可以用该方程得到光程函数等式(见式(15.22))。将上面提及的式(14.61)给出的 H 值代入式(15.23),得出

$$\frac{\partial S}{\partial x_3} - \sqrt{n^2 - \left(\frac{\partial S}{\partial x_1}\right)^2 - \left(\frac{\partial S}{\partial x_2}\right)^2} = 0 \tag{15.24}$$

这就和式(15.22)的光程函数一致了。

15.3　光线方程

再次考虑式(15.21),则可以写出它的分量

$$n\frac{\mathrm{d}x_k}{\mathrm{d}s} = \frac{\partial S}{\partial x_k} \tag{15.25}$$

该式关于路径长度 s 的微分是

$$\frac{\mathrm{d}}{\mathrm{d}s}\left(n\frac{\mathrm{d}x_k}{\mathrm{d}s}\right) = \frac{\mathrm{d}}{\mathrm{d}s}\frac{\partial S}{\partial x_k} \tag{15.26}$$

因为 $S = \int n\mathrm{d}s$,可以得出

$$\frac{\mathrm{d}}{\mathrm{d}s}\left(n\frac{\mathrm{d}x_k}{\mathrm{d}s}\right) = \frac{\mathrm{d}}{\mathrm{d}s}\frac{\partial}{\partial x_k}\int n\mathrm{d}s = \frac{\mathrm{d}}{\mathrm{d}s}\int\frac{\partial n}{\partial x_k}\mathrm{d}s = \frac{\partial n}{\partial x_k} \qquad (15.27)$$

或者

$$\frac{\mathrm{d}}{\mathrm{d}s}\left(n\frac{\mathrm{d}\boldsymbol{s}}{\mathrm{d}s}\right) = \nabla n \qquad (15.28)$$

该式称为光线方程。根据式(15.21),光线方程也可写为

$$\frac{\mathrm{d}\boldsymbol{p}}{\mathrm{d}s} = \nabla n \qquad (15.29)$$

它的分量可以写为 $\mathrm{d}p_k/\mathrm{d}s = \partial n/\partial x_k, k = 1, 2, 3$。

为了简化对该方程求解的方法,可以假定光线的运动轨迹和系统光轴平行。如果 $x' = \mathrm{d}x_k/\mathrm{d}x_3, x_3' = 1$,则可以得到

$$\frac{\mathrm{d}}{\mathrm{d}s} = \left(\frac{1}{\sqrt{x_1'^2 + x_2'^2 + x_3'^2}}\right)\frac{\mathrm{d}}{\mathrm{d}x^3} = \left(\frac{1}{\sqrt{1 + x_1'^2 + x_2'^2}}\right)\frac{\mathrm{d}}{\mathrm{d}x_3} \qquad (15.30)$$

假设在光轴附近,光线的运动轨迹与光轴平行,并且方向的改变很小。但这并不意味着光线在空间的传播不能远离光轴,仅仅是光线的传播方向和光轴的夹角很小而已。光线经过很长的运动轨迹后可以远离光轴。由于 x_1' 和 x_2' 描述了光线相对于光轴 x_3 的斜率,这个数值是很小的。当 $x_1' \ll 1$ 和 $x_2' \ll 1$ 时,根据式(15.30),可以获得下面的近似表达式:

$$\frac{\mathrm{d}}{\mathrm{d}s} \approx \frac{\mathrm{d}}{\mathrm{d}x_3} \qquad (15.31)$$

如果光轴沿着 x_3 轴,然后有 $\mathrm{d}s \approx \mathrm{d}x_3$。光线方程可以写成

$$\frac{\mathrm{d}}{\mathrm{d}x_3}\left(n\frac{\mathrm{d}\boldsymbol{s}}{\mathrm{d}x_3}\right) = \nabla n \qquad (15.32)$$

这就是轴边光线方程[2,4]。

然后假设折射率为 $n(x_1, x_2, x_3)$,式(15.32)也可以写成分量的形式,假定 $\mathrm{d}s = (\mathrm{d}x_1, \mathrm{d}x_2, \mathrm{d}x_3)$,有

$$\begin{cases} \dfrac{\mathrm{d}}{\mathrm{d}x_3}\left(n(x_1, x_2, x_3)\dfrac{\mathrm{d}x_1}{\mathrm{d}x_3}\right) = \dfrac{\partial n(x_1, x_2, x_3)}{\partial x_1} \\ \dfrac{\mathrm{d}}{\mathrm{d}x_3}\left(n(x_1, x_2, x_3)\dfrac{\mathrm{d}x_2}{\mathrm{d}x_3} = \dfrac{\partial n(x_1, x_2, x_3)}{\partial x_2}\right) \end{cases} \qquad (15.33)$$

这是对于 $x_1(x_3)$ 和 $x_2(x_3)$ 的微分等式,假定折射率为 $n(x_1, x_2, x_3)$,光线路径为 $(x_1(x_3), x_2(x_3), x_3)$,则可以计算光线的路径。将式(15.32)的第三个分量改变为 $\mathrm{d}n/\mathrm{d}x_3 = \partial n/\partial x_3$。因为 $\mathrm{d}x_3/\mathrm{d}x_3 = 1$,因此在式(15.33)中不成立。

如果假设用函数 $S(x_1, x_2, x_3)$ 来定义光线的波前,折射率 $n(x_1, x_2, x_3)$ 的引入使波前可以通过下面光程函数获得:

$$n = \parallel \nabla S \parallel \tag{15.34}$$

并且，光线方程使我们能获得光线的路径。

　　但是，应该指出，在非成像光学中，通常光线和光轴的夹角很大，因此不能应用靠近轴的光线。在这个例子中，对于折射指数 $n(x_1, x_2, x_3)$，式(15.28) 的光线方程可以确定光线的运动轨迹。

　　光线方程也可以通过拉格朗日公式获得。在这个例子中，在式(15.7) 中 $k = 1$，并且由式(14.49) 和式(14.53)，可以得到

$$\frac{\mathrm{d}}{\mathrm{d}x_3}\left(\frac{\partial L}{\partial x_1'}\right) = \frac{\partial L}{\partial x_1} \Leftrightarrow \frac{\mathrm{d}}{\mathrm{d}x_3}\left(\frac{nx_1'}{\sqrt{x_1'^2 + x_2'^2 + x_3'^2}}\right) = \sqrt{x_1'^2 + x_2'^2 + x_3'^2}\,\frac{\partial n}{\partial x_1} \tag{15.35}$$

并且利用式(15.30)，可以得到

$$\frac{\mathrm{d}}{\mathrm{d}s}\left(n\frac{\mathrm{d}x_1}{\mathrm{d}s}\right) = \frac{\partial n}{\partial x_1} \tag{15.36}$$

通过对等式另外两个分量 x_2 和 x_3 的分析，得出

$$\frac{\mathrm{d}}{\mathrm{d}s}\left(n\frac{\mathrm{d}\boldsymbol{s}}{\mathrm{d}s}\right) = \nabla n \tag{15.37}$$

这也是光线方程[2,4]。它依据折射率描述光线的方向。如果现在将 $(x_1(\sigma)$, $x_2(\sigma), x_3(\sigma))$ 参数化，那么光线是连续的曲线[6]。

　　在上面提到，拉格朗日公式和哈密顿公式在光学上可以替换。所以可以假设使用哈密顿公式来推导光线方程。从式(14.62) 和计算 $\partial H/\partial p_i$ 和 $\partial H/\partial x_i$，可以得到

$$x_1' = \frac{p_1}{\sqrt{n^2 - p_1^2 - p_2^2}}, \quad x_2' = \frac{p_2}{\sqrt{n^2 - p_1^2 - p_1^2}} \tag{15.38}$$

和

$$p_1' = \frac{n}{\sqrt{n^2 - p_1^2 - p_2^2}}\,\frac{\partial n}{\partial x_1}, \quad p_2' = \frac{n}{\sqrt{n^2 - p_1^2 - p_2^2}}\,\frac{\partial n}{\partial x_2} \tag{15.39}$$

从式(14.92) 也可以得到

$$p_3' = \frac{n}{\sqrt{n^2 - p_1^2 - p_2^2}}\,\frac{\partial n}{\partial x_3} \tag{15.40}$$

从式(15.38)，可以得到

$$1 + x_1'^2 + x_2'^2 = \frac{n^2}{n^2 - p_1^2 - p_2^2} \quad \text{或} \quad \sqrt{1 + x_1'^2 + x_2'^2} = \frac{n}{\sqrt{n^2 - p_1^2 - p_2^2}} \tag{15.41}$$

从式(14.49)，我们可以看出 $\mathrm{d}s/\mathrm{d}x_3 = \sqrt{1 + x_1'^2 + x_2'^2}$。将这个表达式和式(15.41)

结合起来,得到

$$\frac{\mathrm{d}s}{\mathrm{d}x_3} = \frac{n}{\sqrt{n^2 - p_1^2 - p_2^2}} \tag{15.42}$$

现在可以把式(15.39)和式(15.40)写成简化的形式

$$\frac{\mathrm{d}p_1}{\mathrm{d}s} = \frac{\partial n}{\partial x_1}, \frac{\mathrm{d}p_2}{\mathrm{d}s} = \frac{\partial n}{\partial x_2}, \frac{\mathrm{d}p_3}{\mathrm{d}s} = \frac{\partial n}{\partial x_3} \tag{15.43}$$

这些是光线方程(见式(15.37))的分量,也可以写成

$$\frac{\mathrm{d}\boldsymbol{p}}{\mathrm{d}s} = \nabla n \tag{15.44}$$

15.4 两个波前之间的光学路径长度

微积分第二基础理论曲线积分部分可以写成[7]

$$\int_{P_1}^{P_2} \nabla \varphi \cdot \mathrm{d}\boldsymbol{r} = \varphi(P_2) - \varphi(P_1) \tag{15.45}$$

计算曲线 $\boldsymbol{r}(\xi)$ 在空间 $\xi_1 \leqslant \xi \leqslant \xi_2$ 的曲线积分,并且 $\boldsymbol{P}_1 = \boldsymbol{r}(\xi_1), \boldsymbol{P}_2 = \boldsymbol{r}(\xi_2)$。一定梯度的曲线积分可以独立选择积分路径,仅考虑曲线路径的起点和终点。曲线经过点 P_1 和 P_2,求解曲线积分 $\nabla \varphi$ 仅仅依赖 P_1 和 P_2 两点,也就是 $\varphi(\boldsymbol{P}_1)$ 和 $\varphi(\boldsymbol{P}_2)$ 与 P_1 和 P_2 之间的路径无关。如果 P_1 和 P_2 两点重合,那么

$$\oint \nabla \varphi \cdot \mathrm{d}\boldsymbol{r} = 0 \tag{15.46}$$

该结果可以应用在光学中。将式(15.46)中的 φ 用路径长度 S 代替,得到

$$\oint \nabla S \cdot \mathrm{d}\boldsymbol{r} = 0 \tag{15.47}$$

并且替换式(15.45)的 φ,有

$$\int_{P_1}^{P_2} \nabla S \cdot \mathrm{d}\boldsymbol{r} = S(\boldsymbol{P}_2) - S(\boldsymbol{P}_1) \tag{15.48}$$

式(15.21)可以写成

$$n\frac{\mathrm{d}\boldsymbol{s}}{\mathrm{d}s} = \nabla S \tag{15.49}$$

将式(15.49)代入式(15.47)中,得出

$$\oint n\frac{\mathrm{d}\boldsymbol{s}}{\mathrm{d}s} \cdot \mathrm{d}\boldsymbol{r} = 0 \tag{15.50}$$

闭合曲线上有 P_1 和 P_2 两个点,这两个点将闭合曲线分成两个部分(曲线 c_1 和 c_2),它们都从 P_1 开始在 P_2 结束,如图 15.7 所示。

该曲线积分可以写为[4]

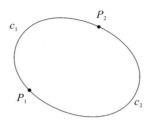

图 15.7 两个点 P_1 和 P_2 将闭合曲线分成 c_1 和 c_2 两部分

$$\int_{P_1}^{P_2} n \frac{\mathrm{d}\boldsymbol{s}_1}{\mathrm{d}s_1} \cdot \mathrm{d}\boldsymbol{r}_1 = \int_{P_1}^{P_2} n \frac{\mathrm{d}\boldsymbol{s}_2}{\mathrm{d}s_2} \cdot \mathrm{d}\boldsymbol{r}_2 \qquad (15.51)$$

可以通过上面的方法对曲线 c_1 和 c_2 积分。矢量 $\mathrm{d}s/\mathrm{d}s$ 表示单位矢量 $\boldsymbol{p}$ 的方向，这也指出了光线的方向。令 $\boldsymbol{t} = \mathrm{d}s/\mathrm{d}s$，得出

$$\int_{P_1}^{P_2} n\boldsymbol{t}_1 \cdot \mathrm{d}\boldsymbol{r}_1 = \int_{P_1}^{P_2} n\boldsymbol{t}_2 \cdot \mathrm{d}\boldsymbol{r}_2 \Leftrightarrow \int_{P_1}^{P_2} \boldsymbol{p}_1 \cdot \mathrm{d}\boldsymbol{r}_1 = \int_{P_1}^{P_2} \boldsymbol{p}_2 \cdot \mathrm{d}\boldsymbol{r}_2 \qquad (15.52)$$

被积函数 $n\boldsymbol{t} \cdot \mathrm{d}\boldsymbol{r}$ 是矢量 $n\boldsymbol{t}$ 的投影，动量 $\boldsymbol{p}$ 的方向指向曲线的方向。结果显示矢量 $n\boldsymbol{t}$ 关于曲线 c_1 的积分和曲线 c_2 的相同，都是从 P_1 开始在 P_2 结束。我们可以总结出：曲线的积分并不依赖于曲线的形状，仅与起点 P_1 和终点 P_2 有关。

如图 15.8 所示，假设两个波前 $S = s_1$ 和 $S = s_2$，这两个波前上有两个点 P_1 和 P_2，对于 P_1 和 P_2 间的曲线积分 $\int_{P_1}^{P_2} n\boldsymbol{t} \cdot \mathrm{d}\boldsymbol{r}$ 的解不依赖于积分路径，因此可以选择波前 $S = s_1$ 上 P_1 和 Q_1 之间的部分作为积分路径，然后选择 Q_1 和 P_2 之间的部分光线轨迹来作为积分路径。P_1 和 Q_1 之间的曲线积分是 0，因为光线垂直于波前。Q_1 和 P_2 之间的曲线积分等于 Q_1 和 P_2 之间的光学路径的长度。尽管如此，我们选择另一条路径，例如，先选择 P_1 到 Q_2 之间的光线轨迹做积分路径，然后在波前 $S = s_2$ 上选择从 Q_2 到 P_2 的部分，这样积分结果是 P_1 和 Q_2 之间光学路径的长度。然后我们总结出 Q_1 和 P_2 之间的光学路径长度与 P_1 和 Q_2 之间的光学路径长度相等。这证明了两个波前之间所有光线在两个波前之间光学路径长度相同。然后可以写出

$$\int_{P_1}^{P_2} n\boldsymbol{t} \cdot \mathrm{d}\boldsymbol{r} = s_2 - s_1 \qquad (15.53)$$

所以当两个波前各包括一个点时，在这个情况下，连接这两个点的光线的光学路径长度是一个常数[8]。

从式(15.51)中可以直接获得这个结果。连接 P_1 和 P_2 之间的曲线是两条光线。曲线的 $\mathrm{d}r$ 和光线的 $\mathrm{d}s$ 重合，$\mathrm{d}r$ 可以用 $\mathrm{d}s$ 替代。因此，$\mathrm{d}\boldsymbol{r} = \mathrm{d}\boldsymbol{s}$，从而可以得到

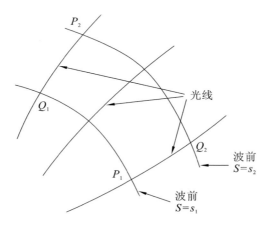

图 15.8　在波前 $S = s_1$ 上的点 P_1 和波前 $S = s_2$ 上的点 P_2 之间的光学路径长度与 P_1、
$\qquad P_2$ 之间的路径无关

$$S = \int_{P_1}^{P_2} n \mathrm{d}s = \int_{P_1}^{P_2} n \frac{\mathrm{d}\boldsymbol{s}}{\mathrm{d}s} \cdot \mathrm{d}\boldsymbol{s} = \int_{P_1}^{P_2} \boldsymbol{p} \cdot \mathrm{d}\boldsymbol{s} = \int_{P_1}^{P_2} \nabla S \cdot \mathrm{d}\boldsymbol{s} = S(P_2) - S(P_1)$$

$$(15.54)$$

由于要对光线求积分,矢量 $\boldsymbol{p}$ 和 $\mathrm{d}\boldsymbol{s}$ 方向相同。因此,可以得出

$$\nabla \times \nabla S = 0$$

其中,∇ 是旋转算子[7]。从而可以得出 $\nabla \times \boldsymbol{p} = 0$。

由于要对光线求积分,$\boldsymbol{t}$ 和 $\mathrm{d}\boldsymbol{r}$ 是平行的,这些标量仅仅是 $\mathrm{d}s$ 的一个元素,
然后从式(15.52)可以得到

$$\int_{P_1}^{P_2} n \mathrm{d}s_1 = \int_{P_1}^{P_2} n \mathrm{d}s_2 \qquad (15.55)$$

从该式能够看出,从 P_1 发出的会聚到点 P_2 的多条光线的光学路径长度是相等
的。图 15.9 说明了这个情况。

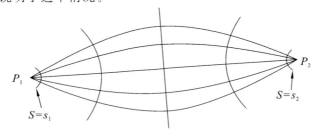

图15.9　连接 P_1 和 P_2 两点所有光线的光学路径长度是相同的

尽管如此,如果发光场是连续的时候,这个结果是有效的。因此在任意两

条光线之间的空间由无限条光滑光线填充。但是有时候这个结果是无效的。例如,一条光线直接从点 P_1 照射到点 P_2,另一条经过镜面反射后到达 P_2。

参 考 文 献

[1] Leech,J. W. ,*Classical Mechanics* ,Chapman & Hall,London,1965.

[2] Guenther,R. D. ,*Modern Optics* ,John Wiley and Sons,New York,1990.

[3] Stavroudis,O. N. ,*The Optics of Rays*,*Wavefronts*,*and Caustics* ,Academic Press,New York,1972.

[4] Marcuse,D. ,*Light Transmission Optics* ,Van Nostrand Reinhold Company, New York,1972.

[5] Born,M. and Wolf,E. ,*Principles of Optics* ,Pergamon Press,Oxford,1980.

[6] Gomez-Reino,C. ,Perez,M. V. and Bao,C. ,*GRIN Gradient-Index Optics* , *Fundamentals and Applications* ,Springer,Berlin,2002.

[7] Apostol,T. M. ,*Calculus-Volume II* ,2nd ed. ,John Wiley and Sons,New York,1969.

[8] Luneburg,R. K. ,*Mathematical Theory of Optics* ,University of California Press,Berkeley and Los Angeles,1964,130.

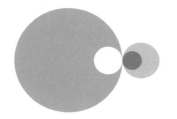

第 16 章
反射和折射

16.1   光线的反射和折射

　　光线 i 在折射率为 n_1 的介质中传播,光线经过表面 A 后在折射率为 n_2 的介质中发生折射。折射发生前光线角 α_1 与折射发生后的光线角之间有关系,这个关系可以用斯涅耳折射定律来表示:

$$n_1 \sin\alpha_1 = n_2 \sin\alpha_{2R} \tag{16.1}$$

式(16.1)的光线折射定律也可以写成

$$\sin\alpha_1 = \frac{n_2}{n_1} \sin\alpha_2 \tag{16.2}$$

　　式(16.2)等价于光线从折射指数 $n_A = 1$ 的介质中射入另一种折射指数为 $n_B = n_2/n_1$ 的介质中发生折射。在这个例子中,式(16.2)可以写成 $n_A \sin\alpha_1 = n_B \sin\alpha_2$,它等价于 $\sin\alpha_1 = n_B \sin\alpha_2$。再来看式(16.1),如果表面 A 是镜面,光线在表面 A 发生反射,光线会一直在折射指数为 n_1 的介质中传播。在这个情况中,如果令 $n_1 = n_2$,然后用反射角 α_{2X} 代替折射角 α_{2R},这时式(16.1)依旧成立,如图 16.1 所示。

$$\sin\alpha_1 = \sin\alpha_{2X} \Leftrightarrow \alpha_1 = \alpha_{2X} \tag{16.3}$$

　　光线的传播方向是由单位矢量 i 定义的,假设单位矢量 n 表示平面法线矢量,折射光线 r_R 的传播方向用单位矢量 r_R 来定义。在反射的例子中,反射光线

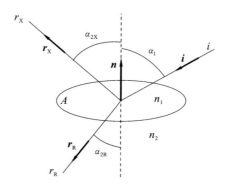

图 16.1　入射光线 i 的反射光线和折射光线。在折射的情况下,$n_1 \sin\alpha_1 = n_2 \sin\alpha_{2R}$。在反射的情况下 $\alpha_1 = \alpha_{2X}$

r_X 的传播方向由单位矢量 r_X 定义。从 14 章看出,在折射的例子里,单位矢量 i、n、r_R 在同一个平面里。反射的情况与之相同,单位矢量 i、n、r_X 在一个平面里。这就意味着可以通过光线方向矢量 i 和平面的单位矢量 n 结合的方法来获得折射光线和反射光线的方向(见式(14.19)),即

$$r = \lambda i + \mu n \tag{16.4}$$

式(16.4) 的 r 的数值在折射的情况下 $r = r_R$,在反射的情况下 $r = r_X$。同时在这两种情况下系数 λ 和 μ 不同。

现在可以得出入射光线的方向与折射光线和反射光线的方向的函数表达式[1,2]。

如果 n 是平面的法向单位矢量,那么矢量 n 和 i 夹角的正弦值通过大量的两个矢量交叉的夹角得到。对于矢量 n 和 r 来说也是相同的。因此,式(16.1) 和式(16.3) 可以写成

$$n_1 i \times n = n_2 r \times n \tag{16.5}$$

这是因为矢量 i、n 和 r 都在一个平面里(见式(16.4))。上面提到,在反射的情况下,$n_1 = n_2$。式(16.5) 可以写成

$$p_1 \times n = p_2 \times n \tag{16.6}$$

$p_1 = n_1 i$ 和 $p_2 = n_2 r$ 表示折射和反射前后光线的光学动量,并且 $\|i\| = \|r\| = 1$。

将式(16.4) 的两侧同时乘 n,并且根据式(16.5) 和 $n \times n = 0$,得出

$$r \times n = \lambda i \times n \Rightarrow \lambda = \frac{n_1}{n_2} \Rightarrow r = \frac{n_1}{n_2} i + \mu n \tag{16.7}$$

将式(16.7) 的两端平方,使用 $(a + b) \cdot (a + b) = a \cdot a + b \cdot b + 2a \cdot b$ 的计算方法,其中的矢量都是单位矢量,并且根据 $r \cdot r = n \cdot n = 1$,可以得出

$$1 = \left(\frac{n_1}{n_2}\right)^2 + \mu^2 + 2\mu\frac{n_1}{n_2}\boldsymbol{i} \cdot \boldsymbol{n} \Leftrightarrow \mu^2 + \left(2q\frac{n_1}{n_2}\right)\mu + \left(\left(\frac{n_1}{n_2}\right)^2 - 1\right) = 0$$

$$(16.8)$$

将式(16.8) 代入 $q = \boldsymbol{i} \cdot \boldsymbol{n}$,解二次方程可以求出 μ,结果为

$$\mu = -q\frac{n_1}{n_2} \pm \sqrt{\left(q\frac{n_1}{n_2}\right)^2 - \left(\left(\frac{n_1}{n_2}\right)^2 - 1\right)} = -q\frac{n_1}{n_2} \pm \sqrt{1 - \left(\frac{n_1}{n_2}\right)^2(1 - q^2)}$$

$$(16.9)$$

已经证实有两种可能的答案,将 μ 代入式(16.7) 并且替换式(16.9) 中的 q,可以得到

$$\boldsymbol{r} = \frac{n_1}{n_2}\boldsymbol{i} + \left(-(\boldsymbol{i} \cdot \boldsymbol{n})\frac{n_1}{n_2} \pm \sqrt{1 - \left(\frac{n_1}{n_2}\right)^2(1 - (\boldsymbol{i} \cdot \boldsymbol{n})^2)}\right)\boldsymbol{n} \quad (16.10)$$

选择取正号的答案,得到

$$\boldsymbol{r} = \frac{n_1}{n_2}\boldsymbol{i} + \left(-(\boldsymbol{i} \cdot \boldsymbol{n})\frac{n_1}{n_2} + \sqrt{1 - \left(\frac{n_1}{n_2}\right)^2(1 - (\boldsymbol{i} \cdot \boldsymbol{n})^2)}\right)\boldsymbol{n} \quad (16.11)$$

该式体现了入射光线方向是折射光线方向的函数,并且包括表面法线。在式(16.11) 中,有 $\|\boldsymbol{i}\| = \|\boldsymbol{n}\| = \|\boldsymbol{r}\| = 1$(都是单位矢量)。式(16.11) 也可以写成

$$n_2\boldsymbol{r} = n_1\boldsymbol{i} - (n_1\boldsymbol{i} \cdot \boldsymbol{n})\boldsymbol{n} + \sqrt{n_2^2 - n_1^2 + (n_1\boldsymbol{i} \cdot \boldsymbol{n})^2}\,\boldsymbol{n} \quad (16.12)$$

或

$$\boldsymbol{p}_2 = \boldsymbol{p}_1 - (\boldsymbol{p}_1 \cdot \boldsymbol{n})\boldsymbol{n} + \sqrt{n_2^2 - n_1^2 + (\boldsymbol{p}_1 \cdot \boldsymbol{n})^2}\,\boldsymbol{n} \quad (16.13)$$

我们必须理解式(16.10) 中取负号的意义。在反射的例子中,通过表面法线和其他相关联的矢量线性结合来获得反射矢量,式(16.4) 在这个例子中是有效的。除此以外,如果 $n_1 = n_2$,则式(16.5) 也可以应用于反射。如果 $n_1 = n_2$,则选择式(16.10) 中取负号的解,可以得到

$$\boldsymbol{r} = \boldsymbol{i} + (-(\boldsymbol{i} \cdot \boldsymbol{n}) - \sqrt{1 - (1 - (\boldsymbol{i} \cdot \boldsymbol{n})^2)})\boldsymbol{n} \quad (16.14)$$

式(16.14) 可以被写成

$$\boldsymbol{r} = \boldsymbol{i} - 2(\boldsymbol{i} \cdot \boldsymbol{n})\boldsymbol{n} \quad (16.15)$$

式(16.15) 给出了反射光线与入射光线和平面法线之间的函数关系。

假设一个平面,该平面有两个方向相反的法向量,如图 16.2 所示,$n_2 = -n_1$,对反射光线表达式来说,法向量的方向并不重要,因为 $\boldsymbol{r} = \boldsymbol{i} - 2(\boldsymbol{i} \cdot \boldsymbol{n})\boldsymbol{n} = \boldsymbol{r} = \boldsymbol{i} - 2(\boldsymbol{i} \cdot (-\boldsymbol{n}))(-\boldsymbol{n})$。所以,当我们使用式(16.15) 时,我们不选择 n_1 和 n_2 两者中的任何一个。

同样,式(16.11) 不能应用于折射。在这种情况下,光线与平面法向量之间

的夹角不大于 π/2。因此假设两个单位矢量 i 和 n 与对应的入射光线，以及平面法线，如果 $i \cdot n \geqslant 0$，那么使用法向量 n 来计算折射光线。如果 $i \cdot n < 0$，应该使用 $-n$ 来计算折射光线。在图 16.2 的情况下，应该使用平面 A 的法向量 n_2 来计算折射光线。

式（16.15）可以用几何学解释[3]。图 16.3 描述了入射光线的反射过程，包括入射光线、反射光线和平面的法向量，它们都是单位矢量，$\|i\| = \|r\| = \|n\|$，并且它们都在一个平面里。

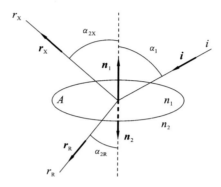

图 16.2　一个表面 A 的法向量有两个方向 n_1 和 $n_2 = -n_1$，在反射光线的表达式中，我们不使用 n_1 和 n_2 的任何一个；但是在折射表达式中我们必须使用 $n = n_2$ 的方向来实现 $i \cdot n \geqslant 0$

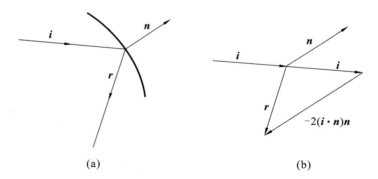

(a)　　　　　　　　　　　　　(b)

图 16.3　（a）反射过程包括入射光线、反射光线和平面法向量，它们都是单位矢量；（b）三个矢量的关系

图 16.3 表现了反射光线与入射光线和平面法线之间的关系（见式（16.15））。

从上面的讨论中可以总结出，虽然式（16.10）可以应用到反射和折射中，但是只有取正号的解对折射有意义，同时也只有取负号的解对反射有意义。

式（16.11）在折射方面只有在下面的情况下才有效：

$$1-\left(\frac{n_1}{n_2}\right)^2\left[1-(\boldsymbol{i}\cdot\boldsymbol{n})^2\right]\geqslant 0\Rightarrow\frac{n_2}{n_1}\geqslant\sqrt{1-(\boldsymbol{i}\cdot\boldsymbol{n})^2}\Rightarrow n_2\geqslant n_1\sqrt{1-\cos^2\alpha_1}$$

$$(16.16)$$

式(16.16)也可以通过式(16.13)获得。令 $n_2^2-n_1^2+(\boldsymbol{p}_1\cdot\boldsymbol{n})^2>0$,可以写出

$$n_2\geqslant n_1\sin\alpha_1\Leftrightarrow n_2\sin\left(\frac{\pi}{2}\right)\geqslant n_1\sin\alpha_1\qquad(16.17)$$

在相等的情况下,$n_2=n_1\sin\alpha_1$。因为 $\sin\alpha_1<1$,所以在这种特殊的情况下,我们可以得出 $n_2<n_1$,等号成立时的 α 角称为临界角,我们可以从式(16.7)得出

$$\alpha_C=\arcsin\left(\frac{n_2}{n_1}\right)\qquad(16.18)$$

当光线从折射率为 n_1 的介质中传播到折射率为 n_2 的介质中时,发生折射,那么 $n_2<n_1$,如图 16.4 所示。

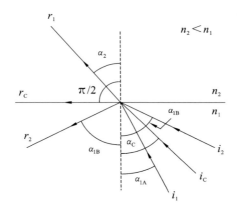

图 16.4　三条光线在折射率为 n_1 的介质中传播。光线 i_1 与界面法线的夹角 $\alpha_{1A}<\alpha_C$,入射光线经过界面后发生折射,折射光线 r_1 在折射率 n_2 的介质中传播,折射率 $n_2<$ n_1。光线 i_C 与法向量的夹角为 α_C,这个角为临界角,其折射光线 r_C 与两种介质的交界面相切。光线 i_2 与法线的夹角大于 α_C,由全反射现象产生反射光线 r_2

　　光线 i_1 经过不同介质交界平面后发生折射,折射光线为 r_1,如果角 α_{1A} 增加,角 α_2 也会增加,并且会增加到某个极限情况,这个极限情况是,当入射光线 i_C 与平面法线的夹角为 α_C 时,折射光线与平面法线的夹角为 $\pi/2$,那么折射光线与界面相切。所以这个极限情况出现的条件是 $\alpha_2=\pi/2$,所以入射角为 α_C 时式(16.18)成立。如果入射角 α_{1B} 大于 α_C 时,没有折射光线产生,界面上只有反射光线,这种现象称为全反射。因此入射光线 i_2 经过反射产生反射光线 r_2。

　　我们发现界面的法线可以使入射光线、反射光线、折射光线之间互相转化。

如图 16.5(a) 所示，入射光线的光学动量为 p_1，折射光线光学动量为 p_2，在这个情况下，折射定律可以写成 $\parallel p_2 \parallel \sin\alpha_2 = \parallel p_1 \parallel \sin\alpha_1$。界面的法向量的方向是 $p_1 - p_2$，因此

$$n = \frac{p_1 - p_2}{\parallel p_1 - p_2 \parallel} \tag{16.19}$$

式(16.19) 可以通过入射光线和折射光线来得到界面的法向量。

如图 16.5(b) 所示，在反射的情况下，法向量的方向是 $p_1 - p_2$，因此可以得到 $n = (p_2 - p_1)/\parallel p_2 - p_1 \parallel$。

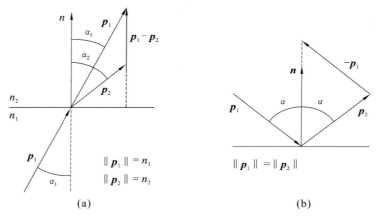

(a)   (b)

图 16.5　(a) 由入射光线、折射光线和界面的法线定义的平面；(b) 由入射光线、反射光线和界面法线定义的平面。在(a) 中反射光线和折射光线用动量矢量 p_1 和 p_2 代表，并且有 $\parallel p_1 \parallel = n_1$ 和 $\parallel p_2 \parallel = n_2$；在(b) 中 $\parallel p_1 \parallel = \parallel p_2 \parallel$。在这两种情况下都可以得到界面的法线矢量等于其他两个矢量的差

因为在反射的情况下，我们对法向量的选择既不是 n 也不是 $-n$，因此能够写成

$$n = \frac{p_1 - p_2}{\parallel p_1 - p_2 \parallel} \tag{16.20}$$

式(16.20) 和上面提到的折射的情况是相同的。在反射的情况下，入射光线和折射光线所经过的介质的折射率相同。因此，我们有 $\parallel p_1 \parallel = \parallel p_2 \parallel = n$，可以把式(16.20) 写成

$$n = \frac{i - r}{\parallel i - r \parallel} \tag{16.21}$$

在式(16.21) 中，$i = p_1/n$，$r = p_2/n$ 并且 $\parallel i \parallel = \parallel r \parallel = 1$。

16.2 反射定律和折射定律

我们已经得到求解反射光线和折射光线方向的表达式,该表达式通过式(16.1)和式(16.4)获得。

假设用平面 $x_1 x_2$ 将介质分成两部分,每部分代表不同折射率的介质,两种介质折射率分别为 n_1 和 n_2。折射率不随平面 $x_1 x_2$ 的变化而变化。在这种情况下,可以得出

$$\frac{\partial n}{\partial x_1} = \frac{\partial n}{\partial x_2} = 0 \qquad (16.22)$$

从式(15.29)可以总结出 p_1 和 p_2 是常数,所以得出

$$p_1(n_1) = p_1(n_2) \text{ 和 } p_2(n_1) = p_2(n_2) \qquad (16.23)$$

所以根据式(14.56),可以得到

$$\begin{cases} n_1 \cos\alpha_{1n1} = n_2 \cos\alpha_{1n2} \\ n_1 \cos\alpha_{2n1} = n_2 \cos\alpha_{2n2} \end{cases} \qquad (16.24)$$

其中,a_{inj} 是光线与 x_i 轴的夹角;介质的折射率是 n_j。在上述的情况下,$n_1 \neq n_2$,式(16.24)代表了光线通过两种不同折射率的介质时的折射定律,该定律和斯涅耳定律一致。如果 $n_1 = n_2$,在这个情况下式(16.24)代表反射定律。

图 16.6(a)代表在折射情况下折射角为 α_{inj},图 16.6(b)描述了入射光线、折射光线与界面法线的夹角。对于入射光线 i,动量(光线的方向)的方向从 O 指向 A;对于折射光线 r,动量(光线的方向)的方向从 O 指向 B。

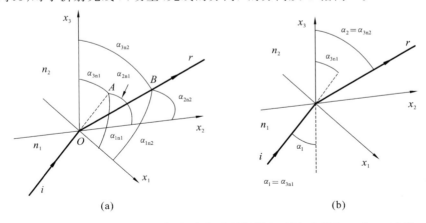

(a)   (b)

图 16.6　平面 $x_1 x_2$ 将介质分成两部分,每部分的折射率不同,分别为 n_1 和 n_2,光线 i 在折射率为 n_1 的介质中传播,经过平面 $x_1 x_2$ 后发生折射,光线转化为 r。(a)光线 i、r 与 x_1、x_2、x_3 轴的夹角;(b)光线 i 和 r 与界面法线的夹角,也就是与 x_3 轴正向的夹角。光线 i 和 r 与 x_3 轴在一个平面里

如图 16.7 所示,反射的情况和上述折射的情况相同,图 16.7(b) 分别显示了入射角、反射角与界面法线的夹角。在反射发生前后光线与 x_i 轴的夹角分别为 α_{i1} 和 α_{i2}。

对于反射($n_1 = n_2$)前后或折射($n_1 \neq n_2$)前后的光线,能够得到下面的表达式:

$$\begin{cases} p_1^2(n_1) + p_2^2(n_1) + p_3^2(n_1) = n_1^2 \\ p_1^2(n_2) + p_2^2(n_2) + p_3^2(n_2) = n_2^2 \end{cases} \tag{16.25}$$

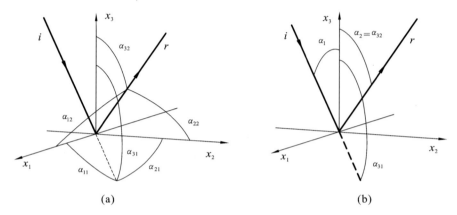

图 16.7 平面 $x_1 x_2$ 代表镜面。光线 i 在面 $x_1 x_2$ 上发生反射转换成光线 r。(a) 光线 i 和 r 与 x_1、x_2、x_3 轴的夹角;(b) 光线 i 和 r 与界面法线的夹角,也就是与 x_3 轴正向的夹角。光线 i 和 r 与 x_3 轴在一个平面里

因为 $p_1(n_1) = p_1(n_2)$、$p_2(n_1) = p_2(n_2)$,与式(16.25)求差得

$$n_1^2 - p_3^2(n_1) = n_2^2 - p_3^2(n_2) \tag{16.26}$$

该表达式可以写为

$$n_1^2 - n_1^2 \cos\alpha_{3n1} = n_2^2 - n_2^2 \cos\alpha_{3n2} \tag{16.27}$$

可以得出

$$n_1^2 \sin^2\alpha_{3n1} = n_2^2 \sin^2\alpha_{3n2} \tag{16.28}$$

在折射的情况下,如图 16.6(b) 所示,如果有 $\alpha_1 = \alpha_{3n1}$ 和 $\alpha_2 = \alpha_{3n2}$,那么

$$n_1^2 \sin^2\alpha_1 = n_2^2 \sin^2\alpha_2 \tag{16.29}$$

因为 $0 \leqslant \alpha_1 \leqslant \pi/2$ 且 $0 \leqslant \alpha_2 \leqslant \pi/2$,所以得出 $\sin\alpha_1 \geqslant 0$,$\sin\alpha_2 \geqslant 0$,从而可以得出

$$n_1 \sin\alpha_1 = n_2 \sin\alpha_2 \tag{16.30}$$

平面 $x_1 x_2$ 将介质分成两部分,折射率分别是 n_1 和 n_2。在 x_3 轴上有单位矢量 $e_3 = (0,0,1)$,其中,α_1 和 α_2 分别是折射发生前后光线与界面法线的夹角,这就是斯涅耳定律。

在反射的情况下,光线与 x_1、x_2、x_3 轴的夹角如图 16.7 所示。在这种情况

下，$\alpha_2 = \alpha_{32}$，$\alpha_1 + \alpha_{31} = \pi \Leftrightarrow \alpha_1 = \pi - \alpha_{31}$。除此以外，$n_1 = n_2$，可以将式（16.28）简化为

$$\sin\alpha_1 = \sin\alpha_2 \Leftrightarrow \alpha_1 = \alpha_2 \qquad (16.31)$$

因为 $0 \leqslant \alpha_1 \leqslant \pi/2$ 且 $0 \leqslant \alpha_2 \leqslant \pi/2$，从而可以得出，在反射的情况下，反射前后光线和界面法线的夹角是相同的。

在前面得到的折射定律中，我们假设折射光线由同一个平面中的入射光线和界面法向量 $\boldsymbol{e}_3 = (0,0,1)$ 定义，并且通过一个界面将介质分成两个部分，这两个部分的折射率分别为 n_1 和 n_2。我们假设在反射的情况下有 $n_1 = n_2$。我们现在可以证实折射光线或反射光线是入射光线和界面法线的线形结合。根据式（16.26），可以得出

$$\boldsymbol{p}_3(n_2) = \pm \sqrt{p_3^2(n_1) + n_2^2 - n_1^2} \qquad (16.32)$$

入射光线的方向是

$$\boldsymbol{p}_1 = (\boldsymbol{p}_1(n_1), \boldsymbol{p}_2(n_1), \boldsymbol{p}_3(n_1)) \qquad (16.33)$$

折射光线的方向是 $\boldsymbol{p}_R = (\boldsymbol{p}_1(n_2), \boldsymbol{p}_2(n_2), \boldsymbol{p}_3(n_2))$，因此，根据式（16.32）和式（16.23），可以得出

$$\boldsymbol{p}_R = (\boldsymbol{p}_1(n_1), \boldsymbol{p}_2(n_1), \pm \sqrt{p_3^2(n_1) + n_2^2 - n_1^2}) \qquad (16.34)$$

$\boldsymbol{p}_R$ 是由平面中的 $\boldsymbol{p}_1$ 和 $\boldsymbol{e}_3$ 定义的，我们可以由 $\boldsymbol{p}_1$ 和 $\boldsymbol{e}_3$ 的线性组合来得出 $\boldsymbol{p}_R$，可以得出

$$\boldsymbol{p}_R = a\boldsymbol{p}_1 + b\boldsymbol{e}_3 \qquad (16.35)$$

它与三个等式和两个未知数 a、b 相关，即

$$\begin{cases} \boldsymbol{p}_1(n_1) = a\boldsymbol{p}_1(n_1) \Rightarrow a = 1 \\ \boldsymbol{p}_2(n_1) = a\boldsymbol{p}_2(n_1) \Rightarrow a = 1 \\ \pm \sqrt{p_3^2(n_1) + n_2^2 - n_1^2} = a\boldsymbol{p}_3(n_1) + b \Rightarrow b = -\boldsymbol{p}_3(n_1) \pm \sqrt{p_3^2(n_1) + n_2^2 - n_1^2} \end{cases}$$
$$(16.36)$$

方程组有一个解，并且矢量 $\boldsymbol{p}_R$、$\boldsymbol{p}_1$ 和 $\boldsymbol{e}_3$ 在一个平面中。这些表达式既可以用于折射也可以用于反射，平面内的折射光线和反射光线是由入射光线和界面（这个界面可以是镜面也可以是将介质分成不同折射率的两部分的平面）的法线定义的。

式（16.30）可以普遍应用于折射或反射。为了验证这个理论，需要再次考虑在折射情况下一个平面将介质分成折射率不同的两部分，在反射的情况下，平面是镜面。更进一步，光线到达点 P。我们可以使 x_3 轴与界面法线在点 P 上重合。这种情况下，平面 x_1x_2 与界面重合。在点 P 的附近，平面 x_1x_2 与界面相切。这样，在点 P 上也发生同样的折射而产生折射光线，正如折射平面与界面相切，式（16.30）依旧可以使用。在这种情况下，α_1 和 α_2 分别是入射光线、折射光线与界面法线的夹角，并且入射光线、折射光线、界面法线三者在同一个平面内。

参 考 文 献

[1] Stavroudis,O. N. ,*The Optics of Rays,Wavefronts,and Caustics*, Academic Press,New York,1972.

[2] Kush,O. ,*Computer-Aided Optical Design of Illuminating and Irradiating Devices*,ASLAN Publishing House,Moscow,1993.

[3] Welford,W. T. and Winston,R. ,*High Collection Nonimaging Optics*, Academic Press,San Diego,1989.

[4] Jenkins,F. A. and White,H. E. ,*Fundamentals of Optics*,3rd ed,McGraw-Hill Book Company,New York,1957.

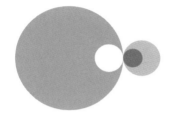

第 17 章
对称性

17.1 动量守恒和表观折射率

动量为 p_1 的光线经过法线为 n 的表面时,产生动量为 p_2 的折射光线。p_1 和 p_2 的关系为

$$p_2 = p_1 - \left[(p_1 \cdot n) + \sqrt{n_2^2 - n_1^2 + (p_1 \cdot n)^2} \right] n \qquad (17.1)$$

其中,n_1、n_2 分别是折射发生前后介质的折射率。如果发生的是反射并不是折射,反射光线的动量是

$$p_2 = p_1 - 2(p_1 \cdot n)n \qquad (17.2)$$

其中,n 是反射发生时材料的折射率,可以得出

$$p_2 = p_1 + \sigma n \qquad (17.3)$$

这里,σ 是一个标量。

我们在坐标轴为 i_1、i_2、i_3 的坐标系中得出夹角 α_1、α_2、α_3 之间的数学关系,这三个夹角是光线与坐标轴 i_1、i_2、i_3 之间的夹角,角 β_1 和 β_2 在平面 $x_1 x_2$ 上的投影与 i_1、i_2 轴的夹角,如图 17.1 所示。

用单位矢量 v 来表示光线的传播方向,光线与 i_1、i_2、i_3 轴之间的夹角分别为 α_1、α_2、α_3,在图 17.1 中,我们可以得出

$$\cos\alpha_2 = \sin\alpha_3 \cos\beta_2 \qquad (17.4)$$

由 i_1、i_2、i_3 轴组成的坐标系中的矢量 v 在平面 $x_1 x_2$ 上的投影,且 $\| v \| = 1$,将

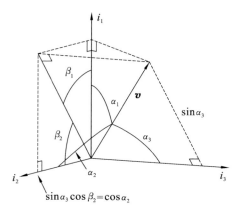

图 17.1　单位矢量 $\boldsymbol{v}$，$\|\boldsymbol{v}\|=1$，即向坐标轴 i_1、i_2 和 i_3 以及平面 $i_2 i_3$ 的投影

式(17.4)的两边取平方得

$$\sin^2\alpha_3\cos^2\beta_2 = \cos^2\alpha_2 \Leftrightarrow (1-\cos^2\alpha_3)\cos^2\beta_2 = \cos^2\alpha_2 \qquad (17.5)$$

将式(17.5)的两边同时乘折射率 n^2 得

$$(n^2 - n^2\cos^2\alpha_3)\cos^2\beta_2 = n^2\cos^2\alpha_2 \qquad (17.6)$$

那么

$$(n^2 - p_3^2)\cos^2\beta_2 = p_2^2 \qquad (17.7)$$

考虑平面上一点的折射（或反射）和 $i_1 i_2 i_3$ 组成的坐标系内在该点的平面法线，在坐标系内平面法线指向 i_1 轴的方向。平面法线 $\boldsymbol{n}=(m_1,0,0)$，从式(17.3)中，可以得出动量在 i_2 和 i_3 轴的分量不变。如果有 $\boldsymbol{p}_1 = (p_1(n_1),p_2(n_1),p_3(n_1))$ 和 $\boldsymbol{p}_2 = (p_1(n_2),p_2(n_2),p_3(n_2))$，可以得出 $p_2(n_1) = p_2(n_2)$ 和 $p_3(n_1) = p_3(n_2)$，那么

$$\begin{cases} \boldsymbol{p}_2 = \text{常数} \\ \boldsymbol{p}_3 = \text{常数} \end{cases} \qquad (17.8)$$

在包含两种不同折射率（n_1 和 n_2）的介质中应用式(17.7)，得到

$$\begin{cases} (n_1^2 - p_3^2(n_1))\cos^2\beta_{2n1} = p_2^2(n_1) \\ (n_2^2 - p_3^2(n_2))\cos^2\beta_{2n2} = p_2^2(n_2) \end{cases} \qquad (17.9)$$

β_{2nj} 是光线在平面 $i_1 i_2$ 上的投影与 i_2 的夹角，介质的折射率为 n_j，如图 17.2 和图 17.3 所示。因为 $\boldsymbol{p}_2$ 和 $\boldsymbol{p}_3$ 是不变的，那么有 $p_2(n_1) = p_2(n_2)$ 和 $p_3(n_1) = p_3(n_2)$，从而得到

$$(n_1^2 - p_3^2)\cos^2\beta_{2n1} = (n_2^2 - p_3^2)\cos^2\beta_{2n2} \qquad (17.10)$$

因为 $n_k^{*2} = n_k^2 - p_3^2$，所以得出

$$n_1^{*2}\cos^2\beta_{2n1} = n_2^{*2}\cos^2\beta_{2n2} \Rightarrow n_1^*\sin\beta_1 = n_2^*\sin\beta_2 \qquad (17.11)$$

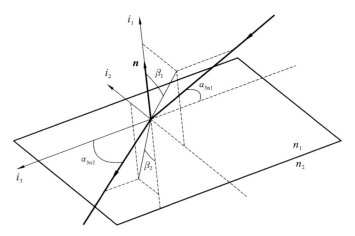

图 17.2　一个面将介质分成两部分,这两部分介质的折射率分别为 n_1 和 n_2,这显示了平面的法线和光线的轨迹在平面 $i_1 i_2$ 上的投影

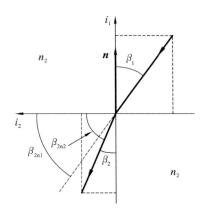

图 17.3　光线在平面 $i_1 i_2$ 上的投影

β_1 和 β_2 是光线在平面 $i_1 i_2$ 上的投影与 i_1 轴(也就是界面法线)的夹角。

当用折射率 n_1 和 n_2 来代替式(17.11)的 n_1^* 和 n_2^* 后,那么通过光线在平面 $i_1 i_2$ 的投影可以总结出折射定律,图 17.3 描述了该投影。

现在思考一个普通的情况,折射(或反射)面的法线的方向不再指向 i_1 的方向,但是法线 $\boldsymbol{n}$ 仍然在平面 $i_1 i_2$(平面 v)中,法线与 i_3 轴垂直,如图 17.4 所示。在这种情况下,$\boldsymbol{n} = (m_1, m_2, 0)$,$p_3$ 在折射(或反射)中守恒。角 β_1 和 β_2 是折射(反射)发生前后光线在平面 v 上的投影与法线 $\boldsymbol{n}$ 的夹角时,这时式(17.11)依然有效,可以得出

$$\sqrt{n_1^2 - p_3^2}\sin\beta_1 = \sqrt{n_2^2 - p_3^2}\sin\beta_2 \qquad (17.12)$$

光学动量在 i_3 轴上的分量是不变的,那么可以得出

$$p_3 = n_1 \cos\alpha_{3n1} = n_2 \cos\alpha_{3n2} \qquad (17.13)$$

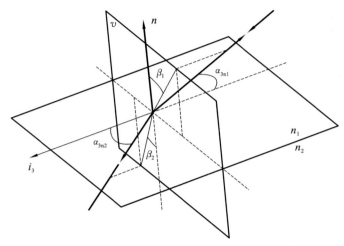

图17.4　一个平面将介质分成折射率分别为 n_1、n_2 的两部分,i_3 轴与该平面相切。平面法线 n 与 i_3 垂直并且在平面 v 内。光线的轨迹在平面 v 内的投影符合折射定律

如果介质 n_1 是空气,那么 $n_1 = 1$,从式(17.12)可以得出

$$\sqrt{1 - p_3^2}\, \sin\beta_1 = \sqrt{n_2^2 - p_3^2}\, \sin\beta_2 \qquad (17.14)$$

式(17.14)也可以写成

$$\sin\beta_1 = \frac{\sqrt{n_2^2 - p_3^2}}{\sqrt{1 - p_3^2}} \sin\beta_2 \qquad (17.15)$$

该式等价于光线从折射率为 $n_A = 1$ 的介质向折射率为 $n_B = \sqrt{n_2^2 - p_3^2}\,/\sqrt{1 - p_3^2}$ 的介质传播时发生折射。这时,式(17.15)可以写成 $n_A \sin\beta_1 = n_B \sin\beta_2$,等价于 $\sin\beta_1 = n_B \sin\beta_2$。

17.2　线性对称

现在可以把上面获得的结果应用于关于 x_3 轴线性对称的例子中,如图17.5所示。将 x_3 和 i_3 轴的方向对齐。光学面的法线方向和 x_3 的方向垂直,该法线在平面 $x_1 x_2$(平面 v 垂直于 x_3)内。法向量在 x_3 方向上的分量为 0,并且根据式(17.3),得出光学动量分量 p_3(在 x_3 的方向)在反射和折射中是守恒的。光线在折射率为 n 的同一种类的介质中传播时 p_3 分量也是守恒的,因为光线和 x_3 轴之间的夹角是不变的,所以说光线是沿直线传播的。在沿着 x_3 的方向上的光学动量分量 p_3 在线性系统中是守恒的。

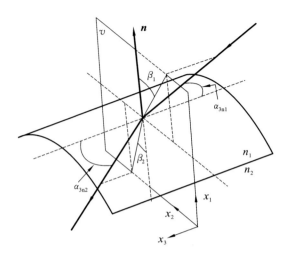

图 17.5　一个表面关于 x_3 和法线 $\boldsymbol{n}$ 线性对称，将介质分成折射率分别为 n_1、n_2 的两部分。
光线运动轨迹在平面 v 上的投影与 x_3 轴垂直，并且符合折射定律

式(17.12)的结果也可以应用到图 17.5 的线性系统。我们可以在二维系统下研究这个线性系统，这时折射率可以用下式代替：

$$n^* = \sqrt{n^2 - p_3^2} \tag{17.16}$$

式(17.12)转换成

$$n_1^* \sin\beta_1 = n_2^* \sin\beta_2 \tag{17.17}$$

光线在平面 $x_1 x_2$ 上投影以形成二维系统，通过式(17.16)得到折射率。

下一步要考虑更多普通的方法来得到这些结果。用坐标系 (x_1, x_2, x_3) 来描述沿着 x_3 轴方向的光学线性系统，折射率为 $n = n(x_1, x_2)$。根据式(14.79)，可以得到 $\partial P/\partial x_3 = \partial n/\partial x_3 = 0$；因此 $\mathrm{d}p_3/\mathrm{d}\sigma = 0$，并且

$$p_3 = C_3 \tag{17.18}$$

C_3 的值是一个常数。因此，从式(14.79)可以得出 $\partial P/\partial p_3 = 2p_3 = \mathrm{d}x_3/\mathrm{d}\sigma$，因此

$$x_3 = 2p_3\sigma + C \tag{17.19}$$

那么，$x_3 = C_1\sigma + C$，其中，$C_1 = 2p_3$ 并且 C 是常数。

式(14.79)可以写成

$$\begin{cases} \dfrac{\mathrm{d}x_1}{\mathrm{d}\sigma} = \dfrac{\partial P}{\partial p_1}, \quad \dfrac{\mathrm{d}p_1}{\mathrm{d}\sigma} = -\dfrac{\partial P}{\partial x_1} \\ \dfrac{\mathrm{d}x_2}{\mathrm{d}\sigma} = \dfrac{\partial P}{\partial p_2}, \quad \dfrac{\mathrm{d}p_2}{\mathrm{d}\sigma} = -\dfrac{\partial P}{\partial x_2} \\ x_3 = 2p_3\sigma + C, \quad p_3 = C_3 \\ P = p_1^2 + p_2^2 - \left[n^2(x_1, x_2) - p_3^2\right] = 0 \end{cases} \tag{17.20}$$

C 和 C_3 是常数。然后可以得到沿着 x_3 轴的方向的光学系统。对线性对称的三维系统的分析可以转换成用下面等式描述的二维系统来分析：

$$\begin{cases} \dfrac{\mathrm{d}x_1}{\mathrm{d}\sigma} = \dfrac{\partial P}{\partial p_1}, & \dfrac{\mathrm{d}p_1}{\mathrm{d}\sigma} = -\dfrac{\partial P}{\partial x_1} \\[2mm] \dfrac{\mathrm{d}x_2}{\mathrm{d}\sigma} = \dfrac{\partial P}{\partial p_2}, & \dfrac{\mathrm{d}p_2}{\mathrm{d}\sigma} = -\dfrac{\partial P}{\partial x_2} \\[2mm] P = p_1^2 + p_2^2 - n^{*2} = 0 \end{cases} \tag{17.21}$$

因为 $n^{*2} = n^2(x_1, x_2) - p_3^2$，那么

$$n^* = \sqrt{n^2(x_1, x_2) - p_3^2} \tag{17.22}$$

p_3 是常数。

一个特别的结果是哈密顿函数不依赖于坐标 x_k，得到 $\partial P / \partial x_k = 0 \Rightarrow p_k$ 是常数。坐标 x_k 相关的动量是恒定的。系统可以用一个不独立的坐标来描述[1]。系统有更多圆形对称的例子，如用式(17.3)的一部分来描述。

因为 $\partial P / \partial x_k = -\partial L / \partial x_k$，$L$ 是与拉格朗日相关的公式，对柱面坐标 x_k 来说，有 $\partial L / \partial x_k = 0$。然后根据对应的欧拉公式

$$\frac{\mathrm{d}}{\mathrm{d}\sigma}\left(\frac{\partial L}{\partial x_k'}\right) = 0 \tag{17.23}$$

对上式一次积分可以得到 $\partial L / \partial x_k' =$ 常数。式(17.23)称为二阶欧拉公式的一次积分[2]。一次积分也可以写为 $p_k =$ 常数。

17.3　圆形对称和斜率不变

通常，光学工具是圆形对称或轴对称的，其是围绕旋转轴对称的，这里假设旋转轴为 x_3。更多地，假设光线沿着光轴的方向。这里选择柱面形坐标系统。空间每个点 P 通过与 x_3 轴的距离 ρ 定义，并且还通过与轴的夹角 θ 来定义，如图 17.6 所示。在这些坐标系中建立了局部坐标系 e_ρ、e_θ、e_3。圆形对称系统的特点是被包含 x_3 轴的垂直面切割，它们产生相同的横截面。

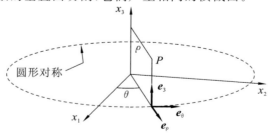

图 17.6　柱面坐标系统使用圆形对称的三维光学系统

光线在折射率为 n_1 的介质中传播,经过折射后进入折射率为 n_2 的介质中。如果 $n_1 = n_2$,那么光线被反射。在反射(或折射)发生前,光学动量为 p_1,在折射(或反射)发生后,光学动量为 p_2。如果在圆形对称系统中,光面上的每个点的法线在沿着 e_θ 的方向上没有分量,并且 $\boldsymbol{n} = (m_\rho, 0, m_3)$。因此,在 e_θ 方向 p_1 分量在折射或反射中不发生改变,假设这个分量是

$$p_\theta = n\cos\phi \tag{17.24}$$

角 ϕ 是光线和 e_θ 的夹角,然后可以得出

$$n_1 \cos\phi_1 = n_2 \cos\phi_2 \tag{17.25}$$

如图 17.7 所示。

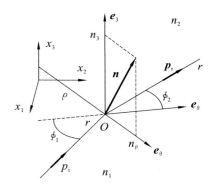

图 17.7　在圆形对称系统中,光线在点 O 上发生折射。在折射过程中光学动量分量 p_θ 不变

虽然 p_θ 在折射或反射过程中是守恒的,但是光线在折射或反射时沿直线传播的过程中 p_θ 是不守恒的。如图 17.8 所示,光线的路径沿着点 A 到点 B,造成角 θ 改变,因此 p_θ 也发生改变,因为折射率 n 在反射和折射过程中是不变的。

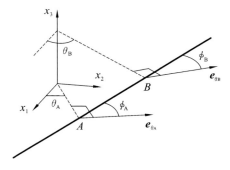

图 17.8　光线经过圆形对称系统后,因为角 θ 的改变,所以光学动量分量 p_θ 改变

再次考虑光线折射或反射的传播过程,有一种情况如图 17.9 所示,图 17.9(b)

非成像光学导论(第二版)

是图 17.9(a) 的俯视图。

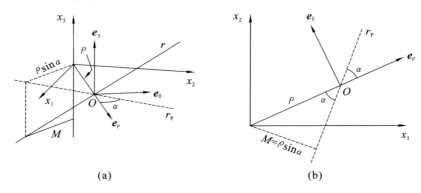

(a)   (b)

图 17.9　(a) 光线在圆形对称系统中沿直线传播,光线在平面 $x_1 x_2$ 的投影垂直于对称轴 x_3,$\rho \sin\alpha$ 的值是常数;(b) 图(a) 的俯视图

光线 r 在平面 $x_1 x_2$ 的投影平行于由 e_θ 和 e_ρ 决定的平面。对于光线 r 的投影,可以得出

$$\rho \sin\alpha = M \tag{17.26}$$

M 是常数,ρ 是光线上的点 O 与 x_3 轴之间的距离,角 α 是 r_P 和 e_ρ 之间的夹角。其中,M 的值是光线与光轴之间距离的最小值,等于两条直线之间公垂线的长度。

现在通过图 17.10 来构造 $\sin\alpha$ 和 $\cos\phi$ 之间的关系。

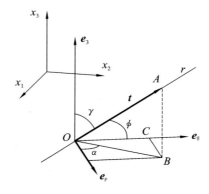

图 17.10　角 ϕ 是光线 r 与 e_θ 的夹角,角 γ 是光线 r 与 e_3 的夹角

我们定义了一个经过光线 r 的点 O 和一个方向为 t 的单位矢量,可以得出

$$OC = \cos\phi = OB \sin\alpha = \sin\gamma \sin\alpha \tag{17.27}$$

光线在传播过程中,$\sin\gamma$ 和折射率是常数,可以得出

$$h = n\rho \sin\alpha \sin\gamma = nM \sin\gamma = n\rho \cos\phi \tag{17.28}$$

· 556 ·

该式的值是守恒的，因而也可以写成

$$p_\theta = n\cos\phi = h\frac{1}{\rho} = bh \qquad (17.29)$$

其中，$b = 1/\rho$。根据式(17.25)，可以得出

$$n_1\rho\cos\phi_1 = n_2\rho\cos\phi_2 \qquad (17.30)$$

因此，h 的值在折射和反射过程中是守恒的，我们把这个值称为斜率不变值，它在 x_3 轴周围的圆形对称系统是守恒的。

根据图 17.11，可以重新写出式(17.28)的另一种表达形式，光线可以通过点 O 和光学动量 p 来定义，$p = nt$，其中 t 是在光线传播方向的单位矢量。然后得出 $\parallel p \parallel = n$，并且

$$\rho = \parallel r \parallel \sin\beta = \parallel e_3 \times r \parallel \qquad (17.31)$$

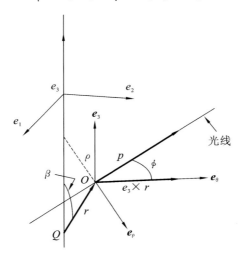

图 17.11 用 p、e_3 和 r 三个标量来构造表达式 h，也就是它们形成平行六面体的体积

矢量 r 从对称轴上的点 Q 指向光线上的点 O，可以写出

$$h = \parallel e_3 \times r \parallel \parallel p \parallel \cos\phi = p \cdot (e_3 \times r) \qquad (17.32)$$

h 是由三个标量 p、e_3 和 r 得到的（矢量 $e_3 \times r$ 指向 e_θ 的方向）。

但是表达式 h 的另一种计算方法需要依据图 17.12 和几何学知识来得到。光线再次通过点 O 和光学动量 p 定义。矢量 p_P 是动量 p 在平面 x_1x_2（平行于由 e_ρ 和 e_θ 定义的平面）上的投影，并且 $\parallel p_P \parallel = n\sin\gamma$。同时，$r_P$ 是 r 向平面 x_1x_2 的投影，并且 $\parallel r_P \parallel = p$，因而可以将式(17.28)写成

$$h = \parallel p_P \parallel \parallel r_P \parallel \sin\alpha = \parallel r_P \times p_P \parallel \qquad (17.33)$$

因此，如果有 $r = (x_1, x_2, x_3)$ 和 $p = (p_1, p_3, p_3)$，可以将式(17.33)重新写为

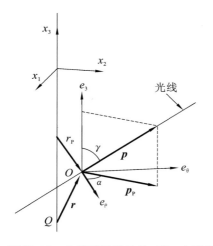

图 17.12 h 值可以用矢量 r 和 p 在平面 $x_1 x_2$ 的投影来计算

$$h = \parallel (x_1,x_2,0) \times (p_1,p_2,0) \parallel$$

(17.34)

正如线性系统的情况,在环形光学的情况下也可以使用式(17.12)。现在用 θ 轴来代替 i_3 轴,于是获得图 17.13 的系统。定义平面 v 是一个 θ 角为常数,并且垂直于 e_θ 的平面。

光学表面的法线垂直于 e_θ,并且包含在平面 v 内,平面 v 由 e_ρ 和 e_3 定义,并且垂直于 e_θ。光学动量分量 p_θ 在折射过程中不变,并且通过下式得出:

$$p_\theta = n_1 \cos\alpha_{\theta n1} = n_2 \cos\alpha_{\theta n2}$$

(17.35)

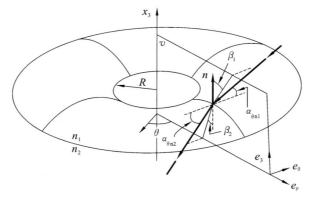

图 17.13 在圆形对称系统中,光线在 θ 角为常数的平面 v 上投影。光线在平面 v 上的投影轨迹符合折射方程,并且折射率可以修改

但是,光线传播过程中出现折射现象后,p_θ 的值不是常数,而斜率 h 的值是常数。如果将光线向平面 v 上投影,式(17.12)可以写成

$$\sqrt{n_1^2 - p_\theta^2}\sin\beta_1 = \sqrt{n_2^2 - p_\theta^2}\sin\beta_2$$

(17.36)

从式(17.24)和式(17.28)可以得到 $p_\theta = h/\rho$,可以写出

$$\sqrt{n_1^2 - \left(\frac{h}{\rho}\right)^2}\sin\beta_1 = \sqrt{n_2^2 - \left(\frac{h}{\rho}\right)^2}\sin\beta_2$$

(17.37)

当在平面 v 上投影,且有如下的折射率时,会有折射现象发生。

$$n^{*1} = \sqrt{n^2 - \left(\frac{h}{\rho}\right)^2}$$

(17.38)

如果圆形对称系统的半径 R 趋于无穷大,那么整个系统趋于一个线性系统[3]。

另一个得到 h 值的方法是通过哈密顿公式(见式(14.120))使得 $i_1 \rightarrow \rho$,$i_2 \rightarrow \theta, i_3 \rightarrow x_3$,在这种情况下,式(14.119)中的矢量 $\boldsymbol{p}$ 可以写为

$$\boldsymbol{p} = n\cos\varphi \boldsymbol{e}_\rho + n\cos\phi \boldsymbol{e}_\theta + n\cos\gamma \boldsymbol{e}_3 \tag{17.39}$$

角 φ、ϕ 和 γ 分别是光线与和单位矢量 $\boldsymbol{e}_\rho$、$\boldsymbol{e}_\theta$ 和 $\boldsymbol{e}_3$ 的夹角,如图 17.14(a) 所示。

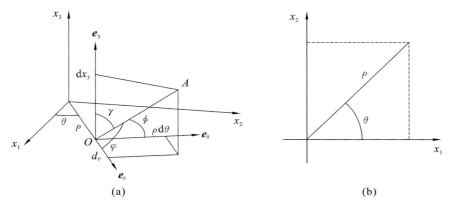

(a)   (b)

图 17.14   (a) 经过点 O 和点 A 的光线与单位矢量 $\boldsymbol{e}_\rho$、$\boldsymbol{e}_\theta$ 和 $\boldsymbol{e}_3$ 的夹角分别为 φ、ϕ 和 γ;

(b)θ 角是 x_1 和 x_2 的函数

但是,式(14.115)规定

$$\boldsymbol{p} = u_1 a_1 \boldsymbol{e}_1 + u_2 a_2 \boldsymbol{e}_2 + u_3 a_3 \boldsymbol{e}_3 \tag{17.40}$$

并且有 $a_k = \parallel \nabla i_k \parallel$ 和 $\boldsymbol{e}_k = \nabla i_k / \parallel \nabla i_k \parallel$。在这种情况下,因为 $i_1 \rightarrow \rho, i_2 \rightarrow \theta$,$i_3 \rightarrow x_3$,所以

$$\boldsymbol{p} = u_\rho \parallel \nabla\rho \parallel \boldsymbol{e}_\rho + u_\theta \parallel \nabla\theta \parallel \boldsymbol{e}_\theta + u_3 \parallel \nabla x_3 \parallel \boldsymbol{e}_3 \tag{17.41}$$

从图 17.14(b) 中可以得出

$$\theta = \arccos\left(\frac{x_1}{\sqrt{x_1^2 + x_2^2}}\right) = \arccos\left(\frac{x_1}{\rho}\right) \tag{17.42}$$

经过计算,得出 θ 的梯度是

$$\nabla\theta = \left(\frac{\partial\theta}{\partial x_1}, \frac{\partial\theta}{\partial x_2}, \frac{\partial\theta}{\partial x_3}\right) = \left(-\frac{\sqrt{x_2^2}}{\rho^2}, \frac{x_1 x_2}{\rho^2 \sqrt{x_2^2}}, 0\right) \tag{17.43}$$

因此

$$\parallel \nabla\theta \parallel = \frac{1}{\rho} = b \tag{17.44}$$

b 通过式(17.44)来定义。根据 $\rho = \sqrt{x_1^2 + x_2^2}$,得出 $\parallel \nabla\rho \parallel = 1$,并且也可以得出 $\parallel \nabla x_3 \parallel = 1$。可以把式(17.41)写为

$$\boldsymbol{p} = u_\rho \boldsymbol{e}_\rho + u_\theta b \boldsymbol{e}_\theta + u_3 \boldsymbol{e}_e \tag{17.45}$$

根据式(14.118)，可以得出 $u_\theta = h$，因为

$$u_\theta b = n\cos\phi \Leftrightarrow u_\theta = n\rho\cos\phi \tag{17.46}$$

现在可以重新写出微分表达式(14.120)，使 $i_1 \rightarrow \rho, i_2 \rightarrow \theta, i_3 \rightarrow x_3$，并且通过 $u_\rho = p_\rho$ 和 $u_3 = p_3$ 对表达式重命名，可以得到

$$\begin{cases} \dfrac{\mathrm{d}\rho}{\mathrm{d}\sigma} = \dfrac{\partial P}{\partial p_\rho}, \quad \dfrac{\mathrm{d}p_\rho}{\mathrm{d}\sigma} = -\dfrac{\partial P}{\partial p} \\[2mm] \dfrac{\mathrm{d}\theta}{\mathrm{d}\sigma} = \dfrac{\partial P}{\partial u_\theta}, \quad \dfrac{\mathrm{d}u_\theta}{\mathrm{d}\sigma} = \dfrac{\partial P}{\partial \theta} \\[2mm] \dfrac{\mathrm{d}x_3}{\mathrm{d}\sigma} = \dfrac{\partial P}{\partial p_3}, \quad \dfrac{\mathrm{d}p_3}{\mathrm{d}\sigma} = -\dfrac{\partial P}{\partial x_3} \\[2mm] P = p_\rho^2 + u_\theta^2 b^2 + p_3^2 - n^2(\rho, x_3) = 0 \end{cases} \tag{17.47}$$

因为 P 与 θ 无关，可以得到 $\partial P/\partial \theta = 0$，并且

$$u_\theta = h \tag{17.48}$$

h 的值是常数。h 的值是斜率不变值。并且，根据表达式 $\mathrm{d}\theta/\mathrm{d}\sigma$，可以得到

$$\frac{\mathrm{d}\theta}{\sigma} = 2hb^2 = \frac{2h}{\rho^2(\sigma)} \tag{17.49}$$

或

$$\theta = \int \frac{2h}{\rho^2(\sigma)}\mathrm{d}\sigma + C_\theta = F(\sigma) + C_\theta \tag{17.50}$$

C_θ 的值是常数。因此，可以有

$$\begin{cases} \dfrac{\mathrm{d}\rho}{\mathrm{d}\sigma} = \dfrac{\partial P}{\partial p_\rho}, \quad \dfrac{\mathrm{d}p_\rho}{\mathrm{d}\sigma} = -\dfrac{\partial P}{\partial p} \\[2mm] \theta = F(\sigma) + C_\theta, \quad u_\theta = h \\[2mm] \dfrac{\mathrm{d}x_3}{\mathrm{d}\sigma} = \dfrac{\partial P}{\partial p_3}, \quad \dfrac{\mathrm{d}p_3}{\mathrm{d}\sigma} = -\dfrac{\partial P}{\partial x_3} \\[2mm] P = p_\rho^3 + p_3^2 - \left[n^2(\rho, x_3) - h^2 b^2 \right] = 0 \end{cases} \tag{17.51}$$

通过将圆形对称的三维系统的分析转换为对二维系统的分析，可以用式(17.52)来描述：

$$\begin{cases} \dfrac{\mathrm{d}\rho}{\mathrm{d}\sigma} = \dfrac{\partial P}{\partial p_\rho}, \quad \dfrac{\mathrm{d}p_\rho}{\mathrm{d}\sigma} = -\dfrac{\partial P}{\partial p} \\[2mm] \dfrac{\mathrm{d}x_3}{\mathrm{d}\sigma} = \dfrac{\partial P}{\partial p_3}, \quad \dfrac{\mathrm{d}p_3}{\mathrm{d}\sigma} = -\dfrac{\partial P}{\partial x_3} \\[2mm] P = p_\rho^2 + p_3^2 - n^{*2} = 0 \end{cases} \tag{17.52}$$

因为 $n^{*2} = n^2(\rho, x_3) - h^2 b^2$，那么

$$n^* = \sqrt{n^2(\rho, x_3) - \frac{h^2}{\rho^2}} \tag{17.53}$$

如果用 n^{*4} 来代替折射率 n，然后可以用平面内的光线来描述三维倾斜的光线。

通过这些表达式，可以得到 $\rho(\sigma)$ 和 $x_3(\sigma)$，通过使用 $\rho(\sigma)$，可以得到 $\theta(\sigma)$。常数 C_θ 可以从初始条件 $\sigma = \sigma_1 \Rightarrow \theta = \theta_1$ 中得到，故可以得出

$$C_\theta = \theta_1 - F(\sigma) \tag{17.54}$$

因此可以计算 C_θ 的值。通过式（17.45）假定光学动量为

$$\boldsymbol{p} = u_\rho \boldsymbol{e}_\rho + hb\boldsymbol{e}_\theta + u_3 \boldsymbol{e}_3 = u_\rho \boldsymbol{e}_\rho + h\,\frac{1}{\rho}\boldsymbol{e}_\theta + u_3 \boldsymbol{e}_e \tag{17.55}$$

另一种得到 h 的方法是直接通过费马原理[4]。在圆形对称的情况下，折射率是 ρ 和 x_3 的函数，并且 $\rho = \sqrt{x_1^2 + x_2^2}$。现在式（14.50）（费马原理）和式（14.49）（拉格朗日定理）可以写为

$$\delta \int n(\rho, x_3)\,\sqrt{1 + x_1'^2 + x_2'^2}\,\mathrm{d}x_3 = 0 \tag{17.56}$$

同时有

$$\begin{cases} x_1 = \rho\cos\theta \\ x_2 = \rho\sin\theta \end{cases} \tag{17.57}$$

对于式（17.56）[4]，可以得出

$$\delta \int n(\rho, x_3)\,\sqrt{1 + \rho'^2 + \rho^2\theta'^2}\,\mathrm{d}x_3 = 0 \tag{17.58}$$

其中，$\rho' = \mathrm{d}\rho/\mathrm{d}x_3$；$\theta' = \mathrm{d}\theta/\mathrm{d}x_3$。式（17.58）可以写为

$$\delta \int F(\rho, x_3, \rho', \theta')\,\mathrm{d}x_3 = 0 \tag{17.59}$$

并且 $F(\rho, x_3, \rho', \theta') = n(\rho, x_3)\,\sqrt{1 + \rho'^2 + \rho^2\theta'^2}$。式（14.31）用 θ 表示的欧拉公式可以写为

$$\frac{\partial F}{\partial \theta} - \frac{\mathrm{d}}{\mathrm{d}x_3}\left(\frac{\partial F}{\partial \theta'}\right) = 0 \tag{17.60}$$

因为 F 与 θ 无关，所以得到 $\partial F/\partial \theta = 0$，故

$$\frac{\mathrm{d}}{\mathrm{d}x_3}\left(\frac{\partial F}{\partial \theta'}\right) = 0 \Leftrightarrow \frac{\mathrm{d}}{\mathrm{d}x_3}\left(\frac{n\rho^2\theta'}{\sqrt{1 + \rho'^2 + \rho^2\theta'^2}}\right) = 0 \tag{17.61}$$

因此

$$\frac{n\rho^2\theta'}{\sqrt{1 + \rho'^2 + \rho^2\theta'^2}} = h \tag{17.62}$$

h 是一个常数[4]。首先让 $\boldsymbol{e}_3$、$\boldsymbol{e}_\theta$ 和 $\boldsymbol{e}_\rho$ 三个单位矢量相互正交，切线随 x_3、θ 和 ρ 而变化，然后可以得出 $\boldsymbol{e}_k = \nabla i_k / \parallel \nabla i_k \parallel$，进而得出 $\boldsymbol{e}_3 = \nabla i_3 / \parallel \nabla i_3 \parallel$，$\boldsymbol{e}_\theta = \nabla i_\theta / \parallel \nabla i_\theta \parallel$，$\boldsymbol{e}_\rho = \nabla i_\rho / \parallel \nabla i_\rho \parallel$。从式（17.62）可以得出

$$h = n\rho\,\frac{\rho\mathrm{d}\theta}{\sqrt{\mathrm{d}x_3^2 + \mathrm{d}\rho^2 + \rho^2\mathrm{d}\theta^2}} = \rho n\cos\phi \tag{17.63}$$

从图 17. 14(a) 可以看出，ϕ 的对应角度是同时通过点 O 和点 A 的光线和矢量 $\boldsymbol{e}_\theta$ 的夹角，并且 $\rho = \sqrt{x_1^2 + x_2^2}$。

参 考 文 献

［1］ Arnold，V. I. ，*Mathematical Methods of Classical Mechanics* ，Mir，Moscow，1989.

［2］ Boas，M. L. ，*Mathematical Methods in the Physical Sciences* ，John Wiley & Sons，New York，1966.

［3］ Miñano，J. C. ，Cylindrical concentrators as a limit case of toroidal concentrators，*Appl. Opt.* ，23，2017，1984.

［4］ Luneburg，R. K. ，*Mathematical Theory of Optics* ，University of California Press，Berkeley and Los Angeles，1964，191.

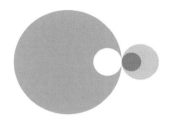

第 18 章
相空间中的光学
扩展量

18.1　光学扩展量和点特征函数

本章将从光学第一性原理出发推导出光学扩展度的守恒特性。光学第一性原理,即利用一个参考波前,首先可以计算参考波前到一个给定点 $P = (x_1, x_2, x_3)$ 的光程。然后可以定义一个函数 $S(P) = S(x_1, x_2, x_3)$,由它可以计算参考波前和任何给定的点之间的光程。在点 P 的动量或者光线可以由公式 $p = \nabla S$ 计算,其中,$\nabla = (\partial/\partial x_1, \partial/\partial x_2, \partial/\partial x_3)$。于是,假设另一个任意点 $P^* = (x_1^*, x_2^*, x_3^*)$,可得 $p^* = \nabla^* S$,而 $\nabla^* = (\partial/\partial x_1^*, \partial/\partial x_2^*, \partial/\partial x_3^*)$。

根据函数 $S(P)$ 的定义,可以给出点特征函数的定义为 $V(P, P^*) = V(x_1, x_2, x_3, x_1^*, x_2^*, x_3^*)$,由此可以计算 P 和 P^* 之间的平均光程[1,2]。$V(x_1, x_2, x_3, x_1^*, x_2^*, x_3^*)$ 由下式计算得出:

$$V(x_1, x_2, x_3, x_1^*, x_2^*, x_3^*) = \int_P^{P^*} n\,\mathrm{d}s = S(P^*) - S(P)$$
$$= S(x_1^*, x_2^*, x_3^*) - S(x_1, x_2, x_3)$$

$$(18.1)$$

由于 $\nabla V = -\nabla S$ 且 $\nabla^* V = \nabla^* S$。而且,$p = \nabla S$ 和 $p^* = \nabla S$,所以

$$p = \nabla V, \quad p^* = \nabla^* V \qquad (18.2)$$

或者

$$\begin{cases} (p_1, p_2, p_3) = (-V_{x_1}, -V_{x_2}, -V_{x_3}) \\ (p_1^*, p_2^*, p_3^*) = (V_{x_1^*}, V_{x_2^*}, V_{x_3^*}) \end{cases} \tag{18.3}$$

其中，$V_i = \partial V / \partial i$。

分别在一个光学系统的入口孔径和出口孔径，定义点 P 和点 P^*。考虑到，点 P 位于 x_1 和 x_2 构成的平面坐标系内，如图 18.1 所示。

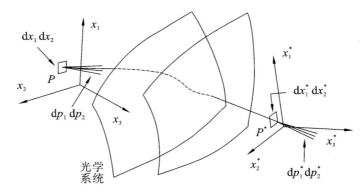

图 18.1　平面 $x_1 x_2$ 是光学系统的入口孔径，平面 $x_1^* x_2^*$ 是它的出口孔径。光束从平面 $x_1^* x_2^*$ 大小为 $\mathrm{d}x_1$、$\mathrm{d}x_2$ 的孔径穿过时，将会分散为不同的方向。这些光线的 p_1 随着 $\mathrm{d}p_1$ 的变化而变化，p_2 随着 $\mathrm{d}p_2$ 的变化而变化。在另一个 x_1^*、x_2^* 上，这些光线穿过大小为 $\mathrm{d}x_1^* \mathrm{d}x_2^*$ 的单位面积时，将会沿着不同的方向射出，对于这些光线，p_1^* 和 p_2^* 随着 $\mathrm{d}p_1^*$、$\mathrm{d}p_2^*$ 的变化而变化。光学扩展量守恒可以表示为 $\mathrm{d}x_1 \mathrm{d}x_2 \mathrm{d}p_1 \mathrm{d}p_2 = \mathrm{d}x_1^* \mathrm{d}x_2^* \mathrm{d}p_1^* \mathrm{d}p_2^*$

考虑到点 P 的 $\mathrm{d}x_1$、$\mathrm{d}x_2$ 和点 P^* 的 $\mathrm{d}x_1^*$、$\mathrm{d}x_2^*$ 的差异，可以利用公式 $V_{ij} = \partial(\partial V / \partial i)/\partial j$ 写出相应的动量变化：

$$\begin{cases} \mathrm{d}p_1 = -V_{x_1 x_1} \mathrm{d}x_1 - V_{x_1 x_2} \mathrm{d}x_2 - V_{x_1 x_1^*} \mathrm{d}x_1^* - V_{x_1 x_2^*} \mathrm{d}x_2^* \\ \mathrm{d}p_2 = -V_{x_2 x_1} \mathrm{d}x_1 - V_{x_2 x_2} \mathrm{d}x_2 - V_{x_2 x_1^*} \mathrm{d}x_1^* - V_{x_2 x_2^*} \mathrm{d}x_2^* \\ \mathrm{d}p_1^* = V_{x_1^* x_1} \mathrm{d}x_1 + V_{x_1^* x_2} \mathrm{d}x_2 + V_{x_1^* x_1^*} \mathrm{d}x_1^* + V_{x_1^* x_2^*} \mathrm{d}x_2^* \\ \mathrm{d}p_2^* = V_{x_2^* x_1} \mathrm{d}x_1 + V_{x_2^* x_2} \mathrm{d}x_2 + V_{x_2^* x_1^*} \mathrm{d}x_1^* + V_{x_2^* x_2^*} \mathrm{d}x_2^* \end{cases} \tag{18.4}$$

将式 (18.4) 中的等式整理为下列矩阵的形式：

$$\begin{bmatrix} V_{x_1 x_1^*} & V_{x_1 x_2^*} & 0 & 0 \\ V_{x_2 x_1^*} & V_{x_2 x_2^*} & 0 & 0 \\ V_{x_1^* x_1^*} & V_{x_1^* x_2^*} & -1 & 0 \\ V_{x_2^* x_1^*} & V_{x_2^* x_2^*} & 0 & -1 \end{bmatrix} \begin{bmatrix} \mathrm{d}x_1^* \\ \mathrm{d}x_2^* \\ \mathrm{d}p_1^* \\ \mathrm{d}p_2^* \end{bmatrix} = \begin{bmatrix} -V_{x_1 x_1} & -V_{x_1 x_2} & -1 & 0 \\ -V_{x_2 x_1} & -V_{x_2 x_2} & 0 & -1 \\ -V_{x_1^* x_1} & -V_{x_1^* x_2} & 0 & 0 \\ -V_{x_2^* x_1} & -V_{x_2^* x_2} & 0 & 0 \end{bmatrix} \begin{bmatrix} \mathrm{d}x_1 \\ \mathrm{d}x_2 \\ \mathrm{d}p_1 \\ \mathrm{d}p_2 \end{bmatrix}$$

$$\boldsymbol{B} \cdot \boldsymbol{M}^* = \boldsymbol{A} \cdot \boldsymbol{M} \tag{18.5}$$

矩阵 $\boldsymbol{B}$ 的行列式由下式给出：

$$\det\boldsymbol{B} = V_{x_1 x_1^*} V_{x_2 x_2^*} - V_{x_1 x_2^*} V_{x_2 x_1^*} \tag{18.6}$$

矩阵 $\boldsymbol{A}$ 的行列式也可由以下公式计算得到：

$$\det\boldsymbol{A} = V_{x_1^* x_1} V_{x_2^* x_2} - V_{x_2^* x_1} V_{x_1^* x_2} \tag{18.7}$$

令 $V_{x_1^* x_1} = V_{x_1 x_1^*}, V_{x_1^* x_2} = V_{x_2 x_1^*}, V_{x_2^* x_1} = V_{x_1 x_2^*}, V_{x_2^* x_2} = V_{x_2 x_2^*}$ 可以得到

$$\det\boldsymbol{A} = \det\boldsymbol{B} \tag{18.8}$$

注意，两个矩阵乘积的行列式，等于两个矩阵行列式的乘积。假设 $\boldsymbol{C}$、$\boldsymbol{D}$ 为两个矩阵，则 $\det(\boldsymbol{C} \cdot \boldsymbol{D}) = \det\boldsymbol{C} \cdot \det\boldsymbol{D}$，且 $(\boldsymbol{B}^{-1} \cdot \boldsymbol{B}) = \det\boldsymbol{B}^{-1} \cdot \det\boldsymbol{B}$。因为 $\det(\boldsymbol{B}^{-1} \cdot \boldsymbol{B}) = 1$，所以 $\det\boldsymbol{B}^{-1} = 1/\det\boldsymbol{B}$。结合式（18.8），可得

$$\det\boldsymbol{B}^{-1} = 1/\det\boldsymbol{A} \tag{18.9}$$

在式（18.5）的两边，同时左乘矩阵 $\boldsymbol{B}^{-1}$，可得

$$\boldsymbol{M}^* = (\boldsymbol{B}^{-1} \cdot \boldsymbol{A}) \cdot \boldsymbol{M} \tag{18.10}$$

结合式（18.9），可得

$$\det(\boldsymbol{B}^{-1} \cdot \boldsymbol{A}) = \det\boldsymbol{B}^{-1} \det\boldsymbol{A} = 1 \tag{18.11}$$

而且，式（18.10）也可以写成以下形式：

$$\begin{bmatrix} \mathrm{d}x_1^* \\ \mathrm{d}x_2^* \\ \mathrm{d}p_1^* \\ \mathrm{d}p_2^* \end{bmatrix} = \begin{bmatrix} \dfrac{\partial x_1^*}{\partial x_1} & \dfrac{\partial x_1^*}{\partial x_2} & \dfrac{\partial x_1^*}{\partial p_1} & \dfrac{\partial x_1^*}{\partial p_2} \\[2mm] \dfrac{\partial x_2^*}{\partial x_1} & \dfrac{\partial x_2^*}{\partial x_2} & \dfrac{\partial x_2^*}{\partial p_1} & \dfrac{\partial x_2^*}{\partial p_2} \\[2mm] \dfrac{\partial p_1^*}{\partial x_1} & \dfrac{\partial p_1^*}{\partial x_2} & \dfrac{\partial p_1^*}{\partial p_1} & \dfrac{\partial p_1^*}{\partial p_2} \\[2mm] \dfrac{\partial p_2^*}{\partial x_1} & \dfrac{\partial p_2^*}{\partial x_2} & \dfrac{\partial p_2^*}{\partial p_1} & \dfrac{\partial p_2^*}{\partial p_2} \end{bmatrix} \begin{bmatrix} \mathrm{d}x_1 \\ \mathrm{d}x_2 \\ \mathrm{d}p_1 \\ \mathrm{d}p_2 \end{bmatrix}$$

$$\boldsymbol{M}^* = \boldsymbol{C} \cdot \boldsymbol{M} \tag{18.12}$$

所以可得 $\boldsymbol{C} = \boldsymbol{B}^{-1} \cdot \boldsymbol{A}$，也可以表示为

$$\mathrm{d}x_1^* \, \mathrm{d}x_2^* \, \mathrm{d}p_1^* \, \mathrm{d}p_2^* = \frac{\partial(x_1^*, x_2^*, p_1^*, p_2^*)}{\partial(x_1, x_2, p_1, p_2)} \mathrm{d}x_1 \mathrm{d}x_2 \mathrm{d}p_2 \mathrm{d}p_2 \tag{18.13}$$

其中

$$\frac{\partial(x_1^*, x_2^*, p_1^*, p_2^*)}{\partial(x_1, x_2, p_1, p_2)} = \det\boldsymbol{C} \tag{18.14}$$

因为 $\det\boldsymbol{C} = 1$，所以

$$\mathrm{d}x_1^* \, \mathrm{d}x_2^* \, \mathrm{d}p_1^* \, \mathrm{d}p_2^* = \mathrm{d}x_1 \mathrm{d}x_2 \mathrm{d}p_1 \mathrm{d}p_2 \tag{18.15}$$

这说明，量值

$$\mathrm{d}U = \mathrm{d}x_1 \mathrm{d}x_2 \mathrm{d}p_1 \mathrm{d}p_2 \tag{18.16}$$

以光路的形式保存在光学系统中。包含这些特殊坐标和要素的坐标系 (x_1, x_2, p_1, p_2)，称为相空间。相空间中的点 R 坐标为 $(x_{1R}, x_{2R}, p_{1R}, p_{2R})$，对应

于平面 $x_1 x_2$ 上的点 (x_{1R}, x_{2R}) 和方向 (p_{1R}, p_{2R})。相空间中的该点唯一定义了一个空间点和一条光线。相空间中一组连续的点代表一个区域,这些区域里每个点代表一条光线,所以该区域定义了一束光线。

相空间中的基本区域有一个体积量 $\mathrm{d}U$,$\mathrm{d}U = \mathrm{d}x_1 \mathrm{d}x_2 \mathrm{d}p_1 \mathrm{d}p_2$($x_1, x_2, p_1, p_2$),称为光学扩展量,式(18.15)定义了光学系统中的光学扩展量守恒定理:$\mathrm{d}U^* = \mathrm{d}U$。

考虑一个单位区域 $\mathrm{d}x_1 \mathrm{d}x_2$ 并且一束光线以不同的方向射出。这些光线中,p_1 随 $\mathrm{d}p_1$ 的变化而变化,p_2 随 $\mathrm{d}p_2$ 的变化而变化。这些光线穿越光学系统并从另一个单位区域 $\mathrm{d}x_1^* \mathrm{d}x_2^*$ 射出。最终,就像图18.1描述的那样,p_1^* 由 $\mathrm{d}p_1^*$ 的值决定,p_2^* 由 $\mathrm{d}p_2^*$ 的值决定,这决定了所有光线的射出方向。光学扩展量守恒可以表述为等式 $\mathrm{d}x_1^* \mathrm{d}x_2^* \mathrm{d}p_1^* \mathrm{d}p_2^* = \mathrm{d}x_1 \mathrm{d}x_2 \mathrm{d}p_1 \mathrm{d}p_2$。通过 $\mathrm{d}x_1 \mathrm{d}x_2$ 和 $\mathrm{d}x_1^* \mathrm{d}x_2^*$ 区域的许多道光线成为一束光,所以,光学扩展量是光束的守恒。

由于 $\mathrm{d}x_1 \mathrm{d}x_2 \mathrm{d}p_1 \mathrm{d}p_2$ 是相空间 (x_1, x_2, p_1, p_2) 的单位区域,所以光学扩展量守恒意味着,如果一束光线在光学系统的定点处,占据了相空间的单位体积 $\mathrm{d}x_1 \mathrm{d}x_2 \mathrm{d}p_1 \mathrm{d}p_2$,那么在光束穿越光学系统后,仍占据相空间的单位体积 $\mathrm{d}x_1^* \mathrm{d}x_2^* \mathrm{d}p_1^* \mathrm{d}p_2^*$,且 $\mathrm{d}x_1 \mathrm{d}x_2 \mathrm{d}p_1 \mathrm{d}p_2 = \mathrm{d}x_1^* \mathrm{d}x_2^* \mathrm{d}p_1^* \mathrm{d}p_2^*$,也就是说,虽然新的区域形状与之前不同,但体积和之前一样。因此,穿越光学系统的光束,占据的相空间体积是恒定的。

二维系统拥有较小的区域,类似于图18.2的情况。

在这种情况下,守恒的量是 $\mathrm{d}U_{2\text{-}D} = \mathrm{d}x_1 \mathrm{d}p_1$。

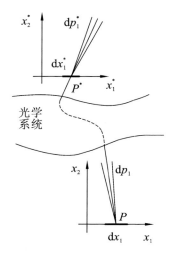

图18.2 二维光学系统的光学扩展量守恒

18.2 哈密顿光学中的光学扩展量

这里我们从哈密顿光学的观点提出光学扩展量守恒。如图 18.3 所示,假设一个体积 V 在空间中移动,$\mathrm{d}A$ 是空间表面的单位表面积,$\boldsymbol{n}$ 是垂直于 $\mathrm{d}A$ 的单位矢量。如图 18.3(a) 所示,假设单位面积 $\mathrm{d}A$ 以 $\boldsymbol{v}=\dot{\boldsymbol{x}}=\mathrm{d}\boldsymbol{x}/\mathrm{d}t$ 的速度移动。时间增加量 $\mathrm{d}t$,单位面积移动 $v\mathrm{d}t$ 的距离,体积也会增加。如图 18.3(b) 所示,在二维系统中,体积增加量 $\mathrm{d}V$ 可以表示为 $\mathrm{d}V=\mathrm{d}av\mathrm{d}t\cos\gamma=\mathrm{d}a(\boldsymbol{v}\cdot\boldsymbol{n})\mathrm{d}t$,其中,$v$ 是矢量 $\boldsymbol{v}$ 的标量值。在三维系统中,有 $\mathrm{d}V=\mathrm{d}A(\boldsymbol{v}\cdot\boldsymbol{n})\mathrm{d}t$。综合考虑由表面 A 限定的体积 V,总的体积变化量为

$$\frac{\mathrm{d}V}{\mathrm{d}t}=\int_{A}\boldsymbol{v}\cdot\boldsymbol{n}\mathrm{d}A \tag{18.17}$$

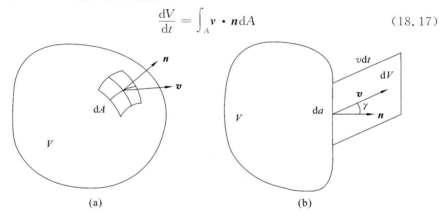

图 18.3 (a) 体积 V 在空间中移动,它表面的小区域 $\mathrm{d}A$ 随之移动;(b) 在二维系统中:如果 $\mathrm{d}a$ 的移动速度为 v,体积的增加量取决于 $\mathrm{d}a$ 在一段时间 $\mathrm{d}t$ 的移动,体积的增加量 $\mathrm{d}V=\mathrm{d}av\mathrm{d}t\cos\gamma=\mathrm{d}a(\boldsymbol{v}\cdot\boldsymbol{n})\mathrm{d}t$,$\boldsymbol{n}$ 是垂直于 $\mathrm{d}a$ 的单位矢量。在三维系统中,这种关系也成立,即 $\mathrm{d}V=\mathrm{d}A(\boldsymbol{v}\cdot\boldsymbol{n})\mathrm{d}t$

使用高斯定理,可得

$$\frac{\mathrm{d}V}{\mathrm{d}t}=\int_{A}\boldsymbol{v}\cdot\boldsymbol{n}\mathrm{d}A=\int_{V}\nabla\cdot\boldsymbol{v}\mathrm{d}V \tag{18.18}$$

其中,$\nabla\cdot\boldsymbol{v}$ 是 $\boldsymbol{v}$ 的散度。速度由 $\boldsymbol{v}=\dot{\boldsymbol{x}}$ 给出。扩展到多维空间下,速度 v 可以由 $\boldsymbol{v}=(\dot{x}_1,\cdots,\dot{x}_n)$ 表示。

以上结论可以应用到哈密顿光学系统。一个三维系统可以由等式组(14.62)决定,或者由下式决定:

$$\begin{cases} x_1'=\dfrac{\partial H}{\partial p_1}, \quad p_1'=-\dfrac{\partial H}{\partial x_1} \\[2mm] x_2'=\dfrac{\partial H}{\partial p_2}, \quad p_2'=-\dfrac{\partial H}{\partial x_2} \\[2mm] H=-\sqrt{n^2-p_1^2-p_2^2} \end{cases} \tag{18.19}$$

其中,撇号 $'$ 代表 x_3 的导数。从现在起 x_3 的概念开始发挥作用,那就是,除了 $\dot{x} =$ $\mathrm{d}x/\mathrm{d}t$ 之外,如果我们定义几何导数 $x'_k = \mathrm{d}x_k/\mathrm{d}x_3$,那么就有式 $x_1 = x_1(x_3)$, $x_2 = x_2(x_3)$。调整 x_3 使之与系统的光轴一致,也就是说,光线在光学系统中传播时,光轴沿着 x_3 增加的方向,所以 $p_3 > 0$。每一条光线可以通过$(x_1, x_2, p_1,$ $p_2)$ 表示为 x_3 的一个值。空间的一个点(x_1, x_2, p_1, p_2) 定义了它的位置 (x_1, x_2) 和光线的传播方向(p_1, p_2)。其中,p_1 和 p_2 定义了 x_1、x_2、x_3 空间中光线的传播方向,因为从 $p_1^2 + p_2^2 + p_3^2 = n^2$ 可知,若已知 p_1 和 p_2,则可以计算 p_3。随着光线沿着 x_3 传播协调 x_1、x_2、p_1、p_2 的变化,光线在四维相空间$(x_1, x_2,$ $p_1, p_2)$ 也在变化。假设有大量光线在光学系统中传播,每条光线会占据相空间的一个点,所有的光线构成相空间的一个区域。尤其是,当光学系统中光线是连续分布时,它们在相空间就会占据一定的体积 V。这个体积里的每个点以"速度"v 移动,$\boldsymbol{v} = (x'_1, x'_2, p'_1, p'_2)$,其中,$x'_k = \mathrm{d}x_k/\mathrm{d}x_3$ 且 $p'_k = \mathrm{d}p_k/\mathrm{d}x_3$。先前得到结论(见式(18.18))可以应用到相空间,有

$$\frac{\mathrm{d}V}{\mathrm{d}x_3} = \int_V \nabla \cdot v \mathrm{d}V \tag{18.20}$$

在这里,如前所述,x_3 轴开始起作用。$\nabla \cdot \boldsymbol{v}$ 的表达式可以由式(18.19)计算得到

$$\begin{aligned}
\nabla \cdot \boldsymbol{v} &= \left(\frac{\partial x'_1}{\partial x_1} + \frac{\partial x'_2}{\partial x_2} + \frac{\partial p'_1}{\partial p_1} + \frac{\partial p'_2}{\partial p_2}\right) \\
&= \left(\frac{\partial}{\partial x_1}\frac{\partial H}{\partial p_1} + \frac{\partial}{\partial x_2}\frac{\partial H}{\partial p_2} - \frac{\partial}{\partial p_1}\frac{\partial H}{\partial x_1} - \frac{\partial}{\partial p_2}\frac{\partial H}{\partial x_2}\right) = 0
\end{aligned} \tag{18.21}$$

所以

$$\mathrm{d}V/\mathrm{d}x_3 = 0 \tag{18.22}$$

这个结果称为刘维尔(Liouville)定理,并且可以应用到任何哈密顿光学系统。

由式(18.22)可以得出这样的结论:光在光学系统中传播时,单位区域有一个恒定的体积值 $\mathrm{d}V = \mathrm{d}x_1\mathrm{d}x_2\mathrm{d}p_1\mathrm{d}p_2$,即沿轴线 x_3;在哈密顿光学理论中,相空间的单位体积 $\mathrm{d}V$ 称为光学扩展量,可以得到 $\mathrm{d}U =$ 常量或者

$$U = \int \mathrm{d}x_1\mathrm{d}x_2\mathrm{d}p_1\mathrm{d}p_2 = 常数 \tag{18.23}$$

举一个例子,我们可以假设 $x_3 = 0$ 是对应于三维光学组件的矩形入口孔径处。该孔径的大小范围为 $x_{1A} < x_1 < x_{1B}$ 且 $x_{2A} < x_2 < x_{2B}$。我们进一步考虑,进入到设备的光线与坐标轴有一定的角度,所以 $p_{1A} < p_1 < p_1$ 且 $p_{2A} <$ $p_2 < p_{2B}$。利用这些条件,可以在设备装置的入口孔径,定义一个四维空间的区域(x_1, x_2, p_1, p_2)。随着光线穿过光学系统,坐标、光线和坐标轴产生的角度都发生了改变。然而,相空间体积一直是一个常数。

18.3　积分不变量和光学扩展量

在光学中积分不变量称为光学扩展量的守恒。对于一个三维系统有三个不变量，分别为 2 阶的 J_2、4 阶的 J_4、6 阶的 J_6。

2 阶的积分不变量 $U_{2\text{-D}} = J_2$ 称为光学系统中的二维光学扩展量或拉格朗日不变量，它可以写成很多形式，将每个表达式代入式（14.156），都可得到

$$
\begin{aligned}
U_{2\text{-D}} = I_1 &= \oint_c P \cdot \mathrm{d}x = \oint_c (p_1 \mathrm{d}x_1 + p_2 \mathrm{d}x_2 + p_3 \mathrm{d}x_3) \\
&= J_2 = \iint_A \mathrm{d}P \cdot \mathrm{d}x = \iint_A \mathrm{d}p_1 \mathrm{d}x_1 + \mathrm{d}p_2 \mathrm{d}x_2 + \mathrm{d}p_3 \mathrm{d}x_3 \\
&= \iint_A \nabla \times P \cdot \mathrm{d}a \\
&= \iint_B (P_u \cdot x_v - P_v \cdot x_u) \mathrm{d}u \mathrm{d}v
\end{aligned}
$$

$$(18.24)$$

在这里，空间 (x_1, x_2, x_3) 由参数 $(x_1(\tau), x_2(\tau), x_3(\tau))$ 确定，c 是空间里的一个封闭曲线。曲线 c 包围面积 A，也在 $(x_1(u,v), x_2(u,v), x_3 = x_3(u,v))$ 的配置空间里。在 u、v 的参数平面上，积分接管了 B 区域。一束光线穿过配置空间的 A 区域。

由式（14.162）给出的四阶不变式 $U_{3\text{-D}} = J_4$，在光学系统中称为三维光学扩展量或光学扩展量 U。U 由下式所得

$$U = J_4 = \int \mathrm{d}x_1 \mathrm{d}x_2 \mathrm{d}p_1 \mathrm{d}p_2 + \mathrm{d}x_1 \mathrm{d}x_3 \mathrm{d}p_1 \mathrm{d}p_3 + \mathrm{d}x_2 \mathrm{d}x_3 \mathrm{d}p_2 \mathrm{d}p_3 \quad (18.25)$$

四个完整的符号被简单地替换为一个符号。注意，如果我们在 $x_3 =$ 常数的平面上计算 U，可以得到这些平面上 $\mathrm{d}x_3 = 0$，因此

$$U = \int \mathrm{d}x_1 \mathrm{d}x_2 \mathrm{d}p_1 \mathrm{d}p_2 \quad (18.26)$$

式（18.26）是恒成立的。在光线沿着 x_3 轴传播情况下，式（18.26）与式（18.23）表达的意义相同。

6 阶积分不变量 J_6 由式（14.163）得出，其中

$$J_6 = \int \mathrm{d}x_1 \mathrm{d}x_2 \mathrm{d}x_3 \mathrm{d}p_1 \mathrm{d}p_2 \mathrm{d}p_3 \quad (18.27)$$

六个完整的符号被简单地替换为一个符号。然而，在光学系统的子空间 $P = 0$ 中，只有式（14.79）提出的解决方法，才是光线的轨迹。在一个 (x_1, x_2, x_3) 位置处，动量分量为 $p_1^2 + p_2^2 + p_3^2 = n^2$，因此，解决方法描述了光线被包含在球面 $p_1^2 + p_2^2 + p_3^2 = n^2$ 包含的 (p_1, p_2, p_3) 内部空间里。

球表面的体积为 0，因此，由于 $\mathrm{d}p_1 \mathrm{d}p_2 \mathrm{d}p_3 \mathrm{d}p_4 = 0$，所以

$$J_6 = \int \mathrm{d}x_1 \mathrm{d}x_2 \mathrm{d}x_3 \mathrm{d}p_1 \mathrm{d}p_2 \mathrm{d}p_3 = 0 \qquad (18.28)$$

因此，在式（18.27）中的积分不变量 J_6 在光学系统中没有被用到。

18.4　折射、反射和二维光学扩展量

二维光学扩展不变量可以直接由折射和反射规律得到。在三维空间中，假设参数 $x(u,v)$ 确定的一个平面 A，如图 18.4 所示，$x(u,v) = (x_1(u,v), x_2(u, v), x_3(u,v))$。每个点的法线由 $\boldsymbol{n}(u,v)$ 给出，并且 $\boldsymbol{n}$ 垂直于偏导数 $\boldsymbol{x}_u = \partial x / \partial u$ 和 $\boldsymbol{x}_v = \partial x / \partial v$，即

$$\begin{cases} \boldsymbol{n} \cdot \boldsymbol{x}_u = 0 \\ \boldsymbol{n} \cdot \boldsymbol{x}_v = 0 \end{cases} \qquad (18.29)$$

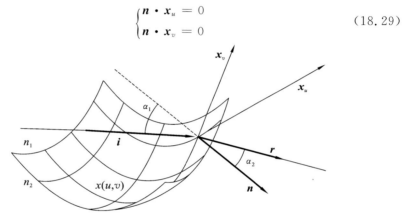

图 18.4　垂直波前 A 的一束光有 $U_2 G_\mathrm{D} = 0$

计算 $\boldsymbol{n} \cdot \boldsymbol{x}_u = 0$ 关于 v 的偏导数，可以得到 $\boldsymbol{n}_v \cdot \boldsymbol{x}_u + \boldsymbol{n} \cdot \boldsymbol{x}_{uv} = 0$ 和 $\boldsymbol{n}_v \cdot \boldsymbol{x}_u = -\boldsymbol{n} \cdot \boldsymbol{x}_{uv}$。此外，计算 $\boldsymbol{n} \cdot \boldsymbol{x}_u = 0$ 关于 u 的偏导数，可以得到 $\boldsymbol{n}_u \cdot \boldsymbol{x}_v + \boldsymbol{n} \cdot \boldsymbol{x}_{vu} = 0$ 和 $\boldsymbol{n}_u \cdot \boldsymbol{x}_v = -\boldsymbol{n} \cdot \boldsymbol{x}_{uv}$，以及

$$\boldsymbol{n}_v \cdot \boldsymbol{x}_u = \boldsymbol{n}_u \cdot \boldsymbol{x}_v \qquad (18.30)$$

表面 $x(u,v)$ 上一点法线为 $\boldsymbol{n}$，法线 $\boldsymbol{n}$ 垂直于偏导数 $\boldsymbol{x}_u$ 和 $\boldsymbol{x}_v$。一条入射光线从方向 $\boldsymbol{i}$ 射到表面，并且发生反射，并沿方向 $\boldsymbol{r}$ 射出。

我们考虑表面 $x(u,v)$ 被许多由二元参数设定的光线穿过，表面上的每个点有一条光线穿过。假设该表面是两个不同介质折射率 n_1 和 n_2 的分界面。射向表面的入射光线方向为 $\boldsymbol{i}(u,v)$，折射光线（如果 $n_1 = n_2$，则为反射光线）的方向为 $\boldsymbol{r}(u,v)$，其中，$\boldsymbol{i}$ 和 $\boldsymbol{r}$ 是单位向量。因为该表面的向量 $\boldsymbol{i}$、$\boldsymbol{r}$ 和法线都在同一个平面上，所以有 $n_1 \boldsymbol{i} - n_2 \boldsymbol{r} = \boldsymbol{k}_n$，或者 $n_1 \boldsymbol{i}(u,v) - n_2 \boldsymbol{r}(u,v) = k(u,v)\boldsymbol{n}(u,v)$，其中，$k$ 是一个标量。

现在,计算等式 $n_1\boldsymbol{i}-n_2\boldsymbol{r}=k_n$ 关于 u 的偏导数,可以得到 $n_1\boldsymbol{i}u-n_2\boldsymbol{r}u=k_u\boldsymbol{n}+nk_u$。两边乘以 $\boldsymbol{x}_v$,可以得到

$$n_1\boldsymbol{i}_u\cdot\boldsymbol{x}_v-n_2\boldsymbol{r}_u\cdot\boldsymbol{x}_v=k_u\boldsymbol{n}\cdot\boldsymbol{x}_v+kn_u\cdot\boldsymbol{x}_v \tag{18.31}$$

因此,计算等式 $n_1\boldsymbol{i}-n_2\boldsymbol{r}=kn$ 关于 v 的偏导数,可以得到 $n_1\boldsymbol{i}_v-n_2\boldsymbol{r}_v=k_v n+kn_v$,在该等式两边同乘以 x_u,可以得到

$$n_1\boldsymbol{i}_v\cdot\boldsymbol{x}_u-n_2\boldsymbol{r}_v\cdot\boldsymbol{x}_u=k_v\boldsymbol{n}\cdot\boldsymbol{x}_u+kn_v\cdot\boldsymbol{x}_u \tag{18.32}$$

从式(18.29)和式(18.30)的表述可以得出,$n_1\boldsymbol{i}_u\cdot\boldsymbol{x}_v-n_2\boldsymbol{r}_u\cdot\boldsymbol{x}_v=n_1\boldsymbol{i}_v\cdot\boldsymbol{x}_v-n_2 4_v\cdot\boldsymbol{x}_u$,或

$$n_1(\boldsymbol{i}_u\cdot\boldsymbol{x}_v-\boldsymbol{i}_v\cdot\boldsymbol{x}_u)=n_2(\boldsymbol{r}_u\cdot\boldsymbol{x}_v-\boldsymbol{r}_v\cdot\boldsymbol{x}_u) \tag{18.33}$$

也可以写为

$$n(\boldsymbol{i}_u\cdot\boldsymbol{x}_v-\boldsymbol{i}_v\cdot\boldsymbol{x}_u)=\boldsymbol{p}_u\cdot\boldsymbol{x}_v-\boldsymbol{p}_v\cdot\boldsymbol{x}_u=常数 \tag{18.34}$$

其中,$p=n_i$,式(18.34)的量是一个常数,并且偏角恒定(折射或反射)。

如果光线穿过另一个表面 $z(u,v)$,以上结论依然适用。假设表面 z 可以写为 $z=x+\lambda_i$,也可以写为 $z(u,v)=x(u,v)+\lambda_i(u,v)$,计算关于 u 和 v 的偏导数,可以得到

$$\begin{cases}z_u=x_u+\lambda_u i+\lambda i_u\\ z_v=x_v+\lambda_v i+\lambda i_v\end{cases} \tag{18.35}$$

让式(18.35)的第一个式子乘以(点积)iv,第二个式子乘以 i_u,可以得到

$$\begin{cases}z_u\cdot i_v=x_u\cdot i_v+\lambda_u i\cdot i_v+\lambda i_u\cdot i_v\\ z_v\cdot i_u=x_v\cdot i_u+\lambda_v i\cdot i_u+\lambda i_v\cdot i_u\end{cases} \tag{18.36}$$

i 为单位向量,所以 $\boldsymbol{i}\cdot\boldsymbol{i}=1$。计算关于 u 的偏导数,可以得到 $i_u\cdot i+i\cdot i_u=0$,因为1是一个常数而且与 u 无关。我们可以得到 $i\cdot i_u=0$。关于 v 的偏导数,也可以得到 $\boldsymbol{i}\cdot i_v=0$。考虑到 $i_u\cdot i_v=i_v\cdot i_u$,然后再减去式(18.36)的两个表达式,可以得到

$$i_u\cdot x_v-i_v\cdot x_u=i_u\cdot z_v-i_v\cdot z_u \tag{18.37}$$

结合式(18.34),一个可能的结论是,式(18.34)是一个常量。注意,如果光线在分界面两边的介质折射率 n 是相同的,那么光线将横穿表面 $z(u,v)$ 而不是折射或反射。对整个 $x(u,v)$ 进行积分,可以得到

$$U_{2\text{-D}}=\iint(\boldsymbol{P}_u\cdot\boldsymbol{x}_v-\boldsymbol{P}_v\cdot\boldsymbol{x}_u)\mathrm{d}u\mathrm{d}v \tag{18.38}$$

且式(18.38)是一个常数,就像式(18.24)一样。它的表示方法也可以写为

$$U_{2\text{-D}}=\iint\left(\sum_{k=1}^3\frac{\partial p_k}{\partial u}\frac{\partial x_k}{\partial v}-\frac{\partial x_k}{\partial u}\frac{\partial p_k}{\partial v}\right)\mathrm{d}u\mathrm{d}v=\iint\left(\sum_{k=1}^3\frac{\partial(p_k,x_k)}{\partial(u,v)}\right)\mathrm{d}u\mathrm{d}v$$

$$=\iint\sum_{k=1}^3\mathrm{d}p_k\mathrm{d}x_k=\iint\mathrm{d}P\cdot\mathrm{d}x \tag{18.39}$$

现在,结合式(14.149)的表述和 $k = 1,2,3$,可以得到

$$U_{2\text{-}D} = \sum_{k=1}^{3} \iint \mathrm{d}p_k \mathrm{d}x_k = \sum_{k=1}^{3} \iint \frac{\partial(p_k, x_k)}{\partial(u, v)} \mathrm{d}u \mathrm{d}v$$

$$= \sum_{k=1}^{3} \iint \left(\frac{\partial}{\partial u}\left(p_k \frac{\partial x_k}{\partial v} \right) - \frac{\partial}{\partial v}\left(\frac{\partial x_k}{\partial u} \right) \right) \mathrm{d}u \mathrm{d}v \qquad (18.40)$$

对总和的每项应用格林公式,可以把曲面积分转换为曲线积分,如下式:

$$U_{2\text{-}D} = \sum_{k=1}^{3} \oint p_k \frac{\partial x_k}{\partial u} \mathrm{d}u + p_k \frac{\partial x_k}{\partial v} \mathrm{d}v = \sum_{k=1}^{3} \oint p_k \left(\frac{\partial x_k}{\partial u} \mathrm{d}u + \frac{\partial x_k}{\partial v} \mathrm{d}v \right)$$

$$= \sum_{k=1}^{3} \oint p_k \mathrm{d}x_k = \oint \sum_{k=1}^{3} p_k \mathrm{d}x_k = \oint p \cdot \mathrm{d}x$$

$$(18.41)$$

该式与式(18.24)的表述一致。利用斯托克斯公式,可以得到式(14.152)。

18.5 二维光学扩展量举例

现在举几个例子,来阐释由 $U_{2\text{-}D}$ 给出的二维光学扩展量的物理意义。

图 18.5 中,被封闭曲线 c 包围的一束光线垂直于波前 A。该波前是一个两参数的面,而且波前 A 上每一点都有一条光线穿过。所以这是与两个参数有关的一束光。对于这些光线,应用式(15.10)可得

$$p = \nabla S \qquad (18.42)$$

其中,S 是光程,用 ∇S 代替式(18.24)第三式中的 p,可以得到

$$U_{2\text{-}D} = \iint_A (\nabla \times (\nabla S)) \cdot \mathrm{d}a = 0 \qquad (18.43)$$

其中,$\nabla \times (\nabla S) = 0$。由于光束垂直于波前 A,也垂直于闭曲线 c,所以沿着曲线 c,有 $p \cdot \mathrm{d}x = 0$。因为动量 p 垂直于 $\mathrm{d}x$,$\mathrm{d}x$ 是封闭曲线 c 的切线,可以得到

$$U_{2\text{-}D} = \oint_c p \cdot \mathrm{d}x = 0 \qquad (18.44)$$

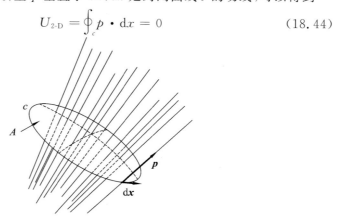

图 18.5 垂直于波前 A 的一束光有 $U_{2\text{-}D} = 0$

垂直于波前 A 的一束光有 $U_{2\text{-}D} = 0$。

如图 18.6(a) 所示,现在假设有另外一束光线穿过 A 表面。所有的光线都垂直于曲线 l,l 是水平且互相平行(虚线)的。当我们移动这些曲线时,入射光线的角度将从 P_L 向 P_R 旋转,A 表面的每个点由两个参数确定,每个点只有一条光线穿过。因此,这就是一束两参数光线。

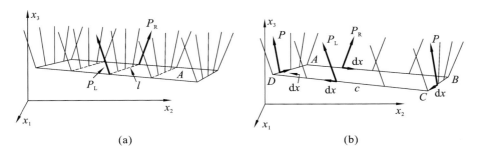

$$\text{(a)} \qquad\qquad\qquad\qquad \text{(b)}$$

图 18.6　(a) 一个两参数光线穿过 A 表面,A 表面的每个点只有一条光线穿过;(b) 二维光学扩展量可以通过对曲线 c 的一个线积分得到,其中,c 是 A 的边界区域

如图 18.6 所示,这束光线的二维光学扩展量可以根据式(18.24),通过对曲线 c 的一个线积分得到,其中,c 是 A 的边界区域,有

$$U_{2\text{-}D} = \oint_c \boldsymbol{p} \cdot \mathrm{d}\boldsymbol{x} = \int_A^B \boldsymbol{p}_R \cdot \mathrm{d}\boldsymbol{x} + \int_B^C \boldsymbol{p} \cdot \mathrm{d}\boldsymbol{x} + \int_C^D \boldsymbol{p}_L \cdot \mathrm{d}\boldsymbol{x} + \int_D^A \boldsymbol{p} \cdot \mathrm{d}\boldsymbol{x}$$

$$(18.45)$$

在 A、B、C、D 范围内,所有光线垂直于曲线 c,因此可得 $\boldsymbol{p} \cdot \mathrm{d}\boldsymbol{x} = 0$。所以 $U_{2\text{-}D}$ 可以表示为

$$U_{2\text{-}D} = \oint_c \boldsymbol{p} \cdot \mathrm{d}\boldsymbol{x} = \int_A^B \boldsymbol{p}_R \cdot \mathrm{d}\boldsymbol{x} + \int_C^D \boldsymbol{p}_L \cdot \mathrm{d}\boldsymbol{x} \qquad (18.46)$$

如图 18.7 所示,假设 P_L 和 P_R 与平面垂线所成的夹角为 θ。

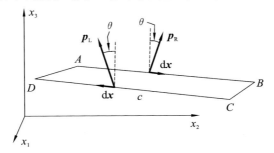

图 18.7　四个点 $ABCD$ 围成曲线 c,光线穿过 AB 和 CD 组成的平面,与垂线所成的夹角为 θ

如果光线正在通过光折射率为 n 的介质,并且满足 $[A,B]=[C,D]$ 时,可得出
$$U_{2\text{-}D} = n[A,B]\sin\theta + n[C,D]\sin\theta = 2n[A,B]\sin\theta \qquad (18.47)$$
由于 $U_{2\text{-}D} \neq 0$,这束光并不垂直于波前并且在此时式(18.42)并不适用。

通常情况下,我们不用考虑在配置空间中穿过每个点只有单一轨迹这一个因素。

假设有 $[A,D]$ 和 $[B,C]$ 趋近于 0 的极限情况。如图 18.8 所示,一束光线穿过 u 平面,AB 和 CD 重合,光线将恒定穿过曲线 c,夹角也为 2θ。

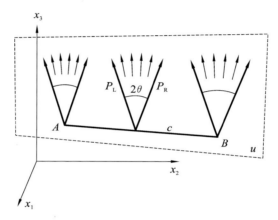

图 18.8　一个两参数光线穿过 u 平面的 c 曲线,并在曲线的每个点上所成的夹角为 2θ

此时曲线 c 是闭合的,并且从 A 到 B,然后沿相同的路径返回点 A,由此可以计算 $U_{2\text{-}D}$。如图 18.9 所示,曲线上每一个点只有一条光线通过,其中 AB 线段上的光线为 $\boldsymbol{p}_R$,BA 线段上的光线为 $\boldsymbol{p}_L$。

于是得到式(18.24)的另一个形式为
$$U_{2\text{-}D} = \oint_c \boldsymbol{p} \cdot \mathrm{d}\boldsymbol{x} = \int_A^B \boldsymbol{p}_R \cdot \mathrm{d}\boldsymbol{x} + \int_B^A \boldsymbol{p}_L \cdot \mathrm{d}\boldsymbol{x} = 2n[A,B]\sin\theta \qquad (18.48)$$

如图 18.9 所示,图中穿过曲线 c 的两参数光束,与图 18.8 中的光线是一样的。图 18.8 中的两参数光线也许已经被参数化了,例如,如图 18.10 所示,通过参数 (τ,α) 确定。其中,τ 是光线穿过曲线 c 的交点的参数,为 $c(\tau)$;α 是在平面 u 上入射光线与曲线 c 的法线所成的夹角。

另一种计算 $U_{2\text{-}D}$ 的方法是利用式(18.24)的另一种形式,有
$$U_{2\text{-}D} = \iint \mathrm{d}\boldsymbol{p} \cdot \mathrm{d}\boldsymbol{x} = \int_A^B \int_{p_L}^{p_R} \mathrm{d}\boldsymbol{p} \cdot \mathrm{d}\boldsymbol{x} \qquad (18.49)$$
由于 $\boldsymbol{p}$ 的方向与曲线 c 上的位置无关,所以可以写成

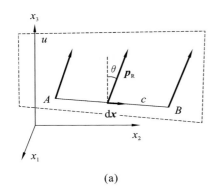 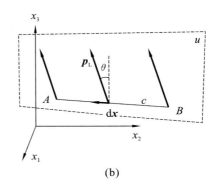

(a)   (b)

图 18.9   图中曲线 c 是一个闭合的曲线,它从 A 到 B,然后沿相同的路径返回点 A。(a) 从 A 到 B 的曲线被方向为 $\boldsymbol{p}_R$ 的光线穿过;(b) 从 B 到 A 的曲线被方向为 $\boldsymbol{p}_L$ 的光线穿过

$$U_{\text{2-D}} = \int_A^B (\boldsymbol{p}_R - \boldsymbol{p}_L) \cdot \mathrm{d}\boldsymbol{x} = 2n\sin\theta \int_A^B \mathrm{d}\boldsymbol{x} = 2n[A,B]\sin\theta \quad (18.50)$$

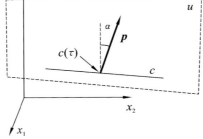

图 18.10   图 18.8 中,两参数光线中的参数,可能已经被确定了。例如,可以确定,曲线 c 上的 σ 参数,以及当光线穿过 u 平面时,与曲线 c 法线的夹角为 α

     虽然图 18.8 中的光线是存在于三维空间中的,但是所有的光线也是在平面 u 上的,并且存在类似的情况,当光线穿过一个二维空间时,$U_{\text{2-D}}$ 与获得的二维光学扩展量是一致的。

     如图 18.11 所示,在一般情况下可以计算二维光学扩展量。

     在这个例子中,假设沿着曲线 c_1 的 P_R 和 P_L 是常量,则式(18.49)也可以被写作下列形式

$$U_{\text{2-D}} = \int_A^B (\boldsymbol{p}_R - \boldsymbol{p}_L) \cdot \mathrm{d}\boldsymbol{x} = 2nL\sin\theta \quad (18.51)$$

其中,积分和沿着 $\Delta \boldsymbol{p} = \boldsymbol{p}_R - \boldsymbol{p}_L$ 的方向;积分总路径是 L,平行于 $\Delta \boldsymbol{p}$。

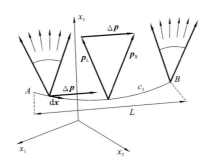

图 18.11　一个两参数光线穿过曲线 c_1

现在考虑图 18.12 中的情景，一个光源发射器 $R_L R_R$ 从 A 到 B 的曲线 c_2 射出光线。c_2 上的每个点都从整个发射器接收光线，因此，这是一个两参数光线。

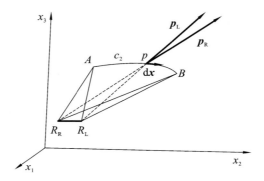

图 18.12　两参数光线穿过曲线 c_2，并且光线来自 $R_L R_R$

这两个参数，例如，一个参数与曲线 c_2 有关，另一个参数与发射器 $R_L R_R$ 有关。

我们可能再一次利用 $R_L R_R$ 和 c_2 来计算 $U_{2\text{-}D}$。现在，$p_R = \nabla S_R$，其中，函数 $S_R(P)$ 是空间中 R_R 到点 P 的光程。同理，$p_L = \nabla S_L$，函数 $S_L(P)$ 是空间中 R_L 到点 P 的光程。利用式(18.49)，可以得到从点 A 到点 B 的曲线 c_2，有

$$U_{2\text{-}D} = \int_A^B (\nabla S_R - \nabla S_L) \cdot \mathrm{d}x \tag{18.52}$$

或者

$$
\begin{aligned}
U_{2\text{-}D} &= (S_R(B) - S_R(A)) - (S_L(B) - S_L(A)) \\
&= S_R(B) + S_L(A) - S_R(A) - S_L(B)
\end{aligned}
\tag{18.53}
$$

如果光线在折射率为 n 的介质中传播，则 $S_R(B) = n[R_R, B]$，且 $S_L(A) = n[R_L, A]$，$S_R(A) = n[R_R, A]$，$S_L(B) = n[R_L, B]$。$U_{2\text{-}D}$ 的表达式为

$$U_{\text{2-D}} = n([R_{\text{R}}, B] + [R_{\text{L}}, A] - [R_{\text{R}}, A] - [R_{\text{L}}, B]) \qquad (18.54)$$

这与二维光学中的霍特尔准则是相同的。

图 18.13 中的 SMS 3-D 光学器件结合了图 18.11 和图 18.12 中的情形。其中,拥有薄边缘的透镜 e_{H} 聚焦光线到点 R_{L} 和 R_{R},且入射光线垂直与波前 w_1 和波前 w_2。入射到曲线 c_1 的二维光学扩展量由式(18.51)计算,在这种情况下,$L = [A, B]$ 是点 A 到点 B 的距离(沿着 p_{R}-p_{L} 的方向计算,其中,p_{L} 垂直于 w_1 且 p_{R} 垂直于 w_2)。穿过曲线 c_2、射向 $R_{\text{L}}R_{\text{R}}$ 的二维光学扩展量由式(18.54)可以计算出来。当光线穿过空气和光学系统时,这种二维"薄片状光线"穿过曲线 c_1 和 c_2 将会保持二维光学扩展量守恒。曲线 c_1 和 c_2 的形状是任意的。

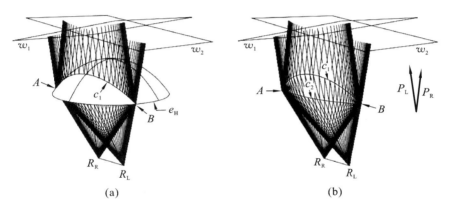

图 18.13　(a) 穿过了一个 RR SMS 3-D 透镜顶部表面和底部表面的一束"薄片状光线",它的二维光学扩展量将会保持守恒;(b) 同样的光线,但是没有显示光学透镜,所以光线在透镜中的完整光路可以被看到

图 18.14 显示了一种特殊的情况,其中所有的光线被包含在平面 γ 内。该结论适用于二维空间,二维光学扩展量与二维光学情况下计算所得相同。曲线 c_3,即光线进入光学系统部分,也在平面 γ 上。

图 18.15 展示了与图 18.13 和图 18.14 同样的光学系统。可以看到有一束光垂直于平面波前 w_1。在光线穿过光学系统后,它们聚焦到点 R_2 上,所以它们垂直于聚焦到 R_2 的球面状波前 w_4。

一个光学系统包含一个波前 w_1 和波前 w_4。在进入光学系统之前,这束光垂直于波前 w_1,因此它的二维集光率为 0,如同式(18.43)和式(18.44)中的 $U_{\text{2-D}} = 0$。

在穿过光学系统后,这些光线垂直于波前 w_4 且有 $U_{\text{2-D}} = 0$。这条光线通过光学系统后,它的二维光学扩展量是守恒的。

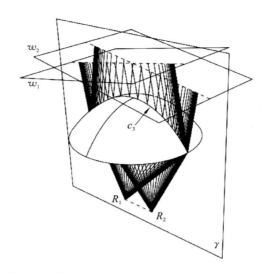

图 18.14 "薄片状光线"被包含在 γ 内，这是图 18.13 情形中的特殊情况

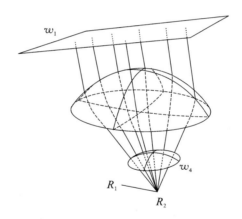

图 18.15 一束光从波前 w_1 进入，经过光学系统，从波前 w_4 射出，它的二维光学扩展量是恒定的

  SMS 光学设计可以被视为两束光二维光学扩展量守恒的结果（垂直于两个输入波前），并且二维流线设计二维光学扩展量守恒。二维光学扩展量守恒设计两参数光线，然后被应用到非成像光学设计中。U 光学扩展量守恒涉及四参数光束，用来评估一个设计：用它来计算入口孔径和出口孔径的光学扩展量，并且判定光学系统的表现，是否接近光学扩展量守恒的理论极限。

参 考 文 献

〔1〕 Born, M. and Wolf, E., *Principles of Optics*, Pergamon Press, Oxford, 1980.

〔2〕 Mahajan, V. N., *Optical Imaging and Aberrations*, Part I, *Ray Geometrical Optics*, SPIE Optical Engineering Press, Bellingham, 1998.

〔3〕 Welford, W. T. and Winston, R., *High Collection Nonimaging Optics*, Academic Press, San Diego, 1989.

〔4〕 Apostol, T. M., *Calculus—Volume II*, 2nd ed., John Wiley and Sons, New York, 1969.

〔5〕 Symon, K. R., *Mechanics*, 3rd Ed., Addison-Wesley Publishing Co. Inc., Reading, 1982.

〔6〕 Goldstein, H., *Classical Mechanics*, Addison-Wesley Publishing Company, Reading, 1980.

〔7〕 Synge, J. L. and Griffith, B. A., *Principles of Mechanics*, McGraw-Hill Book Company, New York, 1959.

〔8〕 Miñano, J. C., Application of the conservation of etendue theorem for 2-D subdomains of the phase space in nonimaging concentrators, *Appl. Opt.*, 23(12), 1984.

〔9〕 Miñano, J. C., Benitez, P., Fermat's principle and conservation of 2D etendue, *Proc. SPIE 5529*, *Nonimaging Optics and Efficient Illumination Systems*, Denver, Colorado, USA, 2004.

〔10〕 Miñano, J. C. et al., Application of the 2D etendue conservation to the design of achromatic aplanatic doublets, *Proceedings of SPIE Vol. 4446*, *Nonimaging Optics*: *Maximum Efficiency Light Transfer VI*, San Diego, California, USA, 2001.

〔11〕 Winston, R. et al., *Nonimaging Optics*, Elsevier Academic Press, Amsterdam, 2005.

〔12〕 Benitez, P., *Advanced Concepts of Non-Imaging Optics*: *Design and Manufacture*, PhD thesis, Polytechnic University of Madrid, 1998.

〔13〕 Herzberger, M., On the fundamental optical invariant, the optical tetrality principle, and on the new development of Gaussian optics based on this law, *JOSA*, 25, 295, September 1935.

[14] Stavroudis,O. N. ,*The Mathematics of Geometrical and Physical Optics—The k-Function and Its Ramifications*,Wiley-VCH Verlag GmbH & Co. KGaA,Weinheim,Germany,2006.

[15] Benitez,P. et al. ,SMS freeforms for illumination,*Adv. Opt. Techn.* , 2(4),323-329,2013.

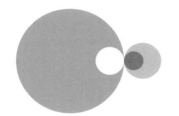

第 19 章
经典力学
和几何光学

19.1　费马原理和 Maupertuis 原理

式(14.51)与经典力学中哈密顿原理的形式相同。我们大胆推断,力学中的哈密顿原理与光学中的费马原理相对应。事实上,这种对应是不正确的。其实,在力学中,与光学中的费马原理相关的原理是 Maupertuis 原理,或者称为最小作用量原则。

经典力学中的哈密顿原理可写作

$$\delta \int_{t_1}^{t_2} L(x_1, x_2, x_3, \dot{x}_1, \dot{x}_2, \dot{x}_3, t)\,\mathrm{d}t = 0 \tag{19.1}$$

其中,L 是拉格朗日运算符;x_i 是广义坐标;t 是时间,且 $\dot{x}_k = \mathrm{d}x_k/\mathrm{d}t$。欧拉方程为

$$\frac{\mathrm{d}}{\mathrm{d}t}\left(\frac{\partial L}{\partial \dot{x}_1}\right) = \frac{\partial L}{\partial x_1}, \frac{\mathrm{d}}{\mathrm{d}t}\left(\frac{\partial L}{\partial \dot{x}_2}\right) = \frac{\partial L}{\partial x_2}, \frac{\mathrm{d}}{\mathrm{d}t}\left(\frac{\partial L}{\partial \dot{x}_3}\right) = \frac{\partial L}{\partial x_3} \tag{19.2}$$

L 关于 t 的全微分为

$$\frac{\mathrm{d}L}{\mathrm{d}t} = \frac{\partial L}{\partial t} + \sum_{k=1}^{3} \frac{\partial L}{\partial \dot{x}_k}\frac{\mathrm{d}\dot{x}_k}{\mathrm{d}t} + \frac{\partial L}{\partial x_k}\dot{x}_k \tag{19.3}$$

假设 L 与 t 无关,有

$$L = L(x_1, x_2, x_3, \dot{x}_1, \dot{x}_2, \dot{x}_3) \tag{19.4}$$

非成像光学导论（第二版）

然后有 $\partial L/\partial t = 0$。将 $\partial L/\partial x_k$ 由欧拉公式替换，可以得到

$$\frac{\mathrm{d}L}{\mathrm{d}t} = \sum_{k=1}^{3} \frac{\partial L}{\partial \dot{x}_k} \frac{\mathrm{d}\dot{x}_k}{\mathrm{d}t} + \frac{\mathrm{d}}{\mathrm{d}t}\left(\frac{\partial L}{\partial \dot{x}_k}\right)\dot{x}_k = \frac{\mathrm{d}}{\mathrm{d}t}\left(3\sum_{k=1}^{3} \frac{\partial L}{\partial \dot{x}_k}\dot{x}_k\right) \qquad (19.5)$$

或者

$$\frac{\mathrm{d}}{\mathrm{d}t}\left(\sum_{k=1}^{3} \frac{\partial L}{\partial \dot{x}_k}\dot{x}_k - L\right) = 0 \qquad (19.6)$$

现在，考虑到

$$p_k = \frac{\partial L}{\partial \dot{x}_k} \qquad (19.7)$$

可以得到

$$\frac{\mathrm{d}}{\mathrm{d}t}\left(\sum_{i=1}^{3} p_k \dot{x}_k - L\right) = 0 \qquad (19.8)$$

哈密顿函数 H 由下式定义：

$$H = \sum_k p_k \dot{x}_k - L \qquad (19.9)$$

我们可以得出结论，哈密顿函数与时间无关，因此，它是一个常量。式(19.8)阐释了能量守恒规律，因为哈密顿函数相当于系统中的能量 E。可以得出

$$H = \sum_{k=1}^{3} p_k \dot{x}_k - L = E \qquad (19.10)$$

其中，E 是一个常数。在这种情况下，通过消除时间，可以把维度数从 4 减少到 3。考虑 x_1、x_2 是 x_3 的函数，也可表示为 $x_1 = x_1(x_3)$，$x_2 = x_2(x_3)$，所以

$$\begin{cases} \dot{x}_1 = \dfrac{\mathrm{d}x_1}{\mathrm{d}x_3}\dot{x}_3 \\[2mm] \dot{x}_2 = \dfrac{\mathrm{d}x_2}{\mathrm{d}x_3}\dot{x}_3 \end{cases} \qquad (19.11)$$

因此

$$L(x_1, x_2, x_3, \dot{x}_1, \dot{x}_2, \dot{x}_3) = L\left(x_1, x_2, x_3, \frac{\mathrm{d}x_1}{\mathrm{d}x_3}, \frac{\mathrm{d}x_2}{\mathrm{d}x_3}, \dot{x}_3\right) \qquad (19.12)$$

相应地

$$\frac{\partial L}{\partial \dot{x}_k} = f_k\left(x_1, x_2, x_3, \frac{\mathrm{d}x_1}{\mathrm{d}x_3}, \frac{\mathrm{d}x_2}{\mathrm{d}x_3}, \dot{x}_3\right) \qquad (19.13)$$

结合式(19.7)，式(19.10) 可以写作

$$\sum_{k=1}^{3} f_k\left(x_1, x_2, x_3, \frac{\mathrm{d}x_1}{\mathrm{d}x_3}, \frac{\mathrm{d}x_2}{\mathrm{d}x_3}, \dot{x}_3\right)\dot{x}_k - L\left(x_1, x_2, x_3, \frac{\mathrm{d}x_1}{\mathrm{d}x_3}, \frac{\mathrm{d}x_2}{\mathrm{d}x_3}, \dot{x}_3\right) = E$$

$$(19.14)$$

式(19.14)中的各个计算量可以计算出来,由下式给出 $\dot{x}_3$:

$$\dot{x}_3 = \Phi\left(x_1, x_2, x_3, \frac{\mathrm{d}x_1}{\mathrm{d}x_3}, \frac{\mathrm{d}x_2}{\mathrm{d}x_3}, E\right) \tag{19.15}$$

结合式(19.11),可以得到

$$\begin{cases} \dot{x}_1 = \dfrac{\mathrm{d}x_1}{\mathrm{d}x_3}\Phi\left(x_1, x_2, x_3, \dfrac{\mathrm{d}x_1}{\mathrm{d}x_3}, \dfrac{\mathrm{d}x_2}{\mathrm{d}x_3}, E\right) \\ \dot{x}_2 = \dfrac{\mathrm{d}x_2}{\mathrm{d}x_3}\Phi\left(x_1, x_2, x_3, \dfrac{\mathrm{d}x_1}{\mathrm{d}x_3}, \dfrac{\mathrm{d}x_2}{\mathrm{d}x_3}, E\right) \end{cases} \tag{19.16}$$

考虑到系统获得常量值能量 E 的路径,我们只会从相同能量值的不同路径中选择,作为真正的路径。结合式(19.10),我们可以把式(19.1)写成下面的形式:

$$\delta\int_{t_1}^{t_2}\left(\sum_{k=1}^{3}p_k\dot{x}_k - E\right)\mathrm{d}t = \delta\int_{t_1}^{t_2}\sum_{k=1}^{3}p_k\dot{x}_k\mathrm{d}t - \delta\int_{t_1}^{t_2}E\mathrm{d}t = 0 \tag{19.17}$$

或者

$$\delta\int_{t_1}^{t_2}\sum_{k=1}^{3}p_k\dot{x}_k\mathrm{d}t = 0 \tag{19.18}$$

因为 E 是一个常量,所以 $\delta\int E\mathrm{d}t = 0$。结合式(19.17),式(19.18)中的积分式可以被重写为

$$\int_{t_1}^{t_2}\sum_{k=1}^{3}\frac{\partial L}{\partial \dot{x}_k}\dot{x}_k\mathrm{d}t = \int_{x_{31}}^{x_{32}}\left(\frac{\partial L}{\partial \dot{x}_1}\frac{\mathrm{d}x_1}{\mathrm{d}x_3} + \frac{\partial L}{\partial \dot{x}_2}\frac{\mathrm{d}x_2}{\mathrm{d}x_3} + \frac{\partial L}{\partial \dot{x}_3}\right)\mathrm{d}x_3 \tag{19.19}$$

再根据 $x_k = x_k(x_3)$,因此

$$\dot{x}_k\mathrm{d}t = \frac{\mathrm{d}x_k}{\mathrm{d}t}\mathrm{d}t = \frac{\mathrm{d}x_k}{\mathrm{d}x_3}\frac{\mathrm{d}x_3}{\mathrm{d}t}\mathrm{d}t = \frac{\mathrm{d}x_k}{\mathrm{d}x_3}\mathrm{d}x_3 \tag{19.20}$$

现在,得到

$$F(x_1, x_2, x_3, \dot{x}_1, \dot{x}_2, \dot{x}_3) = \frac{\partial L}{\partial \dot{x}_1}\frac{\mathrm{d}x_1}{\mathrm{d}x_3} + \frac{\partial L}{\partial \dot{x}_2}\frac{\mathrm{d}x_2}{\mathrm{d}x_3} + \frac{\partial L}{\partial \dot{x}_3} \tag{19.21}$$

将式(19.15)和式(19.16)中的 $\dot{x}_1$、$\dot{x}_2$、$\dot{x}_3$ 代入式(19.21),可得

$$\delta\int_{x_{31}}^{x_{32}}F\left(x_1, x_2, x_3, \frac{\mathrm{d}x_1}{\mathrm{d}x_3}, \frac{\mathrm{d}x_2}{\mathrm{d}x_3}, E\right)\mathrm{d}x_3 = 0 \tag{19.22}$$

当能量 E 是常量时,可得

$$\delta\int_{x_{31}}^{x_{32}}F(x_1, x_2, x_3, x_1', x_2', x_3')\mathrm{d}x_3 = 0 \tag{19.23}$$

这就是莫佩提最小作用量原理。由式(19.10)可派生出 $x_k' = \mathrm{d}x_k/\mathrm{d}x_3$,当给出 $x_k' = \mathrm{d}x_k/\mathrm{d}x_3(k = 1, 2; x_3$ 是自变量)时,$x_k' = \mathrm{d}x_k/\mathrm{d}x_3$ 可以称为几何衍生物。式(19.23)只是几何描述,并描述了轨道,而不是系统的演化时间。后者可以从

经典方程里找到,经典方程可以通过联合式(19.1)、式(19.7)和式(19.9)得到

$$\frac{\mathrm{d}x_k}{\mathrm{d}t} = \frac{\partial H}{\partial p_k}, \frac{\mathrm{d}p_k}{\mathrm{d}t} = -\frac{\partial H}{\partial x_k}, \quad k = 1,2,3 \tag{19.24}$$

式(19.23)的微分方程可以写成以下欧拉方程的形式

$$\begin{cases} \dfrac{\mathrm{d}}{\mathrm{d}x_3}\left(\dfrac{\partial F}{\partial x_1'}\right) = \dfrac{\partial F}{\partial x_1} \\[3mm] \dfrac{\mathrm{d}}{\mathrm{d}x_3}\left(\dfrac{\partial F}{\partial x_2'}\right) = \dfrac{\partial F}{\partial x_2} \end{cases} \tag{19.25}$$

结合式(19.10)、式(19.18)中的积分可以写成

$$\delta\int_{t_1}^{t_2}(L+E)\mathrm{d}t = \delta\int_{t_1}^{t_2}\sum_k p_k\dot{x}_k\mathrm{d}t = \delta\int_{p_1}^{p_2}\sum_k p_k\mathrm{d}x_k = \delta\int_{p_1}^{p_2}\boldsymbol{p}\cdot\mathrm{d}s \tag{19.26}$$

如果 T 是系统的动能,V 是系统的势能,总的能量是 $E = T+V$,并且 $L = T-V$。在式(19.10)中替代 E 和 L,可以得到

$$\sum_{k=1}^{3} p_k\dot{x}_k = 2T \tag{19.27}$$

将式(19.27)代入式(19.26),可得

$$\delta\int_{t_1}^{t_2} 2T\mathrm{d}t = 0 \Leftrightarrow \delta\int_{t_1}^{t_2} T\mathrm{d}t = 0 \tag{19.28}$$

在经典力学的教科书里,也提到了 Maupertuis 的最小作用量原理,即

$$\Delta\int\sum_k p_k\dot{x}_k\mathrm{d}t = 0 \tag{19.29}$$

在最小作用量原理的表述中变化的是 Δ 的变化。δ 位移的变化对应于其时间是固定的,系统的坐标是随着强加到系统上的约束而变化的。相比之下,Δ 的变化量与系统的坐标种类有关,也与时间的变化有关。我们考虑能量是常数的情况。在这种情况下,根据式(19.29)的积分式可以看出,结果与时间 t 无关。此时,Δ 和 δ 的变化可以看作是相同的,因此式(19.29)可以写成式(19.26)的形式。

可以看出来,式(19.23)与费马原理相同,有

$$\delta\int_{p_1}^{p_2} n\mathrm{d}s = \delta\int_{x_{31}}^{x_{32}} n(x_1,x_2,x_3)\sqrt{1+x_1'^2+x_2'^2}\mathrm{d}x_3$$
$$= \delta\int_{x_{31}}^{x_{32}} L(x_1,x_2,x_3,x_1',x_2')\mathrm{d}x_3 = 0 \tag{19.30}$$

欧拉方程(见式(19.25))与光学中发现的方程是相同的。因此,Maupertuis 原理与光学中的费马原理是相对应的。

注意,如果系统少一个维度,那么式(19.1)就可以写成

$$\delta \int_{t_1}^{t_2} L(x_1, x_2, \dot{x}_1, \dot{x}_2, t) \mathrm{d}t = 0 \qquad (19.31)$$

如果将式(19.31)中的时间 t 替换为自变量 x_3,那么它在数学形式上类似于光学中的费马原理。然而,式(19.30)和式(19.31)的物理解释是不相同的。式(19.30)能够进行三维空间系统中路径的判定,而不能预测路径的变化。然而,式(19.31)能够在一个 (x_1, x_2) 的二维空间系统中,及时进行演变的判定。这种类比在以下章节中会用到。

19.2　扭曲不变量和角动量守恒

光学中的扭曲不变量和力学中的角动量守恒有一定的关系。

在式(17.62)中定义的常数 h,与力学中的角动量相对应。为了区分它们之间的异同,可以给式(17.62)一个不同的表述。利用式(14.53),即可得到

$$x_1 p_2 - x_2 p_1 = n \frac{x_1 x_2' - x_2 x_1'}{\sqrt{1 + x_1'^2 + x_2'^2}} \qquad (19.32)$$

结合式(17.57)和式(17.62),式(19.32)也可以表示为

$$x_1 p_2 - x_2 p_1 = \frac{n\rho^2 \theta'}{\sqrt{1 + \rho'^2 + \rho^2 \theta'^2}} = h \qquad (19.33)$$

其中,$x_1 p_2 - x_2 p_1$ 是矢量的大小,$\| (x_1, x_2, 0) \times (p_1, p_2, 0) \| = \| \boldsymbol{r} \times \boldsymbol{p} \| = \| \boldsymbol{L} \|$,这里,$\boldsymbol{L}$ 是二维系统的角动量。这个角动量也可以由式(17.34)得到。在式(19.31)和式(19.30)的光学-力学类比中,自变量 x_3 充当了时间的角色。因此,在空间 (x_1, x_2, x_3) 中,对三维光学系统的分析,对应于在空间 (x_1, x_2, t) 中对力学系统的分析。力学中的轨迹将会构成 (x_1, x_2) 的二维空间,然而,在光学中,对应于光线在三维空间 (x_1, x_2, x_3) 中传播前进。

19.3　光学中的势能和光学中的折射率

光线方程(见式(15.29))为

$$\frac{\mathrm{d}\boldsymbol{p}}{\mathrm{d}s} = \nabla n \qquad (19.34)$$

考虑一个光轴指向 x_3 的光学系统。我们进一步假设,光线与光轴成一个小的角度,所以可以使 $\mathrm{d}s \approx \mathrm{d}x_3$。在第 15 章中提到,将这种近似方法称为近轴近似。既然假设光线与光轴所成的角保持小角度,那么折射率的变化也必须非常小(否则,光线将会有一个大的曲率)。在这种情况下,可以令 $n = n_0 - \Delta n$,n_0 是一个常数,Δn 是一个小变化量。在这种情况下,式(19.34)可以写为

$$\frac{\mathrm{d}\boldsymbol{p}}{\mathrm{d}x_3} = \nabla(n_0 - \nabla n) \Leftrightarrow \frac{\mathrm{d}\boldsymbol{p}}{\mathrm{d}x_3} = -\nabla(\Delta n) \tag{19.35}$$

如果坐标 x_3 由时间 t 替代,折射率 n 由势能 V 替代,那么可以验证,假设在一定电势范围内,力学中一个微小颗粒的运动,方程（见式(19.35)）类似于力学中上述情况下的方程式

$$\frac{\mathrm{d}\boldsymbol{p}}{\mathrm{d}t} = -\nabla V \tag{19.36}$$

在近轴近似情况下,我们可以验证的是,光学中折射率的分布,相当于在力学中势能的作用,光学中动量发挥着力学中物体动量的角色,坐标 x_3 与时间 t 的作用类似。

参 考 文 献

[1] Born,M. and Wolf,E. ,*Principles of Optics*,Pergamon Press,Oxford, 1980.

[2] Miñano,J. C and Benitez,P. ,Poisson bracket design method review. Application to the elliptic bundles,*SPIE Conference on Nonimaging Optics：Maximum Efficiency Light Transfer V*,SPIE Vol. 3781, 2,1999.

[3] Leech,J. W. ,*Classical Mechanics*,Chapman & Hall,London,1965.

[4] Goldstein,H. ,*Classical Mechanics*,Addison-Wesley Publishing Company, Reading,1980.

[5] Landau,L. and Lifshitz,E. ,*Mechanics*,Mir,Moscow,1981.

[6] Goldstein,H. ,*Classical Mechanics*,Addison-Wesley Press,Inc. ,Cambridge, 1951.

[7] Sommerfeld,A. ,*Mechanics,Lectures on Theoretical Physics*,Vol. 1, Academic Press,New York,1952.

[8] Chetaev,N. G. ,*Theoretical Mechanics*,Mir Publishers,Moscow,Springer-Verlag, Berlin,1989.

[9] Welford,W. T. and Winston,R. ,*High Collection Nonimaging Optics*, Academic Press,San Diego,1989.

[10] Luneburg,R. K. ,*Mathematical Theory of Optics*,University of California Press,Berkeley and Los Angeles,1964,189.

[11] Marcuse,D. ,*Light Transmission Optics*,Van Nostrand Reinhold Company, New York,1972.

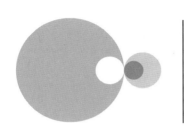

第 20 章
辐射度量学、光度学及辐射热转换

辐射度量学涉及辐射量并且应用到整个电磁光谱。光度学是辐射度量学的一个分支，它只涉及被人眼感受到的，作为光存在的那部分光谱。在辐射度量学中，可以了解到不可见光谱的特性；但是在光度学中，只考虑光谱的可见光部分。辐射热转换，主要涉及随着热辐射而产生的热交换，与人眼吸收一定的光线相比，身体吸收更多的热量。

20.1 定义

下面定义的概念通常出现在辐射度量学、光度学和光学的书籍中，有时这些概念会贯穿整个章节。

辐射度量学的核心概念是辐射通量。辐射通量是单位时间内放射、传递、接收到的能量总和，即

$$\Phi = \frac{\mathrm{d}Q}{\mathrm{d}t} \qquad (20.1)$$

其中，Q 是能量；t 是时间。

人眼对不同波长的光敏感度不同。因此，我们必须区分两个概念。辐射通量是辐射的能量，单位是瓦特（W）。光通量是人眼接收到的光的能量总量，单位是流明（lm）。该总量与图 20.1 中的发光效率函数有关。对于给定波长，该函

数给出了 1 W 的能量有多少流明。该图给出了在 555 nm 波长下，683 lm/W 为最大值。例如，对于一个 555 nm 波长的光，如果光的能量为 1 W，那么我们的视觉感受为 683 lm。对于拥有 1 W 能量的其他波长的光，其相应的视觉感受由发光效率函数给出。

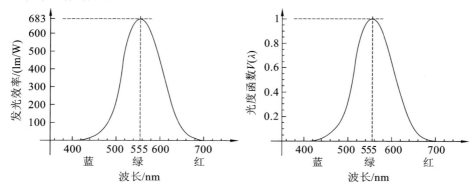

图 20.1　人眼的敏感性是光线波长的函数

例如，900 nm 波长（红外线）的光是不可见的，所以它的发光效率为 0。

我们定义光度函数 $V(\lambda)$（或者是视觉流明效率函数），若它的最大值为 683 lm/W，相对应的波长为 555 nm，那么可以得到 $V(555) = 1$。发光效率函数可以由 $683\,V(\lambda)$ 给出，其中，$V(\lambda)$ 是光度函数，$V(\lambda)$ 是无单位的，用它乘以 683 lm/W，便得到发光效率。

事实上，人眼的敏感度随光线的总体水平变化而变化。我们将明视觉称为在光线良好情况下的人眼视觉（白天的正常光照情况），将弱光情况下的人眼视觉称为暗视觉。图 20.1 代表人眼的明视觉。

如果一个光源发出多光谱光线，那么在波长的函数上会有一个能量分布，其相对应的总的视觉能量可以由下式来计算：

$$\Phi_{\mathrm{V}} = 683 \int_0^\infty \Phi(\lambda)V(\lambda)\mathrm{d}\lambda \tag{20.2}$$

其中，$\Phi(\lambda)$ 是单位波长所包含的能量，单位为 W；Φ_{V} 是总的光通量，单位为 lm。事实上，综合考虑一些限制，一般 $V(\lambda)$ 不超过可感知的范围，而设定在 $380 \sim 760$ nm 的范围内，而不是从 0 到无穷大。

现在定义一些其他的概念。单位表面积发射的辐射通量称为辐射度，其值为

$$M = \frac{\mathrm{d}\Phi}{\mathrm{d}A} \tag{20.3}$$

其中，$\mathrm{d}A$ 是发射辐射的无穷小区域。落在表面上的辐射通量称为辐照度

（W/m²），其值为

$$E = \frac{\mathrm{d}\Phi}{\mathrm{d}A} \qquad (20.4)$$

其中，$\mathrm{d}A$ 是接收辐射的无穷小区域。其相应的光度值称为照度，单位为勒克斯（1 lx = 1 lm/m²）。

发光强度定义为每单位立体角的流出量，即

$$I = \frac{\mathrm{d}\Phi}{\mathrm{d}\Omega} \qquad (20.5)$$

我们再来区分辐射量和光照度的概念，辐射量的单位为瓦特每立体角（W/sr），光照度的单位为坎德拉，其中，1 cd = 1 lm/sr。

单位投影面积和单位立体角的辐射通量为

$$L = \frac{\mathrm{d}\Phi}{\mathrm{d}A\cos\theta\mathrm{d}\Omega} \qquad (20.6)$$

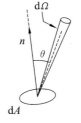

其中，θ 是 $\mathrm{d}A$ 的准线与多面角 $\mathrm{d}\Omega$ 所成的角度，如图 20.2 所示。该物理量称为辐亮度，通过每单位的球面角度、每平方米瓦特数（W/(sr·m²)）测得。它相应的光照度为亮度，其值为

$$L_{\mathrm{V}} = \frac{\mathrm{d}\Phi_{\mathrm{V}}}{\mathrm{d}A\cos\theta\mathrm{d}\Omega} \qquad (20.7)$$

图 20.2　光线通过一个立体角 $\mathrm{d}\Omega$ 射出，与 $\mathrm{d}A$ 面所成的角度为 θ

L_{V} 可以通过每单位面积的坎德拉（candela）来计算，通常用来定义"视觉的"通量 Φ_{V}。

除了符号 $\mathrm{d}\Phi$ 之外，我们通常还用到符号 $\mathrm{d}^2\Phi$ 来强调这一事实：由发光定义的通量与 $\mathrm{d}A$ 和 $\mathrm{d}\Omega$ 的乘积成正比。因此它是一个二阶微分物理量。尽管如此，在这里我们使用的符号是 $\mathrm{d}\Phi$ 而不是 $\mathrm{d}^2\Phi$。

亮度和辐亮度可能是波长的函数。在这种情况下，如果 $L_\lambda(\lambda)$ 为光谱辐亮度，由每单位波长间隔的辐亮度来定义，那么总的光谱辐亮度为

$$L = \int_0^\infty L_\lambda(\lambda)\mathrm{d}\lambda \qquad (20.8)$$

并且，如果 $L_{\mathrm{V}\lambda}(\lambda)$ 是光谱亮度，由单位波长间隔的亮度定义，则亮度可以写为

$$L_{\mathrm{V}} = \int_0^\infty L_{\mathrm{V}\lambda}(\lambda)\mathrm{d}\lambda \qquad (20.9)$$

亮度可以通过光谱辐亮度得到

$$L_{\mathrm{V}} = 683\int_0^\infty L(\lambda)V(\lambda)\mathrm{d}\lambda \qquad (20.10)$$

dA 区域射出的辐射强度为

$$I_{dA} = \frac{d\Phi}{d\Omega} = L\cos\theta dA \tag{20.11}$$

一个相似的表达,可以写为光照度。考虑一个特殊的情况,即在有限的面积区域上,发射辐射的辐亮度 L(或者亮度 L_V)是相同的。在 θ 方向上的总亮度为

$$I(\theta) = L\cos\theta \int_A dA = L(\theta)A\cos\theta \tag{20.12}$$

我们进一步考虑一个特殊情况,即辐亮度 L(或者亮度 L_V)与角度无关,即 $L(\theta) = L$,其中,L 是常数。当 $\theta = 0$ 时,亮度由式 $I_0 = LA$ 给出,因此可以写出表达式

$$I = I_0\cos\theta \tag{20.13}$$

这就是朗伯(Lambert)余弦定理。根据以上的余弦定理,如果一个表面由于投影面积的变化,则得到表面发射光线、截断光线、辐射光线的强度分布,该表面就可以成为朗伯面。

20.2　均匀介质中的辐亮度守恒

在多种场合可以推导出光学扩展量守恒规律。现在我们展示它在辐射度量学场合下的守恒。考虑一个无穷小的区域 dA_1 向 dA_2 的方向发射光线。这两个区域之间的距离为 r。注意,r 为一个有限值,但是 dA_1 和 dA_2 的值为无穷小。dA_1 和 dA_2 的法向量为 n_1 和 n_2,与 r 所成的夹角为 θ_1 和 θ_2。

通过定义,一个基本的光束由中心光线和所有同时穿过 dA_1 和 dA_2 的光线组成,如图 20.3 所示。

在 dA_1 上的多面角 $d\Omega_1$,由含有 dA_2 的下式来表示:

$$d\Omega_1 = \frac{dA_2\cos\theta_2}{r^2} \tag{20.14}$$

同理,在 dA_2 上的多面角 $d\Omega_2$,由含有 dA_1 的下式来表示:

$$d\Omega_2 = \frac{dA_1\cos\theta_1}{r^2} \tag{20.15}$$

将 $d\Omega_2$ 乘以 $dA_2\cos\theta_2$,且将 $d\Omega_1$ 乘以 $dA_1\cos\theta_1$,可得下式:

$$\begin{cases} dA_1\cos\theta_1 d\Omega_1 = \dfrac{dA_1 dA_2\cos\theta_1\cos\theta_2}{r^2} \\[2mm] dA_2\cos\theta_2 d\Omega_2 = \dfrac{dA_1 dA_2\cos\theta_1\cos\theta_2}{r^2} \end{cases} \tag{20.16}$$

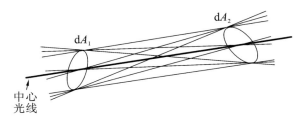

中心
光线

图 20.3　基本光束的图解

现在我们考虑

$$dU = dA\cos\theta d\Omega \qquad (20.17)$$

因此可以得到

$$\begin{cases} dU_1 = dA_1\cos\theta_1\,d\Omega_1 \\ dU_2 = dA_2\cos\theta_2\,d\Omega_2 \end{cases} \qquad (20.18)$$

对于一个基本光束,所有光线既穿过 dA_1,也穿过 dA_2(见图 20.4)。因此,在式(20.17)中定义的 dU,由式(20.18)的第二个等式给出。然而,对于同样的基本光束,所有穿过 dA_2 的光线都来自 dA_1。因此,在式(20.17)中定义的 dU,在这种情况下,由式(20.18)的第二个等式给出。由式(20.16)可以看到,对于一个基本光束,dU 是守恒的,有

$$dU_1 = dU_2 \qquad (20.19)$$

U 的值称为光学扩展量、通过量或者几何长度。穿过 dA_1 的光束的光学扩展量与穿过 dA_2 的光束的光学扩展量相同。

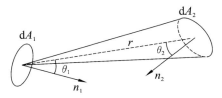

图 20.4　dA_1 和 dA_2 两个面之间的辐射热转换

从式(20.6)的辐亮度定义可以看出,它与光学扩展量相关

$$d\Phi = LdU \qquad (20.20)$$

而且,对于一个光束,由于是相同的光线穿过了 dA_1 和 dA_2,所以,穿过这两个区域的通量是相同的。也就是,$d\Phi_1 = d\Phi_2$。因为光学扩展量也是守恒的,可得到

$$L_1 = L_2 \qquad (20.21)$$

并且辐亮度也是守恒的。当光穿过折射率为 n 的介质时,式(20.21)也是成立

的。在光度量时,之前用到的结论依然有效,因此亮度L_V依然守恒。

如图20.5所示,所有光线同时穿过有限区域A_1和A_2。

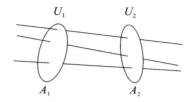

图20.5 同时穿过A_1和A_2的光束的光学扩展量是守恒的

穿过A_1,射向A_2的光束的光学扩展量,通过$\mathrm{d}A_1$和$\mathrm{d}A_2$的形式,由式(20.18)的第一个等式给出。然而,穿过A_2,且来自A_1的光束的光学扩展量由式(20.18)的第二个等式,以$\mathrm{d}A_1$和$\mathrm{d}A_2$的形式给出。由于$\mathrm{d}U_1 = \mathrm{d}U_2$,所以它们的积分值也是相等的,即光束从$A_1$传播到$A_2$,它们的光学扩展量是相等的。

20.3　反射和折射中的基本辐亮度守恒

如图20.6所示,一束光照到镜子上,并经过了反射。该束光由中心光线和所有通过$\mathrm{d}A_1$和$\mathrm{d}A_2$的光线组成。$\mathrm{d}A_1$在镜子M的另一侧有$\mathrm{d}A_1^*$的虚像。但是我们以前得到光学扩展量守恒也适用于单位面积$\mathrm{d}A_1^*$和$\mathrm{d}A_2$,得到的结论是,穿过实像$\mathrm{d}A_2$和虚像$\mathrm{d}A_1^*$的光束也同样遵循光学扩展量守恒。因此穿过$\mathrm{d}A_1$和$\mathrm{d}A_2$的光束,光学扩展量守恒,从而可得出结论,在反射过程中,光学扩展量守恒。

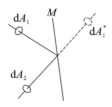

图20.6 在实像$\mathrm{d}A_2$和虚像$\mathrm{d}A_1^*$之间的光束满足光学扩展量守恒。因此在$\mathrm{d}A_1$和$\mathrm{d}A_2$之间也满足光学扩展量守恒。在整个反射过程中都满足光学扩展量守恒

如图20.7(a)所示,$\mathrm{d}A_1$是两个不同介质的分界面,两个介质的折射率分别是n_1和n_2,光线从介质2射入,在介质1中发生折射。照射到$\mathrm{d}A_1$上的来自介质1的通量为

$$\mathrm{d}\Phi_1 = L_1 \mathrm{d}A_1 \cos\theta_1 \mathrm{d}\Omega_1 \tag{20.22}$$

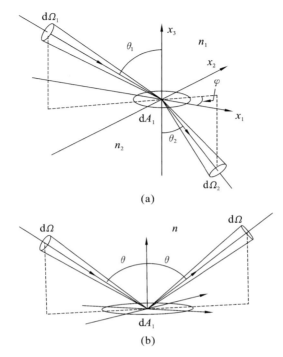

图 20.7　(a)一个光束从折射率为 n_1 的介质射入,在分界面 $\mathrm{d}A_1$ 处发生折射并入射到另一
　　　　个折射率为 n_2 的介质,辐射所占的立体角是变化的,但是 L/n_2 的值是一个常数;
　　　　(b)一个反射的情况,其中的立体角是一个常数,因为 n 不会发生变化,所以 L/n_2
　　　　的值是一个常数

　　在图 20.8 中,表面积 $\mathrm{d}A_2$ 确定了一个立体角 $\mathrm{d}\Omega_1$,在球面坐标系中,有

$$\mathrm{d}\Omega_1 = \frac{\mathrm{d}A_2}{r^2} = \sin\theta_1\,\mathrm{d}\theta_1\,\mathrm{d}\varphi \qquad (20.23)$$

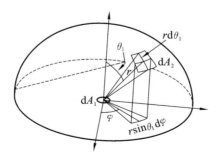

图 20.8　面 $\mathrm{d}A_1$ 和半球之间进行的辐射传输,立体角 $\mathrm{d}\Omega_1$ 由 $\mathrm{d}A_1$ 和 $\mathrm{d}A_2$ 确定,有 $\mathrm{d}\Omega_1 = \sin\theta_1\,\mathrm{d}\theta_1\,\mathrm{d}\varphi$

因此

$$d\Phi_1 = L_1 dA_1 \cos\theta_1 \sin\theta_1 d\theta_1 d\varphi \tag{20.24}$$

而传播到介质 2 的通量为

$$d\Phi_2 = L_2 dA_1 \cos\theta_2 d\Omega_2 = L_2 dA_1 \cos\theta_2 \sin\theta_2 d\theta_2 d\varphi \tag{20.25}$$

由于一个折射光线在入射光线和表面法线确定的平面内，所以入射角和折射角大小是相同的，均为 φ。假设表面点的法线方向与光轴 x_3 的方向一致。

如果辐射在表面没有损失（忽略菲涅耳反射，或者用防反射膜来防止反射），则可以得到 $d\Phi_1 = d\Phi_2$，因此

$$\frac{L_1 \cos\theta_1 \sin\theta_1 d\theta_1}{L_2 \cos\theta_2 \sin\theta_2 d\theta_2} = 1 \tag{20.26}$$

斯涅耳定律为

$$n_1 \sin\theta_1 = n_2 \sin\theta_2 \tag{20.27}$$

进一步推导，可得

$$n_1 \cos\theta_1 d\theta_1 = n_2 \cos\theta_2 d\theta_2 \tag{20.28}$$

因此

$$\frac{\sin\theta_1}{\sin\theta_2} = \frac{\cos\theta_1 d\theta_1}{\cos\theta_2 d\theta_2} = \frac{n_2}{n_1} \tag{20.29}$$

把式（20.29）代入式（20.26），可得

$$\frac{L_1}{n_1^2} = \frac{L_2}{n_2^2} \Leftrightarrow L_1^* = L_2^* \tag{20.30}$$

可以推断，在光线发生折射时，$L^* = L/n_2$ 的值是恒定的，因此，在包含分界面和两种不同折射率介质的光学系统中，L^* 也是恒定的。如图 20.7(b) 所示，如果 $n_1 = n_2$，则在反射过程中，L 和 L/n_2 是恒定的，这与之前的结论保持一致。因此，包含反射和折射的光学系统满足 $L^* = L/n_2$ 恒定，其称为基本辐亮度。该结论在光度量的情况下同样成立，并且基本亮度 $L_V^* = L_V/n_2$ 也保持守恒。

对于 L^*，通过单位 dA 能量通量的表达式可以写为以下形式：

$$d\Phi = L dA \cos\theta d\Omega = L^* (n^2 dA \cos\theta d\Omega) \tag{20.31}$$

假设反射和折射时能量损失比较低（如没有光分散和菲涅耳反射），通量 $d\Phi$ 则会保持守恒。因为 L^* 是守恒的，可以推导出 $n_2 dA \cos\theta d\Omega$ 也是守恒的。光学扩展量的定义为

$$dU = n^2 dA \cos\theta d\Omega \tag{20.32}$$

我们已经证明，在含有反射和折射的光学系统中，光学扩展量保持守恒。可以看出，之前在式（20.17）中给出的定义，在 $n = 1$ 这种情况下依然有效。

举一个例子，如图 20.9 所示的光学系统。

该光学系统有入口孔径 A_1，出口孔径 A_2，且包含两个平行的平面镜 M_1 和 M_2。如图 20.9 所示，两个光束分别穿过 dA_1 和 dA_2。b_1 光束由一条中心光线和穿过 dA_1 和 dA_2 的光线组成，b_2 光束由一条中心光线和穿过 dA_1 的光线组成，在平面镜 M_2 处发生反射，从 dA_2 处穿出。对于光束 b_1，光学扩展量是守恒的。

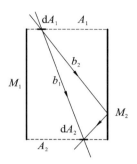

图 20.9　b_1 和 b_2 的两种情况，dA_1 和 dA_2 之间的光学扩展量是守恒的。对于 A_1 和 A_2 的任意 dA_1 和 dA_2 之间，光学扩展量是守恒的。A_1 和 A_2 之间光学扩展量守恒

由于在反射过程中，光学扩展量也会守恒，因此，当光束沿光路 b_2 穿过 dA_1 和 dA_2 时，光学扩展量也是守恒的。对 A_1 和 A_2 区域进行积分，可以得到，通过 A_1 和 A_2 之间光学扩展量是守恒的。即使光线穿过光学系统时，有反射过程，光学扩展量也是守恒的，因为光学扩展量在反射时也是守恒的。

通过 dA 面积区域的能量通量可以写为

$$d\Phi = L^* dU \tag{20.33}$$

可以验证，用基本辐亮度乘以光学扩展量，可以得到能量通量。

在式（20.32）中，关于光学扩展量的定义，n 是一个无量纲的值，因为它是两种光线速度的比值（光线在真空和介质中的速度）。同理，立体角 $d\Omega$ 为球体上单位面积与球半径的平方的比值。所以，立体角为一个单位面积除以一个面积，它是一维的。角度 θ 也是这样，它的大小等于长度单位除以长度单位，所以它是无量纲的。尽管如此，它不是没有单位，它的单位为角度或者弧度。因此，dU 与 dA 的单位相同，是面积单位。

在现实世界中，反射和折射不会像几何光学一样，拥有完美特性。因为光线在物体表面会发生一些散射，基本辐亮度和亮度会减小（见第 4 章）。

20.4　光学扩展量和形状因子

如图 20.3 所示，dA_1 每单位时间向 dA_2 方向发出的能量通量，或者方向为

dA_2 且穿过 dA_1 的能量通量，可以由下式给出：

$$d\Phi_{12} = L_1 dA_1 \cos\theta_1 d\Omega_1 \qquad (20.34)$$

将式（20.14）代入上式，消去 $d\Omega_1$，由 dA_1 发出的朝向 dA_2 方向的通量为

$$d\Phi_{12} = L_1 \frac{dA_1 dA_2 \cos\theta_1 \cos\theta_2}{r^2} \qquad (20.35)$$

如图 20.8 所示，面 dA_1 发出总的通量，射向以 dA_1 为中心的半球面。由 dA_1 射出的光线，与式（20.24）中球面坐标系类似，在整个球面上积分，可得

$$d\Phi_{\text{hem}} = L_1 dA_1 \int_0^{2\pi}\int_0^{\pi/2} \cos\theta_1 \sin\theta_1 d\theta_1 d\varphi = \pi L_1 dA_1 \qquad (20.36)$$

其中，$d\Phi_{\text{hem}}$ 是 dA_1 辐射到覆盖它的整个半球的通量。在图 20.8 中，假设 dA_1 是一个黑体表面，射向半球面的辐射通量为

$$d\Phi_{\text{hem1}} = \sigma T_1^4 dA_1 \qquad (20.37)$$

其中，σ 是斯特藩-玻尔兹曼常数（$\sigma = 5.670 \times 10^{-8}$ W/$(\text{m}^2 \cdot \text{K}^4)$）；$T_1$ 为 dA_1 覆盖区域的表面温度。结合式（20.36）和式（20.37）可以得到

$$L_1 = \frac{\sigma T_1^4}{\pi} \qquad (20.38)$$

其表示一个黑体辐射的温度为 T_1。

再次考虑图 20.3 的情形，并计算由 dA_1 射出、dA_2 接收的辐射量，与 dA_1 射出所有辐射量的比值，即

$$\begin{aligned} dF_{dA_1-dA_2} &= \frac{d\Phi_{12}}{d\Phi_{\text{hem1}}} = \frac{1}{\pi L_1 dA_1}\left(L_1 \frac{dA_1 dA_2 \cos\theta_1 \cos\theta_2}{r^2}\right) \\ &= \frac{dA_2 \cos\theta_1 \cos\theta_2}{\pi r^2} \end{aligned} \qquad (20.39)$$

注意，$dF_{dA_1-dA_2}$ 是一个微分量，因为它与无穷小量 dA_2 成比例。$dF_{dA_1-dA_2}$ 的大小与以下几个参数有关：形状、角度、构造。在辐射热传递这一章节中，它被用来给出离开 dA_1 到达 dA_2 的辐射分数。根据以上结论，结合式（20.35），由 dA_1 射出到达 dA_2 的辐射通量为

$$d\Phi_{12} = \pi L_1 dA_1 \frac{dA_2 \cos\theta_1 \cos\theta_2}{\pi r^2} = \pi L_1 dA_1 dF_{dA_1-dA_2} \qquad (20.40)$$

现在我们假设 dA_1 和 dA_2 为两个黑体发光源。由 dA_1 发出到达 dA_2 的光通量可由式（20.40）给出，结合式（20.38），有

$$d\Phi_{12} = \sigma T_1^4 dA_1 dF_{dA_1-dA_2} \qquad (20.41)$$

由 dA_2 发出到达 dA_1 的光通量为

$$d\Phi_{21} = \sigma T_2^4 dA_2 dF_{dA_2-dA_1} \qquad (20.42)$$

在热平衡方面，dA_1 和 dA_2 的温度 T_1 和 T_2 是相同的（$T_1 = T_2$），且有

$\mathrm{d}\Phi_{12} = \mathrm{d}\Phi_{21}$,可写为

$$\mathrm{d}A_1 \mathrm{d}F_{\mathrm{d}A_1 - \mathrm{d}A_2} = \mathrm{d}A_2 \mathrm{d}F_{\mathrm{d}A_2 - \mathrm{d}A_1} \tag{20.43}$$

在辐射传输时,这种表述称为互易关系。它表明,在热平衡方面,由 $\mathrm{d}A_1$ 射向 $\mathrm{d}A_2$ 的辐射量 $\mathrm{d}\Phi_{12}$ 与 $\mathrm{d}A_2$ 射向 $\mathrm{d}A_1$ 的辐射量 $\mathrm{d}\Phi_{21}$ 是相等的。

这种互易关系也可以写为

$$\mathrm{d}A_1 \frac{\mathrm{d}A_2 \cos\theta_1 \cos\theta_2}{\pi r^2} = \mathrm{d}A_2 \frac{\mathrm{d}A_1 \cos\theta_1 \cos\theta_2}{\pi r^2} \Leftrightarrow \mathrm{d}U_1 = \mathrm{d}U_2 \tag{20.44}$$

式(20.44)与之前得到的光学扩展量守恒的结论相对应。光学扩展量与形状因子是相关的物理量。

由 $\mathrm{d}U = \mathrm{d}\Phi/L$ 和式(20.36)的表述,可得 $\mathrm{d}U_{\mathrm{hem1}} = \mathrm{d}\Phi_{\mathrm{hem1}}/L_1 = \pi\mathrm{d}A_1$,因此式(20.39)也可以写成光学扩展量的形式,即

$$\mathrm{d}F_{\mathrm{d}A_1 - \mathrm{d}A_2} = \frac{\mathrm{d}\Phi_{12}}{\mathrm{d}\Phi_{\mathrm{hem1}}} = \frac{\mathrm{d}\Phi_{12}/L_1}{\mathrm{d}\Phi_{\mathrm{hem1}}/L_1} = \frac{\mathrm{d}U_{12}}{\mathrm{d}U_{\mathrm{hem1}}} = \frac{\mathrm{d}U_{12}}{\pi\mathrm{d}A_1} \tag{20.45}$$

其中, U_{12} 是由 $\mathrm{d}A_1$ 射向 $\mathrm{d}A_2$ 的光学扩展量。该特性可以使我们利用形状因子来计算光学扩展量。在有关辐射传输的教科书上,形状因子可能有不同的几何形状。

计算从 A_1 到 A_2 的光学扩展量,可以通过另一种方法,即随机计算光线追踪的蒙特卡洛法。用这种方法,可以将 $\mathrm{d}A_1$ 射向 $\mathrm{d}A_2$ 的光学扩展量与射向 A_2 光线所占 A_1 的分数联系起来。根据式(20.45),可得

$$\mathrm{d}U_{12} = \pi\mathrm{d}A_1 \frac{\mathrm{d}\Phi_{12}}{\mathrm{d}\Phi_{\mathrm{hem1}}} \tag{20.46}$$

如图 20.10 所示,我们假设, $\mathrm{d}A_1$ 是均衡朗伯光源 A_1 的一部分, $\mathrm{d}A_2$ 是均衡朗伯光源 A_2 的一部分,可得

$$U_{12} = \pi A_1 \frac{\Phi_{12}}{\Phi_{\mathrm{hem1}}} \tag{20.47}$$

其中, U_{12} 是从 A_1 入射到 A_2 的光学扩展量; Φ_{12} 是由 A_1 射出、 A_2 接收到的那部分光通量; Φ_{hem1} 是 A_2 发出的总的光通量。

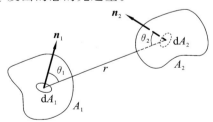

图 20.10　从 A_1 射向 A_2 的光通量,由 A_1 和 A_2 上的单位面积 $\mathrm{d}A_1$ 到 $\mathrm{d}A_2$ 光通量相加得到

由 A_1 射向 A_2 的光学扩展量可以由光线跟踪包获得(蒙特卡洛法)。如果 A_1 发射单位光通量,并假设 A_2 是一个理想吸收器,从 A_1 到 A_2 的光学扩展量

可由 $U_{12} = \pi A_1 \Phi_{12}$ 计算，其中 Φ_{12} 是被 A_2 吸收的光通量。

20.5 二维系统

如图 20.11 所示的系统，为一个二维系统。

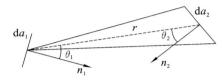

图 20.11　二维系统中，$\mathrm{d}a_1$ 和 $\mathrm{d}a_2$ 之间的辐射传输

在三维系统中，从 A_1 到 A_2 的光通量由式（20.34）给出。在二维几何结构中，来自 $\mathrm{d}a_1$ 通过 $\mathrm{d}a_2$ 的光通量（单位时间通过的能量）由下式给出：

$$\mathrm{d}\Phi_1 = L_1 \mathrm{d}a_1 \cos\theta_1 \mathrm{d}\theta_1 \tag{20.48}$$

其中

$$\mathrm{d}\theta_1 = \frac{\mathrm{d}a_2 \cos\theta_2}{r} \tag{20.49}$$

本章的 $\mathrm{d}a_1$ 和 $\mathrm{d}a_2$ 不再是三维空间里的面积，而是代表二维空间里的线段（无穷小的长度）。

如图 20.12 所示，由 $\mathrm{d}a_1$ 辐射的光通量覆盖整个半圆周区域，有

$$\mathrm{d}\Phi_{\mathrm{hem1}} = L_1 \mathrm{d}a_1 \int_{-\pi/2}^{\pi/2} \cos\theta_1 \mathrm{d}\theta_1 = 2L_1 \mathrm{d}a_1 \tag{20.50}$$

从 $\mathrm{d}a_1$ 到 $\mathrm{d}a_2$ 的二维形状因子为

$$\mathrm{d}F_{\mathrm{d}a_1 - \mathrm{d}a_2} = \frac{\mathrm{d}\Phi_1}{\mathrm{d}\Phi_{\mathrm{hem1}}} = \cos\theta_1 \frac{\mathrm{d}a_2 \cos\theta_2}{2r} = \frac{1}{2}\cos\theta_1 \mathrm{d}\theta_1 = \frac{1}{2}\mathrm{d}(\sin\theta_1)$$

$$\tag{20.51}$$

这与三维系统中的形状相对应，如图 20.11 所示，线段 $\mathrm{d}a_1$ 和线段 $\mathrm{d}a_2$ 可以沿纸张平面垂直的方向，延伸至无限大，形成两个平行面。

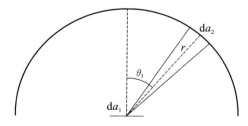

图 20.12　一个线段 $\mathrm{d}a_1$ 与半圆周的辐射传输。由 $\mathrm{d}a_1$ 发出的光线穿过整个半圆周

由式(20.17)给出的光学扩展量,它的二维形式为

$$dU_{2\text{-}D} = da \cos\theta d\theta = da d(\sin\theta) \qquad (20.52)$$

在穿过整个光学系统时,式(20.52)都是成立的。我们考虑一个二维光学系统,和平面上一个线段处的折射情况,可得到折射的斯涅耳定律,即

$$n_A \sin\theta_A = n_B \sin\theta_B \qquad (20.53)$$

其中,n_A 是折射率;θ_A 是光线在折射前与法线所成的角度;n_B 是光线折射后介质的折射率;θ_B 是光线在折射后与法线所成的角度。结合图 20.13,有

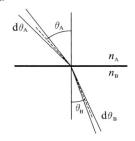

$$n_A \cos\theta_A d\theta_A = n_B \cos\theta_B d\theta_B \Leftrightarrow dU_A = dU_B$$
$$(20.54)$$

因此,当二维系统发生折射时,光学扩展量保持守恒。当 $n_A = n_B$ 时,折射情况也满足光学扩展量守恒。

图 20.13   二维光学的折射情况

在这种情况下,也可得 $dU = d\Phi/L$;因此从式(20.50)可得 $dU_{hem1} = d\Phi_{hem1}/L_1 = 2da_1$,考虑式(20.45)在相对应二维系统中,有

$$dF_{da_1-da_2} = \frac{dU_1}{2da_1} \qquad (20.55)$$

如果光线穿过不同折射率的介质,结合三维情况下光学扩展量守恒(见式(20.32)),可求得二维情况下,有

$$dU_{2\text{-}D} = n da \cos\theta d\theta = n da d(\sin\theta) \qquad (20.56)$$

其光学扩展量也保持守恒。在这种情况下,与式(20.33)类似,穿过一个线段的光通量为

$$d\Phi = L^* dU_{2\text{-}D} \qquad (20.57)$$

其中,$L^* = L/n$ 是基本辐亮度。而且,如果已知光度量,那么还可以计算二维情况下的基本亮度。

20.6   平面照明

如图 20.14 所示,假设我们想要用一个无限小的平面光源照亮一个与之平行的平面。

如图 20.14 所示,dA_2 为被照亮区域的单位面积,dA_1 为平行于被照亮区域的一个无限小光源,二者之间的距离为 D。

在这种情况下,dA_1 和 dA_2 是平行的,且有 $\theta_1 = \theta_2 = \theta$。此外,$dA_1$ 和 dA_2 之间的距离 r,与 dA_1 与 dA_2 所在平面距离 D 的关系为

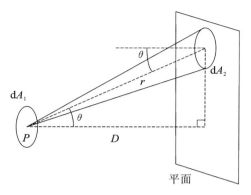

图 20.14   一个平面被一个无限小光源照亮

$$r = \frac{D}{\cos\theta} \qquad (20.58)$$

在这种情况下,式(20.35)可以写为

$$d\Phi = L\,\frac{dA_1 dA_2}{D^2}\cos^4\theta \Leftrightarrow E = \frac{d\Phi}{dA_2} = L\,\frac{dA_1}{D^2}\cos^4\theta \qquad (20.59)$$

其中,E 是在 dA_2 区域的辐照度,且 $E = d\Phi/dA_2$。辐照度 E 是通过 dA_2 单位面积的能量通量。当 $\theta = 0°$ 时,式(20.59)可以写为

$$E_0 = L_0\,\frac{dA_1}{D^2} \qquad (20.60)$$

用式(20.59)除以式(20.60),可得

$$\frac{E}{E_0} = \frac{L}{L_0}\cos^4\theta \qquad (20.61)$$

在 L 与方向无关的情况(如 dA_1 为朗伯光源)下,θ 方向的 L 与 dA_1 法线方向的 L_0 相等,即 $L = L_0$,所以有

$$E = E_0 \cos^4\theta \qquad (20.62)$$

从式(20.62)可以看出,在平行面上的无限小区域发出光线,它的辐照度正比于 $\cos^4\theta$。例如,投影仪设计中,这种陡降性质很普遍。

现在我们确定一个强度分布(非均匀的),使得 dA_1 发射光线,对平面进行均匀照明。我们不再需要 dA 与平面平行,在这种情况下,可以得到

$$d\Phi = I d\Omega \qquad (20.63)$$

其中,I 是来自 dA_1 的辐射强度。光源的参数值 I 只与光源发射光线的方向有关。结合式(20.14)中的 $d\Omega_1$ 和式(20.58),得到

$$d\Phi = I\,\frac{dA_2 \cos^3\theta}{D^2} \qquad (20.64)$$

所以

$$\frac{E}{E_0} = \frac{I}{I_0}\cos^3\theta \qquad (20.65)$$

对于平面上的常数辐照度 E，满足 $E = E_0$，所以

$$I = \frac{I_0}{\cos^3\theta} \qquad (20.66)$$

可以验证，该表达式与点 P 到平面的距离 D 无关。在这种情况下，距离 D 可以为任意值且也可以为无穷大，式(20.66)确定了辐射的光强角度分布，所以，分布在平面光源产生的辐照度必须为一个常数。即使光源的尺寸有限，这个结果依然成立。

如图 20.15 所示，考虑在二维系统中，一个无限小光源 da_1 照亮一个直线区域，在这种情况下，由式(20.63)可得

$$d\Phi = I d\theta \qquad (20.67)$$

从图 20.15 我们可看出

$$d\theta = \frac{da_2\cos\theta}{r} \qquad (20.68)$$

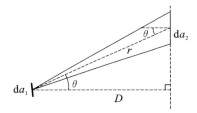

图 20.15　在二维系统中，一个无限小光源 da_1 照亮一个直线区域

因此

$$d\Phi = I\,\frac{da_2\cos^2\theta}{D} \qquad (20.69)$$

并且

$$\frac{E}{E_0} = \frac{I}{I_0}\cos^2\theta \qquad (20.70)$$

从以上结论可以看出，在二维系统中，如果要使一个无限小光源以恒定辐射度照射一个线段，应满足

$$I = \frac{I_0}{\cos^2\theta} \qquad (20.71)$$

与之前结论一致，该表达式与光源到直线的距离 D 无关，所以调节光源射出角度，可以使光线均匀分布在距离无限远的直线上。在这种情况下，将光源的尺寸视作有限。可以得出结论，一个大小受限的光源，使光线均匀分布在距离无限远的直线上，它的角度分布必须满足式(20.71)。

对于光度量,以上结论依然适用,并且对于获取照度或辐照度的结论依然适用。

参 考 文 献

[1] Henderson,S. T. and Marsden,A. M.,*Lamps and Lighting*:*A Manual of Lamps and Lighting*,2nd ed.,Prepared by members of Thorn Lighting Ltd,Edward Arnold,London,1972.

[2] Klein,M. V. and Furtak,T. E.,*Optics*,John Wiley & Sons,New York,1986.

[3] McCluney,W. R.,*Introduction to Radiometry and Photometry*,Artech House,Boston,1994.

[4] Malacara,D.,*Color Vision and Colorimetry*,*Theory and Applications*,SPIE Press,Bellingham,Washington,2002.

[5] Nicodemus,F. E.,Radiance,*Am. J. Phys.*,31,368,1963.

[6] Spiro,I. J. and Thompson,B. J.,*Selected Papers on Radiometry*,SPIE Milestone Series,Vol. MS 14,SPIE Optical Engineering Press,Bellingham,1990.

[7] Grum,F. and Becherer,R. J.,*Optical Radiation Measurements*,*Volume I—Radiometry*,Academic Press,New York,1979.

[8] Wyatt,C. C.,*Radiometric System Design*,Macmillan Publishing Company,New York,1987.

[9] Steel,W. H.,Luminosity,Throughput or Étendue? Further Comments,*Appl. Opt.*,14,252,1975.

[10] Boyd,R. W.,*Radiometry and the Detection of Optical Radiation*,John Wiley & Sons,New York,1983.

[11] Sparrow,E. M. and Cess,R. D.,*Radiation Heat Transfer—Augmented Edition*,Hemisphere Publishing Corporation,Washington,London;McGraw-Hill Book Company,New York,1978.

[12] Siegel,R. and Howell,J. R.,*Thermal Radiation Heat Transfer*,McGraw-Hill Book Company,New York,1972.

[13] Meyer-Arendt,J. R.,*Introduction to Classical and Modern Optics*,3rd. ed.,Prentice-Hall,Englewood Cliffs,New Jersey,1989.

[14] Begunov,B. N. and Zakaznov,N. P.,*Teoria de sistemas opticos*,Editorial Mir,Moscu,1976.(Spanish translation of the book in Russian *Theory of Optical Systems*.)

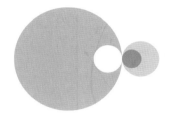

第21章
平面曲线

21.1 概论

本章介绍一些用于设计非光学成像的平面曲线。

向量 v 的大小为

$$\| v \| = \sqrt{v \cdot v} \tag{21.1}$$

其归一化单位向量为

$$\mathrm{nrm}v = \frac{v}{\| v \|} = \frac{v}{\sqrt{v \cdot v}} \tag{21.2}$$

其方向和 v 相同。

A 和 B 之间的距离 $[A,B]$ 等于向量 $B - A$ 的模值,即 $\| B - A \|$ 或

$$[A,B] = \sqrt{(B - A) \cdot (B - A)} \tag{21.3}$$

向量 u 和 v 之间的夹角为

$$\mathrm{ang}(v,u) = \theta = \arccos\left(\frac{v \cdot u}{\| v \| \| u \|}\right) = \arccos\left(\frac{v \cdot u}{\sqrt{v \cdot v} \sqrt{u \cdot u}}\right) \tag{21.4}$$

其中,$0 \leqslant \theta \leqslant \pi$;向量 $u = (u_1, u_2)$ 和 $v = (v_1, v_2)$ 是二维向量。我们可以在三维空间定义向量 $u = (u_1, u_2, 0)$,$v = (v_1, v_2, 0)$,其向量积为

$$u \times v = (0, 0, u_1 v_2 - u_2 v_1) \tag{21.5}$$

如果向量积 $u \times v$ 的第三个分量是正的,那么向量 v 在向量 u 的逆时针方向上;

如果该分量是负的,那么向量 v 在向量 u 的顺时针方向上。我们先从向量 u 到向量 v 的正方向上定义一个角

$$
\begin{cases}
\operatorname{ang}p(\boldsymbol{v},\boldsymbol{u}) = \operatorname{ang}(\boldsymbol{v},\boldsymbol{u}), & u_1 v_2 - u_2 v_1 \geqslant 0 \\
\operatorname{ang}p(\boldsymbol{v},\boldsymbol{u}) = 2\pi - \operatorname{ang}(\boldsymbol{v},\boldsymbol{u}), & u_1 v_2 - u_2 v_1 < 0
\end{cases} \tag{21.6}
$$

这就是向量 v 相对于向量 u 在正方向上的角度,在 $0 \leqslant \varphi \leqslant 2\pi$ 特殊情况下,当向量 $\boldsymbol{u} = (1,0)$ 时 $\operatorname{ang}p(\boldsymbol{v},\boldsymbol{u})$ 即向量 $\boldsymbol{v} = (v_1,v_2)$ 与 x_1 轴的夹角,我们定义

$$
\begin{cases}
\operatorname{ang}h\boldsymbol{v} = \arccos\left(\dfrac{v_1}{\sqrt{\boldsymbol{v} \cdot \boldsymbol{v}}}\right), & v_2 \geqslant 0 \\
\operatorname{ang}h\boldsymbol{v} = 2\pi - \arccos\left(\dfrac{v_1}{\sqrt{\boldsymbol{v} \cdot \boldsymbol{v}}}\right), & v_2 < 0
\end{cases} \tag{21.7}
$$

如图 21.1 所示,其中,$\varphi = \operatorname{ang}p(\boldsymbol{v},\boldsymbol{u})$,$\beta = \operatorname{ang}h(\boldsymbol{v})$。

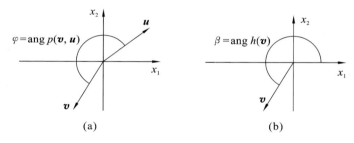

图 21.1 (a) 式 $\operatorname{ang}p(\boldsymbol{v},\boldsymbol{u})$ 得出两个矢量之间的夹角;(b) 特殊情况下,当第二个矢量与 x_1 方向相同时,所得出的结果是一个矢量与 x_1 轴的角度

现在考虑一个点围绕原点旋转的情况,某一点 $\boldsymbol{P} = (P_1, P_2)$ 可通过旋转矩阵围绕原点旋转角 α,旋转矩阵如下:

$$
\boldsymbol{R}(\alpha) = \begin{bmatrix} \cos\alpha & -\sin\alpha \\ \sin\alpha & \cos\alpha \end{bmatrix} \tag{21.8}
$$

因此可得旋转后点为

$$
\boldsymbol{R}(\alpha) \cdot \boldsymbol{P} = \begin{bmatrix} \cos\alpha & -\sin\alpha \\ \sin\alpha & \cos\alpha \end{bmatrix} \cdot \begin{bmatrix} P_1 \\ P_2 \end{bmatrix} \tag{21.9}
$$

旋转矩阵的效果如图 21.2 所示。

根据一些点和向量可以确定一条直线和一个平面,进而可得该直线和平面的交点。如图 21.3(a) 所示,某点 P 和向量 v 确定了一条直线,相应地,另一点 Q 和一个正交向量 n 确定了一个平面 μ。

直线和平面的交点 X 满足下列关系:

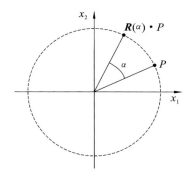

图 21.2　点 P 围绕原点旋转 α 是通过 P 左乘一个矩阵 $\boldsymbol{R}(\alpha)$ 来实现的

$$\begin{cases} \boldsymbol{n} \cdot (X - Q) = 0 \\ X = P + d\upsilon \end{cases} \qquad (21.10)$$

在式(21.10)的第一个表达式中替换 X，求解 d，并将结果代入到第二个表达式得出

$$X = \frac{P + (Q - P) \cdot \boldsymbol{n}}{\boldsymbol{v} \cdot \boldsymbol{n}} \boldsymbol{v} \qquad (21.11)$$

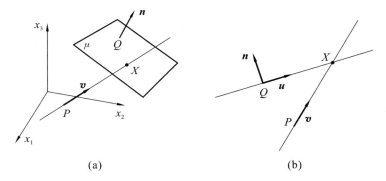

| (a) | (b) |

图 21.3　由点 P 和向量 v 确定的直线与由点 Q 和正交向量 n 确定的平面相交；(b) 两条
　　　　共面直线相交

我们可以定义一个公式(直线与平面相交)如下：

$$\mathrm{isl}(P, \boldsymbol{v}, Q, \boldsymbol{n}) = P + \frac{(Q - P) \cdot \boldsymbol{n}}{\boldsymbol{v} \cdot \boldsymbol{n}} \boldsymbol{v} \qquad (21.12)$$

我们也可以将该公式用于两条共面直线的相交，图 21.3(b) 所示的为由点 P 和向量 v 及点 Q 和向量 u 分别确定的两条共面直线。其交点也可由式(21.11)得出，其中，向量 n 垂直于向量 u，如果向量 $u = (u_1, u_2)$，那么

$$\boldsymbol{n} = R(\pi/2) \cdot \boldsymbol{u} = (-u_2, u_1) \qquad (21.13)$$

我们也可以定义一个公式(直线相交)如下:

$$\text{isl}(P, v, Q, u) = P + \frac{(Q - P) \cdot n}{v \cdot n} v \tag{21.14}$$

现在来考虑进一步的情况,有一个半径为 r 的圆,其圆心为点 F,圆外有一点 P,点 F 到 P 的距离大于半径 r,即 $[F, P] > r$,如图 21.4 所示。在过点 P 的切线上取一点 T^*,$T^* P$ 的方向在 FP 的逆时针方向上,现在计算从点 T^* 到点 P 的距离 t_P 和线 PT^* 与一个向量的夹角 ϕ_P,其中向量 u 与水平方向的夹角为 α。

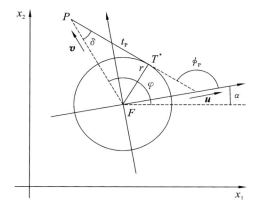

图 21.4　一个圆心为 F、半径为 r 的圆,其外有一点 P,点 P 到切点 T^* 的距离为 t_P,线 $T^* P$ 和一个与水平方向夹角为 α 的方向的交角为 ϕ_P,方向 $T^* P$ 在 FP 的逆时针方向上

点 P 到切点 T^* 的距离 t_P 为

$$t_P = \sqrt{(P - F) \cdot (P - F) - r^2} \tag{21.15}$$

角 δ 为

$$\delta = \arcsin\left(\frac{r}{\sqrt{(P - F) \cdot (P - F)}}\right) \tag{21.16}$$

向量 u 由 $u = (\cos\alpha, \sin\alpha)$ 可得,角 φ 为

$$\varphi = \text{ang}p(P - F, u) \tag{21.17}$$

现在可得出角 ϕ_P 为

$$\phi_P = \varphi + \delta \tag{21.18}$$

现在考虑一个类似的情况,点 T 在圆的另一边,如图 21.5 所示,也就是说现在 TP 在 FP 的顺时针方向上。

t_P 的大小仍然由式(21.15)得出,而且角 φ 和 δ 也仍然分别由式(21.16)和

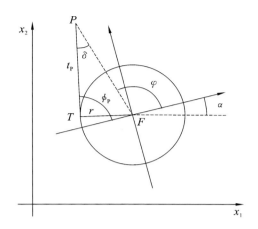

图 21.5 一个圆心为 F、半径为 r 的圆，其外有一点 P，点 P 到切点 T 的距离为 t_P，线 TP 和一个与水平方向的夹角为 α 的方向的交角为 ϕ_P，方向 TP 在 FP 的顺时针方向上

式（21.17）得出，现在我们可由角 φ 和 δ 得出角 ϕ_P。为了保证 $0 \leqslant \phi_P \leqslant 2\pi$，我们规定 $0 \leqslant \phi_P \leqslant 2\pi$

$$\begin{cases} \phi_P = \varphi - \delta, & \varphi - \delta \geqslant 0 \\ \phi_P = 2\pi + \varphi - \delta, & \varphi - \delta \geqslant 0 \end{cases} \tag{21.19}$$

现在我们通过点 P 和圆心 F 的坐标及半径 r 来计算点 T^* 和 T 的坐标，如图 21.6 所示。

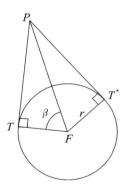

图 21.6 一个圆心为 F、半径为 r 的圆，其外有一点 P，过切点 T 和 T^* 的两条切线相交于点 P

由 $r = [F,P]\cos\beta$ 可得角 β 为

$$\beta = \arccos\left(\frac{r}{[P,F]}\right) \tag{21.20}$$

且

$$\begin{cases} T = F + rR(\beta) \cdot \mathrm{nrm}(P-F) \\ T^* = F + rR(-\beta) \cdot \mathrm{nrm}(P-F) \end{cases} \tag{21.21}$$

21.2 抛物线

对于一条抛物线,我们有 $t+s=K$,其中,K 是常数,t 和 s 是定义的量,如图 21.7 所示,而 $s=-t\cos\phi$,因此 $t-t\cos\phi=K$,或

$$t(\phi) = \frac{K}{1-\cos\phi} \tag{21.22}$$

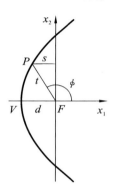

图 21.7   在带有水平轴线的抛物线中,水平入射光线集中于焦点,这样的曲线也满足 $s+t=K$,其中,K 是常数

为了得到 K 的值,我们注意到,当 $\phi=\pi$ 时,令 $t=d$,其中 d 是抛物线的焦点 F 和它的顶点 V 之间的距离,于是 $d-d\cos\pi=K$ 或 $K=2d$。

抛物线的极坐标方程为

$$t(\phi)(\cos\phi,\sin\phi) \tag{21.23}$$

且

$$t(\phi) = \frac{2d}{1-\cos\phi} \tag{21.24}$$

抛物线经过 α 角度的旋转后得到方程

$$t(\phi)(\cos(\phi+\alpha),\sin(\phi+\alpha)) \tag{21.25}$$

焦点在点 $F=(F_1,F_2)$ 的抛物线经过 α 角度的旋转后得到方程

$$t(\phi)(\cos(\phi+\alpha),\sin(\phi+\alpha))+(F_1,F_2) \tag{21.26}$$

现在考虑到我们想要确定一个给定焦点 F,在水平方向上的倾角为 α 且通过定点 P 的抛物线的方程,如图 21.8 所示,在这种情况下,因为 $\phi=\phi_P$,令 $t=$

$t_P = [F, P]$，于是抛物线方程中的常量 K 由 $[F, P] - [F, P]\cos\phi_P = K$ 可得，进而可得该抛物线的 $t(\phi)$ 的表达式为

$$\frac{\sqrt{(P-F) \cdot (P-F)} - (P-F) \cdot (\cos\alpha, \sin\alpha)}{1 - \cos\phi}(\cos(\phi + \alpha),$$

$$\sin(\phi + \alpha)) + (F_1, F_2) \tag{21.27}$$

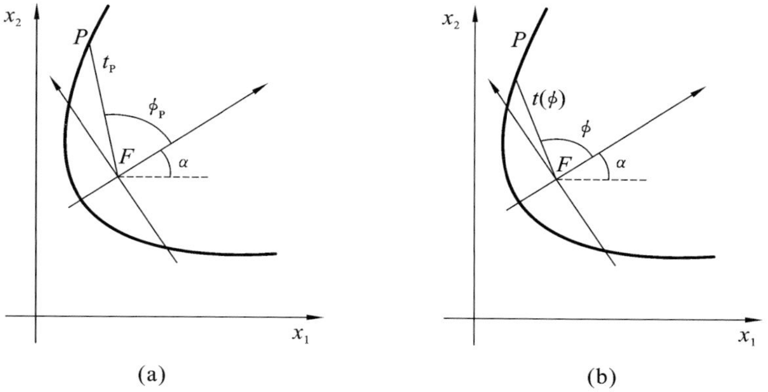

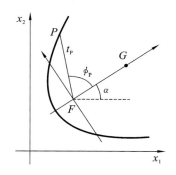

图 21.8 (a) 一个抛物线完全可由它的焦点 F 的坐标、轴线在水平方向上的倾角 α 和一点 P 来确定；(b) 抛物线可以参数化为角 ϕ 和它的轴线的函数

　　注意，可以通过一个角确定抛物线轴线的方向，也可以替代给出两点：焦点 F 和抛物线开口方向上的轴线上的一点 G，如图 21.9 所示。

图 21.9 抛物线轴线的方向由抛物线焦点 F 和轴线上一点 G 确定

　　在这种情况下，可得角 α 为

$$\alpha = \text{ang}h\boldsymbol{v} \quad \text{且} \quad \boldsymbol{v} = (v_1, v_2) = G - F \tag{21.28}$$

　　结合式 (21.7) 定义的 $\text{ang}h$，我们可由式 (21.27) 得出抛物线，我们还可以由 $d = K/2$ 得出 d，因为

$$d = \frac{t_P - t_P \cos\phi_P}{2} = \frac{\sqrt{(P-F) \cdot (P-F)} - (P-F) \cdot (\cos\alpha, \sin\alpha)}{2}$$

$$(21.29)$$

21.3　椭圆

如图 21.10 所示,现在考虑一个椭圆,焦点 $F = (0,0)$,$G = (f,0)$。

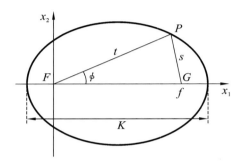

图 21.10　椭圆中由点 F 射入的光线都被反射到点 G 上,点 F 和 G 是椭圆的焦点,该曲线满足关系式 $t + s = K$,其中,K 是常数

点 P 的坐标为 $P = (P_1, P_2) = t(\cos\phi, \sin\phi)$,其中,$t$ 是点 F 到 P 的距离。点 P 到 G 的距离 s 为

$$s = \sqrt{(G-P) \cdot (G-P)} = \sqrt{f^2 + t^2 - 2ft\cos\phi} \qquad (21.30)$$

椭圆满足关系式 $t + s = K$,其中,K 是一个常数,表示的是椭圆顶点之间的距离,如图 21.10 所示,该关系式也可以写成

$$s^2 = (K-t)^2 \Longleftrightarrow f^2 + t^2 - 2ft\cos\phi = (K-t)^2 \qquad (21.31)$$

或

$$t(\phi) = \frac{K^2 - f^2}{2K - 2f\cos\phi} \qquad (21.32)$$

然后可得椭圆方程

$$\frac{K^2 - f^2}{2K - 2f\cos\phi}(\cos\phi, \sin\phi) \qquad (21.33)$$

其中,$0 \leqslant \phi < 2\pi$;$K > f$。

现在我们可以写出一般情况下的椭圆方程,给定焦点 F 和 G,且椭圆过某一点 P,如图 21.11 所示,从 F、G 和 P 的坐标我们可得

$$\begin{cases} K = t_P + s = [F, P] + [P, G] \\ f = [F, G] \\ \alpha = \mathrm{ang} hv, \quad v = (v_1, v_2) = G - F \end{cases} \qquad (21.34)$$

其中, angh 在式(21.7)中已定义。椭圆方程为

$$\frac{K^2-f^2}{2K-2f\cos\phi}(\cos(\phi+\alpha),\sin(\phi+\alpha))+F \qquad (21.35)$$

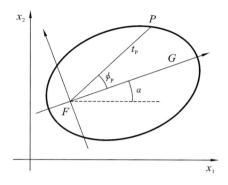

图 21.11　一个一般性椭圆可通过它的两个焦点 F 和 G 及其上一点 P 的位置来确定

21.4　双曲线

现在让我们来考虑双曲线,如图 21.12 所示,焦点 $F=(0,0)$, $G=(f,0)$。

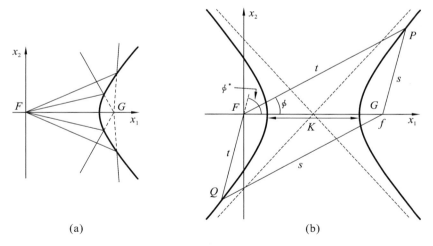

(a)　　　　　　　　　　　(b)

图 21.12　(a)如果点 F 是原点,那么通过它且被双曲线反射后得到的光线看上去好像是由另一点 G 发射出来的,同样,指向点 G 的光线也被反射到点 F,则 F 和 G 是双曲线的焦点。该双曲线有两个光学特性相似的分支;(b)对于右支上的点 P,我们有 $t-s=K(t>0)$,对于左支上的点 Q,我们有 $s+t=K(t<0)$,其中,K 是常数

我们仍然用表达式 $t(\phi)(\cos\phi,\sin\phi)$ 来描述双曲线。与角 ϕ 相对应的点 P 在双曲线的右半边上,令 $t>0$,则曲线上的点满足条件 $t-s=K$,其中,K 是常数;与角 ϕ^* 相对应的点 Q 在双曲线的左半边上,令 $t<0$,则曲线上的点满足条件 $s-|t|=K$ 或 $s+t=K$,其中,K 是与右半边曲线对应的 K 相同的常数。综合这两种情况,我们可得

$$s^2 = (K-t)^2 \tag{21.36}$$

其中,K 是双曲线两个顶点之间的距离,如图 21.12 所示。然后可得双曲线的方程为

$$\frac{K^2-f^2}{2K-2f\cos\phi}(\cos\phi,\sin\phi) \tag{21.37}$$

与椭圆方程相同,且 $0 \leqslant \phi \leqslant 2\pi, K < f$。

现在我们可以写出一般情况下的双曲线方程。给定焦点 F 和 G,以及双曲线上一点 P,如图 21.13 所示,由 F,G 和 P 的坐标可得

$$\begin{cases} K = \|t-s\| = |[F,P]-[P,G]| \\ f = [F,G] \\ \alpha = \mathrm{angh}\,v, \quad v = (v_1,v_2) = G-F \end{cases} \tag{21.38}$$

其中,angh 在式(21.7)中已定义,于是可得双曲线的方程为

$$\frac{K^2-f^2}{2K-2f\cos\phi}(\cos(\phi+\alpha),\sin(\phi+\alpha)) + F \tag{21.39}$$

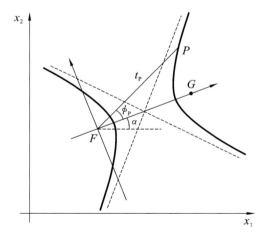

图 21.13 一个一般性双曲线方程可由它的两个焦点 F 和 G 及其上一点 P 的位置来确定

21.5 圆锥曲线

之前得到的抛物线、椭圆和双曲线的表达式可以结合起来形成一个适用于所有这三种类型的圆锥曲线。

对于椭圆,我们有 $K > f$,因此,令 $K - f = 2d$,其中 $d > 0$,于是有 $K = 2d + f$;然后我们将椭圆的 $t(\phi)$ 的表达式中的 K 替换可得

$$t(\phi) = \frac{K^2 - f^2}{2K - 2f\cos\phi} = \frac{2d^2 + 2fd}{f + 2d - f\cos\phi} \tag{21.40}$$

令 $g = 1/f$,得椭圆方程为

$$\frac{2d^2 g + 2d}{1 + 2dg - \cos\phi}(\cos\phi, \sin\phi) \tag{21.41}$$

现在考虑一条双曲线旋转 π 的情况,它的参数方程为

$$\frac{K^2 - f^2}{2K - 2f\cos\phi}(\cos(\phi + \pi), \sin(\phi + \pi)) = \frac{K^2 - f^2}{-2K + 2f\cos\phi}(\cos\phi, \sin\phi) \tag{21.42}$$

对于双曲线,我们有 $K < f$,因此,令 $f - K = 2d$,其中 $d > 0$,然后使 $K = f - 2d$ 且 $g = 1/f$,则被角 π 旋转的双曲线方程为

$$\frac{-2d^2 g + 2d}{1 - 2dg - \cos\phi}(\cos\phi, \sin\phi) \tag{21.43}$$

当 $f \to \infty$,$g \to 0$ 时,椭圆和双曲线旋转 π 后的表达式都收敛到同一抛物线,可记为

$$\frac{-2d^2 \delta g + 2d}{1 + 2d\delta g - \cos\phi}(\cos\phi, \sin\phi) \tag{21.44}$$

如果 $\delta = 1$,则得到一个椭圆;如果 $\delta = 0$,则得到一条抛物线;如果 $\delta = -1$,则得到一条双曲线,如图 21.14 所示,这三种曲线的 d 大小相同。

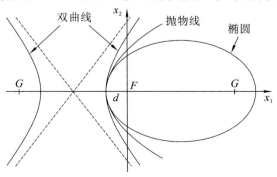

图 21.14 一个椭圆有两个焦点 F 和 G,当焦点 G 趋向于正无穷时,椭圆就成了抛物线,而现在 G 接近点 F,但是当它趋向于负无穷时,抛物线就变成了双曲线

21.6 渐开线

图 21.15 显示一条圆的渐开线,它把与圆相切的射线反射回去时仍然与该圆相切(如图连接点 T 和 P 直线上的两个箭头所示)。

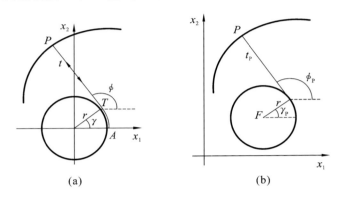

$$(a) \qquad\qquad\qquad (b)$$

图 21.15 (a)一条渐开线可由固定长度的线 $A-T-P$ 来确定,并且随着 γ 的增大 t 也逐渐增大,又因为线 $A-T-P$ 围绕着圆,于是称该曲线为绕组渐开线;(b)一条渐开线可由圆心 F、圆的半径 r 和渐开线上一点 P 来确定

该曲线可通过一段连接点 A 的固定长度来确定,从点 A 沿着圆周到切点 T,然后由 $t+r\gamma$ 可得直接到曲线上的点 P 的总长为 $A-T-P$。这对于曲线上的点来说是个常数,用 K^* 表示。因为 $\phi = \gamma + \pi/2$,于是有

$$t + r\gamma = K^* \Leftrightarrow t(\phi) = K^* - r\gamma = K^* - r(\phi - \pi/2) = K - r\phi$$

$$(21.45)$$

其中,K 是一个常数,若给定曲线上一点 P,则可确定 K 的大小,如图 21.15(b)所示。对于点 P,我们有

$$K = t_P + r\phi_P \qquad\qquad (21.46)$$

t_P 和 ϕ_P 的大小可由式(21.15)和式(21.18)得出,于是得到曲线方程

$$r(\cos\phi - \pi/2), \sin(\phi - \pi/2)) + t(\phi)(\cos\phi, \sin\phi) \qquad (21.47)$$

其中,$t(\phi)$ 由式(21.45)给出,K 由式(21.46)给出。如果圆心位于平面上一点 $F = (F_1, F_2)$,则曲线方程为

$$r(\sin\phi, -\cos\phi) + t(\phi)(\cos\phi, \sin\phi) + (F_1, F_2) \qquad (21.48)$$

随着角 ϕ 的增加,线 $A-T-P$ 围绕着圆,因此称该曲线为过点 P 的绕组渐开线。

另一种可能就是随着 ϕ 的增加,线 $A-T-P$ 不再围绕着圆,如图 21.16 所示,此时称该曲线为过点 P 的非绕组渐开线。

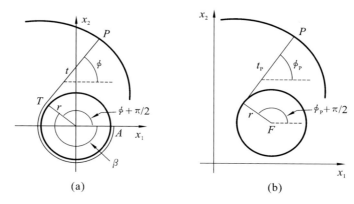

图 21.16　(a) 随着角的增加,线 $A-T-P$ 不再围绕着圆,此时称曲线为非绕组渐开线;
(b) 一条渐开线可由圆心 F、圆的半径 r 和曲线上一点 P 来确定

在这种情况下,线 $A-T-P$ 的长度是一个常数,由 $r\beta+t=K^*$ 可得,且对曲线上的所有点 P 来说都是常数。

角 β 由 $\beta=2\pi-(\phi+\pi/2)=3\pi/2-\phi$ 可得,于是有

$$t(\phi)=K^*-r(3\pi/2-\phi)=K+r\phi \tag{21.49}$$

如果圆心在某一点 F 上,则曲线方程为

$$r(-\sin\phi,\cos\phi)+t(\phi)(\cos\phi,\sin\phi)+F \tag{21.50}$$

其中,$t(\phi)$ 由式 (21.49) 给出,K 的值则由曲线上一点 P 的坐标来确定,即

$$K=t_P-r\phi_P \tag{21.51}$$

其中,t_P 和 ϕ_P 分别由式 (21.15) 和式 (21.19) 给出。

给定一个圆及圆外一点 P,就会有两种可能的渐开线过点 P(绕组和非绕组)。在接下来的部分中,绕组和非绕组的概念也同样适用于宏聚焦抛物线和椭圆的定义。

21.7　绕组宏聚焦抛物线

在一条抛物线中,焦点 F 与曲线上一点 P 之间的距离 t 和点 P 到垂直于抛物线的轴 x_1 的线 v_L 之间的距离 s 之和为 $t+s=K$,其中,K 是常数,t 和 s 的位置如图 21.17(a) 所示。点 P 的坐标可由一端在焦点 F 另一端在线 v_L 上的等长折线确定,这时 PQ 垂直于线 v_L。

在一条宏聚焦抛物线上,用一个半径为 r 的圆来代替焦点,如图 21.17(b) 所示。在这种情况下,环绕宏焦点的线一端在点 A 上,另一端在线 v_L 的点 Q 上,线的长度为 $r(\phi-\pi/2)+t+s$,抛物线上的点是一个常数,并且随着角 ϕ 的增

大，这条线逐渐缠绕宏焦点，因此我们称该曲线为绕组宏聚焦抛物线。

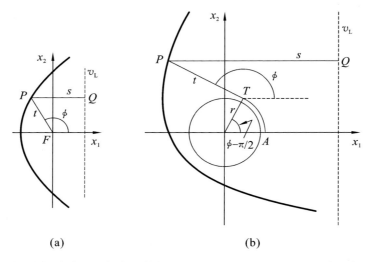

          (a)   (b)

图 21.17　　在相同的方式下抛物线反射水平光线于一点。(a) 宏聚焦抛物线反射的水平光线
　　　　　　与半径为 r 的圆形宏焦点相切；(b) 和抛物线一样，宏聚焦抛物线也是由长度为常
　　　　　　数的线 Q—P—T—A 来确定的，此时，随着角 ϕ 的增大线 Q—P—T—A 逐渐缠绕
　　　　　　宏焦点，因此称该曲线为绕组宏聚焦抛物线

    如果把曲线当作镜面，平行的水平光线经反射后均与一个圆形接收器相
切，如图 21.18 所示。

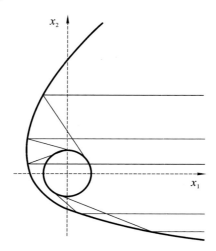

图 21.18　　水平光线经宏聚焦抛物线反射后均与圆形宏焦点相切，这些水平光线都和曲
　　　　　　线的横轴 x_1 平行

现在将长度固定的线应用到这条曲线上,我们得到一个如图 21.19 所示的几何图形,其中 M 是镜面。

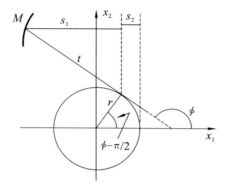

图 21.19　宏聚焦抛物线上的点满足条件 $s_2 + s_1 + t + r(\phi - \pi/2) = K$,其中,$K$ 是常数

此时,我们有 $s_2 + s_1 + t + r(\phi - \pi/2) = K$,其中,$K$ 是常数。又由于 $s_1 = -t\cos\phi$ 且 $s_2 = r - r\cos(\phi - \pi/2)$,于是可得

$$r - r\cos(\phi - \pi/2) - t\cos\phi + t + r\phi = K_\mathrm{w} \tag{21.52}$$

或

$$t(\phi) = \frac{K_\mathrm{w} + r(\sin\phi - 1 - \phi)}{1 - \cos\phi} \tag{21.53}$$

注意,当 $r = 0$ 时,我们得到一个抛物线的方程。常数 K_w 现在可由曲线上的一点来确定,和抛物线的情况一样。于是可得宏聚焦抛物线方程为

$$r(\cos(\phi - \pi/2), \sin(\phi - \pi/2)) + t(\phi)(\cos\phi, \sin\phi) \tag{21.54}$$

或

$$r(\sin\phi, -\cos\phi) + t(\phi)(\cos\phi, \sin\phi) \tag{21.55}$$

宏焦点在点 $F = (F_1, F_2)$ 上的宏聚焦抛物线绕原点旋转 α 后的方程为

$$r(\sin(\phi + \alpha), -\cos(\phi + \alpha)) + t(\phi)(\cos(\phi + \alpha), \sin(\phi + \alpha)) + (F_1, F_2)$$

$$\tag{21.56}$$

旋转的情况如图 21.20 所示,宏聚焦抛物线过定点 P。

常数 K_w 可由求解与 K_w 有关而与 P 无关的式(21.53)得到。令 $\phi = \phi_\mathrm{P}$ 且 $t(\phi) = t_\mathrm{P}$,给定 t_P 和 ϕ_P,我们可得 K_w 的大小为

$$K_\mathrm{w} = t_\mathrm{P}(1 - \cos\phi_\mathrm{P}) + r(1 + \phi_\mathrm{P} - \sin\phi_\mathrm{P}) \tag{21.57}$$

把点 P 的位置代入式(21.15)和式(21.18),计算可得 t_P 和 ϕ_P 的大小。

非成像光学导论(第二版)

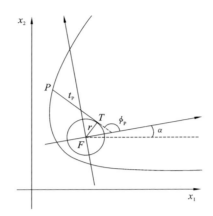

图 21.20 一般性宏聚焦抛物线可由它的宏焦点的中心 F、半径,以及它的横轴与水平线的夹角和曲线上一点 P 来确定

21.8 非绕组宏聚焦抛物线

图 21.21 所示的为另一种宏聚焦抛物线,该曲线同样可通过长度固定的线得到,在这种情况下,包围在宏焦点四周的线的一端为点 A,另一端为线 v_L 上的点 Q,然而此时该线段从点 A 朝下顺着宏焦点往前走而不是像在绕组宏聚焦抛物线中朝上走。线段的长度为 $r\beta+t+s$,曲线上的点 P 是一个常数,随着角 ϕ 的增大,该线段不再围绕宏焦点,因此称该曲线为非绕组宏聚焦抛物线。角 β 由 $\beta = 2\pi-(\phi+\pi/2) = 3\pi/2-\phi$ 可得。

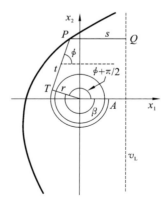

图 21.21 宏聚焦抛物线由长度固定的线 Q—P—T—A 生成,随着角 ϕ 的增大,线 Q—P—T—A 不再围绕宏焦点,因此称该曲线为非绕组宏聚焦抛物线

如果将该曲线用作镜面,平行的水平光线经它反射后与半径如图 21.22 所

示的环形接收器相切。

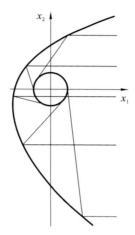

图 21.22　平行光线经宏聚焦抛物线反射后与环形的宏焦点相切,这些平行光线同抛物线
　　　　的轴 x_1 也平行

该曲线与绕组宏聚焦抛物线关于轴 x_1 对称,如图 21.23 所示。

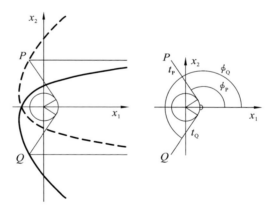

图 21.23　带横轴的绕组和非绕组宏聚焦抛物线是相同的曲线,但是它们关于横轴对称

绕组宏聚焦抛物线上的点 P 和非绕组宏聚焦抛物线上的点 Q 关于轴 x_1 对称,对于这两个点有 $t_P = t_Q$ 且 $\phi_Q = 2\pi - \phi_P$。用 $2\pi - \phi$ 替换绕组抛物线的 $t(\phi)$ 表达式中的 ϕ,可得

$$t(\phi) = \frac{K_w - r - r((2\pi - \phi) - \sin(2\pi - \phi))}{1 - \cos(2\pi - \phi)} = \frac{K_U + r(\phi - 1 - \sin\phi)}{1 - \cos\phi}$$

$$(21.58)$$

其中,K_U 是常数,非绕组宏聚焦抛物线为

$$r\cos(\phi+\pi/2),\sin(\phi+\pi/2)+t(\phi)(\cos\phi,\sin\phi) \qquad (21.59)$$

或

$$r(-\sin\phi,\cos\phi)+t(\phi)(\cos\phi,\sin\phi) \qquad (21.60)$$

其中,角 ϕ 和 t 的定义如图 21.24 所示,M 是镜面。

式(21.60)也可由一段长度恒定的线段来确定,如图 21.25 所示。

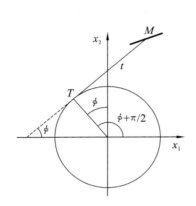

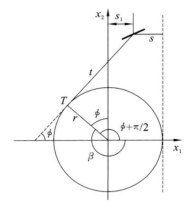

图 21.24　非绕组宏聚焦抛物线由角 ϕ 和切点 T 到镜面的距离 t 来确定

图 21.25　非绕组宏聚焦抛物线可由恒定长度为 $s+t+r\beta$ 的线段来确定

我们有 $r\beta+t+s=K$,K 是常数,因为 $\beta=2\pi-(\phi+\pi/2)=3\pi/2-\phi$ 且 $s=r-s_1=r-(t\cos\phi-r\sin\phi)$,所以由式(21.58)可得 $t(\phi)$。

常数 K_U 的大小可通过曲线上一点 P 来确定,如果该点是由 t_P 和 ϕ_P 确定的,那么

$$K_U=t_P(1-\cos\phi_P)+r(1-\phi_P+\sin\phi_P) \qquad (21.61)$$

将点 P 的坐标代入式(21.15)和式(21.19)可计算 t_P 和 ϕ_P 的大小。

21.9　绕组宏聚焦椭圆

对于一个椭圆,其上任意点到两焦点的距离之和都相等,因此,用一条长度恒定的线段系在这两个焦点上,再用一个标记笔使这条线保持绷直,然后移动标记笔,画出一个椭圆。

对于一个宏聚焦椭圆,用半径为 r 的圆代替椭圆的一个焦点,如图 21.26 所示,这种情况下,包围着宏焦点的线的一端在点 A 上,另一端在焦点 G 上。此时,线段 $G\!-\!P\!-\!T\!-\!A$ 的长度为 $r\phi+t+s$,它对于曲线上的所有点 P 都是恒定不变的,随着角 ϕ 的增大,线段 $G\!-\!P\!-\!T\!-\!A$ 逐渐缠绕宏焦点,该曲线也因此

称为绕组宏聚焦椭圆,宏聚焦椭圆实际上是个螺旋形曲线。

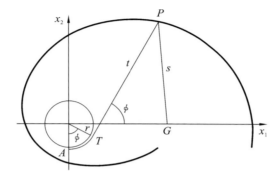

图 21.26　由源点 G 发出的光线经宏聚焦椭圆反射后与圆形宏焦点相切,曲线可由长度
　　　　　恒定的线 $G\!-\!P\!-\!T\!-\!A$ 生成,这时,随着角 ϕ 的增大,这条线逐渐缠绕宏焦点,
　　　　　因此曲线是绕组宏聚焦椭圆

如果将曲线用作镜面,则由源点 G 发出的光线经曲线反射后与半径为 r 的
圆形接收器相切,如图 21.27 所示。

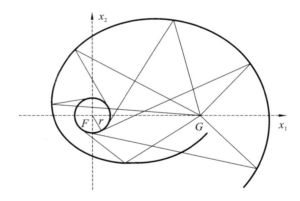

图 21.27　点光源 G 发出的光线被反射到中心为 F、半径为 r 的宏焦点的切线上

给该曲线一个长度恒定的线段,我们得到如图 21.28 所示的几何图形,其
中,$F = (0,0)$,$G = (f,0)$。点 P 为

$$P = r(\cos(\phi-\pi/2),\sin(\phi-\pi/2)) + t(\cos\phi,\sin\phi)$$
$$= (t\cos\phi + r\sin\phi, t\sin\phi - r\cos\phi) \tag{21.62}$$

点 P 到 $G = (f,0)$ 的距离 s 为

$$s = \sqrt{(P-G)\cdot(P-G)} = \sqrt{f^2 + r^2 + t^2 - 2f(t\cos\phi + r\sin\phi)} \tag{21.63}$$

从图 21.28 我们可得

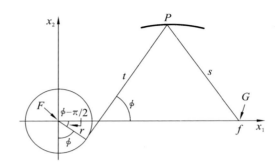

图 21.28　几何图形用于确定参数化的宏聚焦椭圆。椭圆上的点由 $s+t+r\phi=K$ 确定，其中，K 是常数

$$r\phi+t+s=K_W \tag{21.64}$$

其中，K_W 是常数，于是有

$$t(\phi)=\frac{(K_W-r\phi)^2+2fr\sin\phi-f^2-r^2}{2(K-r\phi-f\cos\phi)} \tag{21.65}$$

此时，常数可由曲线上任意点确定，同时可得宏聚焦椭圆的方程为

$$r(\cos(\phi-\pi/2),\sin(\phi-\pi/2))+t(\phi(\cos,\sin)) \tag{21.66}$$

或

$$r(\sin\phi,-\cos\phi)+t(\phi)(\cos\phi,\sin\phi) \tag{21.67}$$

一个宏焦点中心为点 F 的绕组宏聚焦椭圆经角 α 绕原点旋转后的参数方程为

$$r(\sin(\phi+\alpha),-\cos(\phi+\alpha))+t(\phi)(\cos(\phi+\alpha)),\sin(\phi+\alpha))+(F_1,F_2) \tag{21.68}$$

旋转的情况如图 21.29 所示，其中宏聚焦椭圆过给定的点 P。通过求解与 K_W 相关的表达式可得常数 K 的值。令 $\phi=\phi_P$ 且 $t(\phi)=t_P$，当给定距离 t_P 和角 ϕ_P 的大小时，我们得到两种可能大小的 K_W，即

$$K_W=t_P+r\phi_P\pm\sqrt{f^2+r^2+t_P^2-2f(t_P\cos\phi_P+r\sin\phi_P)} \tag{21.69}$$

选择正的解

$$K_W=t_P+r\phi_P+\sqrt{f^2+r^2+t_P^2-2f(t_P\cos\phi_P+r\sin\phi_P)} \tag{21.70}$$

通过点 F 和 G 的坐标，我们可计算这两点间的距离 f 为

$$f=[F,G]=\sqrt{(F,G)\cdot(F,G)} \tag{21.71}$$

通过点 F 和 G 的坐标，我们还可以计算角 α 的大小

$$\alpha=\mathrm{ang}\boldsymbol{hv}\quad\text{且}\quad\boldsymbol{v}=(v_1,v_2)=G-F \tag{21.72}$$

将点 P 的坐标代入式(21.15)和式(21.18)我们可以计算 t_P 和 ϕ_P 的值，注意从这些表达式可得 $0\leqslant\phi_P\leqslant2\pi$。如果点 P 有一个不同的参数值，我们必须变换该曲线的参数方程。

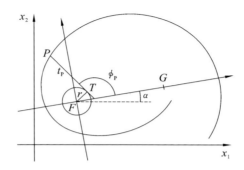

图 21.29　一般宏聚焦椭圆方程可由它的宏焦点的中心 F 和半径 r 以及另一个焦点 G 和
曲线上一点 P 的坐标确定

21.10　非绕组宏聚焦椭圆

图 21.30 所示的为另一种宏聚焦椭圆,如前所述,该曲线也可由一个折线
生成,不过图中包围宏焦点的折线的一端为点 A,另一端为焦点 G,并且随着角
α 的增大,该折线逐渐离开宏焦点,因此称该曲线为非绕组宏聚焦椭圆。

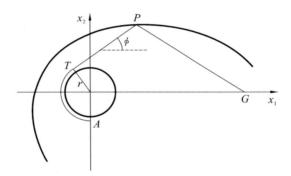

图 21.30　非绕组宏聚焦椭圆由恒定长度的线 $G{-}P{-}T{-}A$ 生成,随着角 ϕ 的增大,线
$G{-}P{-}T{-}A$ 不再围绕宏焦点

如果将曲线当作镜面,由源点 G 发出的射线经曲线反射后与半径为 r 的圆
形接收器相切,如图 21.31 所示。

使用与求解宏聚焦抛物线相同的方法,我们从绕组宏聚焦椭圆方程得出
非绕组宏聚焦椭圆方程,因此用 $2\pi{-}\phi$ 替换式(21.65)中的 ϕ,可得

$$t(\phi) = \frac{(K_U + r\phi)^2 - 2fr\sin\phi - f^2 - r^2}{2(K_U + r\phi - f\cos\phi)} \tag{21.73}$$

其中,$K_U = K_W - 2\pi r$,非绕组宏聚焦椭圆参数方程为

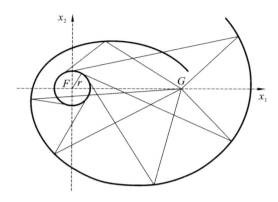

图 21.31　从源点 G 发射的光线经宏聚焦椭圆反射后与圆形宏焦点相切

$$r(\cos(\phi+\pi/2),\sin(\phi+\pi/2))+t(\phi)(\cos\phi,\sin\phi) \tag{21.74}$$

或

$$r(-\sin\phi,\cos\phi)+t(\phi)(\cos\phi+\sin\phi) \tag{21.75}$$

宏焦点中心点 F 在 $F=(F_1,F_2)$ 的非绕组宏聚焦椭圆绕原点旋转 α 后的参数方程为

$$r(-\sin(\phi+\alpha),\cos(\phi+\alpha))+t(\phi)(\cos(\phi+\alpha),\sin(\phi+\alpha))+(F_1,F_2) \tag{21.76}$$

给定一点 P，由 t_P 和 ϕ_P 确定，常数 K_U 可从式（21.73）得到

$$K_U=t_P-r\phi_P\pm\sqrt{f^2+r^2+t_P^2-2ft_P\cos\phi_P+2fr\sin\phi_P} \tag{21.77}$$

这次依然选正的解

$$K_U=t_P-r\phi_P+\sqrt{f^2+r^2+t_P^2-2ft_P\cos\phi_P+2fr\sin\phi_P} \tag{21.78}$$

将点 P 的坐标代入式（21.15）和式（21.19），可得 t_P 和 ϕ_P 的大小。

21.11　平行射线笛卡儿卵形线

折射率为 n_1 的介质中，一源点 F 发出的射线经折射性光学表面折射后重新变成直线，此时，它们经折射后都是平行地进入折射率为 n_2 的介质中。该曲线表明

$$n_1t+n_2s=K^{*} \tag{21.79}$$

其中，K^{*} 是常数，t 和 s 的定义如图 21.32 所示。式（21.79）代换

$$s=r-t\cos\phi \tag{21.80}$$

我们得到

$$t(\phi) = \frac{K^* - n_2 r}{n_1 - n_2\cos\phi} = \frac{K}{n_1 - n_2\cos\phi} \qquad (21.81)$$

其中,K 是常数,因为 r 也是常数,当 $\phi = 0$ 时,有 $t = t_0$,因此可得

$$t(\phi) = \frac{t_0(n_1 - n_2)}{n_1 - n_2\cos\phi} \qquad (21.82)$$

令

$$C = 2t_0\frac{n_1}{n_1 + n_2}, \quad f = 2t_0\frac{n_2}{n_1 + n_2} \qquad (21.83)$$

可得

$$t(\phi) = \frac{C^2 - f^2}{2C - 2f\cos\phi} \qquad (21.84)$$

该方程是椭圆方程还是双曲线方程取决于是否满足 $n_1 > n_2$,变量 f 是焦点之间的距离,C 是圆锥曲线的顶点之间的距离。

参数 ϕ 的范围如图 21.32(a) 所示,图中 α_C 是临界角,由 $\alpha_C = \arcsin(\min(n_1, n_2)/\max(n_1, n_2))$ 可得。式中的 min 和 max 分别表示其中两个变量的最小值和最大值。在入射光线从点 F 射向点 P 离开后形成的角满足 $\delta > \delta_C = \pi/2 + \alpha_C$ 时,折射是可能发生的;但是对于椭圆,当 $\delta < \delta_C = \pi/2 + \alpha_C$ 时,折射是不可能发生的。所以这种情况不能用于折射光线,图 21.32(b) 中的双曲线也有类似的情况,不过双曲线中参数 ϕ 相应的范围是 $-(\pi/2 + \alpha_C) \leqslant \phi \leqslant \pi/2 + \alpha_C$,两种情况如图 21.32 所示。

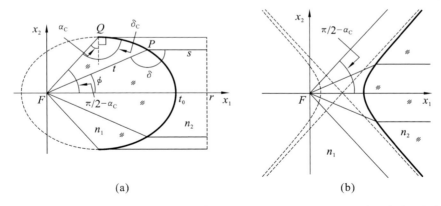

(a) (b)

图 21.32 笛卡儿卵形线折射从一源点发射的光线,然后使它们平行。(a) 当源点位于折射率高的介质中时,曲线为椭圆;(b) 当源点位于折射率低的介质中时,曲线为双曲线

现在来看一个一般情况下的笛卡儿卵形线,其焦点为 $F = (F_1, F_2)$,旋转 α 后过定点 P,如图 21.33 所示,点 P 的坐标由角 ϕ_P 的大小和点 P 到焦点的距

离 t_P 来确定。

这时常数 K 由 $K = t_P(n_1 - n_2\cos\phi_P)$ 可得，曲线的参数方程为

$$\frac{t_P(n_1 - n_2\cos\phi_P)}{n_1 - n_2\cos\phi}(\cos(\phi + \alpha), \sin(\phi + \alpha)) + (F_1, F_2) \qquad (21.85)$$

其中，$-(\pi/2 - \alpha_C) \leqslant \phi \leqslant \pi/2$。

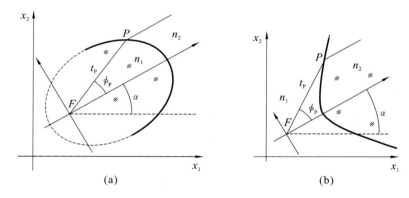

图 21.33　源点 F 的坐标、平行线与水平线的夹角、两种介质的折射率以及曲线上一点 P，可确定一个能使从源点发出的射线折射并使它们相互平行的一般性笛卡儿卵形线。(a)$n_1 > n_2$；(b)$n_1 < n_2$

注意，不是任何点 P 都能用作笛卡儿卵形线所经过的那一定点，图 21.32 中定义的点 P 必须满足 $\delta \geqslant \delta_C = \pi/2 + \alpha_C$，而在图 21.33 所示的一般性情况下这个条件可写为

$$\delta = \arccos\left(\frac{(F - P) \cdot (\cos\alpha, \sin\alpha)}{\sqrt{(F - P) \cdot (F - P)}}\right) \geqslant \frac{\pi}{2} + \alpha_C \qquad (21.86)$$

该曲线也能把折射率为 n_2 的介质中的平行线会聚到折射率为 n_1 的介质中的点 F 上。

21.12　会聚或发散射线笛卡儿卵形线

通过一个折射性表面，从折射率为 n_1 的介质中的源点 F 发出的光线能够会聚到折射率为 n_2 的介质中的点 G 上，如图 21.34 所示，此时从点 F 到点 G 的光学路径长度是一个常数，其大小由 $n_1 t + n_2 s = K$ 确定。

从折射率为 n_1 的介质中的点 F 发出并折射到折射率为 n_2 的介质中的光线好像是从另一点 G 发散出来的，如图 21.35 所示。这时如果 c 是圆心为 G、半径为 r 的圆，光学路径长度为 $n_1 t + n_2 d = K^*$，其中，$K^* > 0$ 是常数；我们可得 $d = r - s$，因此 $n_1 t - n_2 s = K^* - n_2 r$，即 $n_1 t - n_2 s = K$，其中，K 是另一个常数。

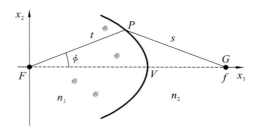

图 21.34　笛卡儿卵形线从点光源发射光线折射并使它们集中到另一点 G 上

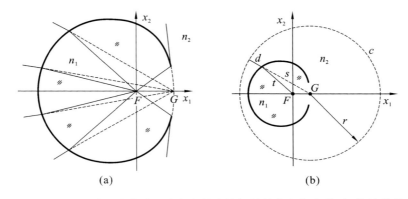

$$(a) \qquad\qquad\qquad (b)$$

图 21.35　(a) 笛卡儿卵形线使从源点发出的光线折射并使它们发散，好像是从另一点 G
　　　　　发散出来的；(b) 曲线由条件 $n_1 t + n_2 d = K$ 确定，K 是常数，并且参数化为角 ϕ
　　　　　的方程，其中，ϕ 是线 t 与连接点 F 和 G 的线的夹角

根据图 21.33，点 F 的坐标为 $F = (0,0)$，所以点 P 的坐标为 $P(P_1, P_2) = t(\cos\phi, \sin\phi)$，图 21.35 中的曲线的点的坐标可由同样的方法得到，鉴于 $G = (f, 0)$，点 P 到 G 的距离 s 为

$$s = \sqrt{(G-P) \cdot (G-P)} = \sqrt{f^2 + t^2 - 2ft\cos\phi} \qquad (21.87)$$

于是由

$$n_1 t \pm n_2 s = K \Rightarrow s^2 = \left(\frac{K - n_1 t}{n_2}\right)^2 \qquad (21.88)$$

可得曲线上的点的坐标。其中，K 是常数，我们得到

$$\begin{cases} t_1(\phi) = \dfrac{Kn_1 - fn_2^2 \cos\phi - n_2\sqrt{D}}{n_1^2 - n_2^2} \\[4mm] t_2(\phi) = \dfrac{Kn_1 - fn_2^2 \cos\phi + n_2\sqrt{D}}{n_1^2 - n_2^2} \end{cases} \qquad (21.89)$$

且

$$D = (fn_1 - K\cos\phi)^2 + (K^2 - f^2 n_2^2)\sin^2\phi \tag{21.90}$$

于是可得两种可能的平面曲线 c_1 和 c_2，有

$$\begin{cases} c_1 = t_1(\phi)(\cos\phi, \sin\phi) \\ c_2 = t_2(\phi)(\cos\phi, \sin\phi) \end{cases} \tag{21.91}$$

我们考虑 $n_1 > n_2$ 的情况，如图 21.36 所示。注意，特殊情况下当 $K^2 - f^2 n_2^2 = 0$ 时，$t_2(\phi)$ 和 $t_1(\phi)$ 可写成

$$t(\phi) = -\frac{fn_2^2 \pm Kn_2}{n_1^2 - n_2^2}\cos\phi + \frac{Kn_1 + fn_1 n_2}{n_1^2 - n_2^2} \tag{21.92}$$

该式具有同帕斯卡蚶线一样的形式 $t(\phi) = 2a\cos\phi + b$。

尽管由式(21.91)确定的曲线完全包围源点 F，但曲线只有一部分能够用作折射器，该部分取决于曲线的参数。因为当我们沿着曲线移动时，我们会遇到一个临界点，在临界点上从点 F 发出的射线都落在临界角里，超过这个点，光线就不再会聚或者不再像是从点 G 发散出来的，这些临界点对于曲线 c_1 是 Q，对于曲线 c_2 是 R，如图 21.36 所示，图 21.37 所示的为在这些临界点的曲线的几何图形。

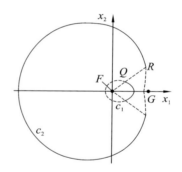

图 21.36　笛卡儿卵形线也许会完全包围源点，但是这并不意味着整个曲线都可以用作折射器，只有能发生折射的部分才能用作折射器

因为曲面把折射率为 n_1 和 n_2 的介质隔开，且 $n_1 > n_2$，临界角 α_C 满足条件 $\sin\alpha_C = n_2/n_1$，于是对于点 Q 和 R 我们有

$$f\cos\phi_C = t \pm s\sin\alpha_C \Leftrightarrow \cos\phi_C = \frac{n_1 t \pm n_2 s}{fn_1} \tag{21.93}$$

并且定义

$$\begin{cases} \phi_C = \arccos\left(\dfrac{K}{fn_1}\right), & |K| \leqslant fn_1 \\ \phi_C = 0, & |K| > fn_1 \end{cases} \tag{21.94}$$

其中，正负号分别对应图 21.38(a) 和图 21.38(b)。

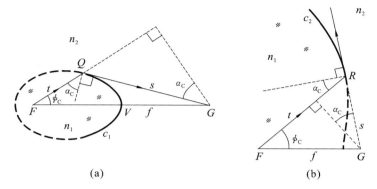

图 21.37　（a）从点 F 发出的射线会聚到点 G；（b）从点 F 发出的射线好像是从点 G 发散
的。在（a）和（b）中的曲线上的点 Q 或 R 的入射角达到的临界角限定了曲线
上能够用来折射光线的区域

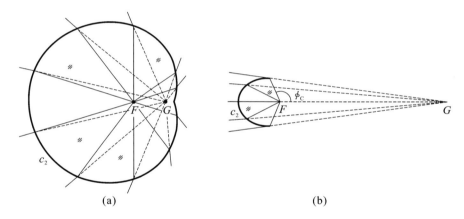

图 21.38　（a）对于 $K(K > fn_1)$ 的最大值，笛卡儿卵形线并不穿过线 FG，整个曲线都可
以当作折射器；（b）当 K 趋向于 $-fn_2$ 时，随着它的值的减少，曲线上能当作折
射器的部分越来越小

对于图 21.34 所示的会聚笛卡儿卵形线，它的顶点 V 必须包含在焦点 F 和点 G 之间，顶点 V 也证明了确定曲线的条件 $K = n_1[F,V] + n_2[V,G]$。令 $V = G$，有 K 的最大值为 $K = n_1[F,G] = n_1 f$；令 $V = F$，有 K 的最小值为 $K = n_2[F,G] = n_2 f$，K 的值必须从这两个最值中选择其一，曲线上的点 P 必须满足

$$K = n_1[F,P] + n_2[P,G] \quad 且 \quad n_2 f < K < n_1 f \quad (21.95)$$

在这种情况下，与曲线上某一部分相对应的角 ϕ 的参数范围为 $-\phi_C \leqslant \phi \leqslant \phi_C$，这部分曲线上的点可以用来折射光线，我们必须使 $\phi_P = \theta \leqslant \phi_C$，其中，$\theta$ 由式（21.4）可得，且 $v = P - F$，$u = G - F$。

对于图 21.35,不同的解对应的 K 的最值不同,当 $K > fn_1$ 时,ϕ_C 不存在,整个曲线都可以用作折射镜面,这时,参数的范围是 $0 \leqslant \phi \leqslant 2\pi$,如图 21.38(a) 所示;但是当 $K = -fn_2$ 时,有

$$t_2(\phi) = \frac{n_2(-fn_1 - fn_2\cos\phi + \sqrt{(fn_1 + fn_2\cos\phi)^2})}{n_1^2 - n_2^2} \qquad (21.96)$$

因此,当 $K \to -fn_2$ 时 $t_2(\phi)$ 描述的曲线 c_2 趋向于点 F,如图 21.36(b) 所示,其中,K 的值接近 $-fn_2$。这使 K 有了更小的界限,以至于 $K > -fn_2$,因为 $-fn_2 < K < fn_1$。我们可以计算 ϕ_C 的值,曲线 c_2 的参数取值范围为 $\phi_C \leqslant \phi \leqslant 2\pi - \phi_C$。为了保证某一点 P 位于曲线上能够折射光线的那一部分,我们必须使 $\phi_P = \theta \geqslant \phi_C$,其中,$\theta$ 由式(21.4)可得,且 $v = P - F$,$u = G - F$;如果 ϕ_C 由式(21.94) 给出,那么对于 $K > -fn_2$,这两个参数的范围可写成 $\phi_C \leqslant \phi \leqslant 2\pi - \phi_C$。

图 21.39(a) 和(b) 所示的为不同值曲线类型,分别是会聚型(光线会聚到点 G)笛卡儿卵形线和发散型(光线似乎是从点 G 发散出来的)笛卡儿卵形线。

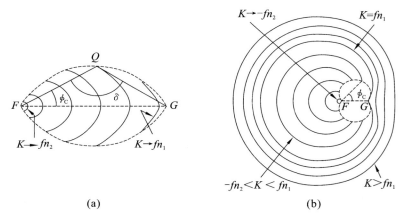

图 21.39 笛卡儿卵形线上能够用作折射器的空间区域。(a) 从点 F 发出的光线会聚到点 G;(b) 从点 F 发出的光线似乎是从点 G 发散出来的

限定笛卡儿卵形线上能够发生折射的空间区域,在图 21.37(a) 所示的会聚型笛卡儿卵形线的情况下,这个区域位于虚曲线的内部,对于虚线上的点 Q,有入射光线和折射光线所成的角 $\delta = \pi/2 + \alpha_C$,其中,$\alpha_C$ 是临界角,如图 21.35(a) 所示。对于曲线外的点,有 $\delta > \pi/2 + \alpha_C$,因为内部完全折射,所以曲线外不可能发生折射。对于虚曲线内部的点 $\delta > \pi/2 + \alpha_C$,折射是可能的,所以我们可以设计如图 21.39(b) 所示的笛卡儿卵形线。例如,在曲线 c_1 的表达式中,令 $\phi = \phi_C$,我们可得这种类型的虚曲线。现在将这一结果记为 K 的函数,其中 $n_2 f < K < n_1 f$。

图 21.39(b) 所示的发散型笛卡儿卵形线也有类似的情况发生,但是这些曲线却限定在图中所示虚曲线的外面。

我们已经分析了源点 F 位于高折射率介质中且焦点 G 位于低折射率介质中的情况,现在来考虑相反的情况,源点在低折射率介质中而焦点在高折射率介质中。

不过两种情况的曲线是相同的,从图 21.34 中我们可以看到,如果现在把 G 当作源点,折射面则将从 G 发出的光线集中到点 F。对于图 21.35 所示的发散型笛卡儿卵形线情况也类似。

图 21.40(a) 所示的点 F 在折射率为 n_1 的低折射率介质中,折射面将该介质同折射率为 n_2 的高折射率介质隔开。与法线的夹角为 β 的某一射线离开点 F 进入介质后与法线的夹角为 α,且 α 小于 β,$n_2\sin\alpha = n_1\sin\beta$,折射后该射线看上去似乎是从 G 发散出来的。

图 21.40(b) 所示的是一种相似的情况,不过点 G 位于折射率为 n_2 的高折射率介质中,折射面将该介质与折射率为 n_1 的低折射率介质(如空气)隔开,与法线夹角为 α 的射线 r_2 离开点 G 后折射到介质 n_1 中,它与法线的夹角为 β,且 α 小于 β,这时有 $n_2\sin\alpha = n_1\sin\beta$,经折射后该条线似乎是从点 F 发出的。

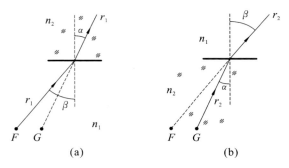

图 21.40　(a) 从点 F 发出的射线经某一表面折射后好像是从点 G 发散出来的;(b) 相似情况下互换折射率,现在 G 是发射光线的源点,光线经折射后好像是从点 F 发散出来的。两种情况下,都有 $n_2\sin\alpha = n_1\sin\beta$

如果我们有这么一个折射面,它能折射由点 F 发出的射线,并使折射后的线看上去似乎是从点 G 发出的,那么相同的折射面就能折射从点 G 发出的射线,并使折射后的线看上去似乎是从点 F 发出的,同时被折射面隔开的两种介质相互交换折射率。

图 21.41 所示的是与图 21.33 相同的曲线,但是现在使这两个折射率相互交换大小,点 G 现在是源点,点 F 则是似乎使折射线发散的点。

任何情况下,与点 F 关联的折射率 n_1 大于与点 G 关联的折射率 n_2,同样的

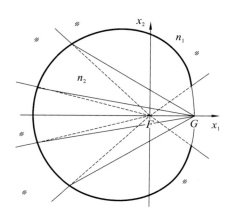

图 21.41 与图 21.33 中的笛卡儿卵形线相同,但是这里将折射率互换,我们将 F 和 G 的
角色互换,于是有光线从源点 G 发出经笛卡儿卵形线折射后,看上去好像是从
点 F 发散出来的

曲线就会描述两种情况。一种情况中,光线从高折射率介质 n_1 中的点 F 发出,
被折射后好像是从低折射率介质 n_2 中的点 G 发出的(见图 21.35);另一种情况
中,光线从低折射率介质 n_2 中的点 G 发出,被折射后好像是从高折射率介质 n_1
中的点 F 发出的(见图 21.39)。

现在我们来总结之前给出的表达式,该表达式能使我们计算一些特殊情
况下的笛卡儿卵形线。焦点之一 F 在原点 $F = 0$ 上且位于折射率为 n_1 的介质
中,另一个焦点 G 在 $G = (f,0)$ 上且位于折射率为 n_2 的介质中,其中 $n_2 < n_1$,
现在我们可以给出一点 P 来确定曲线方程。

如果我们想设计一个会聚型笛卡儿卵形线,我们可以计算 $K = n_1 k[F,P] -$
$n_2[P,G]$。如果令 $n_2 f < K < n_1 f$,则笛卡儿卵形线存在且由 $C_1(\phi) = t_1(\phi)(\cos\phi,$
$\sin\phi)$ 确定,其中,$t_1(\phi)$ 由式(21.89)确定,D 由式(21.90)确定,该曲线的参数范
围是 $-\phi_c \leqslant \phi \leqslant \phi_c$,其中,$\phi_c$ 由式(21.94)给出。点 P 必须满足 $\phi_P = \theta \leqslant \phi_c$,其中,
θ 由式(21.4)给出,且 $v = P - F, u = G - F$。如果点 F 是源点,该曲线就将光线
聚焦到点 G 上;如果点 G 是源点,该曲线就将光线聚焦到点 F 上。

如果要设计一个发散型笛卡儿卵形线,我们必须计算 $K = n_1[F,P] - n_2[P,$
$G]$。如果令 $K > f n_2$,则该曲线存在且由 $C_2(\phi) = t_2(\phi)(\cos\phi,\sin\phi)$ 确定,其中,
$t_2(\phi)$ 由式(21.89)确定,D 由式(21.90)确定。曲线 c_2 的参数范围是 $\phi_c \leqslant \phi \leqslant$
$2\pi - \phi_c$,ϕ_c 由式(21.94)给出。这时点 P 必须满足 $\phi_P = \theta \geqslant \phi_c$,其中,$\theta$ 由式(21.4)
给出,且 $v = P - F, u = G - F$。如果点 F 是源点,该曲线导致光线从点 G 发散出
来;如果点 G 是源点,该曲线导致光线从点 F 发散出来。

现在考虑一般情况下任何位置的焦点 F 和点 G。开始计算 $f = [F,G]$,焦

点 F 在折射率为 n_1 的介质中,焦点 G 在折射率为 n_2 的介质中,且 $n_2 > n_1$。现在给出一点 P 可确定该曲线。

如果要设计一个会聚型笛卡儿卵形线,我们必须计算 $K = n_1[F,P] + n_2[P,G]$。当 $n_2 f < K < n_1 f$ 时,该曲线存在且由 $C_1(\phi) = F + t_1(\phi)(\cos(\phi+\alpha),\sin(\phi+\alpha))$ 确定,其中,$t_1(\phi)$ 由式(21.89)确定,D 由式(21.90)确定。角 α 是向量 $G - F$ 与水平线所成的角,由式 $\alpha = \text{ang}h(G - F)$ 可得。点 P 必须满足 $\text{ang}(P-F, G-F) \leqslant \phi_c$。该曲线的参数范围是 $-\phi_c \leqslant \phi \leqslant \phi_c$,其中,$\phi_c$ 由式(21.94)给出。如果点 F 是源点,则该曲线将光线聚焦到点 G 上;如果点 G 是源点,则该曲线将光线聚焦到点 F 上。

如果想设计一个发散型笛卡儿卵形线,我们可以计算 $K = n_1[F,P] - n_2[P,G]$。当 $K > -fn_2$ 时,则该曲线存在且由 $C_2(\phi) = F + t_2(\phi)(\cos(\phi+\alpha),\sin(\phi+\alpha))$ 可得,其中,$t_2(\phi)$ 由式(21.89)确定,D 由式(21.90)确定。角 α 是向量 $G - F$ 与水平线所成的角,由式 $\alpha = \text{ang}h(G - F)$ 可得。曲线的参数范围是 $\phi_c \leqslant \phi \leqslant 2\pi - \phi_c$,其中,$\phi_c$ 由式(21.94)给出。这时点 P 必须满足 $\text{ang}(P-F, G-F) \geqslant \phi_c$。如果点 F 是源点,该曲线使光线从点 G 发散出来;如果点 G 是源点,该曲线使光线从点 F 发散出来。

21.13 逐点法计算笛卡儿卵形线

之前描述的笛卡儿卵形线也可以通过逐点法来计算,如图 21.42 所示,在折射率为 n_1 的介质中有一源点 F,在折射率为 n_2 的介质中有一焦点 G,折射光线要么聚集在该点上,要么看上去好像是从该点发散出来的。

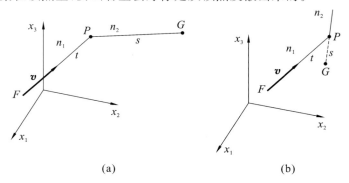

(a)   (b)

图 21.42 (a) 折射率为 n_1 的介质的中的点 F 朝给定方向发出一条射线,如果对于折射率为 n_2 的介质中的点 G 光学路径长度已知,那么笛卡儿卵形线上将光线从 F 折射到 G 的点 P 可通过光学路径长度计算出来;(b) 对于光线经点 P 折射后看上去好像是从点 G 发出的这一情况同样可由光学路径长度计算点 P

如果 t 是 F 到 G 的距离，s 是 P 到 G 的距离，从 F 发出的光线经折射后集中到 G 上，此时 F 和 G 之间的光学路径长度为 $S = n_1 t + n_2 s$（会聚型）。

光线在折射后看上去好像是从 G 发散出来的（发散型），我们通过 $S^* = n_1 t - n_2 s$ 也可以计算一个光学路径长度。注意，数 S^* 可能是负的，但是光学路径长度总是一个正的数，S^* 是 F 和折射线方向延长线上一虚点 G 之间的光学路径长度，然而为了简化式（21.15），这里我们仍然使用 S，令 $n_1 t - n_2 t = S$。

给出该光学路径长度后，通过恒定的光学路径长度来计算笛卡儿卵形线上的点就变得有可能了。这时曲线上的点 P 必须满足条件：

$$n_1 t \pm n_2 s = S \tag{21.97}$$

点 P 由

$$P = F + tv \tag{21.98}$$

确定。点 P 到 G 的距离为

$$s = \sqrt{(F + tv - G) \cdot (F + tv - G)} \tag{21.99}$$

把式（21.99）代入式（21.97）以消去 t，可得

$$P = F + \frac{C_1 + \delta \sqrt{C_2(n_2^2 - n_1^2) + C_1^2}}{n_1^2 - n_2^2} v \tag{21.100}$$

且

$$\begin{cases} C_1 = n_1 s + n_2^2(F - G) \cdot v \\ C_2 = S^2 - n_2^2(F - G) \cdot (F - G) \\ \delta = \pm 1 \end{cases} \tag{21.101}$$

对于会聚型，$n_1 > n_2$ 时，$\delta = -1$；$n_1 < n_2$ 时，$\delta = 1$。对于发散型，$n_1 > n_2$ 时，$\delta = 1$；$n_1 < n_2$ 时，$\delta = -1$。改变向量 v 的方向可在笛卡儿卵形线上得到一点，使从 F 发出的光线集中到 G 上。在二维几何中，这类曲线的其中一种如图 21.43 所示。

当 $n_1 = n_2 = n$ 时，式（21.97）可以写成 $(t - S/n)^2 = s^2$。于是有

$$P = F + \frac{(S/n)^2 - (F - G) \cdot (F - G)}{2(S/n + (F - G) \cdot v)} v \tag{21.102}$$

该式对会聚型和发散型都成立。

类似的方法可用来计算某一笛卡儿卵形线的点，该卵形线能使从源点 F 发出的光线变平行。如图 21.43 所示，光线源点 F 在折射率为 n_1 的介质中，我们计算某一表面上的点，经该表面折射后的光线方向与由点 Q 和方向垂直入射光线的单位法向量 n 所确定的波阵面相垂直。

如果 F 到波阵面的光学路径长度 S 已给出，那么点 P 必须满足条件

$$n_1 t + n_2 s = S \tag{21.103}$$

其中，t 是 F 到 P 的距离；s 是 P 到波阵面的距离。点 P 由下式确定：

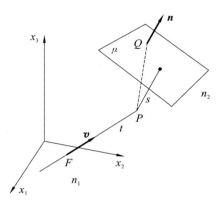

图 21.43　折射率为 n_1 的介质中的源点 F 沿着给定方向 v 发出一条射线,我们想让这条
　　　　　射线在折射后与折射率为 n_2 的介质中的波阵面垂直,该平面由其上一点 Q 和
　　　　　它的法向量 n 确定。笛卡儿卵形线上相应的点则由光学路径长度计算可得

$$P = F + tv \tag{21.104}$$

可得点 P 到波阵面的距离为

$$s = (Q - P) \cdot n \tag{21.105}$$

把式(21.105)代入式(21.103)以消去 t,得

$$P = F + \frac{S - n_2(Q - F) \cdot n}{n_1 - n_2 v \cdot n} v \tag{21.106}$$

　　改变向量 v 的方向使笛卡儿卵形线上的点能够折射从点 F 沿着方向 n 发出
的光线,并使它们相互平行。在二维几何中这种情况在图 21.32(b) 中已给出。

21.14　等角螺线

　　由源点 F 发出的光线在隔开两种
折射率介质的曲线上的临界角处发生
完全内部反射,如图 21.44 所示,这样
的曲线称为等角螺线、对数螺线或数理
螺线。

　　这种类型的曲线可通过计算微分方
程得到。图 21.45(a) 所示的为曲线上一
段极小的部分。

　　等角螺线可参数化为 $t(\phi)(\cos\phi,$
$\sin\phi)$,函数 $t(\phi)$ 由以下微分方程计算可得

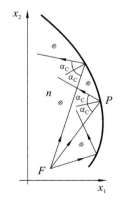

图 21.44　等角螺旋以临界角反射
　　　　　来自点光源的光线(TIR)

$$\frac{\mathrm{d}t}{t\,\mathrm{d}\phi} = \tan\alpha_C \Leftrightarrow \ln t = \phi\tan\alpha_C + K \Leftrightarrow t = C\exp(\phi\tan\alpha_C) \tag{21.107}$$

其中，α_C 是临界角且 $C = e^K$，K 和 C 是常数。如果曲线必须过定点 P，如图 21.45(b) 所示，微分方程的初始条件为：对于 $\phi = \phi_P$，令 $t = t_P$，其中，$\phi_P = \mathrm{ang}h(P - F)$ 且 $t_P = [F, P]$，于是得

$$C = \frac{t_P}{\exp(\phi_P \tan\alpha_C)}, \quad t(\phi)\exp((\phi - \phi_P)\tan\alpha_C) \tag{21.108}$$

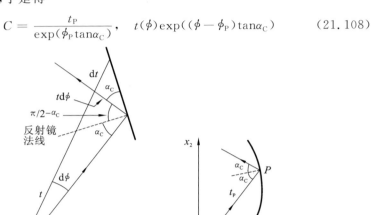

图 21.45　一个等角螺线可由微分方程确定。(a) 曲线上长度极小的一部分；(b) 一旦得到曲线的方程，点的位置完全可以决定曲线的类型

在曲线将折射率为 n 的介质同空气（$n = 1$）隔开的特殊情况下，临界角 α_C 跟电介质的折射率有关，即 $\sin\alpha_C = 1/n$，于是有 $\cos^2\alpha_C = 1 - 1/n^2$，得出

$$\tan\alpha_C = \frac{1}{\sqrt{n^2 - 1}} \tag{21.109}$$

和

$$t(\phi) = t_P \exp\left(\frac{\phi - \phi_P}{\sqrt{n^2 - 1}}\right) \tag{21.110}$$

如果螺线的焦点为某一点 F，则它的参数方程为

$$t_P \exp\left(\frac{\phi - \phi_P}{\sqrt{n^2 - 1}}\right)(\cos\phi, \sin\phi) + F \tag{21.111}$$

在这个解中，从曲线到点 F 的距离随着角 ϕ 的增大而增大；而在另一个解中，曲线到点 F 的距离可能随着角 ϕ 的增大而减小，在这种情况下的微分方程为

$$\frac{\mathrm{d}t}{t\,\mathrm{d}\phi} = -\tan\alpha_C \tag{21.112}$$

曲线方程为

$$t_P \exp\left(\frac{\phi_P - \phi}{\sqrt{n^2 - 1}}\right)(\cos\phi, \sin\phi) + F \tag{21.113}$$

21.15　函数定义

将之前给出的函数和方程总结并列出,便于计算各种非成像光学组件时参考。

（1）一个向量的大小为

$$\| \boldsymbol{v} \| = \sqrt{\boldsymbol{v} \cdot \boldsymbol{v}} \qquad (21.114)$$

（2）在向量 $\boldsymbol{v}$ 方向上的单位向量为

$$\mathrm{nrm}(\boldsymbol{v}) = \frac{\boldsymbol{v}}{\| \boldsymbol{v} \|} = \frac{\boldsymbol{v}}{\sqrt{\boldsymbol{v} \cdot \boldsymbol{v}}} \qquad (21.115)$$

（3）点 A 和 B 之间的距离为

$$[A,B] = \| B - A \| \qquad (21.116)$$

（4）向量 $\boldsymbol{u}$ 和向量 $\boldsymbol{v}$ 所成的范围在 $0 \sim \pi$ 的角为

$$\mathrm{ang}(\boldsymbol{v},\boldsymbol{u}) = \arccos\left(\frac{\boldsymbol{v} \cdot \boldsymbol{u}}{\| \boldsymbol{v} \| \| \boldsymbol{u} \|}\right) = \arccos\left(\frac{\boldsymbol{v} \cdot \boldsymbol{u}}{\sqrt{\boldsymbol{v} \cdot \boldsymbol{v}} \sqrt{\boldsymbol{u} \cdot \boldsymbol{u}}}\right) \qquad (21.117)$$

（5）如图 21.1 所示,从向量 $\boldsymbol{u}$ 到 $\boldsymbol{v}$ 的正方向测的 $\boldsymbol{u} = (u_1, u_2)$ 和 $\boldsymbol{v} = (v_1, v_2)$ 所成的范围在 $0 \sim 2\pi$ 的角为

$$\begin{cases} \mathrm{ang}p(\boldsymbol{v},\boldsymbol{u}) = \mathrm{ang}(\boldsymbol{v},\boldsymbol{u}), & u_1 v_2 - u_2 v_1 \geqslant 0 \\ \mathrm{ang}p(\boldsymbol{v},\boldsymbol{u}) = 2\pi - \mathrm{ang}(\boldsymbol{v},\boldsymbol{u}), & u_1 v_2 - u_2 v_1 < 0 \end{cases} \qquad (21.118)$$

范围在 $-\pi \sim \pi$ 的角为

$$\begin{cases} \mathrm{ang}pn(\boldsymbol{v},\boldsymbol{u}) = \mathrm{ang}(\boldsymbol{v},\boldsymbol{u}), & u_1 v_2 - u_2 v_1 \geqslant 0 \\ \mathrm{ang}pn(\boldsymbol{v},\boldsymbol{u}) = -\mathrm{ang}(\boldsymbol{v},\boldsymbol{u}), & u_1 v_2 - u_2 v_1 < 0 \end{cases} \qquad (21.119)$$

（6）如图 21.1 所示,一个向量与水平线（x_1 轴）所成的角为

$$\mathrm{ang}h(\boldsymbol{v}) = \mathrm{ang}p(\boldsymbol{v},(1,0)) \qquad (21.120)$$

（7）如图 21.2 所示,一个旋转矩阵 $\boldsymbol{R}(\alpha)$ 为

$$\boldsymbol{R}(\alpha) = \begin{bmatrix} \cos\alpha & -\sin\alpha \\ \sin\alpha & \cos\alpha \end{bmatrix} \qquad (21.121)$$

（8）通过左乘一个旋转矩阵 $\boldsymbol{R}(\alpha)$,一个向量 $\boldsymbol{v}$ 可被角 α 旋转

$$\boldsymbol{R}(\alpha) \cdot \boldsymbol{v} \qquad (21.122)$$

（9）如图 21.3 所示,由点 P 和向量 $\boldsymbol{v}$ 确定的直线与由点 Q 和法向量 $\boldsymbol{n}$ 确定的平面的交点为

$$\mathrm{isl}p(P,\boldsymbol{v},Q,\boldsymbol{n}) = P + \frac{(Q - P) \cdot \boldsymbol{n}}{\boldsymbol{v} \cdot \boldsymbol{n}} \boldsymbol{v} \qquad (21.123)$$

如图 21.3 所示,由点 P 和向量 $\boldsymbol{v}$ 确定的直线与由点 Q 和向量 $\boldsymbol{u}$ 确定的直线的交点为

$$\mathrm{isl}(P,\boldsymbol{v},Q,\boldsymbol{u}) = P + \frac{(Q-P)\cdot\boldsymbol{n}}{\boldsymbol{v}\cdot\boldsymbol{n}}\boldsymbol{v} \qquad (21.124)$$

其中

$$\boldsymbol{n} = \boldsymbol{R}\left(\frac{\pi}{2}\right)\cdot\boldsymbol{u} \qquad (21.125)$$

(10) 如图 21.8 所示,与水平方向夹角为 α、焦点在 F 上且过点 P 的抛物线为

$$\mathrm{par}(\alpha,F,P) = \frac{[P,F] - (P-F)\cdot(\cos\alpha,\sin\alpha)}{1-\cos\phi}(\cos(\phi+\alpha),$$
$$\sin(\phi+\alpha)) + F \qquad (21.126)$$

其中,ϕ 是参数。

(11) 如图 21.11 所示,焦点为 F 和 G 且过点 P 的椭圆方程为

$$\mathrm{eli}(F,G,P) = \frac{([F,P]+[P,G])^2 - [F,G]^2}{2([F,P]+[P,G]) - 2[F,G]\cos\phi}(\cos(\phi+\alpha),$$
$$\sin(\phi+\alpha)) + F \qquad (21.127)$$

其中

$$\alpha = \mathrm{ang}h(G-F) \qquad (21.128)$$

ϕ 是参数。

(12) 如图 21.13 所示,焦点为 F 和 G 且过点 P 的双曲线方程为

$$\mathrm{hyp}(F,G,P) = \frac{([F,P]-[P,G])^2 - [F,G]^2}{2\mid[F,P]-[P,G]\mid - 2[F,G]\cos\phi}(\cos(\phi+\alpha),$$
$$\sin(\phi+\alpha)) + F \qquad (21.129)$$

其中

$$\alpha = \mathrm{ang}h(G-F) \qquad (21.130)$$

ϕ 是参数,如果 $U = 2n\mid[F,P]-[P,G]\mid$,双曲线方程可替换写为

$$\mathrm{hyp}(F,G,U,n) = \frac{(U/2n)^2 - [F,G]^2}{U/n - 2[F,G]\cos\phi}(\cos(\phi+\alpha),\sin(\phi+\alpha)) + F$$
$$(21.131)$$

(13) 如图 21.15 所示,一个圆心为 F、半径为 r 的圆过点 P 的绕组渐开线为

$$\mathrm{winv}(P,F,r) = r(\sin\phi,-\cos\phi) + (K-r\phi)(\cos\phi,\sin\phi) + F$$
$$(21.132)$$

其中

$$K = \sqrt{[P,F]^2 - r^2} + r\phi_P \qquad (21.133)$$

(14) 如图 21.16 所示,一个圆心为 F、半径为 r 的圆过点 P 的非绕组渐开线为

$$\mathrm{uin}v(P,F,r) = r(-\sin\phi,\cos\phi) + (K+r\phi)(\cos\phi,\sin\phi) + F$$

$$(21.134)$$

其中

$$\phi_{\mathrm{P}} = \mathrm{ang}h(P-F) + \arcsin\left(\left[\frac{r}{P},F\right]\right) \qquad (21.135)$$

如果 $\phi_{\mathrm{P}} < 0$，那么 $\phi_{\mathrm{P}} = 2\pi + \phi_{\mathrm{P}}$，$K = \sqrt{[P,F]^2 - r^2} - r\phi_{\mathrm{P}}$。

（15）如图 21.20 所示，一个与水平方向夹角为 α、宏焦点中心为 F、半径为 r 且过点 P 的绕组宏聚焦抛物线为

$$\mathrm{wm}p(\alpha,F,r,P) = r(\sin(\phi+\alpha),-\cos(\phi+\alpha)) + \frac{K+r(\sin\phi-1-\phi)}{1-\cos\phi}$$

$$(\cos(\phi+\alpha),\sin(\phi+\alpha)) + F \qquad (21.136)$$

且

$$\phi_{\mathrm{P}} = \mathrm{ang}p(P-F,(\cos\alpha,\sin\alpha)) + \arcsin(r/[P,F])$$
$$K = \sqrt{[P,F]^2 - r^2(1-\cos\phi_{\mathrm{P}})} + r(1+\phi_{\mathrm{P}}-\sin\phi_{\mathrm{P}}) \qquad (21.137)$$

（16）一个与水平方向夹角为 α、宏焦点中心为 F、半径为 r 且过点 P 的非绕组宏聚焦抛物线为

$$\mathrm{um}p(\alpha,F,r,P) = r(-\sin(\phi+\alpha),\cos(\phi+\alpha)) + \frac{K+r(\phi-1-\sin\phi)}{1-\cos\phi}$$

$$(\cos(\phi+\alpha),\sin(\phi+\alpha)) + F \qquad (21.138)$$

其中

$$\phi_{\mathrm{P}} = \mathrm{ang}p(P-F,(\cos\alpha,\sin\alpha)) - \arcsin\left(\frac{r}{[P,F]}\right) \qquad (21.139)$$

如果 $\phi_{\mathrm{P}} < 0$，那么 $\phi_{\mathrm{P}} = 2\pi + \phi_{\mathrm{P}}$，$K = \sqrt{[P,F]^2 - r^2}(1-\cos\phi_{\mathrm{P}}) + r(1-\phi_{\mathrm{P}}+\sin\phi_{\mathrm{P}})$。

（17）如图 21.28 所示，一个宏焦点中心为 F、半径为 r，另一个焦点为 G 且过点 P 的绕组宏聚焦椭圆为

$$\mathrm{wm}e(F,r,G,P) = r(\sin(\phi+\alpha),-\cos(\phi+\alpha))$$
$$+ \frac{(K-r\phi)^2 + 2fr\sin\phi - f^2 - r^2}{2(K-r\phi-f\cos\phi)} \qquad (21.140)$$
$$\times (\cos(\phi+\alpha),\sin(\phi+\alpha)) + F$$

其中

$$\begin{cases} \alpha = \mathrm{ang}h(G-F) \\ f = [G,F] \\ \phi_{\mathrm{P}} = \mathrm{ang}p(P-F,(\cos\alpha,\sin\alpha)) + \arcsin(r/[P,F]) \\ t_{\mathrm{P}} = \sqrt{[P,F]^2 - r^2} \\ K = t_{\mathrm{P}} + r\phi_{\mathrm{P}} + \sqrt{f^2 + r^2 + t_{\mathrm{P}}^2 - 2f(t_{\mathrm{P}}\cos\phi_{\mathrm{P}} + r\sin\phi_{\mathrm{P}})} \end{cases} \qquad (21.141)$$

（18）一个宏焦点中心为 F、半径为 r，另一个焦点为 G 且过点 P 的非绕组宏聚焦椭圆为

$$
\begin{aligned}
\text{um}e(F,r,G,P) = {} & r(-\sin(\phi+\alpha),\cos(\phi+\alpha)) \\
& + \frac{(K+r\phi)^2 - 2fr\sin\phi - f^2 - r^2}{2(K+r\phi - f\cos\phi)} \\
& \times (\cos(\phi+\alpha),\sin(\phi+\alpha)) + F
\end{aligned} \tag{21.142}
$$

其中

$$
\begin{cases}
\alpha = \mathrm{ang}h(G-F) \\
f = [G,F] \\
\phi_{\mathrm{P}} = \mathrm{ang}p(P-F,(\cos\alpha,\sin\alpha)) - \arcsin\left(\dfrac{r}{[P,F]}\right)
\end{cases} \tag{21.143}
$$

如果 $\phi_{\mathrm{P}} < 0$，那么 $\phi_{\mathrm{P}} = 2\pi + \phi_{\mathrm{P}}, t_{\mathrm{P}} = \sqrt{[P,F]^2 - r^2}, K = t_{\mathrm{P}} - r\phi_{\mathrm{P}} + \sqrt{f^2 + r^2 + t_{\mathrm{P}}^2 - 2f(t_{\mathrm{P}}\cos\phi_{\mathrm{P}} - r\sin\phi_{\mathrm{P}})}$。

（19）如图 21.32 所示，接收从折射率为 n_1 的介质中的源点 F 发出的射线，并使它们平行地进入折射率为 n_2 的介质中，过点 P 且轴线和折射后的光线都与水平方向夹角为 α 的笛卡儿卵形线为

$$
\text{co}p(F,n_1,n_2,P,\alpha) = \frac{[F,P](n_1 - n_2\cos\phi_{\mathrm{P}})}{n_1 - n_2\cos\phi}(\cos(\phi+\alpha),\sin(\phi+\alpha)) + F \tag{21.144}
$$

其中

$$
\phi_{\mathrm{P}} = \mathrm{ang}(P-F,(\cos\alpha,\sin\alpha)) \tag{21.145}
$$

（20）一个焦点 F 在折射率为 n_1 的介质中，焦点 G 在折射率为 n_2 的介质中，$n_1 > n_2$ 且过点 P 的会聚型笛卡儿卵形线为 $\text{cco}(F,n_1,G,n_2,P)$，如图 21.34 所示，不过注意 F 和 G 是任意的，并不一定在 x_1 轴上。

我们首先计算

$$
\begin{cases}
K = n_1[F,P] + n_2[P,G] \\
f = [F,G] \\
\phi_{\mathrm{C}} = \begin{cases} \arccos(K/(fn_1)), & |K| \leqslant n_1 f \\ 0, & |K| > n_1 f \end{cases}
\end{cases} \tag{21.146}
$$

如果 $n_2 f < K < n_1 f$ 且 $\mathrm{ang}(P-F,G-F) \leqslant \phi_{\mathrm{C}}$，笛卡儿卵形线可能过点 P，其表达式为

$$
\text{cco}(F,n_1,G,n_2,P) = \frac{Kn_1 - fn_2^2\cos\phi - n_2\sqrt{D}}{n_1^2 - n_2^2}(\cos(\phi+\alpha),\sin(\phi+\alpha)) + F \tag{21.147}
$$

其中

$$D = (fn_1 - K\cos\phi)^2 + (K^2 - f^2 n_2^2)\sin^2\phi$$
$$\alpha = \mathrm{ang}h(G - F) \tag{21.148}$$

注意：如果是折射率为 n_1 的高折射率介质中的一个源点 F，则曲线将光线折射到折射率为 n_2 的低折射率介质中的一点 G 上。如果是折射率为 n_2 的低折射率介质中的一个源点 G，则曲线将光线折射到折射率为 n_1 的高折射率介质中的一点 F 上。

（21）一个焦点 F 在折射率为 n_1 的介质中，焦点 G 在折射率为 n_2 的介质中，$n_1 > n_2$ 且过点 P 的发散型笛卡儿卵形线为 $\mathrm{dco}(F, n_1, G, n_2, P)$，如图 21.33 所示，不过注意 F 和 G 是任意的，并不一定在 x_1 轴上。

我们首先计算

$$\begin{cases} K = n_1[F, P] - n_2[P, G] \\ f = [F, G] \\ \phi_C = \begin{cases} \arccos(K/(fn_1)), & |K| \leqslant n_1 f \\ 0, & |K| > n_1 f \end{cases} \end{cases} \tag{21.149}$$

如果 $K > -n_2 f$ 且 $\mathrm{ang}(P - F, G - F) \geqslant \phi_C$，则笛卡儿曲线可能过点 P，其表达式为

$$\mathrm{dco}(F, n_1, G, n_2, P) = \frac{Kn_1 - fn_2^2\cos\phi + n_2\sqrt{D}}{n_1^2 - n_2^2}(\cos(\phi + \alpha), \sin(\phi + \alpha)) + F \tag{21.150}$$

其中

$$\begin{cases} D = (fn_1 - K\cos\phi)^2 + (K^2 - f^2 n_2^2)\sin^2\phi \\ \alpha = \mathrm{ang}h(G - F) \end{cases} \tag{21.151}$$

注意，如果点 F 是折射率为 n_1 的高折射率介质中的一个源点，则该曲线折射光线使其看上去好像是从折射率为 n_2 的低折射率介质中的点 G 发散出来的。如果点 G 是折射率为 n_2 的低折射率介质中的一个源点，则该曲线折射光线使其看上去好像是从折射率为 n_1 的高折射率介质中的点 F 发散出来的。

（22）沿着方向 v 从折射率为 n_1 的介质的中点 F 发出的射线被点 P 折射。

① 折射到折射率为 n_2 的介质中点 G 上（见图 21.40(a)），F 和 G 之间的光学路径长度为

$$S = n_1[F, P] + n_2[P, Q]$$

② 折射后看上去好像是从折射率为 n_2 的介质中的点 G 发散出来的（见图 21.40(b)），F 和 G 之间的光学路径长度为

$$S = n_1[F, P] - n_2[P, Q]$$

发生折射的点 P（在笛卡儿卵形线上）为

$$\text{coptpt}(F, n_1, v, G, n_2, S, \gamma) = F + \frac{C_1 + \delta\ \sqrt{C_2(n_2^2 - n_1^2) + C_1^2}}{n_1^2 - n_2^2} v$$

$$(21.152)$$

其中

$$\begin{cases} C_1 = n_1 S + n_2^2(F + G) \cdot v \\ C_2 = S^2 - n_2^2(F - G) \cdot (F - G) \end{cases} \quad (21.153)$$

$$\begin{cases} \delta = -\gamma, & n_1 > n_2 \\ \delta = \gamma, & n_1 < n_2 \end{cases} \quad (21.154)$$

在这个函数中,参数 γ 为

$$\begin{cases} \gamma = 1, & \text{光线聚焦到点 } F \\ \gamma = -1, & \text{光线看上去好像是从点 } G \text{ 发散出来的} \end{cases} \quad (21.155)$$

我们也可以定义:对于会聚型情况,有

$$\text{ccoptpt}(F, n_1, v, G, n_2, S) = \text{coptpt}(F, n_1, v, G, n_2, S, 1) \quad (21.156)$$

对于发散型情况,有

$$\text{dcoptpt}(F, n_1, v, G, n_2, S) = \text{coptpt}(F, n_1, v, G, n_2, S, -1)$$

$$(21.157)$$

对于这两种情况,当 $n_1 = n_2 = n$ 时,都有

$$\text{coptpt}(F, v, G, n, S) = F + \frac{(S/n)^2 - (F - G) \cdot (F - G)}{2(S/n + (F - G) \cdot v)} v \quad (21.158)$$

(23) 如图 21.41 所示,沿着方向 v 从折射率为 n_1 的介质中的点 F 发散出来的射线被折射到与由一点 Q 和一法向量 n 确定的波阵面垂直的方向上。点 F 和波阵面之间的光学路径长度为 S,发生折射的点(在笛卡儿卵形线上)为

$$\text{coptsl}(F, n_1, v, Q, n_2, n, S) = F + \frac{S - n_2(Q - F) \cdot n}{n_1 - n_2 v \cdot n} v \quad (21.159)$$

(24) 一个方向为 i 的入射光线被法向量为 n 的表面上的某一点反射,反射光线(见第 16 章)为

$$\text{rfx}(i, n) = i - 2(i \cdot n)n \quad (21.160)$$

其中,$\|i\| = \|n\| = 1$。

(25) 一个方向为 i 的入射光线被法向量为 n_s 的表面上的某一点折射,该表面将折射率为 n_1 和 n_2 的两种介质隔开。折射光线的方向为

$$\text{rfr}(i, n_s, n_1, n_2) = \begin{cases} \dfrac{n_1}{n_2} i + \left(-(i \cdot n)\dfrac{n_1}{n_2} + \sqrt{\Delta}\right) n, & \Delta > 0 \\ \text{rfx}(i, n_s), & \Delta \geqslant 0 \end{cases} \quad (21.161)$$

其中,第二种情况($\Delta \leqslant 0$)涉及完全内反射,且

$$
\begin{cases}
\boldsymbol{n} = \begin{cases} \boldsymbol{n}_s, & \boldsymbol{i} \cdot \boldsymbol{n}_s \geqslant 0 \\ -\boldsymbol{n}_s, & \boldsymbol{i} \cdot \boldsymbol{n}_s < 0 \end{cases} \\
\Delta = 1 - \left(\dfrac{n_1}{n_2}\right)^2 (1 - (\boldsymbol{i} \cdot \boldsymbol{n})^2) \\
\| \boldsymbol{i} \| = \| \boldsymbol{n}_s \| = 1
\end{cases}
\tag{21.162}
$$

（26）给出一个表面的入射光线 i 和折射光线 r，该表面把折射率为 n_1 和 n_2 的介质隔开，该表面的法向量为

$$
\mathrm{rfrnrm}(i, r, n_1, n_2) = \frac{n_1 \boldsymbol{i} - n_2 \boldsymbol{r}}{\| n_1 \boldsymbol{i} - n_2 \boldsymbol{r} \|}
\tag{21.163}
$$

其中，$\| \boldsymbol{i} \| = \| \boldsymbol{r} \| = 1$。

（27）给出一个表面的入射光线 i 和反射光线 r，该表面的法向量为

$$
\mathrm{rfxnrm}(\boldsymbol{i}, \boldsymbol{r}) = \mathrm{rfrnrm}(\boldsymbol{i}, \boldsymbol{r}, 1, 1) = \frac{\boldsymbol{i} - \boldsymbol{r}}{\| \boldsymbol{i} - \boldsymbol{r} \|}
\tag{21.164}
$$

其中，$\| \boldsymbol{i} \| = \| \boldsymbol{r} \| = 1$。

参 考 文 献

［1］ Lawrence, J. D. , *A Catalog of Special Plane Curves*, Dover Publications, New York, 1972.

［2］ Spencer, D. E. , Montgomery, E. E. , and Fitzgerald, J. F. , Macrofocal conics as reflector contours, *J. Opt. Soc. Am.*, 55, 5, 1965.